Gustav Rupp

Die Untersuchung von Nahrungsmitteln, Genussmitteln und Gebrauchsgegenständen

bremen
university
press

Gustav Rupp

Die Untersuchung von Nahrungsmitteln, Genussmitteln und Gebrauchsgegenständen

ISBN/EAN: 9783955623494

Auflage: 1

Erscheinungsjahr: 2013

Erscheinungsort: Bremen, Deutschland

@ Bremen-university-press in Access Verlag GmbH, Fahrenheitstr. 1, 28359 Bremen. Alle Rechte beim Verlag und bei den jeweiligen Lizenzgebern.

bremen
university
press

DIE UNTERSUCHUNG

VON

NAHRUNGSMITTELN, GENUSSMITTELN

UND

GEBRAUCHSGEGENSTÄNDEN.

Dies Buch enthält:

Die ausführliche Beschreibung der allgemein üblichen Methoden zur qualitativen und quantitativen Untersuchung von Nahrungsmitteln, Genußmitteln und Gebrauchsgegenständen unter Berücksichtigung der Vereinbarungen der vom Kais. Gesundheitsamt einberufenen Kommission deutscher Nahrungsmittel-Chemiker, eine kurze Schilderung der Art der Gewinnung und Herstellung der Lebensmittel, ihrer normalen Beschaffenheit, der Fälschungsmittel derselben und deren Nachweis, — die Prüfung der Nahrungs- und Genußmittel in Bezug auf ihre Zoll- und Steuerbehandlung nach den hierzu amtlich erlassenen Vorschriften und Anleitungen, die Ausmittelung von Giften (Alkaloïde und Metallgifte), sowie von drastisch wirkenden Substanzen und Bitterstoffen, — eine Reihe von Tabellen, in welchen die normale Zusammensetzung, sowie die zulässigen Maximal- und Minimalgrenzen der einzelnen Bestandteile der Nahrungs- und Genußmittel in leicht übersichtlicher Weise zusammengestellt sind und so die Beurteilung derselben erleichtern, — eine Zusammenstellung sämtlicher Reichsgesetze und Ministerialverordnungen, den Verkehr mit Nahrungsmitteln, Genußmitteln und Gebrauchsgegenständen betreffend, — eine Zusammenstellung neuerer, namentlich für Ärzte wichtiger Analysen sämtlicher bekannter Mineral- und Heilquellen nach ihrem Charakter, — die für die Prüfung von Lebensmitteln so wichtigen mikroskopischen Abbildungen, sowie Zeichnungen von Apparaten, welche zur Herstellung und zur Untersuchung von Lebensmitteln benutzt werden, — schließlich die Vorschriften zur Herstellung der zur Untersuchung von Lebensmitteln gebräuchlichen Reagentien.

Das Buch eignet sich namentlich für **Unterrichtszwecke im Laboratorium**, sowie auch zum Nachschlagen für **Gesundheitsbeamte, Verwaltungs- und Justizbehörden** etc.

DIE UNTERSUCHUNG

VON

NAHRUNGSMITTELN,

GENUSSMITTELN

UND GEBRAUCHSGEGENSTÄNDEN.

PRAKTISCHES HANDBUCH

FÜR

CHEMIKER, MEDIZINALBEAMTE, PHARMAZEUTEN,
VERWALTUNGS- UND JUSTIZBEHÖRDEN ETC.

VON

PROFESSOR **GUSTAV RUPP,**

LABORATORIUMS-VORSTAND DER GROSSHERZOGL. BAD. LEBENSMITTEL-PRÜFUNGS-
STATION DER TECHNISCHEN HOCHSCHULE IN KARLSRUHE.

MIT 122 IN DEN TEXT GEDRUCKTEN ABBILDUNGEN UND VIELEN
TABELLEN.

ZWEITE, NEU BEARBEITETE UND VERMEHRTE AUFLAGE.

HEIDELBERG.

CARL WINTER'S UNIVERSITÄTSBUCHHANDLUNG.

1900.

Vorwort zur I. Auflage.

Die Litteratur auf dem Gebiete der öffentlichen Gesundheitspflege, insbesondere der Nahrungsmittelchemie, ist eine reichhaltige, und erscheint es mir deshalb geboten, die Gründe, welche mir zur nachstehenden Arbeit Veranlassung gaben, kurz darzulegen.

Einige der zur Zeit gebräuchlichen Lehrbücher über Nahrungsmitteluntersuchungen erachte ich als zu umfangreich für den Handgebrauch, sie erschweren dem Analytiker die rasche Orientierung beim Untersuchen und Beurteilen von Lebensmitteln; auch sind sie weniger geeignet, dem Anfänger den nötigen Überblick über die Beschaffenheit und die Zusammensetzung der in Betracht kommenden Stoffe bezw. deren Fälschungen zu gewähren. Andere Werke sind wieder zu kurz gefaßt und man vermißt in ihnen die neuesten Untersuchungsmethoden, sowie ein Verzeichnis der gesetzlichen Verordnungen, den Verkehr mit Nahrungs-, Genußmitteln und Gebrauchsgegenständen betreffend.

Dem Wunsche vieler Fachgenossen entsprechend, gebe ich nun im Anschluß an die im Jahre 1883 von meinem hochverehrten Lehrer, dem leider zu früh verstorbenen Herrn Hofrat Professor Dr. KARL BIRNBAUM, veröffentlichten, kurzen Mitteilungen über die Untersuchung von Nahrungs- und Genußmitteln im Großherzogtum Baden im Folgenden eine Beschreibung der bewährtesten Methoden,

wie sie in unserem Laboratorium bei der Prüfung von
Lebensmitteln ausgeführt werden und wie sie fast allgemein üblich sind.

Die speziellen analytischen Methoden, wie z. B.
die Ausführung einer Stickstoff- oder Phosphorsäurebestimmung
und dergleichen habe ich nur kurz angedeutet, da man
deren Kenntnis von vorgeschritteneren Chemikern, die
sich mit Nahrungsmitteluntersuchungen beschäftigen, vor-
aussetzen muß.

Mehr Wert glaubte ich darauf legen zu sollen, neben
der Anleitung zur Untersuchung eine kurze Definition der
einzelnen Nahrungs- und Genußmittel, deren normale Zusammensetzung, sowie namentlich die Art ihrer Gewinnung
und Zubereitung anzuführen, besonders da es bei der Beurteilung von großem Werte ist, über die zuletzt genannten Punkte genau unterrichtet zu sein.

Eingehender habe ich ferner die Ermittelung von
Pflanzenalkaloïden, von Giften und drastisch wirkenden
Arzneistoffen besprochen, die nicht nur bei der gericht-
lichen Analyse, sondern auch bei der Untersuchung von
Lebensmitteln, Medikamenten, Geheimmitteln und der-
gleichen in vielen Fällen erforderlich ist.

Durch Beifügen der einschlägigen Reichsgesetze und
Landesverordnungen, sowie der für den Zoll- und Steuer-
verkehr giltigen Bestimmungen glaubte ich insofern zu
nützen, als dadurch manches zeitraubende Nachschlagen
in den diesbezüglichen Gesetzessammlungen erspart bleibt.

Ich übergebe meine Arbeit der Öffentlichkeit mit dem
Wunsche, sie möge meinen Fachgenossen, sowie angehenden
Nahrungsmittelchemikern sowohl für Unterrichtszwecke,
als auch in der Praxis willkommen und nützlich sein.

Karlsruhe, im September 1893.

Gustav Rupp.

Vorwort zur II. Auflage.

In der vorliegenden Auflage war ich bestrebt, dem Buche seinen früheren Charakter zu erhalten und das Wissenswerteste für Beamte, welche mit der Überwachung des Verkehrs mit Lebensmitteln betraut sind, sowie für Studierende der Nahrungsmittelchemie unter Berücksichtigung der neuesten Errungenschaften auf diesem Gebiete in gedrängter Form zusammenzufassen.

Manche Abänderungen gegenüber der I. Auflage sind bedingt durch das Inkrafttreten des Reichsgesetzes vom 15. Juni 1897, den Verkehr mit Butter, Käse, Schmalz und deren Ersatzmitteln betreffend, sowie durch das Zuckersteuergesetz vom 27. Mai 1896. Insbesondere mit-bestimmend zur Neubearbeitung einzelner Kapitel waren aber die Vereinbarungen, welche die auf Anregung des Kaiserlichen Gesundheitsamtes einberufene Kommission deutscher Nahrungsmittelchemiker zur einheitlichen Untersuchung und Beurteilung von Nahrungsmitteln, Genußmitteln und Gebrauchsgegenständen getroffen hat.

Von der Aufnahme von Verordnungen beziehungsweise ortspolizeilichen Vorschriften der einzelnen Bundesstaaten glaubte ich auch in dieser Auflage absehen zu sollen, da sich dieselben hauptsächlich auf den Verkehr mit Milch beziehen, für deren Marktkontrolle für jeden einzelnen Bezirk besondere Normen aufgestellt werden müssen. Zur Beurteilung fast aller übrigen Lebensmittel

und Gebrauchsgegenstände sind in den bestehenden reichs-
gesetzlichen Bestimmungen, sowie in den oben genannten
Vereinbarungen Anhaltspunkte gegeben.

Bei der Bearbeitung der botanisch-mikroskopischen
Prüfung der vegetabilischen Nahrungsmittel, welche von
vortrefflichen Werken (HANAUSEK, MŒLLER, VOGL) ein-
gehend behandelt wird, habe ich nur die charakteristischen
Merkmale für die normale Beschaffenheit, sowie die Fälschungsmittel derselben besprochen und durch mehrere
Zeichnungen nach MŒLLER zu veranschaulichen gesucht.

Möge sich die neue Auflage so viele Freunde er-
werben wie die frühere und bei meinen Fachgenossen in
der Praxis eine gute Aufnahme finden!

Karlsruhe, Neujahr 1900.

Gustav Rupp.

Inhaltsübersicht.

Seite.

Reichsgesetz, den Verkehr mit Nahrungsmitteln, Genuß-
mitteln und Gebrauchsgegenständen betreffend . . . 1
I. Milch. Beschaffenheit der normalen Milch. Abgerahmte
Milch 6
Von den Veränderungen der Milch 7
Fehlerhafte Milch 9
Ministerialverordnung, den Verkehr mit Kuhmilch
betreffend 11
Polizeiliche Kontrolle des Milchhandels 12
Die Untersuchung der Milch 13
Korrektionstabellen für das spezifische Gewicht der
ganzen und abgerahmten Milch 14
Rahm: Zusammensetzung desselben 18
II. Butter 28
Gewinnung der Butter 28
Die Untersuchung der Butter 29
Beurteilung der Butter 35
III. Käse. Käsebereitung 37
Hart- und Weichkäse, Rahm-, Fett-, Halbfett- und
Magerkäse 37
Chemische Zusammensetzung verschiedener Käse . . 39
Die Untersuchung des Käses 39
IV. Trinkwasser. Trinkwasserversorgung 40
Anweisung zur Entnahme von Wasserproben für die
chemische und bakteriologische Untersuchung . . 42
Prüfung des Wassers auf seine Brauchbarkeit als
Trinkwasser 44
Die im Wasser vorkommenden Mikroorganismen . . 53
Beurteilung des Trinkwassers 53
Zusammensetzung weicher und harter Trinkwasser . 55
V. Die Analyse der Mineralwasser 56
Zusammenstellung von Analysen der gebräuchlichsten
natürlichen Mineralwasser 60
VI. Wein. Weinbereitung 71
Zusammensetzung des Traubenmostes 71
Zuckerbestimmung mittelst der Mostwage 72
» auf maßanalytischem Wege . . . 73
» » gewichtsanalytischem Wege . 74

Seite.

Tabelle zur Ermittelung des Traubenzuckers nach
ALLIHN 74
Der fertige Wein 78
Die Krankheiten des Weines 78
Südweine 80
Schaumweine 80
Durchschnittszusammensetzung der Weine Deutsch-
lands 81
Durchschnittszusammensetzung der Weine verschie-
dener Länder 86
Reichsgesetz, betreffend den Verkehr mit Wein, wein-
haltigen und weinähnlichen Getränken v. 20. April
1892 89
Analytische Methoden zur Untersuchung des Weines
nach den Beschlüssen des Bundesrats 92
Beurteilung der Weine 127
Bestimmungen über die Zollbehandlung der Verschnitt-
weine und Moste 130
Anleitung für die Untersuchung von Verschnittwein
und Most auf Alkohol, Fruchtzucker und Extrakt-
gehalt 134
VII. Obstwein (Cider). Normale Beschaffenheit desselben 139
Zusammensetzung von Obstmost, Obstwein und Beeren-
obstweinen 140
VIII. Bier. Bierbereitung 141
Schenk-, Lager-, Export- und Bockbier 144
Zusammensetzung verschiedener Biere 145
Die Untersuchung des Bieres 148
Alkohol- und Extrakttabellen 149
Nachweis von Konservierungsmitteln 152
Beurteilung des Bieres 155
Die Einrichtung und Reinhaltung der Bierpressionen 157
IX. Branntwein. Brantweinbereitung 159
Die Untersuchung der Trinkbranntweine 160
Zusammensetzung verschiedener Branntweine 163
Liqueure 169
Analysen von Liqueuren 170
Tabelle zur Ermittelung des Alkoholgehalts in Alko-
holwassermischungen aus dem spezif. Gewichte
derselben 171
Anweisung zur Bestimmung des Fuselöls 177
Anleitung für die Ermittelung des Alkoholgehalts, be-
treffend die Abfertigung von Liqueuren, Frucht-
säften, Essenzen, Extrakten u. dergl. 187
X. Essig 196
Essigbereitung. Schnellessigfabrikation 196
Die Prüfung des Essigs 198
XI. Hefe. Ober- und Unterhefe 199
Chemische Zusammensetzung der Hefe und Hefeasche 200
Die Untersuchung der Hefe. Gärkraft 201
Mikroskopische Prüfung 202

Seite.

XII. Mehl. Die Flachmüllerei und Hochmüllerei 202
Die verschiedenen Mahlprodukte 203
Anatomischer Bau des Getreidekornes 204
Die Getreidemehle 206
Mehl aus Hülsenfrüchten (Leguminosenmehl) . . 208
Chemische Zusammensetzung verschiedener Mehle 212
Die mikroskopische und chemische Untersuchung
des Mehls 212
Die Beurteilung des Mehls 217
XIII. Brot. Die Brotbereitung 222
Chemische Zusammensetzung des Brotes 223
Veränderungen des Brotes während der Aufbe-
wahrung 224
Die Untersuchung des Brotes 225
Die Beurteilung des Brotes. 226
Mehlpräparate, Kindermehle 226
XIV. Konditoreiwaren 229
Die Untersuchung derselben auf gesundheitsschäd-
liche Farbstoffe 229
Nachweis von künstlichen Süßstoffen (Saccharin). 230
XV. Kakao und Chokolade 231
Kakaobutter 231
Chemische Zusammensetzung des Kakaos 232
Die Untersuchung des Kakaos 232
Die Untersuchung der Chokolade 235
XVI. Zucker. Zuckergewinnung. Zuckerarten 236
Die Untersuchung des Zuckers 238
Ausführungsbestimmungen zu dem Zuckersteuer-
gesetz vom 27. Mai 1896 239
A. Anleitung für die Steuerstellen 239
B. Anleitung für die Chemiker 243
C. Anleitung zur Ausführung der Polarisation 252
D. Anleitung zur Ermittelung des Zucker-
gehalts der zuckerhaltigen Fabrikate ... 258
Trauben- oder Stärkezucker (Dextrose) 263
Malzzucker (Maltose). 264
Fruchtzucker (Lävulose) , ... 264
Milchzucker (Laktose) 265
XVII. Honig 265
Chemische und optische Eigenschaften des Honigs 266
Prüfung des Honigs und chemische Zusammen-
setzung desselben 267
Die Beurteilung des Honigs 269
XVIII. Kaffee. Gewinnung der verschiedenen Sorten . . . 271
Chemische Zusammensetzung des Kaffees und ana-
tomischer Bau desselben 272
Kaffeesurrogate 274
Die physikalische und chemische Untersuchung des
Kaffees 275
XIX. Cichorie. Herstellung und Zusammensetzung der-
selben 278

Seite.

Chemische und mikroskopische Prüfung 279

Ministerialverordnung, betreffend den Aschegehalt der Cichorie 279

XX. Thee. Abstammung. Anatomischer Bau des Thee-
blattes 280

Chemische Zusammensetzung des Thees und der
Theeasche 281

Die chemische und mikroskopische Prüfung des
Thees 285

XXI. Konserven. A. Vegetabilische 285

Chemische Zusammensetzung verschiedener vege-
tabilischer Konserven 288

B. Animalische 290

Wurstwaren 294

Die Untersuchung der Wurstwaren 296

Die Fleischschau betreffende Ministerialverordnung 299

Die Trichinenschau betreffende Ministerialver-
verordnung 306

XXII. Gewürze. Beschaffenheit derselben 310

Die mikroskopische und chemische Untersuchung
der Gewürze 311

Die gebräuchlichsten Gewürze 312

XXIII. Kokosnußbutter (Palmin, Laureol) 332

Chemische Zusammensetzung derselben 332

XXIV. Kunstbutter (Margarine) 333

Zusammensetzung der Kunstbutter 335

Die Untersuchung und Beurteilung der Margarine 336

XXV. Schweinefett. Gewinnung und Eigenschaften desselben 337

Die Untersuchung des Schweinefettes 337

Analysen von Schweinefettproben verschiedener
Länder 339

Die Beurteilung des Schweinefettes 341

Gänsefett 341

XXVI. Speiseöle. Olivenöl, Mohnöl 342

Die Untersuchung der Speiseöle 342

Instruktion für die zolltechnische Unterscheidung
des Talgs, der schmalzartigen Fette und der
unter Nr. 26i des Zolltarifs fallenden Kerzenstoffe 344

XXVII. Luft. Zusammensetzung derselben 348

Verunreinigung derselben durch Kohlensäure
und Kohlenoxydgas 348

Die Untersuchung der Luft 348

Die Beurteilung der Luft 355

XXVIII. Geheimmittel. Allgemeine Beschaffenheit derselben 356

Die Untersuchung von Geheimmitteln 356

Reichsverordnung, betreffend den Verkehr mit
Arzneimitteln . . . . 357—364

Seite.

XXIX. Ausmittelung von giftigen Metallsalzen, Pflanzen-
alkaloïden und anderen Arzneistoffen . . . 365
   I. Nachweis giftiger Metallsalze 365
   II. Die Ermittelung der Pflanzenalkaloïde . . . 370
   III. Ausmittelung von drastisch wirkenden und
     harzigen Arzneistoffen 379
   IV. Nachweis der bei der Destillation flüchtigen
     Stoffe 383
   V. Nachweis von Säuren und ätzenden Alkalien 386
XXX. Gebrauchsgegenstände 387
   Reichsgesetz, betreffend den Verkehr mit blei-
   und zinkhaltigen Gegenständen 388
   Reichsgesetz, betreffend die Verwendung gesund-
   heitsschädlicher Farben bei der Herstellung
   von Nahrungsmitteln, Genußmitteln und Ge-
   brauchsgegenständen 393
   Anleitung für die Untersuchung von Farben,
   Gespinsten und Geweben auf Arsen und Zinn 397
XXXI. Petroleum. Bestandteile desselben 403
   Reichsgesetz, betreffend das gewerbsmäßige Ver-
   kaufen und Feilhalten von Petroleum . . . 404
   Anweisung für die Untersuchung von Petroleum
   auf seine Entflammbarkeit 406
XXXII. Reagentienlösungen. Darstellung derselben . . . 411
   Tabelle der Atomgewichte 414
XXXIII. Anhang:
   Reichsgesetz, den Verkehr mit Butter, Käse.
   Schmalz und deren Ersatzmitteln betreffend 415
   Anweisung zur chemischen Untersuchung von
   Fetten und Käsen 423
   Reichsgesetz, den Verkehr mit künstlichen Süß-
   stoffen betreffend (Saccharin, Dulcin) 449
   Vorschriften für die Staatsprüfung der Nahrungs-
   mittelchemiker 452
Register 460
Berichtigungen 472

Reichs-Gesetz

betreffend den

Verkehr mit Nahrungsmitteln, Genußmitteln und Gebrauchsgegenständen

vom 14. Mai 1879.

———

§ 1. Der Verkehr mit Nahrungs- und Genußmitteln, sowie mit Spielwaren, Tapeten, Eß-, Trink- und Kochgeschirr und mit Petroleum unterliegt der Beaufsichtigung nach Maßgabe dieses Gesetzes.

§ 2. Die Beamten der Polizei sind befugt, in die Räumlichkeiten, in welchen Gegenstände der in § 1 bezeichneten Art feilgehalten werden, während der üblichen Geschäftsstunden, oder während die Räumlichkeiten dem Verkehr geöffnet sind, einzutreten.

Sie sind befugt, von den Gegenständen der in § 1 bezeichneten Art, welche in den angegebenen Räumlichkeiten sich befinden, oder welche an öffentlichen Orten, auf Märkten, Plätzen, Straßen oder im Umherziehen verkauft oder feilgehalten werden, nach ihrer Wahl Proben zum Zwecke der Untersuchung gegen Empfangsbescheinigung zu entnehmen. Auf Verlangen ist dem Besitzer ein Teil der Probe amtlich verschlossen oder versiegelt zurückzulassen. Für die entnommene Probe ist Entschädigung in Höhe des üblichen Kaufpreises zu leisten.

§ 3. Die Beamten der Polizei sind befugt, bei Personen, welche auf Grund der §§ 10, 12, 13 dieses Gesetzes zu einer Freiheitsstrafe verurteilt sind, in den Räumlichkeiten, in welchen Gegenstände der in § 1 bezeichneten Art feilgehalten werden, oder welche zur Aufbewahrung oder Herstellung solcher zum Verkaufe bestimmter Gegenstände dienen, während der in § 2 angegebenen Zeit Revisionen vorzunehmen. Diese Befugnis beginnt mit der Rechtskraft des Urteils und erlischt mit dem Ablauf von drei Jahren von dem Tage an gerechnet, an welchem die Freiheitsstrafe verbüßt, verjährt oder erlassen ist.

§ 4. Die Zuständigkeit der Behörden und Beamten zu den in §§ 2 und 3 bezeichneten Maßnahmen richtet sich nach den einschlägigen landesrechtlichen Bestimmungen.

Landesrechtliche Bestimmungen, welche der Polizei weitergehende Befugnisse als die in §§ 2 und 3 bezeichneten geben, bleiben unberührt.

§ 5. Für das Reich können durch Kaiserliche Verordnung mit Zustimmung des Bundesrats zum Schutze der Gesundheit Vorschriften erlassen werden, welche verbieten:

1. bestimmte Arten der Herstellung, Aufbewahrung und Verpackung von Nahrungs- und Genußmitteln, die zum Verkaufe bestimmt sind;
2. das gewerbsmäßige Verkaufen und Feilhalten von Nahrungs- und Genußmitteln von einer bestimmten Beschaffenheit oder unter einer der wirklichen Beschaffenheit nicht entsprechenden Bezeichnung;
3. das Verkaufen und Feilhalten von Tieren, welche an bestimmten Krankheiten leiden, zum Zwecke des Schlachtens, sowie das Verkaufen und Feilhalten des Fleisches von Tieren, welche mit bestimmten Krankheiten behaftet waren;
4. die Verwendung bestimmter Stoffe und Farben zur Herstellung von Bekleidungsgegenständen, Spielwaren, Tapeten, Eß-, Trink- und Kochgeschirr, sowie das gewerbsmäßige Verkaufen und Feilhalten von Gegenständen, welche diesem Verbote zuwider hergestellt sind;
5. das gewerbsmäßige Verkaufen und Feilhalten von Petroleum von einer bestimmten Beschaffenheit.

§ 6. Für das Reich kann durch Kaiserliche Verordnung mit Zustimmung des Bundesrats das gewerbsmäßige Herstellen, Verkaufen und Feilhalten von Gegenständen, welche zur Fälschung von Nahrungs- oder Genußmitteln bestimmt sind, verboten oder beschränkt werden.

§ 7. Die auf Grund der §§ 5, 6 erlassenen Kaiser-lichen Verordnungen sind dem Reichstag, sofern er ver-sammelt ist, sofort, andernfalls bei dessen nächstem Zusammentreten vorzulegen. Dieselben sind außer Kraft zu setzen, soweit der Reichstag dies verlangt.

§ 8. Wer den auf Grund der §§ 5, 6 erlassenen Verordnungen zuwiderhandelt, wird mit Geldstrafe bis zu einhundertfünfzig Mark oder mit Haft bestraft. Landesrechtliche Vorschriften dürfen eine höhere Strafe nicht androhen.

§ 9. Wer den Vorschriften der §§ 2 bis 4 zuwider den Eintritt in die Räumlichkeiten, die Entnahme einer Probe oder die Revision verweigert, wird mit Geldstrafe von fünfzig bis zu einhundertundfünfzig Mark oder mit Haft bestraft.

§ 10. Mit Gefängnis bis zu sechs Monaten und mit Geldstrafe bis zu eintausendfünfhundert Mark oder mit einer dieser Strafen wird bestraft:

1. wer zum Zwecke der Täuschung im Handel und Verkehr Nahrungs- oder Genußmittel nachmacht oder verfälscht;

2. wer wissentlich Nahrungs- oder Genußmittel, welche verdorben oder nachgemacht oder verfälscht sind, unter Verschweigung dieses Umstandes verkauft oder unter einer zur Täuschung geeigneten Bezeichnung feilhält.

§ 11. Ist die im § 10 Nr. 2 bezeichnete Handlung aus Fahrlässigkeit begangen worden, so tritt Geldstrafe bis zu einhundertundfünfzig Mark oder Haft ein.

§ 12. Mit Gefängnis, neben welchem auf Verlust der bürgerlichen Ehrenrechte erkannt werden kann, wird bestraft:

1. wer vorsätzlich Gegenstände, welche bestimmt sind, Anderen als Nahrungs- oder Genußmittel zu dienen, derart herstellt, daß der Genuß derselben die mensch-liche Gesundheit zu beschädigen geeignet ist, in-gleichen wer wissentlich Gegenstände, deren Genuß die menschliche Gesundheit zu beschädigen geeignet ist, als Nahrungs- oder Genußmittel verkauft, feil-hält oder sonst in Verkehr bringt;

2. wer vorsätzlich Bekleidungsgegenstände, Spielwaren, Tapeten, Eß-, Trink- oder Kochgeschirr, oder Petro-leum derart herstellt, daß der bestimmungsgemäße

1*

oder vorauszusehende Gebrauch dieser Gegenstände die menschliche Gesundheit zu beschädigen geeignet ist, ingleichen wer wissentlich solche Gegenstände verkauft, feilhält oder sonst in Verkehr bringt.

Der Versuch ist strafbar.

Ist durch die Handlung eine schwere Körperverletzung oder der Tod eines Menschen verursacht worden, so tritt Zuchthausstrafe bis zu fünf Jahren ein.

§ 13. War in den Fällen des § 12 der Genuß oder Gebrauch des Gegenstandes die menschliche Gesundheit zu zerstören geeignet und war diese Eigenschaft dem Thäter bekannt, so tritt Zuchthausstrafe bis zu zehn Jahren, und wenn durch die Handlung der Tod eines Menschen verursacht worden ist, Zuchthausstrafe nicht unter zehn Jahren oder lebenslängliche Zuchthaus-strafe ein.

Neben der Strafe kann auf Zulässigkeit von Polizei-aufsicht erkannt werden.

§ 14. Ist eine der in den §§ 12, 13 bezeichneten Handlungen aus Fahrlässigkeit begangen worden, so ist auf Geldstrafe bis zu eintausend Mark oder Gefängnis-strafe bis zu sechs Monaten und, wenn durch die Hand-lung ein Schaden an der Gesundheit eines Menschen ver-ursacht worden ist, auf Gefängnisstrafe bis zu einem Jahre, wenn aber der Tod eines Menschen verursacht worden ist, auf Gefängnisstrafe von einem Monat bis zu drei Jahren zu erkennen.

§ 15. In den Fällen der §§ 12 bis 14 ist neben der Strafe auf Einziehung der Gegenstände zu erkennen, welche den bezeichneten Vorschriften zuwider hergestellt, verkauft, feilgehalten oder sonst in Verkehr gebracht sind, ohne Unterschied, ob sie dem Verurteilten gehören oder nicht; in den Fällen der §§ 8, 10, 11 kann auf die Ein-ziehung erkannt werden.

Ist in den Fällen der §§ 12 bis 14 die Verfolgung oder die Verurteilung einer bestimmten Person nicht aus-führbar, so kann auf die Einziehung selbständig erkannt werden.

§ 16. In dem Urteil oder dem Strafbefehl kann angeordnet werden, daß die Verurteilung auf Kosten des Schuldigen öffentlich bekannt zu machen sei.

Auf Antrag des freigesprochenen Angeschuldigten hat das Gericht die öffentliche Bekanntmachung der Freisprechung anzuordnen; die Staatskasse trägt die Kosten, insofern dieselben nicht dem Anzeigenden auferlegt worden sind.

In der Anordnung ist die Art der Bekanntmachung zu bestimmen.

§ 17. Besteht für den Ort der That eine öffentliche Anstalt zur technischen Untersuchung von Nahrungs- und Genußmitteln, so fallen die auf Grund dieses Gesetzes auferlegten Geldstrafen, soweit dieselben dem Staate zustehen, der Kasse zu, welche die Kosten der Unterhaltung der Anstalt trägt.

I. Milch.

Kuhmilch, welche hauptsächlich für den Marktverkehr in Betracht kommt, ist die von den Milchdrüsen abgesonderte, aus dem Euter der Kuh durch Melken gewonnene Nährflüssigkeit. Dieselbe enthält als Hauptbestandteile: Wasser, Fett, Eiweiß, Käsestoff, Milchzucker und Mineralstoffe. Die Milch, wie sie von der Kuh gewonnen wird, heißt Vollmilch oder ganze Milch. Dieselbe ist durch das in ihr, in Form von mikroskopisch kleinen Öltröpfchen suspendierte Fett, undurchsichtig, von gelblich weißer Farbe, süßlichem Geschmack und zeigt eine amphotere Reaktion, d. h. sie reagiert wegen ihres Gehaltes an neutralen und saueren Alkaliphosphaten gleichzeitig sauer und alkalisch. Die alkalische Reaktion ist namentlich in der aufgekochten Milch deutlich wahrnehmbar. Das spezifische Gewicht der Vollmilch liegt zwischen 1,029 und 1,034 bei 15° Celsius. Die in Deutschland produzierte Milch hat durchschnittlich folgende Zusammensetzung:

Wasser . . . . 87,75 Proz.
Trockensubstanz . . . 12,25 »
_____
100,00.

Die Trockensubstanz (Abdampfrückstand bei 100° C. getrocknet) besteht aus:

Butterfett 3,30
Käsestoff 3,30
Eiweiß 0,40
Milchzucker 4,50
Mineralstoffen . . . 0,75
_____
12,25.

Die Milch ist in Bezug auf ihren Gehalt an Trockensubstanz verschiedenen Schwankungen unterworfen. So hat man beobachtet, daß Viehschläge des Tieflandes und neumelkende Kühe oft eine weniger gehaltvolle Milch liefern als Hochlandsschläge und altmelkende Kühe. Die Beschaffenheit der Milch wird ferner beeinflußt durch die Rasse der Tiere, die Art der Fütterung, durch die Arbeitsleistung, durch die Laktationsperiode und namentlich durch Krankheiten. Mangelhafte Ernährung der Tiere, Darreichung von wässerigem Futter, wie Schlempe, Kartoffel, Rübenschnitzel, neben ungenügender Trockenfütterung haben einen ungünstigen Einfluß auf das Milchprodukt, namentlich auf den Fettgehalt der Milch; kleine Änderungen in der Fütterung sind jedoch ohne wesentlichen Einfluß.

In kleinen Viehbeständen oder bei einzelnen Tieren sind diese Schwankungen der Natur der Sache nach größer als in Viehbeständen von etwa 40—50 Tieren.

Milch von unangenehmem ranzigem Geruch und Geschmack wird von Kühen geliefert, welche mit verdorbenem Futter, ranzigen Ölkuchen u. s. w. gefüttert worden sind. Oft sind diese ungünstigen Eigenschaften auch durch die Nichtreinhaltung der Stallungen bedingt.

Die Milch, welche kurz vor und kurz nach dem Kalben erhalten wird, hat eine von der gewöhnlichen Milch verschiedene Zusammensetzung und wird als **Colostrum,** Erstlings- oder Biestmilch bezeichnet. Dieselbe ist charakterisiert durch die sog. »Colostrumkörperchen«, kleine, körnige und in einer Umwandlung begriffene Zellen mit einem Zellkern. Die Colostrummilch ist reich an Trockensubstanz; dieselbe beträgt im Mittel 20 Prozent. Ihr Fettgehalt ist verschieden, der Eiweißgehalt sehr hoch.

Drei bis fünf Tage nach dem Kalben pflegt die Milch ihre normale Beschaffenheit wieder anzunehmen; dieselbe sollte aber erst 8 Tage nach dem Kalben zum menschlichen Genusse wieder in den Handel gebracht werden.

Von den Veränderungen der Milch.

Bei ruhigem Stehen und kühler Temperatur findet in der Milch eine Trennung statt; der kleinere, fettreiche

Teil steigt in Form von Fettkügelchen an die Oberfläche und bildet den **Rahm,** der darunterstehende größere und fettarme Teil die **Magermilch.** Diesen Vorgang bezeichnet man als die **Aufrahmung** der Milch.

Die Rahmmenge, welche eine Milch beim Stehen aufwirft, steht in einem gewissen Zusammenhang mit dem Fettgehalt derselben, und man kann wohl sagen, daß unter gleichen Verhältnissen eine fettreiche Milch mehr Rahm absondert als eine fettarme, aber die Rahmabscheidung ist zu sehr durch physikalische Verhältnisse, wie Temperatur, Konsistenz der Milch u. s. w., bedingt, als daß sie stets proportional dem Fettgehalte der Milch verlaufen sollte.

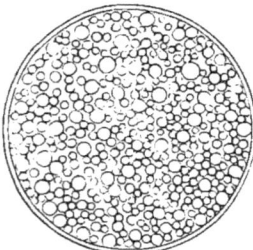

Der **Rahm** besteht aus mikroskopisch kleinen zahlreichen Fettkügelchen und dient zur Bereitung der Butter. (Fig. 1.)

Fig. 1. Mikroskopisches Bild des Rahmes.

Die Analyse von 10 Rahmproben ergab folgende mittlere Zusammensetzung:

	Wasser.	Eiweiß-stoffe.	Fett.	Milch-zucker.	Mineral-stoffe.
	67,8	3,50	24,00	4,15	0,55
nach König:	66,5	3,61	26,75	3,52	0,61.

Die **Magermilch** oder **abgerahmte** Milch, auch Buttermilch genannt, welche eine bläulich weiße Farbe besitzt, enthält alle Bestandteile der Milch außer dem größten Teile des Fettes derselben; geringe Mengen von Fett sind in der Magermilch stets noch enthalten.

Die Magermilch, welche zur Herstellung der Magerkäse verwendet wird, hat ein spezifisches Gewicht von 1,0325—1,0365 und folgende mittlere Zusammensetzung:

Trockensubstanz.	Fett.	Mineralstoffe.
7,65	0,70	0,75.

Das **Dickwerden** oder **Gerinnen** der Milch tritt namentlich bei warmer Jahreszeit ein und ist bedingt durch die Milchsäuregärung des in ihr enthaltenen Milchzuckers, wobei Käsestoff ausgeschieden wird; beim Vorhandensein von nur wenig Milchsäure tritt das Gerinnen erst beim K o c h e n ein.

Eine andere Art der Milchgewinnung ist die durch **Lab,** einen wässerigen Auszug von getrocknetem Kälbermagen, bezw. der Magenschleimhaut. Das Lab ist ein Ferment, mit welchem das sog. Dicklegen der Milch in den Käsereien, die Überführung des Caseïns in Käse bewirkt wird.

Molken sind im allgemeinen die bei der Käsebereitung durch Lab oder durch freiwilliges Gerinnen (Sauerkäse) zurückbleibenden, wässerigen Flüssigkeiten, welche hauptsächlich Milchzucker, sowie geringe Mengen Fett, Eiweiß und Mineralstoffe enthalten.

Dieselben zeigen folgende mittlere Zusammensetzung:

Wasser .	93,00	Proz.
Fett . . .	0,35	»
Eiweißstoffe	1,00	»
Milchzucker und Milchsäure .	4,90	»
Mineralstoffe .	. 0,75	»
	100,00.	

Fehlerhafte Milch.

Die zuweilen beobachtete, abnorme äußere Beschaffenheit der Milch nennt man Milchfehler, welche meistens bedingt sind durch die Entwickelung von Fermenten und anderen Organismen. Dahin gehören:

Rote Milch kann nach der Fütterung von rote Farbstoffe enthaltenden Pflanzen erhalten werden; die rote Farbe der Milch kann aber auch namentlich bei kranken Tieren durch die Gegenwart von Blut herrühren. Nach FRÆNKEL ist die rote Milch der Entwickelung einer Mikrokoccusart, Microc. prodigiosus, zuzuschreiben, welche das Caseïn zur Abscheidung bringt und dem Nährboden eine rote Farbe verleiht.

Blaue Milch soll namentlich in den Sommermonaten beim Auftreten eines Bacillus cyanogenus entstehen.

Schleimige Milch. Dieser Fehler wird auf den Beginn der schleimigen Gärung des in der Milch vorhandenen Milchzuckers zurückgeführt.

Bittere Milch wird meistens von altmelkenden Kühen erhalten; der bittere Geschmack kann auch bedingt sein durch die Beschaffenheit des dargereichten Futters oder durch Arzneimittel.

Die Marktkontrolle und die Untersuchung der Milch.

Es giebt wohl nichts Wichtigeres auf dem Gebiete der öffentlichen Gesundheitspflege und der Volksernährung als die Überwachung des Verkehrs mit Milch. Mit vollem Recht muß verlangt werden, daß die als Vollmilch in den Handel kommende Milch, namentlich wenn man bedenkt, daß dieselbe ein Hauptnahrungsmittel für Kinder und für Kranke bildet, in Bezug auf ihren Gehalt an Nährstoffen eine solche Beschaffenheit zeigt, wie man sie nach den Verhältnissen der betreffenden Gegend verlangen kann.

Auf der anderen Seite ist es allgemein bekannt, daß kein Nahrungsmittel so vielfach der Fälschung unterliegt als gerade die Milch.

Um nun eine Grundlage für die Beurteilung der Milch einer gewissen Gegend oder eines Bezirkes für die Vorschriften zu einer Milchkontrolle zu erhalten, ist es unbedingt notwendig, umfangreiche Untersuchungen von Milch unter Berücksichtigung der Rasse der Tiere, der Fütterung und Arbeitsleistung derselben, die, wie wir im vorhergehenden schon hervorgehoben haben, nicht ohne Einfluß auf die Beschaffenheit des Milchproduktes sind, auszuführen. Es genügt hierbei nicht, nur die Milch aus größeren Viehbeständen, die im allgemeinen fettreicher zu sein pflegt, einer Prüfung zu unterwerfen, sondern man muß auch den Besitzern einzelner Kühe Rechnung tragen, welche nicht immer in der Lage sind, ihren Tieren das beste Futter zu reichen, damit auch diese die Milch ihrer Kühe zum Verkauf bringen können. Solche Untersuchungen haben wir im Jahre 1883 in unserem Laboratorium vorgenommen, um ein Bild über die Zusammensetzung der Milch zu erhalten, welche aus der nächsten Umgebung von Karlsruhe, sowie auch aus weiter entfernten Gegenden des Landes in der Stadt feilgehalten wird. Einige Monate hindurch wurden täglich von hiesigen und auswärtigen Milchhändlern und Milchproduzenten Proben, sowie Stallproben erhoben und einer eingehenden Prüfung unterworfen.

Dieselbe erstreckte sich auf folgende Bestimmungen:

1) des spezifischen Gewichtes mittelst des Quevenne'schen Laktodensimeters bei 15° C.;

2) der Trockensubstanz und

3) des Fettgehaltes.

Das Ergebnis der Untersuchungen einer großen Reihe
von Milchproben war folgendes:

	Minimum.	Maximum.	Mittel.
Spez. Gewicht bei 15° C.	1,0286	1,0338	1,03096
Trockensubstanz	10,88	14,01	12,13
Fett	2,40	4,00	3,028.

Auf Grund dieser Untersuchungen, sowie auf Grund
der Ergebnisse eingehender Verhandlungen des Landes-
gesundheitsrates und der Beschlüsse des Reichsgesundheits-
amts im Jahre 1882 hat das Großh. Ministerium des
Innern folgende Verordnung erlassen:

Verordnung.

(Vom 17. Juni 1884.)

Den Verkehr mit Milch (Kuhmilch) betreffend.

Auf Grund des § 87a Polizeistrafgesetzbuch und mit Bezug
auf § 367 Ziffer 7 Strafgesetzbuch und auf das Reichsgesetz vom
14. Mai 1879, den Verkehr mit Nahrungsmitteln, Genußmitteln und
Verbrauchsgegenständen betreffend, § 10 und ff. wird verordnet:

§ 1. Das gewerbsmäßige Verkaufen und Feilhalten von
Milch (Kuhmilch), welche von kranken Tieren, von Tieren aus an
Maul- und Klauenseuche, Milzbrand oder an Diphtherie leidenden
Beständen, oder welche von Tieren innerhalb der ersten 8 Tage
nach dem Kalben gewonnen wird, sowie von bitterer, schleimiger,
verdorbener, mit Wasser verdünnter, oder mit fremdartigen Substanzen versetzter Milch ist verboten.

Als kranke Tiere gelten insbesondere diejenigen, welche an
Maul- und Klauenseuche, Milzbrand, Perlsucht, Pocken, Rausch-
brand, Tollwut oder Gelbsucht, an Krankheiten des Euters,
jauchiger Gebärmutter-Entzündung, Ruhr, Pyämie, Septhämie oder
an Vergiftungen leiden, oder mit giftigen oder starkwirkenden
Mitteln behandelt werden.

§ 2. In Gefäßen von Zink oder Kupfer darf Milch zum
Zwecke des Verkaufes nicht aufbewahrt oder ausgemessen werden.

§ 3. Durch bezirks- oder ortspolizeiliche Vorschrift kann
das gewerbsmäßige Verkaufen oder Feilbieten von Milch, welche
bei 15° Celsius ein das spezifische Gewicht des Wassers um
weniger als 29 oder mehr als 34 Tausendteile übertreffendes Gewicht aufweist, beschränkt oder ganz untersagt werden.

Eine Bestrafung ist ausgeschlossen, wenn der Beschuldigte
nachweist, daß die minderwertige Beschaffenheit der Milch in
einer nach der Gewinnung der Milch vorgenommenen Veränderung
ihren Grund nicht hat oder wenn die chemische Untersuchung

ergiebt, daß die Milch in 100 Gewichtsteilen wenigstens 10,9 Gewichtsteile Trockensubstanz sowie 2,4 Gewichtsteile
Butterfett enthält.
§ 4. Zum Vollzuge bezirks- oder ortspolizeilicher Vorschriften im Sinne des § 3 muß eine polizeiliche Milchkontrolle
eingerichtet sein, welche besteht:
1. in der die Besichtigung und Ermittelung des spezifischen
   Gewichtes durch Polizeibeamte umfassende Vorprüfung,
2. in der Prüfung der Milch durch eine örtliche chemische
   Untersuchungsanstalt, oder durch einen zu amtlichen
   Untersuchungen ermächtigten Chemiker,
3. in den auf Antrag des Beschuldigten vorzunehmenden
   Stallproben.
Das behufs der Kontrolle einzuhaltende Verfahren richtet
sich nach der von dem Ministerium des Innern erlassenen Dienst-
anweisung.
§ 5. Neben den in § 3 erwähnten Anordnungen können
durch bezirks- oder ortspolizeiliche Vorschriften weitere Bestimmungen zur Sicherung der öffentlichen Gesundheit bei dem
Verkehr mit Milch getroffen werden.

Nach den Vereinbarungen der Kommission deutscher
Nahrungsmittelchemiker schwankt bei unverfälschter Milch in
den weitaus meisten Fällen
das spezifische Gewicht bei 15°.   von 1,029 — 1,033,
der Gehalt an Fett . . .   »   2,50 — 4,50 %
»   »   » Trockensubstanz . . .   »   10,50 —14,20 »
»   »   » fettfreier Trockensubstanz   »   8,00 —10,00 ».

Die polizeiliche Kontrolle des Milchhandels
wird, ähnlich wie in den übrigen Bundesstaaten, im Großherzogtum Baden in folgender Weise gehandhabt:

Es finden regelmäßige Untersuchungen der feilgehaltenen Milch statt und werden fast täglich Milchprüfungen
in möglichst großer Anzahl vorgenommen.

Die Untersuchungen beziehen sich auf die Milch,
welche zum Zwecke des Verkaufs in die Städte eingeführt
wird, auf die Ware der Milchhändler, sowie auf das
Produkt der Milchkuranstalten.

Die vorläufige Prüfung der Milch wird durch die in
unserem Laboratorium instruierten Chargierten der Schutz-
mannschaft mit Hülfe von QUEVENNE'schen Laktodensi-
metern, welche auf ihre Richtigkeit geprüft sind, ausgeführt.

Die hierzu erforderliche Milchprobe darf erst nach
gründlicher Durchmischung der Milch des betreffenden
Milchbehälters (Michkanne) durch Schütteln oder durch
Umrühren entnommen werden.

Zeigt die Milch bei dieser Vorprüfung ein abnormes spezifisches Gewicht (unter 1,029 oder über 1,034), so wird dieselbe von den Beamten der Polizei sofort in unser Laboratorium abgeliefert und hier einer eingehenden Untersuchung unterworfen. Dabei werden folgende Beobachtungen gemacht:

1) Spezifisches Gewicht der Milch bei 15° Cels., bestimmt mittelst des QUEVENNE'schen Laktodensimeters (Fig. 2) in der durch Schütteln gut gemischten Milch. Die Ablesung wird auf die Normaltemperatur 15° C. reduziert und kann aus den Tabellen S. 14 und 15 ersehen werden.

2) Trockensubstanz der Milch, ermittelt durch Eindampfen einer abgewogenen Menge (10—20 gr) Milch in mit gewaschenem und durchglühtem Sand beschickten HOFFMEISTER'schen Schälchen, und etwa 2—3stündigem Trocknen des Rückstandes bei 100° C.

3) Fettgehalt der Milch, ermittelt auf gewichtsanalytischem Wege.

Der Trockenrückstand samt HOFFMEISTERschem Schälchen wird im Porzellanmörser zu einer gleichmäßigen Masse zerrieben, in eine Hülse aus Filtrierpapier (Patrone) gebracht und im CLAUSNITZER'schen Extraktionsapparat (Fig. 3) 3—4 Stunden lang mit etwa 25 cc wasserfreiem Äther extrahiert. Die ätherische Fettlösung wird in dem vorher bei 100° C. getrockneten und gewogenen Kölbchen von Äther befreit, bei 100° C. getrocknet und gewogen.

Fig. 2.
Laktodensimeter von QUEVENNE.

4) Gehalt an Mineralstoffen (Asche). Diese Bestimmung wird nur in besonderen Fällen, namentlich wenn Verdacht vorliegt, daß der Milch Konservierungsmittel, wie Borsäure, doppeltkohlensaures Natron, Soda u. s. w., zugesetzt sind, ausgeführt. Zu diesem Zwecke wird eine gewogene Menge Milch in Platinschalen abgedampft, getrocknet und verbrannt bis zum Weißwerden der Asche.

Geben diese Beobachtungen keine genügenden Anhaltspunkte zur sicheren Beurteilung der Milch, so wird die auftraggebende Behörde (Bezirksamt) veranlaßt, unter Be-

A. Tabelle zur Korrektion nicht abgerahmter Milch.

Temperatur der Milch in Graden Celsius.

Grade am Laktodensimeter.	3	4	5	6	7	8	9	10	11	12	13	14	15	16	17	18	19	20	21	22	23	24	25	26	27
14	13,0	13,0	13,1	13,1	13,1	13,2	13,3	13,4	13,4	13,6	13,7	13,8	14,0	14,1	14,2	14,4	14,6	14,8	15,0	15,2	15,4	15,4	15,6	16,0	16,2
15	14,0	14,0	14,1	14,1	14,1	14,2	14,3	14,4	14,5	14,6	14,7	14,8	15,0	15,1	15,2	15,4	15,6	15,8	16,0	16,2	16,4	16,6	16,8	17,0	17,2
16	15,0	15,0	15,1	15,1	15,1	15,2	15,3	15,3	15,5	15,6	15,7	15,8	16,0	16,1	16,3	16,5	16,7	16,9	17,1	17,3	17,5	17,7	17,9	18,1	18,3
17	16,0	16,0	16,1	16,1	16,2	16,2	16,3	16,4	16,5	16,6	16,7	16,8	17,0	17,1	17,3	17,5	17,7	17,9	18,1	18,3	18,5	18,7	18,9	19,1	19,3
18	17,0	17,0	17,1	17,1	17,2	17,2	17,3	17,4	17,5	17,6	17,7	17,8	18,0	18,1	18,3	18,5	18,7	18,9	19,1	19,3	19,5	19,7	19,9	20,1	20,3
19	17,9	17,9	18,0	18,1	18,1	18,2	18,3	18,4	18,5	18,6	18,7	18,8	19,0	19,1	19,3	19,5	19,7	19,9	20,1	20,3	20,5	20,7	20,9	21,1	21,3
20	18,8	18,8	18,9	19,0	19,0	19,1	19,2	19,3	19,4	19,5	19,6	19,8	20,0	20,1	20,3	20,5	20,7	20,9	21,1	21,3	21,5	21,7	21,9	22,1	22,3
21	19,7	19,7	19,8	19,9	20,0	20,1	20,2	20,3	20,4	20,5	20,6	20,8	21,0	21,1	21,4	21,6	21,8	22,0	22,2	22,4	22,6	22,8	23,0	23,2	23,4
22	20,7	20,7	20,8	20,9	21,0	21,1	21,2	21,3	21,4	21,5	21,6	21,8	22,0	22,2	22,4	22,6	22,8	23,0	23,2	23,4	23,6	23,8	24,0	24,3	24,5
23	21,7	21,7	21,8	21,9	22,0	22,1	22,2	22,3	22,4	22,5	22,6	22,8	23,0	23,2	23,4	23,6	23,8	24,0	24,2	24,4	24,6	24,8	25,1	25,3	25,5
24	22,6	22,7	22,8	22,9	23,0	23,1	23,2	23,3	23,4	23,5	23,6	23,8	24,0	24,2	24,4	24,6	24,8	25,0	25,2	25,4	25,6	25,8	26,1	26,3	26,5
25	23,5	23,6	23,7	23,8	23,9	24,0	24,1	24,2	24,3	24,5	24,6	24,8	25,0	25,2	25,4	25,6	25,8	26,0	26,2	26,4	26,6	26,8	27,1	27,3	27,5
26	24,5	24,6	24,7	24,8	24,9	25,0	25,1	25,2	25,3	25,5	25,6	25,8	26,0	26,2	26,4	26,6	26,9	27,1	27,3	27,5	27,7	27,9	28,2	28,4	28,6
27	25,5	25,5	25,7	25,8	25,9	26,0	26,1	26,2	26,3	26,5	26,6	26,8	27,0	27,2	27,4	27,6	27,9	28,2	28,4	28,6	28,8	29,0	29,3	29,5	29,7
28	26,4	26,5	26,6	26,7	26,8	26,9	27,0	27,1	27,2	27,4	27,6	27,8	28,0	28,2	28,4	28,6	28,9	29,2	29,4	29,6	29,8	30,1	30,4	30,6	30,8
29	27,3	27,4	27,5	27,6	27,7	27,9	28,0	28,1	28,2	28,4	28,6	28,8	29,0	29,2	29,4	29,6	29,9	30,2	30,4	30,6	30,9	31,2	31,5	31,7	31,9
30	28,3	28,3	28,4	28,5	28,6	28,7	28,8	29,0	29,0	29,2	29,4	29,6	29,8	30,0	30,2	30,6	30,9	31,1	31,4	31,6	31,9	32,2	32,5	32,7	33,0
31	29,1	29,2	29,3	29,5	29,6	29,7	29,8	30,0	30,2	30,4	30,6	30,8	31,0	31,2	31,4	31,7	32,0	32,3	32,5	32,7	33,0	33,3	33,6	33,8	34,1
32	30,0	30,1	30,3	30,4	30,5	30,7	30,8	31,0	31,2	31,4	31,6	31,8	32,0	32,2	32,4	32,7	33,0	33,3	33,6	33,8	34,1	34,4	34,7	34,9	35,2
33	30,9	31,0	31,2	31,3	31,4	31,6	31,8	32,0	32,2	32,4	32,6	32,8	33,0	33,2	33,4	33,7	34,0	34,3	34,6	34,9	35,2	35,5	35,8	36,0	36,3
34	31,8	31,9	32,1	32,2	32,3	32,5	32,7	32,9	33,1	33,3	33,5	33,8	34,0	34,2	34,4	34,7	35,0	35,3	35,6	35,9	36,2	36,5	36,8	37,1	37,4
35	32,7	32,8	33,0	33,2	33,3	33,4	33,6	33,8	34,0	34,2	34,4	34,7	35,0	35,2	35,4	35,7	36,0	36,3	36,6	36,9	37,2	37,5	37,8	38,1	38,4

B. Tabelle zur Korrektion abgerahmter Milch.

Temperatur der Milch in Graden Celsius.

Grade am Laktodensimeter.	3	4	5	6	7	8	9	10	11	12	13	14	15	16	17	18	19	20	21	22	23	24	25	26	27
18	17,2	17,3	17,3	17,3	17,3	17,3	17,4	17,5	17,6	17,7	17,8	17,9	18,0	18,1	18,2	18,4	18,6	18,8	18,8	18,9	19,1	19,3	19,5	19,7	19,9
19	18,2	18,2	18,3	18,3	18,3	18,3	18,4	18,5	18,6	18,7	18,8	18,9	19,0	19,1	19,2	19,4	19,6	19,8	19,9	20,1	20,3	20,5	20,7	20,9	21,1
20	19,2	19,2	19,3	19,3	19,3	19,3	19,4	19,5	19,6	19,7	19,8	19,9	20,0	20,1	20,2	20,4	20,6	20,8	20,9	21,1	21,3	21,5	21,7	21,9	22,1
21	20,2	20,2	20,3	20,3	20,4	20,4	20,4	20,5	20,6	20,7	20,8	20,9	21,0	21,1	21,2	21,4	21,6	21,8	21,9	22,1	22,3	22,5	22,7	22,9	23,1
22	21,2	21,2	21,3	21,3	21,3	21,3	21,4	21,5	21,6	21,7	21,8	21,9	22,0	22,1	22,2	22,4	22,6	22,8	22,9	23,1	23,3	23,5	23,7	23,9	24,1
23	22,2	22,3	22,3	22,3	22,3	22,3	22,4	22,5	22,6	22,7	22,8	22,9	23,0	23,1	23,2	23,4	23,6	23,8	23,9	24,1	24,3	24,5	24,7	24,9	25,1
24	23,2	23,3	23,3	23,3	23,3	23,3	23,4	23,5	23,6	23,7	23,8	23,9	24,0	24,1	24,2	24,4	24,6	24,8	24,9	25,1	25,3	25,5	25,7	25,9	26,1
25	24,2	24,3	24,3	24,3	24,3	24,3	24,4	24,5	24,6	24,7	24,8	24,9	25,0	25,1	25,2	25,4	25,6	25,8	25,9	26,1	26,3	26,5	26,7	26,9	27,1
26	25,2	25,3	25,3	25,3	25,3	25,3	25,4	25,5	25,6	25,7	25,8	25,9	26,0	26,1	26,2	26,4	26,6	26,8	26,9	27,1	27,3	27,5	27,7	28,0	28,2
27	26,1	26,3	26,3	26,3	26,3	26,3	26,4	26,5	26,6	26,7	26,8	26,9	27,0	27,1	27,3	27,4	27,6	27,9	28,1	28,3	28,5	28,7	28,9	29,1	29,3
28	27,1	27,3	27,3	27,3	27,3	27,3	27,4	27,5	27,6	27,7	27,8	27,9	28,0	28,1	28,3	28,4	28,6	28,9	29,1	29,3	29,5	29,7	29,9	30,1	30,3
29	28,1	28,3	28,3	28,3	28,3	28,3	28,4	28,5	28,6	28,7	28,8	28,9	29,0	29,1	29,3	29,4	29,6	29,9	30,1	30,3	30,5	30,7	30,9	31,1	31,3
30	29,1	29,3	29,3	29,3	29,3	30,0	29,4	29,5	29,6	29,7	29,8	29,9	30,0	30,1	30,3	30,4	30,6	30,9	31,1	31,3	31,5	31,7	31,9	32,1	32,3
31	30,1	30,3	30,3	30,3	30,3	30,3	30,4	30,5	30,6	30,7	30,8	30,9	31,0	31,2	31,4	31,6	31,8	32,0	32,2	32,4	32,6	32,8	33,0	33,2	33,4
32	31,1	31,3	31,3	31,3	31,3	31,3	31,4	31,5	31,6	31,7	31,8	31,9	32,0	32,2	32,4	32,6	32,8	33,0	33,3	33,5	33,7	33,9	34,1	34,3	34,5
33	32,1	32,3	32,3	32,3	32,3	32,3	32,4	32,5	32,6	32,7	32,8	32,9	33,0	33,2	33,4	33,6	33,8	34,1	34,3	34,6	34,8	35,0	35,2	35,4	35,6
34	33,1	33,3	33,3	33,3	33,3	33,3	33,4	33,5	33,6	33,7	33,8	33,9	34,0	34,2	34,4	34,6	34,8	35,1	35,4	35,6	35,9	36,1	36,3	36,5	36,7
35	34,1	34,2	34,3	34,3	34,3	34,3	34,4	34,5	34,6	34,7	34,8	34,9	35,0	35,2	35,4	35,6	35,8	36,0	36,3	36,6	36,8	37,0	37,2	37,4	37,7
36	35,2	35,3	35,3	35,3	35,3	35,3	35,4	35,5	35,6	35,7	35,8	35,9	36,0	36,2	36,4	36,6	36,8	37,1	37,4	37,6	37,9	38,1	38,3	38,5	38,8
37	36,2	36,3	36,3	36,3	36,3	36,4	36,5	36,6	36,7	36,8	36,9	37,0	37,1	37,3	37,4	37,6	37,8	38,1	38,4	38,6	38,9	39,1	39,4	39,6	39,9
38	37,3	37,4	37,4	37,4	37,4	37,4	37,5	37,6	37,7	37,8	37,9	37,9	38,0	38,2	38,4	38,6	38,8	39,1	39,4	39,6	39,9	40,2	40,4	40,7	41,0
39	38,0	38,2	38,3	38,4	38,4	38,4	38,5	38,6	38,7	38,8	38,9	39,0	39,0	39,2	39,4	39,6	39,9	40,2	40,4	40,7	41,0	41,3	41,6	41,8	42,1
40	38,3	38,4	38,5	38,6	38,7	38,7	38,9	39,0	39,1	39,2	39,4	39,6	40,0	40,2	40,4	40,6	40,9	41,2	41,4	41,7	42,0	42,3	42,6	42,9	43,2

obachtung folgender Vorschriften eine Stallprobe erheben
zu lassen.

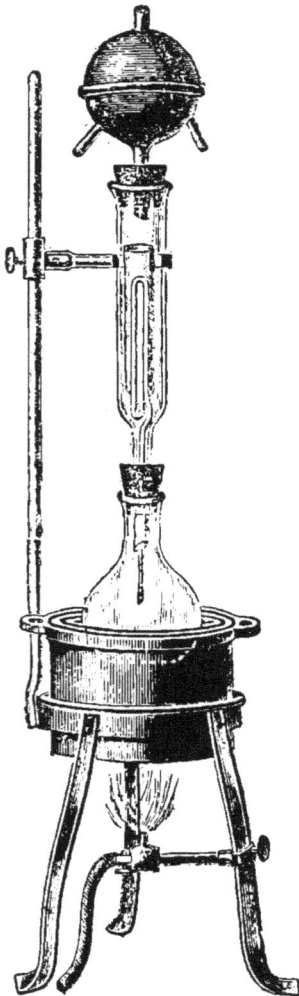

Fig. 3.
Milchfettextraktionsapparat.

Die **Stallprobe** muß spätestens nach 2—3 Tagen nach
der beanstandeten oder fraglichen
Milchprobe und bei denjenigen
Melkzeiten erhoben werden, welchen die fragliche Probe ent-
stammte, da ein Futterwechsel
nicht selten eine vorübergehende
Veränderung der Milch verursacht. Die mit der Erhebung
der Stallprobe betrauten Polizei-
beamten erhalten zur Beaufsichtigung der Probeentnahme
folgende Instruktion:

1) Sämtliche Kühe der be-
treffenden Stallung, von welchen
Milch in den Handel gebracht
wird, müssen in leere, trockene
Gefäße (Milchkübel) vollständig ausgemolken werden.

Auf das Ausmelken ist
ganz besonders zu achten, da
die Milch im Euter der Kuh
in derselben Weise aufgerahmt
wird als wie beim Stehen in
einem cylindrischen Gefäße.
Der untere Teil des Euters wird
somit eine weniger fettreiche
Milch enthalten als der darüberstehende und beim Melken wird
die geringwertigere Milch zuerst
weggemolken werden.

2) Das so erhaltene Milch-
gut, die Sammelmilch, muß
mittelst eines hölzernen Löffels
sorgfältig durchmischt und von
der Mischung eine Probe von
mindestens $^1/_4$—$^1/_2$ Liter, am besten in zwei Fläschchen
abgefüllt werden. Die Fläschchen werden gut verkorkt,

versiegelt und mit einer den Inhalt genau bezeichnenden Aufschrift versehen.

3) Die Absendung der Stallprobe an das Untersuchungsamt hat unverzüglich und, wenn thunlich, als Expreßgut zu gescheen, da namentlich in warmer Jahreszeit die Milch oft rasch gerinnt und sodann für die Untersuchung nicht mehr geeignet ist.

In heißen Sommermonaten empfiehlt es sich deshalb, die Milchprobe zwischen Sägespänen und Eisstückchen zu verpacken.

4) Der Stallprobe muß ein Bericht beiliegen oder nachgesandt werden, welcher Auskunft giebt über:

a. die Anzahl der Milchkühe der betreffenden Stallung;
b. die Zeit der Probeentnahme;
c. die Art der Fütterung und
d. den Gesundheitszustand der betreffenden Kühe.

Ergiebt sich auch bei der Untersuchung der Stallprobe nach der oben beschriebenen Methode eine anormale Zusammensetzung der Milch, so wird der Großherzogliche Bezirkstierarzt oder der an dem betreffenden Orte oder in der Nähe wohnende Tierarzt veranlaßt, den Gesundheitszustand der Kühe zu prüfen und darüber ein Zeugnis auszustellen.

Eine Milch wird hier beanstandet, wenn dieselbe den Anforderungen der vorstehenden Großh. Ministerialverordnung vom 17. Juni 1884 an ganze Milch nicht genügt.

Die dort festgesetzten Grenzen sind gewiß keine zu hohen und es kann, wenn eine Milch vorliegt, deren Trockensubstanz- und Fettgehalt unter den in der Verordnung bezeichneten Normen liegt, und vorausgesetzt, daß die Kühe, von welchen die Milch stammt, in normalem Zustande sich befanden, mit gutem Gewissen solche Milch als durch Verdünnen mit Wasser oder als durch Entrahmen verändert bezw. als gefälscht bezeichnet werden.

Über die verschiedenen Methoden und Apparate zur Bestimmung des spezifischen Gewichts, des Trockensubstanz- und Fettgehaltes der Milch.

Zur Bestimmung des spezifischen Gewichts der Milch wird meistens das oben schon erwähnte Laktodensimeter

von QUEVENNE·MÜLLER aus Glas, die sog. Milch· oder
Senkwage, benutzt. (Fig. 2.)

Die Reduktion des spezifischen Gewichtes auf die
Normaltemperatur bei 15⁰ Celsius kann nach den vorstehenden Korrektionstabellen geschehen.

Eine ähnlich konstruierte, nur aus Hartgummi hergestellte und mit Metallskala versehene Senkwage ist die
von Professor RECKNAGEL. Die Reduktion muß in besonderen Tabellen, welche RECKNAGEL seinem Apparate
beigefügt hat, vorgenommen werden.

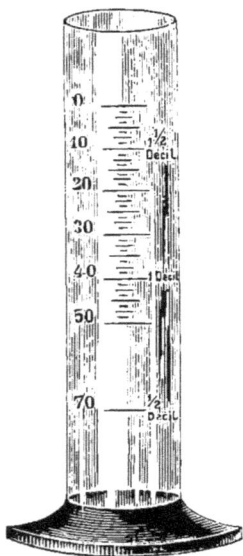

Fig. 4. Cremometer von
CHEVALLIER.

Die **Trockensubstanz** wird
durch Abdampfen der Milch in
HOFFMEISTER'schen Schälchen mit
Sand oder in Porzellanschalen mit
Porzellansplittern und Trocknen der
Rückstände bei 100⁰ C. bestimmt.

In neuester Zeit verwendet man
auch entfettete Papierstreifen oder
Baumwolle, in welche man . eine
bestimmte Menge Milch aufsaugen
läßt und dann trocknet.

Der **Rahmgehalt** der Milch
wird in einem Glascylinder von etwa
20—25 cm Höhe und 4 cm Weite,
der bis zu einer Marke etwa ¹/₄ Liter
Milch zu fassen vermag, bestimmt.
Der Raum ist in 100 gleiche Teile
zerlegt und die Skala von 0—30
auf dem Cylinder aufgetragen.

Das gebräuchlichste Cremo-
meter ist das von CHEVALLIER (Fig. 4).

Zur Rahmbestimmung wird das
Cremometer bis zur Marke mit der vorher tüchtig ge-
mischten Milch gefüllt und dieselbe bei etwa 15⁰ C. der
Aufrahmung überlassen.

Nach 24 Stunden kann die Rahmschichte, die bei
normaler Vollmilch wenigstens 10—14 Volumprozente betragen soll, abgelesen werden. Die Rahmmenge ist aber
aus den im vorhergehenden schon erwähnten Gründen
nicht immer proportional dem Fettgehalte der Milch, und
deshalb ist diese Methode wenig stichhaltig.

Zur Prüfung des Rahms auf dessen Beschaffenheit wird eine **Fettbestimmung** und eine mikroskopische Untersuchung auf einen Gehalt an **Verdickungsmitteln,** wie eiweiß- oder stärkemehlhaltigen Substanzen, ausgeführt.

Fettbestimmung.

Eine nach unseren Versuchen recht brauchbare Methode zur Ermittelung des Fettgehaltes der Milch ist das von WOLFF*) verbesserte LIEBERMANN'sche**) Verfahren. Darnach werden 50 cc Milch, 3 cc Kalilauge (1,27 spez. Gew.) und 54 cc wasserhaltiger Äther in einem etwa 20 cm hohen und 3—4 cm weiten, gut verschließbaren Glascylinder so lange bei 17—18° C. geschüttelt, bis die Mischung zu schäumen anfängt. Nachdem sich die Mischung getrennt hat, was bei einer horizontalen Lage des Schüttelglases rascher vor sich geht, werden 20 cc der klaren Ätherfettlösung = 20 cc Milch mit der Pipette in ein tariertes Kölbchen gegeben, zur Trockne gebracht, gewogen und auf Gewichtsprozente berechnet.

Die **Fettbestimmung** der Milch wird häufig, namentlich wenn es sich darum handelt, den annähernd richtigen Fettgehalt einer Milch rasch kennen zu lernen, z. B. in Molkereien, mittelst des **Laktobutyrometers** von MARCHAND-SALLERON ausgeführt. Dasselbe besteht aus einer unten geschlossenen, 40 cm hohen und 12 mm weiten Kugelröhre mit verschiebbarer Metallskala, welche die Zahlen 12,6—95 trägt. (Fig. 5.) Die Methode beruht darauf, daß

Fig. 5. Laktobutyrometer.

Milch mit Kalilauge und Äther geschüttelt eine ätherische Fettlösung giebt, aus welcher auf Zusatz von Weingeist das Fett zum größten Teil in weißen Flöckchen wieder abgeschieden wird und sich beim Erwärmen als klare Fettschichte in dem oberen Teile der Röhre ansammelt. Ein Teil des Milchfettes bleibt in der Ätherweingeistmischung gelöst und man hat durch viele Ver-

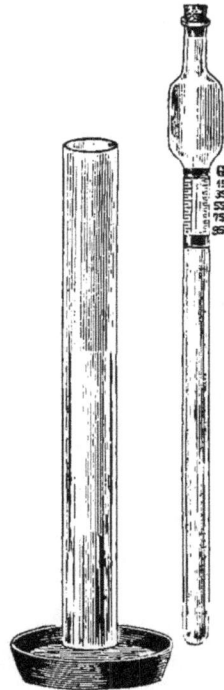

---

*) Pharm. Centralhalle XIV.
**) FRESENIUS, Zeitschr. f. analyt. Chemie 1884.

2*

suche gefunden, daß diese Menge konstant ist und 12,6 gr für
1 Liter Milch beträgt.

Aus diesem Grunde ist der erste Teilstrich der Metallskala
statt mit 0 mit 12,6 gr bezeichnet worden.

Zur Ausführung der Methode werden 10 cc Milch mit
5 Tropfen Kalilauge und 10 cc Äther (0,725 spez. Gew.) versetzt
und gut geschüttelt. Hierauf giebt man 10 cc (90%) Alkohol zu
der Mischung und stellt die Röhre nach kräftigem Durchschütteln
in ein cylindrisches Wasserbad, welches auf 40° C. erwärmt ist.
Nach 10 Minuten langem Stehen hat sich die klare Fettschichte
im oberen Teil der Röhre angesammelt. Man nimmt nun die
Röhre aus dem Wasserbad und schiebt die Metallskala so über
die Fettschichte, daß der erste Teilstrich der Marke 12,6 in
gleichlaufender Linie mit der obersten Fettschichte zu stehen
kommt, worauf man den Fettgehalt der Milch im Liter direkt
ablesen kann.

Diese Methode giebt annähernd richtige Resultate, sie ist
aber für die Prüfung von teilweise entrahmter Milch nur wenig
geeignet.

Sehr gute Resultate giebt das in neuester Zeit von Dr. GERBER
in Zürich angewendete Verfahren der Acid-Butyrometrie,
wobei man durch Lösung sämtlicher Nichtfette der Milch in einem
gewissen Säuregemisch unter Zusatz von wenig Amylalkohol eine
klare Fettlösung erhält. Das Fett kann in dem GERBER'schen
Butyrometer direkt auf wenigstens 0,05% abgelesen werden.

Aräometrische Fettbestimmung.

An Stelle der gewichtsanalytischen Fettbestimmung kann
das aräometrische Verfahren mittelst eines von Prof. SOXHLET
konstruierten Apparates befolgt werden, welcher bei Anwendung
der nötigen Sorgfalt recht gute Resultate liefert.

Das Prinzip der SOXHLET'schen Methode besteht in folgendem:
Schüttelt man gemessene Mengen von Milch, Kalilauge und Äther
zusammen, so löst sich das Fett vollständig im Äther und sammelt
sich als klare Ätherfettlösung an der Oberfläche. Ein kleiner
Teil des Äthers bleibt in der unten stehenden Flüssigkeit gelöst,
die Menge desselben ist aber konstant. Die übrige Menge bildet
mit dem Milchfett eine Lösung, die um so konzentrierter ist, je
größer der Fettgehalt der Milch war. Die Konzentration der Ätherfettlösung, bezw. der Fettgehalt läßt sich durch die Bestimmung
des spezifischen Gewichts ermitteln.

Ausführung des Verfahrens:

Von der gründlich gemischten Milch, welche man auf
17—18° C. abgekühlt bezw. erwärmt hat, werden 200 cc in die
Schüttelflasche H abgemessen, mit 10 cc Kalilauge (spez. Gew.
1,26—1,27) versetzt und gut durchgeschüttelt. Nach dem Hinzufügen von 60 cc wasserhaltigem Äther (17—18° C.) wird die
Mischung ½ Minute tüchtig geschüttelt und hierauf in ein Wasserbad von 17—18° C. gegeben. Durch leichtes Schütteln, welches
man ¼ Stunde lang von ½ zu ½ Minute wiederholt, indem man
jedesmal 3—4 Stöße in senkrechter Richtung ausführt, sammelt

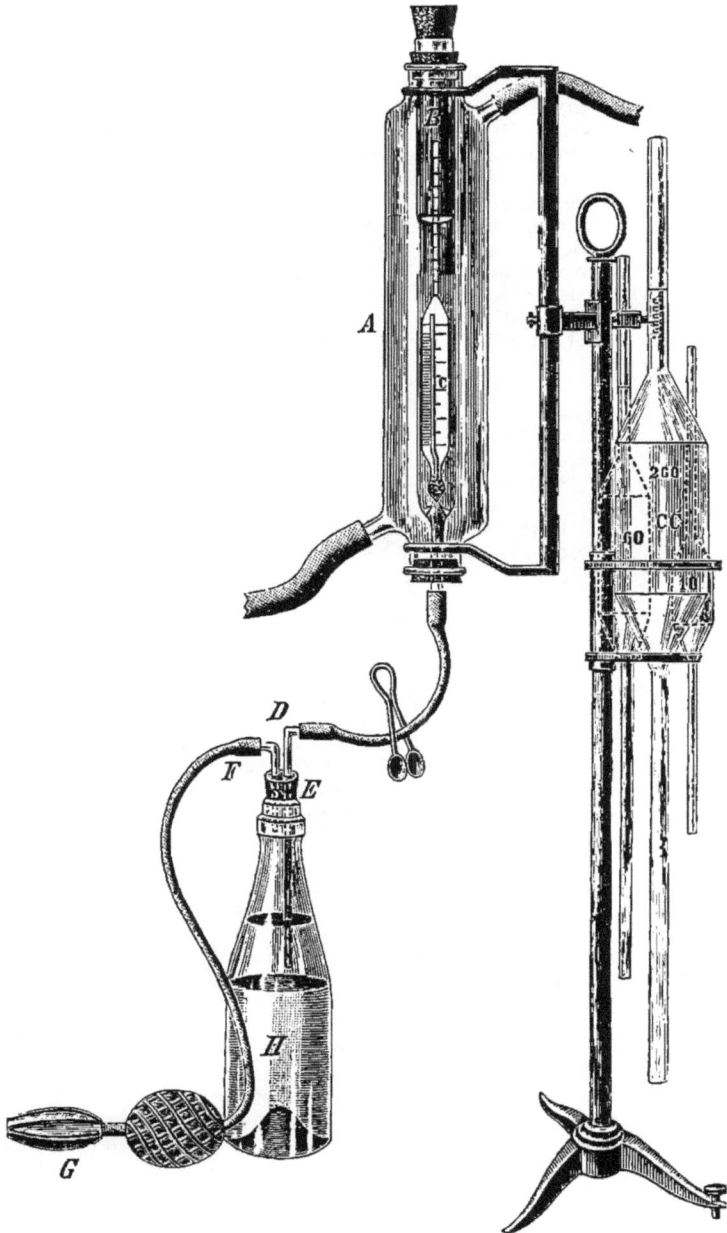

Fig. 6. Soxhlets Milchfettapparat.

sich nach weiterem $^1\!/_4$stündigen, ruhigen Stehen im oberen verjüngten Teile der Schüttelflasche H eine klare Fettschichte an.
    Beschleunigen läßt sich die Klärung noch dadurch, daß
man der Schüttelflasche eine horizontale Lage giebt und dem
Inhalt von Zeit zu Zeit eine drehende Bewegung verleiht.
Das Kühlrohr A an dem vorstehend gezeichneten Apparat ist
um seine wagrechte Achse drehbar und enthält im Innern das
mit Stöpsel verschließbare, 2 mm weite und zur Aufnahme des
Aräometers sowie der Ätherfettlösung bestimmte Glasrohr B.
An dem verengten unteren Ende des Glasrohres B ist mittelst
eines Kautschukschlauches, welcher durch einen Quetschhahn
verschließbar ist, ein knieförmig gebogenes Glasrohr D befestigt,
das durch die eine Bohrung des Korkes E geht, während durch
die andere Bohrung dieses Korkes das Knierohr F mit kurzem,
senkrechtem Schenkel führt.

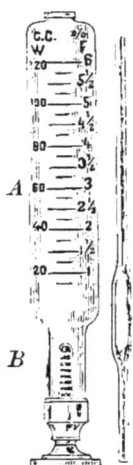

Fig. 7.
FESERS
Laktoskop.

Nachdem nun der Kühler A mit Wasser von
17—18^0 gefüllt ist und man die beiden Schlauch-
enden durch eine Glasröhre vereinigt hat, setzt
man den Kork E auf die Schüttelflasche H und
schiebt das langschenkelige Knierohr bis nahe an
die untere Grenze der Ätherfettschichte herunter.
Durch einen sanften Druck auf den Gummiblas-
balg G und gleichzeitiges Öffnen des Quetschhahnes
bei D steigt die klare Fettlösung in das Aräometerrohr B. Sobald das Aräometer C schwimmt, schließt
man den Quetschhahn und das Aräometerrohr
mittelst eines Korkes.
    Das Aräometer trägt auf einer Skala die Grade
66—43, welche dem spez. Gewichte 0,766—0,743
bei 17,5^0 C. entsprechen. Der Schwimmkörper des
Aräometers enthält ein Thermometer nach Celsius.
    Beträgt nun die Temperatur beim Ablesen
genau 17,5^0 C., so kann man den Fettgehalt der
Milch in Gewichtsprozenten aus den von SOXHLET
beigegebenen Tabellen (siehe Seite 23 u. 24) direkt
ablesen; ist die Temperatur eine andere, so muß
dieselbe reguliert werden, was in der Weise geschieht, daß man für jeden Grad Celsius, welchen
das Thermometer mehr zeigt als 17,5^0 C., einen
Grad zum abgelesenen Aräometerstand hinzuzählt und für jeden
Grad Celsius, den es weniger als 17,5^0 zeigt, einen Grad von der
Aräometerangabe abzieht.

Ermittelung des Fettgehaltes der Milch auf optischem Wege.

    Dieses Verfahren beruht darauf, daß eine Milch um so un-
durchsichtiger erscheint, je fettreicher dieselbe ist, d. h. je mehr
Fettkügelchen sie suspendiert enthält, und somit eine Milch im Verhältnis der zugesetzten Menge Wassers um so durchsichtiger wird.
    Ein solches Laktoskop hat Professor FESER in München
konstruiert.
    Dasselbe besteht aus einer 3,5 cm weiten Glasröhre A, an

Tafel

zur Bestimmung des Fettgehalts von Magermilch in Gewichtsprozenten aus dem spezifischen Gewichte der Ätherfettlösung
bei 17,5° C. nach Soxhlet.

Spez. Gew.	Fett Proz.	Spez. Gew.	Fett Proz.	Spez. Gew.	Fett Proz.	Spez. Gew.	Fett Proz.	Spez. Gew.	Fett Proz.
21,1	0,00	25,5	0,41	29,9	0,82	34,3	1,22	38,7	1,64
21,2	0,01	25,6	0,42	30	0,83	34,4	1,23	38,8	1,65
21,3	0,02	25,7	0,43	30,1	0,84	34,5	1,24	38,9	1,66
21,4	0,03	25,8	0,44	30,2	0,85	34,6	1,24	39	1,67
21,5	0,04	25,9	0,45	30,3	0,86	34,7	1,25	39,1	1,68
21,6	0,05	26	0,46	30,4	0,87	34,8	1,26	39,2	1,69
21,7	0,06	26,1	0,47	30,5	0,88	34,9	1,27	39,3	1,70
21,8	0,07	26,2	0,48	30,6	0,88	35	1,28	39,4	1,71
21,9	0,08	26,3	0,49	30,7	0,89	35,1	1,29	39,5	1,72
22	0,09	26,4	0,50	30,8	0,90	35,2	1,30	39,6	1,73
22,1	0,10	26,5	0,50	30,9	0,91	35,3	1,31	39,7	1,74
22,2	0,11	26,6	0,51	31	0,92	35,4	1,32	39,8	1,75
22,3	0,12	26,7	0,52	31,1	0,93	35,5	1,33	39,9	1,76
22,4	0,13	26,8	0,53	31,2	0,94	35,6	1,33	40	1,77
22,5	0,14	26,9	0,54	31,3	0,95	35,7	1,34	40,1	1,78
22,6	0,15	27	0,55	31,4	0,95	35,8	1,35	40,2	1,79
22,7	0,16	27,1	0,56	31,5	0,96	35,9	1,36	40,3	1,80
22,8	0,17	27,2	0,57	31,6	0,97	36	1,37	40,4	1,81
22,9	0,18	27,3	0,58	31,7	0,98	36,1	1,38	40,5	1,82
23	0,19	27,4	0,59	31,8	0,99	36,2	1,39	40,6	1,83
23,1	0,20	27,5	0,60	31,9	1,00	36,3	1,40	40,7	1,84
23,2	0,21	27,6	0,60	32	1,01	36,4	1,41	40,8	1,85
23,3	0,22	27,7	0,61	32,1	1,02	36,5	1,42	40,9	1,86
23,4	0,23	27,8	0,62	32,2	1,03	36,6	1,43	41	1,87
23,5	0,24	27,9	0,63	32,3	1,04	36,7	1,44	41,1	1,88
23,6	0,25	28	0,64	32,4	1,05	36,8	1,45	41,2	1,89
23,7	0,25	28,1	0,65	32,5	1,05	36,9	1,46	41,3	1,90
23,8	0,26	28,2	0,66	32,6	1,06	37	1,47	41,4	1,91
23,9	0,27	28,3	0,67	32,7	1,07	37,1	1,48	41,5	1,92
24	0,28	28,4	0,68	32,8	1,08	37,2	1,49	41,6	1,93
24,1	0,29	28,5	0,69	32,9	1,09	37,3	1,50	41,7	1,94
24,2	0,30	28,6	0,70	33	1,10	37,4	1,51	41,8	1,95
24,3	0,30	28,7	0,71	33,1	1,11	37,5	1,52	41,9	1,96
24,4	0,31	28,8	0,72	33,2	1,12	37,6	1,53	42	1,97
24,5	0,32	28,9	0,73	33,3	1,13	37,7	1,54	42,1	1,98
24,6	0,33	29	0,74	33,4	1,14	37,8	1,55	42,2	1,99
24,7	0,34	29,1	0,75	33,5	1,15	37,9	1,56	42,3	2,00
24,8	0,35	29,2	0,76	33,6	1,15	38	1,57	42,4	2,01
24,9	0,36	29,3	0,77	33,7	1,16	38,1	1,58	42,5	2,02
25	0,37	29,4	0,78	33,8	1,17	38,2	1,59	42,6	2,03
25,1	0,38	29,5	0,79	33,9	1,18	38,3	1,60	42,7	2,04
25,2	0,39	29,6	0,80	34	1,19	38,4	1,61	42,8	2 05
25,3	0,40	29,7	0,80	34,1	1,20	38,5	1,62	42,9	2,06
25,4	0,40	29,8	0,81	34,2	1,21	38,6	1,63	43	2,07

Tafel

zur Bestimmung des Fettgehaltes von Vollmilch in Gewichtsprozenten aus dem spezifischen Gewichte der Ätherfettlösung
bei 17,5° C. nach SOXHLET.

Spez. Gew.	Fett Proz.	Spez. Gew.	Fett Proz.	Spez. Gew.	Fett Proz.	Spez. Gew.	Fett Proz.	Spez. Gew.	Fett Proz.
43	2,07	47,7	2,61	52,3	3,16	56,9	3,74	61,5	4,39
43,1	2,08	47,8	2,62	52,4	3,17	57	3,75	61,6	4,40
43,2	2,09	47,9	2,63	52,5	3,18	57,1	3,76	61,7	4,42
43,3	2,10	48	2,64	52,6	3,20	57,2	3,78	61,8	4,44
43,4	2,11	48,1	2,66	52,7	3,21	57,3	3,80	61,9	4,46
43,5	2,12	48,2	2,67	52,8	3,22	57,4	3,81	62	4,47
43,6	2,13	48,3	2,68	52,9	3,23	57,5	3,82	62,1	4,48
43,7	2,14	48,4	2,70	53	3,25	57,6	3,84	62,2	4,50
43,8	2,16	48,5	2,71	53,1	3,26	57,7	3,85	62,3	4,52
43,9	2,17	48,6	2,72	53,2	3,27	57,8	3,87	62,4	4,53
44	2,18	48,7	2,73	53,3	3,28	57,9	3,88	62,5	4,55
44,1	2,19	48,8	2,74	53,4	3,29	58	3,90	62,6	4,56
44,2	2,20	48,9	2,75	53,5	3,30	58,1	3,91	62,7	4,58
44,3	2,22	49	2,76	53,6	3,31	58,2	3,92	62,8	4,59
44,4	2,23	49,1	2,77	53,7	3,33	58,3	3,93	62,9	4,61
44,5	2,24	49,2	2,78	53,8	3,34	58,4	3,95	63	4,63
44,6	2,25	49,3	2,79	53,9	3,35	58,5	3,96	63,1	4,64
44,7	2,26	49,4	2,80	54	3,37	58,6	3,98	63,2	4,66
44,8	2,27	49,5	2,81	54,1	3,38	58,7	3,99	63,3	4,67
44,9	2,28	49,6	2,83	54,2	3,39	58,8	4,01	63,4	4,69
45	2,30	49,7	2,84	54,3	3,40	58,9	4,02	63,5	4,70
45,1	2,31	49,8	2,86	54,4	3,41	59	4,03	63,6	4,71
45,2	2,32	49,9	2,87	54,5	3,43	59,1	4,04	63,7	4,73
45,3	2,33	50	2,88	54,6	3,45	59,2	4,06	63,8	4,75
45,4	2,34	50,1	2,90	54,7	3,46	59,3	4,07	63,9	4,77
45,5	2,35	50,2	2,91	54,8	3,47	59,4	4,09	64	4,79
45,6	2,36	50,3	2,92	54,9	3,48	59,5	4,11	64,1	4,80
45,7	2,37	50,4	2,93	55	3,49	59,6	4,12	64,2	4,82
45,8	2,38	50,5	2,94	55,1	3,51	59,7	4,14	64,3	4,84
45,9	2,39	50,6	2,96	55,2	3,52	59,8	4,15	64,4	4,85
46	2,40	50,7	2,97	55,3	3,53	59,9	4,16	64,5	4,87
46,1	2,42	50,8	2,98	55,4	3,55	60	4,18	64,6	4,88
46,2	2,43	50,9	2,99	55,5	3,56	60,1	4,19	64,7	4,90
46,3	2,44	51	3,00	55,6	3,57	60,2	4,20	64,8	4,92
46,4	2,45	51,1	3,01	55,7	3,59	60,3	4,21	64,9	4,93
46,5	2,46	51,2	3,03	55,8	3,60	60,4	4,23	65	4,95
46,6	2,47	51,3	3,04	55,9	3,61	60,5	4,24	65,1	4,97
46,7	2,49	51,4	3,05	56	3,63	60,6	4,26	65,2	4,98
46,8	2,50	51,5	3,06	56,1	3,64	60,7	4,27	65,3	5,00
46,9	2,51	51,6	3,08	56,2	3,65	60,8	4,29	65,4	5,02
47	2,52	51,7	3,09	56,3	3,67	60,9	4,30	65,5	5,04
47,1	2,54	51,8	3,10	56,4	3,68	61	4,32	65,6	5,05
47,2	2,55	51,9	3,11	56,5	3,69	61,1	4,33	65,7	5,07
47,3	2,56	52	3,12	56,6	3,71	61,2	4,35	65,8	5,09
47,4	2,57	52,1	3,14	56,7	3,72	61,3	4,36	65,9	5,11
47,5	2,58	52,2	3,15	56,8	3,73	61,4	4,37	66	5,12
47,6	2,60								

deren unterem verengten und geschlossenen Ende ein Milchglas-
cylinder *B*, welcher mit schwarzen Teilstrichen versehen ist, ein-
geschmolzen ist. (Fig. 7.)

Zur Ausführung der Fettbestimmung werden mit der beigegebenen Pipette 4 cc der gut durchmischten Milch in die Glasröhre *A* gegeben und so lange mit kleinen Mengen Wasser unter
jedesmaligem Umschütteln versetzt, bis sämtliche schwarze Teilstriche auf der Milchglasskala eben deutlich gesehen werden
können. Der Stand der so verdünnten Milch giebt im oberen weiteren
Teile des Glascylinders auf der rechten Seite die Fettprozente der
Milch und auf der linken Seite die zugesetzte Wassermenge an.
Die mit diesem Instrumente von uns ausgeführten Vergleichs-
versuche haben oft starke Abweichungen gegenüber dem gewichtsanalytischen Verfahren ergeben. Das FESER'sche Laktoskop kann
bei großer Übung annähernd richtige Resultate liefern, für ge-
richtliche Zwecke ist dasselbe aber nicht brauchbar.

**Die Prüfung der Milch auf einen Gehalt an Konser-
vierungsmitteln und anderen fremden Zusätzen.**

Milch, welche einen Zusatz von konservierenden
Chemikalien, wie Borsäure und Salicylsäure, erhalten hatte,
welche die Gärungserscheinungen in der Milch zu hemmen
vermögen, hat uns bisher noch nicht zur Untersuchung
vorgelegen, dagegen ist es uns in einigen Fällen gelungen,
den Nachweis eines Zusatzes von Soda bezw. doppeltkohlensaurem Natron zu führen, welche namentlich in
heißer Jahreszeit der Milch zugesetzt werden, um das
Gerinnen derselben zu verhindern.

Soda und **doppeltkohlensaures Natron,** durch deren
Zusatz die Säure der Milch wohl abgestumpft, aber das
Fortschreiten der Säurebildung nicht verhindert wird, erhöhen den Aschegehalt der Milch und ergeben sich bei
der Kohlensäurebestimmung der Milchasche. Während
die Asche normaler Milch höchstens 2 % Kohlensäure
enthält, beträgt der Gehalt der Soda an Kohlensäure 41,2 %.

Nach HILGER werden zum Nachweis dieser Zusätze
50 cc Milch mit der fünffachen Wassermenge verdünnt,
erhitzt, mit Alkohol zum Gerinnen gebracht und filtriert.
Das zur Hälfte eingedampfte Filtrat läßt an der alkalischen
Reaktion das Vorhandensein von kohlensaurem Alkali
erkennen.

Nach SCHMIDT wird auf Zusatz von 1 cc Rosolsäure-
lösung zu 10 cc Milch und 10 cc Alkohol die Mischung beim
Vorhandensein von Soda mehr oder weniger rosarot gefärbt.

Der Nachweis von **Borsäure oder Borax.** Nach MEYSE*)
verdampft man 25—50 cc Milch unter Zusatz von Kalkmilch oder von Natriumbikarbonat zur Trockne, verascht,
löst den Rückstand in wenig Salzsäure und filtriert. Das
Filtrat wird verdampft und der Rückstand mit salzsäurehaltigem Wasser und Curcumatinktur befeuchtet und auf
dem Wasserbad getrocknet.
Färbt sich der Rückstand zinnober- oder kirschrot, so
deutet dies auf das Vorhandensein von Soda.
Salicylsäure. Etwa 200 cc Milch werden zur Fällung
von Eiweiß und Fett mit Schwefelsäure versetzt und
filtriert. Das Filtrat (die Molken) wird konzentriert, mit
Äther ausgeschüttelt und der nach dem Verdunsten des
Äthers erhaltene Rückstand mit Eisenchlorid auf Salicylsäure geprüft. Violettblaue Farbe zeigt das Vorhandensein von Salicylsäure an.
Formaldehyd wird nach THOMPSON**) durch Abdestillieren von 100 cc Milch und Prüfung des Destillats
(20 cc) auf das Vorhandensein von Formaldehyd nach
den üblichen Methoden.
Ausführliche Analyse der Milch. Während die bis
jetzt besprochenen Methoden der Prüfung der Milch hauptsächlich die Kontrolle der Marktmilch zum Zweck haben,
geben die folgenden über die einzelnen Bestandteile der
Trockensubstanz der Milch, über den Gehalt derselben an
Eiweißstoffen, Zucker und an Mineralstoffen Aufschluß,
was namentlich auch bei der Untersuchung von Milch-
präparaten (kondensierte Milch u. s. w.) von Wichtigkeit ist.
Hierher gehören folgende Bestimmungen:
Der **Gesamtstickstoff der Milch.** Derselbe wird nach
der KJELDAHL'schen Methode in einer bestimmten, mit
Gips eingetrockneten Menge von Milch bestimmt.
Die **Eiweißstoffe** werden nach der Methode von RITT-
HAUSEN bestimmt: 10 gr Milch werden mit 100—150 cc
Wasser verdünnt und mit 15 cc einer Kupfersulfatlösung,
welche 63,5 gr Kupfersulfat im Liter enthält, versetzt.
Zur Abscheidung des Kupferoxydhydrates fügt man nun
7 cc Natronlauge (15 gr Ätznatron im Liter Wasser mit
dem spez. Gewicht 1,018), worauf nach kurzer Zeit ein

---

*) Zeitschrift f. analyt. Chemie 1882.
**) Chem. News 1895, 71, S. 247.

flockiger, hellblauer Niederschlag von Kupferoxydhydrat, Eiweiß und Fett entsteht. Derselbe wird auf einem gewogenen Filter gesammelt, getrocknet und gewogen. Durch Auswaschen oder Extrahieren mit Alkohol und Äther wird das Fett entfernt, welches sich nach dem Trocknen des Rückstandes bei 100° C. aus der Gewichtsdifferenz ergiebt. Der Rückstand auf dem Filter wird geglüht und gewogen, und man erhält aus der sich ergebenden Gewichtsdifferenz den Gehalt der Milch an Eiweißstoffen.

Caseïn. Etwa 10—20 gr Milch werden mit der zehnfachen Menge Wasser verdünnt, mit einigen Tropfen Essigsäure angesäuert und auf 40° C. erwärmt. Der hierbei entstehende, flockige Niederschlag, aus Caseïn bestehend, wird auf einem gewogenen Filter gesammelt, mit Wasser, Alkohol und mit Äther gewaschen, getrocknet und gewogen.

Das **Albumin** wird aus dem Filtrat vom Caseïnniederschlag durch Kochen, nötigenfalls unter Zusatz von einigen Tropfen Essigsäure abgeschieden, auf dem Filter gesammelt und nach dem Waschen mit Wasser und Trocknen bei 100° C. gewogen.

Laktoproteïne. Die peptonisierten Eiweißstoffe der Milch sind in dem Filtrat vom Caseïn- und Albuminniederschlag enthalten. Zur Ermittelung derselben wird dieses Filtrat zur Trockene gebracht und in einer bestimmten Menge des Trockenrückstandes der Stickstoffgehalt nach KJELDAHL bestimmt. Stickstoff $\times$ 6,25 = Laktoproteïne.

Milchzucker. 1) Die Bestimmung desselben auf gewichtsanalytischem Wege geschieht nach SOXHLET: 25 cc Milch werden mit 400 cc Wasser verdünnt und zur Abscheidung von Eiweiß und Fett nach dem RITTHAUSENschen Verfahren mit 10 cc Kupfervitriollösung (63,5 gr im Liter) und 6,5—7,5 cc Kalilauge (14,2 Ätzkali im Liter) versetzt, so daß aber die Lösung noch schwach sauer reagiert. Man verdünnt nun auf 500 cc und bestimmt im Filtrat den Zucker mit FEHLING'scher Lösung. 1 Milligr. Cu = 0,73 Milligr. Milchzucker. 2) Durch Polarisation bestimmt man den Zucker in der Weise, daß 50 cc Milch mit 25 cc Bleiessig zum Kochen erhitzt und nach dem Erkalten auf 100 cc verdünnt werden. Das Filtrat wird polarisiert, wobei 1° Soleil = 0,205 gr Milchzucker entspricht.

Der **Säuregrad** der Milch wird durch Titrieren von 50 cc Milch mit $^1/_4$ Normalnatronlauge unter Anwendung von 2 cc 2 %iger Phenolphtaleïnlösung als Indikator bestimmt. Unter einem Säuregrad versteht man die Anzahl cc $^1/_4$ Normalnatronlauge, welche zur Neutralisation von 100 cc Milch erforderlich ist.

II. Butter.

Als Butter bezeichnet man die durch anhaltende Erschütterung (Stoßen, Schlagen u. s. w.) zu einer zusammenhängenden Masse vereinigten, in dem Milchserum der Kuhmilch suspendierten Fettkügelchen. Die hierbei zurückbleibende Flüssigkeit ist die Buttermilch.

Über die Butterausscheidung aus der Milch oder aus dem Rahm bestehen verschiedene Theorien. Nach SOXHLET befindet sich das Butterfett, trotzdem dessen Schmelzpunkt bei 31—34° C. liegt, bei gewöhnlicher Temperatur doch noch im flüssigen, »unterkühlten« Zustande in der Milch, gelangt erst durch Erschütterung nach Analogie der übersättigten Salzlösungen in den festen Zustand und vereinigt sich erst, nachdem letzteres eingetreten ist, zu größeren Konglomeraten.

Zur Gewinnung von Butter werden teils süße oder ungesäuerte Milch, teils süßer oder ungesäuerter Rahm verwendet.

Das Buttern geschieht in Butterfässern (Stoß-, Schlag- oder Rollbutterfässern) und ist vollendet, wenn die Fettklümpchen sich zu erbsengroßen Stücken vereinigt haben.

Die Temperatur ist hierbei von wesentlichem Einfluß und gelten zur Herstellung von Butter aus Süßrahm 11—15° C., aus saurem Rahm 12—20° C., aus süßer Milch 7—8 und aus ungesäuerter Milch 15—21° C. als günstigste Temperaturen.

Zur Weiterverarbeitung der Butter werden die zusammenhängenden Stückchen mittelst eines Seihers aus der Buttermilch herausgenommen und durch Kneten mit der Hand oder mit besonderen Knetmaschinen sowie durch wiederholtes Waschen von anhängender Buttermilch und Caseïn befreit.

Die so erhaltene Butter kommt in Süddeutschland meistens in ungesalzenem Zustande in den Handel, in Norddeutschland wird dieselbe fast allgemein gesalzen. Die Kochsalzmenge, welche eingeknetet wird, richtet sich nach dem Geschmacke der Konsumenten und schwankt zwischen 2 und 10 Proz. Der Zusatz von Kochsalz dient zur Konservierung der Butter.

Die reine ungesalzene Butter bildet eine gleichmäßige Masse von geschmeidiger Konsistenz und besitzt einen angenehmen Geruch und milden Geschmack. Die Farbe der Butter ist gewöhnlich strohgelb, dieselbe wechselt aber je nach der Art der Fütterung und der Rasse der Tiere. Im Sommer bei Darreichung von Grünfutter wird eine Butter von deutlich gelber Farbe erhalten, während im Winter bei Heu- und Kartoffelfütterung die Butter eine mehr gelblichweiße Farbe zeigt.

Das spezifische Gewicht bei 100^0 C. beträgt 0,865 bis 0,868, ihr Schmelzpunkt liegt bei $31-34^0$ C.

Der chemischen Zusammensetzung nach besteht das Butterfett hauptsächlich aus Triglyceriden nicht flüchtiger Fettsäuren, wie der Stearin-, Palmitin- und Oleïnsäure, sowie aus den Glyceriden flüchtiger Fettsäuren, wie der Essig-, Butter-, Capron-, Capryl-, Caprinsäure u. s. w. Der Gehalt an flüchtigen Fettsäuren ist in der Butter sehr groß und besonders charakteristisch für dieselbe.

Mittlere Zusammensetzung der normalen ungesalzenen Butter:

Wasser .	12,00
Butterfett	86,70
Caseïn und Milchzucker	1,15
Mineralstoffe	. 0,15
	100,00.

Die Untersuchung der Butter.*)

Probeentnahme: Die Probeentnahme hat an verschiedenen Stellen des Buttervorrats zu erfolgen und zwar von der Oberfläche, vom Boden und aus der Mitte; bei den Butterballen, welche die Butterhändler auf den Wochenmärkten feil halten,

---

*) S. Anhang: »Amtl. Bekanntmachung des Reichskanzlers«.

aus der Mitte und von den äußeren Schichten derselben. Die entnommene Menge muß mindestens 100 gr betragen und ist in Porzellan, glasierten Thon-, Steinguttöpfen oder in gut schließenden Blechdosen einzusenden. Papierumhüllungen sind zu vermeiden.

Bestimmung des Gehaltes der Butter an Buttermilch, Wasser und an Caseïn, die bei der Herstellung der Butter noch in derselben zurückgeblieben sind.

Ein Teil der zu prüfenden Butter wird mittelst eines schiefen Blechtrichters (Fig. 8) unter gelindem Erwärmen mit der Gasflamme in eine 15 mm weite, 40 cm lange, unten rund zugeschmolzene Glasröhre gegeben, welche in 100 gleiche Raumteile, deren Nullpunkt am geschlossenen Ende liegt, eingeteilt ist. Die so mit Butter beschickte Röhre wird in einem 30 cm hohen Wasserbad unter öfterem Rollen (Quirlen) derselben zwischen den Händen oder Schleudern so lange erhitzt, bis sich Wasser, Buttermilch, Käsegerinsel u. s. w. von der klar geschmolzenen Butter getrennt und am Boden der Röhre abgesetzt haben, wo man die Menge derselben nach dem Erkalten des Fettes direkt in Prozenten ablesen kann.

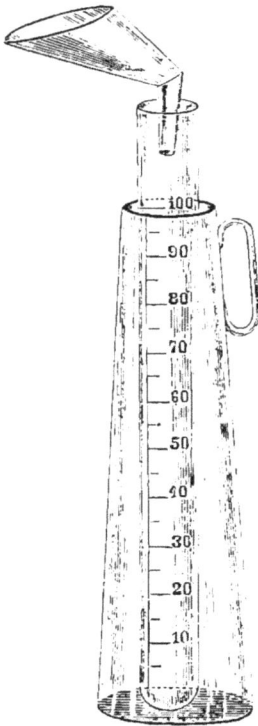

Fig. 8. Blechtrichter.

Der abgeschiedene Teil wird nach Entfernung des Butterfettes einer chemischen und mikroskopischen Prüfung auf seine Bestandteile unterworfen. Hierbei ist namentlich zu achten auf das Vorhandensein von Konservierungs- und Färbemitteln, sowie auf Stärkemehl. Gute Butter enthält durchschnittlich 12 Proz. an Buttermilch und Wasser.

Die **Wasserbestimmung** kann auch durch Austrocknen von 5—10 gr Butter mit Sand oder fein gepulvertem, ausgeglühtem Bimsstein bei 100^0 C. ausgeführt werden.

Spezifisches Gewicht der Butter. Das spezifische

Gewicht wird bei 100⁰ C. mittelst kleiner, besonders hierfür konstruierter Aräometer, die mit Skalen von 0,845—0,870 versehen sind, gefunden. Von dem filtrierten Butterfett werden 2 cm weite und etwa 18 cm hohe Reagenzcylinder bis zu zwei Drittel gefüllt und in ein vollständig geschlossenes, nur mit einem Abzugsrohr für den Dampf versehenes, zum Kochen erhitztes Wasserbad gebracht und mittelst der Aräometerspindel das spezifische Gewicht ermittelt.

Das spezifische Gewicht der reinen Butter beträgt 0,865—0,868 bei 100⁰ C.

Schmelzpunkt. Man saugt von dem filtrierten Fette kleine Mengen in dünnwandige, etwa 2 mm weite, nach unten sich verjüngende Glasröhrchen (Fig. 9) auf, läßt erstarren und schmilzt das untere Ende der Röhrchen zu. Dies so beschickte Glasröhrchen wird nun mittelst eines Kautschukrings so an ein Thermometer befestigt, daß der das Fett enthaltende Teil der Glasröhrchen neben die Quecksilberkugel zu liegen kommt. Das so hergerichtete Thermometer wird nun an einem Statif befestigt, in ein Becherglas mit Wasser getaucht und allmählich gelinde erwärmt. Sobald das Fett zu schmelzen beginnt, wird die Temperatur des Thermometers notiert.

Zur Bestimmung des Anfangs- und Endpunktes des Schmelzens läßt BENSEMANN in dem oberen weiteren Teil des Röhrchens einige Tropfen Fett erstarren, bezeichnet dann den

Fig. 9.

Punkt, wo das Fett beim Erwärmen nach dem verjüngten Teil der Röhre zu fließen beginnt, als Anfangs-, und die Temperatur, bei welcher das Fett sich zu einer klaren Schicht vereinigt hat, als Endpunkt des Schmelzens.

Brechungsindex. Die Ermittelung des Brechungsindex geschieht mittelst des Butterrefraktometers von C. ZEISS bei etwa 40⁰ C. Das von WOLLNY*) speziell für Butter- und Schweinefettuntersuchungen für den Apparat konstruierte Thermometer vereinfacht die Ablesungen.

---

*) Pharm. Centralh., N. F. XVI, 1895, S. 433.

(Vergl. Gebrauchsanweisung zum ZEISS'schen Refraktometer.)

Mineralstoffe (Asche). Die bei der Wasserbestimmung
zurückgebliebene Butter löst man in Äther, filtriert und
verdunstet den Äther wieder; der Rückstand wird eingeäschert. Reine ungesalzene Butter enthält selten mehr
als 0,3 % Asche.

Der Kochsalzgehalt einer Butter kann in der Asche
durch Titration bestimmt werden.

Fettbestimmung (nur in besonderen Fällen auszuführen). Etwa 5 gr Butter werden mit Sand oder Gips
in HOFFMEISTER'schen Schälchen bei 100° C. getrocknet,
nach dem Erkalten zerrieben und im CLAUSNITZER'schen
Extraktionsapparat mit Äther extrahiert.

**Prüfung der Butter auf einen Gehalt an fremden
Fetten.** Zur Vorprüfung, ob eine Butter mit fremden

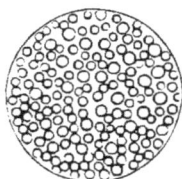 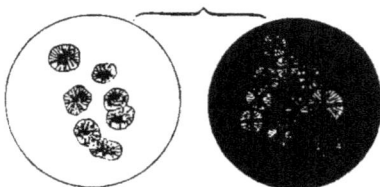

Fig. 10.   Fig. 11.
Mikroskopisches Bild von geschmolzenem und nicht geschmolzenem Fett.

Fetten gefälscht ist, eignet sich als wichtiges Erkennungsmittel das Mikroskop. Die Fette erstarren bekanntlich
von dem geschmolzenen Zustand aus beim Erkalten krystallinisch. Diese Krystalle brechen das polarisierte Licht
doppelt, so daß geschmolzene und wieder erstarrte Fette
bei gekreuzten NICOL'schen Prismen unter dem Mikroskop
helle und gefärbte Krystalle (Drusen) erkennen lassen
(Fig. 11), während hierbei bei reiner, vorher noch nicht
geschmolzener Butter ein dunkles Gesichtsfeld erscheint
(Fig. 10).

Dasselbe Verhalten wie die geschmolzenen und wieder
erstarrten Fette zeigt auch das ausgeschmolzene Butterfett,
das sog. Butter- oder Rindsschmalz, sowie die durch das
Sonnenlicht oder durch die Wärme der Hände geschmolzenen Butterteilchen. Es kann deshalb nach dem

mikroskopischen Befund nicht direkt auf eine Fälschung der Butter geschlossen werden, dagegen muß beim Fehlen dieser Krystalle eine Fälschung, bezw. ein Zusammenschmelzen von Butter mit fremden Fetten als ausgeschlossen gelten.

Zum Nachweis fremder Fette in der Butter eignen sich besonders folgende Verfahren:

Bestimmung der flüchtigen Fettsäuren nach der Methode von Reichert-Meissl und der Verseifungszahl nach Kœttstorfer. Wie schon oben erwähnt, sind die flüchtigen Fettsäuren ein besonders charakteristisches Merkmal für die Butter. Dieselbe enthält viel größere Mengen flüchtiger Fettsäuren als alle übrigen tierischen und Pflanzenfette, und die Bestimmung dieser Fettsäuren giebt die besten Anhaltspunkte für die Erkennung einer Fälschung der Butter mit fremden Fetten.

Die beiden Methoden können nach H. Bremer*) miteinander in folgender Weise vereinigt werden:

5 gr des filtrierten, gut gemischten und wasserfreien Butterfettes werden in einem etwa 300 cc fassenden Kolben (Erlenmeyer'scher oder Schott'scher) gewogen, dann mit einer genau geeichten Pipette 10 cc einer alkoholischen Kalilauge (20 Teile möglichst blanke Stangen von Ätzkali in 60 Teilen absolutem Alkohol, die nach dem Absitzen und Filtrieren durch Glaswolle oder Asbest auf eine Stärke von etwa 1,3 gr Kaliumhydroxyd in 10 cc und auf einen Alkoholgehalt von etwa 70 Volumprozent eingestellt ist) hinzugegeben. Der Kolben wird mit einem 1 m langen, ziemlich weiten Kühlrohr versehen, welches durch ein Bunsen'sches Ventil abgeschlossen ist, und auf das siedende Wasserbad gebracht.

Sobald der Alkohol in das Kühlrohr destilliert und die ersten Tropfen zurücklaufen, schwenkt man den Kolben über dem Wasserbad unter Vermeidung des Verspritzens an den Kühlrohrverschluß so lange um, bis eine homogene Lösung entstanden ist. Dann setzt man den Kolben noch mindestens 5, höchstens 10 Minuten lange auf das Wasserbad, schwenkt während dieser Zeit noch einigemale gelinde um und nimmt den Kolben vom Wasserbade. Nachdem der Kolbeninhalt soweit erkaltet ist, daß kein Alkohol mehr aus dem Kühlrohr zurücktropft, läßt man durch das Bunsen-Ventil Luft eintreten, nimmt das Kühlrohr ab und titriert sofort nach Zusatz von 3 Tropfen Phenolphtaleïn (1 Phenolphtaleïn in 100 Alkohol) mit einer alkoholischen (70 Vol. %igen) Normalschwefelsäure bis zur rotgelben Farbe.

Dann setzt man noch 0,5 cc Phenolphtaleïnlösung zu und titriert mit einigen Tropfen der alkoholischen Normalschwefelsäure scharf bis zur rein gelben Farbe.

---

*) Forschungsberichte über Lebensmittel etc. 1895, 2, S. 431.

Die verbrauchten cc Schwefelsäure werden abgezogen von der in einem blinden Versuche für 10 cc Kalilauge ermittelten Säuremenge und die Differenz durch Multiplikation mit $(0,2 \times 56)$ = 11,2 auf die Verseifungszahl umgerechnet.

Zu dem Kolbeninhalt giebt man dann 10 Tropfen der alkoholischen Kalilauge und verjagt den Alkohol im Wasserbad durch Schütteln des Kolbens und Einblasen von Luft.

Die Seife wird in 100 cc kohlensäurefreiem Wasser unter Erwärmen gelöst, dann auf etwa 50° C. abgekühlt; nach Zusatz von einigen erbsengroßen Bimssteinstückchen werden sodann 40 cc verdünnte Schwefelsäure (1 Vol. Schwefelsäure und 10 Vol. Wasser) hinzugegeben.

Aus dem Kolben werden nun unter Anwendung eines mindestens 50 cm langen Kühlers genau 110 cc abdestilliert.

100 cc des gut gemischten und filtrierten Destillats werden dann mit $^1/_{10}$ Normalnatronlauge und Phenolphtaleïn titriert, die gefundene Menge wird mit 1,1 multipliziert und davon die in einem blinden Versuche gefundene Menge abgezogen.

Eine andere Methode zur Ermittelung fremder Fette in der Butter ist die

Bestimmung der unlöslichen oder festen Fettsäuren nach HEHNER. Dieses Verfahren gründet sich darauf, daß die Kuhbutter nur zwischen 85,7 und 87,5 Proz. unlösliche Fettsäuren enthält, während alle anderen tierischen Fette (Kunstbutter, Talg, Schweinefett und dergl.) einen Gehalt von 94—95 Proz. dieser Fettsäuren aufweisen.

Ausführung der Methode: 3—4 gr der vom Nichtfett klar abgegossenen und filtrierten Butter werden mit 50 cc 80 %igem Alkohol und 1—2 gr festem Ätzkali in einem mit einem Glasstabe bei 100° C. getrockneten und gewogenen Becherglas im Wasserbad verseift. Die Verseifung ist vollständig, wenn die Lösung auf Zusatz einiger Tropfen Wasser klar bleibt. Der nach dem Verdunsten des Alkohols erhaltene Seifenleim wird in 100 cc heißem destilliertem Wasser gelöst und nach vollständiger Lösung der Seife mit 5 cc konzentrierter Schwefelsäure zersetzt. Man läßt nun die Mischung so lange auf dem Wasserbad stehen, bis die aus der Kaliumverbindung abgeschiedenen Fettsäuren klar auf der Oberfläche schwimmend sich gesammelt haben. Die Fettsäureschichte läßt man dann erstarren, zerbricht dieselbe hierauf mittelst des Glasstabes und gießt zunächst die saure Flüssigkeit durch ein bei 100° getrocknetes und gewogenes, gut befeuchtetes Filter. Dann spült man die erstarrten Fettsäuren vorsichtig auf das Filter und wäscht dieselben so lange mit heißem Wasser aus, bis die saure Reaktion vollständig verschwunden ist. Das heiße Wasser wird dann durch kaltes ersetzt, so daß die unlöslichen Fettsäuren auf dem Filter erstarren. Nach dem vollständigen Abtropfen des Wassers wird das Filter aus dem Trichter herausgenommen, in das Becherglas gegeben, in welchem noch Spuren von Fettsäuren zurückgeblieben sind, zunächst über Schwefelsäure und zuletzt bei 100° C. getrocknet und nach dem Erkalten gewogen.

Diese Methode giebt keine so scharfen Resultate und nicht

so sehr in die Augen fallende Unterschiede zwischen der Zusammensetzung der Milchbutter und den anderen tierischen
Fetten als die REICHERT-MEISSL'sche.
Das lange und nur mit größeren Mengen Wasser zu bewerk-
stelligende Auswaschen, sowie das Trocknen der unlöslichen Fettsäuren verursacht Schwierigkeiten und giebt leicht zu Fehler-
quellen Veranlassung.

Bestimmung der freien Fettsäuren (Säuregrad). Die
Butter wird beim Liegen an der Luft sehr rasch ranzig,
namentlich wenn dieselbe noch viel Buttermilch und Caseïn enthält. Zur Ermittelung der dadurch gebildeten
freien Fettsäuren löst man 10 gr Butterfett in Ätheralkohol und titriert nach Zusatz von einigen Tropfen
Phenolphtaleïnlösung mit $^1/_{10}$ Normalnatronlauge.

Unter Säuregrad versteht man die Anzahl der zur
Neutralisation der freien Fettsäuren von 100 gr Butter
verbrauchten cc Normalalkalilauge.

Butter, welche hierbei auf 10 gr mehr als 8 cc
$^1/_{10}$ Normalnatronlauge zur Neutralisation verbraucht, muß
als »ranzig« bezeichnet werden.

Beurteilung der Butter. Gute, ungesalzene Butter
soll eine blaßgelbe Farbe, sowie einen angenehmen, frischen
Geruch und einen milden Geschmack besitzen. Der Milch-
fettgehalt soll mindestens 80 % betragen; Butter, welche
reicher an Buttermilch und Wasser ist, muß als »nicht
marktfähige Ware« bezeichnet werden.

5 gr Butter verbrauchen zur Neutralisation ihrer
flüchtigen Fettsäuren (Methode REICHERT-MEISSL) 24,9 bis
30,6, im Mittel 27,8 cc $^1/_{10}$ Normalnatronlauge. Butter,
welche für 110 cc des Destillats der aus 5 gr Butterfett
erhaltenen, mit verdünnter Schwefelsäure zersetzten Seife
weniger als 24 cc $^1/_{10}$ Natronlauge zur Sättigung verbraucht, ist verdächtig, mit fremden Fetten gefälscht
zu sein.

Alte, ranzige Butter beeinflußt die REICHERT-MEISSL-
sche Zahl nicht erheblich; Butter, welche aus Milch von
frisch kalbenden Kühen gewonnen ist, giebt hohe REICHERT-
MEISSL'sche Zahlen.

Wird die Butter beim Ausschmelzen zu stark erhitzt,
so können die flüchtigen Fettsäuren vermindert werden,
und die Butter liefert bei der Bestimmung der flüchtigen
Fettsäuren zu niedere MEISSL'sche Zahlen.

3*

Bezüglich der HEHNER'schen Methode erweist sich eine Butter als rein, wenn die Zahlen für die unlöslichen Fettsäuren zwischen 85,7 und 87,5 bezw. zu 88,0 Proz. gefunden werden; sie kann dagegen mit ziemlicher Sicherheit als mit fremden Fetten vermischt bezeichnet werden, wenn sie 90 Proz. unlösliche Fettsäuren enthält. Der Kochsalzgehalt der Butter soll 2 Proz. nicht überschreiten.

Künstliche Färbungen der Butter mit Safran, Saflor, Curcuma, Orlean u. dergl. sind zu rügen, solche mit giftigen Farbstoffen, wie Dinitrokresolkalium, sind zu beanstanden.

Hieran mag eine Zusammenstellung der für Butter und für die im Haushalt gebräuchlichen oder zur Fälschung von Butter benutzten, übrigen tierischen und Pflanzenfette gefundenen REICHERT-MEISSL'schen, HEHNER'schen und KŒTTSTORFER'schen Zahlen angereiht werden:

Bezeichnung des Fettes.	REICHERT-MEISSL. cc $^1/_{10}$ NaOH zur Neutralisation der flüchtigen Fettsäuren.	HEHNER. Proz. unlöslicher Fettsäuren.	KŒTTSTORFER. Verseifungszahl Milligr. Ätzkali für 1 gr Fett.
Butter	24,9—30,6	85.7—87,5	221—233,0
Kunstbutter (Margarine) .	0,8—1,5	94,0—95,5	192—199
Kokosbutter	7—7,6	88,2	262,0
Gänsefett		95.4	192,4
Schweinefett	0,8—0,9	95,58	195,4
Rindstalg	0,8	94,0	196,5
Olivenöl	0,6	94,5	192,0
Mohnöl	0,5	95,9	194,0
Mandelöl	0,5	94,0	195,0
Sesamöl	0,5— 1,10	95,8	190,0
Baumwollsamenöl .	0,5	95,7	194,0
Palmöl	1,5	86,1	202,0
Rüböl	0,5—1,0	95,1	178,0

III. Käse.

Die Käsebereitung wird nach zwei verschiedenen Verfahren vorgenommen:

1. Das sog. »Dicklegen« der Milch durch **Lab**, ein chemisches Ferment, welches durch Extrahieren der Magenschleimhaut junger Säugetiere (Kälber) mit warmem Wasser hergestellt wird, und welches durch Einwirkung auf das Caseïn der Milch diese koaguliert. Das Dicklegen der Milch geschieht bei einer Temperatur von 20—35⁰ C., und wird die Milch hierzu, wenn erforderlich, in Kesseln erwärmt.

Die so gewonnene Milch, der sog. »Bruch«, welcher Milchfett und Käsemilch einschließt, wird durch Auskneten von letzterer befreit, gesalzen, geformt und einem Reifeprozeß überlassen. Zu diesem Zwecke werden die Käse auf hölzerne Gestelle in Räumen aufgestellt, deren Temperatur nicht unter 10⁰ C. heruntergehen darf und 20⁰ C. nicht übersteigen soll.

Die chemischen Vorgänge des Reifungsprozesses bestehen in einer teilweisen Verseifung des Fettes und der Bildung von flüchtigen Fettsäuren, welche reifem Käse den charakteristischen Geruch und Geschmack verleihen; es bilden sich ferner Peptone und Zersetzungsprodukte wie Leucin, Tyrosin und Ammoniak neben Milchsäure. Beim Reifungsprozeß können sich auch, wenn derselbe eine gewisse Grenze überschreitet, Stoffe, das sog. Käsegift, bilden, welche beim Genusse gesundheitsschädlich auf den menschlichen Organismus wirken.

Bei dem oben beschriebenen Verfahren erhält man die **Lab-** oder **Süßmilchkäse** und je nach der Bearbeitung der geronnenen Käsemasse **Hart-** oder **Weichkäse**.

Bei der Darstellung der Hartkäse wird die Käsemasse zerkleinert und die Molken möglichst gut abgepreßt oder ausgeknetet, während man zur Herstellung der Weichkäse den Käsebruch nur zerteilt und ohne weitere Bearbeitung in Formen füllt.

Je nach der Beschaffenheit der Milch, ob Milch mit Rahmzusatz, Vollmilch oder teilweise oder ganz entrahmte Milch zur Käsebereitung verwendet wird, unterscheidet man **Rahm-, Fett-, Halbfett-** und **Magerkäse.**

Hartkäse aus Kuhmilch.

Emmenthaler aus ganzer und schwach entrahmter Milch.

Holländer Magerkäse, Goudakäse (Südholland).

Amerikanische Cheddarkäse.

Chesterkäse.

Parmesankäse.

Hartkäse aus Schafmilch.

Roquefortkäse aus der Milch der Larzacschafe. Der Käsebruch wird nach dem Auskneten mit gepulvertem »Schimmelbrot«, welches eigens hierzu aus Weizen- und Gerstenmehl mit Sauerteig und Essig gebacken wird, geschichtet und in den kühlen und luftigen Grotten (Felsenhöhlen) von St. Affrique und Larzac dem Reifungsprozeß überlassen.

Liptauer Käse.

Käse aus Ziegenmilch.

Ziegenkäse von Mont d'Or.

Weichkäse.

Limburger Käse aus der Provinz Lüttich und aus Limburg, aus ganzer und teilweise entrahmter Milch.

Backsteinkäse aus dem Allgäu.

Romandurkäse aus dem Allgäu.

Münsterkäse wird in Elsaß-Lothringen in der Nähe der Stadt Münster fabriziert.

Schachtelkäse.

Camembertkäse aus ganzer Milch.

Neuchâteler Käse aus ganzer und Magermilch.

Spunden.

Brie, französische Käse.

Gorgonzolakäse in Gorgonzola bei Mailand fabriziert.

Strachino, italienischer Käse aus der Gegend von Mailand.

2. Die Abscheidung des Käsestoffes kann auch in der sauren Milch durch Erwärmen derselben auf $37-40^0$ C. oder durch Versetzen derselben mit warmem Wasser bewirkt werden. Falls die Milch nicht hinreichend sauer ist, wird dieselbe mit stark gesäuerter Buttermilch versetzt.

Hierbei erhält man die **Sauermilchkäse**, welche fast nur aus Magermilch und Buttermilch bereitet werden. Die Sauermilchkäse sind ein beliebtes Volksnahrungsmittel. Es gehören hierher:
Die Handkäschen, Harzkäse, holsteinische Gesundheitskäse, französische Bauernkäse und dergl.

Zusammensetzung verschiedener Käsearten.

	Wasser.	Fett.	Stickstoff-Substanz.	Milch-zucker.	Mineral-stoffe.
Rahmkäse .	41,50	31,65	19,20	4,75	3,47
Fettkäse .	38,45	28,68	24,82	2,65	4,60
Halbfettkäse	42,00	25,85	27,60	1,65	3,90
Magerkäse .	42,68	12,2	35,18	6,00	4,5.

Die Untersuchung des Käses.*)

Probeentnahme. Die zur Untersuchung einzusendende Menge muß mindestens 100 gr betragen und darf nicht nur der Rindenschicht oder dem inneren Teile entstammen, sondern muß einer Durchschnittsprobe entsprechen. Bei großen Käsen entnimmt man mittelst des Käsestechers senkrecht zur Oberfläche ein cylindrisches Stück.
Die Versendung geschieht in Gläsern, Porzellantöpfen, Blechdosen oder in Pergamentpapier.
Bestimmung des Wassergehaltes. Durch Austrocknen von 4—5 gr Käse in Platinschalen.
Mineralstoffe. Durch Einäschern des bei der Wasserbestimmung erhaltenen Trockenrückstandes.
Fett. Etwa 5 gr Käse werden mit Sand in Hoffmeister'schen Schälchen eingetrocknet, die trockene Masse wird gepulvert und im Clausnitzer'schen Extraktionsapparate mit Äther extrahiert.
Zur Nachweisung fremder Fette wird das bei der obigen Fettbestimmung erhaltene Fett einer Prüfung auf seinen Gehalt an flüchtigen Fettsäuren (Meissl'sche Zahl) unterworfen.
Den **Caseïngehalt** erfährt man durch eine Stickstoffbestimmung des Käses und Multiplikation desselben mit 6,25 = Caseïn.

*) S. Anhang: »Amtl. Bekanntmachung des Reichskanzlers«.

Metallische Verunreinigungen, die bei der Bereitung
in kupfernen Käsekesseln oder aus dem Verpackungsmaterial in die Käse gelangen, findet man bei der Behandlung der in Salpetersäure gelösten Asche mit Schwefelwasserstoff.

Das **Schwarz·** oder **Braunwerden** der Käserinde,
namentlich der Backsteinkäse, rührt, wie ich bei der Untersuchung einer Anzahl solcher Käse, die deshalb nicht
mehr verkäuflich waren, gefunden habe, daher, daß dieselben
in stark bleihaltiges Pergamentpapier verpackt waren.

IV. Trinkwasser.

Die Trinkwasserversorgung gehört zu den hygienisch
wichtigsten Aufgaben eines Landes, und es ist die größte
Wohlthat für eine Bevölkerung, wenn ihr gesundes Trinkwasser zu Gebote steht, welches zur Ernährung, wenn
auch in anderer Form, ebenso notwendig ist wie alle
übrigen Nahrungsmittel. Es ist deshalb ein großes Ver-
dienst der Regierungen, wenn dieselben in Verbindung mit
den technischen Staatsbehörden der Bevölkerung bei der
Anlage von Wasserleitungen, neuen Brunnen u. s. w. mit
großer Fürsorge an die Hand gehen, wie dies gerade in
Baden geschieht.

Die Untersuchungen von Wasser auf seine Brauchbarkeit als Trinkwasser, welche wir im Auftrage der Großherzoglichen Oberdirektion des Wasser- und Straßenbaues,
bezw. der Kulturinspektionen der verschiedenen Landes-
gegenden, sowie von Verwaltungs- und Medizinalbehörden
auszuführen haben, nehmen einen großen Teil der Thätigkeit unserer Anstalt in Anspruch, und es gelangen jährlich
durchschnittlich 500—700 Wasserproben zur chemischen
und mikroskopischen Untersuchung.

Die Wasserproben, welche wir von den Kulturinspektionen des Landes zur Prüfung erhalten, sind meist aus

frisch erschlossenen Quellen oder aus neuen Wasserversorgungsanlagen geschöpft und geben nur selten Grund, die Verwendung derselben zu Trinkzwecken zu beanstanden.

Die Wasser sind meist rein, und nur in wenigen Fällen machen sich, teils durch die noch nicht ordnungsmäßig hergestellte Fassung der Quellen, teils durch Zufälligkeiten bei der Probeentnahme bedingte, unerhebliche Verunreinigungen in denselben bemerkbar.

Weit häufiger erweisen sich die Wasserproben, welche auf Veranlassung der Großherzoglichen Bezirksämter gelegentlich der Ortsbereisungen erhoben werden, als verunreinigt und geben Grund, den Behörden Verbesserungsvorschläge für das Wasser in Bezug auf Reinigung der Brunnen und Reinhaltung ihrer Umgebung zu machen.

Solche stark verunreinigte Wasser stammen größtenteils von Brunnen, welche in der Nähe von bewohnten Häusern, von Abortgruben und Dungstätten sich befinden und die infolge des durchlässigen Mauerwerks ihrer Brunnenschächte vor äußeren Zuflüssen nur mangelhaft oder gar nicht geschützt sind, oder aus Brunnen, welche auf vollständig durch Zersetzungsprodukte organischer Abfallstoffe verseuchtem Terrain stehen.

Die Abwasser des menschlichen Haushalts, tierische oder menschliche Abfallstoffe, organische, stickstoffhaltige Substanzen, welche in den Boden versickern, werden von demselben je nach seiner Beschaffenheit bis zu einer gewissen Grenze absorbiert, wobei eine Oxydation der in dieselben gelangenden Fäulnisstoffe stattfindet. Es bilden sich hierbei hauptsächlich Kohlensäure, Ammoniak, salpetrige Säure und als Oxydationsendprodukt Salpetersäure in Form von Salzen, die, sobald sie sich in größerer Menge angesammelt haben, teils durch die Einwirkung der atmosphärischen Niederschläge, teils durch den Grundwasserstrom den betreffenden Brunnen zugeführt werden und dadurch eine geringere oder stärkere Verunreinigung des Wassers verursachen.

Derartige Brunnenwasser sind deshalb oft reich an Nitraten, Ammoniaksalzen, Phosphaten und an Chloriden, welche charakteristische Bestandteile verunreinigender Zuflüsse bilden, normalem Trinkwasser aus gesundem Boden aber fremd sind.

Es ist deshalb für die Untersuchung und Beurteilung
eines Trinkwassers von großer Wichtigkeit, über die örtlichen Verhältnisse der betreffenden Brunnen oder Quellen,
aus welchen dasselbe stammt, unterrichtet zu sein und
namentlich auch für eine richtige und sorgfältige Probeentnahme Sorge zu tragen.

Zu diesem Zwecke haben wir Anweisungen zur Entnahme von Wasserproben für die chemische und für die
bakteriologische Untersuchung, sog. Auskunftsbogen, aus-
gearbeitet, welche vom Großherzoglichen Ministerium des
Innern mit dem Erlaß vom 12. Februar 1889 Nr. 1473
genehmigt und den beteiligten Behörden zur Kenntnis-
nahme und Beachtung mitgeteilt worden sind.

Diese Auskunftsbogen müssen ausgefüllt jeder Wasser-
probesendung beiliegen.

Anweisung I.

Entnahme von Wasserproben für die chemische Unter-
suchung.

Von jeder zur Untersuchung bestimmten Wasserprobe ist
mindestens 1 Liter (2 Flaschen) einzusenden an die Gr. Lebens-
mittelprüfungsstation der technischen Hochschule,
Karlsruhe.

Die Gefäße, in denen die Wasserproben versendet werden,
sind am besten neue, vollkommen reine, weiße Weinflaschen,
welche mit neuen Korkstopfen verschlossen werden.

Vor der Probeentnahme werden die Flaschen mit etwas grobem
Sand und etwa ¹/₃ Wasser mehrere Minuten lang geschüttelt und
so lange ausgewaschen, bis sie vollständig klar und rein sind.
Alsdann werden sie mit dem zu prüfenden Wasser 2—3mal ausgespült, hierauf vollständig gefüllt, wieder entleert und dann erst
die zu untersuchende Probe abgefüllt. Die Flaschen werden mit
neuen, gesunden Korkstopfen, welche mit dem zur Untersuchung
bestimmten Wasser sorgfältig gereinigt sind, verschlossen.

Bei der Wasserprobeentnahme aus Pumpbrunnen ist
vor der Probeentnahme etwa 5 Minuten lang Wasser aus dem
Brunnen abzupumpen und dann erst die Probeflasche zu füllen.

Jede Flasche ist mit genauer Bezeichnung des Inhalts zu
versehen und der Verschluß durch ein Siegel zu sichern.

Außerdem sind womöglich folgende Angaben beizufügen:

1) Bezeichnung des Wassers (Laufbrunnen, Pumpbrunnen, Quelle, Bach, Fluß, Teich) mit genauer Angabe des Ortes, wo die Wasserprobe entnommen, und der Zeit der Probeentnahme.

2) Zweck der Untersuchung.

3) Zustand der Wasserquelle, des Brunnens: ob gefaßt oder nicht gefaßt, gegen äußere Zuflüsse geschützt; baulicher Zustand des Brunnens (Abessinier, gemauerter, durchlässiger Brunnenschacht etc. etc.).

4) Örtliche Lage der Wasserentnahmestelle, besonders in Bezug auf schädliche Zuflüsse: (Entfernung von der nächsten Abtritts- oder Dunggrube, von Wohnhäusern, gedüngten oder gewässerten Wiesen etc.).

5) Bodenbeschaffenheit.

6) Besondere Bemerkungen.

Vollzogen:

.... den ...... ten 19......

T:

Anweisung II

zur

Entnahme von Wasserproben für die bakteriologische Untersuchung.

Für die bakteriologische Untersuchung werden von der Lebensmittelprüfungsanstalt die nötigen Flaschen geliefert. Dieselben halten ca. 100 cc, sind mit eingeschliffenem Stöpsel und luftdicht schließender Gummikappe versehen und sind vor der Versendung zum Zwecke der Sterilisation mit $^1/_{1000}$ Sublimatlösung gut ausgespült.

Bei der Entnahme der Probe werden Gummikappe und Stöpsel abgenommen und diese und die Flasche mit dem zu untersuchenden Wasser 4—5mal gründlich aus- resp. abgespült, um jede Spur der Sublimatlösung zu entfernen. Erst dann wird die Flasche definitiv gefüllt und sofort mit Stöpsel und Gummikappe versehen.

Die Abnahme der Gummikappe sowie das Öffnen der Flasche darf unbedingt erst unmittelbar vor der Probeentnahme erfolgen.

Das Wasser soll häufig gebrauchten Zapfstellen der Wasser-leitung entnommen werden und zwar je zwei Proben an drei verschiedenen Stellen, von denen die erste nahe dem Anfang der Leitung, die zweite etwa im Mittelpunkt des Versorgungsgebietes, die dritte an der dem Wasserzufluß entferntesten Stelle sich befindet.

Die Versendung der Proben an die Großh. Lebensmittel-prüfungsstation muß sofort nach ihrer Entnahme und unbedingt per Post erfolgen, in derselben Kiste, in welcher die Flaschen eingesandt wurden.

Zur Prüfung eines Wassers auf seine Brauchbarkeit als Trinkwasser ist eine physikalische, chemische und eine mikroskopische Untersuchung auszuführen; in manchen Fällen, namentlich beim Auftreten von Epidemieen, Typhus, Cholera u. s. w., wird neben der chemischen noch eine bakteriologische Prüfung des Wassers vorgenommen.

Die physikalische Prüfung besteht in der Fest-stellung der Eigenschaften des Wassers in Bezug auf seine Durchsichtigkeit, Farbe, Geruch, Geschmack, Reak-tion und Temperatur.

Die chemische Untersuchung bei der Prüfung eines Wassers auf seine Brauchbarkeit erstreckt sich auf die Bestimmung der folgenden Bestandteile:

1) **Gesamtrückstand,** feste Bestandteile des Wassers. Derselbe wird erhalten durch Abdampfen von 100—200 cc auf dem Wasserbad und einstündiges Trocknen bei 100^0 C.

2) **Glührückstand.** Durch schwaches Glühen des Ab-dampfrückstandes. Die Differenz zwischen Glührückstand und Abdampfrückstand giebt, wenn im Abdampfrückstand keine größeren Mengen von Nitraten und Chloriden vor-handen sind, ungefähr den Gehalt des Wassers an or-ganischen Substanzen an.

3) **Die Oxydierbarkeit,** d. h. die Ermittelung der Menge Sauerstoff, welche nötig ist, um die im Wasser enthaltenen organischen Stoffe zu oxydieren.

Nach der Methode von KUBEL-TIEMANN wird die Menge Kaliumpermanganat bestimmt, welche durch die im Wasser enthaltenen organischen Stoffe reduziert wird, oder die dem verbrauchten Kaliumpermanganat entsprechende Menge Sauerstoff, welche zur Oxydation der in dem zu prüfenden Wasser enthaltenen organischen Stoffe erforderlich ist.

Der Vorgang bei der Ausführung dieser Methode ist folgender:

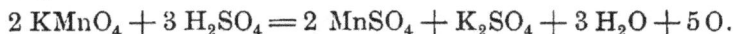

$$2 KMnO_4 + 3 H_2SO_4 = 2 MnSO_4 + K_2SO_4 + 3 H_2O + 5 O.$$

Zur Ausführung sind nötig:
a) $^1/_{100}$ Normalkaliumpermanganat (0,32—0,33 gr $KMnO_4$: 1000).
b) $^1/_{100}$ Normaloxalsäure (0,63 gr Oxalsäure : 1000).
Verdünnte Schwefelsäure (1 : 3).
316 Gewichtsteile Kaliumpermanganat geben 80 Gewichtsteile Sauerstoff ab. 1 cc $^1/_{100}$ $KMnO_4$ = 0,00008 O.

Man stellt nun zunächst den Titer der Kaliumpermanganatlösung fest, d. h. die Anzahl cc $KMnO_4$, welche zur Oxydation von 10 cc $^1/_{100}$ Oxalsäure erforderlich ist. 100 cc destilliertes Wasser werden hierzu in einem etwa 300 cc fassenden Kochkölbchen mit 5 cc verdünnter Schwefelsäure und 10 cc $^1/_{100}$ $KMnO_4$ 10 Minuten lang gekocht. Darauf giebt man in die heiße Lösung rasch 10 cc Oxalsäurelösung und titriert aus einer GAY-LUSSAC-Pipette mit $^1/_{100}$ Kaliumpermanganat, bis die Flüssigkeit eine schwach rötliche Farbe angenommen hat. Die hierzu verbrauchten cc Kaliumpermanganat werden als Titer notiert.

In ganz derselben Weise werden 100 cc des zu prüfenden Wassers nach dem Ansäuern mit Schwefelsäure und Zusatz von 10 cc oder so viel Kaliumpermanganatlösung, daß die Flüssigkeit auch beim Kochen noch deutlich rot gefärbt bleibt, behandelt. Nach dem Hinzufügen von 10 cc Oxalsäurelösung wird die entfärbte Flüssigkeit mit Kaliumpermanganat bis zur bleibenden schwachen Rotfärbung titriert.

Um nun die Teile Sauerstoff zu ermitteln, welche nötig waren, um die in 100 000 Teilen Wasser enthaltenen organischen Substanzen zu oxydieren, hat man von der Summe der verbrauchten cc Kaliumpermanganat den Titer abzuziehen, d. h. die für 10 cc Oxalsäure verbrauchten cc Kaliumpermanganat, die Differenz mit 0,8 zu multiplizieren und durch den Titer zu dividieren:

$$\frac{\text{Differenz in cc } KMnO_4 \times 0,8}{\text{Titer.}}$$

Will man dagegen die verbrauchte Menge Kaliumpermanganat berechnen, so geschieht dies nach folgender Formel:

$$\frac{\text{Differenz in cc } KMnO_4 \times 3,16}{\text{Titer.}}$$

Je größer der Sauerstoffverbrauch, desto reicher ist das Wasser an organischen Substanzen.

4) **Salpetrige Säure** nach Trommsdorf, quantitativ auf kolorimetrischem Wege mit Schwefelsäure und Jodzinkstärkelösung. Durch Schwefelsäure wird aus den Nitriten salpetrige Säure frei und letztere scheidet aus Jodzink freies Jod ab, wodurch der Stärkekleister gebläut wird.

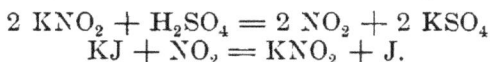

$$2 \, KNO_2 + H_2SO_4 = 2 \, NO_2 + 2 \, KSO_4$$
$$KJ + NO_2 = KNO_2 + J.$$

Zur Ausführung sind nötig:
a) Jodzinkstärkelösung. 4 gr Stärkemehl werden mit Wasser angerührt und einer siedenden Lösung, welche 20 gr Zinkchlorid in 100 cc Wasser enthält, zugesetzt. Die Flüssigkeit wird so lange erhitzt, bis fast alle Stärke gelöst und die Lösung ziemlich klar geworden ist. Dieser Lösung setzt man 2 gr Zinkjodid zu und füllt mit Wasser zu 1 Liter auf und filtriert. Die Lösung ist im Dunkeln aufzubewahren.

b) Verdünnte Schwefelsäure 1 : 3.
100 cc des zu prüfenden Wassers werden in 30 cm hohen und 2,5 cm weiten Glascylindern mit 1 cc verdünnter Schwefelsäure und 2 cc Jodzinkstärkelösung versetzt, umgeschüttelt und beobachtet, ob eine Farbeveränderung eintritt. Die Reaktion ist äußerst empfindlich und sind noch 0,02 Milligr. salpetrige Säure im Liter nachweisbar. Zu berücksichtigen ist dabei, daß das Sonnenlicht, welches Jod frei macht, und unreine Luft nicht ohne Einfluß sind. Nur wenn die Blaufärbung sofort oder nach kurzer Zeit eintritt, läßt dieselbe auf das Vorhandensein von salpetriger Säure im Wasser schließen.

5) **Salpetersäure** volumetrisch nach Trommsdorf durch Titration mit einer Indigolösung in stark saurer

und heißer Lösung, wobei in Gegenwart von Salpetersäure das Indigoblau zu Indigoweiß oxydiert wird.

Herstellung der Indigolösung:
Ein Teil Indigotin wird in Portionen unter Umrühren
und Abkühlen der Mischung in rauchende Schwefelsäure
eingetragen. Hierauf läßt man die Flüssigkeit sich absetzen und verdünnt dieselbe mit der 40fachen Menge
destillierten Wassers. Diese Lösung wird gegen eine Salpeter-
lösung (1,871 gr Kaliumnitrat im Liter), von welcher
1 cc = 1 Milligr. Salpetersäure (N_2O_5) entspricht, eingestellt.

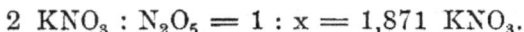

$$2 \ KNO_3 : N_2O_5 = 1 : x = 1,871 \ KNO_3.$$

Zur Titerstellung werden 10 cc dieser Kaliumnitrat-
lösung in einem etwa 150 cc fassenden Kölbchen auf 25 cc
mit salpetersäurefreiem Wasser verdünnt, mit 1—2 cc
Indigolösung versetzt und dann rasch aus einem weiten
Glascylinder 50 cc konzentrierte Schwefelsäure hinzugegeben. In die Flüssigkeit, die sich unter starkem Erhitzen
entfärbt, tröpfelt man so lange Indigolösung, bis die Farbe
ins Grüne übergeht und die Flüssigkeit diese Farbe bei-
behält. Die Indigolösung wird zweckmäßig soweit verdünnt, daß hierzu 6—8 cc erforderlich sind. Der so gefundene Titer = 1 Milligr. Salpetersäure wird notiert.
Von dem zu untersuchenden Wasser werden 25 cc oder,
wenn das betreffende Wasser reich an Salpetersäure ist, 5 cc
mit salpetersäurefreiem Wasser verdünnt und zur leichteren
Erkennung der Endreaktion mit $^1/_2$ cc der titrierten
Indigolösung versetzt. Tritt auf Zusatz von 50 cc Schwefelsäure unter Umschwenken nach kurzer Zeit keine Entfärbung ein, so ist das Wasser frei von Salpetersäure. Entfärbt sich die Flüssigkeit, dann wird bis zur bleibenden Grünfärbung titriert und aus der Anzahl der verbrauchten cc
Indigolösung der Salpetersäuregehalt des Wassers berechnet.

Sehr genaue Resultate bei Bestimmung der Salpetersäure
giebt die Methode von Schulze-Tiemann[*]), nach welcher die
Salpetersäure aus dem durch Salzsäure und Eisenchlorür entwickelten Stickoxydgasvolum, welches man in einem Eudiometer
über Natronlauge auffängt, bestimmt wird.
Die Methode von Schlössing-Reichardt[*]), wobei das aus den
Nitraten durch Kochen mit Salzsäure und Eisenchlorür erhaltene

---

[*]) Zeitschr. f. analyt. Chemie 1870.

Stickoxyd mit Hülfe von Sauerstoff und Wasser wieder in Salpetersäure übergeführt und dieselbe mit Natronlauge titriert wird.

Nach Crum-Lunge wird aus den Nitraten durch Auflösen derselben in Schwefelsäure und Schütteln dieser Lösung mit Quecksilber die Salpetersäure in Stickoxyd umgewandelt und dieses
gemessen.

Qualitativer Nachweis von Salpetersäure:
a) Mit Diphenylamin: Man löst einige Kryställlchen
Diphenylamin in einigen cc konzentrierter Schwefelsäure und
giebt in einem Porzellanschälchen oder in einem Reagenzglase
1 cc von dem zu prüfenden Wasser hinzu. Beim Vorhandensein
von Salpetersäure färbt sich die Mischung blau.

b) Mit Brucin: Von dem zu untersuchenden Wasser werden
1—2 cc in einem Porzellanschälchen zur Trockene verdampft
und dem Rückstand 1—2 Tropfen einer gesättigten wässerigen Lösung von Brucin hinzugefügt. Nun läßt man einige Tropfen konzentrierter Schwefelsäure hinzufließen, wobei beim Vorhandensein
von Salpetersäure eine Rotfärbung entsteht.

6) **Schwefelsäure.** Durch Fällung einer bestimmten
Menge Wassers mit Chlorbaryum.

7) **Phosphorsäure.** Dieselbe wird aus dem Glührückstand des Wassers durch Lösen desselben in konzentrierter
Salpetersäure und Versetzen der Lösung mit Ammonium-
molybdatlösung, meistens nur qualitativ, bestimmt.

8) **Chlor.** Durch Titration einer bestimmten Menge
Wassers mit $^1/_{10}$ Silbernitratlösung unter Verwendung
von Kaliumchromat als Indikator. 1 cc $^1/_{10}$ Silbernitratlösung = 0,00355 Chlor.

9) **Ammoniak** (qualitativ) mit Nesslers Reagens
(Lösung von Jodquecksilber und Jodkalium in Kalilauge).
Man versetzt 200 cc Wasser in Glasstöpselgläsern, um die
Erdalkalien aus dem Wasser auszufällen, mit einigen
Tropfen ammoniakfreier Natronlauge und Natriumkarbonat-
lösung und läßt den Niederschlag absitzen. Die klare
Flüssigkeit wird dann in enge Glasröhren abgegossen, die
man auf einen weißen Untergrund stellt, und versetzt
das Wasser mit einigen Tropfen Nesslers Reagens. Ein
orangefarbener Niederschlag oder auch nur eine schwache
Gelbfärbung deutet auf das Vorhandensein von Ammoniak.

Eine quantitative Bestimmung des Ammoniaks im
Wasser kann auf kolorimetrischem Wege mittelst Nesslers
Reagens ausgeführt werden.

Ein erheblicher Gehalt des Wassers an **Eisen** kann
oft störend sein, namentlich bei der Verwendung des

Wassers zu Wäscherei- und Färbezwecken. Der Eisenge-
halt wird durch Eindampfen einer größeren Menge Wassers
auf gewichtsanalytischem oder auf maßanalytischem Wege
mit Kaliumpermanganat bestimmt. Die kolorimetrischen
Bestimmungen geben nur annähernd richtige Resultate.
Verunreinigungen des Wassers durch Blei, Zink und
Kupfer sind selten und meist auf das Vorhandensein von
Teilen des Brunnenstockes oder der Leitungsröhren, welche
teilweise aus diesen Metallen hergestellt sind, zurückzuführen.

Die **Härte** des Wassers. Dieselbe ist durch den Gehalt des Wassers an Calciumsalzen oder durch Calcium
und eine dem Calcium äquivalente Menge Magnesiumsalze bedingt. Die Härte wird ausgedrückt in deutschen
Härtegraden, und man bezeichnet in Deutschland den
Gehalt von 1 Teil Kalk (CaO) oder einer dem Kalk
äquivalenten Menge Magnesia in 100 000 Teilen Wasser
als einen Härtegrad.

In Frankreich giebt ein Härtegrad den Gehalt von
100 000 Teilen Wasser an Calciumkarbonat an.

Man unterscheidet:

a) **Gesamthärte,** die Härte des natürlichen Wassers.

b) **Bleibende Härte,** die Härte des gekochten und
wieder auf das ursprüngliche Volum aufgefüllten Wassers.
Beim Kochen des Wassers werden die zweifachkohlen-
sauren Erdalkalien unter Entweichung von Kohlensäure
in einfachkohlensaure Salze zerlegt und es bleiben nur
die an Chlor, Schwefelsäure und an Salpetersäure gebundenen Kalk- und Magnesiasalze im Wasser gelöst,
welche die bleibende Härte desselben ausmachen.

c) **Die vorübergehende Härte,** die Differenz zwischen
Gesamt- und bleibender Härte, welche die Menge des beim
Kochen abgeschiedenen Kalks und der Magnesia angiebt.

Die Härtebestimmung wird nach der Methode von
BOUTRON und BOUDET durch Titration mit Seifelösung
aufgeführt, welche darauf beruht, daß sehr geringe Mengen
einer Lösung von Alkaliseife (fettsaures Alkali) in verdünntem Weingeist mit reinem (destilliertem) Wasser geschüttelt stark schäumen und der an der Oberfläche des
Wassers gebildete Schaum eine Festigkeit besitzt, die
5—10 Minuten lang unverändert bleibt, während dagegen

Wasser, welches Erdalkalien, Calcium- und Magnesiumsalze enthält, zu dieser Schaumbildung eine größere Menge
von Seifelösung erfordert. Die Schaumbildung ist hierbei abhängig von der Menge der im Wasser enthaltenen
Erdalkalimetalle und sie tritt erst dann ein und bleibt
unverändert, wenn die letzten Spuren der Calcium- und
Magnesiumsalze als fettsaure, in Wasser unlösliche Erdalkalien aus demselben gefällt sind.

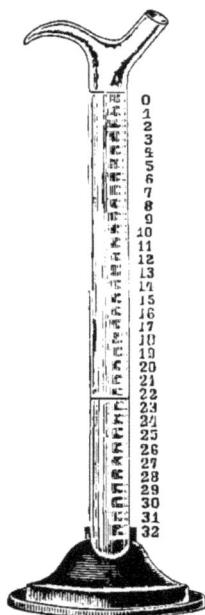

Fig. 12. Hydrotimeter.   Fig. 13. Schüttelglas.

Zur Bestimmung der Härte des Wassers sind erforderlich:
1) Eine Seifelösung, welche aus etwa 10 Teilen der
unten beschriebenen Kaliseife mit 260 Teilen Alkohol
von 56 Volum $^0/_0$ hergestellt ist.
Kaliseife. 150 Teile Bleipflaster werden geschmolzen
und mit 40 Teilen Kaliumkarbonat zu einer gleichmäßigen
Masse zerrieben. Diese Masse wird mit Alkohol extrahiert,
die Lösung filtriert und nach dem Abdestillieren des
Alkohols wird die Seife auf dem Wasserbad getrocknet.

2) Eine Baryumnitratlösung, welche 0,574 gr Baryumnitrat im Liter enthält.

3) Ein Hydrotimeter, eine Tropfbürette, deren Raum 2,4 cc faßt und in 23 Grade eingeteilt ist. (Die Graduierung geht bis zu 32°.) (Fig. 12.)

4) Ein Schüttelglas, ein cylindrisches Stöpselglas von 14 cm Höhe, 3 cm Weite und 80 cc Inhalt. (Fig. 13.)

Einstellung der Seifelösung. Der Wirkungswert der Seifelösung ist so eingestellt, daß 22 Grade des Hydrotimeters genügen, um 22 Milligr. in 100 cc oder 8,8 Milligr. in 46 cc gelöstes Calcium oder eine dem Calciumkarbonat äquivalente Menge Baryumnitrat zu zersetzen und den oben beschriebenen Schaum zu erzeugen.

Die Ausführung der Härtebestimmung des Wassers geschieht in der Weise, daß man 40 cc des zu prüfenden Wassers, oder falls ein hartes Wasser vorliegt, nur 20 oder 10 cc mit destilliertem Wasser auf 40 cc verdünnt, in das Schüttelglas bringt und unter tüchtigem Umschütteln portionenweise so lange von der titrierten Seifelösung aus dem Hydrotimeter zutröpfelt, bis sich ein dichter Schaum gebildet hat, der etwa 5 Minuten lang auf der Flüssigkeit bleibt.

Die mikroskopische Prüfung. Zur Erkennung der im Wasser suspendierten und oft Trübungen desselben verursachenden Teilchen bringt man Spuren von den in den Flaschen abgelagerten Bodensätzen mittelst einer Pipette auf den Objektträger des Mikroskops und untersucht dieselben unter Benutzung von 400—1000facher Vergrößerung. Hierbei unterscheidet man zunächst anorganische, aus Spuren von Sand, Ocker, Kieselsäure u. s. w. bestehende, und organische Abscheidungen, welche pflanzliche Gewebe, Stärkekörner oder niedere Organismen enthalten. Chlorophyllhaltige Algen und Diatomeen, die man fast in jedem Trinkwasser findet, geben zu Bedenken keine Veranlassung; dagegen läßt ein Gehalt an **Saprophyten,** welche stets Begleiter faulender Substanzen zu sein pflegen, so die Wasserpilze **Leptothrix, Cladothrix,** von Infusorien die **Flagellaten, Monas, Euglena, Glaucoma, Vorticella, Amœba**-Arten, sowie das Vorhandensein verschiedener Bakterienarten, Kugel- und Stäbchenbakterien, der Vibrionen und Spirillenarten auf eine Verunreinigung des Wassers durch Fäulnisstoffe schließen. S. Fig. 14—34.

4*

Fig.14.

Fig.15.

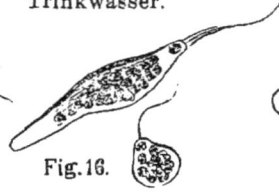

Fig.16.

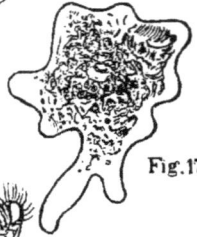

Fig.17.

Fig.18.

Fig.19.

Fig.21.

Fig.22.

Fig.23.

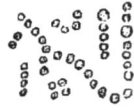

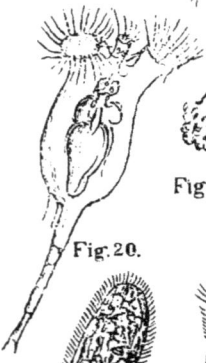

Fig.20.

Fig.27.

Fig.28.

Fig.29.

Fig.24.

Fig.25.

Fig.26.

Fig.31.

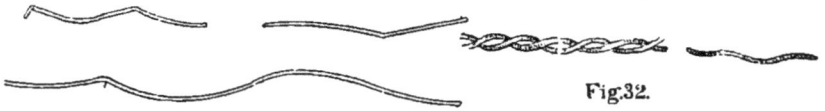

Fig.32.

Fig.30.

Fig.33.

Fig.34.

Die **bakteriologische Prüfung** des Wassers, die Bestimmung der Art und der Zahl der Mikroorganismen im Kubikcentimeter Wasser, sowie die Bestimmung der Krankheitserreger, soweit man solche kennt, wird in einer besonderen Abteilung unserer Station nach der Koch'schen Gelatineplattenmethode ausgeführt.

Litteratur. Kubel-Tiemann, Untersuchung des Wassers, bakteriologischer Teil.

Zu den im Wasser vorkommenden niederen Organismen gehören:

Flagellata.
Monas vivipara Fig. 14.
Chilomnas Fig. 15.
Euglena viridis Fig. 16.
Amœbae.
Amœba vulgaris Fig. 17.
Pilzalgen.
Lepthothrix Fig. 18.
Cladothrix und Crenothrix Fig. 19.
Infusoriae.
Rotifer Fig. 20.
Vorticella citrina Fig. 21.
Epistylis Fig. 22.
Glaucoma Fig. 23.
Paramæcium Aurelia Fig. 24.
Axytricha pellionella Fig. 25.
Chilodon cucullulus Fig. 26.
Bakterien.
Kugelbakterien (Micrococcus) Fig. 27.
Stäbchenbakterien (Bakt. termo) Fig. 28 u. 29.
Fadenbakterien (Bacillus) Fig. 30.
»   (Vibrio Regula) Fig. 31.
»   (Vibrio serpens) Fig. 32.
Schraubenbakterien (Spirillum volutans) Fig. 33.
»   (Spirillum tenue) Fig. 34.

Beurteilung des Trinkwassers.

Aus der äußeren Beschaffenheit eines Wassers läßt sich schon in vielen Fällen die Brauchbarkeit desselben beurteilen, und es muß in erster Linie an ein Trinkwasser die Anforderung gestellt werden, daß es klar, farblos und geruchlos sei. Ebenso giebt der chemische und mikroskopische Be-

fund eines Wassers stets Anhaltspunkte über seine Beschaffenheit und namentlich darüber, ob verunreinigende
Zuflüsse stattgefunden haben. Das Vorhandensein von
salpetriger Säure, von erheblichen Mengen an Salpetersäure,
Chloriden, Ammoniak und Schwefelwasserstoff, sowie ein
reichlicher Gehalt an niederen lebenden Organismen läßt auf
eine direkte Verunreinigung des Wassers durch Fäulnisstoffe schließen und giebt zur Beanstandung der Benutzung
desselben zu Trinkzwecken Veranlassung. Bezüglich der
übrigen Bestandteile eines brauchbaren Trinkwassers lassen
sich allgemein gültige Grenzzahlen nicht aufstellen, doch
dürfte es sich empfehlen, wenn eine Auswahl unter verschiedenen Wassern thunlich ist, oder namentlich wenn
es sich um Neuanlagen von Trinkwasserversorgungen
handelt, den Wassern den Vorzug zu geben, die innerhalb
folgender Grenzen liegen:

	In 100 000 Teilen.	
Gesamtrückstand	50	= 500 Milligr. im Liter.
Sauerstoffverbauch		
(Oxydierbarkeit) .	0,25	= 0,0025 pro Liter.
Salpetersäure (N_2O_5)	4,00	= 40 Milligr.
Chlor	2—3,5	= 20—35 Milligr.
Gesamthärte höchstens 20°.		

Bei schon länger bestehenden Brunnen, den sog. Orts-
brunnen, die alle mehr oder weniger durch Zersetzungsprodukte organischer Abfallstoffe aus ihrer bewohnten Nach-
barschaft beeinflußt sind, haben wir einen geringen Gehalt
an Salpetersäure weniger berücksicktigt, besonders wenn
das Wasser derselben frei war von stickstoffhaltigen Substanzen. Immerhin ist auf den auf eine Verunreinigung
deutenden Gehalt des Wassers an Salpetersäure aufmerksam
zu machen und muß eine erhebliche Menge an Nitraten
im Wasser, wenn auch nicht direkt als gesundheitsschädlich, so doch als unappetitlich bezeichnet werden.

Die bakteriologische Prüfung des Wassers wird meist
nur beim Auftreten von Epidemien, Typhus und Cholera,
als notwendige Ergänzung der chemischen Analyse ausgeführt, wenn dieselbe auch trotz ihrer Vervollkommnung
noch nicht als spruchreif bezeichnet werden kann.

Nach den Arbeiten von PETTENKOFER, WOLFHÜGEL
und BOLTON ist es eine günstige Eigenschaft des Wassers,

wozu sich das Menschengeschlecht Glück wünschen kann, daß es ein schlechter Nährboden für pathogene Organismen ist, und daß sich dieselben in Wasser nicht entwickeln, wie auf Gelatine oder den sonstigen zu bakteriologischen Versuchen dienenden Nährsubstanzen, sondern vielmehr bald zu Grunde gehen und deshalb das Trinkwasser auch in den seltensten Fällen die Ursache der Infektion ist.

Zusammensetzung einiger in Bezug auf ihre Härte voneinander verschiedener Trinkwasser.

1 Liter enthält Gramme.	Weiches Wasser. Schloßhof Baden-Baden.	Mittelhartes Wasser. Städtische Wasser-leitung Karlsruhe.	Hartes Wasser. Mainau.
Gesamtrückstand . .	0,0800	0,3200	0,3640
Glührückstand . . .	0,0725	0,2880	0,3324
Karbonate	0,0595	0,2550	0,3030
Lösliche Salze	0,0130	0,0330	0,0294
Analyse der Karbonate.			
Calciumkarbonat . . .	0,0270	0,2350	0,2550
Magnesiumkarbonat .	0,0055	0,0090	0,0250
Eisenoxyd u. Thonerde	0,0007	0,0030	Spuren
Kieselsäure	0,0263	0,0080	0,0230
Summe	0,0595	0,2550	0,3030
Analyse der löslichen Salze.			
Kalium	0,0060 (anSiO₂)	0,0044	} 0,0040
Natrium	0,0028	0,0014	
Calcium	—	0,0018	0,0004
Magnesium	—	0,0038	0,0050
Chlor	0,0042	0,0066	0,0110
Schwefelsäure	—	0,0150	0,0090
Salpetersäure	—	—	—
Summe	0,0130	0,0330	0,0294
Gesamthärte	2,24 ⁰	14,5 ⁰	21,84 ⁰
Bleibende Härte . . .	—	2,8 ⁰	3,36 ⁰
Vorübergehende Härte	—	11,7 ⁰	18,48 ⁰
Oxydierbarkeit (Sauerstoffverbrauch) . .	0,00014	0,0005	0,0007

V. Die Analyse der Mineralwasser.

Die Mineralwasseranalyse zerfällt in zwei Abteilungen:
I. Die **Arbeiten an der Quelle.** Die physikalischen Eigenschaften des Wassers, Farbe, Geschmack, Geruch, Temperatur, sowie der Gehalt an gasförmigen Bestandteilen (Kohlensäure, Stickstoff, Sauerstoff, Schwefelwasserstoff) werden an Ort und Stelle geprüft.

II. Die **chemische Analyse.** Dieselbe wird im wesentlichen nach den von BUNSEN[*]) angewendeten Methoden unter Berücksichtigung neuerer gewichtsanalytischer Verfahren ausgeführt und ist der Gang der Untersuchung folgender:

1. Das **spezifische Gewicht des Wassers** wird mittelst Piknometer bestimmt.

2. Die **Gesamtmenge der festen Bestandteile** des Wassers wird durch Abdampfen von etwa 500 gr Wasser in Platinschalen auf dem Wasserbad und Trocknen des Rückstandes bei 180° C. erhalten.

Die Salze des Abdampfrückstandes werden durch Abrauchen mit Schwefelsäure und Glühen mit Ammoniumkarbonat in Sulfate übergeführt, das Gewicht derselben dient zur Kontrolle der Gesamtanalyse.

3. Zur Bestimmung der **seltenerne Elemente,** Brom, Lithium, Cäsium, Arsen, werden etwa 50 kg Wasser bis auf wenige Liter eingedampft, die ausgeschiedenen Salze durch Filtrieren getrennt und der Salzrückstand so lange mit siedendem Wasser ausgewaschen, bis der Ablauf alkalische Reaktion zeigt und kein Lithiumspektrum mehr wahrzunehmen ist.

Die wässerige **Lösung A** enthält alsdann die leichter löslichen Salze: Chloride (NaCl) neben Brom, Lithium, Cäsium und Arsen.

Im **Rückstand B** sind neben den schwerlöslichen Kalk- und Magnesiasalzen etc. Mangan und Eisen.

A. Die **Lösung** wird zur Trockne verdampft und zur Entfernung des größten Teiles von Kochsalz mit 96prozentigem Alkohol so lange ausgezogen, bis die letzten Auszüge sich frei von Lithium zeigen.

Die alkoholische Lösung wird verdampft, der Rückstand abermals mit Alkohol aufgenommen, wieder verdampft und von neuem mit Alkohol behandelt.

Nachdem diese Behandlung öfters wiederholt worden, um den größten Teil der Chloride zu entfernen, wird die Lösung in drei Teile geteilt:

---

[*]) BUNSEN, Anleit. zur Analyse der Aschen u. Mineralwässer, Heidelberg 1887, 2. Aufl.

a. Zur Bestimmung des **Broms** wird ein Teil der alkoholischen Lösung unter Zusatz von Kalilauge zur Trockne verdampft, mit Wasser aufgenommen, filtriert, abermals abgedampft und von neuem mit Alkohol behandelt. Nach wiederholter Ausführung dieser Operation erhält man eine wässerige Lösung von Brom, Jod und von Chloriden, in welcher, nach Zusatz einer Lösung von salpetriger Säure, durch Ausschütteln mit Schwefelsäure, durch Ausschütteln mit Schwefelkohlenstoff und Titration dieser Ausschüttelung mit Natriumthiosulfat das Jod bestimmt wird. In dem übriggebliebenen wässerigen Teil der Lösung werden Brom und Chloride durch Silbernitrat gefällt. Das Gemenge von Chlor- und Bromsilber wird auf einem Asbestfilter gesammelt und nach dem Trocknen und Schmelzen gewogen und durch einen Chlorstrom in reines Chlorsilber verwandelt. Das Brom wird aus der Gewichtsdifferenz vor und nach der Behandlung im Chlorstrom berechnet.

b. Zur Bestimmung des **Lithiums** wird ein zweiter Teil der von der Hauptmasse der Chloride befreiten Lösung, etwa 14 Litern Wasser entsprechend, sowie die Salzrückstände von der Brombestimmung und die Filtrate von der Ausfällung der Halogene mit Silbernitrat verwendet. Die Salzrückstände werden unter Zusatz von Chlorwasserstoffsäure aufgenommen, die Lösung filtriert und vollständig zur Trockne verdampft. Die Salzmasse wird einer wiederholten Behandlung mit siedendem absoluten Alkohol unterworfen, bis der letzte Auszug nach dem Verdampfen kein Lithiumspektrum mehr zeigt. Von den vereinigten Auszügen wird der Alkohol abdestilliert, der Rückstand mit einigen Tropfen Salzsäure aufgenommen, zur feuchten Salzmasse verdampft und wiederholt mit Alkohol extrahiert; die letzte Extraktion wird mit Alkoholäther vorgenommen. Die vereinigten ätherischalkoholischen Auszüge werden eingedampft mit Salzsäure und Wasser aufgenommen und zur Beseitigung der vorhandenen Phosphorsäure und Magnesia zunächst mit Eisenchlorid versetzt und mit Kalkmilch gekocht. Aus dem Filtrat wird der Kalk mit oxalsaurem Ammon durch wiederholte Fällung vollständig abgeschieden. Die Filtrate werden abermals eingeengt, mit Salzsäure versetzt und mit phosphorsaurem Natron und Ätznatron zur Trockne verdampft. Der Rückstand wird mit gleichen Teilen Wasser und Ätzammoniak 24 Stunden bei gelinder Wärme digeriert und das abgeschiedene **Lithiumphosphat** auf dem Filter gesammelt und gewogen. Der Lithiumgehalt wird auf Chlorlithium berechnet.

c. Das **Arsen** bezw. die Arsensäure wird in dem Rest der Lösung, welche zur Bestimmung von Brom und Lithium gedient hat, bestimmt. Die konzentrierte Lösung, etwa 35 kg Wasser entsprechend, wird auf etwa 80° C.

erwärmt und drei Tage lang in die erwärmte Lösung ein starker Strom von reinem Schwefelwasserstoffgas eingeleitet. Der sich nach und nach absetzende gelbbraune Niederschlag von Arsensulfür wird auf einem Filter gesammelt, mit Salzsäure und chlorsaurem Kali oxydiert und vom Chlor befreit.

In der konzentrierten, stark ammoniakalisch gemachten Lösung wird die Arsensäure durch Magnesiamischung gefällt. Der nach 48 Stunden sich abscheidende krystallinische Niederschlag von arsensaurer Ammon-Magnesia wird nach dem Trocknen bei 110° C. gewogen und daraus die Arsensäure berechnet.

d. Zur Bestimmung des **Cäsiums** werden weitere 50 kg Wasser eingedampft, sowie die Rückstände von der Brom- und Lithiumbestimmung verwendet.

Die konzentrierten Lösungen werden mittelst Ammoniak, kohlensaurem Ammon und oxalsaurem Ammon von Eisen, den Erden und alkalischen Erden befreit, die so erhaltenen Filtrate zur Trockne verdampft, geglüht und wieder mit Wasser aufgenommen. Die jetzt restierende Lösung wird mit einer konzentrierten Lösung von Platinchlorid gefällt, wobei ein Gemisch von Doppelsalzen des Kaliums und Cäsiums als Niederschlag erhalten wird. Diese Platindoppelsalze werden zur Entfernung des Kaliumplatinchlorids sehr oft, etwa 30mal, mit kleinen Mengen Wassers ausgekocht, bis die Abkochungen, im Spektroskop geprüft, keine Kaliumreaktion mehr geben. Das Gemenge von Cäsium· und Rubidiumplatinchlorid wird hierauf getrocknet und gewogen oder spektralanalytisch bestimmt.

e. Das **Eisen** und das **Mangan** werden in dem bei der Bestimmung des Broms erhaltenen Rückstande B bestimmt. Derselbe wird mit Salzsäure wiederholt ausgekocht, die Lösung mit Chlorammon versetzt und dann mit Ätzammon übersättigt. Der Niederschlag von Eisenoxyd wird in Salzsäure gelöst, zur Trennung der Phosphorsäure mit Schwefelammon gefällt, wieder gelöst und mit Ammon gefällt und nach dem Glühen als Eisenoxyd gewogen.

f. Die **Phosphorsäure** wird mit dem Filtrat von Schwefeleisen abgeschieden und nach der Molybdänmethode bestimmt.

g. Das **Mangan** wird in dem Filtrat des Eisenniederschlags durch 48stündige Digestion mit Schwefelammon in einem fast gefüllten Kölbchen als Schwefelmangan abgeschieden. Das Schwefelmangan wird in Salzsäure gelöst, mit kohlensaurem Natron gefällt und als Manganoxydul gewogen.

4. Zur Bestimmung der **Kieselsäure,** des **Kalks** und der **Magnesia** werden etwa 14 Liter Wasser mit Salzsäure zur Trockne verdampft und der Rückstand einige Stunden lang auf 160° C. erhitzt.

a Die beim Ausziehen dieses Rückstandes mit wenig Salzsäure und heißem Wasser sich abscheidende **Kieselsäure**
wird auf einem Filter gesammelt und nach dem Trocknen
und Glühen gewogen.

b. Das Filtrat von der Kieselsäure wird mit Salpetersäure
oxydiert und nach der Entfernung des Eisens durch
Ammon der **Kalk** durch oxalsaures Ammon gefällt.

c. Die **Magnesia** wird im Filtrat vom Kalkniederschlag durch
phosphorsaures Natron als phosphorsaure Ammon-Magnesia gefällt und als pyrophosphorsaure Magnesia gewogen.

5. Der **Strontian** wird in einer neuen, zur Kontroll-
bestimmung des Lithiums benutzten, etwa 14 Liter betragenden
Menge Wassers bestimmt. Die salzsaure Lösung wird mit Ammoniumkarbonat unter Zusatz von Ammon und Salmiak gefällt,
der Niederschlag abfiltriert, gewaschen und in Salpetersäure gelöst. Die Nitrate werden eingedampft, scharf getrocknet und mit
einem Gemisch von absolutem Alkohol und Äther extrahiert.
Der hierbei ungelöst bleibende salpetersaure Strontian wird auf
einem Filter gesammelt, mit Ätheralkohol gewaschen, in Wasser
gelöst, durch Zusatz von Schwefelsäure in Strontiumsulfat übergeführt und als solches gewogen.

6. **Kalium** und **Natrium** werden aus den beim Abdampfen
von etwa 5 Litern Wasser, wiederholtem Behandeln der konzentrierten Flüssigkeit mit Barytwasser und Ammoniumkarbonat
resultierenden Chloralkalien erhalten. Das Kalium wird aus denselben als Kaliumplatinchlorid abgeschieden, während sich das
Natrium nach Abzug der aus dem Kaliumplatinchlorid berechneten Menge Chlorkalium von der Summe der Chloralkalien ergiebt.

7. Die Bestimmung des **Chlors** als Chlorsilber und der
Schwefelsäure als Baryumsulfat geschieht in besonderen, je
500—1000 gr betragenden Mengen Wassers.

Die **Quellengase.**

8. Die **Gesamtkohlensäure** wird an der Quelle selbst durch
Kalkhydrat als Calciumkarbonat gefällt. Zu diesem Zweck werden
gewogene Fläschchen, welche mit kohlensäurefreiem Kalkhydrat
beschickt waren, unter dem Wasserspiegel an der Quelle gefüllt.
Durch Zersetzung des hierbei durch die Kohlensäure einer bestimmten Menge des Mineralwassers mit dem Ätzkalk gebildeten Cal-
ciumkarbonats mittelst Salzsäure wird das Kohlensäureanhydrit frei,
im gewogenen LIEBIG'schen Kugelapparat aufgefangen und gewogen.

9. **Stickstoff, Sumpfgas** und **Wasserstoff** werden mittelst
besonderer Vorrichtungen nebst der Kohlensäure in Röhren aufgefangen. Nach Wegnahme der Kohlensäure mit Kalihydrat
werden die übriggebliebenen Gase eudiometrisch bestimmt.

10. Der **Schwefelwasserstoffgehalt** des Wassers wird auf
maßanalytischem Wege mit titrierter Jodlösung ermittelt. Das der
Quelle entströmende Schwefelwasserstoffgas wird nach FRESENIUS
in der Weise bestimmt, daß man in das in einer Flasche aufge-
fangene Gasvolum eine Lösung von mit Ammoniak versetzter
Kupferchloridlösung treten läßt und aus der Menge Schwefel des so
erhaltenen Schwefelkupfers den Schwefelwasserstoff berechnet.

Alkalische Säuerlinge mit reichlichem Gehalte an kohlensaurem Natron.

Die kohlensaur. Salze als einfach kohlens.

10 000 Teile Wasser enthalten Gramme.	Geilnau.	Neuenahr.	Teinach. Bachquelle.	Vichy. Grande-Grille.	Gießhübel. König Ottoquelle.	Bilin. Josephsquelle.
Zweifach kohlens. Natron	10,608	10,500	8,450	48,830	11,928	33,634
» » Kali	—	—	—	3,520	1,086	—
» » Lithion	—	—	—	—	0,104	0,109
» » Strontian	—	—	—	0,030	0,030	—
» » Magnesia	3,630	4,370	2,770	3,030	2,134	1,716
» » Kalk	4,900	3,020	12,180	4,340	3,438	4,105
» » Eisenoxydul	0,420	0,190	0,100	0,040	0,036	0,028
» » Manganoxydul	Spuren	—	—	Spuren	0,014	0,011
Chlornatrium	0,360	0,900	0,730	5,340	0,304	3,815
Chlorkalium	—	—	—	—	0,339	—
Schwefelsaur. Kali	0,080	0,280	0,320	—	—	2,350
» Natron	0,170	1,120	1,440	2,910	—	7,192
» Kalk	0,240	—	—	—	—	—
Kieselsäure	—	0,240	Spuren	0,700	0,594	0,434
Aluminiumoxyd	—	Spuren	—	—	0,029	—
Kohlensäure	26,750	498,5 cc	1235 cc	—	14,092	14,092
Arsensaures Natron	—	—	—	0,020	—	—
Phosphors. »	—	—	—	1,300	—	—
Borsaures »	—	—	—	Spuren	—	—

Alkalische Wasser mit vorwiegendem Gehalt an zweifach kohlensaurem Natron und Kochsalz.

10 000 Teile Wasser enthalten Gramme.	Birresborn	Fachingen	Niederselters	Offenbach. Kaiser Friedrichsquelle.	Ems. Kesselbrunnen	Ems. Kränchenbrunnen
Zweifach kohlens. Natron	28,577	35,786	12,366	24,386	19,897	19,790
» Lithion	0,033	0,072	0,050	0,110	0,057	0,040
» Ammoniak	—	0,020	0,068	0,059	0,071	0,024
» Baryt	—	Spuren	Spuren	Spuren	0,012	0,010
» Strontian	0,002	0,040	0,030	Spuren	0,018	0,023
» Kalk	2,730	6,253	4,438	0,155	2,196	2,162
» Magnesia	10,929	5,770	3,081	0,195	1,825	2,070
» Eisenoxydul	0,351	0,052	0,042	0,008	0,033	0,020
» Manganoxydul	0,007	0,080	0,007	—	0,003	Spuren
» borsaures Natron	0,138	—	—	—	—	—
Chlorkalium	—	0,398	0,176	—	—	—
Chlornatrium	3,576	6,311	23,346	11,984	10,313	9,831
Bromnatrium	0,004	0,002	0,009	0,013	0,005	Spuren
Jodnatrium	Spuren	Spuren	Spuren	0,002	Spuren	Spuren
Chlorammonium	—	—	—	—	—	—
Schwefelsaures Kali	0,521	0,479	0,463	0,348	0,437	0,368
» Natron	1,359	—	—	4,250	0,156	0,335
» Baryt	—	—	—	—	—	—
Phosphorsaures Natron	0,002	—	Spuren	0,002	0,005	0,014
Arsensaures Natron	0,004	—	—	—	—	—
Salpetersaures Natron	—	0,010	0,061	0,153	—	—
Kieselsäure	0,245	0,255	0,212	0,235	0,485	0,498
Freie Kohlensäure	23,339	17,802	22,354	1,093	9,302	10,400
Stickgas	—	—	—	—	—	—

Alkalische und nichtalkalische Wasser mit vorwiegendem Glaubersalz- und Kochsalzgehalte.

10 000 Teile Wasser enthalten Gramme.	Grenzach. (Baden.)	Marienbad. Ferdinands-brunnen.	Karlsbad. Sprudel Therme. Enthalten die Karbonate als einfach kohlens. Salze.	Franzensbad Franzens-quelle.	Sulzbach. (Bad. Schwarz-wald.)
Zweifach kohlens. Eisenoxydul	0,106	0,737	0,030	0,300	0,100
» » Manganoxydul	—	0,184	0,002	0,040	Spuren
» » Magnesia	0,297	7,066	1,665	0,870	1,429
» » Kalk	6,953	7,074	3,214	2,340	2,617
» » Strontian	—	—	0,004	—	5,368
» » Lithion	—	—	0,123	0,040	—
» » Natron	—	19,549	12,980	6,750	—
Schwefelsauren Strontian	0,095	—	—	—	—
» Kalk	11,335	—	—	—	—
Schwefelsaures Natron	32,491	47,308	24,053	31,900	7,869
» Kali	0,199	0,493	1,862	—	0,487
Chlornatrium	18,852	17,708	10,418	12,020	1,490
Chlorammonium	0,147	—	—	—	0,011
Chlormagnesium	—	0,219	—	—	—
Chlorlithium	—	—	—	—	—
Fluornatrium	—	—	0,051	—	Spuren
Phosphorsaures Calcium	—	—	0,007	0,030	—
Salpetersaures Natron	0,180	0,124	—	—	0,0390
Phosphorsaures Natron	—	0,084	—	—	—
Borsaures Natron	—	—	0,040	—	—
Aluminiumoxyd	Spuren	0,026	0,004	0,010	—
Kieselsäure	0,099	0,776	0,715	0,610	Spuren
Kohlensäure	2,137	—	1,898	14 620 cc	Spuren
Stickstoff	0,191	—	—	—	3,123
			Temp. 73° C.		Temp. 20° C.

Erdige Wasser mit vorherrschendem Gehalte an kohlensaurem Kalk und Magnesia.

10 000 Teile Wasser enthalten Gramme.	Wildungen.	
	Georg-Victor-quelle.	Helenen-quelle.
Zweifach kohlens. Kalk	7,120	12,690
» » Magnesia . . .	5,350	13,630
» » Natron	0,640	8,450
» » Eisenoxydul . . .	0,210	0,180
» » Manganoxydul .	0,020	0,010
Kohlens. Kalk	4,960	8,810
» Magnesia . .	3,510	8,950
» Natron	0,450	5,970
» Eisenoxydul .	0,150	0,130
» Manganoxydul	0,010	0,060
Schwefels. Natron	0,680	0,130
» Kali . .	0,100	0,270
» Kalk	—	—
» Magnesia . .	—	—
Chlornatrium	0,070	10,430
Kieselsäure	0,190	0,310
Kohlensäure	13 222 cc	13 512,0 cc

Alkalische, lithionhaltige, kohlensäurereiche Eisenquellen mit vorwiegendem Glaubersalzgehalt.

10 000 Teile Wasser enthalten Gramme.	Petersthal (Baden)			Antogast.	Freiersbach.		Oppenau.	Griesbach. Melusinenquelle. Ohne Glaubersalz.
	Peters-quelle.	Salz-quelle.	Sophien-quelle.	Trink-quelle.	Gas-quelle.	Schwe-fel-quelle.	Sauer-quelle.	
Zweifach kohlens. Eisenoxydul	0,4570	0,4460	0,4530	0,464	0,516	1,012	0,232	0,5512
» » » Manganoxydul	Spuren	Spuren	Spuren	Spuren	Spuren	Spuren	0,007	0,0109
» » » Magnesia	4,6080	4,8300	4,3820	5,354	5,755	2,065	2,874	2,5037
» » » Kalk	15,9210	16,4700	13,5216	8,550	13,655	5,594	5,740	9,4610
» » » Natron	0,9000	0,4800	0,6061	6,495	2,064	0,993	7,023	4,1609
Schwefelsaur. Strontian	—	—	—	—	—	—	0,074	0,0401
» » Kali	1,0320	0,8431	0,9457	0,741	0,620	0,288	0,617	(2,4658 H K CO₃)
» » Natron	8,1200	7,7840	6,5860	7,295	7,565	2,812	2,424	
Chlornatrium	0,3300	0,3072	0,1645	0,459	0,651	0,246	0,653	0,2587
Chlorlithium	0,0433	0,0210	0,1040	—	—	—	0,0450	Spuren
Dreibas. phosphors. Kalk	0,0201	0,0190	0,0260	0,010	—	—	0,014	0,0020
Aluminiumoxyd	0,0301	0,0248	0,0230	0,083	Spuren	Spuren	0,014	0,0300
Kieselsäure	0,8892	0,9005	0,8655	0,569	0,796	0,537	0,201	0,3460
Kohlensäure	25,2300	25,0890	18,4100	18,141	19,790	18,610	16,376	19,3031
Sauerstoff	—	—	—	—	—	—	Spuren	—
Stickstoff	—	0,0100	0,0050	—	0,005	—	0,026	—
Arsen	—	—	Spuren	Spuren	—	—	Spuren	—

Nichtalkalische, kohlensäurereiche Eisenquellen mit vorwiegendem Glaubersalzgehalt.

10 000 Teile Wasser enthalten Gramme.	Rippoldsau in Baden.			Griesbach in Baden.	
	Josephs-quelle.	Wenzels-quelle.	Leopolds-quelle.	Trink-quelle.	Antonius-quelle.
Zweifach kohlens. Eisenoxydul	0,592	0,873	0,592	0,782	0,611
» » Manganoxydul	0,047	0,029	0,102	0,039	0,036
» » Magnesia	0,671	1,130	3,760	0,918	0,321
» » Kalk	16,804	14,240	19,470	15,921	16,379
Schwefelsaur. Strontian	—	—	—	—	0,179
» Kalk	0,238	0,471	0,174	2,863	1,132
» Kali	0,610	0,532	0,353	0,130	0,226
» Natron	12,470	10,472	8,814	7,777	7,416
» Magnesia	2,654	1,750	0,195	1,930	1,949
Chlorammonium	—	—	—	—	0,014
Chlornatrium	—	—	—	0,320	0,243
Chlorlithium	Spuren	Spuren	Spuren	—	Spuren
Chlormagnesium	0,789	0,655	0,437	—	—
Salpetersaures Natron	—	—	—	—	0,018
Dreibas. phosphors. Kalk	Spuren	Spuren	0,177	—	0,189
Aluminiumoxyd	0,046	0,120	0,026	0,029	0,002
Kieselsäure	0,680	0,749	0,863	0,456	0,529
Kohlensäure	20,260	19,100	20,814	24,135	23,750
Sauerstoff	—	—	Spuren	Spuren	0,001
Stickstoff	0,0036	0,030	0,004	0,004	0,031
Arsen	Spuren	Spuren	Spuren	Spuren	Spuren

10000 Teile Wasser enthalten Gramme.	Eisensäuerlinge.					Arsenhaltiges Eisenwasser.
	Gruben.	Elster. Marienquelle.	Pyrmont. Hauptquelle.	Schwalbach. Paulinenbrunnen.	Cudowa. Trinkquelle.	Levico. Trinkquelle.
Zweifach kohlens. Eisenoxydul	1,750	0,629	0,771	0,675	0,371	0,128
» » Manganoxydul	0,865	0,151	0,062	0,119	0,038	—
» » Kalk	0,115	2,059	10,468	2,155	7,157	—
» » Magnesia	0,690	2,414	0,802	1,692	2,381	—
» » Strontian	0,116	—	—	—	—	—
» » Natron	—	7,269	—	0,175	12,138	—
Schwefels. Eisenoxydul	—	—	—	—	—	4,867
» Strontian	—	—	0,036	—	—	—
» Magnesia	—	—	4,533	—	—	1,355
» Kalk	14,545	29,475	7,929	—	—	2,472
» Kali	—	—	0,165	0,041	0,052	0,082
» Natron	—	—	0,419	0,063	3,079	0,128
» Ammoniak	—	—	—	—	—	—
Chlornatrium	2,767	18,724	1,589	0,066	1,207	—
Jodnatrium	—	—	0,001	—	—	—
Chlorlithium	Spuren	—	0,009	·	—	—
Chlormagnesium	2,345	—	—	—	—	—
Chlorammonium	—	—	0,021	—	—	—
Chlorkalium	0,282	0,149	—	—	—	—
Salpeters. Natron	—	—	Spuren	—	—	—
Phosphorsaures Natron	—	—	—	—	0,071	—
Dreibas. phosphors. Kalk	—	—	Spuren	—	—	—
Aluminiumoxyd	—	—	Spuren	—	—	—
Kieselsäure	—	0,440	0,318	0,260	0,917	0,320
Kohlensäure	—	13115 cc	23,95	23,736	—	0,230
Baryt	Spuren	—	Spuren	—	—	—
Kupfer	Spuren	—	—	—	—	—
Schwefelwasserstoff	—	—	—	0,001	—	—
Arsensaures Natron	—	—	—	—	0,015	0,016

Kochsalzquellen mit Kohlensäure.

10000 Teile Wasser enthalten Gramme.	Kissingen. Rakoczy.	Homburg. Elisabethquelle.	Soden. (Taunus.) Milchbrunn.	(Taunus.) Major.
Chlornatrium	58,220	98,600	24,255	144,000
Chlorkalium	2,869	3,463	1,366	5,300
Chlorlithium	0,200	0,216	—	—
Chlorammonium	—	0,219	—	—
Chlormagnesium	3,038	7,289	—	—
Chlorcalcium	—	6,874	—	—
Bromnatrium	0,084	—	—	—
Brommagnesium	—	0,029	—	—
Jodmagnesium	—	Spuren	—	—
Zweif. kohlens. Eisenoxydul .	—	0,320	—	—
» » Manganoxydul	—	0,021	—	—
» » Magnesia . .	—	0,432	—	—
» » Kalk	—	21,767	—	—
Kohlensaur. Natron	—	—	0,126	—
» Magnesia . . .	0,170	—	2,807	1,871
» Kalk	10,610	—	4,593	13,503
» Eisenoxydul . .	0,316	—	0,079	0,289
Schwefels. Magnesia	5,884	—	—	—
» Kalk	3,894	0,168	—	0,947
» Baryt	—	0,010	—	—
» Strontian	—	0,178	—	—
» Kali	—	—	0,370	0,309
Phosphorsaur. Kalk	0,056	0,009	—	—
Salpetersaur. Natron	0,093	—	—	—
Kieselsäure . . .	0,129	0,263	0,336	0,389
Kohlensäure	13 055 cc	19,506	9514 cc	10 698 cc
Temperatur . . .	10,7 ⁰ C.	10,6 ⁰ C.	19,5 ⁰ C.	16 ⁰ C.

Thermen mit vorwiegendem Kochsalzgehalte.

10000 Teile Wasser enthalten Gramme.	Baden-Baden. Hauptstollenquelle.	Wiesbaden. Kochbrunnen.
Zweifach kohlens. Eisenoxydul . . .	0,0199	0,093
» » Manganoxydul . .	0,0435	0,012
» » Magnesia . .	0,1135	2,706
» » Kalk	1,7290	3,837
Schwefelsauren Strontian	0,0445	0,219
» Kalk	2,1769	0,725
» Baryt	—	0,013

5*

10 000 Teile Wasser enthalten Gramme.	Baden-Baden. Hauptstollen-quelle.	Wiesbaden. Koch-brunnen.
Chlorkalium	1,2830	1,824
Chlornatrium	20,2670	68,290
Chlorcalcium	0,2690	6,273
Chlorlithium	0,5818	0,231
Chlorammonium	—	0,171
Chlorcäsium	0,0129	—
Chlorrubidium	Spuren	—
Chlormagnesium	0,0887	—
Bromnatrium	—	0,044
Jodnatrium	—	Spuren
Brommagnesium	0,0471	—
Dreibas. phosphors. Kalk	0,0029	0,002
» arsensauren Kalk	0,0064	0,002
Borsauren Kalk	—	0,010
Kieselsäure	1,2671	0,627
Kohlensäure, freie	0,1192	2,497
Stickgas	—	0,060
Temperatur	62,8° C.	70° C.

Bitterwasser mit reichlichem Magnesia- und Natronsulfatgehalte.

10 000 Teile Wasser enthalten Gramme.	Budapest. Hunyadi Janos.	Fried-richs-hall.	Kis-singen.
Schwefelsaur. Magnesia	223,500	51,502	51,432
» Natron	225,500	60,560	60,546
» Kali	1,206	1,982	1,983
» Kalk	—	13,465	13,464
Zweifach kohlens. Natron . .	6,760	—	—
» » Kalk . .	7,967	0,147	0,147
» » Magnesia . .	—	5,198	5,199
» » Strontian . .	0,270	—	—
» » Eisenoxydul .	0,006	—	—
Chlornatrium	17,048	79,560	79,550
Chlormagnesium	—	39,390	39,336
Brommagnesium	—	1,140	1,139
Kieselsäure	0,106	—	—
Kohlensäure	5,226	1663,0 cc	1843,75 cc
Chlorlithium	—	—	0,125

(Spalte Friedrichshall–Kissingen: "Einf. kohlensaure Salze.")

Schwefelwasser.

10000 Teile Wasser enthalten Gramme.	Aachen. Kaiserquelle.	Burtscheid.	Langenbrücken. (Baden.)	
			Schwefelquelle.	Waldquelle.
Zweifach kohlens. Magnesia	0,510	2,035	2,650	0,284
» » Kalk	1,580.	1,255	3,406	6,157
» » Strontian	0,015	0,616	—	—
» » Mangan	Spuren	—	—	—
» » Natron	6,500	8,660	—	—
Schwefelsaur. Kalk	—	—	3,148	1,309
» Kali	1,520	3,840	0,366	0,541
» Natron	2,830	—	1,995	0,836
» Magnesia	—	—	5,053	5,598
Chlorkalium	—	—	Spuren	Spuren
Chlorammonium	26,400	26,967	—	Spuren
Chlornatrium	Spuren	—	0,107	0,147
Chlorlithium	—	—	—	Spuren
Dreibas. phosphorsauren Kalk	—!	—	0,216	—
Schwefeleisen	—	—	0,046	0,185
Schwefelcalcium	0,095	—	0,057	—
Schwefelnatrium	—	—	—	—
Aluminiumoxyd	0,660	7,239	0,041	0,128
Kieselsäure	3400 cc	—	0,174	0,037
Kohlensäure	128 cc	—	2,356	0,194
Stickstoff	52 cc	—	Spuren	0,037
Schwefelwasserstoff	0,035	—	0,099	—
Bromnatrium	0,005	—	—	—
Jodnatrium	—	—	—	—
Phosphors. Natron	—	1,952	—	—
Temperatur	55 ° C.	—	—	—

Kalte und warme Solquellen.

10 000 Teile Wasser enthalten Gramme.	Dürkheim. (Pfalz.) Neue Quelle.	Dürrheim. (Baden.)	Rappenau. (Baden.)	Kreuznach. Elisenquelle.	Nauheim. Friedrich-Wilhelms-Sprudel.
Chlornatrium	127,100	2553,7000	2574,0400	94,900	292,882
Bromnatrium	0,220	0,0430	0,0052	—	0,093
Jodnatrium	—	—	—	—	—
Chlorkalium	0,960	15,7500	12,4600	0,813	11,194
Chlorammonium	—	—	—	—	0,712
Chlormagnesium	3,980	3,9910	4,9760	5,301	5,297
Brommagnesium	—	—	—	0,362	—
Jodmagnesium	—	—	—	0,046	—
Chlorcalcium	30,300	0,3110	6,9040	17,430	33,254
Chlorbaryum	0,220	—	—	—	—
Chlorlithium	0,390	0,0097	0,0041	0,798	0,536
Chlorstrontium	0,080	—	—	—	—
Chlorrubidium	0,001	Spuren	0,0012	—	—
Chlorcäsium	0,001	Spuren	Spuren	—	—
Kohlensaur. Eisenoxydul	0,080	0,0436	0,0430	0,138	0,495
» Manganoxydul	—	Spuren	Spuren	—	0,069
» Magnesia	0,140	0,1097	0,1280	—	26,078
» Kalk	2,830	2,3000	2,1546	2,404	—
Phosphorsauren Kalk	—	—	—	—	—
Schwefelsauren Kalk	0,190	44,8110	18,2100	—	0,282
» Strontian	—	0,6295	$(0,1181\,SrO(CO_2)_2)$	0,168	—
Kieselsäure	0,003	0,0939	0,0646	—	0,499
Thonerde	Spuren	0,0030	0,0182	—	0,213
Arsensaures Natron	—	—	—	—	0,002
Borsaure Magnesia	—	0,1240	0,0039	—	—
Freie Kohlensäure	—	1,3356	0,6744	—	—
Stickstoff	—	0,2845	0,1781	—	—
Grubengas	—	0,0084	—	—	—
Sauerstoff	—	0,0135	0,0767	—	—
Temperatur	—	—	14,8° C.	10° C.	30—34° C.

(In den Spalten Dürrheim, Rappenau und Nauheim sind die kohlensauren Verbindungen als Bikarbonate angegeben.)

VI. Wein.

Naturwein ist das aus dem Safte der Weintraube
durch Gärung entstandene und durch eine kunstgerechte
Kellerbehandlung geklärte, geistige Getränk. Die einfache
Bezeichnung »Wein« kommt nach dem Reichsgesetz vom
20. April 1892, den Verkehr mit Wein, weinhaltigen und
weinähnlichen Getränken betr. (siehe unten), auch den
sog. verbesserten Weinen zu, welche unter Mitverwendung
von technisch reinem Rohr-, Rüben- oder Invertzucker,
technisch reinem Stärkezucker, auch in wässeriger Lösung,
bereitet worden sind, wenn durch den Zusatz wässeriger
Zuckerlösung der Gehalt des Weines an Extraktstoffen
oder an Mineralbestandteilen nicht unter die bei ungezuckertem Wein des Weinbaugebietes, dem der Wein
entsprechen soll, in der Regel beobachteten Grenzen herabgesetzt wird.

Die Bereitung des Weines ist in Kürze folgende:

Die Weintrauben werden mit den Fruchtstielen, den
sog. Kämmen, beim Keltern zerquetscht, der Saft wird bei
Weißweinen abgepreßt und der so erhaltene Most in
nicht ganz angefüllten Gärfässern der Gärung überlassen.

Bei **Rotweinen** läßt man die zerquetschten Trauben
mit dem Safte gären, weil der in den Beerenschalen enthaltene rote **Farbstoff** erst bei der Gärung in Lösung geht.
Hierbei nimmt der Wein noch reichliche Mengen von
gerbstoffhaltigen Stoffen aus den Beerenschalen und Kämmen auf, welche den Rotweinen teilweise ihren zusammen-
ziehenden Geschmack verleihen.

Der sog. **Weißherbst,** welcher eine schwach rötliche
Farbe besitzt, wird aus roten Trauben hergestellt, von
welchen der Saft vor der Gärung wie bei den Weißweinen
abgepreßt wird. Infolgedessen gehen nur geringe Mengen
des roten Farbstoffs in den Wein über.

Traubenmost. Der auf die oben beschriebene Weise
erhaltene Most enthält folgende Bestandteile:

Traubenzucker (Dextrose) } \
Fruchtzucker (Lävulose)   } 10—20 %.

Mannit.

Gummi.

Eiweißstoffe.

Äpfel- und ⎫
Weinsäure ⎭ $0,4—1,6\ °/o$.

Gerbstoff.

Phosphorsäure, Schwefelsäure, Chlor, Calcium, Magnesium, Kalium, Natrium, sowie Spuren von Eisen und Mangan.

Die im Moste enthaltene Menge der einzelnen Bestandteile schwankt innerhalb weiter Grenzen und ist abhängig von der Traubensorte, der Bodenbeschaffenheit, der Witterung des Jahrganges u. s. w.

So liefern von den bekannteren Sorten den **kräftigsten Weißwein:** der Riesling, Traminer und Ruländer; **mittelstarken Wein** der Sylvaner, Ortlieber und Gutedel und die **geringsten Weine** der Elbling. **Kräftige Rotweine** liefert der Burgunder, **mittlere** der St. Laurant, Portugieser und Gamey und **geringe** Rotweine der Trollinger.

Die **Untersuchung** des Mostes erstreckt sich namentlich auf die Bestimmung des Zucker- und Säuregehaltes.

Die Ermittelung des **Zuckergehaltes** geschieht häufig durch Senkwagen, sog. Mostwagen. Dieselben geben nur die Dichtigkeit, d. h. das spezifische Gewicht des Mostes an, und kann die entsprechende Menge des vorhandenen Zuckers erst durch Aufsuchen in geeigneten Tabellen gefunden werden.

Fig. 35.
OECHSLE'sche
Mostwage.

Eine der bei uns gebräuchlichsten Mostwagen ist die von dem Mechanikus OECHSLE in Pforzheim konstruierte Senkwage. Dieselbe zeigt auf einer Skala die Zahlen 51—130, das spezifische Gewicht 1,051—1,130. (Fig. 35.)

Nachstehende Tabelle giebt die Grade, d. h. das spezifische Gewicht der OECHSLE'schen Mostwage mit dem entsprechenden Zuckergehalte (nach der Klosterneuburger Mostwage) an:

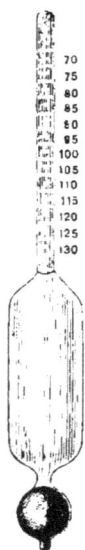

Grade OECHSLE.	Zucker in 100 Teilen.	Grade OECHSLE.	Zucker in 100 Teilen.	Grade OECHSLE.	Zucker in 100 Teilen.
50	10,4	77	15,8	104	20,8
51	10,6	78	15,9	105	21,0
52	10,8	79	16,1	106	21,2
53	11,0	80	16,3	107	21,4
54	11,2	81	16,5	108	21,6
55	11,4	82	16,7	109	21,8
56	11,6	83	16,9	110	21,9
57	11,8	84	17,1	111	22,0
58	12,0	85	17,3	112	22,2
59	12,2	86	17,5	113	22,4
60	12,4	87	17,7	114	22,6
61	12,6	88	17,9	115	22,8
62	12,8	89	18,0	116	23,0
63	13,0	90	18,2	117	23,2
64	13,2	91	18,4	118	23,5
65	13,4	92	18,6	119	23,8
66	13,6	93	18,8	120	24,1
67	13,8	94	19,0	121	24,3
68	14,0	95	19,2	122	24,6
69	14,2	96	19,4	123	24,9
70	14,4	97	19,6	124	25,2
71	14,6	98	19,7	125	25,5
72	14,8	99	19,9	126	25,8
73	15,0	100	20,1	127	26,0
74	15,2	101	20,3	128	26,2
75	15,4	102	20,5	129	26,4
76	15,6	103	20,7	130	26,6

Genau kann die Zuckerbestimmung im Moste nur mittelst FEHLING'scher Lösung als reduzierender Zucker unter Berücksichtigung der von SOXHLET beziehungsweise von ALLIHN angegebenen Modifikationen bestimmt werden.

50 cc FEHLING'scher Lös. entspr. $= 0,2375$ gr Traubenzucker.

» » » » » $= 0,2470$ » Invertzucker.

» » » » » $= 0,2572$ » Fruchtzucker.

Maßanalytische Zuckerbestimmung im Most: 50 cc FEHLING'scher Lösung werden in einer tiefen Porzellanschale auf dem Drahtnetz zum Kochen erhitzt. Nun läßt man von dem so weit verdünnten und alkalisch gemachten Moste, daß derselbe nicht mehr als etwa 1 % Zucker enthält, aus einer Bürette so lange zufließen, bis alles Kupfer reduziert, d. h. bis die Lösung nicht mehr blau gefärbt ist, und unterhält das Kochen 3 Minuten lang. Das mit Essigsäure angesäuerte Filtrat vom Kupferoxydul wird mit Ferrocyankalium geprüft, ob noch nicht reduziertes Kupfer oder ob noch ein Überschuß von Zucker vorhanden ist. Nach 4—5maligem Wiederholen des Versuches wird ein genaues Resultat erhalten.

Gewichtsanalytisch: 60 cc FEHLING'scher Lösung werden mit dem gleichen Volumen Wasser verdünnt, zum Kochen erhitzt und mit 25 cc des etwa 1 % Zucker enthaltenden verdünnten Mostes 3 Minuten lang gekocht.

Die heiße Lösung von Kupferoxydul giebt man auf ein vorher durchgeglühtes und gewogenes Asbestfilterröhrchen (Fig. 36), welches an seinem unteren Ende mit einer Saugpumpe in Verbindung steht, und wäscht so lange zuerst mit heißem Wasser, dann mit Alkoholäther aus, bis die alkalische Reaktion verschwunden ist. Nach kurzem Trocknen leitet man durch das obere Ende des Filterröhrchens einen Wasserstoffstrom, erhitzt den Kupferoxydulniederschlag mit der Flamme von außen, bis derselbe zu metallischem Kupfer reduziert ist, was an der Kupferfarbe erkannt werden kann. Nach dem Erkalten im Wasserstoffstrom wird gewogen.

Fig. 36.
Asbestfiltrier-
rohr.

Der Traubenzuckergehalt ergiebt sich aus der Menge des Kupfers nach untenstehender Tabelle von ALLIHN:

Tabelle zur Ermittelung des Traubenzuckers aus den gewichtsanalytisch bestimmten Kupfermengen nach ALLIHN.

Kupfer mg	Trauben-zucker mg	Kupfer mg	Trauben-zucker mg	Kupfer mg	Trauben-zucker mg	Kupfer mg	Trauben-zucker mg	Kupfer mg	Trauben-zucker mg	Kupfer mg	Trauben-zucker mg
10	6,1	15	8,6	20	11,0	25	13,5	30	16,0	35	18,5
11	6,6	16	9,0	21	11,5	26	14,0	31	16,5	36	18,9
12	7,1	17	9,5	22	12,0	27	14,5	32	17,0	37	19,4
13	7,6	18	10,0	23	12,5	28	15,0	33	17,5	38	19,9
14	8,1	19	10,5	24	13,0	29	15,5	34	18,0	39	20,4

Kupfer mg	Trauben-zucker mg	Kupfer mg	Trauben-zucker mg	Kupfer mg	Trauben-zucker mg	Kupfer mg	Trauben-zucker mg	Kupfer mg	Trauben-zucker mg	Kupfer mg	Trauben-zucker mg
40	20,9	85	43,4	130	66,2	175	89,5	220	113,2	265	137,3
41	21,4	86	43,9	131	66,7	176	90,0	221	113,7	266	137,8
42	21,9	87	44,4	132	67,2	177	90,5	222	114,3	267	138,4
43	22,4	88	44,9	133	67,7	178	91,1	223	114,8	268	138,9
44	22,9	89	45,4	134	68,2	179	91,6	224	115,3	269	139,5
45	23,4	90	45,9	135	68,8	180	92,1	225	115,9	270	140,0
46	23,9	91	46,4	136	69,3	181	92,6	226	116,4	271	140,6
47	24,4	92	46,9	137	69,8	182	93,1	227	116,9	272	141,1
48	24,9	93	47,4	138	70,3	183	93,7	228	117,4	273	141,7
49	25,4	94	47,9	139	70,8	184	94,2	229	118,0	274	142,2
50	25,9	95	48,4	140	71,3	185	94,7	230	118,5	275	142,8
51	26,4	96	48,9	141	71,8	186	95,2	231	119,0	276	143,3
52	26,9	97	49,4	142	72,3	187	95,7	232	119,6	277	143,9
53	27,4	98	49,9	143	72,9	188	96,3	233	120,1	278	144,4
54	27,9	99	50,4	144	73,4	189	96,8	234	120,7	279	145,0
55	28,4	100	50,9	145	73,9	190	97,4	235	121,2	280	145,5
56	28,8	101	51,4	146	74,4	191	97,8	236	121,7	281	146,1
57	29,3	102	51,9	147	74,9	192	98,4	237	122,3	282	146,6
58	29,8	103	52,4	148	75,5	193	98,9	238	122,8	283	147,2
59	30,3	104	52,9	149	76,0	194	99,4	239	123,4	284	147,7
60	30,8	105	53,5	150	76,5	195	100,0	240	123,9	285	148,3
61	31,3	106	54,0	151	77,0	196	100,5	241	124,4	286	148,8
62	31,8	107	54,5	152	77,5	197	101,0	242	125,0	287	149,4
63	32,3	108	55,0	153	78,1	198	101,5	243	125,5	288	149,9
64	32,8	109	55,5	154	78,6	199	102,0	244	126,0	289	150,5
65	33,3	110	56,0	155	79,1	200	102,6	245	126,6	290	151,0
66	33,8	111	56,5	156	79,6	201	103,1	246	127,1	291	151,6
67	34,3	112	57,0	157	80,1	202	103,7	247	127,6	292	152,1
68	34,8	113	57,5	158	80,7	203	104,2	248	128,1	293	152,7
69	35,3	114	58,0	159	81,2	204	104,7	249	128,7	294	153,2
70	35,8	115	58,6	160	81,7	205	105,3	250	129,2	295	153,8
71	36,3	116	59,1	161	82,2	206	105,8	251	129,7	296	154,3
72	36,8	117	59,6	162	82,7	207	106,3	252	130,3	297	154,9
73	37,3	118	60,1	163	83,3	208	106,8	253	130,8	298	155,4
74	37 8	119	60,6	164	83,8	209	107,4	254	131,4	299	156,0
75	38,3	120	61,1	165	84,3	210	107,9	255	131,9	300	156,5
76	38,8	121	61,6	166	84,8	211	108,4	256	132,4	301	157,1
77	39,3	122	62,1	167	85,3	212	109,0	257	133,0	302	157,6
78	39,8	123	62,6	168	85,9	213	109,5	258	133,5	303	158,2
79	40,3	124	63,1	169	86,4	214	110,0	259	134,1	304	158,7
80	40,8	125	63,7	170	86,9	215	110,6	260	134,6	305	159,3
81	41,3	126	64,2	171	87,4	216	111,1	261	135,1	306	159,8
82	41,8	127	64,7	172	87,9	217	111,6	262	135,7	307	160,4
83	42,3	128	65,2	173	88,5	218	112,1	263	136,2	308	160,9
84	42,8	129	65,7	174	89,0	219	112,7	264	136,8	309	161,5

Kupfer mg	Traubenzucker mg	Kupfer mg	Traubenzucker mg	Kupfer mg	Traubenzucker mg	Kupfer mg	Traubenzucker mg	Kupfer mg	Traubenzucker mg	Kupfer mg	Traubenzucker mg
310	162,0	336	176,5	362	191,1	388	206,0	414	221,0	439	235,7
311	162,6	337	177,0	363	191,7	389	206,5	415	221,6	440	236,3
312	163,1	338	177,6	364	192,3	390	207,1	416	222,2	441	236.9
313	163,7	339	178,1	365	192,9	391	207,7	417	222,8	442	237,5
314	164,2	340	178,7	366	193,4	392	208,3	418	223,3	443	238,1
315	164,8	341	179,3	367	194,0	393	208,8	419	223,9	444	238,7
316	165,3	342	179,8	368	194,6	394	209,4	420	224,5	445	239,3
317	165,9	343	180,4	369	195,1	395	210,0	421	225,1	446	239,8
318	166,4	344	180,9	370	195,7	396	210,6	422	225,7	447	240,4
319	167,0	345	181,5	371	196,3	397	211,2	423	226,3	448	241,0
320	167,5	346	182,1	372	196,8	398	211,7	424	226,9	449	241,6
321	168,1	347	182,6	373	197,4	399	212,3	425	227,5	450	242,2
322	168,6	348	183,2	374	198,0	400	212,9	426	228,0	451	242,8
323	169,2	349	183,7	375	198,6	401	213,5	427	228,6	452	243,4
324	169,7	350	184,2	376	199,1	402	214,1	428	229,2	453	244,0
325	170,3	351	184,9	377	199,7	403	214,6	429	229,8	454	244,6
326	170,9	352	185,4	378	200,3	404	215,2	430	230,4	455	245,2
327	171,4	353	186,0	379	200,8	405	215,8	431	231,0	456	245,7
328	172,0	354	186,6	380	201,4	406	216,4	432	231,6	457	246,3
329	172,5	355	187,2	381	202,0	407	217,0	433	232,2	458	246,9
330	173,1	356	187,7	382	202,5	408	217,5	434	232,8	459	247,5
331	173,7	357	188,3	383	203,1	409	218,1	435	233,4	460	248,1
332	174,2	358	188,9	384	203,7	410	218,7	436	233,9	461	248,7
333	174,8	359	189,4	385	204,5	411	219,3	437	234,5	462	249,3
334	175,3	360	190,0	386	204,8	412	219,9	438	235,1	463	249,9
335	175,9	361	190,6	387	205,4	413	220,4				

Der **Säuregehalt** des Mostes wird durch Titrieren mit $^1/_{10}$ Normalnatron nach der Tüpfelmethode mit Lackmus bestimmt und als Weinsäure berechnet.

1 cc $^1/_{10}$ Normalnatron = 0,075 Weinsäure.

In folgender Tabelle habe ich die Durchschnittszusammensetzung der Moste Deutschlands in Bezug auf ihr spezifisches Gewicht, sowie auf ihren Gehalt an Zucker und an Säure zusammengestellt.

Durchschnittszusammensetzung der Moste Deutschlands.

	Spezif. Gewicht.	Wein- säure.	Zucker.
Baden 1892er	1,073	0,72	16,05
Elsaß 1887—1890er	1,075	1,20	16,62
Mosel, Ahr in Saar	1,071	0,94	14,68
Rheingau und Maingau	1,076	0,98	15,88
Rheinhessen 1886—1890er . . .	1,073	0,91	—
Rheinpfalz 1886—1890er	1,078	0,83	—
Sachsen 1890er	1,078	0,88	—
Schlesien 1886—1887er	1,069	0,93	15,20
Unterfranken 1887—1890er . .	1,078	0,92	15,90
Württemberg	1,075	1,08	14,02

An die oben angeführte Beschaffenheit des normalen Mostes möchte ich die in schlechten Jahrgängen übliche Verbesserung des Mostes bezw. geringwertiger, zuckerarmer und an Säure reicher Weine anreihen.

Dahin gehören:

1) Das **Entsäuern** des Mostes durch kohlensauren Kalk (Marmor), kohlensaures Kalium u. s. w.

2) Das **Chaptalisieren** nach dem französischen Chemiker CHAPTAL, nach welchem die Weine von Säure befreit und der fehlende Zucker durch Zusatz von Rohrzucker ergänzt wird.

3) Das **Gallisieren** nach L. GALL in Trier, welches das Verdünnen eines an Säure zu reichen Weines mit Wasser und Zucker, namentlich mit Stärkezucker (Kartoffelzucker), auf den normalen Säuregehalt bezweckt. Hierbei findet neben der sog. Verbesserung gleichzeitig eine Vermehrung des Weines statt.

4) Das **Petiotisieren** nach einem Gutsbesitzer PETIOT in Chaminy in Burgund besteht darin, daß die ausgepreßten Traubentrester nochmals mit einer Zuckerlösung in Wasser zur Gärung gebracht werden.

5) Das **Alkoholisieren** geschieht erst nach abgelaufener Gärung, um den Wein durch einen Zusatz von Sprit feuriger und haltbarer zu machen.

Das **Gipsen** des Weines geschieht namentlich bei Rotweinen, um die Farbe derselben zu erhöhen oder um dieselben rascher zu klären und versandfähig zu machen. Der Zusatz von Gips (schwefelsaures Calcium) erfolgt

während oder nach der Gärung des Weines. Stark ge-
gipste Weine sind nicht ohne störenden Einfluß auf den
menschlichen Organismus.

Der fertige Wein.

Bei der Gärung des Traubenmostes, welche durch
die den Beeren anhaftenden Hefezellen hervorgerufen wird,
bilden sich aus den in dem Traubensafte enthaltenen
Zuckerarten (Traubenzucker und Fruchtzucker) Alkohol,
Kohlensäure, Glycerin, Bernsteinsäure, geringe Mengen
Essigsäure und Bouquetstoffe.

Im allgemeinen entsteht aus Traubenmost mit 17 $^0/_0$
Zucker und 1 $^0/_0$ Säure ein Jungwein mit 8,1 $^0/_0$ Alkohol,
2,83 gr Extrakt und 0,82 $^0/_0$ Säure.

Die **Veränderungen** des Weines nach der Gärung
bei normaler Behandlung und Lagerung bestehen hauptsächlich in geringer Abnahme der Säure und des Extraktgehaltes, welche teils durch Weinsteinbildung, teils durch
hefenartige, niedere Organismen bedingt ist. Eine Verminderung des Alkoholgehaltes wird nur in seltenen Fällen
beobachtet, sie kann aber eintreten bei der Essigbildung,
beim sog. Stichigwerden des Weines.

Von weit nachteiligeren Folgen sind die Veränderungen, welche der Wein durch die sog. **Weinkrankheiten**
erleidet. Dieselben treten meistens in solchen Weinen
auf, bei welchen die erste Gärung nicht normal verlaufen
ist oder der gärende oder vergorene Wein nicht genügend
vor dem Zutritt der Luft geschützt wird.

Diese Krankheiten werden meistens durch Mikroorganismen, durch sog. organisierte Fermente (Spaltpilze)
hervorgerufen, welche eine Zersetzung der einzelnen Bestandteile des Weines bewirken und denselben vollständig
zu verderben geeignet sind. Aufgehalten wird diese Zersetzung durch starkes Schwefeln des Weines, sowie durch
einen hohen Gehalt an Alkohol oder an Zucker.

Das **Trübwerden,** eine Erscheinung, die bei nicht
vollständig vergorenen oder nicht rechtzeitig von der Hefe
abgelassenen Weinen beobachtet wird.

Das **Schleimig-, Weich-** oder **Zähwerden** tritt häufig bei
Weinen ein, die zu lange auf der Hefe belassen oder die zu
jung auf Flaschen gezogen worden sind. Eine Verbesserung

solcher Weine kann oft erzielt werden durch Schönen oder durch kräftiges Peitschen der in Bottiche abgelassenen Weine. Die **Kahmbildung,** welche eine Zersetzung des Alkohol-, Extrakt- und Säuregehaltes im Weine verursachen kann, tritt namentlich in alkoholarmen Weinen auf; die Oberfläche solcher Weine bedeckt sich mit einer schimmelartigen weißen Schichte des Kahmpilzes (Mycoderma vini).

Der **Essigstich** entwickelt sich hauptsächlich in solchen Weinen, die bei der Bereitung zu lange der Einwirkung der Luft ausgesetzt waren, oder beim mangelhaften Auffüllen der Weine. Der Essigpilz (Mycoderma aceti) zerstört den Weingeist des Weines unter Bildung von Essigsäure, der Wein wird dadurch sauer, stichig.

Das **Bitterwerden** wird größtenteils bei Rotweinen beobachtet und ist bedingt durch eine Zersetzung des Farb- und Gerbstoffes des Weines unter Bildung eines stark bitterschmeckenden Körpers.

Das **Braunwerden** tritt in Weißweinen auf, zu deren Herstellung faulige Beeren verwendet worden sind. Durch Schönen solcher Weine mit Hausenblase und Ablassen derselben in gutgeschwefelte Fässer soll es gelingen, die Krankheit zu beseitigen.

Der **Böcksergeschmack** giebt sich durch den Geruch nach faulen Eiern (Schwefelwasserstoff) zu erkennen und soll durch das Vorhandensein von Schwefel im gärenden Wein als zufällige Verunreinigung beim Einschwefeln der Fässer bedingt sein.

Das **Schwarzwerden** der Weiß- und Rotweine rührt von Eisenverbindungen her und wird dadurch verursacht, daß der Wein mit Eisenteilen (eiserner Beschlag der Faßthürchen, Nägel u. s. w.) in Berührung kommt, wobei Eisenoxydulsalz in Lösung geht und sich als gerbsaures Eisen im Weine abscheidet.

Zur Wiederherstellung der ursprünglichen Farbe solcher Weine ist eine Klärung derselben mit Hausenblase (1—1,5 gr auf 1 Hektoliter Wein), die man in Wein löst, sehr zweckmäßig. Die Weine werden am besten vorher abgelassen, dann mit Hausenblaselösung durch Rühren oder Schütteln tüchtig gemischt und dann der Ruhe überlassen. Die Klärung geht sehr rasch vor sich.

Südweine sind die aus zuckerreichen, südlichen Trauben oder eingedickten Mosten hergestellten geistigen Getränke, welche über 5 gr Zucker in 100 cc und 15—20 Volumprozent Alkohol enthalten. Die meisten derselben können als Kunstprodukte bezeichnet werden, da sie zu ihrer Haltbarkeit mit reichlichen Mengen Sprit versetzt werden.

Nach LIST unterscheidet man:

1) **Trockene Weine** (vino secco), die bis 0,5 gr Zucker enthalten, reich an Alkohol und arm an Glycerin sind. Dieselben werden durch rasche Vergärung bei ziemlich hoher Temperatur gewonnen.

2) **Süßweine** (vino dolce) mit 5—15 Prozent Zucker. Diese Weine werden aus südlichen Trauben, denen nach der Vergärung noch eingedickter Traubenmost und gleichzeitig Sprit oder Cognac und Farbstoff zugesetzt werden, bereitet.

3) **Ausbruchweine** (Tokayer), die aus zuckerreichen Trauben hergestellt sind, denen beim Keltern noch trockene Traubenbeeren zugesetzt werden.

Bei der Untersuchung der Süßweine ist namentlich die Prüfung derselben auf Rohrzucker wichtig. Derselbe wird nach der Inversionsmethode durch dreistündiges Erwärmen der Weine mit Salzsäure bei 50—60° C. ermittelt.

Als rein gelten im allgemeinen nur Süß- und Ausbruchweine, welche nach Abzug des Zuckergehaltes noch 4 gr Extraktrest ergeben und die mindestens 40 Milligramm Phosphorsäure (P_2O_5) in 100 cc Wein enthalten.

Hierher gehören noch die **Schaumweine** (Champagner). Die eigentlichen Schaumweine werden aus hierzu besonders geeigneten Traubensorten, wie Gutedelarten, dem Sylvaner und roten Burgunder, nach dem hauptsächlich in der Champagne üblichen Gärungsverfahren, welches lange Zeit in Anspruch nimmt, hergestellt.

Die **künstlichen Schaumweine** werden durch Imprägnieren von Weinen, welche mit sog. Likören, Mischungen von Zucker und Weingeist versetzt sind, mit Kohlensäure hergestellt.

Die Schaumweine enthalten durchschnittlich 6 bis 7 Volumprozent Kohlensäure.

Zusammensetzung von Schaumweinen.

	Spezif. Gewicht.	Alkohol. Gramme.	Extrakt.	Mineral- stoffe.	Wein- säure.	Glycerin.	Zucker.	Kohlen- säure.
Veuve Cliquot	1,056	10,5	18,5	0,130	0,56	0,95	16,20	0,60
Carte blanche (Röderer) .	1,059	10,0	19,1	0,125	0,62	0,99	17,20	1,20
Deutscher Schaumwein M. Müller, Eltville } .	1,040	10,2	14,0	0,160	0,69	0,85	12,10	0,60

Zu Vergleichszwecken habe ich die teils der Wein-
statistik, teils den in unserem Laboratorium ausgeführten
Weinanalysen entnommene Durchschnittszusammensetzung
verschiedener Weine des In- und Auslandes, speziell auch
badischer Weine, in folgender Tabelle zusammengestellt.

Durchschnittszusammenzetzung der Weine Deutschlands.*)

100 cc Wein ent- halten Gramme.	Wein- geist.	Extrakt.	Mineral- stoffe.	Wein- säure.	Glycerin.	Zucker.	Phosphor- säure.
Baden, Weißweine 1884—1888er } . . .	6,70	2,07	0,210	0,71	0,63	0,142	0,025
Baden, Rotweine	7,67	2,53	0,280	0,67	0,63	0,186	0,035
Elsaß, Weißweine 1884—1890er } . . .	7,50	2,01	0,210	0,69	0,60	—	0,028
Elsaß, Rotweine 1887—1888er } . . .	7,88	2,53	0,230	0,69	0,74	—	0,020
Lothringen, Weißweine 1884—1887er } .	7,35	1,98	0,180	0,76	0,63	—	0,015
Lothringen, Rotweine . .	7,00	2,11	0,240	0,60	0,59	—	0,016
Mosel-, Ahr-, Saar- Weißweine } . . .	7,66	2,21	0,215	0,67	—	—	0,043
Mosel-, Ahr-, Saar- Rotweine } . . .	9,67	2,57	0,260	0,63	—	—	0,054
Rheingau u. Main- gau, Weißweine } . . .	8,15	2,80	0,193	0,81	0,81	—	0,041
Rheinhessen, Weißweine 1886—1890er }	8,03	2,29	0,219	0,75	0,64	—	0,035
Rheinhessen, Rot- weine } . .	7,74	2,61	0,250	0,51	0,68	—	0,032

*) Fresenius, Zeitschr. f. anal. Chemie.

100 cc Wein ent- halten Gramme.	Wein- geist.	Extrakt.	Mineral- stoffe.	Wein- säure.	Glycerin.	Zucker.	Phosphor- säure.
Rheinpfalz, Weiß-weine	10,16	2,57	0,231	0,50	—	—	0,034
Sachsen, 1887 bis 1890er Weine	7,90	2,71	0,270	0,80	0,68	—	0,048
Unterfranken 1887—1890er	7,46	2,32	0,201	0,76	—	—	0,037
Württemberg, Weißweine 1884—1887er	6,82	1,91	0.220	0,64	0,76	—	0,034
Württemberg, Rotweine 1884—1890er	6,61	2,03	0,240	0,63	0,67	—	0,042

Als unterste Grenze für den Extraktgehalt des Weines wurde gefunden in
Baden: 1,51, bei einem 1885er Elbling v. Bodensee 1,45.
Elsaß: 1,53.
Lothringen: 1,57.
Mosel-Saar: 1,97.
Rheingau: 2,03.
Rheinhessen: 1,66.
Unterfranken: 1,73.
Württemberg: 1,56, bei einem 1885er Trollinger 1,48.
Der Gehalt der deutschen Weine an Mineralstoffen beträgt durchschnittlich etwa 0,2 Prozent und nur bei lothringischen, württembergischen, fränkischen und hessischen Weinen wurde derselbe in ganz vereinzelten Fällen zu 0,12—0,13 Prozent beobachtet.

Mittlere Zusammensetzung des Weines.

Wasser.	Wein- geist.	Extraktiv- stoffe.	Mineral- stoffe.	Wein- säure.	Wein- stein.	Glycerin.	Bernstein- säure.	Essig- säure.	Gerb- säure.	Zucker.	Eiweiß.
88,68	8,0	0,58	0,25	0,60	0,65	0,60	0,12	0,07	0,15	0,20	0,10

Mittlere Zusammensetzung der Weinasche.

Kali.	Na- tron.	Kalk.	Mag- nesia.	Eisen- oxyd.	Man- gan- oxydul.	Phos- phor- säure.	Schwe- fel- säure.	Chlor.	Kiesel- säure.
61,05	0,04	7,43	2,67	0,49	0,39	18,33	7,81	0,76	1,03

Analysen badischer Weine.

100 cc Wein enthalten Gramme.	Jahrgang.	Weingeist Gew. %.	Extrakt.	Mineralstoffe.	Weinsäure.	Glycerin.	Phosphorsäure.
Ortenauer Weißweine.							
Sasbachwalden (roter Burgunder und Ruländer)	1886	9,4	2,18	0,25	0,53	—	—
Tiergarten (Riesling)	»	8,0	2,06	0,25	0,64	—	0,032
Durbach (Clevner)	»	10,4	1,81	0,25	0,56	0,72	0,033
Ortenberg (Gutedel und Ruländer)	»	7,5	2,06	0,25	0,56	—	0,048
Neuweier (Riesling)	»	7,4	2,07	0,18	0,86	—	0,033
» »	»	8,7	2,08	0,21	0,65	—	0,038
Steinbach »	»	8,0	1,82	0,18	0,55	0,68	0,035
Ringelbach (weißer Bordeaux)	»	10,2	2,04	0,31	0,45	0,99	0,036
Ottersweier (Arbst-Elbling)	»	6,9	2,16	0,26	0,57	—	0,036
Durbach (Riesling)	»	9,4	1,96	0,20	0,54	—	—
Marienberg (Schiller)	»	8,8	1,98	0,27	0,43	0,80	0,030
Ortenauer Rotweine.							
Durbach (Burgunder)	»	9,6	2,70	0,36	0,48	0,71	0,060
Affenthal »	»	9,6	2,60	0,31	0,46	—	0,070
Zell »	»	8,2	2,60	0,34	0,53	—	—
Neusatz (Arbst)	»	9,4	3,10	0,40	0,54	—	0,070
Zell Marienberg	1883	8,8	2,70	0,36	0,48	—	0,065
Breisgauer Weißweine.							
Lorettoberg (Gutedel, Elbling und Ruländer)	»	7,4	1,95	0,21	0,59	—	0,027
» (Riesling und Traminer)	»	8,2	2,15	0,21	0,58	—	0,023
Rotherberg »	1884	8,5	2,11	0,19	0,58	—	0,035
Munzingen »	1885	7,9	1,93	0,22	0,50	—	0,024
Freiburg (Ebene)	1886	6,4	1,60	0,20	0,50	—	0,033
» »	»	7,2	1,86	0,23	0,53	—	0,045

6*

100 cc Wein enthalten Gramme.	Jahrgang.	Weingeist. (Gew. %)	Extrakt.	Mineralstoffe.	Weinsäure.	Glycerin.	Phosphorsäure.
Breisgauer Rotweine.							
Lorettoberg (Burgunder und Ruländer)	1885	8,1	2,50	0,28	0,52	—	0,032
Munzingen	1886	7,0	2,57	0,37	0,40	0,60	0,052
Kaiserstühler Weißweine.							
Bischoffingen (Gutedel und Elbling)	1886	6,1	2,00	0,27	0,49	—	0,029
Oberrothweil (Elbling)	1885	5,9	1,82	0,16	0,68	0,55	0,015
» (Burgunder, Ruländer u. Silvaner)	1886	7,9	2,12	0,28	0,42	—	0,040
Blankenhornsberg (Riesling)	—	8,3	2,18	0,15	0,66	—	0,026
Ihringen (Weißherbst)	—	7,8	1,93	0,18	0,55	—	0,022
Kaiserstühler Rotweine.							
Barkheim (Burgunder)	1886	7,1	1,93	0,18	0,55	—	0,022
Markgräfler.							
Zielberg (Krachmost)	1886	6,2	1,94	0,22	0,49	—	0,032
Reckenhagen »	»	7,2	1,93	0,21	0,42	—	0,030
Oberweiler »	»	7,7	1,96	0,18	0,49	—	0,025
Wolfenweiler	»	6,5	1,62	0,17	0,49	0,61	0,014
»	»	7,2	1,81	0,24	0,44	—	0,030
Leutersberg	1886	7,3	2,04	0,25	0,40	—	0,030
»	1885	6,1	1,52	0,20	0,52	—	0,020
Laufen	1886	7,3	1,95	0,24	0,47	—	0,030
»	1885	5,7	1,50	0,20	0,50	0,50	0,019
Seeweine, weiße.							
Markdorf (Elbling)	1884	5,7	1,62	0,18	0,77	0,41	0,033
Espasingen (Ruländer)	1885	7,2	1,85	0,15	0,72	—	—
Hagnau	1886	5,9	2,16	0,21	0,67	—	0,050
»	1885	6,8	2,06	0,18	0,58	0,66	0,030
Meersburg	1886	9,0	2,53	0,26	0,65	—	0,045

100 cc Wein enthalten Gramme.	Jahrgang.	Weingeist. Gew. %	Extrakt.	Mineralstoffe.	Weinsäure.	Glycerin.	Phosphorsäure.
Seeweine, rote.							
Mainau (Ruländer und Gutedel)	1886	6,4	2,37	0,28	0,47	—	0,040
Hagnau (Silvaner)	»	6,8	2,39	0,26	0,58	—	0,050
Meersburg (Silvaner)	»	8,2	2,60	0,31	0,75	—	0,047
Kattenhorn (Elbling, roter Burgunder)	»	7,5	2,50	0,31	0,59	0,59	0,047
Bergstraße.							
Hemsbach (Rotwein)	1884	7,7	2,50	0,25	0,57	—	0,043
»	»	7,9	2,70	0,30	0,60	—	0,059
Bezirk Mosbach.							
Neckarzimmern	1886	6,8	2,57	0,36	0,50	—	0,073
Stein a. K.	1885	6,0	1,87	0,15	0,65	—	0,038
Mosbach	»	6,4	2,09	0,16	0,80	—	—
Tauber- und Mainweine.							
Hochhausen (Gutedel und Silvaner)	1886	5,6	1,64	0,20	0,65	—	0,029
»	»	6,6	1,66	0,17	0,62	0,56	0,023
Kützbrunn	»	6,8	1,96	0,24	0,56	0,65	0,035
Königheim	»	7,2	1,84	0,18	0,65	—	0,037
Oberlauda	»	7,0	2,00	0,18	0,72	—	0,034
Tauberbischofsheim (Gutedel und Silvaner)	»	6,8	2,40	0,25	0,56	0,68	0,047
Sachsenflor	1885	8,0	1,75	0,17	0,54	—	—
Werbach	»	5,7	1,98	0,19	0,57	—	0,017
Kemelrain	»	7,6	2,23	0,21	0,79	—	—
Satzenberg (Traminer)	»	7,4	2,04	0,23	0,48	—	—
Wölchingen	»	6,2	1,74	0,15	0,53	—	—

100 cc Wein enthalten Gramme.	Spezif. Gewicht.	Alkohol Gew. %.	Extrakt.	Mineralstoffe.	Phosphorsäure.	Weinsäure.	Zucker.	Glycerin.	Gerbstoff.
Französische Rotweine.									
Minimum . .	0,9890	6,4	1,96	0,190	0,015	0,38	0,11	0,57	0,11
Maximum . .	1,0401	9,3	14,20	0,300	0,062	0,78	0,84	1,04	0,30
Mittel	0,9982	7,8	2,56	0,248	0,030	0,57	0,30	0,73	0,18
Französische Weißweine.									
Mittel	0,9963	10,3	3,03	0,250	0,032	0,66	—	0,97	—
Schweizer Rotweine.									
Mittel	0,9963	8,0	2,31	0,220	0,030	0,79	0,17	0,61	0,20
Schweizer Weißweine.									
Mittel	0,9904	7,6	1,860	0,244	0,030	0,43	0,07	0,64	—
Tyroler Rotweine.									
Minimum . .	0,9905	6,7	1,50	0,182	0,017	0,48	—	0,41	0,08
Maximum . .	1,0140	11,0	6,55	0,269	0,055	0,85	—	1,14	0,27
Mittel . . .	0,9940	9,0	2,34	0,222	0,027	0,62	—	0,65	0,17
Tyroler Weißweine.									
Mittel . . .	0,9927	8,8	1,87	0,175	0,022	0,59	—	0,65	—
Niederösterreichische Weißweine.									
Minimum . .	0,9918	5,8	1,43	0,144	0,024	0,45	—	0,44	—
Maximum . .	0,9986	11,4	3,91	0,311	0,048	1,04	—	1,01	—
Mittel	0,9949	7,9	2,13	0,189	0,034	0,67	—	0,68	—
Niederösterreichische Rotweine.									
Mittel	0,9958	8,4	2,54	0,241	0,037	0,62	—	0,81	0,11
Rote Ungarweine.									
Minimum . .	0,9916	6,3	1,40	0,158	0,019	0,53	—	0,33	0,06
Maximum . .	0,0974	11,1	3,43	0,272	0,051	1,05	—	1,41	0,28
Mittel . .	0,9952	9,0	2,54	0,215	0,038	0,67	—	0,79	0,15
Weiße Ungarweine.									
Minimum .	0,9907	5,4	1,45	0,126	0,014	0,45	—	0,41	—
Maximum . .	0,9993	10,0	3,50	0,504	0,068	1,01	0,78	1,22	—
Mittel	0,9955	8,0	2,33	0,204	0,034	0,69	—	0,77	—
Italienische Rotweine.									
Mittel	0,9940	10,5	3,44	0,290	0,032	0,52	0,44	1,45	—
Barletta . . .	—	11,7	3,99	0,340	0,033	0,36	0,65	1,40	—
» . . .	0,9955	10,3	3,10	0,290	0,031	0,60	0,50	0,85	—
» . . .	9,9960	8,8	3.46	0,326	0,030	0,63	0,30	0,70	—
Brindisi . . .	—	11,2	3,83	0,280	0,034	0,55	0,37	0,90	—
Chianti . . .	0,9960	8,2	2,36	0,234	—	0,70	0,18	—	0,32
Sicilische Weine.									
Mittel	1,0094	12,7	7,55	0,380	—	0,63	8,41	—	0,16
Spanische Rotweine.									
Mittel	—	12,1	3,53	0,610	0,027	0,49	0,38	1,09	0,22
Spanische Süßweine (Alicante).									
Mittel	1,0233	12,7	9,69	0,740	0,039	0,59	6,55	0,63	0,20

Griechische Weine.

100 cc Wein enthalten Gramme	Spezif. Gewicht.	Wein-geist.	Extrakt.	Mineral-stoffe.	Wein-säure.	Glycerin.	Zucker.
Weißweine.							
Elia von Santorin	0,992	12,9	3,23	0,28	0,71	1,03	0,80
Kalliste	1,005	14,6	7,30	0,22	0,62	1,08	4,70
Mont Enos Cephalonica	0,990	12,9	3,10	0,21	0,63	1,07	0,30
Rotweine, herbe.							
Camarite von Santorin	0,996	11,5	3,75	0,30	0,80	0,88	0,47
Korinther	0,994	11,9	4,20	0,24	0,71	0,90	0,40
Vino di Bacco	0,998	12,3	4,65		0,63	0,90	1,40
Homer, Ithaka	0,996	12,3	4,10	0,39	0,60	0,92	0,55
Süßweine, weiße.							
Achaja Malvasier (Patras)	1,048	14,6	20,50	0,23	0,60	1,30	16,00
Moscato (Cephalonica)	1,046	11,5	17,80	0,29	0,58	0,95	13,45
Odysseus »	1,048	11,5	18,50	0,28	0,55	0,90	15,60
Achilles (Patras)	1,072	12,2	26,25	0,35	0,65	1,15	19,10
Süßweine, rote.							
Achaja Malvasier (Patras)	1,044	14,1	17,60	0,30	0,60	1,21	13,75
Süßweine, braune.							
Vino Santo	1,074	10,0	24,75	0,34	0,65	0,90	18,90
Mavrodaphne	1,040	14,5	16,85	0,32	0,58	1,10	12,38

Süßweine.

100 cc Wein enthalten Gramme.	Spezif. Gewicht.	Alkohol Gew. %.	Extrakt.	Mineral-stoffe.	Phosphor-säure.	Wein-säure.	Zucker.	Glycerin.	Gerbstoff.	Polarisa-tion.
Tokayer	1,0325	11,3	9,74	0,33	0,051	0,61	8,34	0,42	—	—10,4
» alter . . .	1,0440	12,9	15,84	0,25	0,062	0,84	10,63	—	—	—12,4
» Ausbruch . .	1,0743	10,3	22,70	0,35	0,053	0,63	19,99	—	—	—
Ruster Ausbruch .	1,0800	9,5	26,05	0,32	0,040	0,44	23,77	—	—	
Menescher Ausbruch .	1,0630	9,8	19,10	0,34	0,040	0,50	15,14	—	—	
Portwein.										
Mittel	1,0081	16,6	8,05	0,23	0,031	0,40	5,82	0,43	—	—
Madeira.										
Mittel	1,0003	15,4	5,52	0,35	0,060	0,43	3,23	0,74	—	—
Malaga.										
Mittel	1,0425	13,7	15,92	0,39	0,041	0,64	11,90	0,65	—	—
	1,0694	11,9	21,73	0,41	0,049	0,55	17,11	0,46	—	—
Marsala.										
Mittel	1,0022	15,8	5,27	0,38	0,029	0,49	3,53	0,51	—	—
Sherry.										
Mittel	0,9932	17,4	3,98	0,38	0,031	0,45	2,12	0,52	—	—

Reichsgesetz

betreffend den Verkehr mit Wein, weinhaltigen und
weinähnlichen Getränken.

Vom 20. April 1892.

(Reichsgesetzblatt S. 597.)

Wir Wilhelm, von Gottes Gnaden Deutscher Kaiser, König
von Preußen etc. verordnen im Namen des Reichs, nach erfolgter
Zustimmung des Bundesrats und des Reichstags, was folgt:

§ 1. Die nachbenannten Stoffe, nämlich:
lösliche Aluminiumsalze (Alaun u. dergl.),
Baryumverbindungen,
Borsäure,
Glycerin,
Kermesbeeren,
Magnesiumverbindungen,
Salicylsäure,
unreiner (freien Amylalkohol enthaltender) Sprit,
unreiner (nicht technisch reiner) Stärkezucker,
Strontiumverbindungen,
Teerfarbstoffe

oder Gemische, welche einen dieser Stoffe enthalten, dürfen Wein,
weinhaltigen oder weinähnlichen Getränken, welche bestimmt
sind, anderen als Nahrungs- oder Genußmittel zu dienen, bei oder
nach der Herstellung nicht zugesetzt werden.

§ 2. Wein, weinhaltige und weinähnliche Getränke, welchen,
den Vorschriften des § 1 zuwider, einer der dort bezeichneten
Stoffe zugesetzt ist, dürfen weder feilgehalten noch verkauft
werden.

Dasselbe gilt für den Rotwein, dessen Gehalt an Schwefelsäure in einem Liter Flüssigkeit mehr beträgt, als sich in 2 gr
neutralen schwefelsauren Kaliums vorfindet. Diese Bestimmung
findet jedoch auf solche Rotweine nicht Anwendung, welche als
Dessertweine (Süd-, Süßweine) ausländischen Ursprungs in den
Verkehr kommen.

§ 3. Als Verfälschung oder Nachahmung des Weines im
Sinne des § 10 des Gesetzes, betreffend den Verkehr mit Nahrungsmitteln und Gebrauchsgegenständen, vom 14. Mai 1879 (Reichs-
gesetzbl., S. 145) ist nicht anzusehen:

1. die anerkannte Kellerbehandlung einschließlich der Haltbar-
machung des Weines, auch wenn dabei Alkohol oder geringe
Mengen von mechanisch wirkenden Klärungsmitteln (Eiweiß,
Gelatine, Hausenblase u. dergl.), von Kochsalz, Tannin,
Kohlensäure, schwefliger Säure oder daraus entstandener
Schwefelsäure in den Wein gelangen; jedoch darf die Menge
des zugesetzten Alkohols bei Weinen, welche als deutsche
in den Verkehr kommen, nicht mehr als 1 Raumteil auf
100 Raumteile Wein betragen;

2. die Vermischung (Verschnitt) von Wein mit Wein;

3. die Entsäuerung mittelst reinen gefällten kohlensauren Kalks;

4. der Zusatz von technisch reinem Rohr-, Rüben- oder Invertzucker, technisch reinem Stärkezucker, auch in wässeriger
Lösung; jedoch darf durch den Zusatz wässeriger Zuckerlösung der Gehalt des Weines an Extraktstoffen und Mineralbestandteilen nicht unter die bei ungezuckertem Wein des
Weinbaugebiets, dem der Wein nach seiner Benennung
entsprechen soll, in der Regel beobachteten Grenzen herabgesetzt werden.*)

§ 4. Als Verfälschung des Weines im Sinne des § 10 des
Gesetzes vom 14. Mai 1879 ist insbesondere anzusehen die Herstellung von Wein unter Verwendung

1. eines Aufgusses von Zuckerwasser, auf ganz oder teilweise
ausgepreßte Trauben;
2. eines Aufgusses von Zuckerwasser auf Weinhefe;
3. von Rosinen, Korinthen, Saccharin oder anderen als den im
§ 3 Nr. 4 bezeichneten Süßstoffen, jedoch unbeschadet der
Bestimmung im Absatz 3 dieses Paragraphen;
4. von Säure- oder säurehaltigen Körpern oder von Bouquet-
stoffen;
5. von Gummi oder anderen Körpern, durch welche der Extraktgehalt erhöht wird, jedoch unbeschadet der Bestimmungen
im § 3 Nr. 1 und 4.

Die unter Anwendung eines der vorbezeichneten Verfahren
hergestellten Getränke oder Mischungen derselben mit Wein
dürfen nur unter einer ihre Beschaffenheit erkennbar machenden
oder einer anderweiten, sie von Wein unterscheidenden Bezeichnung (Tresterwein, Hefenwein, Rosinenwein, Kunstwein oder dergl.)
feilgehalten oder verkauft werden.

Der bloße Zusatz von Rosinen zu Most oder Wein gilt nicht
als Verfälschung bei Herstellung von solchen Weinen, welche als
Dessertweine (Süd-, Süßweine) ausländischen Ursprungs in den
Verkehr kommen.

§ 5. Die Vorschriften in den §§ 3 und 4 finden auf Schaumwein nicht Anwendung.

§ 6. Die Verwendung von Saccharin und ähnlichen Süßstoffen bei der Herstellung von Schaumwein oder Obstwein einschließlich Beerenobstwein ist als Verfälschung im Sinne des
§ 10 des Gesetzes vom 14. Mai 1879 anzusehen.

§ 7. Mit Gefängnis bis zu sechs Monaten und mit Geldstrafe bis zu eintausendfünfhundert Mark oder mit einer dieser
Strafen wird bestraft:

1. wer den Vorschriften der §§ 1 oder 2 vorsätzlich zuwiderhandelt;
2. wer wissentlich Wein, welcher einen Zusatz der im § 3
Nr. 4 bezeichneten Art erhalten hat, unter Bezeichnungen
feilhält oder verkauft, welche die Annahme hervorzurufen
geeignet sind, daß ein derartiger Zusatz nicht gemacht
worden ist.

---

*) Vgl. die Bekanntmachung vom 29. April 1892 unten S. 91.

§ 8. Ist die im § 7 Nr. 1 bezeichnete Handlung aus Fahrlässigkeit begangen worden, so tritt Geldstrafe bis zu einhundertfünfzig Mark oder Haft ein.

§ 9. In den Fällen des § 7 Nr. 1 und § 8 kann auf Einziehung der Getränke erkannt werden, welche diesen Vorschriften zuwider hergestellt, verkauft oder feilgehalten sind, ohne Unterschied, ob sie dem Verurteilten gehören oder nicht. Ist die Verfolgung oder Verurteilung einer bestimmten Person nicht ausführbar, so kann auf die Einziehung selbständig erkannt werden.

§ 10. Die Vorschriften des Gesetzes vom 14. Mai 1879 bleiben unberührt, soweit die §§ 3 bis 6 des gegenwärtigen Gesetzes nicht entgegenstehende Bestimmungen enthalten. Die Vorschriften in den §§ 16, 17 des Gesetzes vom 14. Mai 1879 finden auch bei Zuwiderhandlungen gegen die Vorschriften des gegenwärtigen Gesetzes Anwendung.

§ 11.*) Der Bundesrat ist ermächtigt, die Grenzen festzustellen, welche

a. für die bei der Kellerbehandlung in den Wein gelangenden Mengen der im § 3 Nr. 1 bezeichneten Stoffe, soweit das Gesetz selbst die Menge nicht festsetzt, sowie

b. für die Herabsetzung des Gehaltes an Extraktstoffen und Mineralbestandteilen im Falle des § 3 Nr. 4 maßgebend sein sollen.

§ 12. Der Bundesrat ist ermächtigt, Grundsätze aufzustellen, nach welchen die zur Ausführung dieses Gesetzes, sowie des Gesetzes vom 14. Mai 1879 in Bezug auf Wein, weinhaltige und weinähnliche Getränke erforderlichen Untersuchungen vorzunehmen sind.

---

*) Vgl. die Bekanntmachung, betreffend die Ausführung des Gesetzes über den Verkehr mit Wein, weinhaltigen und weinähnlichen Getränken vom 29. April 1892 (Reichsgesetzbl. Nr. 27).

Auf Grund des § 11 des Gesetzes, betreffend den Verkehr mit Wein, weinhaltigen und weinähnlichen Getränken, vom 20. April 1892 (Reichsgesetzblatt S. 597), hat der Bundesrat beschlossen, die Grenzen für die Herabsetzung des Gehaltes an Extraktstoffen und Mineralbestandteilen (§ 3 Nr. 4 des Gesetzes), wie folgt, festzustellen:

Bei Wein, welcher nach seiner Benennung einem inländischen Weinbaugebiet entsprechen soll, darf durch den Zusatz wässeriger Zuckerlösung

a. der Gesamtgehalt an Extraktstoffen nicht unter 1,5 gr, der nach Abzug der nicht flüchtigen Säuren verbleibende Extraktstoff nicht unter 1,1 gr, der nach Abzug der freien Säuren verbleibende Extraktgehalt nicht unter 1 gr;

b. der Gehalt an Mineralbestandteilen nicht unter 0,14 gr, in einer Menge von 100 cc Wein herabgesetzt werden.

Berlin, den 29. April 1892.

Der Stellvertreter des Reichskanzlers
von Boetticher.

§ 13. Die Bestimmungen des § 2 treten erst am 1. Oktober 1892 in Kraft.

Urkundlich unter Unserer Höchsteigenhändigen Unterschrift und beigedrucktem Kaiserlichen Insiegel.

Gegeben im Schloß zu Berlin, den 20. April 1892.

Wilhelm.

von Boetticher.

Vorschriften für die chemische Untersuchung des Weines

nach den Bundesratsbeschlüssen vom 11. Juni 1896.*)

I.

1. Von jedem Wein, welcher einer chemischen Untersuchung unterworfen werden soll, ist eine Probe von mindestens 1½ Liter zu entnehmen. Diese Menge genügt für die in der Regel auszuführenden Bestimmungen (s. Nr. 5). Der Mehrbedarf für anderweite Untersuchungen ist von der Art der letzteren abhängig.

2. Die zu verwendenden Flaschen und Korke müssen vollkommen rein sein. Krüge oder undurchsichtige Flaschen, in welchen etwa vorhandene Unreinlichkeiten nicht erkannt werden können, dürfen nicht verwendet werden.

3. Jede Flasche ist mit einem das unbefugte Öffnen verhindernden Verschlusse und einem anzuklebenden Zettel zu versehen, auf welchem die zur Feststellung der Identität notwendigen Vermerke angegeben sind. Außerdem ist gesondert anzugeben: die Größe und der Füllungsgrad der Fässer und die äußere Beschaffenheit des Weines; insbesondere ist zu bemerken, wie weit etwa Kahmbildung eingetreten ist.

4. Die Proben sind sofort nach der Entnahme an die Untersuchungsstelle zu befördern; ist eine alsbaldige Absendung nicht ausführbar, so sind die Flaschen an einem vor Sonnenlicht geschützten, kühlen Orte liegend aufzubewahren. Bei Jungweinen ist wegen ihrer leichten Veränderlichkeit auf besonders schnelle Beförderung Bedacht zu nehmen.

5. Zum Zweck der Beurteilung der Weine sind die Prüfungen und Bestimmungen in der Regel auf folgende Eigenschaften und Bestandteile jeder Weinprobe zu erstrecken:

   1. spezifisches Gewicht,
   2. Alkohol,
   3. Extrakt,
   4. Mineralbestandteile,
   5. Schwefelsäure bei Rotweinen,
   6. freie Säuren (Gesamtsäure),
   7. flüchtige Säuren,
   8. nichtflüchtige Säuren,
   9. Glycerin,
  10. Zucker,

---

*) Centralbl. f. d. Deutsche Reich 1896, Nr. 27.

11. Polarisation,
12. unreinen Stärkezucker, qualitativ,
13. fremde Farbstoffe bei Rotweinen.

Unter besonderen Verhältnissen sind die Prüfungen und Bestimmungen noch auf nachbezeichnete Bestandteile auszudehnen:

14. Gesamtweinsteinsäure, freie Weinsteinsäure, Weinstein und an alkalische Erden gebundene Weinsteinsäure,
15. Schwefelsäure bei Weißweinen,
16. schweflige Säure,
17. Saccharin,
18. Salicylsäure, qualitativ,
19. Gummi und Dextrin, qualitativ,
20. Gerbstoff,
21. Chlor,
22. Phosphorsäure,
23. Salpetersäure, qualitativ,
24. Baryum,
25. Strontium,
26. Kupfer.

Die Ergebnisse der Untersuchungen sind in der angegebenen Reihenfolge aufzuführen. Bei dem Nachweis und der Bestimmung solcher Weinbestandteile, welche hier nicht aufgeführt sind, ist stets das angewandte Untersuchungsverfahren anzugeben.

6. Als Normaltemperatur wird die Temperatur von 15° C. festgesetzt; mithin sind alle im folgenden vorgeschriebenen Abmessungen des Weines bei dieser Temperatur vorzunehmen und sind die Ergebnisse hierauf zu beziehen. Trübe Weine sind vor der Untersuchung zu filtrieren; liegt ihre Temperatur unter 15° C., so sind sie vor dem Filtrieren mit den ungelösten Teilen auf 15° C. zu erwärmen und umzuschütteln.

7. Die Mengen der Weinbestandteile werden in der Weise ausgedrückt, daß angegeben wird, wieviel Gramme des gesuchten Stoffes in 100 cc Wein von 15° C. gefunden worden sind.

II.

Ausführung der Untersuchungen.

1. Bestimmung des spezifischen Gewichtes.

Das spezifische Gewicht des Weines wird mit Hülfe des Pyknometers bestimmt.

Als Pyknometer ist ein durch einen Glasstopfen verschließbares oder mit becherförmigem Aufsatz für Korkverschluß versehenes Fläschchen von etwa 50 cc Inhalt mit einem etwa 6 cm langen, ungefähr in der Mitte mit einer eingeritzten Marke versehenen Halse von nicht mehr als 6 mm lichter Weite anzuwenden.

Das Pyknometer wird in reinem und trockenem Zustande leer gewogen, nachdem es $^1/_4$ bis $^1/_2$ Stunde im Wagenkasten gestanden hat. Dann wird es, gegebenenfalls mit Hülfe eines fein ausgezogenen Glockentrichters, bis über die Marke mit

destilliertem Wasser gefüllt und in ein Wasserbad von 15⁰ C.
gestellt. Nach halbstündigem Stehen in dem Wasserbade wird
das Pyknometer herausgehoben, wobei man nur den oberen leeren
Teil des Halses anfaßt, und die Oberfläche des Wassers auf die
Marke eingestellt. Letzteres geschieht durch Eintauchen kleiner
Stäbchen oder Streifen aus Filtrierpapier, welche das über der
Marke stehende Wasser aufsaugen. Die Oberfläche des Wassers
bildet in dem Halse des Pyknometers eine nach unten gekrümmte
Fläche; man stellt die Flüssigkeit in dem Pyknometerhalse am
besten in der Weise ein, daß bei durchfallendem Lichte der
schwarze Rand der gekrümmten Oberfläche die Pyknometermarke
eben berührt. Nachdem man den inneren Hals des Pyknometers
mit Stäbchen aus Filtrierpapier gereinigt hat, setzt man den
Stopfen auf, trocknet das Pyknometer äußerlich ab, stellt es
¹/₂ Stunde in den Waagenkasten und wägt. Die Bestimmung des
Wasserinhaltes des Pyknometers ist dreimal auszuführen und
aus den Wägungen das Mittel zu nehmen.

Nachdem man das Pyknometer entleert und getrocknet oder
mehrmals mit dem zu untersuchenden Weine ausgespült hat,
füllt man es mit dem Weine und verfährt genau in derselben
Weise wie bei der Bestimmung des Wasserinhaltes des Pyknometers; besonders ist darauf zu achten, daß die Einstellung der
Flüssigkeitsoberfläche stets in derselben Weise geschieht.

Die Berechnung des spezifischen Gewichts geschieht nach
folgender Formel.

Bedeutet:

  a das Gewicht des leeren Pyknometers,
  b das Gewicht des bis zur Marke mit Wasser gefüllten
    Pyknometers,
  c das Gewicht des bis zur Marke mit Wein gefüllten
    Pyknometers,

so ist das spezifische Gewicht s des Weines bei 15⁰ C., bezogen
auf Wasser von derselben Temperatur:

$$s = \frac{c - a}{b - a}.$$

Der Nenner dieses Ausdrucks, das Gewicht des Wasserinhaltes des Pyknometers, ist bei allen Bestimmungen mit demselben Pyknometer gleich; wenn das Pyknometer indes längere
Zeit in Gebrauch gewesen ist, müssen die Gewichte des leeren
und des mit Wasser gefüllten Pyknometers von neuem bestimmt
werden, da sich diese Gewichte mit der Zeit nicht unerheblich
ändern können.

Anmerkung. Die Berechnung wird wesentlich erleichtert,
wenn man ein Pyknometer anwendet, welches bis zur Marke
genau 50 gr faßt. Das Auswägen des Pyknometers geschieht in
folgender Weise. Man bestimmt das Gewicht des Pyknometers
in leerem, reinem und trockenem Zustande, wägt dann genau
50 gr Wasser ein, stellt das Pyknometer 1 Stunde in ein Wasserbad von 15⁰ C. und ritzt an der Oberfläche der Flüssigkeit im
Pyknometerhalse eine Marke ein. Das Auswägen des Pykno-

meters muß stets von dem Chemiker selbst ausgeführt werden.
Bei Anwendung eines genau 50 gr fassenden Pyknometers ist in
der oben gegebenen Formel b — a = 50 und a = 0,02 (c — a).

2. Bestimmung des Alkohols.

Der zum Zweck der Bestimmung des spezifischen Gewichtes
(II Nr. 1) im Pyknometer enthaltene Wein wird in einen Destillierkolben von 150—200 cc Inhalt übergeführt und das Pyknometer dreimal mit wenig Wasser nachgespült. Man giebt zur
Verhinderung etwaigen Schäumens ein wenig Tannin in den
Kolben und verbindet diesen durch Gummistopfen und Kugelröhre mit einem Liebig'schen Kühler; als Vorlage benutzt man
das Pyknometer, in welchem der Wein abgemessen worden ist.
Nunmehr destilliert man, bis etwa 35 cc Flüssigkeit übergegangen sind, füllt das Pyknometer mit Wasser bis nahe zum
Halse auf, mischt durch quirlende Bewegung so lange, bis Schichten
von verschiedener Dichtigkeit nicht mehr wahrzunehmen sind,
stellt die Flüssigkeit $1/2$ Stunde in ein Wasserbad von 15^0 C.
und fügt mit Hülfe eines Haarröhrchens vorsichtig Wasser von
15^0 C. zu, bis der untere Rand der Flüssigkeitsoberfläche gerade
die Marke berührt. Dann trocknet man den leeren Teil des
Pyknometerhalses mit Stäbchen aus Filtrierpapier, wägt und berechnet das spezifische Gewicht des Destillates in der unter
II Nr. 1 angegebenen Weise. Die diesem spezifischen Gewichte
entsprechenden Gramme Alkohol in 100 cc Wein werden aus
der zweiten Spalte der weiter unten folgenden Tafel 1 entnommen.

Anmerkung. Bei der Untersuchung von Verschnittweinen
ist der Alkohol in Volumprozenten nach Maßgabe der dritten
Spalte der Tafel I anzugeben.

3. Bestimmung des Extraktes (Gehaltes an Extraktstoffen).

Unter Extrakt (Gesamtgehalt an Extraktstoffen) im Sinne
der Bekanntmachung vom 29. April 1892 (Reichs-Gesetzbl. S. 600)
sind die ursprünglich gelöst gewesenen Bestandteile des entgeisteten und entwässerten ausgegorenen Weines zu verstehen.

Da das für die Bestimmung des Extraktgehaltes zu wählende
Verfahren sich nach der Extraktmenge richtet, so berechnet man
zunächst den Wert von x aus nachstehender Formel:

$$x = 1 + s — s_1.$$

Hierbei bedeutet:
    s das spezifische Gewicht des Weines (nach II Nr. 1 be-
        stimmt);
    s_1 das spezifische Gewicht des alkoholischen, auf das ur-
        sprüngliche Maß aufgefüllten Destillats des Weines
        (nach II Nr. 2 bestimmt).

Die dem Werte von x nach Maßgabe der Tafel II entsprechende Zahl E wird aus der zweiten Spalte dieser Tafel
entnommen.

a) Ist E nicht größer als 3, so wird die endgültige Bestimmung des Extraktes in folgender Weise ausgeführt. Man setzt eine gewogene Platinschale von etwa 85 mm Durchmesser, 20 mm Höhe und 75 cc Inhalt, welche ungefähr 20 gr wiegt, auf ein Wasserbad mit lebhaft kochendem Wasser und läßt aus einer Pipette 50 cc Wein von 15° C. in dieselbe fließen. Sobald der Wein bis zur dickflüssigen Beschaffenheit eingedampft ist, setzt man die Schale mit dem Rückstande 2¹/₂ Stunden in einen Trockenkasten, zwischen dessen Doppelwandungen Wasser lebhaft siedet, läßt dann im Exsikkator erkalten und findet durch Wägung den genauen Extraktgehalt.

b) Ist E größer als 3, aber kleiner als 4, so läßt man aus einer Bürette in die beschriebene Platinschale eine so berechnete Menge Wein fließen, daß nicht mehr als 1,5 gr Extrakt zur Wägung gelangen, und verfährt weiter, wie unter II Nr. 3 a angegeben.

Berechnung zu a und b. Wurden aus a Kubikcentimeter Wein b Gramm Extrakt erhalten, so sind enthalten:

$$x = 100\frac{b}{a} \text{ Gramm Extrakt in 100 cc Wein.}$$

c) Ist E gleich 4 oder größer als 4, so giebt diese Zahl endgültig die Gramme Extrakt in 100 cc Wein an.

Um einen Wein, der seiner Benennung nach einem inländischen Weinbaugebiete entsprechen soll, nach Maßgabe der Bekanntmachung vom 29. April 1892 zu beurteilen und demgemäß den Extraktgehalt des vergorenen Weines (s. II Nr. 3 Abs. 1) zu ermitteln, sind die bei der Zuckerbestimmung (vergl. II Nr. 10) gefundenen Zahlen zu Hülfe zu nehmen. Beträgt danach der Zuckergehalt mehr als 0,1 gr in 100 cc Wein, so ist die darüber hinausgehende Menge von der nach II Nr. 3a, 3b oder 3c gefundenen Extraktzahl abzuziehen. Die verbleibende Zahl entspricht dem Extraktgehalt des vergorenen Weines.

4. Bestimmung der Mineralbestandteile.

Enthält der Wein weniger als 4 gr Extrakt in 100 cc, so wird der nach II Nr. 3a oder 3b erhaltene Extrakt vorsichtig verkohlt, indem man eine kleine Flamme unter der Platinschale hin- und herbewegt. Die Kohle wird mit einem dicken Platindraht zerdrückt und mit heißem Wasser wiederholt ausgewaschen; den wässerigen Auszug filtriert man durch ein kleines Filter von bekanntem geringem Aschengehalte in ein Bechergläschen. Nachdem die Kohle vollständig ausgelaugt ist, giebt man das Filterchen in die Platinschale zur Kohle, trocknet beide und verascht sie vollständig. Wenn die Asche weiß geworden ist, gießt man die filtrierte Lösung in die Platinschale zurück, verdampft dieselbe zur Trockne, benetzt den Rückstand mit einer Lösung von Ammoniumkarbonat, glüht ganz schwach, läßt im Exsikkator erkalten und wägt.

Enthält der Wein 4 gr oder mehr Extrakt in 100 cc, so verdampft man 25 cc des Weines in einer geräumigen

Platinschale und verkohlt den Rückstand sehr vorsichtig; die stark aufgeblähte Kohle wird in der vorher beschriebenen Weise weiter behandelt.

Berechnung. Wurden aus a Kubikcentimeter Wein b Gramm Mineralbestandteile erhalten, so sind enthalten:

$$x = 100\frac{b}{a} \text{ Gramm Mineralbestandteile in 100 cc Wein.}$$

5. Bestimmung der Schwefelsäure in Rotweinen.

50 cc Wein werden in einem Becherglase mit Salzsäure angesäuert und auf einem Drahtnetz bis zum beginnenden Kochen erhitzt; dann fügt man heiße Chlorbaryumlösung (1 Teil krystallisiertes Chlorbaryum in 10 Teilen destilliertem Wasser gelöst) zu, bis kein Niederschlag mehr entsteht. Man läßt den Niederschlag absitzen und prüft durch Zusatz eines Tropfens Chlorbaryumlösung zu der über dem Niederschlage stehenden klaren Flüssigkeit, ob die Schwefelsäure vollständig ausgefällt ist. Hierauf kocht man das Ganze nochmals auf, läßt dasselbe sechs Stunden in der Wärme stehen, gießt die klare Flüssigkeit durch ein Filter von bekanntem Aschengehalte, wäscht den im Becherglase zurückbleibenden Niederschlag wiederholt mit heißem Wasser aus, indem man jedesmal absetzen läßt und die klare Flüssigkeit durch das Filter gießt, bringt zuletzt den Niederschlag auf das Filter und wäscht so lange mit heißem Wasser, bis das Filtrat mit Silbernitrat keine Trübung mehr erzeugt. Filter und Niederschlag werden getrocknet, in einem gewogenen Platintiegel verascht und geglüht; hierauf befeuchtet man den Tiegelinhalt mit wenig Schwefelsäure, raucht letztere ab, glüht schwach, läßt im Exsikkator erkalten und wägt.

Berechnung. Wurden aus 50 cc Wein a Gramm Baryumsulfat erhalten, so sind enthalten:

$x = 0,6869$ a Gramm Schwefelsäure (SO_3) in 100 cc Wein.

Diesen x Gramm Schwefelsäure(SO_3) in 100 cc Wein entsprechen:
$y = 14,958$ a Gramm Kaliumsulfat (K_2SO_4) in 1 Liter Wein.

6. Bestimmung der freien Säuren (Gesamtsäure).

25 cc Wein werden bis zum beginnenden Sieden erhitzt und die heiße Flüssigkeit mit einer Alkalilauge, welche nicht schwächer als $^1/_4$-normal ist, titriert. Wird Normallauge verwendet, so müssen Büretten von etwa 10 cc Inhalt benutzt werden, welche die Abschätzung von $^1/_{100}$ cc gestatten. Der Sättigungspunkt wird durch Tüpfeln auf empfindlichem violettem Lackmuspapier festgestellt; dieser Punkt ist erreicht, wenn ein auf das trockene Lackmuspapier aufgesetzter Tropfen keine Rötung mehr hervorruft. Die freien Säuren sind als Weinsteinsäure zu berechnen.

Berechnung. Wurden zur Sättigung von 25 cc Wein a Kubikcentimeter $^1/_4$-Normal-Alkali verbraucht, so sind enthalten:
$x = 0,075$ a Gramm freie Säuren (Gesamtsäure), als Weinsteinsäure berechnet, in 100 cc Wein.

Bei Verwendung von ¹/₃-Normal-Alkali lautet die Formel:

$x = 0,1$ a Gramm freie Säuren (Gesamtsäure), als Weinsteinsäure berechnet in 100 cc Wein.

7. Bestimmung der flüchtigen Säuren.

Man bringt 50 cc Wein in einen Rundkolben (B) von 200 cc Inhalt und verschließt den Kolben durch einen Gummistopfen mit 2 Durchbohrungen; durch die erste Bohrung führt ein bis auf den Boden des Kolbens reichendes, dünnes, unten fein ausgezogenes, oben stumpfwinkelig umgebogenes Glasrohr, durch die zweite ein Destillationsaufsatz mit einer Kugel, welcher zu einem LIEBIGschen Kühler führt. Als Destillationsvorlage dient eine 300 cc fassende Flasche (C), welche an der einem Rauminhalt von 200 cc entsprechenden Stelle eine Marke trägt. Die flüchigen Säuren werden mit Wasserdampf überdestilliert. Dies geschieht in der Weise, daß man das bis auf den Boden des Destillierkolbens reichende enge Glasrohr durch einen Gummischlauch mit einer ein Sicherheitsrohr tragenden Flasche (A) in Verbindung setzt, in welcher ein lebhafter Strom von Wasserdampf entwickelt wird. Durch Erhitzen des Destillierkolbens mit einer Flamme engt man unter stetem Durchleiten von Wasserdampf den Wein auf etwa 25 cc ein und trägt dann durch zweckmäßiges Erwärmen des Kolbens da-

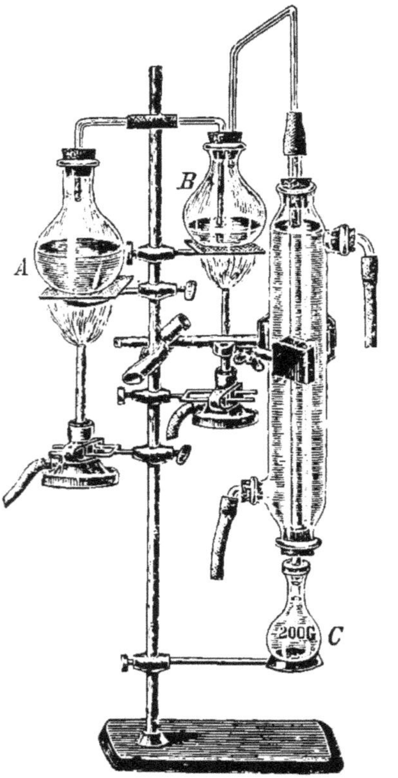

Fig. 37. Apparat zur Bestimmung der flüchtigen Säuren.

für Sorge, daß die Menge der Flüssigkeit in demselben sich nicht mehr ändert. Man unterbricht die Destillation, wenn 200 cc Flüssigkeit übergegangen sind. Man versetzt das Destillat mit Phenolphtaleïn und bestimmt die Säuren mit einer titrierten Alkalilösung. Die flüchtigen Säuren sind als Essigsäure ($C_2H_4O_2$) zu berechnen.

Berechnung. Sind zur Sättigung der flüchtigen Säuren

aus 50 cc Wein a Kubikcentimeter ¹/₁₀-Normal-Alkali verbraucht worden, so sind enthalten:

$x = 0,012$ a Gramm flüchtige Säuren, als Essigsäure $(C_2H_4O_2)$ berechnet, in 100 cc Wein.

8. Bestimmung der nichtflüchtigen Säuren.

Die Menge der nichtflüchtigen Säuren im Wein, welche als Weinsteinsäure anzugeben sind, wird durch Rechnung gefunden.

Bedeutet:

a die Gramme freie Säuren in 100 cc Wein, als Weinsteinsäure berechnet,

b die Gramme flüchtige Säuren in 100 cc Wein, als Essigsäure berechnet,

x die Gramme nichtflüchtige Säuren in 100 cc Wein, als Weinsteinsäure berechnet,

so sind enthalten:

$x = (a - 1{,}25\ b)$ Gramm nichtflüchtige Säuren, als Weinsteinsäure berechnet, in 100 cc Wein.

9. Bestimmung des Glycerins.

a) In Weinen mit weniger als 2 gr Zucker in 100 cc.

Man dampft 100 cc Wein in einer Porzellanschale auf dem Wasserbade auf etwa 10 cc ein, versetzt den Rückstand mit etwa 1 gr Quarzsand und soviel Kalkmilch von 40 Prozent Kalkhydrat, daß auf je 1 gr Extrakt 1,5 bis 2 cc Kalkmilch kommen, und verdampft fast bis zur Trockne. Der feuchte Rückstand wird mit etwa 5 cc Alkohol von 96 Maßprozent versetzt, die an der Wand der Porzellanschale haftende Masse mit einem Spatel losgelöst und mit einem kleinen Pistill unter Zusatz kleiner Mengen Alkohol von 96 Maßprozent zu einem feinen Brei zerrieben. Spatel und Pistill werden mit Alkohol von gleichem Gehalte abgespült. Unter beständigem Umrühren erhitzt man die Schale auf dem Wasserbade bis zum Beginn des Siedens und gießt die trübe alkoholische Flüssigkeit durch einen kleinen Trichter in ein 100 cc-Kölbchen. Der in der Schale zurückbleibende pulverige Rückstand wird unter Umrühren mit 10 bis 12 cc Alkohol von 96 Maßprozent wiederum heiß ausgezogen, der Auszug in das 100 cc-Kölbchen gegossen und dies Verfahren solange wiederholt, bis die Menge der Auszüge etwa 95 cc beträgt; der unlösliche Rückstand verbleibt in der Schale. Dann spült man das auf dem 100 cc-Kölbchen sitzende Trichterchen mit Alkohol ab, kühlt den alkoholischen Auszug auf 15⁰ C. ab und füllt ihn mit Alkohol von 96 Maßprozent auf 100 cc auf. Nach tüchtigem Umschütteln filtriert man den alkoholischen Auszug durch ein Faltenfilter in einen eingeteilten Glascylinder. 90 cc Filtrat werden in eine Porzellanschale übergeführt und auf dem heißen Wasserbade unter Vermeiden des lebhaften Siedens des Alkohols eingedampft. Der Rückstand wird mit kleinen Mengen absoluten Alkohols aufgenommen, die Lösung in einen

7*

eingeteilten Glascylinder mit Stopfen gegossen und die Schale mit kleinen Mengen absolutem Alkohol nachgewaschen, bis die alkoholische Lösung genau 15 cc beträgt. Zu der Lösung setzt man dreimal je 7,5 cc absoluten Äther und schüttelt nach jedem Zusatz tüchtig durch. Der verschlossene Cylinder bleibt so lange stehen, bis die alkoholisch-ätherische Lösung ganz klar geworden ist; hierauf gießt man die Lösung in ein Wägegläschen mit eingeschliffenem Stopfen. Nachdem man den Glascylinder mit etwa 5 cc einer Mischung von 1 Raumteil absolutem Alkohol und 1½ Raumteilen absolutem Äther nachgewaschen und die Waschflüssigkeit ebenfalls in das Wägegläschen gegossen hat, verdunstet man die alkoholisch-ätherische Flüssigkeit auf einem heißen, aber nicht kochenden Wasserbade, wobei wallendes Sieden der Lösung zu vermeiden ist. Nachdem der Rückstand im Wägegläschen dickflüssig geworden ist, bringt man das Gläschen in einen Trockenkasten, zwischen dessen Doppelwandungen Wasser lebhaft siedet, läßt nach einstündigem Trocknen im Exsikkator erkalten und wägt.

Berechnung. Wurden a Gramm Glycerin gewogen, so sind enthalten:

$$x = 1,111 \text{ a Gramm Glycerin in } 100 \text{ cc Wein.}$$

b) In Weinen mit 2 gr oder mehr Zucker in 100 cc.

50 cc Wein werden in einem geräumigen Kolben auf dem Wasserbade erwärmt und mit 1 gr Quarzsand und solange mit kleinen Mengen Kalkmilch versetzt, bis die zuerst dunkler gewordene Mischung wieder eine hellere Farbe und einen langenhaften Geruch angenommen hat. Das Gemisch wird auf dem Wasserbade unter fortwährendem Umschütteln erwärmt. Nach dem Erkalten setzt man 100 cc Alkohol von 96 Maßprozent zu, läßt den sich bildenden Niederschlag absitzen, filtriert die alkoholische Lösung ab und wäscht den Niederschlag mit Alkohol von 96 Maßprozent aus. Das Filtrat wird eingedampft und der Rückstand nach der unter II Nr. 9a gegebenen Vorschrift weiter behandelt.

Berechnung. Wurden a Gramm Glycerin gewogen, so sind enthalten:

$$x = 2,222 \text{ a Gramm Glycerin in } 100 \text{ cc Wein.}$$

Anmerkung. Wenn die Ergebnisse der Zuckerbestimmung nicht mitgeteilt sind, so ist stets anzugeben, ob der Glyceringehalt der Weine nach II Nr. 9a oder 9b bestimmt worden ist.

10. Bestimmung des Zuckers.

Die Bestimmung des Zuckers geschieht gewichtsanalytisch mit Fehlingscher Lösung.

Herstellung der erforderlichen Lösungen.

1) Kupfersulfatlösung: 69,278 gr krystallisiertes Kupfersulfat werden mit Wasser zu 1 Liter gelöst.

2) Alkalische Seignettesalzlösung: 346 gr Seignette-
salz (Kaliumnatriumtartrat) und 103,2 gr Natriumhydrat werden
mit Wasser zu 1 Liter gelöst und die Lösung durch Asbest filtriert.
Die beiden Lösungen sind getrennt aufzubewahren.

Vorbereitung des Weines zur Zuckerbestimmung.

Zunächst wird der annähernde Zuckergehalt des zu untersuchenden Weines ermittelt, indem man von dem Extraktgehalt
desselben die Zahl 2 abzieht. Weine, die hiernach höchstens
1 gr Zucker in 100 cc enthalten, können unverdünnt zur Zuckerbestimmung verwendet werden; Weine, die mehr als 1 gr Zucker
in 100 cc enthalten, müssen dagegen soweit verdünnt werden,
daß die verdünnte Flüssigkeit höchstens 1 gr Zucker in 100 cc
enthält. Die für den annähernden Zuckergehalt gefundene Zahl
(Extrakt weniger 2) giebt an, auf das wievielfache Maß man den
Wein verdünnen muß, damit die Lösung nicht mehr als 1 Prozent
Zucker enthält. Zur Vereinfachung der Abmessung und Umrechnung rundet man die Zahl (Extrakt weniger 2) nach oben
zu auf eine ganze Zahl ab. Die für die Verdünnung anzuwendende Menge Wein ist so auszuwählen, daß die Menge der verdünnten Lösung mindestens 100 cc beträgt. Enthält beispielsweise ein Wein 4,77 gr Extrakt in 100 cc, dann ist der Wein
zur Zuckerbestimmung auf das 4,7—72 = 2,77 fache oder abgerundet
auf das dreifache Maß mit Wasser zu verdünnen. Man läßt in
diesem Falle aus einer Bürette 33,3 cc Wein von 15° C. in ein
100 cc-Kölbchen fließen und füllt den Wein mit destilliertem
Wasser bis zur Marke auf.

Ausführung der Bestimmung des Zuckers im Weine.

100 cc Wein oder, bei einem Zuckergehalte von mehr als
1 Prozent, 100 cc eines in der vorher beschriebenen Weise
verdünnten Weines werden in einem Meßkölbchen abgemessen,
in eine Porzellanschale gebracht, mit Alkalilauge neutralisiert und
im Wasserbade auf etwa 25 cc eingedampft. Behufs Entfernung
von Gerbstoff und Farbstoff fügt man zu dem entgeisteten Weinrückstande, sofern es sich um Rotweine oder erhebliche Mengen
Gerbstoff enthaltende Weißweine handelt, 5 bis 10 gr gereinigte
Tierkohle, rührt das Gemisch unter Erwärmen auf dem Wasserbade mit einem Glasstabe gut um und filtriert die Flüssigkeit
in das 100 cc-Kölbchen zurück. Die Tierkohle wäscht man
so lange mit heißem Wasser sorgfältig aus, bis das Filtrat nach
dem Erkalten nahezu 100 cc beträgt. Man versetzt dasselbe
sodann mit 3 Tropfen einer gesättigten Lösung von Natriumkarbonat, schüttelt um und füllt die Mischung bei 15° C. auf
100 cc auf. Entsteht durch den Zusatz von Natriumkarbonat
eine Trübung, so läßt man die Mischung 2 Stunden stehen und
filtriert sie dann. Das Filtrat dient zur Bestimmung des Zuckers.

An Stelle der Tierkohle kann zur Entfernung von Gerbstoff und Farbstoff aus dem Wein auch Bleiessig benutzt werden.
In diesem Falle verfährt man wie folgt: 160 cc Wein werden
in der vorher beschriebenen Weise neutralisiert und entgeistet

und der entgeistete Weinrückstand bei 15° C. mit Wasser auf
das ursprüngliche Maß wieder aufgefüllt. Hierzu setzt man
16 cc Bleiessig, schüttelt um und filtriert. Zu 88 cc des Filtrates fügt man 8 cc einer gesättigten Natriumkarbonatlösung
oder einer bei 20°C. gesättigten Lösung von Natriumsulfat, schüttelt
um und filtriert aufs neue. Das letzte Filtrat dient zur Bestimmung des Zuckers. Durch die Zusätze von Bleiessig und Natriumkarbonat oder Natriumsulfat ist das Volumen des Weines um ¹/₈
vermehrt worden, was bei der Berechnung des Zuckergehaltes zu
berücksichtigen ist.

a) Bestimmung des Invertzuckers.

In einer vollkommen glatten Porzellanschale werden 25 cc
Kupfersulfatlösung, 25 cc Seignettesalzlösung und 25 cc Wasser
gemischt und auf einem Drahtnetz zum Sieden erhitzt. In die
siedende Mischung läßt man aus einer Pipette 25 cc des in der
beschriebenen Weise vorbereiteten Weines fließen und kocht
nach dem Wiederbeginn des lebhaften Aufwallens noch genau
2 Minuten. Man filtriert das ausgeschiedene Kupferoxydul unter
Anwendung einer Saugepumpe sofort durch ein gewogenes Asbestfilterröhrchen und wäscht letzteres mit heißem Wasser und
zuletzt mit Alkohol und Äther aus. Nachdem das Röhrchen mit
dem Kupferoxydulniederschlage bei 100° C. getrocknet ist, erhitzt
man letzteren stark bei Luftzutritt, verbindet das Röhrchen alsdann mit einem Wasserstoffentwickelungsapparat, leitet trocknen
und reinen Wasserstoff hindurch und erhitzt das zuvor gebildete
Kupferoxyd mit einer kleinen Flamme, bis dasselbe vollkommen
zu metallischem Kupfer reduziert ist. Dann läßt man das Kupfer
im Wasserstoffstrom erkalten und wägt. Die dem gewogenen
Kupfer entsprechende Menge Invertzucker entnimmt man der
weiter unten folgenden Tafel III. (Die Reinigung des Asbestfilter-
röhrchens geschieht durch Auflösen des Kupfers in heißer Salpetersäure, Auswaschen mit Wasser, Alkohol und Äther, Trocknen
und Erhitzen im Wasserstoffstrome.)

b) Bestimmung des Rohrzuckers.

Man mißt 50 cc des in der vorher beschriebenen Weise
erhaltenen entgeisteten, alkalisch gemachten, gegebenenfalls von
Gerbstoff und Farbstoff befreiten und verdünnten Weines mittelst
einer Pipette in ein Kölbchen von etwa 100 cc Inhalt, neutralisiert genau mit Salzsäure, fügt sodann 5 cc einer 1 prozentigen
Salzsäure hinzu und erhitzt die Mischung eine halbe Stunde im
siedenden Wasserbade. Dann neutralisiert man die Flüssigkeit
genau, dampft sie im Wasserbade etwas ein, macht sie mit einer
Lösung von Natriumkarbonat schwach alkalisch und filtriert sie
durch ein kleines Filter in ein 50 cc-Kölbchen, das man durch
Nachwaschen bis zur Marke füllt. In 25 cc der zuletzt erhaltenen Lösung wird, wie unter II Nr. 10a angegeben, der Invertzuckergehalt bestimmt.

Berechnung. Man rechnet die nach Inversion mit Salz-

säure erhaltene Kupfermenge auf Gramme Invertzucker in 100 cc
Wein um.

Bezeichnet man mit

a die Gramme Invertzucker in 100 cc Wein, welche vor
der Inversion mit Salzsäure gefunden wurden,

b die Gramme Invertzucker in 100 cc Wein, welche nach
der Inversion mit Salzsäure gefunden wurden,

so sind enthalten:

$$x = 0,95 \; (b-a) \; \text{Gramm Rohrzucker in 100 cc Wein.}$$

Anmerkung. Es ist stets anzugeben, ob die Entfernung
des Gerbstoffes und Farbstoffes durch Kohle oder durch Bleiessig
stattgefunden hat.

11. Polarisation.

Zur Prüfung des Weines auf sein Verhalten gegen das
polarisierte Licht sind nur große, genaue Apparate zu verwenden,
an denen noch Zehntelgrade abgelesen werden können. Die Ergebnisse der Prüfung sind in Winkelgraden, bezogen auf eine
200 mm lange Schicht des ursprünglichen Weines, anzugeben.
Die Polarisation ist bei 15° C. auszuführen.

Ausführung der polarimetrischen Prüfung des
Weines.

a) Bei Weißweinen. 60 cc Weißwein werden mit Alkali
neutralisiert, im Wasserbade auf ¹/₃ eingedampft, auf das ursprüngliche Maß wieder aufgefüllt und mit 3 cc Bleiessig versetzt;
der entstandene Niederschlag wird abfiltriert. Zu 31,5 cc des
Filtrates setzt man 1,5 cc einer gesättigten Lösung von Natriumkarbonat oder einer bei 20° C. gesättigten Lösung von Natriumsulfat, filtriert den entstandenen Niederschlag ab und polarisiert
das Filtrat. Der von dem Weine eingenommene Raum ist durch
die Zusätze um ¹/₁₀ vermehrt worden, worauf Rücksicht zu
nehmen ist.

b) Bei Rotweinen. 60 cc Rotwein werden mit Alkali
neutralisiert, im Wasserbade auf ¹/₃ eingedampft, filtriert, auf
das ursprüngliche Maß wieder aufgefüllt und mit 6 cc Bleiessig
versetzt. Man filtriert den Niederschlag ab, setzt zu 33 cc des
Filtrats 3 cc einer gesättigten Lösung von Natriumkarbonat oder
einer bei 20° C. gesättigten Lösung von Natriumsulfat, filtriert
den Niederschlag ab und polarisiert das Filtrat. Der von dem
Rotweine eingenommene Raum ist durch die Zusätze um ¹/₅
vermehrt.

Gelingt die Entfärbung eines Weines durch Behandlung mit
Bleiessig nicht vollständig, so ist sie mittelst Tierkohle auszuführen. Man mißt 50 cc Wein in einem Meßkölbchen ab, führt
ihn in eine Porzellanschale über, neutralisiert ihn genau mit
einer Alkalilösung und verdampft den neutralisierten Wein auf
etwa 25 cc. Zu dem entgeisteten Weinrückstande setzt man 5
bis 10 gr gereinigte Tierkohle, rührt unter Erwärmen auf dem
Wasserbade mit einem Glasstabe gut um und filtriert die Flüssigkeit ab. Die Tierkohle wäscht man so lange mit heißem Wasser
sorgfältig aus, bis je nach der Menge des in dem Weine ent-

haltenen Zuckers das Filtrat 75 bis 100 cc beträgt. Man dampft das Filtrat in einer Porzellanschale auf dem Wasserbade bis zu 30 bis 40 cc ein, filtriert den Rückstand in das 50 cc-Kölbchen zurück, wäscht die Porzellanschale und das Filter mit Wasser aus und füllt das Filtrat bis zur Marke auf. Das Filtrat wird polarisiert; eine Verdünnung des Weines findet bei dieser Vorbereitung nicht statt.

12. Nachweis des unreinen Stärkezuckers durch Polarisation.

a) Hat man bei der Zuckerbestimmung nach II Nr. 10 höchstens 0,1 gr reduzierenden Zucker in 100 cc Wein gefunden, und dreht der Wein bei der gemäß II Nr. 11 ausgeführten Polarisation nach links oder gar nicht oder höchstens 0,3° nach rechts, so ist dem Weine unreiner Stärkezucker nicht zugesetzt worden.

b) Hat man bei der Zuckerbestimmung nach II Nr. 10 höchstens 0,1 gr reduzierenden Zucker gefunden, und dreht der Wein mehr als 0,3° bis höchstens 0,6° nach rechts, so ist die Möglichkeit des Vorhandenseins von Dextrin in dem Weine zu berücksichtigen und auf dieses nach II Nr. 19 zu prüfen. Ferner ist nach dem folgenden, unter II Nr. 12 d beschriebenen Verfahren die Prüfung auf die unvergorenen Bestandteile des unreinen Stärkezuckers vorzunehmen.

c) Hat man bei der Zuckerbestimmung nach II Nr. 10 höchstens 0,1 gr Gesamtzucker in 100 cc Wein gefunden, und dreht der Wein bei der Polarisation mehr als 0,6° nach rechts, so ist zunächst nach II Nr. 19 auf Dextrin zu prüfen. Ist dieser Stoff in dem Weine vorhanden, so verfährt man zum Nachweis der unvergorenen Bestandteile des unreinen Stärkezuckers nach dem folgenden, unter II Nr. 12 d angegebenen Verfahren. Ist Dextrin nicht vorhanden, so enthält der Wein die unvergorenen Bestandteile des unreinen Stärkezuckers.

d) Hat man bei der Zuckerbestimmung nach II Nr. 10 mehr als 0,1 gr Gesamtzucker in 100 cc Wein gefunden, so weist man den Zusatz unreinen Stärkezuckers auf folgende Weise nach.

α) 210 cc Wein werden im Wasserbade auf ¹/₃ eingedampft; der Verdampfungsrückstand wird mit so viel Wasser versetzt, daß die verdünnte Flüssigkeit nicht mehr als 15 Prozent Zucker enthält; die verdünnte Flüssigkeit wird in einem Kolben mit etwa 5 gr gärkräftiger Bierhefe, die optisch aktive Bestandteile nicht enthält, versetzt und so lange bei 20 bis 25° C. stehen gelassen, bis die Gärung beendet ist.

β) Die vergorene Flüssigkeit wird mit einigen Tropfen einer 20prozentigen Kaliumacetatlösung versetzt und in einer Porzellanschale auf dem Wasserbade unter Zusatz von Quarzsand zu einem dünnen Syrup verdampft. Zu dem Rückstande setzt man unter beständigem Umrühren allmählich 200 cc Alkohol von 90 Maßprozent. Nachdem sich die Flüssigkeit geklärt hat, wird der alkoholische Auszug in einen Kolben filtriert, Rückstand und Filter mit wenig Alkohol von 90 Maßprozent gewaschen und der Alkohol größtenteils abdestilliert. Der Rest des Alkohols wird verdampft und der Rückstand durch Wasserzusatz auf etwa 10 cc gebracht. Hierzu setzt man 2 bis 3 gr gereinigte, in Wasser aufgeschlämmte Tierkohle, rührt mit einem Glasstabe wiederholt tüchtig um, filtriert die entfärbte Flüssigkeit in einen kleinen eingeteilten Cylinder und wäscht die Tierkohle mit heißem Wasser aus, bis das auf 15° C. abgekühlte Filtrat 30 cc beträgt. Zeigt dasselbe bei der Polarisation eine Rechtsdrehung von mehr als 0,5°, so enthält der Wein die unvergorenen Bestandteile des unreinen Stärkezuckers. Beträgt die Drehung gerade + 0,5° oder nur wenig über oder unter dieser Zahl, so wird die Tierkohle aufs neue mit heißem Wasser ausgewaschen, bis das auf 15° C. abgekühlte Filtrat 30 cc beträgt. Die bei der Polarisation dieses Filtrats gefundene Rechtsdrehung wird der zuerst gefundenen hinzugezählt. Wenn das Ergebnis der zweiten Polarisation mehr als den fünften Teil der ersten beträgt, muß die Kohle noch ein drittes Mal mit 30 cc heißem Wasser ausgewaschen und das Filtrat polarisiert werden.

Anmerkung. Die Rechtsdrehung kann auch durch gewisse Bestandteile mancher Honigsorten verursacht sein.

13. Nachweis fremder Farbstoffe in Rotweinen.

Rotweine sind stets auf Teerfarbstoffe und auf ihr Verhalten gegen Bleiessig zu prüfen. Ferner ist in dem Weine ein mit Alaun und Natriumacetat gebeizter Wollfaden zu kochen und das Verhalten des auf der Wollfaser niedergeschlagenen Farbstoffes gegen Reagentien zu prüfen. Die bei dem Nachweise fremder Farbstoffe im einzelnen befolgten Verfahren sind stets auzugeben.

14. Bestimmung der Gesamtweinsteinsäure, der freien Weinsteinsäure, des Weinsteins und der an alkalische Erden gebundenen Weinsteinsäure.

a) Bestimmung der Gesamtweinsteinsäure.

Man setzt zu 100 cc Wein in einem Becherglase 2 cc Eisessig, 3 Tropfen einer 20 prozentigen Kaliumacetatlösung und 15 gr gepulvertes reines Chlorkalium. Letzteres bringt man durch Umrühren nach Möglichkeit in Lösung und fügt dann 15 cc Alkohol von 95 Maßprozent hinzu. Nachdem man durch starkes, etwa 1 Minute anhaltendes Reiben des Glasstabes an der Wand des Becherglases die Abscheidung des Weinsteins eingeleitet hat, läßt man die Mischung wenigstens 15 Stunden bei Zimmertemperatur stehen und filtriert dann den krystallinischen Niederschlag ab. Hierzu bedient man sich eines GoocHschen Platin- oder Porzellantiegels mit einer dünnen Asbestschicht, welche mit einem Platindrahtnetz von mindestens ¹/₂ mm weiten Maschen bedeckt ist, oder einer mit Papierfilterstoff bedeckten WITTschen Porzellansiebplatte; in beiden Fällen wird die Flüssigkeit mit Hülfe der Wasserstrahlpumpe abgesaugt. Zum Auswaschen des krystallinischen Niederschlages dient ein Gemisch von 15 gr Chlorkalium, 20 cc Alkohol von 95 Maßprozent und 100 cc destilliertem Wasser. Das Becherglas wird etwa dreimal mit wenigen Kubikcentimetern der Lösung abgespült, wobei man jedesmal gut abtröpfeln läßt. Sodann werden Filter und Niederschlag durch etwa dreimaliges Abspülen und Aufgießen von wenigen Kubikcentimetern der Waschflüssigkeit ausgewaschen; von letzterer dürfen im ganzen nicht mehr als 20 cc gebraucht werden. Der auf dem Filter gesammelte Niederschlag wird darauf mit siedendem, alkalifreiem, destilliertem Wasser in das Becherglas zurückgespült und die erhaltene, bis zum Kochen erhitzte Lösung in der Siedhitze mit $^1/_4$-Normal-Alkalilauge unter Verwendung von empfindlichem blauviolettem Lackmuspapier tritiert.

Berechnung. Wurden bei der Titration a Kubikcentimeter $^1/_4$-Normal-Alkalilauge verbraucht, so sind enthalten:

$$x = 0,0375 \ (a + 0,6) \ \text{Gramm Gesamtweinsteinsäure in}$$
100 cc Wein.

b) Bestimmung der freien Weinsteinsäure.

50 cc eines gewöhnlichen ausgegorenen Weines, beziehungsweise 25 cc eines erhebliche Mengen Zucker enthaltenden Weines werden in der unter II Nr. 4 vorgeschriebenen Weise in einer Platinschale verascht. Die Asche wird vorsichtig mit 20 cc $^1/_4$-Normal-Salzsäure versetzt und nach Zusatz von 20 cc destilliertem Wasser über einer kleinen Flamme bis zum beginnenden Sieden erhitzt. Die heiße Flüssigkeit wird mit $^1/_4$-Normal-Alkalilauge unter Verwendung von empfindlichem blauviolettem Lackmuspapier titriert.

Berechnung. Wurden a Kubikcentimeter Wein angewandt und bei der Titration b Kubikcentimeter $^1/_4$-Normal-Alkalilauge verbraucht, enthält ferner der Wein c Gramm Gesamtweinsteinsäure in 100 cc (nach II Nr. 14a bestimmt), so sind enthalten:

$$x = c - \frac{3,75 \ (20 - b)}{a} \ \text{Gramm freie Weinsteinsäure in}$$
100 cc Wein.

Ist a = 50, so wird x = c + 0,075 b — 1,5; ist a = 25, so wird x = c + 0,15 b — 3.

c) Bestimmung des Weinsteins.

50 cc eines gewöhnlichen ausgegorenen Weines, beziehungsweise 25 cc eines erhebliche Mengen Zucker enthaltenden Weines werden in der unter II Nr. 4 vorgeschriebenen Weise in einer Platinschale verascht. Die Asche wird mit heißem destilliertem Wasser ausgelaugt, die Lösung durch ein kleines Filter filtriert und die Schale sowie das Filter mit heißem Wasser sorgfältig ausgewaschen. Der wässerige Aschenauszug wird vorsichtig mit 20 cc $^1/_4$-Normal-Salzsäure versetzt und über einer kleinen Flamme bis zum beginnenden Sieden erhitzt. Die heiße Lösung wird mit

¹/₄-Normal-Alkalilauge unter Verwendung von empfindlichem blauviolettem Lackmuspapier titriert.

Berechnung. Wurden d Kubikcentimeter Wein angewandt und bei der Titration e Kubikcentimeter ¹/₄-Normal-Alkalilauge verbraucht, enthält ferner der Wein c Gramm Gesamtweinsteinsäure in 100 cc (nach II Nr. 14a bestimmt), so berechnet man zunächst den Wert von n aus nachstehender Formel:

$$n = 26{,}67\,c - \frac{100\,(20 - e)}{d}.$$

α) Ist n gleich Null oder negativ, so ist sämtliche Weinsteinsäure in der Form von Weinstein in dem Weine vorhanden; dann sind enthalten:

x = 1,2533 c Gramm Weinstein in 100 cc Wein.

β) Ist n positiv, so sind enthalten:

$$x = \frac{4{,}7\,(20 - e)}{d} \quad \text{Gramm Weinstein in 100 cc Wein.}$$

d) Bestimmung der an alkalische Erden gebundenen Weinsteinsäure.

Die Menge der an alkalische Erden gebundenen Weinsteinsäure wird aus den bei der Bestimmung der freien Weinsteinsäure und des Weinsteins unter II Nr. 14b und c gefundenen Zahlen berechnet. Haben b, d und e dieselbe Bedeutung wie dort und ist

α) n gleich Null oder negativ gefunden worden, so ist an alkalische Erden gebundene Weinsteinsäure in dem Weine nicht enthalten;

β) n positiv gefunden worden, so sind enthalten:

$$x = \frac{3{,}75\,(e - b)}{d} \quad \text{Gramm an alkalische Erden gebundene}$$

Weinsteinsäure in 100 cc Wein.

15. Bestimmung der Schwefelsäure in Weißweinen.

Das unter II Nr. 5 für Rotweine angegebene Verfahren zur Bestimmung der Schwefelsäure gilt auch für Weißweine.

16. Bestimmung der schwefligen Säure.

Zur Bestimmung der schwefligen Säure bedient man sich folgender Vorrichtung. Ein Destillierkolben von 400 cc Inhalt wird mit einem zweimal durchbohrten Stopfen verschlossen, durch welchen zwei Glasröhren in das Innere des Kolbens führen. Die erste Röhre reicht bis auf den Boden des Kolbens, die zweite nur bis in den Hals. Die letztere Röhre führt zu einem LIEBIGschen Kübler; an diesen schließt sich luftdicht mittelst durchbohrten Stopfens eine kugelig aufgeblasene U-Röhre (sog. PELIGOTsche Röhre).

Man leitet durch das bis auf den Boden des Kolbens

führende Rohr Kohlensäure, bis alle Luft aus dem Apparate
verdrängt ist, bringt dann in die PELIGOTsche Röhre 50 cc Jodlösung (erhalten durch Auflösen von 5 gr reinem Jod und 7,5 gr
Jodkalium in Wasser zu 1 Liter), lüftet den Stopfen des Destillierkolbens und läßt 100 cc Wein aus einer Pipette in den Kolben
fließen, ohne das Einströmen der Kohlensäure zu unterbrechen.
Nachdem noch 5 gr syrupdicke Phosphorsäure zugegeben sind,
erhitzt man den Wein vorsichtig und destilliert ihn unter stetigem
Durchleiten von Kohlensäure zur Hälfte ab.

Man bringt nunmehr die Jodlösung, die noch braun gefärbt
sein muß, in ein Becherglas, spült die PELIGOTsche Röhre gut
mit Wasser aus, setzt etwas Salzsäure zu, erhitzt das Ganze
kurze Zeit und fällt die durch Oxydation der schwefligen Säure
entstandene Schwefelsäure mit Chlorbaryum. Der Niederschlag
von Baryumsulfat wird genau in der unter II Nr. 5 vorgeschriebenen Weise weiter behandelt.

Berechnung. Wurden a Gramm Baryumsulfat gewogen,
so sind:

$$x = 0,2748 \text{ a Gramm schweflige Säure } (SO_2) \text{ in 100 cc Wein.}$$

Anmerkung 1. Der Gesamtgehalt der Weine an schwefliger Säure kann auch nach dem folgenden Verfahren bestimmt
werden. Man bringt in ein Kölbchen von ungefähr 200 cc Inhalt
25 cc Kalilauge, die etwa 56 gr Kaliumhydrat im Liter enthält,
und läßt 50 cc Wein so zu der Lauge fließen, daß die Pipetten-
spitze während des Auslaufens in die Kalilauge taucht. Nach
mehrmaligem vorsichtigem Umschwenken läßt man die Mischung
15 Minuten stehen. Hierauf fügt man zu der alkalischen Flüssigkeit 10 cc verdünnte Schwefelsäure (erhalten durch Mischen von
1 Teil Schwefelsäure mit 3 Teilen Wasser) und einige Kubikcentimeter Stärkelösung und titriert die Flüssigkeit mit $^1/_{50}$-Nor-
mal-Jodlösung; man läßt die Jodlösung hierbei rasch, aber vorsichtig so lange zutropfen, bis die blaue Farbe der Jodstärke
nach vier- bis fünfmaligem Umschwenken noch kurze Zeit anhält.

Berechnung der gesamten schwefligen Säure.
Wurden auf 50 cc Wein a cc $^1/_{50}$-Normal-Jodlösung verbraucht,
so sind enthalten:

$$x = 0,00128 \text{ a Gramm gesamte schweflige Säure } (SO_2) \text{ in } 100 \text{ cc Wein.}$$

Zufolge neuerer Erfahrungen ist ein Teil der schwefligen
Säure im Weine an organische Bestandteile gebunden, ein anderer
im freien Zustande oder als Alkalibisulfit im Weine vorhanden.
Die Bestimmung der freien schwefligen Säure geschieht nach
folgendem Verfahren. Man leitet durch ein Kölbchen von etwa
100 cc Inhalt 10 Minuten lang Kohlensäure, entnimmt dann aus
der frisch entkorkten Flasche mit einer Pipette 50 cc Wein und
läßt diese in das mit Kohlensäure gefüllte Kölbchen fließen.
Nach Zusatz von 5 cc verdünnter Schwefelsäure wird die Flüssigkeit in der vorher beschriebenen Weise mit $^1/_{50}$-Normal-Jod-
lösung titriert.

Berechnung der freien schwefligen Säure. Wurden auf 50 cc Wein a Kubikcentimeter $^1/_{50}$-Normal-Jodlösung verbraucht, so sind enthalten:

x = 0,00128 a Gramm freie schweflige Säure (SO_2) in 100 cc Wein.

Der Unterschied der gesamten schwefligen Säure und der freien schwefligen Säure ergiebt den Gehalt des Weines an schwefliger Säure, die an organische Weinbestandteile gebunden ist.

Anmerkung 2. Wurde der Gesamtgehalt an schwefliger Säure nach dem in der Anmerkung 1 beschriebenen Verfahren bestimmt, so ist dies anzugeben. Es ist wünschenswert, daß in jedem Falle die freie, beziehungsweise die an organische Bestandteile gebundene schweflige Säure bestimmt wird.

17. Bestimmung des Saccharins.

Man verdampft 100 cc Wein unter Zusatz von ausgewaschenem grobem Sande in einer Porzellanschale auf dem Wasserbade, versetzt den Rückstand mit 1 bis 2 cc einer 30prozentigen Phosphorsäurelösung und zieht ihn unter beständigem: Auflockern mit einer Mischung von gleichen Raumteilen Äther und Petroleumäther bei mäßiger Wärme aus. Man filtriert die Auszüge durch gereinigten Asbest in einen Kolben und fährt mit dem Ausziehen fort, bis man 200 bis 250 cc Filtrat erhalten hat. Hierauf destilliert man den größten Teil der Äther-Petroleumäthermischung im Wasserbade ab, führt die rückständige Lösung aus dem Kolben in eine Porzellanschale über, spült den Kolben mit Äther gut nach, verjagt dann Äther und Petroleumäther völlig und nimmt den Rückstand mit einer verdünnten Lösung von Natriumkarbonat auf. Man filtriert die Lösung in eine Platinschale, verdampft sie zur Trockne, mischt den Trockenrückstand mit der vier- bis fünffachen Menge festem Natriumkarbonat und trägt dieses Gemisch allmählich in schmelzenden Kalisalpeter ein. Man löst die weiße Schmelze in Wasser, säuert sie vorsichtig (mit aufgelegtem Uhrglase) in einem Becherglase mit Salzsäure an und fällt die aus dem Saccharin enstandene Schwefelsäure mit Chlorbaryum in der unter II Nr. 5 vorgeschriebenen Weise.

Berechnung. Wurden bei der Verarbeitung von 100 cc Wein a Gramm Baryumsulfat gewonnen, so sind enthalten:

x = 0,7857 a Gramm Saccharin in 100 cc Wein.

18. Nachweis der Salicylsäure.

50 cc Wein werden in einem cylindrischen Scheidetrichter mit 50 cc eines Gemisches aus gleichen Raumteilen Äther und Petroleumäther versetzt und mit der Vorsicht häufig umgeschüttelt, daß keine Emulsion entsteht, aber doch eine genügende Mischung der Flüssigkeiten stattfindet. Hierauf hebt man die Äther-Petroleumätherschicht ab, filtriert sie durch ein trocknes Filter, verdunstet das Äthergemisch auf dem Wasserbade und versetzt

den Rückstand mit einigen Tropfen Eisenchloridlösung. Eine rotviolette Färbung zeigt die Gegenwart von Salicylsäure an.

Entsteht dagegen eine schwarze oder dunkelbraune Färbung, so versetzt man die Mischung mit einem Tropfen Salzsäure, nimmt sie mit Wasser auf, schüttelt die Lösung mit Äther-Petroleumäther aus und verfährt mit dem Auszug nach der oben gegebenen Vorschrift.

19. Nachweis von arabischem Gummi und Dextrin.

Man versetzt 4 cc Wein mit 10 cc Alkohol von 96 Maß-prozent. Entsteht hierbei nur eine geringe Trübung, welche sich in Flocken absetzt, so ist weder Gummi noch Dextrin anwesend. Entsteht dagegen ein klumpiger zäher Niederschlag, der zum Teil zu Boden fällt, zum Teil an den Wandungen des Gefäßes hängen bleibt, so muß der Wein nach dem folgenden Verfahren geprüft werden.

100 cc Wein werden auf etwa 5 cc eingedampft und unter Umrühren so lange mit Alkohol von 90 Maßprozent versetzt, als noch ein Niederschlag entsteht. Nach zwei Stunden filtriert man den Niederschlag ab, löst ihn in 30 cc Wasser und führt die Lösung in ein Kölbchen von etwa 100 cc Inhalt über. Man fügt 1 cc Salzsäure vom spezifischen Gewichte 1,12 hinzu, verschließt das Kölbchen mit einem Stopfen, durch welchen ein 1 m langes, beiderseits offenes Rohr führt und erhitzt das Gemisch 3 Stunden im kochenden Wasserbade. Nach dem Erkalten wird die Flüssigkeit mit einer Sodalösung alkalisch gemacht, auf ein bestimmtes Maß verdünnt und der entstandene Zucker mit Fehlingscher Lösung nach dem unter II Nr. 10 beschriebenen Verfahren bestimmt. Der Zucker ist aus zugesetztem Dextrin oder arabischem Gummi gebildet worden; Weine ohne diese Zusätze geben, in der beschriebenen Weise behandelt, höchstens Spuren einer Zuckerreaktion.

20. Bestimmung des Gerbstoffes.

a) Schätzung des Gerbstoffgehaltes.

In 100 cc von Kohlensäure befreitem Weine werden die freien Säuren mit einer titrierten Alkalilösung bis auf 0,5 gr in 100 cc Wein abgestumpft, sofern die Bestimmung nach II Nr. 6 einen höheren Betrag ergeben hat. Nach Zugabe von 1 cc einer 40 prozentigen Natriumacetatlösung läßt man eine 10 prozentige Eisenchloridlösung tropfenweise so lange hinzufließen, bis kein Niederschlag mehr entsteht. 1 Tropfen der 10 prozentigen Eisenchloridlösung genügt zur Ausfällung von 0,05 gr Gerbstoff.

b) Bestimmung des Gerbstoffgehaltes.

Die Bestimmung des Gerbstoffes kann nach einem der üblichen Verfahren erfolgen; das angewandte Verfahren ist in jedem Falle anzugeben.

21. Bestimmung des Chlors.

Man läßt 50 cc Wein aus einer Pipette in ein Becherglas fließen, macht ihn mit einer Lösung von Natriumkarbonat alkalisch und erwärmt das Gemisch mit aufgedecktem Uhrglase bis zum Aufhören der Kohlensäureentwickelung. Den Inhalt des Becherglases bringt man in eine Platinschale, dampft ihn ein, verkohlt den Rückstand und verascht genau in der bei der Bestimmung der Mineralbestandteile (II Nr. 4) angegebenen Weise. Die Asche wird mit einem Tropfen Salpetersäure befeuchtet, mit warmem Wasser ausgezogen, die Lösung in ein Becherglas filtriert und unter Umrühren so lange mit Silbernitratlösung (1 Teil Silbernitrat in 20 Teilen Wasser gelöst) versetzt, als noch ein Niederschlag entsteht. Man erhitzt das Gemisch kurze Zeit im Wasserbade, läßt es an einem dunklen Ort erkalten, sammelt den Niederschlag auf einem Filter von bekanntem Aschengehalte, wäscht denselben mit heißem Wasser bis zum Verschwinden der sauren Reaktion aus und trocknet den Niederschlag auf dem Filter bei 100° C. Das Filter wird in einem gewogenen Porzellantiegel mit Deckel verbrannt. Nach dem Erkalten benetzt man das Chlorsilber mit einem Tropfen Salzsäure, erhitzt vorsichtig mit aufgelegtem Deckel, bis die Säure verjagt ist, steigert hierauf die Hitze bis zum beginnenden Schmelzen, läßt sodann das Ganze im Exsikkator erkalten und wägt.

Berechnung: Wurden aus 50 cc Wein a Gramm Chlorsilber erhalten, so sind enthalten:

$x = 0,4945$ a Gramm Chlor in 100 cc Wein, oder
$y = 0,816$ a Gramm Chlornatrium in 100 cc Wein.

22. Bestimmung der Phosphorsäure.

50 cc Wein werden in einer Platinschale mit 0,5 bis 1 gr eines Gemisches von 1 Teil Salpeter und 3 Teilen Soda versetzt und zur dickflüssigen Beschaffenheit verdampft. Der Rückstand wird verkohlt, die Kohle mit verdünnter Salpetersäure ausgezogen, der Auszug abfiltriert, die Kohle wiederholt ausgewaschen und schließlich samt dem Filter verascht. Die Asche wird mit Salpetersäure befeuchtet, mit heißem Wasser aufgenommen und zu dem Auszuge in ein Becherglas von 200 cc Inhalt filtriert. Zu der Lösung setzt man ein Gemisch*) von 25 cc Molybdänlösung (150 gr Ammoniummolybdat in 1 prozentigem Ammoniak zu 1 Liter gelöst) und 25 cc Salpetersäure vom spezifischen Gewichte 1,2 und erwärmt auf einem Wasserbade auf 80° C., wobei ein gelber Niederschlag von Ammoniumphosphomolybdat entsteht. Man stellt die Mischung 6 Stunden an einen warmen Ort, gießt dann die über dem Niederschlage stehende klare Flüssigkeit durch ein Filter, wäscht den Niederschlag 4 bis 5 mal mit einer

---

*) Die Molybdänlösung ist in die Salpetersäure zu gießen, nicht umgekehrt, da andernfalls eine Ausscheidung von Molybdänsäure stattfindet, die nur schwer wieder in Lösung zu bringen ist.

verdünnten Molybdänlösung (erhalten durch Vermischen von 100
Raumteilen der oben angegebenen Molybdänlösung mit 20 Raumteilen Salpetersäure vom spezifischen Gewichte 1,2 und 80 Raumteilen Wasser), indem man stets den Niederschlag absitzen läßt
und die klare Flüssigkeit durch das Filter gießt. Dann löst man
den Niederschlag im Becherglase in konzentriertem Ammoniak
auf und filtriert durch dasselbe Filter, durch welches vorher die
abgegossenen Flüssigkeitsmengen filtriert wurden. Man wäscht
das Becherglas und das Filter mit Ammoniak aus und versetzt
das Filtrat vorsichtig unter Umrühren mit Salzsäure, solange der
dadurch entstehende Niederschlag sich noch löst. Nach dem Erkalten fügt man 5 cc Ammoniak und langsam und tropfenweise
unter Umrühren 6 cc Magnesiamischung (68 gr Chlormagnesium
und 165 gr Chlorammonium in Wasser gelöst, mit 260 cc Ammoniak vom spezifischen Gewichte 0,96 versetzt und auf 1 Liter
aufgefüllt) zu und rührt mit einem Glasstabe um, ohne die Wandung des Becherglases zu berühren. Den entstehenden krystallinischen Niederschlag von Ammonium-Magnesiumphosphat läßt
man nach Zusatz von 40 cc Ammoniaklösung 24 Stunden bedeckt
stehen. Hierauf filtriert man das Gemisch durch ein Filter von
bekanntem Aschengehalte und wäscht den Niederschlag mit verdünntem Ammoniak (1 Teil Ammoniak vom spezifischen Gewichte
0,96 und 3 Teile Wasser) aus, bis das Filtrat in einer mit Salpetersäure angesäuerten Silberlösung keine Trübung mehr her-
vorbringt. Der Niederschlag wird auf dem Filter getrocknet und
letzteres in einem gewogenen Platintiegel verbrannt. Nach dem
Erkalten befeuchtet man den aus Magnesiumpyrophosphat bestehenden Tiegelinhalt mit Salpetersäure, verdampft dieselbe mit
kleiner Flamme, glüht den Tiegel stark, läßt ihn im Exsikkator
erkalten und wägt.

Berechnung: Wurden aus 50 cc Wein a Gramm Magnesiumpyrophosphat erhalten, so sind enthalten:

x = 1,2751 a Gramm Phosphorsäureanhydrid (P_2O_5) in
100 cc Wein.

23. Nachweis der Salpetersäure.

1. In Weißweinen.

a) 10 cc Wein werden entgeistet, mit Tierkohle entfärbt und
filtriert. Einige Tropfen des Filtrats läßt man in ein Pozellan-
schälchen, in welchem einige Körnchen Diphenylamin mit 1 cc
konzentrierter Schwefelsäure übergossen worden sind, so einfließen, daß sich die beiden Flüssigkeiten nebeneinander lagern.
Tritt an der Berührungsfläche eine blaue Färbung auf, so ist
Salpetersäure in dem Weine enthalten.

b) Zum Nachweis kleinerer Mengen von Salpetersäure,
welche bei der Prüfung nach II Nr. 23 unter 1a nicht mehr erkannt werden, verdampft man 100 cc Wein in einer Porzellanschale auf dem Wasserbade zum dünnen Syrup und fügt nach
dem Erkalten so lange absoluten Alkohol zu, als noch ein Niederschlag entsteht. Man filtriert, verdampft das Filtrat, bis der

Alkohol vollständig verjagt ist, versetzt den Rückstand mit Wasser und Tierkohle, verdampft das Gemisch auf etwa 10 cc, filtriert dasselbe und prüft das Filtrat nach II Nr. 23 unter 1 a.

2. In Rotweinen.

100 cc Rotwein versetzt man mit 6 cc Bleiessig und filtriert. Zum Filtrate giebt man 4 cc einer konzentrierten Lösung von Magnesiumsulfat und etwas Tierkohle. Man filtriert nach einigem Stehen und prüft das Filtrat nach der in II Nr. 23 unter 1 a gegebenen Vorschrift. Entsteht hierbei keine Blaufärbung, so behandelt man das Filtrat nach der in II Nr. 23 unter 1 b gegebenen Vorschrift.

Anmerkung. Alle zur Verwendung gelangenden Stoffe, auch das Wasser und die Tierkohle, müssen zuvor auf Salpetersäure geprüft werden; Salpetersäure enthaltende Stoffe dürfen nicht angewendet werden.

24 und 25. Nachweis von Baryum und Strontium.

100 cc Wein werden eingedampft und in der unter II Nr. 4 angegebenen Weise verascht. Die Asche nimmt man mit verdünnter Salzsäure auf, filtriert die Lösung und verdampft das Filtrat zur Trockne. Das trockne Salzgemenge wird spektroskopisch auf Baryum und Strontium geprüft. Ist durch die spektroskopische Prüfung das Vorhandensein von Baryum oder Strontium festgestellt, so ist die quantitative Bestimmung derselben auszuführen.

26. Bestimmung des Kupfers.

Das Kupfer wird in $1/2$ bis 1 Liter Wein elektrolytisch bestimmt. Das auf der Platinelektrode abgeschiedene Metall ist nach dem Wägen in Salpetersäure zu lösen und in üblicher Weise auf Kupfer zu prüfen.

Tafel 1.

Ermittelung des Alkoholgehaltes.

Aus K. Windisch. Alkoholtafel. Berlin 1893.

Spezifisches Gewicht des Destillates.	gr Alkohol in 100 cc.	Volumproz. Alkohol.	Spezifisches Gewicht des Destillates.	gr Alkohol in 100 cc.	Volumproz. Alkohol.	Spezifisches Gewicht des Destillates.	gr Alkohol in 100 cc.	Volumproz. Alkohol.
1,0000	0,00	0,00						
0,9999	0,05	0,07	0,9969	1,66	2,09	0,9939	3,35	4,22
8	0,11	0,13	8	1,71	2,16	8	3,40	4,29
7	0,16	0,20	7	1,77	2,23	7	3,46	4,36
6	0,21	0,27	6	1,82	2,30	6	3,52	4,43
5	0,26	0,33	5	1,88	2,37	5	3,58	4,51
4	0,32	0,40	4	1,93	2,44	4	3,64	4,58
3	0,37	0,47	3	1,99	2,51	3	3,69	4,65
2	0,42	0,53	2	2,04	2,58	2	3,75	4,73
1	0,47	0,60	1	2,10	2,65	1	3,81	4,80
0	0,53	0,67	0	2,16	2,72	0	3,87	4,88
0,9989	0,58	0,73	0,9959	2,21	2,79	0,9929	3,93	4,95
8	0,64	0,80	8	2,27	2,86	8	3,99	5,03
7	0,69	0,87	7	2,32	2,93	7	4,05	5,10
6	0,74	0,93	6	2,38	3,00	6	4,11	5,18
5	0,80	1,00	5	2,43	3,07	5	4,17	5,25
4	0,85	1,07	4	2,49	3,14	4	4,23	5,33
3	0,90	1,14	3	2,55	3,21	3	4,29	5,40
2	0,96	1,20	2	2,60	3,28	2	4,35	5,48
1	1,01	1,27	1	2,66	3,35	1	4,41	5,55
0	1,06	1,34	0	2,72	3,42	0	4,47	5,63
0,9979	1,12	1,41	0,9949	2,77	3,49	0,9919	4,53	5,70
8	1,17	1,48	8	2,82	3,56	8	4,59	5,78
7	1,22	1,54	7	2,88	3,64	7	4,65	5,86
6	1,28	1,61	6	2,94	3,71	6	4,71	5,93
5	1,33	1,68	5	3,00	3,78	5	4,77	6,01
4	1,39	1,75	4	3,06	3,85	4	4,83	6,09
3	1,44	1,82	3	3,12	3,93	3	4,89	6,16
2	1,50	1,88	2	3,17	4,00	2	4,95	6,24
1	1,55	1,95	1	3,23	4,07	1	5,01	6,32
0	1,60	2,02	0	3,29	4,14	0	5,08	6,40

Spezifisches Gewicht des Destillates.	gr Alkohol in 100 cc.	Volumproz. Alkohol.	Spezifisches Gewicht des Destillates.	gr Alkohol in 100 cc.	Volumproz. Alkohol.	Spezifisches Gewicht des Destillates.	gr Alkohol in 100 cc.	Volumproz. Alkohol.
0,9909	5,14	6,47	0,9869	7,73	9,74	0,9829	10,59	13,34
8	5,20	6,55	8	7,80	9,83	8	10,66	13,44
7	5,26	6,63	7	7,87	9,91	7	10,74	13,53
6	5,32	6,71	6	7,94	10,00	6	10,81	13,63
5	5,38	6,79	5	8,00	10,09	5	10,89	13,72
4	5,45	6,86	4	8,07	10,17	4	10,96	13,82
3	5,51	6,94	3	8,14	10,26	3	11,04	13,91
2	5,57	7,02	2	8,21	10,35	2	11,12	14,01
1	5,64	7,10	1	8,28	10,43	1	11,19	14,10
0	5,70	7,18	0	8,35	10,52	0	11,27	14,20
0,9899	5,76	7,26	0,9859	8,42	10,61	0,9819	11,34	14,29
8	5,83	7,34	8	8,49	10,70	8	11,42	14,39
7	5,89	7,42	7	8,56	10,79	7	11,49	14,48
6	5,95	7,50	6	8,63	10,88	6	11,57	14,58
5	6,02	7,58	5	8,70	10,96	5	11,65	14,68
4	6,08	7,66	4	8,77	11,05	4	11,72	14,77
3	6,14	7,74	3	8,84	11,14	3	11,80	14,87
2	6,21	7,82	2	8,91	11,23	2	11,88	14,97
1	6,27	7,90	1	8,98	11,32	1	11,96	15,07
0	6,34	7,99	0	9,06	11,41	0	12,03	15,16
0,9889	6,40	8,07	0,9849	9,13	11,50	0,9809	12,11	15,26
8	6,47	8,15	8	9,20	11,59	8	12,19	15,36
7	6,53	8,23	7	9,27	11,68	7	12,27	15,46
6	6,59	8,31	6	9,34	11,77	6	12,34	15,55
5	6,66	8,40	5	9,42	11,86	5	12,42	15,65
4	6,73	8,48	4	9,49	11,95	4	12,50	15,75
3	6,79	8,56	3	9,56	12,05	3	12,58	15,85
2	6,86	8,64	2	9,63	12,14	2	12,65	15,95
1	6,93	8,73	1	9,70	12,23	1	12,73	16,04
0	6,99	8,81	0	9,78	12,32	0	12,81	16,14
0,9879	7,06	8,89	0,9839	9,85	12,41	0,9799	12,89	16,24
8	7,12	8,98	8	9,92	12,50	8	12,97	16,34
7	7,19	9,06	7	9,99	12,59	7	13,05	16,44
6	7,26	9,15	6	10,07	12,69	6	13,13	16,54
5	7,33	9,23	5	10,14	12,78	5	13,20	16,64
4	7,39	9,32	4	10,22	12,88	4	13,28	16,74
3	7,46	9,40	3	10,29	12,97	3	13,36	16,84
2	7,53	9,48	2	10,36	13,06	2	13,44	16,94
1	7,60	9,57	1	10,44	13,16	1	13,52	17,04
0	7,66	9,66	0	10,52	13,25	0	13,60	17,14

Spezifisches Gewicht des Destillates.	gr Alkohol in 100 cc.	Volumproz. Alkohol.	Spezifisches Gewicht des Destillates.	gr Alkohol in 100 cc.	Volumproz. Alkohol.	Spezifisches Gewicht des Destillates.	gr Alkohol in 100 cc.	Volumproz. Alkohol.
0,9789	13,68	17,24	0,9749	16,87	21,26	0,9709	19,98	25,18
8	13,76	17,34	8	16,95	21,36	8	20,06	25,27
7	13,84	17,44	7	17,03	21,46	7	20,13	25,37
6	13,92	17,54	6	17,11	21,56	6	20,21	25,47
5	14,00	17,64	5	17,19	21,66	5	20,28	25,56
4	14,08	17,74	4	17,27	21,76	4	20,36	25,66
3	14,15	17,84	3	17,35	21,86	3	20,43	25,75
2	14,23	17,94	2	17,42	21,96	2	20,51	25.84
1	14,31	18,04	1	17,50	22,06	1	20,58	25,94
0	14,39	18,14	0	17,58	22,16	0	20,66	26,03
0,9779	14,47	18,24	0,9739	17,66	22,26	0,9699	20,73	26,13
8	14,55	18,34	8	17,74	22,35	8	20,81	26,22
7	14,63	18,44	7	17,82	22,45	7	20,88	26,31
6	14,71	18,51	6	17,90	22,55	6	20,96	26,41
5	14,79	18,64	5	17,98	22,65	5	21,03	26,50
4	14,87	18,74	4	18,05	22,75	4	21,10	26,59
3	14,95	18,84	3	18,13	22,85	3	21,18	26,69
2	15,03	18,94	2	18,21	22,95	2	21,25	26,78
1	15,11	19,04	1	18,29	23,05	1	21,32	26,87
0	15,19	19,14	0	18,37	23,14	0	21,40	26,96
0,9769	15,27	19 24	0,9729	18,45	23,24	0,9689	21,47	27,05
8	15,35	19,34	8	18,52	23,34	8	21,54	27,14
7	15,43	19,44	7	18,60	23,44	7	21,61	27,24
6	15,51	19,55	6	18,68	23,54	6	21,69	27,33
5	15,59	19,65	5	18,76	23,63	5	21,76	27,42
4	15,67	19,75	4	18,84	23,73	4	21,83	27,51
3	15,75	19,85	3	18,91	23,83	3	21,90	27,60
2	15,83	19,95	2	18,99	23,93	2	21,97	27,69
1	15,91	20,05	1	19,07	24,02	1	22,05	27,78
0	15,99	20,15	0	19,14	24,12	0	22,12	27,87
0,9759	16,07	20,25	0,9719	19,22	24,22	0,9679	22,19	27,96
8	16,15	20,35	8	19,30	24,32	8	22,26	28,05
7	16,23	20,45	7	19,37	24,41	7	22,33	28,14
6	16,31	20,55	6	19,45	24,51	6	22,40	28,23
5	16,39	20,65	5	19,53	24,60	5	22,47	28,32
4	16,47	20,75	4	19,60	24,70	4	22,54	28,41
3	16,55	20,86	3	19,68	24.80	3	22,61	28,50
2	16,63	20,96	2	19,76	24,89	2	22,68	28,59
1	16,71	21,06	1	19,83	24,99	1	22,75	28,67
0	16,79	21,16	0	19,91	25,08	0	22,82	28,76

Spezifisches Gewicht des Destillates.	gr Alkohol in 100 cc.	Volumproz. Alkohol.	Spezifisches Gewicht des Destillates.	gr Akohol in 100 cc.	Volumproz. Alkohol.	Spezifisches Gewicht des Destillates.	gr Alkohol in 100 cc.	Volumproz. Alkohol.
0,9669	22,89	28,85	0,9649	24,26	30,57	0,9629	25,56	32,22
8	22,96	28,94	8	24,33	30,66	8	25,63	32,30
7	23,03	29,03	7	24,39	30,74	7	25,69	32,38
6	23,10	29,11	6	24,46	30,82	6	25,76	32,46
5	23,17	29,20	5	24,53	30,91	5	25,82	32,54
4	23,24	29,29	4	24,59	30,99	4	25,88	32,62
3	23,31	29,38	3	24,66	31,07	3	25,95	32,70
2	23,38	29,46	2	24,73	31,16	2	26,01	32,78
1	23,45	29,55	1	24,79	31,24	1	26,07	32,85
0	23,52	29,64	0	24,85	31,32	0	26,13	32,93
0,9659	23,59	29,72	0,9639	24,92	31,41			
8	23,65	29,81	8	24,99	31,49			
7	23,72	29,89	7	25,05	31,57			
6	23,79	29,98	6	25,12	31,65			
5	23,86	30,06	5	25,18	31,73			
4	23,93	30,15	4	25,25	31,81			
3	23,99	30,23	3	25,31	31,89			
2	24,06	30,32	2	25,37	31,98			
1	24,13	30,40	1	25,44	32,06			
0	24,19	30,49	0	25,50	32,14			

Tafel II.

(Zur Ermittelung der Zahl E, welche für die Wahl des bei der Extraktbestimmung des Weines anzuwendenden Verfahrens maßgebend ist.)

Nach den Angaben der Kaiserlichen Normal-Aichungs-Kommission berechnet im Kaiserlichen Gesundheitsamt.

x	E	x	E	x	E	x	E
1,0000	0,00	1,0040	1,03	1,0080	2,07	1,0120	3,10
1	0,03	1	1,05	1	2,09	1	3,12
2	0,05	2	1,08	2	2,12	2	3,15
3	0,08	3	1,11	3	2,14	3	3,18
4	0,10	4	1,13	4	2,17	4	3,20
5	0,13	5	1,16	5	2,19	5	3,23
6	0,15	6	1,18	6	2,22	6	3,26
7	0,18	7	1,21	7	2,25	7	3,28
8	0,20	8	1,24	8	2,27	8	3,31
9	0,23	9	1,26	9	2,30	9	3,33
1,0010	0,26	1,0050	1,29	1,0090	2,32	1,0130	3,36
1	0,28	1	1,32	1	2,35	1	3,38
2	0,31	2	1,34	2	2,38	2	3,41
3	0,34	3	1,37	3	2,40	3	3,43
4	0,36	4	1,39	4	2,43	4	3,46
5	0,39	5	1,42	5	2,45	5	3,49
6	0,41	6	1,45	6	2,48	6	3,51
7	0,44	7	1,47	7	2,50	7	3,54
8	0,46	8	1,50	8	2,53	8	3,56
9	0,49	9	1,52	9	2,56	9	3,59
1,0020	0,52	1,0060	1,55	1,0100	2,58	1,0140	3,62
1	0,54	1	1,57	1	2,61	1	3,64
2	0,57	2	1,60	2	2,63	2	3,67
3	0,59	3	1,63	3	2,66	3	3,69
4	0,62	4	1,65	4	2,69	4	3,72
5	0,64	5	1,68	5	2,71	5	3,75
6	0,67	6	1,70	6	2,74	6	3,77
7	0,69	7	1,73	7	2,76	7	3,80
8	0,72	8	1,76	8	2,79	8	3,82
9	0,75	9	1,78	9	2,82	9	3,85
1,0030	0,77	1,0070	1,81	1,0110	2,84	1,0150	3,87
1	0,80	1	1,83	1	2,87	1	3,90
2	0,82	2	1,86	2	2,89	2	3,93
3	0,85	3	1,88	3	2,92	3	3,95
4	0,87	4	1,91	4	2,94	4	3,98
5	0,90	5	1,94	5	2,97	5	4,00
6	0,93	6	1,96	6	3,00	6	4,03
7	0,95	7	1,99	7	3,02	7	4,06
8	0,98	8	2,01	8	3,05	8	4,08
9	1,00	9	2,04	9	3,07	9	4,11

x	E	x	E	x	E	x	E
1,0160	4,13	1,0210	5,43	1,0260	6,72	1,0310	8,02
1	4,16	1	5,45	1	6,75	1	8,04
2	4,19	2	5,48	2	6,77	2	8,07
3	4,21	3	5,51	3	6,80	3	8,09
4	4,24	4	5,53	4	6,82	4	8,12
5	4,26	5	5,56	5	6,85	5	8,14
6	4,29	6	5,58	6	6,88	6	8,17
7	4,31	7	5,61	7	6,90	7	8,20
8	4,34	8	5,64	8	6,93	8	8,22
9	4,37	9	5,66	9	6,95	9	8,25
1,0170	4,39	1,0220	5,69	1,0270	6,98	1,0320	8,27
1	4,42	1	5,71	1	7,01	1	8,30
2	4,44	2	5,74	2	7,03	2	8,33
3	4,47	3	5,77	3	7,06	3	8,35
4	4,50	4	5,79	4	7,08	4	8,38
5	4,52	5	5,82	5	7,11	5	8,40
6	4,55	6	5,84	6	7,13	6	8,43
7	4,57	7	5,87	7	7,16	7	8,46
8	4,60	8	5,89	8	7,19	8	8,48
9	4,63	9	5,92	9	7,21	9	8,51
1,0180	4,65	1,0230	5,94	1,0280	7,24	1,0330	8,53
1	4,68	1	5,97	1	7,26	1	8,56
2	4,70	2	6,00	2	7,29	2	8,59
3	4,73	3	6,02	3	7,32	3	8,61
4	4,75	4	6,05	4	7,34	4	8,64
5	4,78	5	6,07	5	7,37	5	8,66
6	4,81	6	6,10	6	7,39	6	8,69
7	4,83	7	6,12	7	7,42	7	8,72
8	4,86	8	6,15	8	7,45	8	8,74
9	4,88	9	6,18	9	7,47	9	8,77
1,0190	4,91	1,0240	6,20	1,0290	7,50	1,0340	8,79
1	4,94	1	6,23	1	7,52	1	8,82
2	4,96	2	6,25	2	7,55	2	8,85
3	4,99	3	6,28	3	7,58	3	8,87
4	5,01	4	6,31	4	7,60	4	8,90
5	5,04	5	6,33	5	7,63	5	8,92
6	5,06	6	6,36	6	7,65	6	8,95
7	5,09	7	6,38	7	7,68	7	8,97
8	5,11	8	6,41	8	7,70	8	9,00
9	5,14	9	6,44	9	7,73	9	9,03
1,0200	5,17	1,0250	6,46	1,0300	7,76	1,0350	9,05
1	5,19	1	6,49	1	7,78	1	9,08
2	5,22	2	6,51	2	7,81	2	9,10
3	5,25	3	6,54	3	7,83	3	9,13
4	5,27	4	6,56	4	7,86	4	9,16
5	5,30	5	6,59	5	7,89	5	9,18
6	5,32	6	6,62	6	7,91	6	9,21
7	5,35	7	6,64	7	7,94	7	9,23
8	5,38	8	6,67	8	7,97	8	9,26
9	5,40	9	6,70	9	7,99	9	9,29

x	E	x	E	x	E	x	E
1,0360	9,31	1,0410	10,61	1,0460	11,91	1,0510	13,21
1	9,34	1	10,63	1	11,94	1	13,23
2	9,36	2	10,66	2	11,96	2	13,26
3	9,39	3	10,69	3	11,99	3	13,29
4	9,42	4	10,71	4	12,01	4	13,31
5	9,44	5	10,74	5	12,04	5	13,34
6	9,47	6	10,76	6	12,06	6	13,36
7	9,49	7	10,79	7	12,09	7	13,39
8	9,52	8	10,82	8	12,12	8	13,42
9	9,55	9	10,84	9	12,14	9	13,44
1,0370	9,57	1,0420	10,87	1,0470	12,17	1,0520	13,47
1	9,60	1	10,90	1	12,19	1	13,49
2	9,62	2	10,92	2	12,22	2	13,52
3	9,65	3	10,95	3	12,25	3	13,55
4	9,68	4	10,97	4	12,27	4	13,57
5	9,70	5	11,00	5	12,30	5	13,60
6	9,73	6	11,03	6	12,32	6	13,62
7	9,75	7	11,05	7	12,35	7	13,65
8	9,78	8	11,08	8	12,38	8	13,68
9	9,80	9	11,10	9	12,40	9	13,70
1,0380	9,83	1,0430	11,13	1,0480	12,43	1,0530	13,73
1	9,86	1	11,15	1	12,45	1	13,75
2	9,88	2	11,18	2	12,48	2	13,78
3	9,91	3	11,21	3	12,51	3	13,81
4	9,93	4	11,23	4	12,53	4	13,83
5	9,96	5	11,26	5	12,56	5	13,86
6	9,99	6	11,28	6	12,58	6	13,89
7	10,01	7	11 31	7	12,61	7	13,91
8	10,04	8	11,34	8	12,64	8	13,94
9	10,06	9	11,36	9	12,66	9	13,96
1,0390	10,09	1,0440	11,39	1,0490	12,69	1,0540	13,99
1	10,11	1	11,42	1	12,71	1	14,01
2	10,14	2	11,44	2	12,74	2	14,04
3	10,17	3	11,47	3	12,77	3	14,07
4	10,19	4	11,49	4	12,79	4	14,09
5	10,22	5	11,52	5	12,82	5	14,12
6	10,25	6	11,55	6	12,84	6	14,14
7	10,27	7	11,57	7	12,87	7	14,17
8	10,30	8	11,60	8	12,90	8	14,20
9	10,32	9	11,62	9	12,92	9	14,22
1,0400	10,35	1,0450	11,65	1,0500	12,95	1,0550	14,25
1	10,37	1	11,68	1	12,97	1	14,28
2	10,40	2	11,70	2	13,00	2	14,30
3	10,43	3	11,73	3	13,03	3	14,33
4	10,45	4	11,75	4	13,05	4	14,35
5	10,48	5	11,78	5	13,08	5	14,38
6	10,51	6	11,81	6	13,10	6	14,41
7	10,53	7	11,83	7	13,13	7	14,43
8	10,56	8	11,86	8	13,16	8	14,46
9	10,58	9	11,88	9	13,18	9	14,48

x	E	x	E	x	E	x	E
1,0560	14,51	1,0610	15,81	1,0660	17,12	1,0710	18,43
1	14,54	1	15,84	1	17,14	1	18,45
2	14,56	2	15,87	2	17,17	2	18,48
3	14,59	3	15,89	3	17,20	3	18,50
4	14,61	4	15,92	4	17,22	4	18,53
5	14,64	5	15,94	5	17,25	5	18,56
6	14,67	6	15,97	6	17,27	6	18,58
7	14,69	7	16,00	7	17,30	7	18,61
8	14,72	8	16,02	8	17,33	8	18,63
9	14,74	9	16,05	9	17,35	9	18,66
1,0570	14,77	1,0620	16,07	1,0670	17,38	1,0720	18,69
1	14,80	1	16,10	1	17,41	1	18,71
2	14,82	2	16,13	2	17,43	2	18,74
3	14,85	3	16,15	3	17,46	3	18,76
4	14,87	4	16,18	4	17,48	4	18,79
5	14,90	5	16,21	5	17,51	5	18,82
6	14,93	6	16,23	6	17,54	6	18,84
7	14,95	7	16,26	7	17,56	7	18,87
8	14,98	8	16,28	8	17,59	8	18,90
9	15,00	9	16,31	9	17,62	9	18,92
1,0580	15,03	1,0630	16,33	1,0680	17,64	1,0730	18,95
1	15,06	1	16,36	1	17,67	1	18,97
2	15,08	2	16,39	2	17,69	2	19,00
3	15,11	3	16,41	3	17,72	3	19,03
4	15,14	4	16,44	4	17,75	4	19,05
5	15,16	5	16,47	5	17,77	5	19,08
6	15,19	6	16,49	6	17,80	6	19,10
7	15,22	7	16,52	7	17,83	7	19,13
8	15,24	8	16,54	8	17,85	8	19,16
9	15,27	9	16,57	9	17,88	9	19,18
1,0590	15,29	1,0640	16,60	1,0690	17,90	1,0740	19,21
1	15,32	1	16,62	1	17,93	1	19,23
2	15,35	2	16,65	2	17,95	2	19,26
3	15,37	3	16,68	3	17,98	3	19,29
4	15,40	4	16,70	4	18,01	4	19,31
5	15,42	5	16,73	5	18,03	5	19,34
6	15,45	6	16,75	6	18,06	6	19,37
7	15,48	7	16,78	7	18,08	7	19,39
8	15,50	8	16,80	8	18,11	8	19,42
9	15,53	9	16,83	9	18,14	9	19,44
1,0600	15,55	1,0650	16,86	1,0700	18,16	1,0750	19,47
1	15,58	1	16,88	1	18,19	1	19,50
2	15,61	2	16,91	2	18,22	2	19,52
3	15,63	3	16,94	3	18,24	3	19,55
4	15,66	4	16,96	4	18,27	4	19,58
5	15,68	5	16,99	5	18,30	5	19,60
6	15,71	6	17,01	6	18,32	6	19,63
7	15,74	7	17,04	7	18,35	7	19,65
8	15,76	8	17,07	8	18,37	8	19,68
9	15,79	9	17,09	9	18,40	9	19,71

x	E	x	E	x	E	x	E
1,0760	19,73	1,0810	21,04	1,0860	22,36	1,0910	23,67
1	19,76	1	21,07	1	22,38	1	23,70
2	19,79	2	21,10	2	22,41	2	23,72
3	19,81	3	21,12	3	22,43	3	23,75
4	19,84	4	21,15	4	22,46	4	23,77
5	19,86	5	21,17	5	22,49	5	23,80
6	19,89	6	21,20	6	22,51	6	23,83
7	19,92	7	21,23	7	22,54	7	23,85
8	19,94	8	21,25	8	22,57	8	23,88
9	19,97	9	21,28	9	22,59	9	23,91
1,0770	20,00	1,0820	21,31	1,0870	22,62	1,0920	23,93
1	20,02	1	21,33	1	22,65	1	23,96
2	20,05	2	21,36	2	22,67	2	23,99
3	20,07	3	21,38	3	22,70	3	24,01
4	20,10	4	21,41	4	22,72	4	24,04
5	20,12	5	21,44	5	22,75	5	24,07
6	20,15	6	21,46	6	22,78	6	24,09
7	20,18	7	21,49	7	22,80	7	24,12
8	20,20	8	21,52	8	22,83	8	24,14
9	20,23	9	21,54	9	22,86	9	24,17
1,0780	20,26	1,0830	21,57	1,0880	22,88	1,0930	24,20
1	20,28	1	21,59	1	22,91	1	24,22
2	20,31	2	21,62	2	22,93	2	24,25
3	20,34	3	21,65	3	22,96	3	24,27
4	20,36	4	21,67	4	22,99	4	24,30
5	20,39	5	21,70	5	23,01	5	24,33
6	20,41	6	21,73	6	23,04	6	24,35
7	20,44	7	21,75	7	23,07	7	24,38
8	20,47	8	21,78	8	23,09	8	24,41
9	20,49	9	21,80	9	23,12	9	24,43
1,0790	20,52	1,0840	21,83	1,0890	23,14	1,0940	24,46
1	20,55	1	21,86	1	23,17	1	24,49
2	20,57	2	21,88	2	23,20	2	24,51
3	20,60	3	21,91	3	23,22	3	24,54
4	20,62	4	21,94	4	23,25	4	24,57
5	20,65	5	21,96	5	23,28	5	24,59
6	20,68	6	21,99	6	23,30	6	24,62
7	20,70	7	22,02	7	23,33	7	24,64
8	20,73	8	22,04	8	23,35	8	24,67
9	20,75	9	22,07	9	23,38	9	24,70
1,0800	20,78	1,0850	22,09	1,0900	23,41	1,0950	24,72
1	20,81	1	22,12	1	23,43	1	24,75
2	20,83	2	22,15	2	23,46	2	24,78
3	20,86	3	22,17	3	23,49	3	24,80
4	20,89	4	22,20	4	23,51	4	24,83
5	20,91	5	22,22	5	23,54	5	24,85
6	20,94	6	22,25	6	23,57	6	24,88
7	20,96	7	22,28	7	23,59	7	24,91
8	20,99	8	22,30	8	23,62	8	24,93
9	21,02	9	22,33	9	23,65	9	24,96

x	E	x	E	x	E	x	E
1,0960	24,99	1,1010	26,30	1,1060	27,62	1,1110	28,94
1	25,01	1	26,33	1	27,65	1	28,96
2	25,04	2	26,35	2	27,67	2	28,99
3	25,07	3	26,38	3	27,70	3	29,02
4	25,09	4	26,41	4	27,72	4	29,04
5	25,12	5	26,43	5	27,75	5	29,07
6	25,14	6	26,46	6	27,78	6	29,09
7	25,17	7	26,49	7	27,80	7	29,12
8	25,20	8	26,51	8	27,83	8	29,15
9	25,22	9	26,54	9	27,86	9	29,17
1,0970	25,25	1,1020	26,56	1,1070	27,88	1,1120	29,20
1	25,28	1	26,59	1	27,91	1	29,23
2	25,30	2	26,62	2	27,93	2	29,25
3	25,33	3	26,64	3	27,96	3	29,28
4	25,36	4	26,67	4	27,99	4	29,31
5	25,38	5	26,70	5	28,01	5	29,33
6	25,41	6	26,72	6	28,04	6	29,36
7	25,43	7	26,75	7	28,07	7	29,39
8	25,46	8	26,78	8	28,09	8	29,41
9	25,49	9	26,80	9	28,12	9	29,44
1,0980	25,51	1,1030	26,83	1,1080	28,15	1,1130	29,47
1	25,54	1	26,85	1	28,17	1	29,49
2	25,56	2	26,88	2	28,20	2	29,52
3	25,59	3	26,91	3	28,22	3	29,54
4	25,62	4	26,93	4	28,25	4	29,57
5	25,64	5	26,96	5	28,28	5	29,60
6	25,67	6	26,99	6	28,30	6	29,62
7	25,70	7	27,01	7	28,33	7	29,65
8	25,72	8	27,04	8	28,36	8	29,68
9	25,75	9	27,07	9	28,38	9	29,70
1,0990	25,78	1,1040	27,09	1,1090	28,41	1,1140	29,73
1	25,80	1	27,12	1	28,43	1	29,76
2	25,83	2	27,15	2	28,46	2	29,78
3	25,85	3	27,17	3	28,49	3	29,81
4	25,88	4	27,20	4	28,51	4	29,83
5	25,91	5	27,22	5	28,54	5	29,86
6	25,93	6	27,25	6	28,57	6	29,89
7	25,96	7	27,27	7	28,59	7	29,91
8	25,99	8	27,30	8	28,62	8	29,94
9	26,01	9	27,33	9	28,65	9	29,96
1,1000	26,04	1,1050	27,35	1,1100	28,67	1,1150	29,99
1	26,06	1	27,38	1	28,70		
2	26,09	2	27,41	2	28,73		
3	26,12	3	27,43	3	28,75		
4	26,14	4	27,46	4	28,78		
5	26,17	5	27,49	5	28,81		
6	26,20	6	27,51	6	28,83		
7	26,22	7	27,54	7	28,86		
8	26,25	8	27,57	8	28,88		
9	26,27	9	27,59	9	28,91		

Tafel III.
Ermittelung des Zuckergehaltes.

Aus E. WEIS, Tabellen zur Zuckerbestimmung. Stuttgart 1888.

Kupfer.	Zucker.	Kupfer.	Zucker.	Kupfer.	Zucker.	Kupfer.	Zucker.
gr	gr	gr	gr	gr	gr	gr	gr
0,0100[1]	0,0061	0,040	0,0209	0,070	0,0358	0,100	0,0521
0,011	0,0066	0,041	0,0214	0,071	0,0363	0,101	0,0527
0,012	0,0071	0,042	0,0219	0,072	0,0368	0,102	0,0532
0,013	0,0076	0,043	0,0224	0,073	0,0373	0,103	0,0537
0,014	0,0081	0,044	0,0229	0,074	0,0378	0,104	0,0543
0,015	0,0086	0,045	0,0234	0,075	0,0383	0,105	0,0548
0,016	0,0090	0,046	0,0239	0,076	0,0388	0,106	0,0553
0,017	0,0095	0,047	0,0244	0,077	0,0393	0,107	0,0559
0,018	0,0100	0,048	0,0249	0,078	0,0398	0,108	0,0565
0,019	0,0105	0,049	0,0254	0,079	0,0403	0,109	0,0569
0,020	0,0110	0,050	0,0259	0,080	0,0408	0,110	0,0575
0,021	0,0115	0,051	0,0264	0,081	0,0413	0,111	0,0580
0,022	0,0120	0,052	0,0269	0,082	0,0418	0,112	0,0585
0,023	0,0125	0,053	0,0274	0,083	0,0423	0,113	0,0591
0,024	0,0130	0,054	0,0279	0,084	0,0428	0,114	0,0596
0,025	0,0135	0,055	0,0284	0,085	0,0434	0,115	0,0601
0,026	0,0140	0,056	0,0288	0,086	0,0439	0,116	0,0607
0,027	0,0145	0,057	0,0293	0,087	0,0444	0,117	0,0612
0,028	0,0150	0,058	0,0298	0,088	0,0449	0,118	0,0617
0,029	0,0155	0,059	0,0303	0,089	0,0454	0,119	0,0623
0,030	0,0160	0,060	0,0308	0 090[2]	0,0469	0,120	0,0628
0,031	0,0165	0,061	0,0313	0,091	0,0474	0,121	0,0633
0,032	0,0170	0,062	0,0318	0,092	0,0479	0,122	0,0639
0,033	0,0175	0,063	0,0323	0,093	0,0484	0,123	0,0644
0,034	0,0180	0,064	0,0328	0,094	0,0489	0,124	0,0649
0,035	0,0185	0,065	0,0333	0,095	0,0495	0,125	0,0655
0,036	0,0189	0,066	0,0338	0,096	0,0500	0,126	0,0660
0,037	0,0194	0,067	0,0343	0,097	0,0505	0,127	0,0665
0,038	0,0199	0,068	0,0348	0,098	0,0511	0,128	0,0671
0,039	0,0204	0,069	0,0353	0,099	0,0516	0,129	0,0676

[1] E. WEIS, Tabelle I, S. 2.
[2] E. WEIS, Tabelle IV, S. 14.

Kupfer.	Zucker.	Kupfer.	Zucker.	Kupfer.	Zucker.	Kupfer.	Zucker.
gr	gr	gr	gr	gr	gr	gr	gr
0,130	0,0681	0,170	0,0897	0,210	0,1119	0,250	0,1346
0,131	0,0687	0,171	0,0903	0,211	0,1125	0,251	0,1352
0,132	0,0692	0,172	0,0908	0,212	0,1130	0,252	0,1358
0,133	0,0697	0,173	0,0914	0,213	0,1136	0,253	0,1363
0,134	0,0703	0,174	0,0919	0,214	0,1142	0,254	0,1369
0,135	0,0708	0,175	0,0924	0,215	0,1147	0,255	0,1375
0,136	0,0713	0,176	0,0930	0,216	0,1153	0,256	0,1381
0,137	0,0719	0,177	0,0935	0,217	0,1158	0,257	0,1386
0,138	0,0724	0,178	0,0941	0,218	0,1164	0,258	0,1392
0,139	0,0729	0,179	0,0946	0,219	0,1170	0,259	0,1398
0,140	0,0735	0,180	0,0952	0,220	0,1175	0,260	0,1404
0,141	0,0740	0,181	0,0957	0,221	0,1181	0,261	0,1409
0,142	0,0745	0,182	0,0962	0,222	0,1187	0,262	0,1415
0,143	0,0751	0,183	0,0968	0,223	0,1192	0,263	0,1421
0,144	0,0756	0,184	0,0973	0,224	0,1198	0,264	0,1427
0,145	0,0761	0,185	0,0978	0,225	0,1204	0,265	0,1432
0,146	0,0767	0,186	0,0984	0,226	0,1209	0,266	0,1438
0,147	0,0772	0,187	0,0990	0,227	0,1215	0,267	0,1444
0,148	0,0778	0,188	0,0995	0,228	0,1221	0,268	0,1449
0,149	0,0783	0,189	0,1001	0,229	0,1226	0,269	0,1455
0,150	0,0789	0,190	0,1006	0,230	0,1232	0,270	0,1461
0,151	0,0794	0,191	0,1012	0,231	0,1238	0,271	0,1467
0,152	0,0800	0,192	0,1017	0,232	0,1243	0,272	0,1472
0,153	0,0805	0,193	0,1023	0,233	0,1249	0,273	0,1478
0,154	0,0810	0,194	0,1029	0,234	0,1255	0,274	0,1484
0,155	0,0816	0,195	0,1034	0,235	0,1260	0,275	0,1490
0,156	0,0821	0,196	0,1040	0,236	0,1266	0,276	0,1495
0,157	0,0827	0,197	0,1046	0,237	0,1272	0,277	0,1501
0,158	0,0832	0,198	0,1051	0,238	0,1278	0,278	0,1507
0,159	0,0838	0,199	0,1057	0,239	0,1283	0,279	0,1513
0,160	0,0843	0,200	0,1063	0,240	0,1289	0,280	0,1519
0,161	0,0848	0,201	0,1068	0,241	0,1295	0,281	0,1525
0,162	0,0854	0,202	0,1074	0,242	0,1300	0,282	0,1531
0,163	0,0859	0,203	0,1079	0,243	0,1306	0,283	0,1537
0,164	0,0865	0,204	0,1085	0,244	0,1312	0,284	0,1543
0,165	0,0870	0,205	0,1091	0,245	0,1318	0,285	0,1549
0,166	0,0876	0,206	0,1096	0,246	0,1323	0,286	0,1555
0,167	0,0881	0,207	0,1102	0,247	0,1329	0,287	0,1561
0,168	0,0886	0,208	0,1108	0,248	0,1335	0,288	0,1567
0,169	0,0892	0,209	0,1113	0,249	0,1341	0,289	0,1572

Kupfer.	Zucker.	Kupfer.	Zucker.	Kupfer.	Zucker.	Kupfer.	Zucker.
gr	gr	gr	gr	gr	gr	gr	gr
0,290	0,1578	0,330	0,1816	0,370	0,2061	0,410	0,2321
0,291	0,1584	0,331	0,1822	0,371	0,2067	0,411	0,2328
0,292	0,1590	0,332	0,1828	0,372	0,2073	0,412	0,2335
0,293	0,1596	0,333	0,1835	0,373	0,2080	0,413	0,2343
0,294	0,1602	0,334	0,1841	0,374	0,2086	0,414	0,2350
0,295	0,1608	0,335	0,1847	0,375	0,2092	0,415	0,2357
0,296	0,1614	0,336	0,1854	0,376	0,2099	0,416	0,2364
0,297	0,1620	0,337	0,1860	0,377	0,2105	0,417	0,2371
0,298	0,1626	0,338	0,1866	0,378	0,2111	0,418	0,2378
0,299	0,1632	0,339	0,1872	0,379	0,2117	0,419	0,2385
0,300	0,1638	0,340	0,1878	0,380	0,2124	0,420	0,2392
0,301	0,1644	0,341	0,1884	0,381	0,2130	0,421	0,2399
0,302	0,1650	0,342	0,1890	0,382	0,2136	0,422	0,2406
0,303	0,1656	0,343	0,1896	0,383	0,2143	0,423	0,2413
0,304	0,1662	0,344	0,1902	0,384	0,2149	0,424	0,2420
0,305	0,1668	0,345	0,1908	0,385	0,2155	0,425	0,2427
0,306	0,1673	0,346	0,1914	0,386	0,2161	0,426	0,2434
0,307	0,1679	0,347	0,1920	0,387	0,2168	0,427	0,2441
0,308	0,1685	0,348	0,1926	0,388	0,2174	0,428	0,2449
0,309	0,1691	0,349	0,1932	0,389	0,2180	0,429	0,2456
0,310	0,1697	0,350	0,1938	0,390	0,2187	0,430	0,2463
0,311	0,1703	0,351	0,1944	0,391	0,2193		
0,312	0,1709	0,352	0,1950	0,392	0,2199		
0,313	0,1715	0,353	0,1956	0,393	0,2205		
0,314	0,1721	0,354	0,1962	0,394	0,2212		
0,315	0,1727	0,355	0,1968	0,395	0,2218		
0,316	0,1733	0,356	0,1974	0,396	0,2224		
0,317	0,1739	0,357	0,1980	0,397	0,2231		
0,318	0,1745	0,358	0,1986	0,398	0,2237		
0,319	0,1751	0,359	0,1992	0,399	0,2243		
0,320	0,1756	0,360	0,1998	0,400	0,2249		
0,321	0,1762	0,361	0,2004	0,401	0,2257		
0,322	0,1768	0,362	0,2011	0,402	0,2264		
0,323	0,1774	0,363	0,2017	0,403	0,2271		
0,324	0,1780	0,364	0,2023	0,404	0,2278		
0,325	0,1786	0,365	0,2030	0,405	0,2286		
0,326	0,1792	0,366	0,2036	0,406	0,2293		
0,327	0,1798	0,367	0,2042	0,407	0,2300		
0,328	0,1804	0,368	0,2048	0,408	0,2307		
0,329	0,1810	0,369	0,2055	0,409	0,2314		

Anhaltspunkte für die Beurteilung der Weine.

Weine, welche lediglich aus reinem Traubensafte bereitet sind, enthalten nur in seltenen Fällen Extraktmengen, welche unter 1,5 gr in 100 cc liegen.
Kommen somit extraktärmere Weine vor, so sind sie zu beanstanden,
falls nicht nachgewiesen werden kann, daß Naturweine
derselben Lage und desselben Jahrganges mit so niederen
Extraktmengen vorkommen.

Nach Abzug der »nichtflüchtigen Säuren« beträgt der Extraktrest bei Naturweinen nach den bis
jetzt vorliegenden Erfahrungen mindestens 1,1 gr in 100 cc,
nach Abzug der »freien Säuren« mindestens 1,0 gr.
Weine, welche geringere Extraktreste zeigen, sind zu beanstanden, falls nicht nachgewiesen werden kann, daß
Naturweine derselben Lage und desselben Jahrganges so
geringe Extraktreste enthalten.

Ein Wein, der erheblich mehr als 10 Prozent
der Extraktmenge an Mineralstoffen ergiebt, muß
entsprechend mehr Extrakt enthalten, wie sonst als
Minimalgehalt angenommen wird. Bei Naturweinen kommt
sehr häufig ein annäherndes Verhältnis von 1 Gewichtsteil Mineralstoffe auf 10 Gewichtsteile Extrakt vor. Ein
erhebliches Abweichen von diesem Verhältnis berechtigt
aber noch nicht zur Annahme, daß der Wein gefälscht sei.

Die Menge der freien Weinsteinsäure beträgt
nach den bisherigen Erfahrungen in Naturweinen nicht
mehr als 1/6 der gesamten »nichtflüchtigen Säuren«.

Das Verhältnis zwischen Weingeist und
Glycerin kann bei Naturweinen schwanken zwischen
100 Gewichtsteilen Weingeist zu 7 Gewichtsteilen Glycerin
und 100 Gewichtsteilen Weingeist zu 14 Gewichtsteilen
Glycerin. Bei Weinen, welche ein anderes Glycerinver-
hältnis zeigen, ist auf Zusatz von Weingeist, beziehungsweise Glycerin zu schließen.

Da bei der Kellerbehandlung zuweilen kleine Mengen
von Weingeist (höchstens 1 Volumprozent) in den Wein
gelangen können, so ist bei der Beurteilung der Weine
hierauf Rücksicht zu nehmen.

Bei Beurteilung von Süßweinen sind diese Verhältnisse nicht immer maßgebend.

Für die einzelnen Mineralstoffe sind allgemein gültige Grenzwerte nicht anzunehmen. Die Annahme, daß bessere Weinsorten stets mehr Phosphorsäure enthalten sollen als geringere, ist unbegründet.

Weine, welche weniger als 0,14 gr Mineralstoffe in 100 cc enthalten, sind zu beanstanden, wenn nicht nachgewiesen werden kann, daß Naturweine derselben Lage und desselben Jahrganges, die gleicher Behandlung unterworfen waren, mit so geringen Mengen von Mineralstoffen vorkommen.

Weine, welche mehr als 0,05 Prozent Kochsalz in 100 cc enthalten, sind zu beanstanden.

Weine, welche mehr als 0,092 gr Schwefelsäure (SO$_3$), entsprechend 0,20 gr Kaliumsulfat (K$_2$SO$_4$), in 100 cc enthalten, sind als solche zu bezeichnen, welche durch Verwendung von Gips oder auf andere Weise zu reich an Schwefelsäure geworden sind.

Durch verschiedene Einflüsse können Weine schleimig (zäh, weich), schwarz, braun, trübe oder bitter werden; sie können auch sonst Farbe, Geschmack und Geruch wesentlich ändern; auch kann der Farbstoff der Rotweine sich in fester Form abscheiden, ohne daß alle diese Erscheinungen an und für sich berechtigten, die Weine deshalb als unecht zu bezeichnen.

Wenn in einem Weine während des Sommers eine starke Gärung auftritt, so gestattet dies noch nicht die Annahme, daß ein Zusatz von Zucker oder zuckerreichen Substanzen, z. B. Honig u. a., stattgefunden habe; denn die erste Gärung kann durch verschiedene Umstände verhindert oder dem Wein kann nachträglich ein zuckerreicher Wein beigemischt worden sein.

Bemerkungen.

Zur **Polarisation**: Bei der Prüfung eines Weines auf seinen Zuckergehalt durch Polarisation ist zu berücksichtigen, daß im Weinmost Trauben und Fruchtzucker enthalten sind, welche sehr leicht und fast vollständig vergären, so daß reine, normal vergorene Weine in der Regel optisch inaktiv sind oder in den meisten Fällen nur eine geringe Linksdrehung, selten eine Rechtsdrehung zeigen.

Wird bei der Verbesserung saurer Moste durch Zuckerlösung Stärkezucker (Traubenzucker) verwendet, welcher die nur schwer oder nicht vollständig vergärenden Amyline enthält, so beobachtet man im Weine je nach der Reinheit des benutzten Stärkezuckers eine größere oder geringere Rechtsdrehung.

Nicht unberücksichtigt darf hierbei die im Weine enthaltene Weinsäure bleiben, welche die Ebene des polarisierten Lichts ebenfalls nach rechts ablenkt; dieselbe ist deshalb bei der Prüfung auf Traubenzucker nach der Vorschrift der vorstehenden Instruktion durch Zusatz von Kaliumacetat und Weingeist aus dem Weine zu entfernen.

Eine Rechtsdrehung des Weines kann aber auch von Rohrzucker, welcher zum Verbessern des Weines benutzt wurde, herrühren; in diesem Falle giebt die Polarisaticn nach der Inversion des Weines sicheren Aufschluß. Beobachtet man in dem invertierten Weine, in welchem vorhandener Rohrzucker in linksdrehenden Invertzucker umgewandelt worden ist, eine erhebliche, über $0,3^0$ WILD betragende Rechtsdrehung, so läßt dieselbe auf das Vorhandensein von Stärkezucker schließen, und man verführt nach der obigen Instruktion. Wird nun eine $0,5^0$ übersteigende Rechtsdrehung beobachtet, so ist dieselbe auf einen Zusatz von Stärkezucker zum Weine zurückzuführen.

Eine geringe Linksdrehung des fertigen Weines kann man im allgemeinen als normal bezeichnen; sie kann bedingt sein durch den im Weine als normaler Bestandteil vorhandenen Fruchtzucker, sie kann aber auch hervorgerufen sein durch den dem Weine zugesetzten Rohrzucker, welcher durch die Säuren des Weines in linksdrehenden Invertzucker übergeführt worden ist. Ist letzteres der Fall, so wird man in dem nun invertierten Weine eine Zunahme der Linksdrehung wahrnehmen.

Eine gleichzeitige Anwesenheit von Rohrzucker und von Stärkezucker läßt sich in dem mit stärkefreier Hefe vergorenen Weine erkennen, welcher beim Vorhandensein vcn unreinem Stärkezucker immer wieder eine Rechtsdrehung zeigen wird, während reiner Wein hierbei optisch inaktiv ist.

Ist der dem Weine zugesetzte Rohrzucker vollständig vergoren, so gelingt der Nachweis desselben nicht mehr.

Zur Verbesserung des Weines wird in neuerer Zeit sog. »Fruchtzucker« (siehe unter Zucker) verwendet, welcher die Eigenschaft besitzt, sehr leicht und schnell zu vergären.

Die Beurteilung eines Weines gehört mit zu den schwierigsten Aufgaben des Nahrungsmittelchemikers und es ist hierzu vor allem eine reiche Erfahrung und Kenntnis der Zusammensetzung der Weine verschiedener Jahrgänge und des betreffenden Wachstums, wozu namentlich Vergleichsanalysen eine gute Grundlage bieten, notwendig. Dem zur Untersuchung eingesandten Weine muß stets eine Mitteilung über den Ort und den Jahrgang des Wachstums beiliegen.

Im übrigen geben die von dem Kaiserl. Gesundheitsamte zur Beurteilung der Beschaffenheit eires Weines empfohlenen Normen gut zu verwertende Anhaltspunkte, welche bei der Untersuchung von Wein in unserer Anstalt zur Richtschnur dienen.

Bestimmungen

über die

Zollbehandlung der Verschnittweine und Moste.

Nach den Bundesratsbeschlüssen vom 9. Juli 1894 und vom 11. Februar 1897.

1. Die Einfuhr von Wein und Most, welcher unter Inanspruchnahme des ermäßigten Zollsatzes von 10 Mark für 100 kg im deutschen Zollgebiet zum Verschneiden verwendet werden soll, muß in Gebinden und unmittelbar aus dem Ursprungslande erfolgen, d. h. es darf keine zwischenzeitige Lagerung in einem dritten Lande stattgefunden haben. Die beabsichtigte Verwendung als Verschnittwein und Most ist bei der speziellen Deklaration des Weines und Mostes anzugeben.

Falls das Grenzeingangsamt zur Untersuchung von Verschnittwein und Most (Ziffer 2) nicht zuständig ist, so sind die eingehenden Verschnittweine und Moste auf eine zuständige Zoll- oder Steuerstelle abzufertigen. Ebenso ist zu verfahren, wenn das Grenzeingangsamt zwar die Befugnis besitzt, die Untersuchung aber bei einer anderen befugten Zoll- oder Steuerstelle beantragt wird.

2. Zur Untersuchung der deklarierten Verschnittweine und Moste auf ihre Eigenschaft als solche sind nur die von den obersten Landesfinanzbehörden dazu ermächtigten Zoll- oder Steuerstellen befugt.

3. Die deklarierten Verschnittweine und Moste sind bis zur Untersuchung in einer öffentlichen Niederlage oder in einem unter amtlichem Mitverschluß stehenden Privatlager und, in Ermangelung solcher Lager, in einem anderen geeigneten, vom Antragsteller zu beschaffenden und unter amtlichen Mitverschluß zu nehmenden Raume aufzubewahren.

4. Die Prüfung der Verschnittweine und Moste auf den Alkohol- bezw. Fruchtzuckergehalt und Extraktgehalt erfolgt nach Maßgabe der beigefügten Anleitung durch die vorstehend in Ziffer 2 bezeichneten Zoll- und Steuerstellen. Falls die zollamtliche Untersuchung ergiebt, daß die Sendung oder ein Teil derselben den vertragsmäßig festgesetzten Mindestgehalt an Alkohol bezw. Fruchtzucker und trockenem Extrakt nicht besitzt, so ist eine Untersuchung der beanstandeten Warenpost durch Chemiker herbeizuführen, welche von der Direktivbehörde zu bestellen und auf das Zollinteresse zu vereidigen sind. Zu dem Zweck werden unter Beachtung der Ziffer I Abs. 1 der Anleitung nochmals Proben entnommen und unter amtlichem Verschluß dem Chemiker übersandt. Besteht die Sendung aus zwei oder mehreren Gebinden, so hat sich die Untersuchung wenigstens auf die Hälfte der Gebinde zu erstrecken. Von jedem zu

untersuchenden Gebinde ist dem bestellten Chemiker eine entsprechende, amtlich verschlossene Probe zu übersenden. Derselbe hat jede einzelne Probe für sich zu untersuchen und dabei nach der vom Bundesrat in seiner Sitzung vom 11. Juni 1896 festgestellten Anweisung zur chemischen Untersuchung des Weines (siehe Wein) zu verfahren. Wenn durch ein seitens des zuständigen deutschen Konsulats beglaubigtes Attest eines staatlich angestellten önotechnischen Beamten oder einer staatlichen önotechnischen Anstalt des Ursprungslandes dargethan ist, daß der vorgeführte Wein und Most die vorschriftsmäßigen Eigenschaften eines Verschnittweines oder Mostes besitzt, so kann nach dem Ermessen der Zoll- oder Steuerstelle eine probeweise Untersuchung Platz greifen oder auch von einer Untersuchung ganz abgesehen werden.

Muß nach dem Ergebnis der Untersuchung die Zulassung als Verschnittwein und Most zum begünstigten Zollsatz auch nur für ein einziges Gebinde versagt werden, so sind sämtliche Gebinde auf den Alkohol- bezw. Fruchtzucker- und Extraktgehalt zu untersuchen.

Die Zoll- oder Steuerstelle hat sich zu überzeugen, daß der deklarierte Verschnittwein in rotem Naturwein und der deklarierte Verschnittmost in Most zu rotem Wein besteht. Ist dies zweifelhaft, so ist auf Kosten des Antragstellers das Gutachten eines geeigneten Sachverständigen, welcher entweder von Fall zu Fall durch Handgelübde auf das Zollinteresse verpflichtet werden oder ein für allemal auf das Zollinteresse vereidigt sein muß, einzuholen.

Zum Nachweis der unmittelbaren Einfuhr des Verschnittweines und Mostes aus dem Ursprungslande sind vom Antragsteller die Originalfrachtbriefe und auf Verlangen auch die bezüglichen Geschäftsbriefe vorzulegen.

5. Als Verschnittweine und Moste, welche im Fall der vorschriftsmäßigen Verwendung zum Verschneiden Anspruch auf Verzollung zum Satz von 10 Mark für 100 kg haben, sind nur solche rote Naturweine und Moste zu rotem Wein anzuerkennen, welche nach dem Ergebnis der Untersuchung oder nach dem vorgelegten önotechnischen Atteste mindestens 12 Volumprozente Alkohol, beziehentlich im Most das entsprechende Äquivalent von Fruchtzucker, sowie im Liter bei 100° C. mindestens 28 gr trockenen Extrakt enthalten und bei denen die Eigenschaft als rote Naturweine und Moste zu rotem Wein, sowie der unmittelbare Eingang aus dem Ursprungslande nicht zweifelhaft ist. Falls nur ein Teil der Gebinde auf den Alkohol- bezw. Zucker- und Extraktgehalt untersucht worden ist, so ist für die nicht untersuchten Gebinde das Ergebnis der Untersuchung anzunehmen.

Die Kosten der Untersuchung einschließlich der Versendung der Proben sind vom Antragsteller zu tragen.

6. Über das Ergebnis der Untersuchung ist von dem betreffenden Chemiker ein schriftliches Befundszeugnis auszustellen, aus welchem für jedes untersuchte Gebinde der Alkohol- bezw. Fruchtzucker- und Extraktgehalt ersehen werden kann. Das Befundszeugnis ist den zollamtlichen Abfertigungspapieren, erforderlichenfalls in amtlich beglaubigter Abschrift oder Aus-

zügen, beizufügen. Ebenso ist mit den vorgelegten önotechnischen Attesten, wenn und insoweit wegen derselben von einer Untersuchung des Verschnittweines und Mostes abgesehen wurde, und mit dem etwaigen Gutachten über die Eigenschaft des Verschnittweines und Mostes als roter Naturwein und Most zu rotem Wein zu verfahren. Amtsseits ist die in letzterer Beziehung gewonnene Überzeugung und der Befund über die unmittelbare Einfuhr des Verschnittweines und Mostes aus dem Ursprungslande in den Abfertigungspapieren schriftlich niederzulegen.

7. Erfolgt die Verwendung zum Verschneiden oder die Versendung der Verschnittweine und Moste nicht sofort nach der Untersuchung, so sind dieselben, getrennt von noch nicht untersuchten Verschnittweinen und Mosten, unter amtlicher Kontrolle zu halten.

8. Die Verwendung der Verschnittweine und Moste zum Verschneiden von Wein hat unter amtlicher Aufsicht zu erfolgen. Die Verwendung kann bei den mit der Untersuchung der Weine und Moste beauftragten Zoll- und Steuerstellen, ferner bei allen mit Niederlagebefugnis versehenen Zoll- und Steuerstellen und außerdem in Weinbau treibenden Bezirken auch bei anderen, von den obersten Landesfinanzbehörden dazu ermächtigten Zoll- und Steuerstellen auf Antrag vorgenommen werden. Die amtliche Überwachung des Verschneidens kann auf Antrag auch außerhalb der zuständigen Amtsstelle stattfinden. Hierfür werden vom Antragsteller Gebühren nach Maßgabe der für den Zollverkehr bestehenden allgemeinen Bestimmungen erhoben. Die Anmeldung zum Verschneiden hat außer den sonstigen deklarationsmäßigen Angaben zu enthalten:

    a) Menge des zu verwendenden Verschnittweines und Mostes in Litern, und

    b) Art (Weiß- oder Rotwein), Abstammung (inländisch oder ausländisch) und Menge (Zahl und Art der Gefäße sowie Litermenge) des zu verschneidenden Weines.

9. Ausländischer Verschnittwein und Most darf mit dem Anspruch auf den begünstigten Zollsatz nur zum Verschneiden von Wein, nicht aber auch von Most verwendet werden.

10. Die mindeste, auf einmal zum Verschneiden zu verwendende Menge von ausländischem Verschnittwein und Most wird auf 100 Liter festgesetzt.

Der Zusatz von Verschnittwein und Most darf beim Verschnitt von Weißwein nicht mehr als das 1½fache Volumen des zu verschneidenden Weines (60 Prozent des ganzen Gemisches) und beim Verschnitt von Rotwein nicht mehr als die Hälfte des zu verschneidenden Weines (33⅓ Prozent des ganzen Gemisches) betragen. Unbeschadet der Bestimmung über die auf einmal zu verwendende Mindestmenge wird eine untere Grenze für den Zusatz von Verschnittwein und Most zu dem zu verschneidenden Wein nicht gezogen.

Beim Verschnitt von Weißwein ist lediglich die Menge des letzteren festzusetzen behufs Berechnung der Maximalzusatzmenge von Verschnittwein und Most. Beim Verschnitt von Rotwein ist außerdem die Überzeugung zu gewinnen, daß der Wein im Inlande noch nicht verschnitten worden ist. Zu dem Zwecke muß das Verschneiden ausländischen Rotweins bewirkt werden, bevor derselbe aus der Zollkontrolle tritt. Weine, welche unter zollamtlichem Verschluß lagern, dürfen wiederholt verschnitten werden, sofern der Gesamtzusatz von Verschnittwein die zulässige Höchstmenge nicht überschreitet.

Bei der Vorführung von inländischem Rotwein zum Verschnitt ist der Nachweis zu erbringen, daß der Wein aus dem Inlande stammt und daß mit demselben, abgesehen von der am Schluß des vorigen Absatzes bezeichneten Ausnahme, ein Verschnitt noch nicht vorgenommen worden ist.

Der aus ausländischen Trauben im Inlande hergestellte Wein ist dem inländischen Weine gleichzuachten.

11. Die amtliche Feststellung der Litermenge des Verschnittweines und Mostes sowie des zu verschneidenden Weines hat in der Regel durch Vermessung mittelst geaichter Gefäße zu erfolgen. Soweit sich die Flüssigkeit in vollen Fässern der gewöhnlich zum Transport von Wein benutzten Art befindet, kann die Litermenge aus dem Bruttogewicht in der Weise berechnet werden, daß für 1 kg brutto 0,8547 Liter in Ansatz gebracht werden. Ebenso kann dieselbe bei nicht vollgefüllten Fässern durch Reduktion aus dem Eigengewicht des Weins nach Maßgabe des § 4 A 2 b des Weinlagerregulativs ermittelt werden.

Bleibt gegenüber der Menge des zu verschneidenden Weines die Menge des Verschnittweines und Mostes offenbar beträchtlich hinter der zulässigen Maximalgrenze zurück, so kann von der Ermittelung der Litermenge des zu verschneidenden Weines abgesehen werden.

12. Für Verschnittwein und Most entsteht der Anspruch auf Verzollung zum vertragsmäßigen Satz von 10 Mark für 100 kg erst nach erfolgter vorschriftsmäßiger Verwendung zum Verschneiden. Tritt für Verschnittwein und Most aus irgend einem Grunde vor diesem Zeitpunkt die Verpflichtung zur Zollentrichtung ein, so hat letztere nach dem Satz von 20 Mark für 100 kg zu erfolgen.

13. Die zum Verschnitt in öffentliche Niederlagen oder in Privatlager unter amtlichem Mitverschluß eingebrachten inländischen Weine behalten ihre Eigenschaft als Güter des freien Verkehrs bei. Dieselben sind jedoch abgesondert zu lagern.

Innerhalb desselben Teilungslagers können Verschnittweine und andere Faßweine gelagert werden, ohne daß dadurch der höhere Zollsatz der letzteren für den ganzen Lagerbestand begründet wird, wenn die Verschnittweine von den anderen Faßweinen räumlich getrennt gehalten werden.

Das durch Verschneiden von ausländischem Wein erhaltene Gemisch ist, wenn es nicht sofort in den freien Verkehr gesetzt wird, bis dahin in einem abgegrenzten Raum der öffentlichen Niederlage oder eines unter amtlichem Mitverschluß stehenden Privatlagers und, in Ermangelung solcher Räume, auf Kosten des

Antragstellers in einem anderweiten geeigneten, unter amtlichen Mitverschluß zu nehmenden Raume aufzubewahren.

Das durch Verschneiden von ausländischem Wein erhaltene Gemisch bleibt auch bei Versendung auf Begleitschein I, sowie im Fall seiner Belassung in der öffentlichen Niederlage oder in einem unter amtlichem Mitverschluß stehenden Privatlager nach dem anteiligen Verhältnis des darin enthaltenen ausländischen Verschnittweines und Mostes und anderen ausländischen Faßweines zollpflichtig. Das Gemisch ist im Niederlageregister unter Anschreibung des Zollbetrages, welcher nach Maßgabe des Mischungsverhältnisses auf dem Gemisch lastet, als »verschnittener Wein« festzuhalten.

14. Für die am 1. Februar d. J. in öffentlichen Zollniederlagen oder in Privatlagern unter amtlichem Verschluß vorhandenen Verschnittweine bedarf es des Nachweises des unmittelbaren Eingangs aus dem Ursprungslande nicht (Gesetz, betreffend die Anwendung der vertragsmäßigen Zollsätze auf Getreide, Holz und Wein, vom 30. Januar 1892 — V.-Bl. S. 51/52 —).

15. Die obersten Landesfinanzbehörden sind ermächtigt, weitere im Interesse der Zollsicherheit erforderliche Bestimmungen für die zollamtliche Behandlung des verschnittenen Weines auf den öffentlichen Niederlagen sowie den unter amtlichem Mitverschluß stehenden Privatlagern zu erlassen, sowie auch die erforderlichen Ergänzungen bezüglich der Registerführung u. s. w. vorzuschreiben.

16. Die obersten Landesfinanzbehörden sind ferner ermächtigt, für diejenigen Weinbauern, welche nicht mehr als 1 ha Weinland besitzen, nur selbstgewonnenen Wein verschneiden und nicht zugleich Weinhändler sind, Erleichterungen bezüglich der Kontrolle der Verwendung von Verschnittweinen eintreten zu lassen. Die Vornahme des Verschnitts darf jedoch nur unter steueramtlicher Aufsicht stattfinden.

Anleitung

für die

zollamtliche Untersuchung von Verschnittwein und Most auf den Alkohol- bezw. Fruchtzucker- und Extraktgehalt.

(Bundesratsbeschluß vom 9. Juli 1894.)

Die Untersuchung der Verschnittweine und Moste hat sich auf die Ermittelung des Gehalts an Alkohol, Extrakt und Zucker zu erstrecken. Bei fertigem Wein (reinem vergorenen Traubensaft) kann von der Bestimmung des Zuckergehalts abgesehen werden.

I. Entnahme und Vorbereitung der Proben.

Die Proben für die Untersuchung sind, soweit nicht nach den bestehenden Bestimmungen Erleichterungen zulässig sind, aus jedem Kesselwagen bezw. aus mindestens der Hälfte der Gebinde einer zur Abfertigung gestellten Sendung zu entnehmen, und zwar

mittelst Stechhebers in einer Menge von je etwa ⁴/₁₀ Liter. Eine
Vermischung der Proben miteinander ist nicht zulässig, es muß
vielmehr jede einzelne Probe für sich untersucht werden.

Die Proben sind von ihrem etwaigen Kohlensäuregehalt durch
wiederholtes kräftiges Schütteln möglichst zu befreien und, wenn
sie nicht klar erscheinen, demnächst durch ein doppeltes Faltenfilter von Papier zu filtrieren. Bei Mosten geht dem Filtrieren ein
Durchseihen durch ein reines trockenes Tuch voraus. An diese
Vorbereitung der Proben muß die eigentliche Untersuchung unmittelbar angeschlossen werden.

II. Ausführung der Untersuchung[1]).

Soweit bei der Untersuchung Spindelungen stattfinden, sind
die in der »Tafel zur zollamtlichen Abfertigung von Verschnittweinen und Mosten« enthaltenen Vorschriften maßgebend.
Die Untersuchung umfaßt
1. die Spindelung der Probe;
2. die Destillation der Probe und die Spindelung des Destillats;
3. die Titrierung der Probe mit FEHLING'scher Lösung.
Die Titrierung (Ziffer 3) erfolgt nur dann, wenn der Zuckergehalt der Flüssigkeit bestimmt werden soll.

1. Spindelung der Probe.

Nachdem die Probe nach Ziffer I vorbereitet ist, wird zu-
nächst die Spindelung derselben nach Maßgabe von § 1 der der
Tafel vorgedruckten Einleitung vorgenommen.
Als Spindeln dienen Alkoholometer bezw. Saccharometer, je
nachdem die Probe eine geringere oder größere Dichte hat als
Wasser. Als Standglas benutzt man das dem Destillierapparat zur
Untersuchung der Liqueure, Essenzen u. s. w. beigegebene Meßglas.

2. Destillation der Probe und Spindelung des Destillats.

Demnächst erfolgt die Destillation eines Teils der Probe
nach Maßgabe der Vorschriften, betreffend die Abfertigung von
Liqueuren, Fruchtsäften, Essenzen, Extrakten und dergleichen.
Dabei kommen jedoch der Zusatz von Salz, die starke Verdünnung
und das Durchschütteln in der hierzu dienenden Bürette oder der
Destillation in Wegfall. Vielmehr wird in folgender Weise verfahren. Man mißt von der Probe in dem Meßglas 100 cc ab,
gießt diese in den Siedekolben, füllt etwa die Hälfte des Meßglases mit Wasser nach, fügt eine Messerspitze Tannin hinzu
und destilliert. Nachdem das Destillat nahezu die Marke des als
Vorlage dienenden Meßglases erreicht hat und genau bis zu
dieser Marke mit Wasser aufgefüllt ist, wird gehörig umgeschüttelt
und die Spindelung mittelst der Alkoholometer vorgenommen
(§ 1 der der Tafel vorgedruckten Einleitung).

---

[1]) Die bei der zollamtlichen Untersuchung zu benutzenden
Geräte (Alkoholometer, Saccharometer, Meßcylinder, Meßkolben,
Büretten etc.) sind von der Normal-Aichungs-Kommission zu
beziehen (Ziffer 2 des Beschlusses des Bundesrats vom 9. Juli 1894,
Centralblatt für das Deutsche Reich, S. 328).

3. Titrierung mit FEHLING'scher Lösung.

Nach erfolgter Destillation und Spindelung des Destillats wird bei Mosten stets, bei Weinen nur, wenn es aus besonderen Gründen notwendig erscheint (z. B. wenn es zweifelhaft ist, ob der Wein vollständig vergoren ist), zur Bestimmung des Zuckergehalts durch Titrierung der Probe mit FEHLING'scher Lösung geschritten. Hierzu wird der bei der Destillation nicht verwendete Teil der Probe benutzt. Da nur dann ein hinreichend genaues Ergebnis erzielt werden kann, wenn die Flüssigkeit nicht mehr als 1 Prozent Zucker enthält, so ist nötigenfalls der zur Titrierung bestimmte Teil der Probe vorher zu verdünnen. Einen Anhalt für den Grad der vorzunehmenden Verdünnung liefert die Menge des Gesamtextraktes (einschließlich allen Zuckers). Diese Menge ist nach Ziffer III 3 zu berechnen. Diese Berechnung muß daher vor der Bestimmung des Zuckergehalts vorgenommen werden. Die Verhältniszahl für die Verdünnung, d. h. die Zahl, welche angiebt, wieweit die Verdünnung vorgenommen werden muß, ergiebt sich, wenn man von der berechneten und nach oben auf ganze Einheiten abgerundeten Zahl für den Gesamtextrakt 3 abzieht. Enthält die Probe z. B. 10,8 Prozent, also abgerundet 11 Prozent Gesamtextrakt, so ist dieselbe 11—3, also 8mal zu verdünnen.

Die Verdünnung wird in Verbindung mit dem Eindampfen (zum Zweck der Entfernung des Alkohols) und Entfärben vorgenommen. Man füllt von der Probe in eine gehörig gereinigte und getrocknete, oder mit der zu untersuchenden Flüssigkeit ausgespülte Bürette so viel, daß die Flüssigkeit einige Centimeter über der obersten mit O bezeichneten Marke steht, und läßt durch den Hahn in das ursprüngliche Gefäß wieder so viel ab, bis der untere Rand der Flüssigkeitsoberfläche diese Marke O genau erreicht. Aus der Bürette läßt man dann so viel Kubikcentimeter in eine Porzellanschale fließen, als die Division von 100 durch die Verhältniszahl für die Verdünnung angiebt, in obigem Beispiel $\frac{100}{8}$, das ist 12,5 cc. Faßt die Bürette von der O-Marke ab nicht die hiernach erforderliche Menge Flüssigkeit, so wird sie so oft in der vorbeschriebenen Weise gefüllt und entleert, als nötig ist, um die erforderliche Anzahl Kubikcentimeter in die Schale zu bringen.

Beträgt die Verhältniszahl mehr als 2, so ist in die Schale so viel Wasser nachzufüllen, bis die Gesamtmenge der Flüssigkeit nahezu 50 cc erreicht hat, in obigem Beispiel also 37,5 cc.

Nun stellt man die Schale auf ein Wasserbad, d. h. eine Schale mit Wasser, welches zum Sieden gebracht wird, und fügt, je nach der Menge und Färbung der Flüssigkeit, eine oder mehrere Messerspitzen gepulverte, möglichst kalkfreie Tierkohle hinzu, um die rote Farbe der Flüssigkeit vollständig zu beseitigen. Dann wird bis auf etwa ⅓ eingedampft unter häufigem vorsichtigen Umrühren mit einem Glasstab, welcher während des Eindampfens in der Schale verbleiben muß. Hierauf setzt man etwa 10 cc heißes Wasser hinzu, rührt um und filtriert, indem man die Flüssigkeit den Glasstab entlang auf das Filter gießt, in ein 100 cc fassendes Kölbchen. Dann spült man die Schale zur Gewinnung des Restes und zum Auslaugen der Tierkohle mehrmals mit geringen Mengen kochend heißen Wassers aus und gießt dieses an dem Glasstab jedesmal auf das Filter, so lange fortfahrend, bis das untergestellte Kölbchen nahezu bis zur Marke gefüllt ist. Nachdem die Flüssigkeit erkaltet ist, füllt man noch mit Wasser genau bis zur Marke auf, schüttelt durch und beschickt mit der Flüssigkeit die inzwischen gereinigte und getrocknete Bürette in der vorher beschriebenen Weise. Hierauf giebt man aus einer mit Seignettesalz-Natronlauge und einer anderen mit Kupfervitriollösung (den beiden Teilen der nach SOXHLET hergestellten FEHLING'schen Lösung) gefüllten Bürette je 5 cc in einen Kochkolben von etwa ¹/₅ Liter Inhalt. Nach Zusatz von etwa 40 cc Wasser erhitzt man zum Sieden und läßt die verdünnte Zuckerlösung aus der Bürette in die heiße Mischung in der Weise fließen, daß anfangs einige Kubikcentimeter auf einmal hineingelangen, später der Zufluß nur in einzelnen Tropfen erfolgt. Der Zusatz in Tropfen beginnt, sobald die ursprünglich dunkelblaue Farbe der Mischung beim Kochen in ein halbes Blau übergeht. Sollte die erstmalige Füllung der Bürette hierzu nicht hinreichen, so sind weitere Füllungen vorzunehmen. Nach dem Zusatz eines jeden Tropfens wird bis zum Aufkochen erhitzt und die Farbe der Mischung durch Betrachten gegen einen weißen Untergrund beobachtet. Ist die blaue Farbe eben nicht mehr erkennbar, so liest man an der Teilung der Bürette die Anzahl der verbrauchten Kubikcentimeter Zuckerlösung bis auf ein Zehntel Kubikcentimeter genau ab.

III. Berechnung der Ergebnisse.

Die Berechnung der Ergebnisse erfolgt mit Hülfe der »Tafel zur zollamtlichen Abfertigung von Verschnittweinen und Mosten« nach Maßgabe der folgenden Bestimmungen:

1. Die wahren Alkoholometer- bezw. Saccharometerprozente der unveränderten Probe werden aus der Tafel 1 bezw. der Bemerkung in der Einleitung § 2 Ziffer 2 entnommen, je nachdem die Spindelung dieser Probe mit einem Alkoholometer oder einem Saccharometer erfolgt ist.

2. Der wahre Alkoholgehalt des Destillats in Volumprozenten wird aus der Tafel 1 entnommen.

3. Aus der Tafel 2 bezw. 3 entnimmt man mit Hülfe der wahren Alkoholometer- bezw. Saccharometerprozente der unveränderten Probe (Ziffer 1) und des wahren Alkoholgehalts des Destillats (Ziffer 2) den Gesamtextrakt (einschließlich allen Zuckers).

4. Der Zuckergehalt ist aus der Verhältniszahl für die vorgenommene Verdünnung und der Zahl der bei der Titrierung verbrauchten Kubikcentimeter-Zuckerlösung aus Tafel 4 zu entnehmen.

Beträgt die nach Ziffer 4 ermittelte Zahl für den Zuckergehalt nicht mehr als 2,5 gr im Liter, so geben die nach Ziffer 2 und 3 ermittelten Zahlen bereits den ganzen Alkoholgehalt bezw. den eigentlichen Extraktgehalt. Beträgt diese Zahl für den Zuckergehalt mehr als 2,5, so zieht man zunächst 2,5 davon ab. Der so verbleibende Überschuß wird von der. nach Ziffer 3 ermittelten Zahl für den Gesamtextrakt in Abzug gebracht; man bekommt dadurch den eigentlichen Extraktgehalt, d. h. den Gehalt an Extrakt ausschließlich des Zuckers. Ferner entnimmt man mit demselben Überschuß aus der Tafel 5 den entsprechenden Alkoholgehalt und zählt diesen zu dem unter Ziffer 2 ermittelten Alkoholgehalt des Destillats hinzu; man erhält dadurch den ganzen Alkoholgehalt des dem untersuchten Moste oder unvollständig vergorenen Weine entsprechenden fertigen Weines.

Der ermäßigte Zollsatz tritt ein, sobald der ganze Alkoholgehalt mindestens 12 Volumprozente und der eigentliche Extraktgehalt mindestens 28 gr im Liter beträgt.

Bestimmungen

über die

Kontrolle des zum niederen Zollsatz auf Cognac zu verarbeitenden Weines. Vom 28. Januar 1892.

(Centralblatt für das Deutsche Reich, S. 68.)

1. Wer ausländischen Wein zum ermäßigten Zollsatz von 10 Mk. für 100 kg auf Cognac zu verarbeiten beabsichtigt, hat um die Bewilligung eines Teilungslagers unter amtlichem Mitverschluß (§ 1 Abs. 1 Ziffer 1 des Weinlager-Regulativs) für Faßweine einzukommen.

2. Das beantragte Wein-Teilungslager kann auch an Orten bewilligt werden, welche nicht der Sitz einer Zoll- oder Steuerstelle sind (§ 2 Abs. 1 des Privatlager-Regulativs). Von dem im § 2 Abs. 2 des Weinlager-Regulativs vorgeschriebenen Erfordernis eines regelmäßigen Lagerbestandes u. s. w. darf Abstand genommen werden.

3. Auf den ermäßigten Zollsatz haben nur diejenigen zur Cognacbereitung verwendeten Faßweine Anspruch, welche aus meistbegünstigten Ländern stammen. Es sind daher nur solche Weine zum Teilungslager zuzulassen.

4. Die zum Teilungslager abgefertigten Weine dürfen lediglich zu Destillationszwecken in der Gewerbsanstalt des Lagerinhabers verwendet werden. Jede anderweite Verwendung bedarf der nur ausnahmsweise zu erteilenden Genehmigung des zuständigen Hauptamts.

5. Die Verarbeitung des zum Destillieren abgemeldeten Weines wird amtlich überwacht. Die Überwachung kann auf die Überführung des Weines auf den Brennapparat beschränkt werden, wenn nach den vorhandenen Anlagen ein sicherer Verschluß des Brennapparates zu bewerkstelligen ist.

6. In der Abmeldung ist die Beaufsichtigung der Überführung der betreffenden Weinmenge auf den Brennapparat und die Überwachung der Destillation bezw. der erfolgte Verschluß des Brennapparates amtlich zu bescheinigen.

7. Die weitere Behandlung des gewonnenen Destillationsprodukts erfolgt nach den Vorschriften des Branntweinsteuer-

gesetzes vom 24. Juni 1887 und den dazu erlassenen Ausführungsbestimmungen.

8. Die vom Lagerinhaber bezw. Brennereibesitzer zu tragenden Gebühren für Bewachung des Wein-Teilungslagers während
der Offenhaltung und die Kontrollierung der Verarbeitung des
Weines sind nach den Bestimmungen im § 5 des Weinlager-
Regulativs bezw. nach den für den Zollverkehr und den Bren-
nereibetrieb bestehenden allgemeinen Bestimmungen zu bemessen.

VII. Obstwein (Cider).

Die Obstweine werden durch Gärung des Saftes verschiedener Früchte, Äpfel, Birnen, Heidelbeeren, Johannis-
beeren u. s. w., auf dieselbe Weise erhalten wie die
Traubenweine und enthalten fast dieselben Bestandteile
wie die letzteren. Im allgemeinen pflegen die Obstweine,
die lediglich aus dem Safte des Obstes ohne Zuckerzusatz
hergestellt sind, reicher an Extrakt und ärmer an Alkohol
zu sein als die Traubenweine; ferner enthalten sie vorwiegend Äpfelsäure, während Weinsäure ganz fehlt oder
nur in sehr geringen Mengen vorhanden ist. Der Gehalt
des Obstmostes an Zucker und an Äpfelsäure beträgt
durchschnittlich für

	Zucker	Äpfelsäure
Birnen	8,4	0,09 Proz.
Äpfel . .	9,1	0,82 »

Die Untersuchung des Obstweines wird in derselben
Weise ausgeführt wie beim Traubenwein.

Analysen von Obstmost und Obstwein.

100 cc enthalten Gramme. Obstmost.	Spezif. Gewicht.	Oechsle Grade.	Reduz. Zucker.	Nach der Inversion.	Rohr-zucker.	Extrakt.	Äpfel-säure.
Apfelmost (Reinette) . .	1,0538	53,8	8,26	11,30	2,89	13,96	0,48
» (Zimtapfel) .	1,0495	49,5	8,80	9,69	0,75	12,82	0,81

Obstwein.	Spezif. Gew.	Alkohol.	Extrakt.	Asche.	Äpfel-säure.	Essig-säure.
Birnen . . .	1,014	5,5	5,1	0,43	0,56	0,071

Zusammensetzung von Obstmost und Obstwein.

100 cc enthalten Gramme:

	Most.	Obstwein.
Alkohol .	—	4,600
Extrakt . .	16,250	2,360
Mineralstoffe	0,350	0,310
Äpfelsäure	0,330	0,300
Essigsäure	—	0,080
Zucker .	12,500	0,750
Pektinstoffe .	0,620	Spuren
Kalk (CaO) . .	0,025	0,024
Magnesia (MgO)	0,018	0,018
Kali (K₂O) .	0,106	0,105
Phosphorsäure .	0,024	0,022
Schwefelsäure .	0,009	0,008
Glycerin .	—	0,680.

Analysen von Beerenobstweinen.

In 100 cc sind enthalten Gramme:

Wein aus:	Alkohol.	Extrakt.	Mineralstoffe.	Phosphorsäure.	Äpfelsäure.	Invertzucker.	Rohrzucker.	Glycerin.
Walderdbeeren .	10,7	16,5	0,182	0,0175	0,86	13,5	—	0,46
Stachelbeeren	11,1	17,3	0,170	0,0130	0,87	13,0	—	—
Johannisb., schwarzen	11,6	12,4	0,346	0,0235	1,59	7,1	1,8	0,85
» , roten . .	10,5	15,4	0,160	0,0070	0,93	11,7	0,3	0,60
Weichselkirschen	11,3	17,7	0,108	0,0125	0,70	12,7	—	0,55
Himbeeren .	11,5	17,4	0,176	0,0200	0,91	12,0	1,4	0,75
Maulbeeren .	11,2	18,0	0,116	0,0075	0,91	13,2	2,5	0,66
Preißelbeeren	10,0	24,7	0,138	0,0050	0,85	18,3	0,5	—
Brombeeren . .	10,7	18,2	0,086	0,0050	0,96	16,5	—	—
Heidelbeeren	11,9	20,0	0,152	0,0085	0,88	14,3	—	0,44

VIII. Bier.

Bier ist ein geistiges, noch in Gärung befindliches
Getränk, welches im allgemeinen aus einem Absud von
Gerstenmalz (seltener von Weizenmalz) und Hopfen mit
Wasser unter Zusatz von Hefe durch Gärung gewonnen wird.
Die Vorgänge bei der Bierbereitung sind etwa folgende:
Gerste oder Weizen werden mit Wasser bis zur sog.
Quellreife eingeweicht und so zur Keimung vorbereitet.
Das feuchte Getreide wird nun in Malztennen (Malzkellern)
in 10—14 cm hohen Haufen ausgebreitet, wo bei häufigem
Umwenden das Keimen desselben beginnt. Hierbei bildet
sich aus den stickstoffhaltigen Bestandteilen des Getreides
die **Diastase,** ein Ferment, welches die Stärke des Getreides in Gegenwart von Wasser in Zucker und Dextrin
umzuwandeln vermag. Nach gehöriger Entwickelung des
Blattkeimes wird der Keimungsprozeß, welcher je nach
der Temperatur in 7 — 14 Tagen vollendet ist, unterbrochen und das so erhaltene G r ü n m a l z in den sogen.
Malzdarren getrocknet. Je nach der Temperatur in der Darre
erhält man weniger oder stärker gefärbtes Malz (Farbmalz),
welch letzteres hauptsächlich zur Herstellung von dunklen
Bieren verwendet wird. Nach dem Trocknen wird das Malz in
besonderen Putzmühlen gereinigt und geschroten (zerkleinert).
Zur Herstellung der Bierwürze wird nun zunächst
durch das Einweichen (»Einteigen«) des geschrotenen Malzes
in Wasser von niederer Temperatur die Maische vorbereitet. Dieselbe kann auf zwei Arten erhalten werden, nämlich:
1. durch das **Aufguß-** oder **Infusionsverfahren,** bei
welchem das eingeteigte Malzschrot durch Zusatz von
heißem Wasser auf die Zuckerbildungstemperatur gebracht
wird und diese Aufgüsse wiederholt werden;
2. das **Koch-** oder **Decoctionsverfahren,** wobei ein
Teil des eingeteigten Malzes im Braukessel zum Sieden
erhitzt und zum übrigen Teil zurückgebracht wird unter
öfterer Wiederholung der Manipulation.
Die Maische wird nun von den abgesetzten Trebern
abgelassen, mit H o p f e n, den Fruchtständen (Dolden) von
Humulus Lupulus, Fam. Urticaceae, dessen Hauptbestandteile Lupulin, Hopfenharz, Hopfenbitter und Gerbstoff sind,

versetzt und in Pfannen bis zur nötigen Konzentration gekocht. Wenn die Würze »gar«, d. h. konzentriert genug
ist, wird dieselbe aufs Kühlschiff oder auf Kühlapparate
gebracht, um hier möglichst rasch abgekühlt zu werden.
Von hier aus wird die Würze, welche nun eine Lösung
von Malzzucker, Dextrin, Eiweißstoffen, sowie Harz und
Bitterstoffen aus dem Hopfen darstellt, in Gärbottiche
abgelassen. Die Gärung wird durch Zusatz von Hefe (Saccharomyces cerevisiae), was man das »Anstellen« bezeichnet, eingeleitet, und man unterscheidet:

1. **Untergärung,** welche bei einer Temperatur von
$4-8^0$ C. verläuft und wobei sich unter langsamer Kohlensäureentwickelung die Hefe durch Knospung vermehrt und
größtenteils am Boden der Gärgefäße bleibt (Braunbiere).

2. **Obergärung** (Weißbiere), welche bei 15—20° C.
vor sich geht und wobei durch die heftige Entwickelung
von Kohlensäure die Hefe mit an die Oberfläche gerissen
wird und sich auf derselben ansammelt.

Nach der Hauptgärung, welche in 2—20 Tagen verlaufen kann und bei der sich aus der zuckerhaltigen
Würze Alkohol, Kohlensäure, Glycerin und Bernsteinsäure
bilden, wird das Bier aus den Gärbottichen von der Hefe
in Gärfässer abgelassen, wo es noch eine Nachgärung
durchzumachen hat.

Nimmt die Gärung einen normalen Verlauf, so wird
in der Regel ein klares, zum Genusse fertiges Getränk
erhalten. Oft wird aber auch die Anwendung von Klär-
mitteln hierzu notwendig, gegen die nichts einzuwenden
ist, sobald nur rein mechanisch klärende Mittel, d. h.
solche, die Stoffe nicht enthalten, die dauernd im Biere
bleiben, zur Verwendung gelangen.

Dahin gehören:

Späne aus **Hasel-** und **Buchenholz,** welche der Hefe
eine große Oberfläche darbieten und die Gärung anregen.

Ferner Lösungen von **Hausenblase, reiner Gelatine,**
Carragaheenmoos und **Agar-Agar,** welche mit dem Gerbstoff des gehopften Bieres Niederschläge liefern, die bei
ihrer Ablagerung mechanisch klärend wirken.

Kohlensäure ist das beste Klär- und zugleich Konservierungsmittel, wenn sie dem Bier in reinem Zustande,
in welcher Art es auch geschehen mag, zugeführt wird.

Verwerfliche Klärmittel sind **Tannin, Kochsalz,** sowie **Säure** oder **Glycerin** enthaltende Bierschönen.

Die **Farbe** des Bieres ist abhängig von der Beschaffenheit des Malzes, je nachdem dasselbe beim Trocknen (Darren) mehr oder weniger stark erhitzt worden ist. Künstlich wird dem Bier eine dunklere Farbe erteilt durch Zusatz von **Farbmalz** oder **Farbmalzextrakt,** sowie durch gebrannten Zucker, die sog. **Biercouleur.** Gegen die Verwendung von Farbmalz (stark geröstetes Malz) ist nichts einzuwenden, verwerflich ist aber der Zusatz von Zuckercouleur, besonders da in manchen Gegenden die Konsumenten mit einer dunkleren Farbe des Bieres den Begriff eines aus stark eingekochter Bierwürze erzeugten und deshalb extraktreichen Bieres verbinden; die Biercouleur ist somit ein Mittel, den Konsumenten zu täuschen.

Konservierungsmittel des Bieres.

Ein regelrecht gebrautes und normal vergorenes Bier wird infolge seines reichlichen Gehaltes an Kohlensäure bei sorgfältiger Lagerung haltbar sein und hierzu keinerlei Konservierungsmittel bedürfen.

Für **Exportbiere,** welche nach fernen Ländern versandt werden, können jedoch Konservierungsmittel in Frage kommen.

Das hierzu fast allgemein gebräuchliche Verfahren, das »Pasteurisieren«, besteht darin, daß das Bier auf 50 bis 70° C. im Wasser- oder Luftbad erhitzt wird.

Als unzulässig muß der Zusatz von **Salicylsäure,** welche früher sehr häufig angewendet wurde, sowie von **Borsäure, Calciumbisulfit, Fluorsalzen, Wasserstoffsuperoxyd** und **Benzoësäure** bezeichnet werden, da diese Chemikalien durchaus keine indifferenten Stoffe sind und der Genuß solcher Biere störend auf den menschlichen Organismus einzuwirken vermag.

Verschiedene Regierungen (Frankreich, die südamerikanischen Staaten Brasilien, Uruguay und Argentinien) haben auch durch besondere Erlasse die Einfuhr von salicylsäurehaltigem Bier verboten.

Das fertige Bier.

Das gut vergorene Bier stellt eine hell- bis dunkelbraune, klare Flüssigkeit dar, welche außer Alkohol und Kohlensäure Extraktivstoffe, Dextrin, Zucker, Eiweißstoffe, Glycerin, Milchsäure, Bitter- und Harzstoffe aus dem Hopfen, sowie Mineralstoffe, größtenteils aus phosphorsauren Salzen bestehend, enthält.

Je nach der Art des Brauverfahrens, wobei man hauptsächlich drei verschiedene, nämlich die »Münchener«, »Wiener« und »Böhmische« Brauart unterscheidet, erhält man hellere oder dunklere und in Bezug auf ihren Gehalt an Extrakt und Alkohol voneinander verschiedene Biere.

Im großen Ganzen sind die drei genannten Brauverfahren einander sehr ähnlich; der Hauptunterschied liegt in der Art des Mälzens und Darrens, sowie darin, daß man die Gesamtmenge der Maische auf einmal kocht oder das Kochen in mehreren Partien vornimmt, wobei natürlich die Temperatur, bei welcher das Maischen vorgenommen wird, sowie die Zeitdauer des Kochens der einzelnen Maischen von großem Einfluß auf die Veränderlichkeit der Eiweißstoffe der Würze bezw. des Bieres sind.

Die nach dem Decoctionsverfahren hergestellten Biere werden je nach ihrem ursprünglichen Extraktgehalte der Würze (Stammwürze) eingeteilt in:

Schenk- oder **Winterbier,**

Lager- oder **Sommerbier,**

Exportbier und

Bockbier.

Die **Schenkbiere** sind aus extraktärmeren Würzen hergestellt als die Lager-, Export- und Bockbiere, welche aus g e h a l t r e i c h e n Würzen gewonnen werden und deshalb auch reicher an Extrakt und Alkohol zu sein pflegen.

Die **Bockbiere** (Salvatorbiere) gehören zu den sogen. »Luxusbieren«; sie besitzen eine dunkelbraune Farbe und sind insbesondere durch ihren süßen, angenehmen Malzgeschmack charakterisiert.

Die **englischen** Biere **Porter** und **Ale** werden namentlich in London und Burton nach dem Infusionsverfahren, ersteres aus stark, letzteres aus nur schwach geröstetem Malz unter Zusatz von Rohr- oder Stärkezucker und reichlichen Mengen von Hopfen durch Obergärung gebraut.

Hierher gehören noch

die **kondensierten** Biere (Condensed Beer) mit süßem liqueurartigem Geschmack, die hauptsächlich in London durch Eindampfen extraktreicher Biere im Vacuum auf etwa $1/5$ ihres ursprünglichen Volumens bereitet werden.

In den folgenden Tabellen habe ich die M i t t e l zahlreicher Analysen verschiedener Biere zusammengestellt.

Durchschnittszusammensetzung verschiedener Biere.

100 cc Bier enthalten Gramme.	Spezifisches Gewicht	Wasser.	Kohlensäure.	Alkohol Gewichts %.	Extrakt.	Eiweißstoffe.	Zucker.	Dextrin.	Glycerin.	Milchsäure.	Mineralstoffe.	Phosphorsäure.
Schenk- oder Winterbier	1,0144	91,11	0,197	3,36	5,34	0,74	0,95	3,11	0,120	0,156	0,204	0,055
Lager- oder Sommerbier	1,0162	90,08	0,196	3,93	5,79	0,71	0,88	3,73	0,165	0,151	0,228	0,077
Exportbier	1,0176	89,01	0,209	4,40	6,38	0,74	1,20	2,47	0,154	0,161	0,247	0,074
Bockbier	1,0213	87,87	0,234	4,69	7,21	0,73	1,81	3,97	0,176	0,165	0,263	0,089
Ale	1,0140	88,00	0,200	5,00	6,40	0,54	0,95	1,70	0,250	0,260	0,300	0,160
Porter	1,0200	88,10	0,190	4,90	9,60	0,60	2,40	2,80	0,240	0,250	0,340	0,085
Kondensiertes Bier	1,0657	55,80	—	19,72	24,25	1,30	11,82	7,48	—	0,210	0,350	0,160

Zusammensetzung der Bierasche.

100 Gramme Asche enthalten Gramme:

Kali.	Natron.	Kalk.	Magnesia.	Eisenoxyd.	Phosphorsäure.	Chlor.	Schwefelsäure.	Kieselsäure.
33,67	8,94	2,78	6,24	0,48	31,35	2,93	3,47	9,29

Die in Karlsruhe verzapften Biere zeigen folgende Zusammensetzung:

100 cc Bier enthalten Gramme.

	Spezifisches Gewicht.	Alkohol.	Extrakt.	Mineral-stoffe.	Milchsäure.	Glycerin.	Stammwürze.	Vergärungs-grad.
Karlsruher Biere.								
Brauerei Cammerer	1,0185	3,80	6,60	0,260	0,170	0,23	14,2	53,4
» Fels (Blumenstr.) . .	1,0270	3,68	8,25	0,230	0,125	0,20	15,6	47,1
» Fels (Kronenstr.) . .	1,0250	3,20	8,00	0,230	0,121	0,17	14,4	44,0
» Höpfner . .	1,0270	3,70	8,10	0,230	0,120	0,18	15,5	47,8
» Moninger . .	1,0245	3,65	7,80	0,244	0,130	0,22	15,1	48,3
» Printz . .	1,0230	3,40	7,60	0,204	0,110	0,21	14,4	47,2
» Schrenpp . .	1,0245	3,80	7,70	0,230	0,120	0,18	15,3	49,6
» v. Seldeneck .	1,0215	3,40	7,50	0,270	0,121	0,21	14,3	47,5
» Sinner . .	1,0220	3,84	7,45	0,230	0,122	0,23	15,1	50,7
» Union . .	2,0170	3,30	5,92	0,180	0,130	0,17	12,5	52,7
In Karlsruhe verzapfte Münchener und Pilsener Biere.								
Augustiner-Bräu (Café Bauer) . .	1,0260	3,60	8,10	0,200	0,120	0,17	15,3	47,0
Eberl-Bräu (Kreuzstr.) . . .	1,0215	3,65	7,00	0,225	0,118	0,16	14,3	51,0
Franziskaner-Bräu (Tannhäuser) .	1,0240	3,70	7,76	0,264	0,140	0,19	15,2	48,9
Hacker-Bräu (Palmgarten) . . .	1,0201	3,80	6,90	0,250	0,120	0,19	14,5	52,4
Kindl-Bräu (Löwenrachen) . . .	1,0245	3,60	7,70	0,240	0,130	0,18	14,9	48,1
Löwen-Bräu (Krokodil)	1,0215	3,65	7,15	0,244	0,132	0,21	14,4	50,6
Spaten-Bräu (Bahnhofrestauration)	1,0250	3,60	7,95	0,250	0,210	0,18	15,1	47,5
Pilsener Bier (Hôtel Lutz) . .	1,0110	3,88	4,58	0,236	0,170	0,24	12,4	57,4

Veränderungen und Fehler des Bieres.

Das **Trübwerden** des Bieres ist meistens durch die Entwickelung von Hefe bedingt, selten durch niedere Organismen, Eiweißstoffe oder Kleister.

Das **Schalwerden** beruht auf dem Entweichen von Kohlensäure; das Bier ist infolgedessen matt und schmeckt nicht erfrischend. Um solchem Bier den fehlenden »Trieb« zu geben, die fehlende Kohlensäure zu ersetzen, wird demselben sog. Moussierpulver, Mischungen von doppeltkohlensaurem Natron und Weinsäure zugesetzt.

Das **Sauerwerden** ist auf eine Essigsäuregärung in mangelhaft zubereitetem Bier zurückzuführen. Zum Abstumpfen der Säure werden Entsäuerungsmittel, kohlensaures Natrium und Kalium verwendet.

Alle diese Zusätze von Chemikalien zum Bier sind **durchaus unzulässig** und nicht geeignet, die Zersetzung und teilweise Verderbnis, in welcher sich solche Biere befinden, aufzuhalten. Das Bier wird dadurch vielmehr nur scheinbar verbessert, die schlechte Beschaffenheit desselben wird augenblicklich verdeckt, und es gelangen fremde Substanzen in dasselbe, welche schädigend auf die Gesundheit des Konsumenten einwirken und nicht selten Magen- und Darmkatarrhe hervorrufen.

Vorschriften für den Verkehr mit Bier.

Bezüglich der Herstellung von Bier bestehen bis jetzt nur im Königreich Bayern und im Großherzogtum Baden bestimmte Vorschriften. Nach dem bayerischen Malzaufschlagsgesetz vom 16. Mai 1868 darf nach Art. 7 dieses Gesetzes zur Herstellung von Bier nur Malz (Gersten-, Weizenmalz), Hopfen, Hefe und Wasser verwendet werden.

Nach dem badischen Biersteuergesetz vom 30. Juni 1896 Art. 6 dürfen bei der Bierbereitung statt Malzes Stoffe irgend welcher Art als Ersatz oder Zusatz, also auch ungemälztes Getreide, nicht verwendet werden. Zur Erzeugung von untergärigem Bier darf nur Gerstenmalz verwendet werden.

In allen übrigen Staaten des Deutschen Reichs ist die Verwendung von Surrogaten, soweit dieselben gesundheitsschädliche Stoffe nicht enthalten, wie Reis, Mais,

krystallinischer Zucker, Stärkezucker und Stärkezuckersyrup, Maltose, ein Produkt aus Mais und Grünmalz u. s. w.,
bis jetzt nicht direkt verboten. Die mit einem Zusatz von Zucker hergestellten Biere
sind an den für gutes normales Bier so wichtigen Bestand-
teilen, den Eiweißstoffen und an Phosphorsäure, sehr arm
und deshalb minderwertig.

Als ganz **verwerfliche Surrogate** müssen **Glycerin,
Saccharin** und **Süßholz**, welch letzteres dem Bier zugesetzt
wird, um demselben das nötige Mousseux zu verleihen,
bezeichnet werden.

Als **Ersatz für Hopfen** dienen Hopfenextrakt und
Hopfenöl. Die Verwendung von Bitterstoffen, wie Bitter-
klee, Kardobenediktenkraut, Wermut, ferner von Tannin,
Kokkelskörnern, Herbstzeitlose u. s. w., dürfte in letzter
Zeit zu den Seltenheiten gehören. Alle diese Mittel müssen
als durchaus verwerflich beanstandet werden.

Untersuchung des Bieres.

Probeentnahme: Es sind Mengen von 1 Liter, am besten
in zwei gut gereinigten Flaschen, zu entnehmen und bald nach
der Entnahme an die Untersuchungsstelle einzusenden.

Für ausführliche Untersuchungen (Bestimmung der
Bitterstoffe u. s. w.) sind 5 Liter einzusenden.

Bei der Untersuchung des Bieres werden folgende
Bestimmungen ausgeführt:

1. **Äußere Beschaffenheit,** namentlich in Bezug auf
Klarheit, auf die im Biere suspendierten, sowie auf die
abgesetzten Teilchen. Mikroskopische Prüfung derselben.

2. **Spezifisches Gewicht.** Dasselbe wird in dem durch
Schütteln in geräumigen Kolben von Kohlensäure befreiten
Bier auf aräometrischem Wege oder mittelst der WESTPHAL-
schen Wage oder des Piknometers bestimmt.

3. **Weingeistgehalt.** Von 200 cc Bier werden etwa
zwei Drittel abdestilliert, das Destillat mit Wasser auf 200 cc
wieder aufgefüllt und darin mittelst des TRALLES'schen
Alkoholometers bei 15° C. der Alkohol direkt in Volumprozenten ermittelt.

Die abgelesene Zahl der Volumprozente, mit dem
spezifischen Gewicht des absoluten Alkohols = 0,793

multipliziert, ergiebt die Gewichtsteile (Gramm) Alkohol in 100 cc Bier.

Man kann auch das Destillat im Piknometer auffangen und auf diese Weise oder mittelst der WESTPHAL-schen Wage in der Alkohollösung das spezifische Gewicht desselben bestimmen und erfährt in der von der Kaiserlichen Normalaichungskommission (siehe unter Branntwein) ausgearbeiteten Tabelle oder in der untenstehenden Alkoholtabelle von HOLZNER den entsprechenden Alkoholgehalt des Bieres.

Alkoholtabelle nach HOLZNER.

100 gr Bier enthalten gr Alkohol.

	9	8	7	6	5	4	3	2	1	0
0,997	1,12	1,17	1,22	1,28	1,33	1,38	1,44	1 49	1,54	1,60
6	1,65	1,71	1,77	1,82	1,88	1,94	2,00	2,05	2,11	2,17
5	2,22	2,28	2,34	2,40	2,45	2,51	2,57	2,62	2,68	2,74
4	2,80	2,85	2,91	2,97	3,03	3,08	3,14	3,20	3,26	3,31
3	3,37	3,43	3,49	3,54	3,60	3,66	3,72	3,77	3,83	3,89
2	3,95	4,00	4,07	4,13	4,19	4,25	4,31	4,37	4,44	4,50
1	4,56	4,62	4,69	4,75	4,81	4,87	4,93	5,00	5,06	5,12
0	5,18	5,25	5,31	5,37	5,43	5,49	5,56	5,62	5,69	5,75
0,989	5,82	5,89	5,96	6,02	6,09	6,16	6,23	6,29	6,36	6,43
8	6,50	6,57	6,63	6,70	6,77	6,84	6,90	6,97	7,04	7,11

4. **Extrakt.** 25 cc Bier werden in flachen Platinschalen eingedampft und nach dreistündigem Trocknen bei 100° C. gewogen.

Der Extraktgehalt läßt sich ferner aus dem spezifischen Gewicht des durch Eindampfen entgeisteten und wieder auf das ursprüngliche Gewicht gebrachten Bieres bestimmen. Hierzu werden 100 gr Bier auf etwa ein Drittel auf dem Wasserbad eingedampft und mit Wasser auf das ursprüngliche Gewicht verdünnt. Das spezifische Gewicht dieser Flüssigkeit, bei 15° C. bestimmt, giebt nach der Tabelle von SCHULTZE-OSTERMANN direkt den Gehalt des Bieres an Extrakt an.

Bierextrakttabelle von SCHULTZE-OSTERMANN.

100 gr Bier enthalten gr Extrakt.

	0	1	2	3	4	5	6	7	8	9
1,011	—	—	—	—	—	3,00	3,03	3,06	3,08	3,11
2	3,13	3,16	3,18	3,21	3,24	3,26	3,29	3,31	3,34	3,37
3	3,39	3,42	3,44	3,47	3,49	3,52	3,55	3,57	3,60	3,62
4	3,65	3,67	3,70	3,73	3,75	3,78	3,80	3,83	3,86	3,88
5	3,91	3,93	3,96	3,98	4,01	4,04	4,06	4,09	4,11	4,14
6	4,16	4,19	4,21	4,24	4,27	4,29	4,32	4,44	4,37	4,39
7	4,42	4,44	4,47	4,50	4,52	4,55	4,57	4,60	4,62	4,65
8	4,67	4,70	4,73	4,75	4,78	4,80	4,83	4,85	4,88	4,90
9	4,93	4,96	4,98	5,01	5,03	5,06	5,08	5,11	5,13	5,16
1,020	5,19	5,21	5,24	5,26	5,29	5,31	5,34	5,36	5,39	5,41
1	5,44	5,47	5,49	5,52	5,54	5,57	5,59	5,62	5,64	5,67
2	5,69	5,72	5,74	5,77	5,80	5,82	5,85	5,87	5,90	5,92
3	5,59	5,97	6,00	6,02	6,05	6,08	6,10	6,13	6,15	6,18
4	6,20	6,23	6,25	6,28	6,30	6,33	6,35	6,38	6,40	6,43
5	6,45	6,48	6,50	6,53	6,55	6,58	6,61	6,63	6,66	6,68
6	6,71	6,73	6,76	6,78	6,81	6,83	6,86	6,88	6,91	6,93
7	6,96	6,98	7,01	7,03	7,06	7,08	7,11	7,13	7,16	7,18
8	7,21	7,24	7,26	7,29	7,31	7,34	7,36	7,39	7,41	7,44
9	7,46	7,49	7,51	7,54	7,56	7,59	7,61	7,64	7,66	7,69
1,030	7,71	7,74	7,76	7,79	7,81	7,84	7,86	7,89	7,91	7,94
1	7,99	8,01	8,04	8,06	8,09	8,11	8,14	8,16	8,19	8,21

5. **Mineralstoffe (Asche).** Dieselbe erhält man durch
Verbrennen des sich bei der Extraktbestimmung aus 25
oder 50 cc Bier ergebenden Rückstandes bei möglichst
niederer Temperatur bis zum annähernden Weißwerden
der Asche.

6. **Phosphorsäure.** Ein Teil der Asche wird in konzentrierter Salpetersäure gelöst; in dieser Lösung wird die
Phosphorsäure nach der Molybdänmethode bestimmt.

Die Titration der mit Salpetersäure zur Trockne verdampften, mit Wasser und einigen Tropfen Essigsäure
aufgenommenen und mit Natronlauge neutralisierten Asche-
lösung mit Uranacetatlösung (32,5 gr Uranacetat im Liter
Wasser, wovon 1 cc = 0,005 gr P_2O_5 entspricht) giebt
nur annähernd richtige Resultate.

7. Säure (Milchsäure). 100 cc Bier werden durch schwaches Erwärmen von Kohlensäure befreit und mit $^1/_{10}$ Normalnatronlauge (am besten nach der Tüpfelmethode mit Lackmuspapier) titriert und die verbrauchten Kubikcentimeter Natronlauge auf Milchsäure berechnet (1 cc $^1/_{10}$ NaOH = 0,009 gr Milchsäure) oder als Gesamtsäure in cc Normalalkali ausgedrückt.

8. Glycerin. Die Bestimmung wird nach der CLAUSNITZER'schen Methode ausgeführt: 50 cc Bier werden in einer Porzellanschale auf dem Wasserbad nach dem Entweichen der Kohlensäure mit 3 gr Calciumhydroxyd (gelöschter Kalk in Pulverform) und mit 10 gr Marmorpulver versetzt und unter öfterem Umrühren der breiigen Masse zur klingenden Härte eingedampft. Der Rückstand wird in der Schale zu einem gleichmäßigen Pulver zerrieben, ein Teil desselben in eine Papierhülse gebracht und im CLAUSNITZER'schen Extraktionsapparat (siehe Milch) mit 20 cc 90%igem Alkohol 4—5 Stunden extrahiert. Der alkoholische, etwa 15 cc betragende Auszug wird mit 25 cc wasserfreiem Äther versetzt und geschüttelt; die nach einer Stunde klar gewordene Flüssigkeit wird in ein Wägegläschen filtriert, mit Alkoholäther (2 : 3) nachgewaschen, verdunstet und nach einstündigem Trocknen bei 100° C. gewogen.

Durch Auflösen des so erhaltenen Glycerins in Wasser, Eindampfen, Glühen und Wägen des Rückstandes erhält man nach Abzug desselben von der zuerst erhaltenen Menge aschefreies Glycerin.

9. Stammwürze, Würzekonzentration. Unter Stammwürze versteht man den Extraktgehalt für 100 Teile der ursprünglichen, noch nicht vergorenen Würze.

Da sich aus 100 Teilen des Zuckers der Würze bei der Gärung annähernd 50 Gewichtsteile Kohlensäure und 50 Gewichtsteile Alkohol bilden, so erhält man durch Verdoppelung der in dem zu untersuchenden Biere gefundenen Gewichtsprozente Weingeist und durch Addierung der in demselben vorhandenen Extraktmenge den ursprünglichen Extraktgehalt der Bierwürze nach folgender Formel: E = 2a + e, worin E der Extraktgehalt der Stammwürze, a der gefundene Alkohol und e der Extraktgehalt des zur Untersuchung vorliegenden Bieres ist.

Beispiel:
Der Alkoholgehalt des Bieres betrage $= 3,36$, der Extraktgehalt 8,83. Stammwürze $= 3,36 \times 2 = 6,72 + 8,83 = 15,55 \,^0/o$.

10. Vergärungsgrad. Derselbe drückt aus, wieviel Prozente des in der ursprünglichen Würze vorhandenen Extraktes durch Gärung in Alkohol und Kohlensäure umgewandelt sind. Man findet den wirklichen Vergärungsgrad, wenn man die Menge des ursprünglich vorhandenen Extraktes der Würze (Stammwürze) mit dem vergorenen Zucker $= 2a$ (Alkohol) in Ansatz bringt:

$$E : 2a = 100 : x = \text{Vergärungsgrad.}$$

Beispiel: Die Stammwürze betrage 15,55
Alkoholgehalt . . 3,4
$15,55 : 6,8 = 100 : x = 43,8$.

Nachweis von Konservierungsmitteln.

Salicylsäure. Etwa 200 cc Bier werden mit Salz oder mit Schwefelsäure stark sauer gemacht und mit Äther ausgeschüttelt. Der nach dem Verdunsten des Äthers erhaltene Rückstand wird in wenig Wasser gelöst und auf sein Verhalten gegen stark verdünnte Eisenchloridlösung geprüft. Eine Violettfärbung der Lösung deutet auf das Vorhandensein von Salicylsäure.

Da das von BRAND*) in gewissen Farbmalzen gefundene Maltol eine ähnliche Reaktion mit Eisenchlorid giebt, so prüft man mit MILLONS Reagenz, welches beim Vorhandensein von Salicylsäure eine Rotfärbung hervorruft.

Schweflige Säure. Geringe Mengen von schwefliger Säure können aus dem Hopfen, welcher frisch 0,48 $^0/o$, nach längerem Liegen im trockenen Zustande bis 0,16 $^0/o$ schweflige Säure enthält, stammen; größere Mengen lassen aber auf einen Zusatz von doppeltschwefligsaurem Kalk schließen. Die schweflige Säure wird deshalb quantitativ in folgender Weise bestimmt: Von 200 cc mit Phosphorsäure angesäuertem Bier wird etwa ein Drittel in vorgelegtes Jod- oder Bromwasser abdestilliert, in welchem etwa vorhandene schweflige Säure zu Schwefelsäure oxydiert wird. Das Destillat wird nun mit Salzsäure versetzt, bis

---

*) BRAND, Zeitschrift für das ges. Brauwesen 1893, S. 303.

zur Entfärbung erwärmt und auf Zusatz von Chlorbaryum die Schwefelsäure als Baryumsulfat bestimmt und in schweflige Säure umgerechnet.

Borsäure. 100 cc Bier werden mit Natriumkarbonat übersättigt, eingedampft und eingeäschert. Die Asche wird mit Schwefelsäure und Methylalkohol destilliert und die Borsäure in kohlensaurem Ammoniak (1 : 10) aufgefangen. Das Destillat verdampft man beinahe zur Trockne, säuert schwach mit verdünnter Salzsäure an und dampft mit eingelegtem Curcumapapier zur Trockne. Kirschrotfärbung zeigt Borsäure an.

Fluorsalze. 100 cc mit Ammoniumkarbonat schwach alkalisch gemachtes Bier werden aufgekocht und mit 2 bis 3 cc einer 10⁰/oigen Chlorcalciumlösung gefällt. Der Niederschlag wird ausgewaschen, getrocknet und eingeäschert. Der Rückstand wird in einen 20—25 cc fassenden Platintiegel gebracht und mit 1 cc konzentrierter Schwefelsäure übergossen. Der Tiegel wird mit einem Uhrglas oder kleinem Kölbchen bedeckt, in dessen mittelst geschmolzenen Wachses hergestelltem Ätzgrundüberzug Zeichen eingeritzt sind. Der Tiegelinhalt wird nun mittelst kleiner Flamme zum Sieden erhitzt (etwa 1 Stunde). Um das Abschmelzen der Wachsschichte zu verhüten, bringt man Eiswasser in das Uhrglas oder man versieht das Kölbchen mit einer Kühlvorrichtung.

Bei Anwesenheit von Fluorsalzen wird am Glase eine deutliche Ätzung bemerkbar sein.

Entsäuerungs- und **Auffrischungsmittel,** welche sauer oder schal gewordenem Bier zugesetzt worden sind, und die hauptsächlich kohlensaure Alkalien, doppeltkohlensaures Natron oder kohlensaures Kalium enthalten, geben sich durch einen abnorm hohen Aschegehalt im Biere zu erkennen. Es ist deshalb in solchen Fällen eine Ascheanalyse auszuführen und namentlich auf die Mengenverhältnisse des in der Asche enthaltenen Natriums und Kaliums Rücksicht zu nehmen. Der Gehalt der Asche von normalem Bier an Natron beträgt höchstens 8,5—9 %.

Künstliche Farbe. Zur Färbung des Bieres werden häufig Lösungen von gebranntem Zucker, sog. Biercouleur, verwendet. Nach GRIESMEYER kann eine Färbung mit Zuckercouleur durch Schütteln des Bieres mit seinem

zweifachen Volum 95%/oigem Alkohol und dem dreifachen
Volum gepulvertem Ammoniumsulfat erkannt werden.
Während normales Bier, sowie das mit Farbmalz gefärbte
sich bei dieser Prüfung mehr oder weniger entfärben,
bleibt das mit Zuckercouleur gefärbte Bier braun und
giebt dem sich absetzenden Ammoniumsulfat eine graue
bis braune Farbe.

Die Prüfung auf **Bitterstoffe** als Surrogate für Hopfen
wird nach dem Verfahren zur Ausmittelung der Alkaloide
ausgeführt und kommen namentlich die Methoden von
DRAGENDORFF (Gerichtlich chemische Ermittelung von
Giften) zur Anwendung. (S. Alkaloidbestimmung.)

Zum Nachweis von **Saccharin** werden nach SPÄTH*) 200 bis
500 cc Bier zur Abscheidung der bitterschmeckenden Hopfen-
bestandteile mit einigen Krystallen Kupfernitrat bis zur dünnen
Syrupkonsistenz eingedampft, mit grobem gewaschenen Sand und
etwas Phosphorsäure versetzt und wiederholt mit einer Mischung
aus gleichen Teilen Äther und Petroläther extrahiert, bis etwa
200—250 cc Flüssigkeit erhalten worden sind. Die Flüssigkeit
wird durch Asbest filtriert und auf dem Wasserbad vom Äther
befreit. Der Rückstand mit einer wenig verdünnten Lösung von
Natriumkarbonat aufgenommen, läßt noch 0,001% Saccharin am
Geschmacke erkennen.

Das Vorhandensein von Saccharin kann in dieser Lösung
noch auf folgende Weise nachgewiesen werden.

a) Man bringt einen Teil der Lösung zur Trockne, vermischt
mit der 4—5 fachen Menge Natriumkarbonat und trägt die Masse
in geschmolzenen Salpeter ein. Die Schmelze löst man in Wasser,
säuert mit Salzsäure an und prüft mit Chlorbaryum auf Schwefelsäure. Diese Methode eignet sich auch zur quantitativen Bestimmung des Saccharins.

1 Teil Baryumsulfat = 0,7857 Saccharin (Benzoësäuresulfimid).

b) Durch Überführen des Saccharins in Salicylsäure nach
C. SCHMITT und PINETTE**). Man versetzt den Rückstand aus der
Ätherausschüttelung mit Natronlauge und erhitzt die Mischung
nach dem Eindampfen auf dem Wasserbad im Silbertiegel ½ Stunde
im Ölbad auf 250° C., wobei das Saccharin in Salicylsäure
übergeführt wird.

Den Rückstand löst man in Wasser, säuert mit Schwefelsäure an und schüttelt die Lösung mit Äther aus. Den vom
Äther befreiten Rückstand prüft man mittelst Eisenchlorid auf
Salicylsäure. Selbstverständlich muß man sich vorher überzeugen, ob das Bier keine Salicylsäure enthält.

In besonderen Fällen werden noch folgende Bestimmungen
im Biere ausgeführt.

---

*) Zeitschr. f. angew. Chemie 1893, H. 19.
**) Repert. analyt. Chemie 1887, 7, 437.

Kohlensäure. Hierzu wird eine bestimmte Menge, etwa 300—400 cc, Bier direkt dem Fasse in einen gewogenen luftleeren Kolben entnommen und die durch Erwärmen ausgetriebene Kohlensäure in einem gewogenen LIEBIG'schen oder GEISSLER'schen Kaliapparat aufgefangen und gewogen.

Maltose. Man erhält dieselbe durch Titration (oder durch Wägung des abgeschiedenen Kupferoxyduls) des Zuckers im verdünnten Bier (1°/o Zuckerlösung) mittelst FEHLING'scher Lösung. 50 cc FEHLING'scher Lösung = 0,389 Maltose.

Dextrin. 50 cc Bier werden mit 100 cc Wasser verdünnt und mit 20 cc Salzsäure invertiert, wobei Maltose und Dextrin in Dextrose übergeführt werden. In der neutralisierten und verdünnten Dextroselösung wird mittelst FEHLING'scher Lösung die Gesamtdextrose bestimmt. Aus der Differenz der Gesamtdextrose und der der bekannten Maltose entsprechenden Menge Dextrose wird durch Multiplikation mit 0,9 (10 Teile Dextrose = 9 Teile Dextrin) der Dextringehalt berechnet.

Beispiel: 100 cc enthalten 2,0 Maltose und ergeben nach der Inversion 5,0 Dextrose. Da 19 Gewichtsteile Maltose = 20 Gewichtsteile Dextrose, so ergiebt sich nach der Formel

$19 : 20 = 2 : x = 2,105$ **Dextrose aus Maltose.**

$$\begin{aligned}
\text{Gesamtdextrose} &= 5,000 \\
\text{Dextrose aus Maltose} &= 2,105 \\
\hline
\text{Differenz (Dextrose aus Dextrin)} &= 2,895,
\end{aligned}$$

und da 10 Gewichtsteile Dextrose 9 Gewichtsteilen Dextrin entsprechen, so ergiebt nach dem Ansatz

$10 : 9 = 2,895 : x = 2,6$ **Dextrin** in 100 cc Bier.

Beurteilung des Bieres.

Normales, gut vergorenes Bier muß vollständig klar und reich an Kohlensäure sein, sowie einen angenehmen, erfrischenden Geschmack zeigen. Dabei ist zu berücksichtigen, daß vollständig reife Biere Hefezellen enthalten können. Stärkere Ausscheidungen von Stärke und Eiweiß sind auf fehlerhafte Beschaffenheit des Rohmaterials und auf eine mangelhafte Bereitung des Bieres zurückzuführen.

Schwache Eiweiß-, Harz- und Gummitrübungen sind nicht direkt zu beanstanden; infolge von abnormer Vergärung durch Hefezellen getrübtes, schal oder sauer gewordenes Bier ist zu beanstanden.

Der **Vergärungsgrad** der Schenk- und Lagerbiere liegt selten unter 48°/o. Obergärige Biere zeigen meistens einen höheren Vergärungsgrad als untergärige.

Der **Stickstoffgehalt** des Bierextraktes liegt bei Gerstenbier nur in seltenen Fällen unter 0,9°/o; durch die Verwendung von Surrogaten wird der Stickstoffgehalt vermindert.

Die im Biere vorhandene **Säure** soll zur Neutralisation nicht mehr als 3 cc Normalalkali für 100 cc Bier erfordern, somit nicht mehr als 0,27 % Milchsäure enthalten.

Der Gehalt des Bieres an **Mineralstoffen** soll 0,3 % nicht überschreiten; ein höherer Aschegehalt läßt auf einen Zusatz von Moussierpulver oder von Entsäuerungsmitteln schließen.

Der **Glyceringehalt** pflegt höchstens 0,3 % zu betragen.

Konservierungsmittel, wie Salicylsäure, Benzoësäure, Borsäure, Calciumbisulfit u. dergl., sowie die oben erwähnten, teilweise giftigen Ersatzmittel für Hopfen darf das Bier nicht enthalten.

Der Gehalt des Bieres an **schwefliger Säure,** der teilweise aus dem Hopfen, zu dessen Konservierung schweflige Säure verwendet wird, stammen kann, darf 10 Milligramm im Liter nicht überschreiten; ein höherer Gehalt deutet auf einen Zusatz von Calciumbisulfit zum Bier.

Im Anschluß hieran möge noch einiges über den Vertrieb des Bieres, über den Ausschank desselben mittelst **Bierpressionen,** durch welche bei nicht sorgfältiger Reinhaltung dem Biere nicht unbedenkliche Verunreinigungen zugeführt werden können, gesagt werden.

Als beste Bierdruckvorrichtungen sind entschieden jene mit **flüssiger Kohlensäure** zu bezeichnen, bei denen eine längere Röhrenleitung überhaupt in Wegfall kommt. Dieselben sind jedoch nicht überall einführbar, da sie das Bier noch erheblich verteuern.

Bei den meisten, namentlich bei den auf dem Lande bestehenden Bierpressionen wird das Bier durch Luftdruck vom Keller in die Schänke gepreßt und muß einen oft sehr langen Weg durch Leitungsröhren passieren. Die Luftkessel der Pressionen stehen im Keller und die zur Speisung derselben dienende Luft wird häufig nicht aus den gesundesten Luftschichten, aus engen Höfen u. s. w. entnommen.

Wenn die Bierleitungsröhren nicht regelmäßig gereinigt werden und ein Zurückschlagen von Bier in die Luftkessel durch Anbringung von Rückschlagsventilen nicht sorgfältig verhindert wird, so sammelt sich in denselben eine erhebliche Menge Schmutz an, die der Konsument unter Umständen im Biere trinken muß.

Die in Karlsruhe bestehende, unten folgende ortspolizeiliche Vorschrift bezüglich der Einrichtung und Reinhaltung der Bierpressionen ist bei ordnungsmäßiger Handhabung und scharfer Kontrolle geeignet, diesen Mißständen vorzubeugen.

Ortspolizeiliche Vorschrift

vom 2. Januar 1880,

die Einrichtung und Reinhaltung der Bierpressionen betr.

§ 1. Die dem Bierdurchlauf dienenden Röhren der Bierpressionen müssen aus reinem Zinn gefertigt sein. Zur Herstellung der Verbindung zwischen den einzelnen Leitungsteilen dürfen nur sog. englische Gummischläuche (d. h. solche, die keine giftigen Metallsalze enthalten und in dieser Beziehung den Anforderungen des Reichsgesetzes vom 25. Juni 1887 entsprechen) verwendet werden. Der Gebrauch von Röhren aus Blei oder aus mit Blei gemischtem Zinn (wenn der Gehalt der Legierung an Blei in 100 Gewichtsteilen mehr als ein Gewichtsteil beträgt) oder von Verbindungsstücken aus gewöhnlichem Kautschuk ist unzulässig.

§ 2. Um das Zurücktreten von Bier in den Luftkessel zu verhindern, ist zwischen dem letzteren und dem Faß ein Zwischenapparat (Luftverteiler) eingeschaltet, an dessen tiefster Stelle ein Hahn angebracht sein muß, durch welchen etwa in die Luftleitung gelangtes Bier abgelassen werden kann.

§ 3. Den Bestimmungen der §§ 1 und 2 nicht entsprechende Pressionen sind binnen zwei Monaten von Verkündigung dieser Polizeiverordnung an vorschriftsgemäß herzustellen.

§ 4. Die Luft, welche auf das Bier gepreßt wird, muß an einem vor Staub und schädlichen Ausdünstungen geschützten Orte und in der Regel außerhalb des Kellers geschöpft werden. Die Verwendung von Kellerluft ist nur unter Anwendung eines genügenden Luftfilters gestattet.

Auch für Pressionen, welche Luft nicht aus dem Keller schöpfen, kann das Bezirksamt die Verwendung eines Luftfilters vorschreiben, sofern es nach den lokalen Verhältnissen als geboten erscheint.

§ 5. Die dem Bierdurchlauf dienenden Teile der Pression sind täglich abends nach Einstellung des Betriebes mit kaltem, reinem Wasser zu durchspülen und dann mit solchem zu füllen; letzteres muß bis zur Wiederbenutzung der Pression in den Röhren stehen bleiben.

Die Bierleitung, einschließlich des Luftverteilers, ist ferner im Winter zweimal, im Sommer dreimal monatlich in der Weise zu reinigen, daß dieselbe zunächst mit komprimiertem Wasserdampf genügend ausgedampft, dann mit heißem und zuletzt mit kaltem Wasser nachgespült wird.

§ 6. Die Brauereigenossenschaft hat sich verpflichtet, die periodische Reinigung mit Dampf auf Anmeldung und gegen Entrichtung der geordneten Gebühren bei jeder in der Stadt in Gebrauch befindlichen Pression vorzunehmen, auch wenn der Eigentümer derselben nicht zur Genossenschaft gehört.

Die für die einmalige Dampfreinigung zu entrichtende Gebühr beträgt vorbehaltlich der durch das Bezirksamt mit Zu-

stimmung der Brauereigenossenschaft zu verfügenden Abänderung
für Pressionen mit einer oder zwei Leitungen 1 M. 20 Pf., für
solche mit drei oder vier Leitungen 1 M. 80 Pf.

§ 7. Beschwerden entscheidet das Bezirksamt.

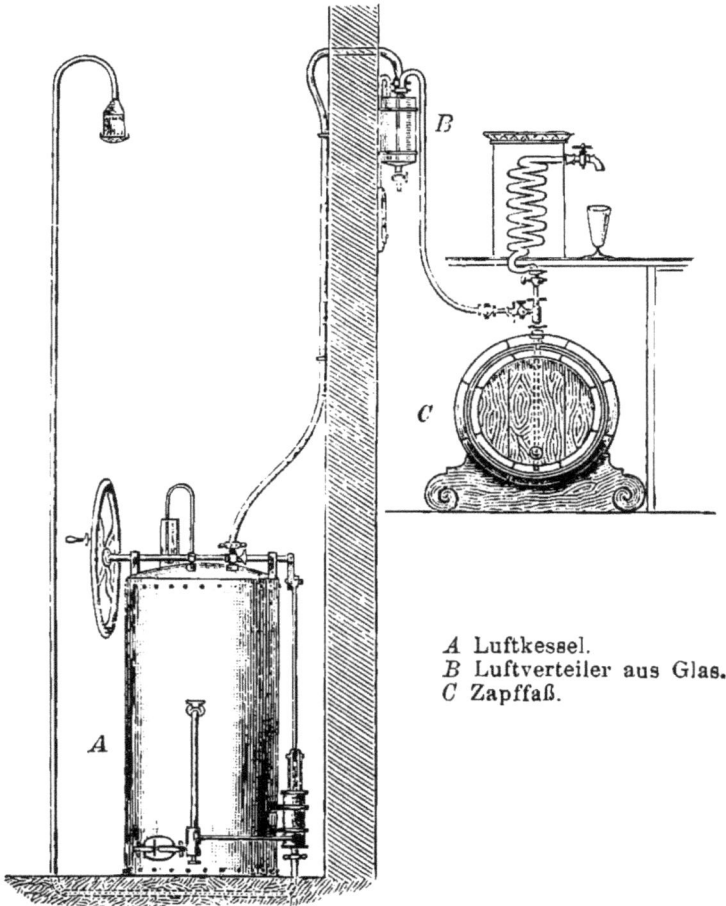

Fig. 38. Bierpression.

A Luftkessel.
B Luftverteiler aus Glas.
C Zapffaß.

Litteratur: PRIOR, Chemie und Physiologie des Malzes
und des Bieres.

IX. Branntwein.

Unter **Branntwein** versteht man die aus vergoreuen, zuckerhaltigen Maischen oder alkoholhaltigen Flüssigkeiten gewonnenen Destillationsprodukte.

Zur Herstellung von Branntwein dienen teils **zuckerhaltige Rohstoffe**, wie Rohrzucker- und Rübenzuckermelasse, sowie Obst, namentlich Kirschen und Zwetschgen nach dem Vergären derselben durch Hefe, teils **stärkemehlhaltige Rohmaterialien**, wie Getreide, Mais, Reis, Kartoffeln nach Umwandelung der Stärke durch Diastase, dem wesentlichen Bestandteil des Malzes.

Der bei der Destillation der aus den genannten Stoffen erhaltenen und vergorenen Maischen zuerst übergehende Teil heißt »Vorlauf« und enthält die meisten Aldehyde, der zunächst folgende Teil besteht hauptsächlich aus **Äthylalkohol** (Wein- oder Feinsprit) und der zuletzt übergehende Teil, welcher am reichsten an Fuselölen und an Säure ist, wird als »Nachlauf« bezeichnet.

Der im Handel zu den verschiedensten Gebrauchszwecken vorkommende Sprit wird fast ausschließlich aus Kartoffeln, weniger aus Roggen und Mais hergestellt. Derselbe enthält oft reichliche Mengen, bis zu 3 Prozent, an Fuselölen, einem Bestandteil fast aller Branntweine, welche je nach der vorhandenen Menge die Beschaffenheit des Branntweins zu vermindern geeignet sind.

Im folgenden haben wir uns hauptsächlich mit der Prüfung der **Trinkbranntweine** zu beschäftigen, die teils durch Verdünnung der aus Rohstoffen gewonnenen 80 bis 82 Proz. Alkohol enthaltenen Destillate mit Wasser, oder durch Vermischen derselben mit aromatischen und bitteren Essenzen bereitet werden, teils aber auch aus besonders für diesen Zweck hergestellten Maischen gewonnen sind, die bei der Destillation einen Branntwein von der gewünschten geringeren Stärke liefern.

Zu den letzteren gehören von den feineren Obstbranntweinen

das **Kirsch-** und **Zwetschgenwasser,** deren Herstellung im Großherzogtum Baden zu einem bedeutenden Industrie-

zweige geworden ist. Im badischen Schwarzwald, namentlich im Rench- und Kinzigthale, werden die dort in großen
Mengen angepflanzten Kirschen (Schwarzkirschen) in Bottiche eingestampft und der freiwilligen Gärung überlassen.
Die Destillation, das »Abbrennen«, geschieht dort meist
in ganz einfachen Apparaten, in kleinen, mit kupfernen
Kühlschlangen versehenen Destillierblasen über freiem Feuer.

Die vergorene Kirschmaische liefert hierbei ein Destillat, welches durchschnittlich 48—52 Volumprozente
Alkohol und kleine Mengen von Essigsäure und Blausäure
neben anderen aromatischen Stoffen enthält.

Ein charakteristischer Bestandteil des Kirschwassers
ist die **Blausäure,** welche sich durch die Zersetzung des
in den Kernen der Steinfrüchte enthaltenen Amygdalins
bildet und in das Destillat übergeht. Die Menge derselben
ist von der Kirschensorte, sowie von der Art des Ein-
maischens abhängig. Je mehr die Steine der Früchte in
der Maische zerkleinert (zerquetscht) werden, desto reicher
wird das Kirschwasser an Blausäure.

Kleine Mengen von **Essigsäure** sind in jedem aus
vergorener Maische hergestellten Kirsch- oder Zwetschgenwasser enthalten.

Von anorganischen Bestandteilen dieser Branntweine
findet man außer Spuren von **Kalk,** welcher aus den bei
einer stürmischen Destillation mit ins Destillat übergeris-
senen Teilchen der Maische stammt, in den meisten Fällen
noch Spuren von **Kupfersalzen,** namentlich in solchen
Branntweinen, die in kleineren Betrieben mit den oben
erwähnten einfachen Brennapparaten gewonnen worden
sind, indem aus den kupfernen Kühlschlangen, durch die
infolge der in der Maische gebildeten Essigsäure schwach
sauren Destillate, Spuren von Kupfer in Lösung gehen.

Die Untersuchung der Trinkbranntweine.

Probeentnahme: Zur Untersuchung sind Mengen von mindestens ³/₄—1 Liter in reinen, trockenen Flaschen einzusenden.

In Fällen, bei denen Fälschungen vermutet werden, empfiehlt es sich, eine Probe von dem in den betreffenden Betrieben
zur Verwendung gelangenden Wasser mit einzuliefern.

Die Prüfung der Trinkbranntweine auf ihre Reinheit
und Echtheit erstreckt sich auf:

1. Die **Bestimmung** des spezifischen **Gewichts** auf aräometrischem Wege oder mittelst der WESTPHAL'schen Wage.

2. Die **Bestimmung** des **Alkohols**. Derselbe wird in Branntweinen, die nur Alkohol und Wasser enthalten, aus dem spezifischen Gewichte desselben nach den von der Normalaichungskommission zusammengestellten Alkoholtabellen (s. unten) ermittelt, oder mittelst des Alkoholometers von TRALLES, welcher den Alkoholgehalt in Volumprozenten angiebt. Bei Branntweinen, die außer Alkohol und Wasser noch reichliche Mengen an ätherischem Öl oder Zucker und Extraktivstoffe enthalten, hat die Alkoholbestimmung wie beim Wein durch Destillation zu geschehen.

3. Der **Extraktgehalt** wird durch Abdampfen von 100 cc Branntwein auf dem Wasserbad und durch etwa einstündiges Trocknen des Rückstandes bei 100° C. bestimmt.

4. Der Gehalt an **Mineralstoffen** (Asche) ergiebt sich beim Einäschern des Extraktes.

5. Die **Kalkbestimmung** wird in der aus etwa 200 bis 300 cc Branntwein erhaltenen Asche nach der üblichen Methode mit Ammoniumoxalat ausgeführt.

6. Die **Essigsäure** wird durch Titrieren von 100 cc Branntwein mit $^1/_{10}$ Normalnatronlauge unter Zusatz von einigen Tropfen Phenolphthaleïnlösung bestimmt.

7. Der **Blausäuregehalt** wird durch Titration des Branntweins mit $^1/_{10}$ Normalsilbernitratlösung ermittelt. 1 cc $^1/_{10}$ Normalsilbernitratlösung = 0,0054 Blausäure.

8. Der **Zuckergehalt** wird in der von Weingeist befreiten Flüssigkeit mittelst FEHLING'scher Lösung vor und nach der Inversion bestimmt und als Invert- und Rohrzucker berechnet.

9. Die **Bestimmung** des **Fuselöls** ist nach den unten folgenden, vom Reichskanzleramt erlassenen Vorschriften auszuführen. Die Methode beruht darauf, daß Chloroform die höheren Glieder der Alkohole der Methanreihe leicht aus einer wässerigen Lösung aufnimmt und dadurch sein Volum vergrößert, während Äthylalkohol in einer gewissen Verdünnung in viel geringerer Menge löslich ist.

Die **Trinkbranntweine** unterliegen häufig Fälschungen

durch Vermischen derselben mit fuselhaltigem Sprit sowie mit Essenzen (Bittermandelöl, Kirschlorbeerwasser, Branntweinbasis u. s. w.), oder durch Verdünnen von echter Ware mit Wasser.

Reine, gebrannte, d. h. destillierte Produkte sollen ganz flüchtig sein, nicht flüchtige, namentlich Mineralsubstanzen sollen dieselben nicht oder nur in geringen Spuren enthalten. Ein mit gewöhnlichem Wasser verdünntes Kirschwasser ist erkenntlich an seinem Gehalt an Kalk, der ein allgemeiner Bestandteil des Brunnenwassers zu sein pflegt. Reine Ware enthält höchstens 0,010 gr Kalk (CaO) im Liter, ein höherer Kalkgehalt deutet auf eine Fälschung des Kirschwassers, auf eine Mischung mit Sprit und Brunnenwasser.

Beachtenswert ist ferner das Verhalten des Kirschwassers, überhaupt der blausäurehaltigen Destillate, gegen **Quajakholztinktur** und **Kupfersalzlösung.**

Das Quajakholz enthält ein Harz, welches in weingeistiger Lösung bei der gleichzeitigen Anwesenheit von Blausäure und Spuren von Kupfersalzen eine tiefblaue Farbe liefert.

Versetzt man etwa 10 cc Kirschwasser mit 2 cc einer durch Schütteln von Quajakholz mit 90 % Alkohol bis zur weingelben Farbe frisch bereiteter Quajakholztinktur, so färbt sich das Kirschwasser, wenn es Blausäure neben Spuren von Kupfersalzen enthält, blau. Tritt die Blaufärbung nicht ein, so kann Blausäure vorhanden sein, aber das Kirschwasser enthält kein Kupfer. Fügt man daher einige Tropfen einer 0,5 %igen Kupfervitriollösung hinzu, so muß die Blaufärbung hervortreten. Wird der Branntwein weder durch Quajakholztinktur für sich, noch auf Zusatz einer kleinen Menge eines Kupfersalzes blau, so enthält er sicher keine Spuren von Blausäure und dann liegt die Wahrscheinlichkeit vor, daß der Branntwein kein echtes Kirschwasser darstellt. Ein weiteres Merkmal für echtes Kirschwasser ist, wie schon oben erwähnt, das Vorhandensein von **Essigsäure,** die sich in der Kirschmaische bildet und bis zu 0,17 % im Kirschwasser vorzukommen pflegt.

Im übrigen ist es, namentlich wenn zum Verdünnen von Branntwein destilliertes Wasser verwendet worden ist,

sehr schwierig, echtes von gefälschtem Kirschwasser zu
unterscheiden und giebt, wie bei fast allen Branntweinen,
die Prüfung durch Geruch und Geschmack in manchen
Fällen bessere Anhaltspunkte zur Beurteilung derselben
als die chemische Untersuchung.

Die in unserem Laboratorium vorgenommenen Untersuchungen von notorisch reinem Schwarzwälder Kirschwasser führten zu folgenden Resultaten:

Reines Kirschwasser.

Alkohol Volum %.	Extrakt.	Asche.	Kalk.	Essig-säure.	Blau-säure.		Kupfer.	
			100 cc Branntwein enthalten Gramme:					
1	50,2	0,190	0,008	0,0010	0,049	schwach	Spuren	
2	50,0	0,050	0,010	0,0006	0,113	stark	»	
3	48,5	0,050	0,005	—	0,163	»	»	
4	51,0	0,050	0,005	—	0,106	»	»	
5	52,0	0,030	0,006	—	0,030	»	»	
6	64,5	0,050	0,023	0,0004	0,064	»	reichlich	
7	56,0	0,050	0,020	—	0,078	»	»	
8	53,0	0,070	0,024	Spuren	0,047	»	»	
9	52,7	0,060	0,008	0,0010	0,061	»	Spuren	
10	53,0	0,046	0,010	—	0,064	»	»	
11	47,2	0,075	0,030	0,0006	0,055	schwach	»	
12	49,5	0,105	0,020	Spuren	0,018	sehr schwach	»	
13	50,1	0,009	0,002	—	0,141	—	—	
14	53,3	0,007	0,001	—	0,070	—	—	

Großh. Lebensmittel-Prüfungsstation Karlsruhe.

FRESENIUS 1890.

Zwetschgenwasser.

1	49,8	0,242	0,114	0,0600	0,0156	sehr schwach	—
2	47,5	0,220	0,100	0,0600	0,0080	»	—

Cognac.

Cognac ist ein Destillat aus dem Weine und wird
namentlich in Frankreich, wo hinreichende Mengen

11*

von geeignetem Rohmaterial (Wein) vorhanden sind, hergestellt.

Die zur Cognacbereitung dienenden Weine teilt STAMER nach ihrer Beschaffenheit in drei Gruppen ein:

1. Weine, welche durch Traubensorte, Kultur und Behandlung des Mostes und Weines ein besonderes in den Branntwein übergehendes Aroma enthalten, wie sie namentlich in einigen Gegenden Frankreichs, so in der Charente mit der Stadt Cognac, vorkommen.

2. Geringwertige Weine, die aber den erforderlichen Gehalt an Weingeist besitzen, die sog. »Blasenweine«.

3. Weine, welche durch Krankheiten, durch unrichtige Behandlung u. s. w. zum Genusse ungeeignet sind.

Nach J. DE BREVANS unterscheidet man sechs verschiedene Sorten von Cognac, die sich nach ihrer Qualität in folgende Reihe ordnen:

1. **La grande champagne** oder **fine champagne,** der edelste Cognac, weil er als **Liqueurzusatz** für die besten Champagnersorten verwendet wird. Derselbe besitzt ein vorzügliches Aroma und wird hauptsächlich in der Charente hergestellt.

2. **La petite champagne,** ein in der Gegend von Château-neuf bereiteter Cognac.

3. **Les borderies** oder **premiers bois,** Branntweine, die hauptsächlich in Cognac, Hiersac, Jarnac, Matha, Angoulème, Barbezieux, Jonzac, Pons und Saintes auf den Markt kommen.

4. **Les deuxièmes bois, bon bois** aus Rouillac und St. Jean d'Angély.

5. **Saintonge,** Branntweine, welche in der Gironde zwischen Mortagne und Rochelle erzeugt werden.

6. **Rochelle,** alle Branntweine, welche von Weinen stammen, die auf salzhaltigem Boden in der Nähe des Meeres angebaut sind.

Die Destillation wird nach abgelaufener Gärung meist in dem der Ernte folgenden Winter ausgeführt und zwar in den einfachsten Brennapparaten.

Der fertige Cognac wird in eichenen Fässern gelagert, aus welchen derselbe mit einem gewissen Alter Extraktivstoffe aufnimmt und hierdurch die für Cognac beliebte, dunkelgoldgelbe Farbe erhält. Künstlich wird dem Cognac diese Farbe durch **Karamel** (gebrannter Zucker) erteilt.

Außer in Frankreich wird in Ungarn, Spanien, Italien, Kalifornien Cognac fabriziert; auch in Deutschland bestehen seit einiger Zeit Cognacbrennereien, die recht gute Ware in den Handel bringen.

Die Bestandteile des Cognacs sind im allgemeinen folgende:

Aldehyd, Äthylalkohol, Propyl-, Isobatyl- und Amylalkohol, Furfurol, Basen, Weinöl, Essigsäure, Buttersäure, Isobutylenglycol und Glycerin.

Der **Alkoholgehalt** des Cognacs ist verschieden und schwankt zwischen 47 und 70 Volumprozent.

Echter Cognac enthält nur Spuren von Mineralbestandteilen, irgend erhebliche Mengen von Kalk u. s. w. lassen auf einen Zusatz von Wasser bezw. auf einen Verschnitt mit Sprit und Brunnenwasser schließen.

Essigsäure gehört zu den normalen Bestandteilen des Cognacs, während dieselbe in künstlichem Cognac nur in sehr geringen Mengen vorkommt oder häufig ganz fehlt.

Nachahmungen und Fälschungen des Cognacs.

In neuerer Zeit kommen große Mengen von künstlichen, d. h. auf dem sog. kalten Wege, durch Vermischen von Kartoffelsprit mit Wasser, und aromatischen Essenzen hergestellte, sehr minderwertige Getränke in den Handel. Dieselben sind nicht selten mittelst Theerfarbstoffen (Rumbraun) gefärbt.

Die künstlichen Cognacessenzen sind von der verschiedensten Zusammensetzung und enthalten in der Regel: Essigäther, Ameisensäureäthyläther, Salpeteräther, Kokosäther, Holzessig, alkoholische Auszüge aus Veilchenwurzel, Vanille, chinesischem Thee, Eichenholz, Galläpfeln u. dergl.

Schon aus dem Preise (1,50—2 Mk. pro Liter) dieser minderwertigen Produkte, die auch unter der Bezeichnung «Façonware« in den Verkehr gebracht werden, geht hervor, daß dieselben nicht durch Destillation aus Wein gewonnen sein können.

Analysen von Cognac.

Bezeichnung	Spezifisches Gewicht	Alkohol Volum %.	Extrakt.	Mineral-stoffe.	Essigsäure.	Invertzucker.	Rohrzucker.	Gesamt-zucker.	Fuselöl.
			100 cc Cognac enthalten Gramme:						
1. Château de la Sablière*)	0,9426	47,8	1,258	0,021	0,038	0,610	0,427	1,006	0,167
2. Cognac einer Bremer Firma	0,9223	57,8	1,282	0,020	0,036	0,240	0,815	1,042	0,079
3. Kalifornischer Cognac	0,9285	53,6	0,451	0,009	0,034	0,190	0,137 nach der Invers.	0,317	0,151
4. Cognac**)	0,9332	50,7	1,020	0,014	0,044	0,740	0,919	—	—
5. »	0,9314	51,1	0,562	0,016	0,089	0,283	0,380	—	—
6. »***)	0,9330	52,1	0,800	0,020	0,040	0,300	0,750	—	—
7. »	0,9315	50,9	0,950	0,022	0,054	0,450	0,820	—	—
8. »	0,9340	50,2	0,980	0,021	0,046	0,350	0,650	—	—
9. »	0,9220	58,0	0,991	0,019	0,035	0,300	0,500	—	—

*) Sell, Arb. d. Kaiserl. Gesundheitsamts, siehe auch Rum und Arak.
**) Fresenius, Zeitschr. f. analyt. Chem. 1890 » » » »
***) Rupp, Großh. Lebensmittel-Prüfungsstation » » » »

Die Erkennung der Echtheit eines Cognacs ist äußerst schwierig und giebt die chemische Untersuchung nur in seltenen Fällen Anhaltspunkte, die mit Sicherheit auf eine Fälschung schließen lassen. Eine sichere Beurteilung gelingt am besten von sachverständiger Seite nach dem Geruche und dem Geschmacke der vorliegenden Ware. Bezüglich des Färbens des Cognacs mit Karamel bezw. der Ermittelung eines etwaigen Zuckerzusatzes mittelst FEHLING'scher Lösung ist zu bemerken, daß echter Cognac ebenfalls alkalische Kupferlösung reduzierende Bestandteile enthält, welche bei der Zuckerbestimmung berücksichtigt werden müssen. Man ist deshalb auf der letzten Versammlung bayerischer Vertreter der angewandten Chemie übereingekommen, die höchst zulässige Grenze für den Gehalt eines Cognacs an durch FEHLING'sche Lösung reduzierbaren Stoffen auf 0,8 Proz. festzusetzen und einen Cognac, der mehr als 0,8 Proz. Zucker enthält, als »künstlich versüßt« zu bezeichnen.

Rum.

Rum wird hauptsächlich in Westindien auf den Inseln Jamaica, Cuba, St. Thomas, St. Croix, St. Vincent, Trinidad, Guadeloupe und Martinique aus der Melasse des Zuckerrohrsaftes, welche bei der Krystallisation des Rohrzuckers zurückbleibt, hergestellt. Die mit Wasser verdünnte und der alkoholischen Gärung überlassene Melasse liefert bei der Destillation Rum.

Der frisch destillierte Rum ist farblos und erhält seine dunkelgelbe Farbe erst beim Lagern in eichenen Fässern durch Aufnahme von Extraktivstoffen aus denselben oder künstlich durch Karamel. Das dem Jamaica-Rum eigene Aroma soll von den in dem Zuckerrohr enthaltenen flüchtigen Ölen herrühren.

Der **Alkoholgehalt** des Rums beträgt zwischen 73 und 77 Proz. TRALLES.

Charakteristische Bestandteile des Rums bilden flüchtige Säuren, wie Butter- und Ameisensäure, welch letztere jedoch nicht in allen Rumsorten enthalten ist.

Analysen von Rum.

Bezeichnung.	Spezifisches Gewicht.	Alkohol Volum %.	Extrakt.	Mineralstoffe.	Essigsäure.	Invertzucker.	Rohrzucker.	Fuselöl. Volum %.
			100 cc Rum enthalten Gramme:					
Jamaica 1	0,8808	74,3	0,536	0,010	0,072	0,199	0,087	0,141
Cuba-Rum 1 . . .	0,8780	74,7	0,063	0,004	0,105	—	—	0,114
Rum I	0,8735	76.7	0,680	0,007	0,089	0,360	0,507	—
» II	0,8811	73,5	0,339	0,007	0,139	0,144	0,178	—
» III	0,8820	72,2	0,550	0,006	0,080	0,244	0,320	—
» IV	0,8730	75,8	0,490	0,005	0,106	0,300	0,420	—

Der **echte Rum** soll folgende Eigenschaften besitzen: Das wässerige Destillat soll beim Verreiben auf der Hand einen starken bleibenden Geruch zeigen, während bei verschnittenem Rum dieser Geruch in geringerem Grade auftreten soll und bei Kunstrum überhaupt kein Geruch wahrzunehmen ist.

Im übrigen gilt für die Beurteilung des Rums dasselbe wie für Cognac.

Arak.

Arak wird auf Java, auf der Küste von Malabar, sowie auf Ceylon und Siam hergestellt. In Ceylon wird Arak aus dem zuckerhaltigen Safte des Blütenkolbens der Kokospalme, Cocos nucifera, nach der Vergärung desselben destilliert; auf Java wird derselbe nach STOHMANN*) aus Melasse, Reismaische und Palmwein gewonnen.

Der Arak besitzt ein feines, durchdringendes Aroma, eine wasserhelle bis gelbliche Farbe und enthält 58—60 Proz. Alkohol.

---

*) MUSPRATT, 3. Aufl.

Analysen von Arak.

Bezeichnung.	Spezifisches Gewicht.	Alkohol Volum %.	Extrakt.	Mineral-stoffe.	Essigsäure.	Invert-zucker.	Rohrzucker.
Batavia-Arak	0,9215	56,50	0,084	0,014	0,084	0,017	0,004
Cheribon-Arak . . .	0,9174	58,10	0,073	0,028	0,061	—	—
Batavia-Arak	0,9132	59,90	0,062	0,004	0,180	—	—
» »	0,9141	59,50	0,161	0,016	0,087	—	—
Arac de Batavia . .	0,9220	55,80	0,095	0,020	0,072	0,015	0,005
Feinster Arak . . .	0,9142	59,00	0,200	0,019	0,120	Spuren	—

100 cc Arak enthalten Gramme:

Bezüglich der Beurteilung ist es ebenso schwierig wie bei den genannten übrigen Branntweinen, die Echtheit oder Fälschung durch die chemische Untersuchung fest-zustellen, und sind auch hier der Geruch und der Ge-schmack häufig die besten Erkennungsmittel.

Rum und Arak werden vielfach nachgeahmt und sollen nach SELL.*) folgende Rezepte für die Fälschung derselben bestehen:

Für Arak:

1) Johannisbrot wird mit Wasser abgekocht, die Abkochung abgeseiht und mit Theeaufguß und Spiritus vermischt.

2) Schwefelsäure, Braunstein, Holzessig, Kartoffelfuselöl und Weingeist werden destilliert, das Destillat wird mit Theetinktur, Vanilletinktur, Pomeranzenblütenöl und mit Weingeist versetzt.

Für Rum:

Buttersäure, Ameisensäure, Essigsäure, Salpetersäureäthyl-ester, Zimtöl, Weinbeeröl, Orangenöl u. s. w. und als oxydierendes Gemisch: Schwefelsäure, Braunstein, Alkohol, Holzessig und Stärke.

Liqueure.

Liqueure sind Gemische von Branntwein, Zucker und aromatischen Pflanzensubstanzen. Dieselben werden her-gestellt teils durch Vermischen von alkoholischen Auszügen aromatischer Pflanzenteile, wie Blüten, Früchten, Kräutern, Rinden und Wurzeln, mit Zuckersyrup, teils durch Ver-

---

*) SELL, Arb. aus dem Kais. Gesundheitsamt, Bd. VI, VII.

setzen versüßter Branntweine mit ätherischen Pflanzenölen
oder durch Destillation der oben genannten Pflanzenteile
mit Weingeist und Versüßen des Destillats mit Zuckerlösungen.

Zum Färben der Liqueure werden folgende unschäd-
liche Farbstoffe verwendet:

Rot: Cochenille, Karmin, Sandelholz und Heidel-
beersaft.

Gelb: Curcumawurzel, Safflor, Ringelblumen.

Blau: Indigokarmin.

Grün: Mischungen von Indigoblau und Curcumagelb.

Braun: Karamel (gebrannter Zucker).

Anilinfarbstoffe werden selten verwendet und sind
leicht zu erkennen.

Für den Gehalt der Liqueure an den einzelnen Bestandteilen giebt es keine Normen; dieselben enthalten
im allgemeinen 20—40 Volumprozente Alkohol und ebensoviel Rohrzucker. Die Untersuchung derselben erstreckt
sich auf den Gehalt an Alkohol (durch Destillation) sowie
an Extrakt, Zucker, Säure, Asche und Farbstoff.

Analysen von Liqueuren.

100 cc Liqueure ent-halten Gramme:	Alkohol		Extrakt.	Zucker.	Mineral-stoffe.
	Volum-%.	Gewichts-%.			
Absynth	55,0	44,0	1,80	1,10	0,220
Anis	40,0	32,0	33,20	30,90	0,310
Kümmel	32,5	26,0	29,80	28,20	0,100
Pfeffermünz	35,0	28,0	44,00	43,20	0,090
Vanille	41,0	32,8	35,00	34,00	0,046
Angostura	48,0	38,4	12,00	7,50	0,140
Curaçao	52,5	42,0	27,90	26,50	0,075
Benediktiner	53,0	42,4	35,00	33,40	0,110
Boonekamp	40,6	50,8	4,10	Spuren	0,425
Chartreuse	44,0	35,2	35,40	34,00	0,091
Schwed. Punsch . .	25,5	20,3	29,80	27,40	0,060

Tabelle zur Ermittelung des Alkoholgehaltes in Alkoholwassermischungen aus dem spezifischen Gewichte desselben.

Spezifische Gewichte von Alkoholwassermischungen nach Gewichtsprozenten für die Normaltemperatur 15° des Wasserstoffthermometers, bezogen auf Wasser von 15°.

Pro-zent.	Spezif. Gewicht.	Pro-zent.	Spezif. Gewicht.	Pro-zent.	Spezif. Gewicht.	Pro-zent.	Spezif. Gewicht.
0,0	1,000000	3,0	0,994535	6,0	0,989631	9,0	0,985275
1	0,999811	1	994362	1	989477	1	985138
2	999621	2	994190	2	989324	2	985002
3	999432	3	994018	3	989172	3	984866
4	999243	4	993847	4	989020	4	984731
5	999055	5	993677	5	988869	5	984596
6	998867	6	993507	6	988718	6	984461
7	998680	7	993338	7	988568	7	984327
8	998493	8	993170	8	988419	8	984193
9	998307	9	993002	9	988270	9	984059
1,0	998121	4,0	992835	7,0	988122	10,0	983926
1	997936	1	992669	1	987974	1	983793
2	997752	2	992504	2	987827	2	983661
3	997568	3	992339	3	987681	3	983529
4	997385	4	992175	4	987535	4	983398
5	997202	5	992011	5	987390	5	983267
6	997020	6	991848	6	987245	6	983136
7	996839	7	991685	7	987101	7	983006
8	996658	8	991523	8	986957	8	982876
9	996478	9	991362	9	986814	9	982747
2,0	996298	5,0	991201	8,0	986672	11,0	982618
1	996119	1	991041	1	986530	1	982489
2	995940	2	990882	2	986389	2	982361
3	995762	3	990723	3	986248	3	982233
4	995585	4	990565	4	986107	4	982105
5	995408	5	990408	5	985967	5	981978
6	995232	6	990251	6	985827	6	981851
7	995057	7	990095	7	985688	7	981724
8	994882	8	989940	8	985550	8	981598
9	994708	9	989785	9	985412	9	981472
3,0	994535	6,0	989631	9,0	985275	12,0	981346

Pro-zent.	Spezif. Gewicht.	Pro-zent.	Spezif. Gewicht.	Pro-zent.	Spezif. Gewicht.	Pro-zent.	Spezif. Gewicht.
12,0	0,981346	16,0	0,976476	20,0	0,971644	24,0	0,966496
1	981220	1	976357	1	971520	1	966361
2	981095	2	976237	2	971396	2	966226
3	980970	3	976118	3	971272	3	966090
4	980845	4	975998	4	971148	4	965954
5	980721	5	975878	5	971023	5	965818
6	980597	6	975759	6	970898	6	965681
7	980473	7	975639	7	970773	7	965544
8	980349	8	975520	8	970648	8	965406
9	980226	9	975400	9	970523	9	965268
13,0	980103	17,0	975281	21,0	970398	25,0	965129
1	979980	1	975161	1	970272	1	964990
2	979857	2	975041	2	970146	2	964851
3	979734	3	974921	3	970020	3	964712
4	979612	4	974802	4	969894	4	964572
5	979490	5	974682	5	969767	5	964432
6	979368	6	974562	6	969640	6	964291
7	979246	7	974441	7	969512	7	964150
8	979124	8	974321	8	969384	8	964009
9	979002	9	974201	9	969256	9	963867
14,0	978881	18,0	974080	22,0	969128	26,0	963725
1	978760	1	973960	1	968999	1	963582
2	978639	2	973839	2	968870	2	963439
3	978518	3	973719	3	968741	3	963295
4	978397	4	973598	4	968611	4	963151
5	978276	5	973477	5	968481	5	963007
6	978156	6	973356	6	968351	6	962862
7	978035	7	973235	7	968221	7	962717
8	977915	8	973114	8	968090	8	962572
9	977795	9	972992	9	967959	9	962426
15,0	977675	19,0	972870	23,0	967828	27,0	962280
1	977555	1	972748	1	967696	1	962133
2	977435	2	972626	2	967564	2	961986
3	977315	3	972504	3	967432	3	961839
4	977195	4	972382	4	967299	4	961691
5	977075	5	972259	5	967166	5	961543
6	976955	6	972136	6	967033	6	961394
7	976835	7	972013	7	966899	7	961245
8	976715	8	971890	8	966765	8	961095
9	976596	9	971767	9	966631	9	960945
16,0	976476	20,0	971644	24,0	966496	28,0	960795

Prozent.	Spezif. Gewicht.	Prozent.	Spezif. Gewicht.	Prozent.	Spezif. Gewicht.	Prozent.	Spezif. Gewicht.
28,0	0,960795	32,0	0,954426	36,0	0,947382	40,0	0,939727
1	960644	1	954258	1	947198	1	939529
2	960493	2	954090	2	947013	2	939330
3	960341	3	953921	3	946828	3	939131
4	960189	4	953752	4	946643	4	938932
5	960036	5	953582	5	946457	5	938732
6	959883	6	953412	6	946271	6	938532
7	959729	7	953241	7	946084	7	938332
8	959575	8	953070	8	945897	8	938132
9	959421	9	952899	9	945710	9	937931
29,0	959267	33,0	952727	37,0	945522	41,0	937730
1	959112	1	952555	1	945334	1	937529
2	958956	2	952382	2	945146	2	937327
3	958800	3	952209	3	944957	3	937125
4	958643	4	952035	4	944768	4	936923
5	958486	5	951861	5	944578	5	936721
6	958329	6	951687	6	944388	6	936518
7	958171	7	951512	7	944198	7	936315
8	958013	8	951337	8	944007	8	936112
9	957855	9	951162	9	943816	9	935908
30,0	957696	34,0	950986	38,0	943625	42,0	935704
1	957536	1	950810	1	943433	1	935500
2	957376	2	950633	2	943241	2	935295
3	957216	3	950456	3	943049	3	935090
4	957055	4	950278	4	942856	4	934885
5	956894	5	950100	5	942663	5	934680
6	956733	6	949922	6	942470	6	934474
7	956571	7	949743	7	942276	7	934268
8	956409	8	949504	8	942082	8	934062
9	956246	9	949384	9	941887	9	933856
31,0	956083	35,0	949204	39,0	941692	43,0	933650
1	955919	1	949024	1	941497	1	933443
2	955755	2	948843	2	941301	2	933236
3	955590	3	948662	3	941105	3	933029
4	955425	4	948480	4	940909	4	932821
5	955259	5	948298	5	940713	5	932613
6	955093	6	948116	6	940516	6	932405
7	954927	7	947933	7	940319	7	932197
8	954760	8	947750	8	940122	8	931988
9	954593	9	947566	9	939925	9	931779
32,0	954426	36,0	947382	40,0	939727	44,0	931570

Pro- zent.	Spezif. Gewicht.	Pro- zent.	Spezif. Gewicht.	Pro- zent.	Spezif. Gewicht.	Pro- zent.	Spezif. Gewicht.
44,0	0,931570	48,0	0,923029	52,0	0,914209	56,0	0,905194
1	931360	1	922811	1	913985	1	904967
2	931150	2	922593	2	913762	2	904739
3	930940	3	922375	3	913538	3	904512
4	930730	4	922157	4	913315	4	904284
5	930520	5	921939	5	913091	5	904056
6	930309	6	921721	6	912867	6	903828
7	930099	7	921503	7	912643	7	903600
8	929888	8	921284	8	912419	8	903372
9	929677	9	921065	9	912195	9	903144
45,0	929466	49,0	920846	53,0	911971	57,0	902916
1	929254	1	920627	1	911747	1	902688
2	929042	2	920408	2	911522	2	902459
3	928830	3	920188	3	911298	3	902231
4	928618	4	919969	4	911073	4	902003
5	928405	5	919749	5	910848	5	901775
6	928193	6	919529	6	910623	6	901546
7	927980	7	919309	· 7	910398	7	901317
8	927767	8	919089	8	910173	8	901088
9	927554	9	918868	9	909947	9	900859
46,0	927340	50,0	918648	54,0	909722	58,0	900630
1	927127	1	918427	1	909497	1	900401
2	926913	2	918207	2	909272	2	900172
3	926699	3	917986	3	909046	3	899943
4	926485	4	917765	4	908820	4	899713
5	926270	5	917544	5	908594	5	899484
6	926055	6	917323	6	908368	6	899254
7	925840	7	917101	7	908142	7	899025
8	925625	8	916880	8	907916	8	898795
9	925410	9	916658	9	907689	9	898566
47,0	925194	51,0	916436	55,0	907463	59,0	898336
1	924979	1	916214	1	907237	1	898107
2	924763	2	915992	2	907010	2	897877
3	924547	3	915770	3	906784	3	897647
4	924331	4	915547	4	906557	4	897417
5	924114	5	915324	5	906330	5	897187
6	923897	6	915101	6	906103	6	896957
7	923680	7	914878	7	905876	7	896726
8	923463	8	914655	8	905649	8	896496
9	923246	9	914432	9	905422	9	896266
48,0	923029	52,0	914209	56,0	905194	60,0	896035

Pro-zent.	Spezif. Gewicht.	Pro-zent.	Spezif. Gewicht.	Pro-zent.	Spezif. Gewicht.	Pro-zent.	Spezif. Gewicht.
60,0	0,896035	64,0	0,886760	68,0	0,877380	72,0	0,867892
1	895804	1	886527	1	877144	1	867653
2	895574	2	886293	2	876908	2	867414
3	895343	3	886060	3	876672	3	867175
4	895112	4	885826	4	876436	4	866936
5	894881	5	885593	5	876200	5	866697
6	894650	6	885359	6	875964	6	866458
7	894419	7	885126	7	875728	7	866219
8	894188	8	884892	8	875492	8	865980
9	893957	9	884659	9	875255	9	865740
61,0	893726	65,0	884425	69,0	875019	73,0	865501
1	893495	1	884191	1	874782	1	865261
2	893263	2	883957	2	874546	2	865022
3	893032	3	883723	3	874309	3	864782
4	892800	4	883489	4	874072	4	864543
5	892569	5	883255	5	873835	5	864303
6	892337	6	833021	6	873598	6	864063
7	892106	7	882787	7	873361	7	863823
8	891874	8	882553	8	873124	8	863583
9	891643	9	882318	9	872887	9	863343
62,0	891411	66,0	882084	70,0	872650	74,0	863103
1	891179	1	881849	1	872413	1	862863
2	890947	2	881615	2	872175	2	862622
3	890715	3	881380	3	871938	3	862382
4	890483	4	881145	4	871700	4	862141
5	890251	5	880910	5	871463	5	861901
6	890019	6	880675	6	871226	6	861660
7	889786	7	880440	7	870989	7	861420
8	889554	8	880205	8	870751	8	861179
9	889321	9	879970	9	870513	9	860938
63,0	889089	67,0	879735	71,0	870275	75,0	860697
1	888856	1	879500	1	870037	1	860456
2	888624	2	879264	2	869799	2	860215
3	888391	3	879029	3	869561	3	859974
4	888158	4	878793	4	869323	4	859732
5	887925	5	878558	5	869084	5	859491
6	887692	6	878322	6	868846	6	859249
7	887459	7	878087	7	868607	7	859008
8	887226	8	877851	8	868369	8	858766
9	886993	9	877616	9	868130	9	858524
64,0	886760	68,0	877380	72,0	867892	76,0	858282

Pro-zent.	Spezif. Gewicht.	Pro-zent.	Spezif. Gewicht.	Pro-zent.	Spezif. Gewicht.	Pro-zent.	Spezif. Gewicht.
76,0	0,858282	80,0	0,848524	84,0	0,838567	88,0	0,828318
1	858040	1	848278	1	838315	1	828057
2	857798	2	848031	2	838062	2	827796
3	857556	3	847785	3	837810	3	827534
4	857314	4	847538	4	837557	4	827272
5	857071	5	847292	5	837304	5	827009
6	856829	6	847045	6	837051	6	826747
7	856586	7	846798	7	836798	7	826484
8	856344	8	846551	8	836544	8	826221
9	856101	9	846304	9	836291	9	825958
77,0	855858	81,0	846057	85,0	836037	89,0	825694
1	855615	1	845809	1	835783	1	825430
2	855372	2	845561	2	835529	2	825166
3	855129	3	845313	3	835274	3	824902
4	854886	4	845065	4	835019	4	824637
5	854643	5	844817	5	834764	5	824372
6	854399	6	844569	6	834509	6	824107
7	854156	7	844321	7	834254	7	823841
8	853912	8	844072	8	833999	8	823575
9	853668	9	843824	9	833743	9	823308
78,0	853424	82,0	843575	86,0	833487	90,0	823041
1	853180	1	843326	1	833231	1	822774
2	852936	2	843077	2	832974	2	822506
3	852692	3	842828	3	832717	3	822238
4	852448	4	842578	4	832460	4	821970
5	852204	5	842329	5	832203	5	821702
6	851959	6	842079	6	831945	6	821433
7	851714	7	841829	7	831688	7	821164
8	851469	8	841579	8	831430	8	820895
9	851224	9	841329	9	831172	9	820625
79,0	850979	83,0	841079	87,0	830914	91,0	820355
1	850734	1	840828	1	830656	1	820085
2	850489	2	840578	2	830397	2	819815
3	850244	3	840327	3	830138	3	819544
4	849998	4	840076	4	829879	4	819272
5	849753	5	839825	5	829620	5	819000
6	849507	6	839574	6	829360	6	818728
7	849262	7	839322	7	829100	7	818455
8	849016	8	839071	8	828840	8	818182
9	848770	9	838819	9	828579	9	817908
80,0	848524	84,0	838567	88,0	828318	92,0	817634

Prozent.	Spezif. Gewicht.	Prozent.	Spezif. Gewicht.	Prozent.	Spezif. Gewicht.	Prozent.	Spezif. Gewicht.
92,0	0,817634	94,0	0,812074	96,0	0,806335	98,0	0,800399
1	817360	1	811792	1	806043	1	800097
2	817085	2	811509	2	805750	2	799794
3	816810	3	811225	3	805457	3	799491
4	816535	4	810941	4	805163	4	799187
5	816259	5	810656	5	804869	5	798883
6	815983	6	810371	6	804575	6	798578
7	815707	7	810086	7	804280	7	798272
8	815430	8	809800	8	803985	8	797966
9	815153	9	809514	9	803689	9	797659
93,0	814875	95,0	809228	97,0	803392	99,0	797351
1	814597	1	808941	1	803094	1	797043
2	814318	2	808653	2	802796	2	796734
3	814039	3	808365	3	802498	3	796425
4	813759	4	808076	4	802200	4	796116
5	813479	5	807787	5	801901	5	795807
6	813199	6	807497	6	801602	6	795497
7	812817	7	807207	7	801302	7	795186
8	812637	8	806917	8	801001	8	794874
9	812356	9	806626	9	800700	9	794562
94,0	812074	96,0	806335	98,0	800399	100,0	794249

Anweisung

zur

Bestimmung des Gehalts der Branntweine an Nebenerzeugnissen der Gärung und Destillation (Fuselölgehalt).

(Bekanntmachung des Reichskanzlers vom 17. Juli 1895.)

Die Bestimmung der Nebenerzeugnisse der Gärung und Destillation erfolgt durch Ausschütteln des auf einen Alkoholgehalt von 24,7 Gewichtsprozent verdünnten Branntweins mit Chloroform.

a. Bestimmung des spezifischen Gewichts bezw. des Alkoholgehalts des Branntweins.

Zur Feststellung des spezifischen Gewichts des Branntweins bedient man sich eines mit einem Glasstopfen verschließbaren amtlich geaichten Dichtefläschchens von 50 cc Inhalt. Das Dichte-

fläschchen wird in reinem und trockenem Zustande leer gewogen,
nachdem es ¹/₂ Stunde im Wagekasten gestanden hat. Dann
wird es mit Hülfe eines fein ausgezogenen Glockentrichters bis
über die Marke mit destilliertem Wasser gefüllt und in ein
Wasserbad von 15⁰ C. gestellt. Nach einstündigem Stehen in
dem Wasserbade wird das Fläschchen herausgehoben, wobei man
nur den leeren Teil des Halses anfaßt, und sofort die Oberfläche
des Wassers auf die Marke eingestellt. Dies geschieht durch
Eintauchen kleiner Stäbchen oder Streifen aus Filtrierpapier, die
das über der Marke stehende Wasser aufsaugen. Die Oberfläche
des Wassers bildet in dem Halse des Fläschchens eine nach unten
gekrümmte Fläche; man stellt die Flüssigkeit am besten in der
Weise ein, daß bei durchfallendem Licht der schwarze Rand der
gekrümmten Oberfläche soeben die Marke berührt. Nachdem
man den inneren Hals des Fläschchens mit Stäbchen aus Filtrierpapier getrocknet hat, setzt man den Glasstopfen auf, trocknet
das Fläschchen äußerlich ab, stellt es ¹/₂ Stunde in den Wagekasten und wägt es. Die Bestimmung des Wasserinhalts des
Dichtefläschchens ist dreimal auszuführen und aus den drei
Wägungen das Mittel zu nehmen. Wenn das Dichtefläschchen
längere Zeit im Gebrauch gewesen ist, müssen die Gewichte des
leeren und des mit Wasser gefüllten Fläschchens von neuem bestimmt werden, da diese Gewichte mit der Zeit sich nicht unerheblich ändern können.

Nachdem man das Dichtefläschchen entleert und getrocknet
oder mehrmals mit dem zu untersuchenden Branntwein ausgespült hat, füllt man es mit dem Branntwein und verfährt genau
in derselben Weise wie bei der Bestimmung des Wasserinhalts
des Dichtefläschchens; besonders ist darauf zu achten, daß die
Einstellung der Flüssigkeitsoberfläche stets in derselben Weise
geschieht.

Bedeutet:

a das Gewicht des leeren Dichtefläschchens,
b das Gewicht des bis zur Marke mit destilliertem
   Wasser von 15⁰ C. gefüllten Dichtefläschchens,
c das Gewicht des bis zur Marke mit Branntwein von
   15⁰ C. gefüllten Dichtefläschchens,

so ist das spezifische Gewicht d des Branntweins bei 15⁰ C., bezogen auf Wasser von derselben Temperatur:

$$d = \frac{c - a}{b - a}.$$

Den dem spezifischen Gewichte entsprechenden Alkoholgehalt des Branntweins in Gewichtsprozenten entnimmt man der
zweiten Spalte der Alkoholtafel von WINDISCH (Berlin 1893, bei
Julius Springer).

b. Verdünnung des Branntweins auf einen Alkoholgehalt von 24,7 Gewichtsprozent.

100 cc des Branntweins, dessen Alkoholgehalt bestimmt
wurde, werden bei 15⁰ C. in einem amtlich geaichten Meßkölb-

chen abgemessen und in eine Flasche von etwa 400 cc Inhalt
gegossen. Die Tafel I lehrt, wieviel Kubikcentimeter destilliertes
Wasser von 15⁰ C. zu 100 cc Branntwein von dem vorher bestimmten Alkoholgehalt zugefügt werden müssen, um einen verdünnten Branntwein von annähernd 24,7 Gewichtsprozent Alkohol zu erhalten. Man läßt die aus der Tafel I sich ergebende
Menge Wasser von 15⁰ C. aus einer in ¹/₅ cc geteilten amtlich
geaichten Bürette zu dem Branntwein fließen, wobei etwa 50 cc
Wasser zum Ausspülen des 100 cc-Kölbchens dienen. Man
schüttelt die Mischung um, verstopft die Flasche, kühlt die
Flüssigkeit auf 15⁰ C. ab und bestimmt aufs neue das spezifische
Gewicht bezw. den Alkoholgehalt nach der unter a gegebenen
Vorschrift. Der Alkoholgehalt des verdünnten Branntweins beträgt genau oder nahezu 24,7 Gewichtsprozent. Ist er höher als
24,7 Gewichtsprozent, so setzt man noch eine nach Maßgabe der
Tafel I berechnete Menge Wasser von 15⁰ C. zu dem verdünnten
Branntwein. Ist der Alkoholgehalt des verdünnten Branntweins
niedriger als 24,7 Gewichtsprozent, so entnimmt man aus der
Tafel II die Anzahl der Kubikcentimeter absoluten Alkohols von
15⁰ C., die auf 100 cc des verdünnten Branntweins zuzusetzen
sind. Die etwa erforderliche Menge absoluten Alkohols von
15⁰ C. wird mit Hülfe einer amtlich geaichten Meßpipette oder
Bürette zugegeben, die in Fünfzigstel- oder Hundertstel-Kubik-
centimeter eingeteilt ist.

Beträgt der Alkoholgehalt des verdünnten Branntweins nicht
weniger als 24,6 und nicht mehr als 24,8 Gewichtsprozent, so
wird er durch den berechneten Wasser- bezw. Alkoholzusatz hinreichend genau auf 24,7 Gewichtsprozent gebracht; von einer
nochmaligen Alkoholbestimmung kann in diesem Falle abgesehen
werden. Wird dagegen der Alkoholgehalt des verdünnten Branntweins kleiner als 24,6 oder größer als 24,8 Gewichtsprozent gefunden, so muß der Alkoholgehalt nach Zugabe der berechneten
Menge Wasser bezw. Alkohol nochmals bestimmt werden, um
festzustellen, ob er nunmehr hinreichend genau gleich 24,7 Gewichtsprozent ist. Ein hierbei sich ergebender Unterschied muß
durch einen dritten Zusatz von Wasser bezw. Alkohol nach Maßgabe der Tafeln I bezw. II ausgeglichen werden.

c. Ausschütteln des verdünnten Branntweins von 24,7 Gewichts-
prozent Alkohol mit Chloroform.

Zwei amtlich geaichte Schüttelapparate werden in zwei ge-
räumige, mit Wasser gefüllte Glascylinder gesenkt und das Wasser
auf die Temperatur von 15⁰ C. gebracht. Sodann gießt man
unter Anwendung eines Trichters, dessen in eine Spitze aus-
laufende Röhre bis zu dem Boden der Schüttelapparate reicht, in
jeden der beiden Schüttelapparate etwa 20 cc Chloroform von
15⁰ C. und stellt die Oberfläche des Chloroforms genau auf den
untersten, die Zahl 20 tragenden Teilstrich ein; einen etwaigen
Überschuß an Chloroform nimmt man mittelst einer langen, in
eine Spitze auslaufenden Glasröhre mit der Vorsicht aus den
Apparaten, daß die Wände desselben nicht von Chloroform be-

netzt werden. In jeden Apparat gießt man 100 cc des auf einen
Alkoholgehalt von 24,7 Gewichtsprozent verdünnten Branntweins,
die man in amtlich geaichten Meßkölbchen abgemessen und auf
die Temperatur von 15° C. gebracht hat, und läßt je 1 cc verdünnte Schwefelsäure vom spezifischen Gewichte 1,286 bei 15° C.
zufließen. Man verstopft die Apparate und läßt sie zum Aus-
gleich der Temperatur etwa ¼ Stunde in dem Kühlwasser von
15° C. schwimmen. Dann nimmt man einen gut verstopften
Apparat aus dem Kühlwasser heraus, trocknet ihn äußerlich rasch
ab, läßt durch Umdrehen den ganzen Inhalt in den weiten Teil
des Apparates fließen, schüttelt das Flüssigkeits-
gemenge 150mal kräftig durch und senkt den Apparat wieder in das Kühlwasser von 15° C.; genau
ebenso verfährt man mit dem zweiten Apparate.
Das Chloroform sinkt rasch zu Boden; kleine, in
der Flüssigkeit schwebende Chloroformtröpfchen
bringt man durch Neigen und Umherwirbeln der
Apparate zum Niedersinken. Wenn das Chloroform
sich vollständig gesammelt hat, wird sein Volumen,
d. h. der Stand des Chloroforms in der eingeteilten
Röhre, abgelesen.

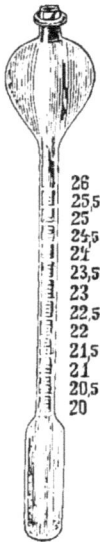

Fig. 39.
Apparat zur
Bestimmung
des Fuselöls.

d. Berechnung der Menge der in dem Branntwein enthaltenen Nebenerzeugnisse der Gärung und Destillation.

Zur Berechnung des Gehalts der Branntweine
an Nebenerzeugnissen der Gärung und Destillation
muß die Volumenvermehrung bekannt sein, welche
das Chloroform beim Schütteln mit vollkommen
reinem Weingeiste von 24,7 Gewichtsprozent Alkohol erleidet. Man bestimmt dieselbe in der Weise,
daß man mit dem reinsten Erzeugnisse der Brannt-
wein-Rektifikationsanstalten, dem sogenannten neutralen Weinsprit, genau nach den unter a, b und c
gegebenen Vorschriften verfährt und das Volumen
des Chloroforms nach dem Schütteln feststellt. Wegen
der grundsätzlichen Bedeutung dieses Versuchs mit
reinstem Branntwein ist der Alkoholgehalt mit
größter Genauigkeit auf 24,7 Gewichtsprozent zu
bringen und die Ermittelung des Chloroformvolumens für jeden
Schüttelapparat drei- bis fünfmal zu wiederholen.

Dieser Versuch mit reinem Branntwein muß für jedes neue
Chloroform und jeden neuen Apparat wieder angestellt werden;
solange dasselbe Chloroform und dieselben Apparate in Anwendung kommen, ist nur eine Versuchsreihe nötig. Man mache
daher den Vorversuch mit einem Chloroform, von dem eine
größere Menge zur Verfügung steht. Das Chloroform ist vor
Licht geschützt, am besten in Flaschen aus braunem Glase, aufzubewahren.

Ist das Chloroformvolumen nach dem Ausschütteln des zu

untersuchenden Branntweins gleich a cc, ferner das Chloroformvolumen nach dem Ausschütteln des reinsten Wassersprits gleich
b cc, so ziehe man b von a ab. Je nachdem a—b kleiner oder
größer ist als 0,9 cc, enthält der Branntwein weniger oder mehr
als 2 Gewichtsprozent Nebenerzeugnisse der Destillation und
Gärung auf 100 Gewichtsteile wasserfreien Alkohols. Die Zahl
der Gewichtsprozente dieser Nebenerzeugnisse bis zu 5 Prozent
erhält man erforderlichenfalls durch Multiplikation der Differenz
a—b mit 2,22.

Die sämtlichen, zur Untersuchung erforderlichen, in der
vorstehenden Anweisung bezeichneten Meßgeräte sind von der
Normalaichungskommission zu beziehen.

Tafel I.

Verdünnung von höherprozentigem Branntwein auf 24,7 Gewichtsprozent (= 30 Volumprozent) mittelst Wasser bei 15⁰ C.

Zu 100 cc Branntwein von Gewichts %	sind zuzusetzen: Wasser cc.	Zu 100 cc Branntwein von Gewichts %	sind zuzusetzen: Wasser cc.	Zu 100 cc Branntwein von Gewichts %	sind zuzusetzen: Wasser cc.	Zu 100 cc Branntwein von Gewichts %	sind zuzusetzen: Wasser cc.
24,7	0,1						
24,8	0,5						
24,9	0,9						
25,0	1,3	27,0	9,1	29,0	16,8	31,0	24,5
25,1	1,7	27,1	9,4	29,1	17,2	31,1	24,9
25,2	2,0	27,2	9,8	29,2	17,6	31,2	25,3
25,3	2,4	27,3	10,2	29,3	18,0	31,3	25,6
25,4	2,8	27,4	10,6	29,4	18,3	31,4	26,0
25,5	3,2	27,5	11,0	29,5	18,7	31,5	26,4
25,6	3,6	27,6	11,4	29,6	19,1	31,6	26,8
25,7	4,0	27,7	11,8	29,7	19,5	31,7	27,2
25,8	4,4	27,8	12,2	29,8	19,9	31,8	27,6
25,9	4,8	27,9	12,6	29,9	20,3	31,9	27,9
26,0	5,2	28,0	12,9	30,0	20,7	32,0	28,3
26,1	5,6	28,1	13,3	30,1	21,0	32,1	28,7
26,2	5,9	28,2	13,7	30,2	21,4	32,2	29,1
26,3	6,3	28,3	14,1	30,3	21,8	32,3	29,5
26,4	6,7	28,4	14,5	30,4	22,2	32,4	29,8
26,5	7,1	28,5	14,9	30,5	22,6	32,5	30,2
26,6	7,5	28,6	15,3	30,6	23,0	32,6	30,6
26,7	7,9	28,7	15,6	30,7	23,3	32,7	31,0
26,8	8,3	28,8	16,0	30,8	23,7	32,8	31,4
26,9	8,7	28,9	16,4	30,9	24,1	32,9	31,7

Zu 100 cc Branntwein von Gewichts%	sind zuzusetzen: Wasser cc.	Zu 100 cc Branntwein von Gewichts%	sind zuzusetzen: Wasser cc.	Zu 100 cc Branntwein von Gewichts%	sind zuzusetzen: Wasser cc.	Zu 100 cc Branntwein von Gewichts%	sind zuzusetzen: Wasser cc.
33,0	32,1	37,0	47,2	41,0	62,0	45,0	76,5
33,1	32,5	37,1	47,6	41,1	62,4	45,1	76,9
33,2	32,9	37,2	48,0	41,2	62,8	45,2	77,3
33,3	33,3	37,3	48,3	41,3	63,1	45,3	77,6
33,4	33,7	37,4	48,7	41,4	63,5	45,4	78,0
33,5	34,0	37,5	49,1	41,5	63,9	45,5	78,3
33,6	34,4	37,6	49,5	41,6	64,2	45,6	78,7
33,7	34,8	37,7	49,8	41,7	64,6	45,7	79,1
33,8	35,2	37,8	50,2	41,8	65,0	45,8	79,4
33,9	35,5	37,9	50,6	41,9	65,3	45,9	79,8
34,0	35,9	38,0	51,0	42,0	65,7	46,0	80,1
34,1	36,3	38,1	51,4	42,1	66,1	46,1	80,5
34,2	36,7	38,2	51,7	42,2	66,4	46,2	80,8
34,3	37,1	38,3	52,1	42,3	66,8	46,3	81,2
34,4	37,4	38,4	52,4	42,4	67,1	46,4	81,6
34,5	37,8	38,5	52,8	42,5	67,5	46,5	81,9
34,6	38,2	38,6	53,2	42,6	67,9	46,6	82,3
34,7	38,6	38,7	53,5	42,7	68,2	46,7	82,6
34,8	39,0	38,8	53,9	42,8	68,6	46,8	83,0
34,9	39,3	38,9	54,3	42,9	69,0	46,9	83,3
35,0	39,7	39,0	54,7	43,0	69,3	47,0	83,7
35,1	40,1	39,1	55,0	43,1	69,7	47,1	84,1
35,2	40,5	39,2	55,4	43,2	70,0	47,2	84,4
35,3	40,8	39,3	55,7	43,3	70,4	47,3	84,8
35,4	41,2	39,4	56,1	43,4	70,8	47,4	85,1
35,5	41,6	39,5	56,5	43,5	71,1	47,5	85,5
35,6	42,0	39,6	56,9	43,6	71,5	47,6	85,8
35,7	42,3	39,7	57,2	43,7	71,9	47,7	86,2
35,8	42,7	39,8	57,6	43,8	72,3	47,8	86,5
35,9	43,1	39,9	58,0	43,9	72,6	47,9	86,9
36,0	43,5	40,0	58,4	44,0	72,9	48,0	87,2
36,1	43,8	40,1	58,7	44,1	73,3	48,1	87,6
36,2	44,2	40,2	59,1	44,2	73,7	48,2	87,9
36,3	44,6	40,3	59,5	44,3	74,0	48,3	88,3
36,4	45,0	40,4	59,8	44,4	74,4	48,4	88,7
36,5	45,3	40,5	60,2	44,5	74,7	48,5	89,0
36,6	45,7	40,6	60,6	44,6	75,1	48,6	89,4
36,7	46,1	40,7	60,9	44,7	75,5	48,7	89,7
36,8	46,5	40,8	61,3	44,8	75,8	48,8	90,1
36,9	46,8	40,9	61,7	44,9	76,2	48,9	90,4

Zu 100 cc Branntwein von Gewichts %	sind zuzusetzen: Wasser cc.	Zu 100 cc Branntwein von Gewichts %	sind zuzusetzen: Wasser cc.	Zu 100 cc Branntwein von Gewichts %	sind zuzusetzen: Wasser cc.	Zu 100 cc Branntwein von Gewichts %	sind zuzusetzen: Wasser cc.
49,0	90,8	53,0	104,7	57,0	118,3	61,0	131,5
49,1	91,1	53,1	105,0	57,1	118,6	61,1	131,9
49,2	91,5	53,2	105,3	57,2	118,9	61,2	132,2
49,3	91,8	53,3	105,7	57,3	119,3	61,3	132,5
49,4	92,2	53,4	106,0	57,4	119,6	61,4	132,9
49,5	92,5	53,5	106,4	57,5	119,9	61,5	133,2
49,6	92,9	53,6	106,7	57,6	120,3	61,6	133,5
49,7	93,2	53,7	107,1	57,7	120,6	61,7	133,8
49,8	93,6	53,8	107,4	57,8	120,9	61,8	134,2
49,9	93,9	53,9	107,7	57,9	121,3	61,9	134,5
50,0	94,3	54,0	108,1	58,0	121,6	62,0	134,8
50,1	94,6	54,1	108,4	58,1	122,0	62,1	135,2
50,2	95,0	54,2	108,8	58,2	122,3	62,2	135,5
50,3	95,3	54,3	109,1	58,3	122,6	62,3	135,8
50,4	95,7	54,4	109,5	58,4	123,0	62,4	136,1
50,5	96,0	54,5	109,8	58,5	123,3	62,5	136,5
50,6	96,4	54,6	110,1	58,6	123,6	62,6	136,8
50,7	96,7	54,7	110,5	58,7	124,0	62,7	137,1
50,8	97,1	54,8	110,8	58,8	124,3	62,8	137,4
50,9	97,4	54,9	111,2	58,9	124,6	62,9	137,8
51,0	97,8	55,0	111,5	59,0	124,9	63,0	138,1
51,1	98,1	55,1	111,8	59,1	125,3	63,1	138,4
51,2	98,5	55,2	112,2	59,2	125,6	63,2	138,7
51,3	98,8	55,3	112,5	59,3	125,9	63,3	139,0
51,4	99,1	55,4	112,9	59,4	126,3	63,4	139,4
51,5	99,5	55,5	113,2	59,5	126,6	63,5	139,7
51,6	99,8	55,6	113,5	59,6	126,9	63,6	140,0
51,7	100,2	55,7	113,9	59,7	127,3	63,7	140,3
51,8	100,5	55,8	114,2	59,8	127,6	63,8	140,7
51,9	100,9	55,9	114,6	59,9	127,9	63,9	141,0
52,0	101,2	56,0	114,9	60,0	128,3	64,0	141,3
52,1	101,6	56,1	115,2	60,1	128,6	64,1	141,6
52,2	101,9	56,2	115,6	60,2	128,9	64,2	142,0
52,3	102,3	56,3	115,9	60,3	129,2	64,3	142,3
52,4	102,6	56,4	116,2	60,4	129,6	64,4	142,6
52,5	102,9	56,5	116,6	60,5	129,9	64,5	142,9
52,6	103,3	56,6	116,9	60,6	130,2	64,6	143,2
52,7	103,6	56,7	117,3	60,7	130,6	64,7	143,6
52,8	104,0	56,8	117,6	60,8	130,9	64,8	143,9
52,9	104,3	56,9	117,9	60,9	131,2	64,9	144,2

Zu 100 cc Branntwein von Gewichts%	sind zuzusetzen: Wasser cc.	Zu 100 cc Branntwein von Gewichts%	sind zuzusetzen: Wasser cc.	Zu 100 cc Branntwein von Gewichts%	sind zuzusetzen: Wasser cc.	Zu 100 cc Branntwein von Gewichts%	sind zuzusetzen: Wasser cc.
65,0	144,5	69,0	157,2	73,0	169,5	77,0	181,5
65,1	144,8	69,1	157,5	73,1	169,8	77,1	181,8
65,2	145,2	69,2	157,8	73,2	170,1	77,2	182,1
65,3	145,5	69,3	158,1	73,3	170,4	77,3	182,4
65,4	145,8	69,4	158,4	73,4	170,7	77,4	182,6
65,5	146,1	69,5	158,7	73,5	171,0	77,5	182,9
65,6	146,4	69,6	159,0	73,6	171,3	77,6	183,2
65,7	146,8	69,7	159,3	73,7	171,6	77,7	183,5
65,8	147,1	69,8	159,7	73,8	171,9	77,8	183,8
65,9	147,4	69,9	160,0	73,9	172,2	77,9	184,1
66,0	147,7	70,0	160,3	74,0	172,5	78,0	184,4
66,1	148,0	70,1	160,6	74,1	172,8	78,1	184,7
66,2	148,3	70,2	160,9	74,2	173,1	78,2	185,0
66,3	148,7	70,3	161,2	74,3	173,4	78,3	185,3
66,4	149,0	70,4	161,5	74,4	173,7	78,4	185,6
66,5	149,3	70,5	161,8	74,5	174,0	78,5	185,9
66,6	149,6	70,6	162,1	74,6	174,3	78,6	186,2
66,7	149,9	70,7	162,4	74,7	174,6	78,7	186,5
66,8	150,2	70,8	162,8	74,8	174,9	78,8	186,7
66,9	150,6	70,9	163,1	74,9	175,2	78,9	187,0
67,0	150,9	71,0	163,4	75,0	175,5	79,0	187,3
67,1	151,2	71,1	163,7	75,1	175,8	79,1	187,6
67,2	151,5	71,2	164,0	75,2	176,1	79,2	187,9
67,3	151,8	71,3	164,3	75,3	176,4	79,3	188,2
67,4	152,1	71,4	164,6	75,4	176,7	79,4	188,5
67,5	152,5	71,5	164,9	75,5	177,0	79,5	188,8
67,6	152,8	71,6	165,2	75,6	177,3	79,6	189,1
67,7	153,1	71,7	165,5	75,7	177,6	79,7	189,4
67,8	153,4	71,8	165,8	75,8	177,9	79,8	189,6
67,9	153,7	71,9	166,1	75,9	178,2	79,9	189,9
68,0	154,0	72,0	166,4	76,0	178,5	80,0	190,2
68,1	154,4	72,1	166,7	76,1	178,8	80,1	190,5
68,2	154,7	72,2	167,0	76,2	179,1	80,2	190,8
68,3	155,0	72,3	167,4	76,3	179,4	80,3	191,1
68,4	155,3	72,4	167,7	76,4	179,7	80,4	191,4
68,5	155,6	72,5	168,0	76,5	180,0	80,5	191,7
68,6	155,9	72,6	168,3	76,6	180,3	80,6	192,0
68,7	156,2	72,7	168,6	76,7	180,6	80,7	192,2
68,8	156,5	72,8	168,9	76,8	180,9	80,8	192,5
68,9	156,9	72,9	169,2	76,9	181,2	80,9	192,8

Zu 100 cc Branntwein von Gewichts%	sind zuzusetzen: Wasser cc.	Zu 100 cc Branntwein von Gewichts%	sind zuzusetzen: Wasser cc.	Zu 100 cc Branntwein von Gewichts%	sind zuzusetzen: Wasser cc.	Zu 100 cc Branntwein von Gewichts%	sind zuzusetzen: Wasser cc.
81,0	193,1	85,0	204,4	89,0	215,2	93,0	225,6
81,1	193,4	85,1	204,6	89,1	215,5	93,1	225,9
81,2	193,7	85,2	204,9	89,2	215,8	93,2	226,1
81,3	194,0	85,3	205,2	89,3	216,0	93,3	226,4
81,4	194,3	85,4	205,5	89,4	216,3	93,4	226,6
81,5	194,5	85,5	205,7	89,5	216,6	93,5	226,9
81,6	194,8	85,6	206,0	89,6	216,8	93,6	227,1
81,7	195,1	85,7	206,3	89,7	217,1	93,7	227,4
81,8	195,4	85,8	206,6	89,8	217,3	93,8	227,6
81,9	195,7	85,9	206,8	89,9	217,6	93,9	227,9
82,0	196,0	86,0	207,1	90,0	217,9	94,0	228,1
82,1	196,2	86,1	207,4	90,1	218,1	94,1	228,4
82,2	196,5	86,2	207,7	90,2	218,4	94,2	228,6
82,3	196,8	86,3	207,9	90,3	218,7	94,3	228,9
82,4	197,1	86,4	208,2	90,4	218,9	94,4	229,1
82,5	197,4	86,5	208,5	90,5	219,2	94,5	229,4
82,6	197,7	86,6	208,8	90,6	219,4	94,6	229,6
82,7	197,9	86,7	209,0	90,7	219,7	94,7	229,9
82,8	198,2	86,8	209,3	90,8	220,0	94,8	230,1
82,9	198,5	86,9	209,6	90,9	220,2	94,9	230,4
83,0	198,8	87,0	209,9	91,0	220,5	95,0	230,6
83,1	199,1	87,1	210,1	91,1	220,7	95,1	230,9
83,2	199,4	87,2	210,4	91,2	221,0	95,2	231,1
83,3	199,6	87,3	210,7	91,3	221,3	95,3	231,3
83,4	199,9	87,4	210,9	91,4	221,5	95,4	231,6
83,5	200,2	87,5	211,2	91,5	221,8	95,5	231,9
83,6	200,5	87,6	211,5	91,6	222,0	95,6	232,1
83,7	200,8	87,7	211,7	91,7	222,3	95,7	232,3
83,8	201,0	87,8	212,0	91,8	222,5	95,8	232,6
83,9	201,3	87,9	212,3	91,9	222,8	95,9	232,8
84,0	201,6	88,0	212,6	92,0	223,1	96,0	233,1
84,1	201,9	88,1	212,8	92,1	223,3	96,1	233,3
84,2	202,1	88,2	213,1	92,2	223,6	96,2	233,5
84,3	202,4	88,3	213,4	92,3	223,8	96,3	233,8
84,4	202,7	88,4	213,6	92,4	224,1	96,4	234,0
84,5	203,0	88,5	213,9	92,5	224,3	96,5	234,3
84,6	203,3	88,6	214,2	92,6	224,6	96,6	234,5
84,7	203,5	88,7	214,4	92,7	224,9	96,7	234,7
84,8	203,8	88,8	214,7	92,8	225,1	96,8	235,0
84,9	204,1	88,9	215,0	92,9	225,4	96,9	235,2

Zu 100 cc Branntwein von Gewichts%	sind zuzusetzen: Wasser cc.	Zu 100 cc Branntwein von Gewichts%	sind zuzusetzen: Wasser cc.	Zu 100 cc Branntwein von Gewichts%	sind zuzusetzen: Wasser cc.
97,0	235,5	98,0	237,8	99,0	240,1
97,1	235,7	98,1	238,1	99,1	240,4
97,2	235,9	98,2	238,3	99,2	240,6
97,3	236,2	98,3	238,5	99,3	240,8
97,4	236,4	98,4	238,8	99,4	241,1
97,5	236,6	98,5	239,0	99,5	241,3
97,6	236,9	98,6	239,2	99,6	241,5
97,7	237,1	98,7	239,5	99,7	241,8
97,8	237,3	98,8	239,7	99,8	242,0
97,9	237,6	98,9	239,9	99,9	242,2
				100,0	242,4

Tafel II.

Bereitung des Branntweins von 24,7 Gewichtsprozent (= 30 Volumprozent) aus niedrigprozentigem mittelst Zusatzes von absolutem Alkohol bei 15° C.

Zu 100 cc Branntwein von Gewichts%	sind hinzuzusetzen: absol. Alkohol cc.	Zu 100 cc Branntwein von Gewichts%	sind hinzuzusetzen: absol. Alkohol cc.	Zu 100 cc Branntwein von Gewichts%	sind hinzuzusetzen: absol. Alkohol cc.	Zu 100 cc Branntwein von Gewichts%	sind hinzuzusetzen: absol. Alkohol cc.
22,50	3,52	23,05	2,63	23,60	1,74	24,15	0,85
22,55	3,44	23,10	2,55	23,65	1,66	24,20	0,77
22,60	3,36	23,15	2,47	23,70	1,58	24,25	0,69
22,65	3,28	23,20	2,39	23,75	1,50	24,30	0,61
22,70	3,20	23,25	2,31	23,80	1,42	24,35	0,53
22,75	3,11	23,30	2,23	23,85	1,34	24,40	0,45
22,80	3,04	23,35	2,15	23,90	1,26	24,45	0,37
22,85	2,96	23,40	2,07	23,95	1,18	24,50	0,29
22,90	2,88	23,45	1,98	24,00	1,09	24,55	0,21
22,95	2,79	23,50	1,90	24,05	1,01	24,60	0,12
23,00	2,71	23,55	1,82	24,10	0,93	24,65	0,04

Anleitung

für die

Ermittelung des Alkoholgehaltes im Branntwein.

Vorschriften, betreffend die Abfertigung von Liqueuren, Fruchtsäften, Essenzen, Extrakten und dergleichen.

1. Die Feststellung der Litermenge reinen Alkohols bei Branntweinen, Punschessenzen und anderen alkoholhaltigen Essenzen, welche derartig mit Zucker oder anderen Zusatzstoffen versetzt sind, daß eine zuverlässige Prüfung mittelst des Thermo-Alkoholometers ausgeschlossen erscheint, sowie bei Fruchtsäften erfolgt mit Hülfe des unter Nr. 2 näher bezeichneten Destillierapparats.

2. Der Destillierapparat (siehe die Figur auf Seite 188) besteht aus dem mittelst Spiritusflamme zu erhitzenden Siedekolben *F* und dem durch das Rohr *R* damit zu verbindenden Kühler *K*, in welchem die bei der Destillation erzeugten Dämpfe sich verdichten.

Dem Apparat sind beigegeben:
   a) ein Meßglas *M* mit einer dem Raumgehalt von 100 cc entsprechenden Marke;
   b) eine Bürette nebst Halter (siehe Figur auf Seite 191). Dieselbe trägt eine mit 10 cc beginnende, von 2 zu 2 cc fortschreitende Einteilung bis zu 300 cc; sie ist oben mit einem eingeschliffenen Glasstöpsel, unten mit einem Glashahn versehen;
   c) zwei kurze Thermo-Alkoholometer für 0 bis 30 und für 29 bis 57 Gewichtsprozente.

Die nachstehende Figur giebt die Aufstellung des Apparats beim Gebrauch. Kolben *F* und Kühler *K* hängen in den Ringen des Doppelträgers *D*; dieser wird von der Säule *S* gehalten, welche in das auf dem Kastendeckel vorgesehene Gewinde eingeschraubt ist. Das Rohr *R* läßt sich durch die Überwurfschraube *r* an den Kolben und durch eine zweite, etwas kleinere Überwurfschraube *r¹* an den Kühler dicht anziehen; die Dichtung wird an beiden Stellen durch Lederplättchen gesichert. Der Kühlcylinder *K* umschließt eine innen verzinnte Messingschlange, welche oben mit Rohr *R* in Verbindung steht und unten bei *w* aus dem Cylinder heraustritt. Der Deckel des letzteren trägt den Trichter *T*, dessen Fortsatzrohr bis nahe auf den Boden von *K* reicht, so daß das durch *T* eingefüllte Kühlwasser zuerst den unteren Teil der Schlange umspült. Das warm gewordene überschüssige Wasser fließt durch das Rohr *v* und den übergezogenen Schlauch ab. Das obere Ende von *v* steigt bis über den Deckel des Cylinders *K* auf und liegt unter der Kappe *u*, welche für die vollständige Entleerung von *K* dient.

3. Der abzufertigenden Flüssigkeit ist nach gründlicher Durchrührung oder Durchschüttelung eine Probe zum Zweck der Ermittelung des Alkoholgehalts zu entnehmen. Die Probe ist zunächst darauf zu prüfen, daß ihre Beschaffenheit nicht den

im § 1 der Anleitung zur Ermittelung des Alkoholgehalts
im Branntwein unter b 1 angegebenen Voraussetzungen zu-
widerläuft.

Werden mittelst eines und desselben Abfertigungspapiers
mehrere mit gleichem Branntweinfabrikat gefüllte Fässer oder
Flaschen von annähernd gleich großem, d. h. um nicht mehr
als 10 % des kleinsten Gewichts voneinander abweichendem
Bruttogewicht und dementsprechendem Rauminbalt oder verschiedene Sorten von Fabrikaten in einer gleich großen Anzahl

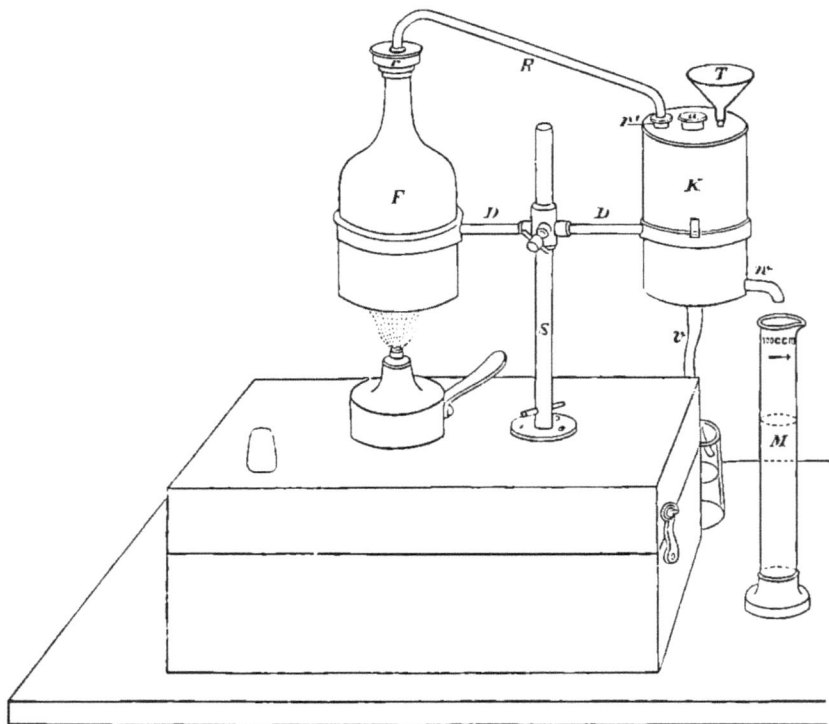

von Flaschen von annähernd gleich großem Rauminhalt zur
Abfertigung gestellt, so kann zum Zweck der Ermittelung des
Alkoholgehalts eine Durchschnittsprobe in der Art gebildet
werden, daß nach gehöriger Umrührung des Inhalts aus der
Mitte jedes Fasses, bei in Flaschen vorgeführten Fabrikaten
aus einer hinreichenden Anzahl von Flaschen oder, falls
verschiedene Sorten von Fabrikaten in Flaschen vorgeführt
werden, aus einer gleich großen Anzahl von Flaschen jeder
Sorte eine Probe von annähernd gleich großem Volumen

entnommen wird. Diese Proben werden in ein vollkommen reines und trockenes Gefäß geschüttet; sodann wird die Mischung gehörig umgerührt und aus derselben die dem Untersuchungsverfahren zu unterwerfende Probe entnommen.

4. Die Bürette wird senkrecht in den Halter eingespannt und bis zum Teilstrich 30 cc mit gewöhnlichem, körnigem (nicht pulverisiertem) Kochsalz gefüllt. Sodann werden mit dem Meßglas M genau 100 cc des zu untersuchenden Fabrikats sorgfältig abgemessen und in die Bürette geschüttet. Das Meßglas wird nach der Entleerung mit Wasser ausgespült, letzteres gleichfalls in die Bürette gegossen und dann noch soviel Wasser zugegossen, daß die Bürette bis zum Strich 270 cc gefüllt ist. Nunmehr wird die Bürette mit dem Glasstöpsel geschlossen, aus dem Halter genommen und kräftig geschüttelt. Hat sich das Salz ganz oder bis auf einen kleinen Rückstand aufgelöst, so werden kleine Mengen Salzes zugesetzt und es wird damit unter fortwährendem kräftigem Schütteln so lange fortgefahren, bis auf dem Boden der Bürette eine Schicht ungelösten Salzes in Höhe von einigen Millimetern dauernd zurückbleibt. Anhaltendes und kräftiges Schütteln ist unbedingt erforderlich, damit eine vollständig gesättigte Salzlösung entsteht. Die Bürette wird sodann in den Halter wieder senkrecht eingespannt und bleibt etwa eine Stunde lang stehen. Die Beimischung von Salz hat den Zweck, in der abzufertigenden Flüssigkeit etwa enthaltene aromatische Bestandteile (Ester u. s. w.) auszuscheiden. Sind solche Stoffe in dem Fabrikat vorhanden, so sondern sie sich auf der Oberfläche schwimmend als eine ölig scheinende dünne Schicht ab. Diese Absonderung wird durch öfteres Anklopfen an die Bürette beschleunigt; auch werden hierdurch die etwa an der Wandung haftenden Tröpfchen der aromatischen Beimengungen zum Aufsteigen gebracht.

Nach Ablauf der angegebenen Zeit wird die in der Bürette enthaltene Menge der alkoholhaltigen Salzlösung durch Ablesen an der Teilung der Bürette festgestellt. Dabei ist zu beachten, daß in der etwa ausgeschiedenen öligen Schicht der aromatischen Bestandteile Alkohol nicht enthalten ist; hat sich daher eine solche Schicht gebildet, so ist nur der unterhalb derselben befindliche Teil der Flüssigkeit zu berücksichtigen, mithin die Ablesung an derjenigen Stelle vorzunehmen, an welcher sich die obere, ölige Schicht von dem übrigen Inhalt der Bürette abscheidet.

Von der auf diese Weise bestimmten Menge der alkoholhaltigen Lösung wird durch Öffnen des Hahnes der Bürette genau die Hälfte in den Siedekolben F des Destillierapparats langsam entleert. Sodann werden in diesen Kolben mit dem Meßglase noch 100 cc Wasser hinzugefügt. Hierauf werden Kolben und Kühler in den Doppelträger D eingehängt und durch das mittelst der Überwurfschrauben r und r^1 fest angezogene Rohr R miteinander verbunden. Endlich wird der Kühler mit kaltem Wasser angefüllt, bis der Überschuß aus *v* abzulaufen beginnt. Wird nun der Kolben *F* erhitzt, so fließt bald aus dem Kühler bei *w* eine klare Flüssigkeit in Tropfen ab, welche man in dem vorher mit reinem Wasser ausgespülten und sodann völlig entleerten Meßglas *M* auffängt. Bei Fortsetzung der Erwärmung wird zunächst der obere Teil des Kühlers heiß; allmählich beginnt auch sein unterer Teil sich zu erwärmen. Tritt letzteres ein, so gießt man sofort in den Trichter von neuem so lange kaltes Wasser, bis der ganze Kühler sich wieder kalt anfühlt. Auf rechtzeitige Erneuerung des Kühlwassers ist in der ersten Hälfte der Destillation mit besonderer Aufmerksamkeit zu achten; im übrigen ist die Erneuerung während jeder Destillation zwei-, höchstens dreimal erforderlich. Besonders zweckmäßig ist es, den Kühler, wo sich dazu Gelegenheit bietet, durch einen Gummischlauch mit der Wasserleitung in Verbindung zu setzen, so daß fortwährend kaltes Wasser denselben langsam durchfließt.

Die Destillation ist so zu führen, daß ein direktes Übertreten der Flüssigkeit aus dem Destillierkolben durch den Kühler hindurch in das Meßglas vermieden wird. Zu diesem Behufe ist auch auf die Größe der Spiritusflamme zu achten; insbesondere empfiehlt es sich, die Flamme nur während des Anheizens nahe der Mitte des Kolbens zu halten, dagegen, sobald das Sieden eingeleitet ist und das Abtropfen von Flüssigkeit aus dem Kühler beginnt, die Lampe so weit zur Seite zu rücken, daß die Flamme nicht nur den Boden, sondern zum Teil auch den Mantel des Kolbens bestreicht. Proben, bei welchen fahrlässigerweise die Destillation so stürmisch erfolgt, daß das Destillat nicht ausschließlich in Tropfen, sondern zum Teil in zusammenhängendem Flusse abläuft, sind stets zu verwerfen.

Hat sich der Spiegel der Flüssigkeit im Meßglas *M* allmählich der Marke genähert und liegt nur noch 1 bis 2 mm unterhalb derselben, so wird das Glas vom Ausfluß *w* entfernt und die Destillation durch Beseitigung der Spiritusflamme unterbrochen. Hierauf füllt man in das Meßglas behutsam soviel Wasser ein, daß der Flüssigkeitsspiegel die Marke gerade erreicht; sodann durchschüttelt oder durchrührt man den Inhalt des Glases und senkt schließlich von den zu dem Apparat gehörigen beiden kurzen Thermo-Alkoholometern das entsprechende ein. Sollte etwa beim Auffangen des Destillats im Meßglas oder bei dem letzten Auffüllen desselben mittelst Wassers der Flüssigkeitsspiegel bis über die Marke gestiegen sein, so ist der Versuch zu verwerfen.

Vor der Prüfung einer zweiten Sorte von Fabrikaten ist das Verbindungsrohr *R* nach Lösen der Schrauben zu entfernen und der Kolben *F* zu entleeren. Eine sorgfältige Reinigung desselben, insbesondere von Rückständen an Salz, sowie der Bürette und des Meßglases vor jeder neuen Untersuchung, wenn möglich mit warmem Wasser, ist unbedingt nötig.

Bei dem Einlegen des Apparats und der Bürette in die

zugehörigen Kasten erhalten die einzelnen Teile die in letzterem vorgemerkten Plätze.

Vor dem Einlegen des Kühlers ist dieser, der während des Gebrauchs stets mit Wasser angefüllt bleibt, zu entleeren, zu welchem Behufe die Kappe *u* abgeschraubt werden muß.

5. Die Ermittelung der scheinbaren Stärke des gewonnenen, genau 100 cc betragenden Destillats mit Hülfe des entsprechenden Thermo-Alkoholometers und die Ermittelung der wahren Stärke erfolgt nach Maßgabe der allgemeinen Vorschriften der §§ 7 und 10 der Anleitung unter Anwendung der Tafel 1 beziehungsweise 4.

Aus Temperatur und wahrer Stärke des Destillats ermittelt man mittelst der Tafel 7 das Gewicht von 1 Liter des Destillats und durch Verschiebung des Kommas um 4 Stellen nach rechts das Gewicht von 10 000 Litern. Für diese Gewichtsmenge wird aus der wahren Stärke des Destillats mit Hülfe der Tafel 2 beziehungsweise 5 die entsprechende Litermenge reinen Alkohols gemäß § 11 der Anleitung, aber ohne Abrundung auf ganze Liter, ermittelt. Die gefundene Zahl multipliziert man mit 2 und erhält dadurch die Zahl der Liter reinen Alkohols, welche in 10 000 Litern der zur Abfertigung gestellten Ware enthalten sind.

¹/₈ natürlicher Größe.

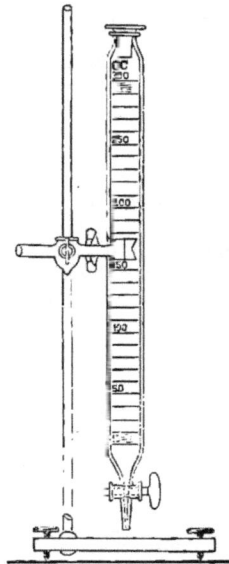

6. Bebufs Ermittelung der Litermenge des abzufertigenden Fabrikats wird, falls letzteres sich in Gebinden befindet und der Rauminhalt der Gebinde nicht aichamtlich ermittelt ist, dieser Rauminhalt stets durch Vermessung der Gebinde mittelst des Längen- und Höhenmessers oder durch Nachvermessung auf nassem Wege festgestellt.

Wird bei einer derartigen Abfertigung ein mit Fabrikat nicht vollständig gefülltes Faß vorgefunden, so ist der Inhalt soweit zu ergänzen, daß die Tiefe der Leere am Spunde nicht mehr als 6 cm beträgt. Kann diese Auffüllung nicht geschehen, so ist der Inhalt nach Maßgabe des § 20 der im § 15 der Anleitung bezeichneten CONRADIschen »Anleitung zur Bestimmung des Literinhalts der Brennerei- und Brauereigeräte u. s. w.« festzustellen.

Ist das abzufertigende Fabrikat in Flaschen enthalten, so genügt es, durch probeweise Vermessung einiger der annähernd gleich großen Flaschen die Litermenge der ganzen Post festzustellen.

7. Auf Grund der gemäß Nr. 5 für 10 000 Liter des abzufertigenden
   Fabrikats gefundenen Litermenge reinen Alkohols und der
   gemäß Nr. 6 festgestellten Litermenge der abzufertigenden
   Post gewinnt man durch Multiplikation beider Zahlen und
   Verschiebung des Kommas um 4 Stellen nach links die in
   der abzufertigenden Post wirklich enthaltene Litermenge reinen
   Alkohols. Bruchteile des Liters werden, wenn sie unter einem
   halben Liter sind, unberücksichtigt gelassen, andernfalls auf
   einen ganzen Liter abgerundet. Die Berechnungen sind, soweit
   dies für die Nachprüfung nötig ist, den Abfertigungspapieren
   beizufügen.

8. Beispiel:
   Es sei von 124 Litern Birnenessenz der Gehalt an reinem
   Alkohol zu ermitteln. Nachdem eine Probe von 100 cc in
   die Bürette gefüllt und nach entsprechendem Wasserzusatz
   mit Kochsalz gesättigt ist, sei nach einstündigem Stehen der
   Lösung, während dessen sich eine Schicht aromatischer Beimengungen oben abgesetzt hat, die oberste Grenze des übrigen
   Inhalts der Bürette bei dem Strich für 268 cc gefunden. Die
   Menge der alkoholhaltigen Kochsalzlösung beträgt hiernach
   268 cc, wovon die Hälfte, 134 cc, in den Kolben abzulassen
   ist, indem der Hahn so lange geöffnet wird, bis die untere
   Fläche der öligen Schicht mit dem Strich 134 der Skala zu-
   sammenfällt. Man füllt nun 100 cc Wasser in den Kolben
   nach und destilliert in das Meßglas 100 cc nach dem unter
   Nr. 4 beschriebenen Verfahren ab. Diese 100 cc Destillat
   mögen bei einer Temperatur von + 18⁰ eine scheinbare Stärke
   von 16,5⁰/₀ haben; dann beträgt nach Tafel 1 die wahre
   Stärke 16⁰/₀. Ein Liter des Destillats wiegt nach Tafel 7 bei
   + 18⁰ und der wahren Stärke von 16⁰/₀ 0,9737 kg, mithin
   wiegen 10 000 l 9747 kg. In 9737 kg sind bei 16⁰/₀ wahrer
   Stärke nach Tafel 2 an reinem Alkohol enthalten, und zwar:

$$
\begin{aligned}
\text{in } 9000 \text{ kg} & \quad . \quad . \quad . \quad . \quad 1818 \quad \text{l} \\
\text{» } \quad 700 \text{ »} & \quad . \quad . \quad . \quad . \quad 141,4 \text{ »} \\
\text{» } \quad \underline{37 \text{ »}} & \quad . \quad . \quad . \quad . \quad \underline{\quad 7,5 \text{ »}} \\
\end{aligned}
$$

zusammen in 9737 kg . . . . . . 1966,9 l.

Das Doppelte. oder 3933,8 l, bildet den Alkoholgehalt von
10 000 l des abzufertigenden Fabrikats. Hiernach enthalten die
vorgeführten 124 l des Fabrikats

$$\frac{124 \times 3933,8}{10\,000} = 48,77912$$

oder abgerundet 49 l reinen Alkohols.

Anleitung

zur

Bestimmung des Extraktgehalts von Branntweinen.

Vom 3. Februar 1893.

(Centralblatt für das Deutsche Reich, S. 36.)

Die Bestimmung hat mit Hülfe des zur Ermittelung des Alkoholgehalts dienenden Destillierapparats (Centralblatt für das Deutsche Reich 1891, Nr. 51, S. 341 ff.) und einer von der Normal - Aichungs - Kommission zu beziehenden Saccharimeterspindel nach BRIX zu erfolgen. Man wägt in dem Kolben dieses Destillierapparats, nachdem derselbe gehörig ausgespült und auf der Außenfläche gereinigt ist, 100 gr der zu prüfenden Flüssigkeit ab, indem man zu dem Gewicht des Kolbens erst 100 gr legt und so lange von der Flüssigkeit, zuletzt tropfenweise, zufügt, bis das Gleichgewicht an der Wage hergestellt ist. Sodann fügt man noch 100 gr Wasser hinzu, zu welchem Zweck man weitere 100 gr zulegt und reines Wasser in derselben Weise nachfüllt. Nach erfolgter Auswägung nimmt man von den Gewichten die zuletzt aufgelegten 100 gr wieder fort, die anderen Gewichte läßt man auf der Schale stehen. Nunmehr dampft man die Mischung in dem Destillierapparat soweit ab, bis in das untergesetzte Meßglas M etwa 150 cc übergegangen sind, wodurch dieses Glas meist zum Überlaufen kommen wird; hierauf kühlt man den Kolben durch Überlaufenlassen von Wasser ab, trocknet und reinigt ihn an der Außenfläche, setzt ihn auf die Wage und fügt soviel Wasser, zuletzt tropfenweise, hinzu, bis das Gleichgewicht an der Wage hergestellt und der Kolben somit wieder mit 100 gr Flüssigkeit gefüllt ist. Nach gehörigem Durchschütteln der Flüssigkeit in dem Kolben, wobei die Öffnung durch Aufdrücken des Daumens geschlossen zu halten ist, gießt man die Flüssigkeit in das vorher getrocknete Meßglas M und nimmt die Spindelung mit dem BRIX'schen Instrument vor. Bei dieser Spindelung ist zu verfahren, wie bei der Ermittelung des Alkoholgehalts mit Hülfe des Thermo-Alkoholometers, es ist also namentlich neben der Saccharimeterskale auch die Thermometerskale abzulesen.

Die an der Spindel abgelesenen Grade gelten nur für die Temperatur 15° C.; um aus denselben die wahren Grade BRIX (bei 17,5° C.) zu erhalten, dient nachfolgende Tabelle:

Tafel

zur Ermittelung der wahren Grade Brix (bei 17,5° C.) aus den abgelesenen scheinbaren Graden.

Wärmegrad	0	0,5	1	1,5	2	2,5	3	3,5	4	4,5	5
				Wahre Grade Brix für obige abgelesene scheinbare.							
+ 5		0	0,5	1	1,5	2	2,5	3	3,5	4	4,5
5,5		0	0,5	1	1,5	2	2,5	3	3,5	4	4,5
6		0	0,5	1	1,5	2	2,5	3	3,5	4	4,5
6,5		0	0,5	1	1,5	2	2,5	3	3,5	4	4,5
7		0	0,5	1	1,5	2	2,5	3	3,5	4	4,5
7,5		0	0,5	1	1,5	2	2,5	3	3,5	4	4,5
8		0	0,5	1	1,5	2	2,5	3	3,5	4	4,5
8,5		0	0,5	1	1,5	2	2,5	3	3,5	4	4,5
9		0	0,5	1	1,5	2	2,5	3	3,5	4	4,5
9,5		0	0,5	1	1,5	2	2,5	3	3,5	4	4,5
10		0	0,5	1	1,5	2	2,5	3	3,5	4	4,5
10,5		0	0,5	1	1,5	2	2,5	3	3,5	4,5	5
11	0	0,5	1	1,5	2	2,5	3	3,5	4	4,5	5
11,5	0	0,5	1	1,5	2	2,5	3	3,5	4	4,5	5
12	0	0,5	1	1,5	2	2,5	3	3,5	4	4,5	5
12,5	0	0,5	1	1,5	2	2,5	3	3,5	4	4,5	5
13	0	0,5	1	1,5	2	2,5	3	3,5	4	4,5	5
13,5	0	0,5	1	1,5	2	2,5	3	3,5	4	4,5	5
14	0	0,5	1	1,5	2	2,5	3	3,5	4	4,5	5
14,5	0	0,5	1	1,5	2	2,5	3	3,5	4	4,5	5
15	0	0,5	1	1,5	2	2,5	3	3,5	4	4,5	5
15,5	0	0,5	1	1,5	2	2,5	3	3,5	4	4,5	5
16	0	0,5	1	1,5	2	2,5	3	3,5	4	4,5	5
16,5	0	0,5	1	1,5	2	2,5	3	3,5	4	4,5	5
17	0	0,5	1	1,5	2	2,5	3	3,5	4	4,5	5
17,5	0	0,5	1	1,5	2	2,5	3	3,5	4	4,5	5
18	0	0,5	1	1,5	2	2,5	3	3,5	4	4,5	5
18,5	0	0,5	1	1,5	2	2,5	3	3,5	4	4,5	5
19	0	0,5	1	1,5	2	2,5	3	3,5	4	4,5	5
19,5	0	0,5	1	1,5	2	2,5	3	3,5	4	4,5	5
20	0	0,5	1	1,5	2	2,5	3	3,5	4	4,5	5
20,5	0	0,5	1	1,5	2	2,5	3	3,5	4	4,5	5
21	0	0,5	1	1,5	2	2,5	3	3,5	4	4,5	5
21,5	0	0,5	1	1,5	2	2,5	3	3,5	4	4,5	5
22	0	0,5	1	1,5	2	2,5	3	3,5	4	4,5	5
22,5	0	0,5	1	1,5	2	2,5	3	3,5	4	4,5	5
23	0	0,5	1	1,5	2	2,5	3,5	4	4,5	5	
23,5	0,5	1	1,5	2	2,5	3	3,5	4	4,5	5	
24	0,5	1	1,5	2	2,5	3	3,5	4	4,5	5	
24,5	0,5	1	1,5	2	2,5	3	3,5	4	4,5	5	
25	0,5	1	1,5	2	2,5	3	3,5	4	4,5	5	
25,5	0,5	1	1,5	2	2,5	3	3,5	4	4,5	5	

Wärmegrad	0	0,5	1	1,5	2	2,5	3	3,5	4	4,5	5
	Wahre Grade Brix für obige abgelesene scheinbare.										
26	0,5	1	1,5	2	2,5	3	3,5	4	4,5	5	
26,5	0,5	1	1,5	2	2,5	3	3,5	4	4,5	5	
27	0,5	1	1,5	2	2,5	3	3,5	4	4,5	5	
27,5	0,5	1	1,5	2	2,5	3	3,5	4	4,5	5	
28	0,5	1	1,5	2	2,5	3	3,5	4	4,5	5	
28,5	0,5	1	1,5	2	2,5	3	3,5	4	4,5	5	
29	0,5	1	1,5	2	2,5	3	3,5	4	4,5	5	
29,5	0,5	1	1,5	2	2,5	3	3,5	4	4,5	5	
30	0,5	1	1,5	2	2,5	3	3,5	4	4,5	5	
30,5	0,5	1	1,5	2	2,5	3	4	4,5	5		
31	1	1,5	2	2,5	3	3,5	4	4,5	5		
31,5	1	1,5	2	2,5	3	3,5	4	4,5	5		
32	1	1,5	2	2,5	3	3,5	4	4,5	5		
32,5	1	1,5	2	2,5	3	3,5	4	4,5	5		
33	1	1,5	2	2,5	3	3,5	4	4,5	5		
33,5	1	1,5	2	2,5	3	3,5	4	4,5	5		
34	1	1,5	2	2,5	3	3,5	4	4,5	5		
34,5	1	1,5	2	2,5	3	3,5	4	4,5	5		
35	1	1,5	2	2,5	3	3,5	4	4,5	5		

Zeigt die entgeistete Flüssigkeit 3,0 Grad Brix oder mehr, so ist der Branntwein als Liqueur zu behandeln.

Anleitung

zur

Ermittelung des Alkoholgehaltes flüssiger Parfümerien.

50 gr der zu untersuchenden Parfümerien werden mit genau 50 gr Wasser sorgfältig gemischt und die Mischung mit 50 gr Petroleumbenzin von der Dichte von 0,69 bis 0,71 in einem Scheidetrichter kräftig geschüttelt. Nach mindestens 12stündiger Ruhe wird der Alkoholgehalt der unteren Schicht ermittelt und durch Multiplikation mit 2 auf denjenigen der untersuchten Flüssigkeit umgerechnet.

Enthalten die zu untersuchenden Parfümerien Harze oder andere Extraktivstoffe, so werden 50 gr derselben mit 50 gr Wasser versetzt und von der Mischung mindestens 90 gr abdestilliert. Das Destillat wird auf genau 100 gr mit Wasser aufgefüllt und, wie oben beschrieben, weiter untersucht.

Falls eine Säure (Essigsäure) zugegen ist, wird ebenso verfahren, vor der Destillation jedoch die Säure mit Natronlauge schwach übersättigt.

13*

Anleitung

zur

Ermittelung des Alkoholgehaltes in flüssigen, glycerinhaltigen Parfümerien (Brillantine).

50 gr Brillantine werden mit 100 gr Wasser in dem amtlich vorgeschriebenen Destillierapparat destilliert, bis nahezu 100 gr Destillat übergegangen sind. Das Destillat wird mit Wasser auf 100 gr gebracht. In dem Destillat wird mittelst des Alkoholometers, der WESTPHAL'schen Wage oder des Pyknometers der Alkoholgehalt ermittelt und aus diesem durch Multiplikation mit 2 der in der untersuchten Brillantine enthaltene Alkohol nach Gewichtsprozenten gefunden. Sollen Maßprozente ermittelt werden, so sind 50 cc Brillantine in einem Maßkölbchen bei 15⁰ C. abzumessen, mit Hülfe von 100 cc Wasser in den Destillierapparat zu spülen und zu destillieren, bis nahezu 100 cc übergegangen sind. Das Destillat ist bei 15⁰ C. auf 100 cc aufzufüllen. Der aus seiner Dichte nach Maßprozenten ermittelte Alkoholgehalt ergiebt nach Multiplikation mit 2 den Gehalt der Brillantine nach Maßprozenten.

X. Essig.

Der Essig, welcher zur Zubereitung und zum Konservieren von Speisen dient, wird aus alkoholischen Flüssigkeiten durch Gärung unter gewissen Bedingungen erhalten oder durch Verdünnen von reiner Essigsäure mit Wasser hergestellt. Zur Darstellung von Essig aus alkoholischen Flüssigkeiten (Wein, verdünnte Zuckerlösungen, Bierwürze) ist eine gewisse Konzentration derselben erforderlich, der Alkoholgehalt darf 12 % nicht übersteigen und nicht weniger als 2% betragen. Die Gärung muß unter reichlichem Luftzutritt und bei einer Temperatur von 20—35⁰ C. vor sich gehen, und es muß der Essigpilz, Mycoderma aceti, die sog. Essigmutter, vorhanden sein.

Die größten Mengen des im Handel vorkommenden Essigs werden durch die **Schnellessigfabrikation** gewonnen. Als Ausgangsmaterial dient hierzu verdünnter Äthylalkohol, das sog. **Essiggut,** den man mit etwa 20 % fertigem Essig versetzt und die Mischung in der unten beschriebenen Weise behandelt, bis der Alkohol zu Essigsäure oxydiert ist.

Die Oxydation geschieht in sog. **Essigbildnern, Essigständern,** 2—3 Meter hohen und 1—1,5 Meter weiten Fässern. Diese enthalten in der Nähe des unteren Bodens und der oberen Öffnung je einen Siebboden *Sb* (Figur 40). Der Raum zwischen beiden Siebböden ist mit aufgerollten Buchenholzspänen angefüllt, welche zuvor mit Essig getränkt sind, um hierdurch auf ihrer Oberfläche das Essigferment (Mycoderma aceti) anzusammeln. Um dem zu oxydierenden Essiggut eine möglichst feine Verteilung zu geben, läßt man dasselbe in Hanfschnüren *H*, welche in die Öffnungen des oberen Siebbodens eingeknüpft sind, langsam auf die Buchen-

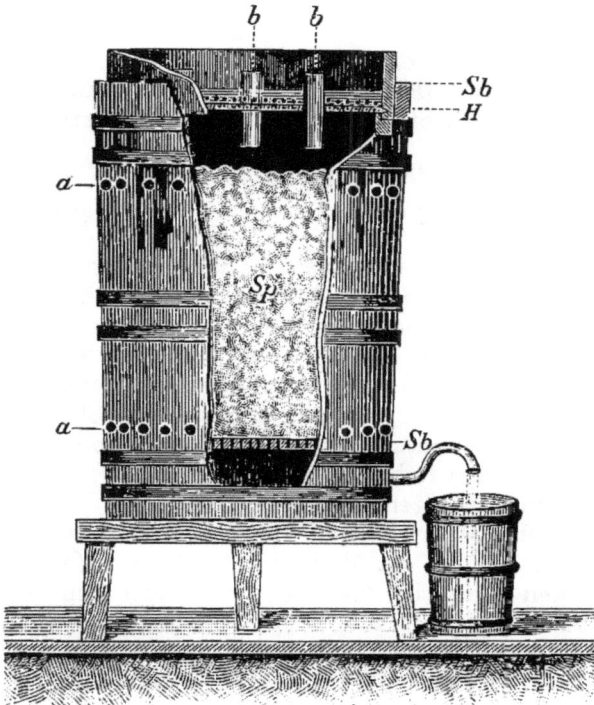

Fig. 40. Essigbilduer.

holzspäne *Sp* herabrinnen. Zur Herstellung eines durch das Innere der Essigständer gehenden Luftstromes sind einerseits Löcher *a* an der Peripherie der Fässer unterhalb des unteren Siebbodens angebracht, andererseits sind Luftkanäle *b* in den oberen Siebboden eingesetzt. Die für die Essigbildung erforderliche Temperatur muß innerhalb der Essigbilduer 27—35° C. und in der Essigstube 15—20° C. betragen.

Der gebildete Essig sammelt sich am Boden der Fässer und wird noch 2—3mal aufgegossen.

Wird bei diesem Verfahren nur reiner Äthylalkohol
verwendet, so erhält man einen farblosen oder nur schwach
gelb gefärbten Essig, der aus Wasser und Essigsäure besteht. Bei der Verwendung von Bier, Wein oder von
Fruchtsäften erhält man Flüssigkeiten, welche den entsprechenden Geruch, Geschmack und die Farbe der zur Herstellung derselben benutzten Materialien besitzen (Spiritus-
essig, Wein-, Malz-, Obstessig). Der Speiseessig enthält
gewöhnlich 3—4⁰/₀ Essigsäure; Fälschungen des Essigs
mit Mineralsäuren sind selten.

Häufig wird der Essig mit Zuckercouleur oder mit
Fruchtsäften gefärbt und mit Gewürzen versetzt.

Die Untersuchung des Essigs.

Probeentnahme: Zur Untersuchung sind Mengen von $^1/_4$ bis
$^1/_2$ Liter Essig in reinen Glasflaschen einzusenden.

Bestimmung des **Essigsäuregehaltes** durch Titration
des Essigs mit Normalalkali.

Von Mineralsäuren giebt sich

Salzsäure beim Versetzen des Destillats des zu untersuchenden Essigs mit Silbernitratlösung zu erkennen;

Schwefelsäure durch eine Fällung mit Chlorbaryumlösung oder qualitativ durch Abdampfen von Essig mit
einigen Körnchen Rohrzucker, wobei vorhandene Schwefelsäure einen schwarzen Rückstand ergiebt.

Der qualitative Nachweis für **Mineralsäuren** wird auch
durch eine Lösung von Methylviolett (0,01 : 100) geführt,
welche den Essig bei der Gegenwart von Mineralsäuren
blaugrün bis grün färbt.

Ein Gehalt des Essigs an **Aldehyd** wird durch Neu-
tralisation desselben mit Natronlauge, Abdestillieren und
Versetzen des Destillats mit Silbernitratlösung ermittelt.
Beim Vorhandensein von Aldehyd wird das Silber reduziert.

Verunreinigungen des Essigs durch giftige **Metall-
salze**, wie Blei, Kupfer, Zink, Zinn u. s. w., die beim
Abfüllen mittelst metallener Hahnen, Trichter oder mittelst
Gummischläuchen in denselben gelangen, lassen sich durch
Schwefelwasserstoff bezw. Schwefelammonium nachweisen.

Guter Essig soll klar sein und mindestens 3⁰/₀
Essigsäure enthalten, er muß frei von Mineralsäuren und
von giftigen Metallsalzen sein.

Essig, der sich bei der mikroskopischen Prüfung als reich an Essigälchen (Anguillula oxophila) erweist, muß als unappetitlich bezeichnet werden.

Die Abstammung der einzelnen Essigsorten kann nicht immer mit Sicherheit festgestellt werden. Weinessig enthält in der Regel Weinstein, Weinsäure und Glycerin. Obstessige können Äpfelsäure aufweisen, Bier-, Malz- und Stärkezuckeressige enthalten Dextrin.

XI. Hefe.

Die Hefe, welche bei der Weinbereitung, bei der Bier- und Branntweinerzeugung, sowie bei der Bäckerei als Lockerungsmittel eine große Rolle spielt, gehört zu den Sproßpilzen, Saccharomyces-Arten.

Die Hefe bildet kugelige oder ovale, chlorophylllose Zellen, welche sich durch Sprossung vermehren, d. h. es bilden sich an der Oberfläche kleine Ausstülpungen, die sich von der Mutterzelle abschnüren und dann selbständig vegetieren oder mit derselben verbunden bleiben und zusammenhängende Hefeverbände bilden. Die Hefe kann sich auch durch Sporenbildung in der Weise vermehren, daß sich das Protoplasma in mehrere Partien teilt, welche sich mit einer Membrane umgeben und in der Mutterzelle wie in einem Schlauch (Ascus) bleiben, bis die Haut derselben resorbiert ist.

Die Hefezellen finden sich auf reifen Früchten; sie stellen ein Ferment dar, welches in zuckerhaltigen Flüssigkeiten die Alkoholgärung hervorruft unter Bildung von Alkohol, Kohlensäure, Glycerin und Bernsteinsäure. Je nach der Art des Materials, aus welchem die Hefepilze gezüchtet werden, unterscheidet man Bier-, Branntwein- und Weinhefe, hierbei ferner

Oberhefe, welche sich bei höherer Temperatur (18 bis 25⁰ C.) und bei raschem Verlauf der Gärung an der Oberfläche der gärenden Flüssigkeit absetzt, und

Unterhefe, die sich bei niederer Temperatur (4—10⁰ C.) bei langsamer Gärung am Grunde der Gärflüssigkeit abscheidet. Beide Hefearten sind durch ihren anatomischen Bau, sowie durch ihre chemische Zusammensetzung voneinander verschieden.

Preßhefe (Kunsthefe) ist die mit großer Sorgfalt in geeigneten Nährlösungen gezüchtete Hefe und wird hauptsächlich bei der Branntweindarstellung aus Roggenmaische in den Spritfabriken gewonnen.

Die Elementarzusammensetzung der Hefe ist folgende: 100 Teile Trockensubstanz enthalten Teile:

	Oberhefe.	Unterhefe.
Kohlenstoff	50,05	52,50
Wasserstoff	6,52	7,20
Stickstoff	11,84	9,70
Sauerstoff und Schwefel	31,59	30,60.

Fig. 41. Oberhefe.

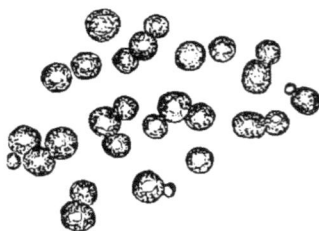

Fig. 42. Unterhefe.

Der Wassergehalt der Hefe ist verschieden und beträgt im allgemeinen 75 Proz., der Gehalt an Mineralstoffen (Asche) 7,5—8 Proz.

Zusammensetzung der Hefeasche:

Kalk	.	2,395	Proz.
Magnesia		3,772	»
Kali .		31,521	»
Natron		0,771	»
Chlor . .		—	»
Schwefelsäure .		—	»
Phosphorsäure	.	53,443	»
Eisenoxyd .	.	2,734	»

Am verbreitetsten ist die Bierhefe, Saccharomyces cerevisiae, die frisch eine gelblichweiße, breiige Masse von reinem Geruch und bitterem Geschmack darstellt.

Die Untersuchung der Hefe.

Probeentnahme: 50 gr Hefe in Glas-, Porzellan- oder Thongefäße, bei Preßhefe in Pergamentpapier.

Die Prüfung der Beschaffenheit einer Hefe besteht in der Bestimmung der **Gär-** oder **Triebkraft,** welche durch die Menge der aus einer zuckerhaltigen Flüssigkeit durch Gärung in einer bestimmten Zeit entwickelten Kohlensäure ausgedrückt wird.

Als **Normalhefe** wird hierbei eine solche angenommen, die in 6 Stunden aus 4,5 gr einer Mischung von 400 gr

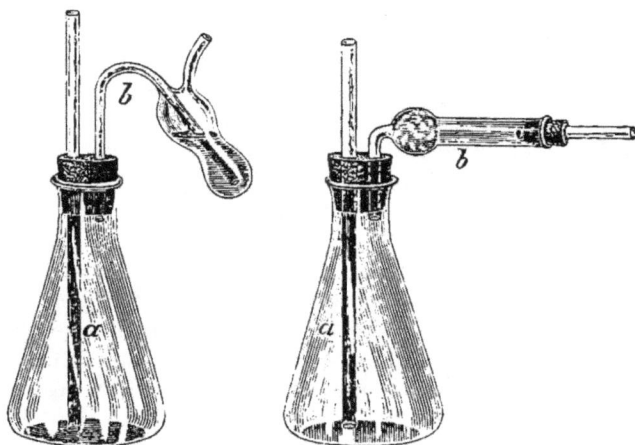

Fig. 43.   Gärkölbchen.   Fig. 44.

Rohrzucker, 25 gr Ammoniumphosphat und 25 gr saurem Kaliumphosphat »1,75 gr Kohlensäure« entwickelt.

Man findet die Gärkraft hierbei nach dem Ansatze 1,75 CO_2 : gef. $CO_2 = 100 : x =$ Proz. Gärkraft.

Reine gute Preßhefe soll mindestens 75—80 Prozent Gärkraft zeigen.

Die Ermittelung der Gärkraft einer Hefe geschieht fast allgemein nach der Methode von MEISSL. Zur Ausführung dient ein etwa 80 cc fassendes ERLENMEYER'sches Kölbchen, welches mit einem doppelt durchbohrten Kautschukstöpsel versehen ist, durch dessen eine Öffnung ein bis fast zum Boden des Kölbchens führendes, am oberen

Ende mit Kautschuk verschließbares Glasröhrchen a geht und dessen zweite Öffnung mit einem GEISSLER'schen Gärventil oder mit einem Chlorcalciumrohr b verschlossen ist. In das Kölbchen bringt man 50 cc gipshaltiges Wasser und löst darin 4,5 gr des oben beschriebenen Gärpulvers. Sodann giebt man 1 gr der geschabten Hefe hinzu und verteilt dieselbe in der Flüssigkeit mittelst eines Glasstäbchens. Das Kölbchen wird nun mit Inhalt und mit dem Chlorcalciumrohr gewogen und hierauf sechs Stunden lang auf einer Temperatur von 30⁰ C. erhalten. Nach Ablauf dieser Zeit kühlt man das Kölbchen rasch ab, nimmt den Kautschukverschluß bei b weg, saugt so lange Luft durch den Apparat, bis alle Kohlensäure ausgetrieben ist, und nachdem das Röhrchen a wieder verschlossen, wägt man den ganzen Apparat. Aus dem Gewichtsverlust ergiebt sich die aus dem Zucker durch Gärung gebildete Kohlensäuremenge, aus welcher die Gärkraft nach der obigen Formel berechnet wird.

Die **mikroskopische Prüfung** der Hefe giebt über die Beschaffenheit der einzelnen Hefezellen, ob dieselben wohl erhalten und lebensfähig sind, sowie über eine Beimengung fremder Zusätze, namentlich von Kartoffelmehl, welches häufig der Hefe zur Verbilligung derselben zugesetzt wird, Aufschluß. Durch den Zusatz von Stärkemehl wird die Qualität der Hefe verringert; derselbe sollte deshalb stets deklariert werden.

Beim Färben eines mikroskopischen Präparates mit Anilinblau oder mit neutraler Indigolösung färben sich nur die abgestorbenen Hefezellen, während die lebensfähigen farblos bleiben.

XII. M e h l.

Unter Mehl versteht man die in der Mühlenindustrie gewonnenen Mahlprodukte unserer Getreidefrüchte, namentlich des Weizens und des Roggens.

Beim Mahlen des Getreides werden die äußeren Schichten des Korns, die zur Ernährung wenig geeigneten, aus Cellulose bestehenden Hüllen der Früchte vom Mehlkorn getrennt und letzteres in ein feines Pulver verwandelt.

Die Müllerei ist gegenwärtig zu einer solchen Entwickelung gelangt und mit solchen Apparaten und Maschinen ausgerüstet, daß sie die Reinigung des Getreides vor dem Vermahlen, sowie die Trennung der einzelnen Bestandteile der Früchte, der Fruchthaut, Samenhaut, Kleberschichte u. s. w., beim Mahlen in so vollkommener Weise auszuführen vermag, daß z. B. der Gehalt der feinsten, sog. Auszugsmehle an Kleberzellen und Kleienteilchen ein nur noch äußerst geringer ist.

In der Mühlenindustrie sind zwei verschiedene Verfahren zur Herstellung von Mehl in Anwendung:

Die **Flachmüllerei.** Hierbei werden in einem besonderen Mahlgange die Getreidekörner zunächst von den »Spitzen« befreit, was man mit »Spitzen« oder »Koppen« bezeichnet, und dann zwischen Mahlsteinen vollständig vermahlen. Das erhaltene Mehl wird durch Sieben oder durch Beuteln von der Kleie getrennt.

Die **Hochmüllerei,** welche darin besteht, daß das Getreide allmählich zerkleinert wird, indem man die Mahlsteine bezw. Walzen erst nach und nach einander nähert. Der erste Durchgang besteht hauptsächlich aus den Spitzen, welche durch Sieben oder durch einen Luftstrom entfernt werden; die abgesiebten Körner passieren dann beim zweiten Durchgange näher aneinander gestellte Steine oder Walzen und liefern das erste »Schrot«, sowie ein Produkt, welches durch Sieben in **Mehl** und **Gries** getrennt wird. Das so erhaltene Mehl ist noch reich an Hüllen und an Kleberteilchen, es besitzt infolgedessen eine dunklere Farbe und heißt **Pollenmehl.**

Das erste Schrot liefert beim weiteren Vermahlen zweites Schrot, Gries und Mehl. Durch öfteres Wiederholen dieser Operation, durch Vermahlen der mittelst eines Luftstroms gereinigten Griese erhält man zuletzt ein Mahlprodukt der inneren Teile des Mehlkörpers, die sehr weißen, sog. »Auszugsmehle«.

Aus dem beschriebenen Mahlprozeß geht hervor, daß das Mehl, welches bei der Flachmüllerei gewonnen wird, dieselbe weiße Farbe nicht besitzt wie das bei der Hoch-

müllerei erhaltene und daß somit das erstere reicher an
den stickstoffhaltigen Bestandteilen des Kornes (Kleber) ist
und deshalb einen größeren Nährstoffgehalt besitzt als das
nach dem Verfahren der Hochmüllerei gewonnene Mehl.
Bei der Hochmüllerei werden im allgemeinen aus
100 Teilen Weizen erhalten:

Auszugsmehle	26,0
Feinere Mehle . .	15,8
Gröbere » . .	35,3
Futtermehl (Kleie) . .	20,5
Verlust durch Reinigung und Verstaubung .	1,9.

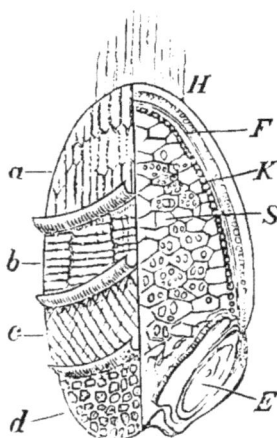

Fig. 45.
E Keimling.   *F* Fruchthaut mit
Längszellen.   *H* Haare.   *K* Kleberzellen.   *S* Endosperm mit Stärke.
a Längszellen.   *b* Querzellen.
c Farblose und braun gefärbte
Zellen.   *d* Kleberzellen.

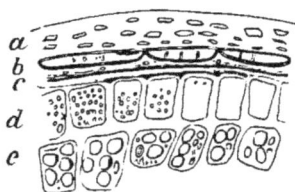

Fig. 46.
Querschnitt des Weizens.
a Fruchthaut.   *b* Samenhaut.
c Hyaline und Farbstoffschicht.
d Kleberzellen.   *e* Stärkezellen.

Allgemeiner anatomischer Bau des Getreidekornes.

Die Bestandteile des Getreidekornes, die ich an der
vorstehenden Figur (Fig. 45), einem Längs- und Querschnitt des Weizenkornes, erläutern will, sind im wesent·
lichen folgende:

1. Das **Sameneiweiß** (Endosperm) mit der **Stärke**
und der **Kleberschicht**.

2. Der **Keimling** (embryo), von dessen Bestandteilen sich sehr selten welche im Mehl vorfinden.

3. Die **Samenhaut** (testa) oder Samenschale.

4. Die **Fruchthaut** (pericarpium) mit der bei Weizen, Roggen und Gerste **behaarten** Oberhaut (epidermis).

Fig. 47. Längszellen.

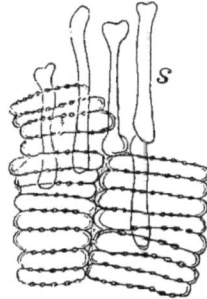

Fig. 48. Querzellen.
S Schlauchzellen.

Fig. 49. Roggenhaare.

Fig. 50. Weizenhaare.

Die **Haare** zeigen namentlich in Bezug auf ihr Lumen (Hohlraum) sowie ihre Länge große Abweichungen bei den verschiedenen Getreidearten und bilden die besten Unterscheidungsmerkmale zwischen denselben, namentlich beim Roggen- und Weizenmehl.

5. Die **Spelzen** (spelta), welche die Früchte umschließen (beim Hafer, Gerste).

Die Getreidemehle.

Weizenmehl ist das Mahlprodukt verschiedener Triticumarten, so von Triticum vulgare, T. durum und von T. polonicum; ferner wird dasselbe von einigen Speltarten, Spelz oder Dinkel (Triticum spelta) und Einkorn (Tr. monococcum) gewonnen.

Die Stärkekörner des Weizens (Fig. 51) sind meist linsenförmig, rundlich, selten oval und mit einer Spalte in der Mitte versehen; ihre Größe beträgt zwischen 0,052 und 0,0396 Mikromillimeter*).

Die Weizenstärke zeigt nach WITTMACK ferner noch ein charakteristisches Verhalten beim Verkleisterungsprozeß, welches sie von der Roggenstärke unterscheidet.

Fig. 51. Weizen. Fig. 52. Aufgequollene Stärkekörner. Fig. 53. Roggen.

Beim Erhitzen von Weizenstärke mit Wasser auf 62,5⁰ C. bleiben die Stärkekörner unverändert, die Verkleisterung findet erst bei etwa 66⁰ C. statt, während dagegen Roggenstärke bei 62,5⁰ C. bis auf wenige Stärkekörner schon aufgequollen ist und die in Fig. 52 gegebene Form zeigt.

Nach WITTMACK**) wird zu dieser Prüfung 1 gr Mehl in ein Becherglas abgewogen, mit 50 cc kalten Wassers angerührt und unter beständigem Umrühren mittelst eines Thermometers langsam auf 62,5⁰ C. auf dem Wasserbade in

---

*) 1 Mikromillimeter = ¹/₁₀₀₀ mm.
**) Anleitung zur Erkennung organischer und unorganischer Beimengungen im Weizen- und Roggenmehl.

der Weise erhitzt, daß, sobald das Thermometer 60—61° C.
zeigt, man die Flamme unter dem Wasserbade löscht und
das Becherglas noch stehen läßt, bis die Temperatur auf
62,5° C. gestiegen ist. Nun wird die Probe vom Wasserbad genommen, rasch mit Wasser abgekühlt, worauf dieselbe zur mikroskopischen Prüfung fertig ist.
Die **Weizenhaare** (Fig. 50) besitzen ein sehr enges
Lumen (1,4—2 mm weit) mit durchschnittlich 7 Mikromm.
dicker Wand und sind viel länger als Roggenhaare.
Roggen- oder **Kornmehl** aus dem Roggen, Secale cereale.
Die Stärkekörner des Roggens (Fig. 53) sind durchschnittlich etwas größer als die des Weizens, ebenfalls
rundlich und häufig von kreuzweisen oder von strahligen
Spalten durchzogen. Die Größe des Roggenstärkekornes
beträgt 0,0396—0,0528 Mikromm.

 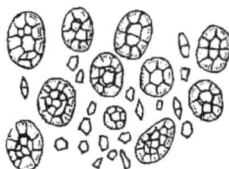 

Fig. 54. Gerste.   Fig. 55. Hafer.   Fig. 56. Buchweizen.

Das Lumen des Roggenhaares ist weit (7 Mikromm.),
meist weiter als die dasselbe einschließenden 3—4 Mikromm.
dicken Wandungen.
Gerstenmehl. Rollgerste, Graupen von Hordeum di-
stichon und H. vulgare.
Die Gerstenstärke (Fig. 54) ist kleiner als die Roggen-
stärke. Die Haare sind viel kürzer als beim Weizen und
Roggen und haben eine zwiebelförmige Basis. Die Kleberzellen sind kleiner als die des Weizens und des Roggens.
Hafermehl von Avena sativa, mit zusammengesetzten Stärkekörnern, deren Teilkörner sehr klein sind
(Fig. 55). Die Schale enthält keine Querzellen; Kleber-
und Stärkezellen sind dünnwandiger als bei den übrigen
Getreidearten. Lange dickwandige Haare.
Buchweizenmehl von Polygonum Fagopyrum (Fam.
Polygoneae). Die Stärkekörner desselben sind zusammen-
gesetzt mit eckigen Teilkörnern (Fig. 56).

Fremde Mehle im Getreidemehl.

Mehl aus **Hülsenfrüchten** (Leguminosae). Die Schale der Hülsenfrüchte besteht aus einer äußeren Palissadenschicht und aus engen, stark verdickten Zellen, welche durch mit Luft erfüllte Intercellularräume voneinander getrennt sind.

Die Stärkekörner sind bohnen- oder nierenförmig, meist gleich groß, am Rande deutlich geschichtet und zeigen im Innern eine strahlige oder zerrissene Höhle.

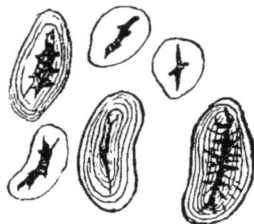

Fig. 57. Wicken.   Fig. 58. Bohnen.

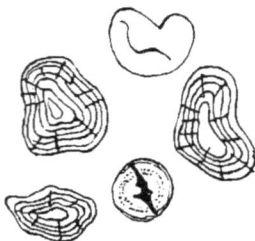

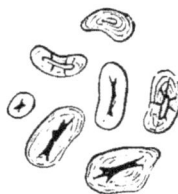

Fig. 59. Erbsen.   Fig. 60. Linsen.   Fig. 61. Reis.

Die Größe der Stärkekörner schwankt zwischen 0,03 und 0,07 Mikromm.

Wickenmehl von Vicia sativa, mit unregelmäßigen Stärkekörnern (Fig. 57), die den Bohnenstärkekörnern sehr ähnlich sind.

Bohnenmehl von Vicia Faba, der Acker- oder Saubohne (Castormehl) und von Phaseolus communis, Gartenbohne, mit eiförmigen Stärkekörnern (Fig. 58).

Erbsenmehl von Pisum sativum, mit länglichen oder elliptischen Stärkekörnern (Fig. 59).

Linsenmehl von Ervum Lens, mit nierenförmigen Stärkekörnern (Fig. 60).

Außer Hülsenfrüchtenmehl wird noch zur Fälschung von Getreidemehl benutzt:

Reismehl von Oryza sativa (Gramineae), mit zusammengesetzten, sehr kleinen, meist eckigen oder ovalen Stärkekörnern mit scharfkantigen Teilkörnern. Größe der Stärkekörner = 0,0061 Mmm (Fig. 61).

Maismehl (Welschkornmehl) von Zea Mais (Gramineae), mit einfachen, fünf- bis sechseckigen Stärkekörnern mit runder oder mit strahliger Kernhöhle.

Die Stärkekörner erscheinen im polarisierten Lichte hell erleuchtet mit schwarzem Kreuz in der Mitte (Fig. 62).

Fig. 62. Mais.　　　　　　Fig. 63. Kartoffel.

Kartoffelmehl von Solanum tuberosum (Solaneae). Einfache Stärkekörner, 0,055—0,10 Mmm groß, mit deutlicher Schichtung und excentrischem Kern am schmalen Ende (Fig. 63).

Zufällige Verunreinigung des Getreidemehls durch Unkrautsamen.

Kornrade (Agrostemma Githago F. Sileneae). Dieselbe giebt sich unter dem Mikroskope durch das Vorhandensein von leicht erkennbaren schwarzen Gewebeteilchen zu erkennen. Die Stärkekörner sind denen des Buchweizens ähnlich (Fig. 64).

Mutterkorn, Secale cornutum, das Dauermycel eines Pilzes (Claviceps purpurea), welcher sich im Fruchtknoten des Roggenkornes während der Blütezeit entwickelt. Dasselbe besteht aus einem rötlichen, äußerst feinen, mit Fett erfüllten Zellgewebe (Fig. 65).

Taumellolch (Tollkorn, Lolium temulentum F. Gramineae), mit netzartigem Gewebe (Fig. 66).

Fig. 64. Kornrade.

Fig. 65. Mutterkorn.

Wachtelweizen (Melampyrum arvense F. Scrophularineae), mit großen, dickwandigen, sechseckigen Zellen. Brot, welches aus mit Wachtelweizen verunreinigtem Mehl hergestellt ist, nimmt eine schwarzblaue Farbe an (Fig. 67).

Fig. 66. Taumellolch.

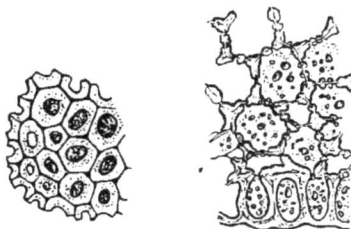

Fig. 67. Wachtelweizen.

Brandpilze und Mehlmilben.

Brandpilze nennt man die schwarzen Sporen eines parasitischen Pilzes, welcher die inneren Teile der Getreidekörner, namentlich die Stärke, zerstört und die Körner mit einem schwarzen Pulver erfüllt. Mehl, welches reich an Brandpilzen ist, zeigt eine graue bis schwarze Farbe und besitzt einen unangenehmen propylaminartigen Geruch.

Hierher gehören:

Der **Stein-** oder **Faulbrand,** Tilletia caries und Tilletia lævis, welche meist nur im Weizen vorkommen, ersterer mit netzartigem Gewebe, letzterer mit glatter Oberfläche (Fig. 68a und b), sowie der diesen ähnliche **Kornbrand,** Tilletia secalis.

Der **Staubbrand** (Flug- oder Rußbrand), Ustilago Carbo, mit braunen bis schwarzen Sporen (Fig. 68c).

Schimmelpilze und Mycelienfäden kommen häufig in feucht gelagertem oder in Mehl vor, welches von ausgewachsenem Getreide gewonnen ist. In solchen Mehlen finden sich auch durch Feuchtigkeit aufgequollene und zerfallene Stärkekörner.

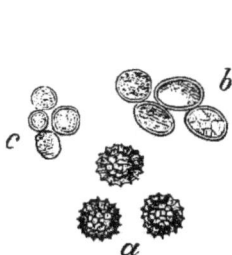

Fig. 68.
a Tilletia caries. b Tilletia lævis.
c Ustilago Carbo.

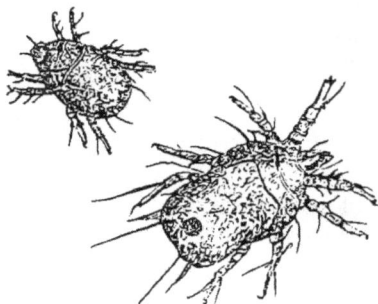

Fig. 69. Mehlmilben.

Mehlmilben, Acarus farinae (Fig. 69), werden in Mehlen, die in feuchten und dumpfen Lagerräumen aufbewahrt worden sind, sowie in teilweise verdorbenem Mehl beobachtet.

Nach der **chemischen Zusammensetzung** enthält das Getreidemehl folgende Bestandteile:

Wasser (Feuchtigkeit).

Stickstofffreie organische Substanzen (Kohlehydrate), als Stärke, Zucker, Gummi (Dextrin), Fett und Holzfaser.

Eiweißstoffe (Proteïnstoffe), Kleber, Pflanzenalbumin, Pflanzenfibrin und Caseïn.

Mineralstoffe, welche vorzugsweise aus Kali und Phosphorsäure neben Magnesia, Kalk, Natron, Kieselsäure, Eisen, Schwefelsäure und aus Chlor bestehen.

14*

Chemische Zusammensetzung verschiedener Mehle.

Mittel von feinerem und gröberem Mehl:	Wasser.	Eiweiß-stoffe.	Fett.	Zucker.	Gummi.	Stärke.	Mineral-stoffe.	Holzfaser.
Weizenmehl . .	12,99	10,95	1,15	2,10	3,07	67,86	0,72	0,64
Roggenmehl .	13,71	11,52	2,08	3,89	7,16	58,61	1,44	1,59
Gerstenmehl . . .	14,83	10,89	1,23	3,10	6,48	62,27	0,63	0,47
Hafermehl	10,07	14,66	5,91	2,26	3,08	59,39	2,24	2,39
Buchweizenmehl .	14,27	9,28	1,89	1,06	2,95	62,45	1,21	0,89
Maismehl	10,60	14,60	3,80	3,71	3,05	63,92	0,86	—
				Kohle-hydrate.				
Bohnenmehl . . .	10,84	23,61	1,62	59,45	—	—	2,95	1,53
Erbsenmehl .	11,42	23,21	2,23	59,12	—	—	2,57	1,45
Linsenmehl . .	10,48	23,55	1,55	59,82	—	—	2,63	1,97
Reismehl	12,58	6,73	0,88	78,48	—	—	0,82	0,51
Kartoffelmehl . .	17,03	0,51	—	82,04	—	—	0,42	—

Zusammensetzung der Asche.

100 Gramm Asche enthalten Gramme:	Kali.	Natron.	Kalk.	Magnesia.	Eisen-oxyd.	Phosphor-säure.
Weizen	32,70	0,87	7,40	9,45	0,525	49,78
Roggen	38,44	1,75	1,02	7,99	2,54	48,26
Gerste	28,77	2,54	2,80	13,50	2,00	47,29
Hafer	27,96	2,24	7,46	10,12	1,54	47,73
Buchweizen	25,43	5,87	2,30	12,89	1,80	48,10
Bohnen	42,00	1,10	5,00	7,00	0,50	38,60

Die Untersuchung des Mehls.

Probeentnahme: 200—500 gr, am besten in Pappschachteln oder Pulvergläser, in Ermangelung dieser in Papierbeutel aus starkem Papier.

Die Untersuchung des Mehls besteht in einer mikroskopischen Prüfung in Bezug auf die Abstammung und die Beschaffenheit der einzelnen Stärkekörner, sowie auf die Erkennung der fremden Beimengungen und Verunreinigungen durch Unkrautsamen, in einer chemischen Untersuchung auf den Gehalt an Mineralstoffen oder mineralischen Fälschungsmitteln, ferner in der Bestimmung der **B a c k f ä h i g k e i t** des Mehls, welche durch den Gehalt und durch die Beschaffenheit des Klebers bedingt ist, und in der Feststellung seiner **ä u ß e r e n B e s c h a f f e n h e i t** nach Farbe, Geruch und Geschmack.

Die **m i k r o s k o p i s c h e** Prüfung, zu welcher eine genaue Kenntnis des anatomischen Baues des Getreidekorns, sowie der Form der einzelnen Stärkemehlarten notwendig ist, wird in folgender Weise ausgeführt: Man bringt einen Tropfen Wasser auf den Objektträger, giebt dazu eine Spur des zu untersuchenden Mehls und legt nach dem Verteilen desselben mittelst eines Glasstäbchens das Deckglas auf. Um Kleber und Kleberzellen leichter von Stärkemehl unterscheiden zu können, setzt man verdünnte Jodlösung zu, wodurch die Stärkekörner eine blaue, die Kleberzellen eine gelbe Farbe annehmen. Auf einen Zusatz von $20^0/_0$iger Schwefelsäure färbt sich auch das Zellgewebe blau, während der Kleber gelb gefärbt bleibt. Zwei bis drei solcher Präparate werden bei etwa 300facher Vergrößerung genau durchsucht und etwa Auffallendes durch den jedem guten Mikroskop beigegebenen Zeichenapparat gezeichnet.

Manche Stärkearten zeigen bei polarisiertem Licht ein charakteristisches Verhalten.

Die **c h e m i s c h e** Untersuchung:

Der **Wassergehalt** (Feuchtigkeit) wird durch sechs- bis zwölfstündiges Trocknen von etwa 5 gr Mehl bei 100 bis 105⁰ C. bestimmt.

Die **Mineralstoffe** (Asche) erhält man durch Verbrennen der bei der Wasserbestimmung erhaltenen Trockensubstanz.

Der in verdünnter Salzsäure unlösliche Teil der Asche wird als »Sand« bezeichnet.

Zur raschen, annähernden Ermittelung des Gehalts eines Mehles an Mineralsubstanzen kann die Chloroformprobe dienen. Hierzu werden 2 gr Mehl in einem Reagenzcylinder mit 30 cc Chloroform und 30 Tropfen Wasser geschüttelt und der Ruhe überlassen. Nach einiger Zeit hat sich das Mehl an der Oberfläche der Flüssigkeit angesammelt, während Sand und sonstige mineralische Verunreinigungen des Mehles sich am Boden des Cylinders abgelagert haben.

Bei einem auffallend hohen Aschengehalt ist eine quantitative Aschenanalyse erforderlich, wobei sich auch eine Beimengung des Mehles an **Alaun** und **Kupfervitriol,** die zwar äußerst selten vorkommt, zu erkennen giebt. Zum direkten Nachweis von Alaun verfährt man nach Herz*) auf folgende Weise: Das Mehl wird in einem Probierglase mit etwas Wasser und Alkohol durchfeuchtet und mit einigen Tropfen frisch bereiteter Campecheholztinktur (5 gr Campecheholz : 100 cc 96%igen Alkohols) versetzt. Das Ganze schüttelt man gut und füllt das Probierglas mit gesättigter Kochsalzlösung auf. Bei einem Alaungehalt von 0,05—0,10% nimmt die überstehende klare Flüssigkeit eine blaue, beim Vorhandensein von 0,01% eine violettrote Färbung an.

Prüfung auf einen Gehalt des Mehls an Mutterkorn.

Nach Hoffmann und Hilger**) befeuchtet man 10 gr Mehl mit 10 Tropfen 20%iger Kalilauge und läßt 10 Minuten lang quellen. Alsdann fügt man 30 cc Äther und 20 Tropfen verdünnter Schwefelsäure (1 : 5) hinzu, läßt 5—6 Stunden stehen, filtriert und wäscht mit Äther nach, bis das Filtrat 20 cc beträgt. Das Filtrat wird nun mit 10—15 Tropfen einer kalt gesättigten Lösung von Natriumbikarbonat versetzt und tüchtig durchgeschüttelt. Die Gegenwart von Mutterkorn giebt sich durch eine Violettfärbung der Bikarbonatlösung zu erkennen. Nach dieser Methode sind 0,01% Mutterkorn mit Sicherheit im Mehle nachzuweisen.

Zur **Ermittelung von Unkrautsamen** (Kornrade, Wicken, Wachtelweizen, Taumellolch) giebt nach Vogl***) oft das Verhalten des Mehles bei der Behandlung mit salz- oder schwefelsäurehaltigem Alkohol Anhaltspunkte, wenn auch diese chemischen Reaktionen, die nur auf Farbeerscheinungen beruhen, oft im Stiche lassen.

Nach Vogl werden 2 gr von dem zu untersuchenden Mehle mit 10 cc eines 70prozentigen Alkohols, welcher in 100 Teilen 5 Teile Salzsäure enthält, bei gelinder Wärme geschüttelt und nach dem Absetzen des Mehles die Farbeveränderung der darüber stehenden Flüssigkeit beobachtet.

Bei Weizen- und Roggenmehl bleibt die Flüssigkeit rein weiß, ein Gehalt des Mehles an 5% Kornrademehl bringt eine orangegelbe, ein solcher von etwa 5—10%

---

*) Rep. f. anal. Chem. 1886.
**) Archiv f. Pharm. 1885, S. 827.
***) Verfälschungen und Verunreinigungen des Mehles, 1880.

Wicken eine rosarote, ein größerer Gehalt eine violette Färbung hervor. Mutterkorn soll (bei 5°/o) eine fleischrote Färbung erzeugen.

Bei der ausführlichen chemischen Untersuchung eines Mehles, namentlich in Bezug auf seinen Nährwert, kommen zu den oben beschriebenen Bestimmungen noch hinzu die Ermittelung

der **Proteïnstoffe,** welche aus dem nach der KJELDAHL'schen Methode gefundenen Stickstoffgehalt des Mehls berechnet werden, und

des **Stärkegehaltes.** Zu dieser Bestimmung werden 2—3 gr entfettetes Mehl in REISCHAUER'schen Druckfläschchen (Fig. 70) mit 100 cc Wasser vier Stunden lang im Paraffinbade bei 135 bis 140° C. zur Aufschließung der Stärke erhitzt. Hierauf wird die Flüssigkeit filtriert und die gelöste Stärke durch Erhitzen mit Salzsäure in Zucker (Dextrose) übergeführt.

Der Zucker wird in der verdünnten und neutralisierten Lösung mit FEHLING'scher Lösung bestimmt.

100 Teile Traubenzucker = 90 Teile Stärke.

Prüfung auf die Backfähigkeit.

Fig. 70.

Der **Klebergehalt** wird durch Auswaschen einer bestimmten Menge Mehl unter einem feinen Wasserstrahl und Wägen des feuchten Klebers erhalten.

Beim Auswaschen von Weizenmehl erhält man hierbei eine feste, zähe, zusammenhängende Masse, während das Roggenmehl meist nur ein unzusammenhängendes Gerinnsel liefert.

Das Aleurometer (Klebermesser) von BOLAND dient zur Prüfung der Beschaffenheit des Klebers und gründet sich auf die Ausdehnungsfähigkeit beim Erhitzen desselben.

Ermittelung der wasserbindenden Kraft.

Das Verhalten des Mehles bei der Teigbildung ist für die Herstellung von Brot von größter Wichtigkeit. Je größer die wasserbindende Kraft, d. h. je mehr Wasser ein Mehl zu binden vermag, desto größer wird die Brotmenge sein, die man aus einer bestimmten Menge Mehl erhalten kann.

Die wasserbindende Kraft des Mehles wird in folgender Weise bestimmt:

In einer beliebigen Menge des zu prüfenden Mehles, welches man in eine Porzellanschale in ziemlich dicker Schichte bringt, wird am besten mit dem Boden eines möglichst kleinen Kochkölbchens eine Mulde geformt, in welche man 10 cc Wasser vorsichtig fließen läßt. Man rührt nun von dem Mehle mittelst eines Glasstabes soviel in das Wasser, bis eine kompakte, am Glasstabe hängen bleibende Masse gebildet ist. Letztere wird nun auf die mit Mehl gut bestreute Handfläche gebracht und soviel Mehl in dieselbe geknetet, bis ein nicht mehr an den Finger klebender, zusammenhängender, steifer, aber noch leicht knetbarer Teig erhalten wird.

Die so hergestellte Teigmasse wird gewogen und die wasserbindende Kraft, wie folgt, berechnet:

Es sei das Gewicht der Teigmasse = G, dann findet man die wasserbindende Kraft nach dem Ansatz:

$G-10$ (10 cc angew. Wasser) : $10 = 100 : W$, worin W die wasserbindende Kraft des Mehles als Teile Wasser, welche 100 Teile Mehl zu binden vermögen.

Weizenmehl bindet hierbei bis zu $60^0/_0$, Roggenmehl bis zu $52^0/_0$ Wasser.

Wichtig für die Backfähigkeit des Mehles ist ferner das Verhalten des aus demselben hergestellten Teiges beim Liegen an der Luft. Während der Teig aus normalem, gutem Mehl hierbei an der Oberfläche rasch abtrocknet und hart wird, bedeckt sich die Oberfläche des aus schlechtem, teilweise verdorbenem oder stark durch Pilzmycelien verunreinigtem Mehl hergestellten Teigs mit einer schmierigen Schichte und zeigt Neigung zum Zerfließen.

Die Feststellung der **äußeren Beschaffenheit** des Mehles bezüglich der Farbe, des Geruchs und des Geschmacks.

Handelt es sich um den Vergleich der Farbe mehrerer Mehle nebeneinander, so bringt man am besten einen kleinen Löffel voll Mehl auf ein glattes Brettchen und formt mittelst eines Holzspatels eine rechteckige Schichte daraus; das nächste Mehl wird in derselben Weise hart an das erste gelagert u. s. w. Zuletzt streicht man mit dem Holzspatel sämtliche Schichten der Länge nach glatt, wonach ein Farbenunterschied der einzelnen Mehle sich scharf zu erkennen giebt.

Beurteilung des Mehls.

Normales Mehl soll eine gelblichweiße Farbe zeigen, sowie einen angenehmen frischen Geruch und einen süßlichen Geschmack besitzen. Ein dumpfer oder mulsteriger Geruch sowie ein bitterer Geschmack lassen auf eine Zersetzung oder auf eine Verunreinigung des Mehls schließen und werden namentlich in feucht gelagerten Mehlen beobachtet.

Bei der mikroskopischen Prüfung darf das Mehl sich nicht als zu reich an Teilen der äußeren Schichten des Kornes erweisen. Die Stärkekörner müssen gut erhalten sein; hohle, zusammengefallene oder durch Feuchtigkeit aufgequollene Stärkekörner, wie sie in Mehl vorkommen, das aus feucht geerntetem Getreide gewonnen worden ist, soll gutes Mehl nicht enthalten oder doch nur in sehr geringer Menge. Ebenso muß das Mehl frei sein von Pilzvegetationen, Schimmelpilzen, Mycelienfäden. Ein von **Mehlmilben** durchsetztes Mehl ist durchaus verwerflich.

Der **Feuchtigkeitsgehalt** des Mehles soll $10-15^0/0$ nicht überschreiten.

Der Gehalt an **Mineralstoffen** beträgt bei Weizenmehl $0,7-1,5$, höchstens $2,0\ ^0/0$, bei Roggenmehl $1-2$, höchstens $2,5^0/0$. Die Asche soll bis auf geringe Spuren von Sand, wie sie in jedem Mehl vorzukommen pflegen, in verdünnter Salzsäure löslich sein. Der in Salzsäure unlösliche Teil soll $0,3\ ^0/0$ nicht übersteigen.

Fälschungen mit Mineralsubstanzen, wie Kalk, Gips, Schwerspat u. s. w., die immerhin äußerst selten vorkommen, oder ein Zusatz von Alaun, welcher zur Auffrischung von schlechtem Mehl dienen soll, ergeben sich am sichersten aus einer quantitativen Aschenanalyse des Mehles.

Der aus dem Mehl isolierte Kleber beträgt bei gutem Weizenmehl nie unter $25^0/0$, meist aber bis zu $30^0/0$ in feuchtem Zustande und soll von zäher, zusammenhängender Beschaffenheit sein.

Anweisung

zur

zollamtlichen Prüfung von Mühlenfabrikaten.

Vom 9. Juli 1894.

(Centralblatt für das Deutsche Reich, S. 335.)

(Unter Berücksichtigung der Abänderungen und Ergänzungen).*)

¹ Bei der zollamtlichen Abfertigung von M e h l, welches mit dem Anspruch auf Zollnachlaß oder auf Erteilung eines Einfuhrscheines zur Ausfuhr angemeldet wird, findet bis auf weiteres das Typenverfahren Anwendung.

Zu diesem Zweck wird den beteiligten Zollstellen eine entsprechende Anzahl von Mustertypen — Naturtypen und Typenbilder — überwiesen.

Die Typen sind der zollamtlichen Abfertigung dergestalt zu Grunde zu legen, daß Roggen- und Weizenmehl von geringerer Beschaffenheit als die betreffenden Typen zur Entlastung eines Zollkontos oder zur Erteilung eines Einfuhrscheines fernerhin nicht znzulassen, beim Eingange jedoch als Mehl zur Verzollung zu ziehen ist.

Die Benutzung der Typen seitens der Amtsstellen hat nach Maßgabe der anliegenden »Anleitung zur Prüfung von Mehl auf trockenem und nassem Wege (Pekarisieren)« zu erfolgen. Sollte die Vergleichung mit den Typen nicht zu einem unzweifelhaften Ergebnis führen, so sind die betreffenden Mahlprodukte einem vereidigten Chemiker behufs Feststellung des Aschengehalts zu übergeben. In gleicher Weise ist zu verfahren, wenn die Beteiligten die Aschengehaltsermittelung verlangen und für den Fall, daß das Ergebnis zu ihren Ungunsten ausfällt, die Kosten der Untersuchung übernehmen. Die anliegenden »Bemerkungen bezüglich der Ermittelung des Aschengehalts von Mehl« sind vorkommendenfalls den Chemikern zur Berücksichtigung mitzuteilen. Nach Maßgabe der Bemerkungen ist bis auf weiteres Mehl zur Abschreibung vom Zollkonto oder zur Erteilung eines Einfuhrscheines zuzulassen, sofern der Aschengehalt höchstens

---

*) Die Änderung der Grenzzahlen des zulässigen Aschengehalts für vergütungsfähiges oder gegen Einfuhrschein ausgehendes Mehl und des niedrigsten Aschengehalts für ohne vorgängige Denaturierung zollfrei abzulassende Kleie ist durch Beschluß des Bundesrats vom 30. April 1896 (Centralblatt für das Deutsche Reich, S. 119) erfolgt. Die übrigen Änderungen und Ergänzungen, insbesondere die Bestimmung über den Fortfall des Typenverfahrens bei der Eingangsabfertigung von Kleie, beruhen auf dem Beschlusse des Bundesrats vom 28. November 1895 (Centralblatt für das Deutsche Reich, 1896, S. 66).

	in der lufttrockenen Substanz	in der Trockensubstanz
bei Weizenmehl	2,22 Prozent,	2,50 Prozent,
bei Roggenmehl	1,73 »	1,92 »

beträgt.

Bei der Abfertigung von Mehl aus H a r t w e i z e n oder einem Gemisch von Mehl aus Hart- und Weichweizen oder einem aus einer Mischung von Hart und Weichweizen hergestellten Mehl sind die Typen n i c h t in Anwendung zu bringen. Derartige Fabrikate sind vielmehr stets für sich zu prüfen, in Zweifelsfällen ist ein technisches Gutachten einzuholen.

Die Zollbehörden entscheiden bei der Abfertigung von K l e i e nach freiem Ermessen darüber, ob eine als »Kleie« deklarierte Ware zollamtlich als solche zu behandeln oder nach Nr. 25 q 2 des Tarifs zu verzollen sei. In denjenigen Fällen, in welchen die Abfertigungsbeamten Zweifel über die Beschaffenheit der Ware haben oder die Beteiligten sich der Denaturierung der Ware widersetzen, hat die Untersuchung der letzteren durch einen vereideten Chemiker auf ihren Aschengehalt mit der Maßgabe stattzufinden, daß die Ware ohne vorgängige Denaturierung zollfrei abzulassen ist, wenn ihr Aschengehalt mindestens 3,7 Prozent der lufttrockenen Substanz und bezw. 4,1 Prozent in der Trockensubstanz beträgt. In gleicher Weise ist zu verfahren, wenn die Beteiligten die Aschengehaltsermittelung verlangen und für den Fall, daß das Ergebnis zu ihren Ungunsten ausfällt, die Kosten der Untersuchung übernehmen.

Anleitung
zur
Prüfung von Mehl auf trockenem und nassem Wege (Pekarisieren).

Das von dem Ungarn PEKÁR erfundene Verfahren der Mehlprüfung (das sogenannte Pekarisieren) beruht darauf, daß die feinsten Unterschiede der Mehle am besten hervortreten, wenn man die Proben naß macht.

In vereinfachter Weise läßt sich das Verfahren folgendermaßen ausführen:

Man läßt sich ein oder mehrere Brettchen aus Rotbuchen- bezw. einem anderen harten Holze machen von etwa 22 cm Länge, 10 cm Breite und 7 mm Dicke. An dem einen Ende kann das Brett der Bequemlichkeit wegen in einen Handgriff auslaufen, wie umstehende Figur zeigt; doch ist das nicht unbedingt erforderlich. Das Holz tränkt man zweckmäßig durch Überpinseln mit etwas Leinölfirnis, und damit dieser besser einzieht, erwärmt man das Holz ein wenig. Ist es trocken, so kann es benutzt werden.

Man lege von der zu untersuchenden Probe ein Häufchen, etwa 2 Theelöffel voll, auf das Brett, bilde daraus ein kleines Rechteck, lege ein Blatt starken, glatten Papiers (am besten

starkes Schreibpapier, Velinpapier oder glatter Karton) darauf,
drücke mit einem flachen Lineal auf das Papier, entferne dann
das letztere und beschneide mit einem größeren Messer oder
einem Falzbeine die Kanten, so daß man ein scharf umschrie-
benes Rechteck von etwa 5 cm Länge, 3 cm Breite und 3 mm
Höhe erhält.

Hat man eine Type Mehl zur Hand, so entnimmt man derselben eine gleiche Menge, verfährt ebenso und schiebt das aus
ihr gebildete Rechteck auf dem Brette vorsichtig an das erste.
Sind mehrere Proben zu untersuchen, so wird mit den anderen
ebenso verfahren.

Wenn alle Rechtecke nebeneinander liegen, legt man ein
Stück mehrfach zusammengefaltetes, glattes Papier oder ein Stück
glatten Karton auf und drückt mit dem Lineal auf alle zugleich,
damit alle Rechtecke gleich hoch werden. Erforderlichenfalls
muß man, wenn dadurch die äußeren Ränder etwas
undeutlich oder schräge geworden sein sollten, sie
noch einmal beschneiden.

¹⁄₃ nat. Gr.

Hat man als Type kein wirkliches Mehl, sondern nur eine lithographierte Abbildung (eventuell
eine solche Abbildung auf Karton geklebt), so legt
man diese wie etwa einen Dominostein neben die
Rechtecke aus Mehl.

Man wird nun schon bei einiger Übung
selbst in diesem trockenen Zustande Unterschiede
in der Farbe des Mehles erkennen können. Ganz
besonders sieht man auf der ebenen Oberfläche
gut die kleinen, schwarzen Stückchen der Raden-
schale, falls solche vorhanden sind, ebenso die
gelben oder gelbbraunen Kleieteilchen, und kann
somit beurteilen, ob ein Mehl kleiereicher ist als
die Type.

Das alles tritt indessen noch viel besser hervor, wenn die
Proben naß gemacht (pekarisiert) werden.

Zu diesem Zweck steckt man das Brett mit den darauf
liegenden Proben vorsichtig schräge in ein Gefäß mit Wasser
(jeder Eimer genügt) und hält die Proben so lange unter Wasser,
bis das Aufsteigen von Luftblasen, welche zuerst aus dem Mehle
hervortreten, aufhört, was gewöhnlich schon nach einer Minute
geschieht. Alsdann zieht man das Brett wieder heraus und wird
nun die etwaigen Unterschiede zwischen einer Mehlsorte und
der Type noch viel leichter erkennen können. Hat man nur
eine Abbildung der Type in nassem Zustande, so legt man diese
ebenfalls daneben, nachdem man das Brett an der betreffenden
Stelle trocken abgewischt hat, damit das Bild nicht leidet.

Wünschenswert ist, daß die Bilder der Mehltypen, sowohl
der trockenen wie der nassen, in derselben Höhe liegen wie die
Oberfläche der Mehlproben, sie müssen deshalb auf ca. 3 mm
starken Karton oder eventuell auf 3 mm dickes Eisenblech aufgezogen werden.

Am besten ist es, man läßt sich in einer Mühle das Pekarisieren zeigen, es ist das Verfahren in jeder größeren Mühle üblich und wird darum leicht zu sehen sein.

Stimmt übrigens das Mehl schon im trockenen Zustande mit der Type überein, oder ist es gar besser, so ist ein Naßmachen nicht notwendig.

Im übrigen hat sich bei Vergleichung der durch Malen der Typen von Roggen- und Weizenmehl in trockenem und nassem Zustande hergestellten Typenbilder mit den Mehltypen ergeben, daß ein gewisser Unterschied zwischen den Mehlen und den Bildern insofern bestehen bleibt, als das Mehl, selbst wenn es geglättet ist, eine etwas rauhe, der Karton aber eine glatte Oberfläche zeigt.

Ebenso entsprechen die Bilder, welche die Mehle in nassem Zustande darstellen, nicht genau der Wirklichkeit, weil ihnen der Glanz des Wassers fehlt.

Für den Gebrauch der Typen und Typenbilder ist außerdem noch folgendes zu beachten :

Beim Vergleichen zweier Mehle darf das Auge nicht weiter als 40 cm von denselben entfernt sein, ebenso beim Vergleichen eines Typenbildes in dem Zinkkästchen mit einer Mehlprobe; in letzterem Falle ist dies ganz besonders wichtig. Man stellt sich zweckmäßig mitten vor ein Fenster, damit von beiden Seiten gleichmäßiges Licht auf die Probe fällt, denn es kommt sehr auf die Beleuchtungsverhältnisse an. Legt man z. B. zwei Proben von einem und demselben Mehle in Gestalt von Rechtecken nebeneinander, so kann bei ungünstiger Beleuchtung oft das eine Rechteck dunkler als das andere erscheinen. Vertauscht man die beiden Rechtecke, so daß das früher dunkler erscheinende Rechteck die Stelle des früher heller erscheinenden einnimmt, so erscheint nunmehr das früher dunkle als heller und das früher helle als dunkel.

Genau so ist es auch beim Vergleichen eines Typenbildes mit einer Naturtype. Aus weiterer Entfernung, etwa 80 cm und mehr gesehen, erscheinen die Mehltypen viel grauer als die Typenbilder. Dies kommt von der größeren Rauhigkeit der Oberfläche bei den Mehltypen. Je glatter man die Oberfläche macht, desto heller erscheint das Mehl.

Aufbewahrung: Die Typen werden am besten in mit schwarzem Papier lichtdicht beklebten Gläsern mit eingeriebenem Stöpsel, jedenfalls aber an einem dunklen, nicht feuchten Orte aufbewahrt werden. Um die Würmer abzuhalten, lege man in jede Probe ein Papierbeutelchen mit Naphtbalin. Die Bilder der Mehltypen sind gleichfalls an einem dunklen Orte, am besten in einer schwarzen Mappe, aufzubewahren.

Bemerkungen

bezüglich

der Ermittelung des Aschengehalts von Mehl und Kleie.

1. Es empfiehlt sich, etwa 2 gr Substanz zur Veraschung anzuwenden, welche selbstverständlich genau gewogen werden muß.

2. Man leite die Veraschung so, daß die Asche nicht schmilzt oder zusammensintert, was zuerst an den Spitzen der verkohlten Masse sich bemerkbar zu machen pflegt, da etwaige zurückbleibende Kohleteilchen in der verglasten Masse schwer zu veraschen sind und auch eine teilweise Verflüchtigung bezw. Umsetzung der Salze zu befürchten ist. Man nehme deswegen keine zu starke Flamme.

3. Die Asche muß vollkommen weiß sein, was oft sehr lange Zeit erfordert, wenn man nicht etwa die Verbrennung im Sauerstoffstrome vornimmt. Zur Beschleunigung des Weißwerdens sind, wie bei vielen Veraschungen üblich, einige Tropfen chemisch reiner Ammoniumnitratlösung hinzuzufügen.

4. Die Asche ist wegen ihrer Hygroskopizität unter den üblichen Vorsichtsmaßregeln zu wägen.

XIII. Brot.

Das Brot, eines der wichtigsten Volksnahrungsmittel, ist das aus dem Mehle verschiedener Getreidearten, namentlich aber aus Weizen- und Roggenmehl hergestellte Backwerk.

Die Brotbereitung besteht im allgemeinen in folgendem:

In dem aus Mehl und Wasser unter Zusatz von Kochsalz hergestellten Teig wird ein Gärmittel, Hefe oder Sauerteig, gut verteilt und die Teigmasse in einem warmen Raume der Gärung (das »Gehen« des Teiges) überlassen. Hierbei bildet sich aus einem Teil der Stärke Dextrin und Maltose, aus letzterer Kohlensäure und kleine Mengen von Alkohol.

Durch die Kohlensäureentwickelung wird die für gutes Brot erforderliche **Lockerung** hervorgerufen.

Häufig wird die zur Lockerung notwendige Kohlensäure auch auf rein chemischem Wege durch Zusatz von sog. **Backpulver,** Mischungen von Natriumbikarbonat und

Weinstein, von Pottasche oder Ammoniumkarbonat, entwickelt.

Der gelockerte Teig wird nun in den Backofen gebracht, dessen Wände je nach der Größe der Brote auf 200—270⁰ C. erhitzt sind. Bei dem Backen verdunstet ein Teil des Wassers, die Stärkekörner werden durch den Verkleisterungsprozeß aufgeschlossen und dadurch für die Verdauung geeigneter gemacht. Beim Erhitzen des Teiges bilden sich Dextrin und Röstprodukte, es entweichen ferner ein Teil des gebildeten Alkohols und die Kohlensäure, welch letztere dem Brote die für seine gute Beschaffenheit charakteristischen Hohlräume (Lockerung) verleiht.

Das fertige Brot besteht aus dem äußeren festen, aber elastischen Teil, der **Rinde,** und dem inneren, größeren und weicheren Teil, der **Krume.**

Je nach der Verwendung von feinerem, weißem oder von gröberem (Schwarz-)Mehl und dem Zusatz von Wasser, Milch oder Fett unterscheidet man Weiß- oder Weizenbrot (Wecke, Milchbrot u. s. w.) und Schwarz- oder Roggenbrot (Pumpernickel).

Die Brotausbeute beträgt im allgemeinen aus 100 Teilen Mehl 120—135 Teile Brot.

Chemische Zusammensetzung des Brotes.

100 Gramm Brot enthalten Gramme:	Wasser.	Eiweiß-stoffe.	Fett.	Zucker.	Stärke.	Holzfaser.	Gummi.	Asche.
Weizenbrot, feineres .	35,59	7,06	0,46	4,02	52,56	0,32	—	1,09
» gröberes .	40,45	6,15	0,44	2,08	49,04	0,62	—	1,22
Roggenbrot	42,27	6,11	0,43	2,31	46,94	0,49	—	1,46
»	46,44	8,89	0,57	1,40	34,16	—	8,25	—
Pumpernickel	43,42	7,59	1,51	3,25	41,87	0,90	—	1,42
Kommißbrot	37,01	7,30	0,50	3,15	46,00	1,65	—	1,50
Weißbrot (Weizen) . .	44,00	6,05	0,36	2,40	45,50	0,30	—	1,20
Schwarzbrot (Roggen) .	45,20	5,90	0,45	3,00	45,20	0,40	—	1,60
Wasserweck	45,50	4,81	1,00	1,70	39,52	—	7,30	—
				Lösliche Kohle-hydrate.				
Aleuronatbrot	43,10	13,95	0,17	2,01	39,50	0,40	—	0,86
Zwieback	13,47	8,32	1,04	8,40	68,73	—	—	—
» v. Geisendörfer	8,38	13,49	2,96	22,15	52,31	—	—	0,71
» » »	7,40	14,10	2,34	23,15	52,25	—	—	0,76

Veränderungen des Brotes während der Aufbewahrung.

Beim Aufbewahren verändert sich die Beschaffenheit
der frischen, weichen Brotkrume sehr rasch, die letztere
wird hart und bröckelig, während die Rinde weicher wird,
das Brot wird »altbacken«. Die Veränderungen beruhen
nach Versuchen von BOUSSINGAULT[*]) und v. BIBRA[**]) darauf, daß das Brot einen Teil seines Wassers, welches es
in frischem Zustand frei enthält, verliert, der übrige Teil
aber chemisch gebunden wird. Erwärmt man altbackenes
Brot, so wird das gebundene Wasser frei und das Brot
wird wieder geschmeidig und nimmt eine dem frischen
Brote ähnliche Konsistenz an.

In feucht gelagertem Brote entwickeln sich **Schimmel·
pilze** (Penicillium glaucum), welche die Krume mit einer
grauen oder grünlichen Schichte überziehen. Rote Flecken,
die hier und da im Brote bemerkt werden, sind durch
das Auftreten von Mikroorganismen, so von Micrococcus
prodigiosus und anderen, bedingt.

Eine vollständige Zersetzung der Brotkrume hatte ich
nicht selten Gelegenheit, an Weizen- oder Roggenbrot zu
beobachten, welches namentlich in heißen Sommermonaten
hergestellt und zur Untersuchung eingesandt wurde. Das
Brot, welches seiner äußeren Beschaffenheit nach vollständig normal erscheint, zeigt im Innern der Krume eine
völlig schmierige, fadenziehende, klebrige Masse von unangenehmem Geruch. Die Krume solchen Brotes, welche
reich an Ammoniak ist, geht in kurzer Zeit in vollständige Fäulnis über und zerfließt teilweise. Die Zersetzung
scheint durch eine Schleimgärung verursacht zu werden;
bei der mikroskopischen Prüfung erweist sich die Masse
reich an Schleimpilzen und an Fäulnisbakterien.

Die Untersuchung des zum Backen solchen Brotes
verwendeten Mehles hat ergeben, daß dasselbe in den
meisten Fällen reich an aufgequollenen oder ausgehöhlten
Stärkekörnern und an Pilzmycelien war und somit die
Beschaffenheit des aus feucht geerntetem oder aus ausgewachsenem Getreide gewonnenen Mehles zeigte.

Oft war aber auch die schlechte Beschaffenheit des

---

[*]) Ann. chim. physique 1852.
[**]) Die Getreidearten und das Brot.

Brotes durch die Verwendung eines verdorbenen Gärmaterials, verdorbener Hefe oder schlechten Sauerteigs, bedingt. Durch kräftiges Ausbacken des Brotes dürfte es in den meisten Fällen gelingen, diese Zersetzungsvorgänge zu verhindern.

Die Untersuchung des Brotes.

Probeentnahme: 100 gr einer Durchschnittsprobe (Rinde und Krume) in reines Papier oder Pergamentpapier.

Feststellung der **äußeren Beschaffenheit** der Rinde und Krume.

Der **Wassergehalt** wird durch Trocknen von etwa 5 gr der in dünne Scheiben zerschnittenen Krume bei 100—105 ⁰ C. bestimmt.

Die **Asche** (Mineralstoffe) erhält man durch Verbrennen der bei der Feuchtigkeitsbestimmung erhaltenen Trockensubstanz.

Fremde mineralische Zusätze, wie **Alaun, Kupfervitriol** u. s. w., ergeben sich aus einer quantitativen Aschenanalyse.

Alaun kann im Brot direkt nachgewiesen werden, indem man das Brot 6—7 Minuten lang in Campecheholztinktur taucht. Nach 2—3 Stunden giebt sich das Vorhandensein von Alaun durch eine Violettfärbung des Brotes zu erkennen.

Die Bestimmung des **Kleiengehaltes** wird in der Weise ausgeführt, daß man 100 gr Brot mit Wasser digeriert, abfiltriert, auswäscht und den hierbei erhaltenen Rückstand (Kleie) bei 100 ⁰ C. trocknet.

Bestimmung des Säuregrades. Nach LEHMANN werden 50 gr Brotkrume mit etwa 200 cc Wasser zu einem Brei eingerührt; der Brotbrei wird mit ¹/₄ N.-Natronlauge unter Verwendung von Phenolphtaleïn titriert. Der Säuregehalt des Brotes wird in der Anzahl cc Normalnatron ausgedrückt, welche zur Neutralisation der Säure von 100 gr frischer Brotkrume erforderlich sind.

Die **mikroskopische Prüfung** zur Erkennung der etwa bei der Herstellung zugesetzten fremden Mehle giebt in seltenen Fällen sichere Anhaltspunkte, weil die Stärkekörner im Brote fast sämtlich verkleistert sind.

Die Prüfung des Brotes auf einen Gehalt an Mutterkorn, welches beim Genusse gesundheitsstörend auf den menschlichen Organismus wirkt, wird in derselben Weise wie beim Mehl ausgeführt, wobei etwa 50 gr Brot zur Verwendung kommen.

Beurteilung des Brotes.

Normales, gutes Brot soll eine glänzende, nicht zu rissige Oberfläche, sowie einen angenehmen, frischen Geruch und Geschmack zeigen. Ein saurer Geruch und Geschmack lassen auf eine mangelhafte Zubereitung oder auf die Verwendung von schlechtem Backmaterial schließen. Die Rinde soll eine hellbraune Farbe besitzen und in gutem Zusammenhang mit der Krume sein; die Brotkrume selbst muß locker erscheinen; dieselbe darf jedoch keine zu großen Hohlräume (Blasen), die von einer zu weit vorgeschrittenen Gärung vor dem Verbacken zurückzuführen sind, zeigen. Mehlklümpchen und Wasserstreifen sollen im Brote nicht vorhanden sein. Der Wassergehalt des gut ausgebackenen Brotes beträgt 45—48 % und soll 50 % nicht überschreiten. Brot, welches unter Zusatz von Kartoffelmehl hergestellt worden ist, sog. Kartoffelbrot, besitzt eine feuchte Krume und bleibt verhältnismäßig lange frisch.

Der **Aschegehalt** des Brotes unterliegt großen Schwankungen und ist abhängig von der Menge des dem Teige zugesetzten Kochsalzes.

Über die Brotbereitung und über die Bedeutung des Brotes für die Ernährung des menschlichen Körpers enthält das Werk von K. BIRNBAUM »Das Brotbacken« ausführliche Mitteilungen, namentlich auch über die höchst interessanten diesbezüglichen Versuche von PETTENKOFER und VOIT.

Mehlpräparate.

Hierher gehören Nudeln, Maccaroni, LIEBIGS Backpulver, Hafergrütze, Leguminosenpräparate, Suppeneinlagen u. s. w., welche in ihrer Zusammensetzung bedeutenden Schwankungen unterworfen sind.

Die chemische und mikroskopische Prüfung derselben wird nach den beim Mehle beschriebenen Methoden ausgeführt.

Kindermehle sind Mischungen von eingetrockneter Milch und Getreide- oder Leguminosenmehlen, in welchen die Stärke durch Wasserdampf unter Druck, durch Erhitzen mit Säuren oder durch Diastase aufgeschlossen und in eine möglichst lösliche Form gebracht worden ist.

Bei der Untersuchung dieser Kindermehle werden folgende Bestimmungen ausgeführt:

Wasser- und **Aschegehalt** in der oben beim Mehl beschriebenen Weise.

Fett. Durch Extraktion von 5—10 gr des gut getrockneten Kindermehls, welches man mit Sand oder Marmorpulver gemischt hat, mit Äther im CLAUSNITZER-schen Extraktionsapparat.

Eiweißstoffe. Durch Bestimmung des Stickstoffs in 1—2 gr des entfetteten Kindermehls nach KJELDAHL. Der Gehalt an Eiweißstoffen ergiebt sich durch Multiplikation des gefundenen Stickstoffgehaltes mit 6,25.

Lösliche Kohlehydrate nach der Methode von GERBER und RADENHAUSEN.

a. Bei diastasierten Kindermehlen.

3—5 gr des entfetteten Kindermehls werden mit 30—50 cc Wasser in einem Becherglase angerührt, nach dreistündiger Digestion bei 70—75° C. mit 160 cc 50%igem Alkohol versetzt und nach dem Absetzen mittelst einer Saugpumpe filtriert. Der Rückstand auf dem Filter wird mit etwa 100 cc 50%igem Alkohol ausgewaschen und das Filtrat auf ein bestimmtes Volumen (250—500 cc) gebracht. Hiervon wird ein beliebiger Teil abgemessen, im Becherglase auf ¼ seines Volumens eingedampft und, falls flockige Ausscheidungen von Albuminaten entstanden sind, nochmals filtriert und in einer gewogenen Platinschale zur Trockne verdampft. Das Extrakt wird bei 100—105° C. bis zum konstanten Gewicht getrocknet, gewogen und dann verascht.

Die Menge des Extraktes minus der Asche ergiebt die Menge der löslichen Kohlehydrate.

b. Bei gewöhnlichen Kindermehlen werden ebenfalls 3—5 gr der entfetteten Substanz mit 30—50 cc Wasser angerührt, 5 Minuten lang unter beständigem Umrühren in einem Becherglase auf dem Drahtnetz gekocht und nach dem Erkalten mit 100 cc 50%igem Alkohol versetzt. Nach wiederholtem Umrühren läßt man die Flüssigkeit sich absetzen, filtriert, wäscht das Ungelöste gut aus, verdünnt auf ein bestimmtes Volumen und verfährt genau wie bei a.

c. Der auf dem Filter verbleibende Rückstand wird zur Bestimmung der **unlöslichen Kohlehydrate,** der **Stärke** des Kindermehls, verwendet.

Man bringt den Rückstand in einen Kolben von 400 cc Inhalt, setzt 200 cc Wasser und 20 cc Salzsäure hinzu und erhitzt drei Stunden lang im Wasserbad. Hierauf läßt man das Ungelöste sich absetzen, filtriert in einen Literkolben, wäscht aus und füllt nach dem Neutralisieren der Flüssigkeit mit Natronlauge zum Liter auf. Wenn hierbei Ausscheidungen erfolgen, wird nochmals filtriert.

In einem Teil dieser Lösung wird der aus Stärke gebildete Traubenzucker mittelst FEHLING'scher Lösung bestimmt und auf Stärke berecbnet.

100 Teile Traubenzucker = 90 Teile Stärke.

Die **mikroskopische Prüfung** erstreckt sich hauptsächlich auf die Ermittelung der zu dem betreffenden Präparate benutzten Mehlart.

Analysen verschiedener Kindermehle.

100 Gramme Kindermehl enthalten Gramme:	Wasser.	Eiweißstoffe.	Fett.	Lösliche	Unlösliche	Holzfaser.	Mineralstoffe.
				Kohlehydrate.			
NESTLES Kindermehl .	6,55	9,61	4,34	42,89	34,41	0,43	1,77
» » . .	7,65	8,25	3,80	41,20	37,14	0,38	1,58
Gaisburger » .	6,68	14,01	5,45	53,50	17,66	—	2,70
MORR in Bruchsal . . .	3,50	10,42	7,40	38,04	28,90	—	2,60
MAUERSBERG in Stellberg	7,10	11,01	5,24	39,94	34,98	—	1,73
				Kohlehydrate.			
WEIBEZAHNS Hafermehl	10,40	9,50	6,25	72,45		0,50	0.90
LIEBIGS Kindersuppe	40,44	8,41	0,82	48,61		—	1,75

Beurteilung der Kindermehle.

Gutes Kindermehl muß einen angenehmen, frischen und süßlichen Geschmack zeigen und sich bei der mikroskopischen Prüfung als vollständig frei von Pilzvegetationen zeigen. Die einzelnen Bestandteile des Kindermehles müssen in leicht assimilierbarer Form in demselben vorhanden sein; der Gehalt derselben an löslichen Kohlehydraten im Verhältnis zu den unlöslichen (Stärke) muß ein möglichst höher sein. Holzfaser soll im Kindermehl nur in Spuren vorhanden sein. Der Fettgehalt muß von gesunder Milch stammen und reichlich sein.

XIV. Konditoreiwaren.

Die hier in Betracht kommenden Konditoreiwaren sind teils Backwerke, die aus Zucker oder Honig unter Zusatz von Mehl, Eiern, Butter, Milch und Gewürzen, sowie unter Verwendung von Farbstoffen hergestellt werden, teils mit bunten Farben versehene, aus Zucker, Gummi, Eiweiß bereitete Dragées, Pasten, Bonbons und dergl.

Bei der Untersuchung von Konditoreiwaren, welche im allgemeinen in derselben Weise wie beim Brot ausgeführt wird, ist die Prüfung ihrer Farben auf einen Gehalt an gesundheitsschädlichen Farbstoffen organischer oder anorganischer Natur besonders zu berücksichtigen.

Von unschädlichen Farbstoffen werden in der Konditorei folgende verwendet:

Alcannawurzel, Cochenille, Karmin, Malven, Rotholz, Sandelholz, Curcumawurzel, Safran, Saflor, Ringelblumen, Indigo, Blattgrün, gebrannter Zucker, Catechu, Mischungen von Indigo und Curcuma und Tusche.

Die Verwendung von anorganischen Farbstoffen, welche giftige Metallsalze enthalten, wie Chromblei, Zinnober, Grünspan, sowie von organischen, wie Gummigutti, Pikrinsäure, und arsenhaltigen Farben kommt in jüngster Zeit nur selten vor, besonders da man jetzt vollständig arsenfreie Teerfarbstoffe herzustellen imstande ist.

Nach § 1 des Reichsgesetzes vom 5. Juli 1887 dürfen derartige gesundheitsschädliche Farben zur Herstellung von Nahrungs- und Genußmitteln, welche zum Verkaufe bestimmt sind, nicht verwendet werden.

Die Untersuchung auf gesundheitsschädliche Farbstoffe.

Probeentnahme: 50—100 gr oder mehrere größere Stücke in Papierbeutel.

Wenn thunlich, isoliert man die Farben der betreffenden Objekte mittelst eines Messers durch Abschaben oder man extrahiert dieselben je nach der Art des Farbstoffs mit Alkohol, Äther oder mit verdünnter Salzsäure. Die Lösungen bezw. die nach dem Verdunsten des Alkohols oder des Äthers erhaltenen Rückstände werden mit Salzsäure und chlorsaurem Kali oxydiert und nach

dem Vertreiben des freien Chlors und der freien Säure
warm mit Schwefelwasserstoff gesättigt. Im Schwefelwasserstoffniederschlag findet man etwa vorhandenes Arsen,
Antimon, Blei, Kupfer und Zinn, welche nach den bekannten Methoden getrennt werden.

Im Filtrat vom Schwefelwasserstoffniederschlag wird
zunächst vorhandenes Baryum mit Schwefelsäure gefällt.
Im Filtrat vom Baryumsulfat schlägt man, nachdem
dasselbe mit Ammoniak alkalisch gemacht worden ist, mit
Schwefelammonium vorhandenes Chrom und Zink nieder.

Zur direkten Prüfung auf **Arsen** dampft man die mit
Salzsäure und Kaliumchlorat oxydierte Lösung des Farbstoffs mit Schwefelsäure ab, verdünnt mit Wasser und
bringt einen Teil davon in den Marsh'schen Apparat oder
prüft nach dem Gutzeit'schen Verfahren.

Gummigutti wird durch Alkohol extrahiert und der
Auszug zur Trockene verdunstet. Beim Vorhandensein
von Gummigutti löst sich dasselbe beim Schütteln des
Rückstandes in Chloroform und wird beim Verdunsten
der Lösung als gelbes Pulver ausgeschieden.

Das Pulver ist in Sodalösung löslich und wird auf
Zusatz von Schwefelsäure aus derselben gefällt.

Pikrinsäure wird durch Alkohol, Äther oder Amylalkohol ausgezogen, der Auszug färbt Seide und Wolle
schön gelb. Kleine Mengen von Pikrinsäure, mit Kalilauge und Kaliumcyanid erwärmt, geben eine blutrote
Flüssigkeit (Isopurpursäure); ebenso mit Traubenzucker
und Alkali (Pikraminsäure).

Die Untersuchung der Konditoreiwaren auf ihren
Gehalt an **Zucker** geschieht am besten nach den Ausführungsbestimmungen des Zuckersteuergesetzes vom
27. Mai 1896, die ich unter »Zucker« Seite 239 u. ff.
aufgeführt habe.

Nachweis von künstlichen Süßstoffen (Saccharin).
Den Konditoreiwaren kann das Saccharin durch Ausschütteln mit Äther entzogen werden. Weitere Prüfung
wie bei »Bier« S. 154.

XV. Kakao und Chokolade.

Als Kakao, Kakaopulver oder Kakaomasse kommen die teilweise entölten und gepulverten, oder zu einer zarten Masse unter Anwendung von Wärme zerriebenen, von den Schalen befreiten Kakaobohnen in den Handel. Die Kakaobohnen sind die Samen des in Südamerika und auf den Antillen einheimischen, in dem tropischen Asien und Afrika angebauten Baumes, Theobroma Cacao, Fam. Buettneriaceae. Die Früchte desselben sind gurkenähnlich, 10—15 cm lang, 5—7 cm dick, von gelblicher Farbe und enthalten in ihrem Fruchtfleische etwa 20 Samen (Bohnen) von weißer Farbe. Die Bohnen machen, bevor sie in den Handel kommen, eine zwei- bis dreitägige Gärung, das sog. »Rotten«, durch, wodurch die anfangs farblosen Kotyledonen braun werden und der bittere Geschmack derselben in einen milden, aromatischen verwandelt wird. Die Bohnen werden dann in eisernen Pfannen so lange geröstet, bis sich die Schale entfernen läßt, und hierauf unter Erwärmen auf 70—80° C. mittelst eines Pistills zu einer gleichförmigen Masse, der sog. **Kakaomasse,** zerrieben.

Kakaobutter wird durch warmes Abpressen dieser Masse erhalten.

In Holland besteht ein eigenes Verfahren zur Herstellung von Kakao. Die Samen werden dort mit 2—4% Alkalisalz, Pottasche, Soda, Magnesia oder Ammoniumkarbonat eingeweicht, wobei nach einiger Zeit das Zellgewebe derselben aufweicht und durch Siebe entfernt werden kann.

Derartige Kakaopräparate sind reicher an Mineralstoffen und besitzen nicht den angenehmen Geschmack wie der durch Rösten hergestellte Kakao.

Die Kakaobohnen zeigen je nach der Art der Ernte eine verschiedene Zusammensetzung; durchschnittlich enthalten dieselben

Kakaobutter (talgähnliches Fett) .	43—50	Proz.
Eiweißstoffe . . .	18,0	»
Theobromin (Coffeïn)	1,5	»
Stärke . .	16,0	» und
Farbstoffe.		

Von »gerottetem« Kakao gelten als beste Sorten: Mexikanischer, Caracas, Esmeraldas, Quatemala, Quayaquil.

Von »ungerottetem«: Brasilischer, Para-Cayenne- und Trinidadkakao; die letzteren Sorten besitzen einen herben, bitteren Geschmack.

Der Nährwert des Kakaos ist durch seinen reichlichen Gehalt an Stickstoffsubstanzen bedingt, sein Gehalt an Theobromin verleiht ihm gleichzeitig die Eigenschaften eines Genußmittels.

Zusammensetzung des Kakaos.

100 Gramm Kakao enthalten Gramme:	Wasser.	Eiweißstoffe.	Fett.	Stärkemehl.	Theobromin.	Stickstoff- freie Substanzen.	Mineral- stoffe.	Holzfaser.
Kakaobohnen . . .	3,63	13,09	49,32	13,25	1,40	13,18	3,48	3,65
Kakao, entölt . . .	6,35	21,50	27,34	15,17	1,82	16,48	5,10	5,44

100 Gramm Asche enthalten Gramme:	Kali.	Natron.	Kalk.	Magnesia.	Eisenoxyd.	Phosphor- säure.	Schwefel- säure.	Chlor.	Kieselsäure.
Asche des Kakaos .	31,28	1,33	5,07	16,26	0,14	40,46	3,74	0,85	1,51
» der Kakaoschalen	42,42	1,05	8,17	14,60	0,71	19,23	3,64	—	8,93

Die Untersuchung des Kakaos.

Probeentnahme: 100 gr in Pappschachteln oder in Papierbeutel.

Wasserbestimmung. Durch Austrocknen von etwa 5 gr Kakao bei 100^0 C. (im Wassertrockenschrank) bis zum konstanten Gewichte.

Stickstoffsubstanzen. Dieselben werden nach KJELDAHL in etwa 1 gr der zuvor entfetteten Kakaomasse bestimmt.

Bestimmung von Theobromin und Coffeïn. 1. Verfahren von H. BECKURTS. Das durch Extraktion einer Mischung von 10 gr Kakaopulver und 10 gr Quarzsand erhaltene Fett wird mit 150 cc Wasser, dem 1 cc Salzsäure zugesetzt wurde, unter öfterem, tüchtigem Umschütteln auf dem Wasserbade erwärmt, dann bis zum Erstarren des Fettes beiseite gestellt, und die Theobrominlösung vom Fett abfiltriert. Das Filtrat wird mit überschüssigem Magnesiumhydroxyd versetzt, zur Trockne verdampft, dem Rückstand sodann mit Chloroform im Extraktionsapparat das Theobromin entzogen, das Chloroform verjagt und das Theobromin getrocknet und gewogen.

Der nach Extraktion des Fettes mit Chloroform bleibende Rückstand des Kakaopulvers wird mit 100 cc 80%igem, mit Schwefelsäure schwach angesäuertem Alkohol 1/2 Stunde gekocht, dann noch zweimal mit je 100 cc eines gleichen Alkohols heiß ausgezogen, der Alkohol von den vereinigten Auszügen abdestilliert, der Rückstand mit Magnesiumhydroxyd im Überschuß versetzt, zur Trockne verdampft, dem Rückstand mit Chloroform im Extraktionsapparat das Theobromin entzogen, das Chloroform verjagt und das Theobromin getrocknet und gewogen. Durch Addition der beiden Theobrominbestimmungen erhält man den Gehalt an Theobromin (nebst Coffeïn).

2. Verfahren von Hilger und Eminger. 10 gr des Kakaopulvers werden in einem Glaskolben mit 150 gr Petroleumäther übergossen und verkorkt unter öfterem Umschütteln ungefähr zwölf Stunden bei Zimmertemperatur stehen gelassen. Hierauf wird der Petroläther vom Rückstand getrennt und dieser getrocknet. 5 gr des Rückstandes werden mit 100 cc 3—4%iger Schwefelsäure am Rückflußkühler 3/4 Stunden gekocht. Dann wird der Inhalt des Kolbens in ein Becherglas gespült und in der Siedehitze mit in Wasser aufgeschlämmtem Baryumhydroxyd genau neutralisiert. Die Neutralisation kann so genau geschehen, daß ein Einleiten von Kohlensäure behufs Wegnahme des überschüssigen Baryts unnötig ist. Die neutralisierte Masse wird dann in einer Schale, deren Boden mit gewaschenem Quarzsand belegt ist, abgedampft, und der Rückstand in einem geeigneten Fettextraktionsapparate mit 100 gr Chloroform 5 Stunden extrahiert. Das Chloroform wird abdestilliert, der Rückstand bei 100° getrocknet, hierauf mit 100 gr Tetrachlorkohlenstoff, dem Lösungsmittel für Fett und Coffeïn, bei Zimmertemperatur unter zeitweiligem Umschütteln eine Stunde stehen gelassen. Die filtrierte Lösung wird durch Destillation vom Tetrachlorkohlenstoff befreit, der Rückstand wiederholt mit Wasser ausgekocht, die wässerige Lösung in einer gewogenen Schale eingedampft und bei 100° C. getrocknet (Coffeïn). Das Theobromin, welches sich noch im Kolben ungelöst befindet, sowie das Filter werden ebenfalls mit Wasser wiederholt ausgekocht, dieses verdampft, bei 100° getrocknet und so das Theobromin frei von allen Beimengungen erhalten.

Fettbestimmung. Durch Extraktion von etwa 5 gr gepulvertem, mit Marmorpulver oder mit Sand vermischtem Kakaopulver mittelst Äther.

Das so erhaltene Fett wird auf seinen Schmelzpunkt geprüft, welcher beim Kakaofett bei 28—32⁰ C. liegt; ferner wird dessen KŒTTSTÖRFER'sche Zahl und HÜBL'sche Jodzahl bestimmt. Das Kakaofett löst sich in viel geringeren Mengen Äther und rascher als andere Fette (Talg u. s. w.).

Stärkemehl. Entfetteter Kakao wird in REISCHAUER-schen Druckfläschchen zur Aufschließung der Stärke erhitzt und nach der Inversion dieser Lösung mit Salzsäure eine Zuckerbestimmung ausgeführt, aus welcher die Stärke berechnet werden kann.

Holzfaser. Etwa 4—5 gr Kakao werden mit verdünnter 1,25⁰/oiger Schwefelsäure ¹/₂ Stunde lang zweimal mit Wasser, dann mit 200 cc 1,25⁰/oiger Kalilauge ausgekocht. Der hierbei erhaltene Rückstand wird auf ein Filter gebracht, mit Wasser, dann mit Alkohol und Äther ausgewaschen, getrocknet, gewogen und verascht. Rückstand minus Asche = Holzfaser.

Mineralstoffe. Durch Veraschen des bei der Wassergehaltsbestimmung erhaltenen Rückstandes.

Bei der Zubereitung des Kakaos nach dem holländischen Verfahren, bei dem fixe Alkalien benutzt werden, wird der Kakao etwas reicher an Mineralstoffen. Ein solcher Zusatz macht sich auch beim Übergießen der Asche mit einer Säure durch Aufbrausen bemerkbar, während dies bei der Asche von reinem Kakao nicht beobachtet wird.

Die **mikroskopische Prüfung** des Kakaos wird am besten in der Weise ausgeführt, daß man eine kleine Menge Kakao durch Erwärmen mit etwas Äther in einem Reagenzglase entfettet und von dem hierbei erhaltenen Rückstand etwas auf den Objektträger bringt.

Die Kakaostärke ist leicht erkennbar; die Stärkekörner sind sehr klein, viel kleiner noch als Reisstärke. Die Stärkekörner sind kugelig, 0,005—0,007 mm groß und haben die Eigenschaften, nicht so leicht zu verkleistern wie andere Stärke, infolgedessen auch die Jodstärkereaktion nur langsam eintritt. Von den Stärkekörnern des Getreides und der Hülsenfrüchte ist sie leicht zu unterscheiden.

Ein Gehalt an den zur Fälschung verwendeten, gepulverten **Kakaoschalen** läßt sich ebenfalls durch die mikroskopische Prüfung nachweisen. Das Hauptgewebe der Schale besteht aus mit Tüpfel versehenen großen Zellen, sowie aus Gefäßbündeln mit vielen Spiralgefäßen, die in reinem Kakao nur in geringer Zahl vorkommen (Fig. 71).

Der Theobromingehalt guten Kakaos pflegt $1-1,5^0/_0$, der Gehalt an Mineralstoffen $3-5^0/_0$ zu betragen. Die Asche ist arm an Kieselsäure, während die Asche der Kakaoschalen, die $7-12^0/_0$ beträgt, größere Mengen,

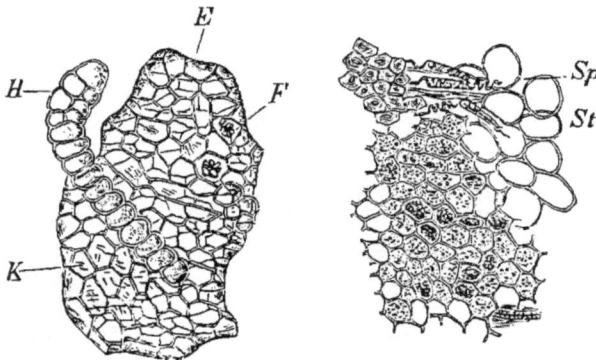

Fig. 71.
E Epidermis. *Sp* Spiroiden. *H* Haare. *K* Krystalle. *St* Steinzellen.
F Fettsäurekrystalle. (Möller.)

etwa $6^0/_0$ Kieselsäure enthält. Der Fettgehalt beträgt 48 bis $54^0/_0$.

Die Untersuchung des **Kakaofettes** auf seine Reinheit erstreckt sich auf die Bestimmung des Schmelzpunktes $(32-33)$, der Jodzahl $(34-36)$ und der Verseifungszahl $(190-204)$.

Alkolätherprobe nach FILSINGER: 2 gr Fett werden in einem graduierten Röhrchen geschmolzen und mit 6 cc und einer Mischung aus 4 Teilen Äther und 1 Teil Alkohol geschüttelt. Reines Kakaofett liefert eine klarbleibende Lösung.

Chokolade ist eine Mischung von Kakao mit etwa 50 Prozent Zucker und Gewürzen, wie Vanille, Zimt, Nelken u. s. w.

Sie wird bereitet durch Zerreiben entschälter Kakaobohnen oder der käuflichen Kakaomasse mit Zucker unter

Anwendung von Wärme in eisernen Kesseln und Aus-
schlagen der gleichmäßigen, weichen Masse in mit Öl
bestrichene Blechformen, in denen sie erstarrt.

Reine Chokolade muß frei sein von Stärkemehl,
welches zur Herstellung von billigen Fabrikaten benutzt wird.
Der Aschegehalt beträgt zwischen 1,0 und 1,75%
und soll 2,5% nicht überschreiten, der Gehalt an Fett
18—27% und jener an Zucker 48—62%.

Die Ermittelung des Zuckergehaltes geschieht nach
den bei der Prüfung des Zuckers angegebenen Methoden
(s. daselbst). Im übrigen wird die Prüfung der Chokolade
genau wie beim Kakao ausgeführt.

XVI. Zucker.

Die im Handel hauptsächlich vorkommenden Zuckerarten sind Rohr-, Trauben- oder Stärke-, Malz- und Milchzucker.

Beim **Rohrzucker** (Saccharose $C_{12}H_{22}O_{11}$) unterscheidet
man zwei Arten, solchen aus Zuckerrohr und aus Runkelrüben hergestellten Zucker; der meiste im Handel befindliche Zucker ist Rübenzucker.

Der sog. indische oder **Kolonialzucker** wird aus dem
Safte des in Ostindien heimischen Zuckerrohrs, Saccharum
officinarum, Fam. Gramineae, gewonnen.

Zur Darstellung wird das von der Wurzel abge-
schnittene Zuckerrohr zerkleinert und zwischen Walzen
ausgepreßt. Der so erhaltene Saft wird durch Behandlung
mit Kalkmilch geklärt und nach der Reinigung zur Krystallisation eingedampft.

Die Gewinnung von Rohrzucker aus der **Zucker-** oder
Runkelrübe, Beta vulgaris, Fam. Chenopodiaceae, geschieht
kurz in folgender Weise:

Die gewaschenen Zuckerrüben werden entweder zu
einem Brei zerrieben und der Saft hieraus durch Pressen
gewonnen oder dieselben werden nach dem in neuerer
Zeit allgemein zur Anwendung kommenden Diffusions-
verfahren verarbeitet, wobei die Rübenschnitzel in ge-

schlossenen Gefäßen systematisch mit warmem Wasser ausgelaugt werden. Der hierbei erhaltene Saft wird durch Erhitzen mit $^1/_2\,^0/_0$ Kalkmilch gereinigt; die Eiweißstoffe scheiden sich hierbei aus, Eisen und Magnesiasalze werden gefällt und die im Safte vorhandenen organischen Säuren werden neutralisiert. Der bei dieser Operation, der sog. »Scheidung«, erhaltene Saft wird filtriert und durch Eindampfen konzentriert, wobei die erste Krystallisation, der sog. Rohzucker, und als Nebenprodukt die nicht krystallisierbare Melasse erhalten wird. Der Rohzucker wird in den »Raffinerieen« im Wasser gelöst, mit Tierkohle gereinigt und abermals zur Krystallisation eingedampft. Hierbei erhält man je nach dem Grade der Reinheit verschiedene Zuckersorten wie

Raffinade, Hut- oder Brotzucker, ein mit besonderer Sorgfalt gereinigter Zucker.

Krystallzucker, der aus dem Dicksaft beim Eindampfen sich ausscheidende Teil.

Melis, der noch kleine Mengen Melasse enthält.

Farinzucker, ein Nachprodukt bei der Raffinierung des Zuckers, welches durch Vermahlen der verschiedenen Produkte hergestellt wird.

Kandiszucker ist der in großen Krystallen mit besonderer Vorsicht krystallisierte und häufig mit Zuckercouleur gefärbte Zucker.

Die beiden Zuckerarten, sowohl der aus Zuckerrohr als der aus Rüben hergestellte Zucker, sind chemisch gleich zusammengesetzt und sind im gereinigten Zustande nur schwer und selten mit Sicherheit voneinander zu unterscheiden.

Der Kolonialzucker, namentlich der Rohrzucker, besitzt einen eigentümlichen, charakteristischen Geruch und enthält nicht selten Zuckermilben. Rübenzucker, welchem ein Gehalt an Nitraten zugeschrieben wird, soll sich beim Kochen mit Indigolösung entfärben, während beim Kolonialzucker diese Reaktion nicht eintritt.

Die **Melasse** aus Rübenzucker ist reich an Salzen, namentlich an alkalischen Salzen und enthält organische, stickstoffhaltige Substanzen (Betaïn), während die als Syrup in den Handel kommende Melasse aus Kolonial-

zucker von ungleich größerer Reinheit ist und deshalb
auch in der Zuckerbäckerei verwendet wird.

Die gereinigten Zuckersorten enthalten 99,5—99,9 %
Zucker, 0,5 % Wasser und 0,05—0,45 % Mineralstoffe
oder Nichtzuckerstoffe.

Zusammensetzung des Zuckers:

Kohlenstoff·	42,10
Wasserstoff	6,40
Sauerstoff·.	51,50.

Die Untersuchung des Zuckers.

Probeentnahme: 100 Gramm in Papierbeutel oder Pappschachteln.

Wassergehalt. Durch Trocknen von etwa 5—10 gr
Zucker bei 100—110° C. in Platinschalen.

Asche. Durch Verbrennen der bei der Wasserbestimmung erhaltenen Trockensubstanz.

Nach Scheibler werden die zuckerhaltigen Produkte (etwa
3 gr Trockensubstanz), um die Verflüchtigung der Alkalikarbonate
zu vermeiden, mit konzentrierter Schwefelsäure durchfeuchtet und
mit möglichst großer Flamme verascht. Die Asche wird im Muffel-
ofen weißgebrannt.

Von der gefundenen Asche ist 1/10 für die in der Asche enthaltene Schwefelsäure in Abzug zu bringen.

Der **Zuckergehalt** wird nach den unten bei den Ausführungsbestimmungen über das Zuckersteuergesetz beschriebenen Methoden durch Polarisation oder mittelst
Fehling'scher Lösung nach der Inversion bestimmt.

Ausführungsbestimmungen zu dem Zuckersteuer-gesetz vom 27. Mai 1896.

A. Anleitung

für die Steuerstellen zur Untersuchung der Zuckerabläufe

auf Invertzuckergehalt

und zur

Feststellung des Quotienten der weniger als 2 Prozent
Invertzucker enthaltenden Zuckerabläufe.

I. Untersuchung der Zuckerabläufe auf Invertzuckergehalt.

In einer tarierten Porzellanschale werden genau 10 gr des
zuvor durch Anwärmen dünnflüssig gemachten Ablaufs abgewogen
und durch Zusatz von etwa 50 cc warmem Wasser, sowie durch
Umrühren mit einem Glasstabe in Lösung gebracht. Die Lösung
bedarf, auch wenn sie getrübt erscheinen sollte, in der Regel
einer Filtration nicht. Man bringt sie in eine sogenannte Erlenmeyer'sche Kochflasche von etwa 200 cc Rauminhalt oder in
eine entsprechend große Porzellanschale und fügt 50 cc Fehling-
sche Lösung hinzu.

Die Fehling'sche Lösung erhält man durch Zusammengießen
gleicher Teile von Kupfervitriollösung (34,639 gr reiner krystallisierter Kupfervitriol, zu 500 cc mit Wasser gelöst) und Seignettesalz-Natronlauge (173 gr krystallisiertes Seignettesalz, in 400 cc
Wasser gelöst; die Lösung vermischt mit 100 cc einer Natronlauge, welche 500 gr Natronhydrat im Liter enthält). Beide
Flüssigkeiten, welche fertig von einer Chemikalienhandlung zu
beziehen sind, müssen getrennt aufbewahrt werden; von jeder
derselben sind 25 cc mittelst besonderer Pipette zu entnehmen
und der Lösung des Zuckerablaufs unter Umschütteln zuzusetzen.
Soll eine größere Zahl von Untersuchungen nacheinander stattfinden, so dürfen beide Bestandteile der Fehling'schen Lösung
in entsprechender Menge miteinander vermischt werden; doch
ist die Verwendung der Mischung nur innerhalb 3 Tagen zulässig, weil sie bei längerem Stehen zur Analyse untauglich wird.

Die mit der Fehling'schen Lösung versetzte Flüssigkeit wird
im Kochkolben auf ein durch einen Dreifuß getragenes Drahtnetz
gestellt, welches sich über einem Bunsenbrenner oder einer guten
Spirituslampe befindet, aufgekocht und 2 Minuten im Sieden erhalten. Die Zeit des Siedens darf nicht abgekürzt werden.

Hierauf entfernt man den Brenner beziehungsweise die
Lampe, wartet einige Minuten, bis ein in der Flüssigkeit entstandener Niederschlag sich abgesetzt hat, hält den Kolben gegen
das Licht und beobachtet, ob die Flüssigkeit noch blau gefärbt
ist. Ist noch Kupfer in der Lösung vorhanden, was durch die
blaue Farbe angezeigt wird, so enthält die Lösung weniger als
2 Prozent Invertzucker.

Die Färbung erkennt man deutlicher, wenn man ein Blatt
weißes Schreibpapier hinter den Kolben hält und die Flüssigkeit
im auffallenden Lichte beobachtet.

Sollte die Flüssigkeit nach dem Kochen gelbgrün oder
bräunlich erscheinen, so liegt die Möglichkeit vor, daß noch un-
zersetzte Kupferlösung vorhanden ist und die blaue Farbe derselben nur durch die gelbbraune Farbe des Ablaufs verdeckt
wird. In solchen Fällen ist wie folgt zu verfahren:
Man fertigt aus gutem, dickem Filtrierpapier ein kleines
Filter, feuchtet es mit etwas Wasser an und setzt es in einen
Glastrichter ein, wobei es am Rande des Trichters gut festgedrückt
wird. Der letztere wird auf ein Reagenzgläschen gesetzt. Hierauf
filtriert man etwa 10 cc der gekochten Flüssigkeit durch das Filter
und setzt dem Filtrat ungefähr die gleiche Menge Essigsäure und
einen oder zwei Tropfen einer wässrigen Lösung von gelbem Blut-
laugensalz hinzu. Entsteht hierbei eine intensiv rote Färbung des
Filtrats, so ist noch Kupfer in der Lösung und somit erwiesen,
daß der Zuckerablauf weniger als 2 Prozent Invertzucker enthält.

II. Feststellung des Quotienten der weniger als 2 Prozent Invertzucker enthaltenden Zuckerabläufe.

Als Quotient gilt nach § 1 Absatz 2 der Ausführungsbestimmungen derjenige Prozentsatz des Zuckergehalts des betreffenden
Ablaufs, welcher sich auf Grund der Polarisation und des spezifischen Gewichts nach Brix berechnet.

a) Ermittelung des spezifischen Gewichts nach Brix.

In einem tarierten Becherglase werden 200 bis 300 gr des
zu untersuchenden Zuckerablaufs abgewogen. Man fügt alsdann
100 bis 200 cc heißes destilliertes Wasser hinzu, rührt mit einem
Glasstabe so lange vorsichtig (um das Glas nicht zu zerstoßen)
um, bis der Ablauf sich vollständig im Wasser gelöst hat, und
stellt das Becherglas in kaltes Wasser, bis der Inhalt ungefähr
Zimmertemperatur angenommen hat. Hierauf stellt man das
Becherglas wiederum auf die Wage und setzt aus einer Spritzflasche vorsichtig noch so viel Wasser hinzu, daß das Gewicht
des im ganzen hinzugesetzten Wassers gleich demjenigen der
verwendeten Menge des Zuckerablaufs ist. Waren beispielsweise 251 gr Zuckerablauf zur Untersuchung abgewogen worden,
so ist so lange Wasser hinzuzusetzen, bis die Flüssigkeit 502 gr
wiegt. Nach dem Hinzufügen des Wassers rührt man die Flüssigkeit nochmals um und füllt damit den zur Vornahme der Spindelung bestimmten Glascylinder soweit, daß die Flüssigkeit durch
das Einsenken der Brix'schen Spindel nicht ganz bis zum oberen
Rande steigt. Der Cylinder muß senkrecht aufgestellt werden,
so daß die Spindel frei in der Flüssigkeit schwimmen kann,
ohne seine Wandung zu berühren. Man senkt die Spindel langsam in die Flüssigkeit ein und achtet dabei darauf, daß derjenige
Teil des Instruments nicht benetzt wird, welcher außerhalb der
Flüssigkeit verbleibt, nachdem es frei schwimmend zur Ruhe gekommen ist. Ist letzteres geschehen, so liest man an der Spindel

den Saccharometergrad an derjenigen Linie ab, in welcher der Flüssigkeitsspiegel die Spindel schneidet. Die an der Spindel abgelesenen Grade gelten nur für die Normaltemperatur von 17,5° C. Besitzt die Flüssigkeit nicht zufällig die Normaltemperatur, so müssen die abgelesenen Grade, nachdem die wirkliche Temperatur an dem am Bauche der Spindel angebrachten Thermometer ermittelt worden ist, nach Maßgabe der folgenden Tabelle berichtigt werden:

Tabelle

für die Berichtigung der Grade Brix bei einer von der Normaltemperatur (17,5° C.) abweichenden Temperatur.

Bei einer Temperatur nach Celsius von	und bei							
	25	30	35	40	50	60	70	75
	Graden der Lösung							
	sind von der Saccharometeranzeige abzuziehen: Grade.							
0°	0,72	0,82	0,92	0,98	1,11	1,22	1,25	1,29
5°	0,59	0,65	0,72	0,75	0,80	0,88	0,91	0,94
10°	0,39	0,42	0,45	0,48	0,50	0,54	0,58	0,61
11°	0,34	0,36	0,39	0,41	0,43	0,47	0,50	0,53
12°	0,29	0,31	0,33	0,34	0,36	0,40	0,42	0,46
13°	0,24	0,26	0,27	0,28	0,29	0 33	0,35	0,39
14°	0,19	0,21	0,22	0,22	0,23	0,26	0,28	0,32
15°	0,15	0,16	0,17	0,16	0,17	0,19	0,21	0,25
16°	0,10	0,11	0,12	0,12	0,12	0,14	0,16	0,18
17°	0,04	0,04	0,04	0,04	0,04	0,05	0,05	0,06
18°	0,03	0,03	0,03	0,03	0,03	0,03	0,03	0,02
19°	0,10	0,10	0,10	0,10	0,10	0,10	0,08	0,06
20°	0,18	0,18	0,18	0,19	0,19	0,18	0,15	0,11
21°	0,25	0,25	0,25	0,26	0,26	0,25	0,22	0.18
22°	0,32	0,32	0,32	0,33	0,34	0,32	0,29	0,25
23°	0,39	0,39	0,39	0,40	0,42	0,39	0,36	0,33
24°	0,46	0,46	0,47	0,47	0,50	0,46	0,43	0,40
25°	0,53	0,54	0,55	0,55	0,58	0,54	0,51	0,48
26°	0,60	0,61	0,62	0,62	0,66	0,62	0,58	0,55
27°	0,68	0,68	0,69	0,70	0,74	0,70	0,65	0,62
28°	0,76	0,76	0,78	0,78	0,82	0,78	0,72	0,70
29°	0,84	0,84	0,86	0,86	0,90	0,86	0,80	0,78
30°	0,92	0,92	0,94	0,94	0,98	0,94	0,88	0,86

Nach der Berichtigung sind die Grade Brix in der Weise auf volle Zehntelgrade abzurunden, daß 5 und mehr Hundertstel als 1 Zehntelgrad gerechnet und geringere Beträge weggelassen werden.

Die ermittelten Grade sind schließlich mit 2 zu multiplizieren, weil die zur Spindelung verwendete Menge des Ablaufs mit der gleichen Menge Wasser verdünnt worden ist.

b) Polarisation.

Bei der Polarisation der Zuckerabläufe ist mit Rücksicht auf deren dunkle Färbung von den in der Anlage C der Ausführungsbestimmungen erteilten bezüglichen Vorschriften in folgenden Beziehungen abzuweichen:

Zur Untersuchung wird nur das halbe Normalgewicht — 13,024 gr — des Zuckerablaufs verwendet. Man wiegt diese Menge in einer Porzellanschale ab, fügt 40—50 cc lauwarmes destilliertes Wasser hinzu und rührt mit einem Glasstabe so lange um, bis der Ablauf im Wasser sich vollständig gelöst hat. Hierauf wird die Flüssigkeit in den Kolben gespült und vor dem Auffüllen zur Marke geklärt.

Behufs der Klärung läßt man zunächst etwa 5 cc Bleiessig in den Kolben einfließen. Ist die Flüssigkeit, nachdem der entstehende Niederschlag sich abgesetzt hat — was meist in wenigen Minuten geschieht —, noch zu dunkel, so fährt man mit dem Zusatze von Bleiessig fort, bis die genügende Helligkeit erreicht ist. Oft sind bis zu 12 cc Bleiessig zur Klärung erforderlich. Dabei ist jedoch zu beachten, daß Bleiessig zwar genügend, aber in nicht zu großen Mengen hinzugesetzt werden darf; jeder neu hinzugesetzte Tropfen Bleiessig muß noch einen Niederschlag in der Flüssigkeit hervorbringen.

Gelingt es nicht, die letztere durch den Zusatz von Bleiessig soweit zu klären, daß die Polarisation im 200 mm-Rohre ausgeführt werden kann, so ist zu versuchen, ob dies im 100 mm-Rohre möglich ist. Gelingt auch dies nicht, so muß eine neue Untersuchungsprobe hergestellt und diese vor dem Bleiessigzusatze mit etwa 10 cc Alaun- oder Gerbsäurelösung versetzt werden; diese Lösungen geben mit Bleiessig starke Niederschläge, welche klärend wirken, und gestatten die Anwendung großer Mengen Bleiessig.

Nachdem die Polarisation ausgeführt ist, sind die abgelesenen Polarisationsgrade mit 2 zu multiplizieren, weil nur das halbe Normalgewicht zur Untersuchung verwendet worden ist. Hat man statt eines 200 mm-Rohres nur ein 100 mm-Rohr angewendet, so sind die abgelesenen Grade mit 4 zu multiplizieren.

c) Berechnung des Quotienten.

Bezeichnet man die ermittelten Grade Brix mit B und die ermittelten Polarisationsgrade mit P, so berechnet sich der Quotient Q nach der Formel $Q = \dfrac{100\ P}{B}$. Bei der Angabe des Endergebnisses sind geringere Bruchteile als volle Zehntel fortzulassen.

Beispiel für die Feststellung des Quotienten.

200 gr eines Zuckerablaufs sind mit 200 gr Wasser verdünnt worden. Die Brix'sche Spindel zeigt 35,2⁰ bei einer Tem-

peratur von 21° C.; nach der obigen Tabelle sind 0,25° hinzuzurechnen; es berechnen sich daher 35,45 oder abgerundet 35,5 und nach der Verdoppelung 71° Brix. Die Polarisation des halben Normalgewichts im 200 mm-Rohre zeigt 25,2° an; daher beträgt die wirkliche Polarisation 25,2 × 2 = 50,4°. Der Quotient berechnet sich hiernach auf $\dfrac{100 \cdot 50,4}{71} = 70,9.$

Schlußbestimmung.

Der Revisionsbefund hat folgende Angaben zu enthalten: das Ergebnis der Prüfung auf Invertzuckergehalt, die abgelesenen Spindelgrade, die Temperatur der Lösung, die berechneten Spindelgrade für den unverdünnten Zuckerablauf, die Polarisation für das ganze Normalgewicht und den Quotienten.

B. Anleitung für die Chemiker

I. zur Feststellung des Quotienten der 2 Prozent oder mehr Invertzucker enthaltenden Zuckerabläufe und der auf Raffinosegehalt zu untersuchenden Zuckerabläufe,

sowie

II. zur Feststellung der Zuckergehalts raffinoseverdächtiger krystallisierter Zucker.

I. Feststellung des Quotienten von Zuckerabläufen.

Nach den Ausführungsbestimmungen zum Zuckersteuergesetz soll die Feststellung des Quotienten eines Zuckerablaufs einem Chemiker übertragen werden, wenn

a) bei der Abfertigungsstelle oder dem Amt, an welches die Probe versendet wird, zur Ermittelung des Quotienten geeignete Beamte nicht vorhanden sind;

b) der Zuckerablauf 2 Prozent oder mehr Invertzucker enthält oder

c) der Anmelder die Berechnung des Quotienten nach dem chemisch ermittelten reinen Zuckergehalt beantragt hat.

Den Chemikern wird bei der Übersendung der Proben von der Amtsstelle jedesmal mitgeteilt werden, aus welchem der vorangegebenen Gründe die Untersuchung erfolgen soll, sowie in den unter c bezeichneten Fällen außerdem, ob die Anwendung der Raffinoseformel gemäß der Vorschrift des § 2 Absatz 5 im letzten Satz der Ausführungsbestimmungen auch bei 2 oder mehr Prozent Invertzuckergehalt zulässig ist.

In den unter a bezeichneten Fällen haben die Chemiker nach den Vorschriften der Anlage A der Ausführungsbestimmungen

16*

zu verfahren, jedocb mit der Maßgabe, daß die Grade Brix in der im nachstehenden Abschnitt·1 angegebenen Weise zu ermitteln sind. In den unter b bezeichneten Fällen erfolgt die Feststellung des Quotienten nach den Vorschriften des nachstehenden Abschnitts 1. In den unter c bezeichneten Fällen ist, sofern die Anwendung der Raffinoseformel zulässig ist, nach den Vorschriften des nachstehenden Abschnitts 2, andernfalls nach denjenigen des nachstehenden Abschnitts 1 zu verfahren. Hängt die Zulässigkeit der Anwendung der Raffinoseformel davon ab, daß der Ablauf weniger als 2 Prozent Invertzucker enthält, so ist derselbe zunächst unter Anwendung der Vorschriften im Abschnitt 1 der Anlage A auf Invertzuckergehalt zu prüfen.

1. Feststellung des Quotienten der 2 Prozent oder mehr Invertzucker enthaltenden Abläufe.

Bei der Untersuchung der Abläufe von 2 Prozent oder mehr Invertzuckergehalt sind die Grade Brix aus dem vermittelst des Pyknometers festgestellten spezifischen Gewicht des unverdünnten Ablaufs zu berechnen.

Ergiebt sich aus den Graden Brix und der jedesmal zunächst zu ermittelnden direkten Polarisation ein Quotient von 70 oder mehr, so ist jede weitere Untersuchung zu unterlassen, da eine solche doch nur zu einer Erhöhung des Quotienten führen würde.

Ergiebt sich aber bei der vorläufigen Ermittelung ein Quotient unter 70, so ist die genaue Ermittelung des Zuckergehalts erforderlich. Dabei ist nicht wie im Fabrikbetriebe nur der Rohrzucker als Zucker zu rechnen, sondern der vorhandene Invertzucker durch Abzug von $^1/_{20}$ auf Rohrzucker umgerechnet zu der direkt gefundenen Menge des letzteren hinzuzurechnen und die Summe der Berechnung zu Grunde zu legen.

Der Invertzucker pflegt in den Abläufen zwar häufig inaktiv zu sein, kann aber doch auch die normale Linksdrehung besitzen und somit die Polarisation des vorhandenen Rohrzuckers zu gering erscheinen lassen. Deshalb ist es bei der Untersuchung von Zuckerabläufen nicht zulässig, in gleicher Weise, wie dies von Meissl für den festen Kolonialzucker vorgeschlagen worden ist, den gefundenen Invertzucker mit 0,34 zu multiplizieren und die erhaltene Zahl der Polarisation zuzuzählen. Wollte man in dieser Weise verfahren, so würde in vielen Fällen der Zuckergehalt der Abläufe ihrem wirklichen Zuckergehalte gegenüber zu hoch ermittelt werden. Immerhin wird aber die Möglichkeit im Auge zu behalten sein, daß infolge des Drehungsvermögens des Invertzuckers nach links bei Anwesenheit größerer Mengen desselben der Rohrzuckergehalt viel zu niedrig gefunden wird. Im Hinblick auf diese Verhältnisse erscheint im allgemeinen die Berechnung des Gesamtzuckers aus der Polarisation und dem gefundenen Invertzucker nur in solchen Fällen statthaft, wo die Menge des Invertzuckers nicht über ein gewisses Maß hinausgeht. Beispielsweise würde bei Anwesenheit von 6 Prozent Invertzucker die Polarisation des Rübenzuckers

bereits um $6 \times 0,34 = 2,04$ Prozent zu niedrig ausfallen können.
Es empfiehlt sich daher, bei Zuckerabläufen im allgemeinen von
der optischen Methode der Zuckerbestimmung gänzlich abzusehen
und die gewichtsanalytische anzuwenden, für welche weiter unten
unter a eine rasch auszuführende Arbeitsweise angegeben ist.
Eine Ausnahme tritt ein bei Anwesenheit von Stärkezucker
in den Abläufen. Da wir die Menge des vorhandenen Stärkezuckers nicht genau bestimmen können, und da ferner das Reduktionsvermögen des Stärkezuckers, welches bei der Handelsware entsprechend einem Gehalt von ungefähr 40—60 Prozent
Glukose schwankt, unter denjenigen Bedingungen, unter welchen
die Inversion der Zuckerabläufe behufs Ausführung der gewichtsanalytischen Zuckerbestimmung vorgenommen wird, fast unverändert bleibt, so ist in Fällen, in denen solcher vorhanden ist,
die gewichtsanalytische Methode zur Feststellung des gesamten
Gehalts an Rohrzucker beziehungsweise des Quotienten nicht
mehr anwendbar. Sie würde im Gegenteil zu großen Irrtümern
führen und es würden Abläufe von einem Quotienten unter 70, nach
dieser Methode untersucht, nach Zusatz einer gewissen Menge
Stärkezucker als solche von einem Quotienten unter 70 erscheinen. Ist aber Stärkezucker zugegen, so wird die Linksdrehung
des Invertzuckers auf die Polarisation des Zuckers gar nicht mehr
wie bei unverschnittenen Abläufen wirken, weil der Stärkezucker
ein ungleich höheres Rechtsdrehungsvermögen besitzt als die
anderen vorhandenen Zuckerarten. Um Täuschungen zu verhüten, welche durch Vermischen von Abläufen von einem Quotienten über 70 mit Stärkezucker leicht möglich sein würden,
ist deshalb in allen Fällen, in denen Stärkezucker zugegen ist,
der Gesamtzuckergehalt aus der Polarisation und dem direkt
zu bestimmenden Invertzucker zu berechnen, wie nachstehend
unter b vorgeschrieben ist.

Jeder Ablauf von 2 Prozent oder mehr Invertzuckergehalt
ist demnach zuvörderst daraufhin zu prüfen, ob er etwa Stärkezucker enthält.

In den Zuckerfabriken wird Stärkezucker den Rohrzucker-
abläufen nur selten zugesetzt. Namentlich werden Melassen,
welche zur Versendung nach Branntweinbrennereien oder Me-
lasseentzuckerungsanstalten bestimmt sind, Stärkezucker in der
Regel nicht enthalten, weil sie sich in diesen Gewerbsanstalten
nur schwierig würden verarbeiten lassen. Glaubt nun der untersuchende Chemiker auf Grund seiner Kenntnis des Ursprungs
oder der Bestimmung des betreffenden Zuckerablaufs nach pflicht-
mäßigem Ermessen mit genügender Sicherheit annehmen zu
können, daß der zu untersuchende Ablauf Stärkezucker nicht
enthält, so kann er von der bezüglichen Prüfung auf chemischem
Wege absehen. Andernfalls hat die chemische Untersuchung
auf Stärkezuckergehalt in folgender Weise stattzufinden:

Das halbe Normalgewicht wird im Hundertkolben in 75 cc
Wasser gelöst und mit 5 cc Salzsäure von 1,19 spezifischem Gewicht
bei 67—70° C. invertiert. Darauf wird zu hundert aufgefüllt und
mit $^1/_2$—1, bei dunklen Abläufen auch mit 2—3 gr mit Salzsäure

ausgewaschener Knochen- oder Blutkohle entfärbt, welche man in
trockenem Zustande in den Hundertkolben bringt. Wendet man
Blutkohle an, so ist ihr Absorptionsfaktor für Invertzucker, welcher
nicht für alle Sorten gleich ist, zu bestimmen und die am Polari-
meter abgelesene Zahl entsprechend zu berichtigen. Unverfälschte
Abläufe nehmen zwar erfahrungsgemäß häufig nicht ganz die normale
Linksdrehung an, welche bei 20 º C. gleich 0,327 der ursprünglichen Rechtsdrehung ist, doch beträgt dieselbe immer mindestens
den fünften Teil der letzteren. Es sollen daher nur solche Abläufe als mit Stärkezucker versetzt behandelt werden, deren
Linksdrehung nach der Inversion geringer ist als ¹/₅ der Rechtsdrehung vor der Inversion. Beispielsweise würde ein Syrup von
55 º Polarisation, welcher nach der Inversion eine Linksdrehung
von weniger als − 11 oder etwa gar Rechtsdrehung zeigt, als
mit Stärkezucker versetzt zu bezeichnen sein.

a) Stärkezuckerfreie Abläufe.

Bei stärkezuckerfreien Abläufen kann die Gesamtzucker-
bestimmung in einer einzigen Operation ausgeführt werden.

Man wägt das halbe Normalgewicht (13,024 gr) ab, löst in
einem Hundertkölbchen in 75 cc Wasser, setzt 5 cc Salzsäure
von 1,19 spezifischem Gewicht hinzu und erwärmt auf 67 bis
70 º C. im Wasserbade. Auf dieser Temperatur 67−70 º C. wird
der Kolbeninhalt noch 5 Minuten unter häufigem Umschütteln
gehalten. Da das Anwärmen 2¹/₂−5 Minuten in Anspruch
nehmen kann, so wird die Ausführung dieser Operation im ganzen
7¹/₂−10 Minuten in Anspruch nehmen; in jedem Falle soll sie
in 10 Minuten beendet sein. Man füllt zur Marke auf, verdünnt
darauf 50 cc von den 100 cc zum Liter, nimmt davon 25 cc (entsprechend 0,1628 gr Substanz) in eine ERLENMEYER'sche Kochflasche und setzt, um die vorhandene freie Säure zu neutralisieren,
25 cc einer Lösung von kohlensaurem Natron hinzu, welche
durch Lösen von 1,7 gr wasserfreiem Salze zum Liter bereitet
ist. Darauf versetzt man mit 50 cc FEHLING'scher Lösung, erhitzt
in derselben Weise wie bei der Invertzuckerbestimmung zum Sieden
und hält die Flüssigkeit genau 3 Minuten im Kochen. Das Anwärmen der Flüssigkeit soll möglichst rasch mittelst eines guten
Dreibrenners geschehen und unter Benutzung eines Drahtnetzes
mit übergelegter ausgeschnittener Asbestpappe 3¹/₂−4 Minuten in
Anspruch nehmen; sobald die Flüssigkeit kräftig siedet, wird der
Dreibrenner mit einem Einbrenner vertauscht. Nach beendetem
Erhitzen verdünnt man die Flüssigkeit in der Kochflasche mit
dem gleichen Volumen luftfreiem Wasser und verfährt im übrigen
genau wie bei der Invertzuckerbestimmung. Zur Berechnung des
Resultats können die in der Litteratur vorhandenen Tabellen nicht
dienen, weil dieselben nicht für Invertzucker, sondern nur für
Glukose oder auch Gemenge von Invertzucker mit Saccharose
gelten; der der gefundenen Kupfermenge entsprechende Rohrzuckergehalt des Ablaufs ist vielmehr ausschließlich mit Benutzung
der folgenden Tabelle zu ermitteln, welche ihn unmittelbar in
Prozenten angiebt. Der Umrechnung des Invertzuckers in Rohrzucker ist man demnach bei Benutzung der Tabelle überhoben.

Tabelle

zur Berechnung des dem vorhandenen Invertzucker entsprechenden
prozentualen Rohrzuckergehalts aus der gefundenen Kupfermenge
bei 3 Minuten Kochdauer und 0,1628 gr Substanz.

Kupfer.	Rohr-zucker.	Kupfer.	Rohr-zucker.	Kupfer.	Rohr-zucker.	Kupfer.	Rohr-zucker.	Kupfer.	Rohr-zucker.
mgr	%	mgr	%	mgr	%	mgr	%	mgr	%
79	24,57	117	36,10	155	47,93	193	60,04	231	72,52
80	24,87	118	36,41	156	48,25	194	60,36	232	72,85
81	25,17	119	36,71	157	48,56	195	60,69	233	73,18
82	25,47	120	37,01	158	48,88	196	61,01	234	73,51
83	25,78	121	37,32	159	49,19	197	61,33	235	73,85
84	26,08	122	37,63	160	49,50	198	61,65	236	74,18
85	26,38	123	37,94	161	49,82	199	61,98	237	74,54
86	26,68	124	38,25	162	50,13	200	62,30	238	74,87
87	26,98	125	38,56	163	50,45	201	62,63	239	75,11
88	27,29	126	38,87	164	50,76	202	62,95	240	75,50
89	27,59	127	39,18	165	51,08	203	63,28	241	75,83
90	27,89	128	39,49	166	51,40	204	63,60	242	76,17
91	28,19	129	39,80	167	51,72	205	63,93	243	76,51
92	28,50	130	40,11	168	52,04	206	64,26	244	76,84
93	28,80	131	40,42	169	52,35	207	64,58	245	77,18
94	29,10	132	40,73	170	52,67	208	64,91	246	77,51
95	29,40	133	41,04	171	52,99	209	65,23	247	77,85
96	29,71	134	41,35	172	53,31	210	65,56	248	78,18
97	30,02	135	41,66	173	53,63	211	65,89	249	78,52
98	30,32	136	41,98	174	53,95	212	66,22	250	78,85
99	30,63	137	42,29	175	54,27	213	66,55	251	79,19
100	30,93	138	42,60	176	54,59	214	66,88	252	79,53
101	31,24	139	42,91	177	54,91	215	67,21	253	79,88
102	31,54	140	43,22	178	55,23	216	67,55	254	80,22
103	31,85	141	43,53	179	55,55	217	67,88	255	80,56
104	32,15	142	43,85	180	55,87	218	68,21	256	80,90
105	32,45	143	44,16	181	56,19	219	68,54	257	81,24
106	32,76	144	44,48	182	56,51	220	68,87	258	81,59
107	33,06	145	44,79	183	56,83	221	69,20	259	81,93
108	33,36	146	45,10	184	57,15	222	69,53	260	82,27
109	33,67	147	45,42	185	57,47	223	69,87	261	82,61
110	33,97	148	45,73	186	57,79	224	70,20	262	82,95
111	34,27	149	46,05	187	58,11	225	70,53	263	83,30
112	34,58	150	46,36	188	58,43	226	70,86	264	83,64
113	34,88	151	46,68	189	58,75	227	71,19	265	83,98
114	35,19	152	46,99	190	59,07	228	71,53	266	84,32
115	35,49	153	47,30	191	59,39	229	71,86		
116	35,80	154	47,62	192	59,72	230	72,19		

Bei der Berechnung des Quotienten sind geringere Bruchteile als volle Zehntel fortzulassen.

Beispiel: 25 cc des invertierten Zuckerablaufs = 0,1628 gr Substanz geben bei der Reduktion 171 mgr Kupfer; diese entsprechen 52,99 oder abgerundet 52,9 Prozent Zucker. Angenommen, der Ablauf zeige 75,6⁰ BRIX, so ist sein Quotient 69,97 oder abgerundet 69,9.

b) Stärkezuckerhaltige Abläufe.

Bei stärkezuckerhaltigen Abläufen muß, wie schon eingangs erwähnt ist, zur Feststellung des Gesamtzuckergehalts der Weg eingeschlagen werden, daß zu der Polarisation der bereits vorhandene Invertzucker, welcher sich aus dem direkten Reduktionsvermögen des Ablaufs gegen FEHLING'sche Lösung berechnet, hinzugerechnet wird.

Bei der Bestimmung des Invertzuckers muß man im vorliegenden Falle, da für 10 gr Substanz, welche sonst gewöhnlich dazu verwendet werden, die FEHLING'sche Lösung nicht ausreichen würde, erst versuchen, welche Substanzmenge genommen werden darf. Dies geschieht am bequemsten, indem man 10 gr Syrup zu 100 cc löst, in mehrere Reagenzgläser je 5 cc FEHLING'sche Lösung und verschiedene Mengen der Substanzlösung, nämlich in das erste 8, in das zweite 6, in das dritte 4 und in das letzte 2 cc bringt und aufkochen läßt; dasjenige Reagenzgläschen, in welchem die FEHLING'sche Lösung nicht mehr entfärbt wird, bestimmt alsdann die Menge der anzuwendenden Substanz. Tritt beispielsweise die Entfärbung in demjenigen Reagenzgläschen nicht mehr ein, welches 6 cc der Substanzlösung enthält, so sind 6 gr Substanz zur Analyse abzuwägen. Die abgewogene Substanzmenge löst man in 50 cc Wasser und versetzt, ohne vorher mit Bleiessig zu klären, mit 50 cc FEHLING'scher Lösung, kocht zwei Minuten und verfährt weiter in der Weise, wie bei der Untersuchung der festen Zucker auf Invertzucker üblich ist. Die Berechnung des Invertzuckers geschieht wie folgt:

Es sei

Pol die Polarisation der Substanz,

p die zur Invertzuckerbestimmung angewandte Menge derselben, welche Cu gr Kupfer ergeben hat.

Die Menge des Invertzuckers kann annähernd $= \dfrac{Cu}{2}$ gesetzt werden und soll mit A bezeichnet werden. Es ergiebt sich alsdann aus der Proportion

$$\left(A + \frac{p \times Pol}{100} \right) : A = 100 : B$$

für B diejenige Menge Invertzucker, welche in 100 Teilen Rohrzucker + Invertzucker vorhanden ist.

Den prozentualen Invertzuckergehalt der Substanz erhält man mit der Formel:

$$\frac{Cu}{p} \times F = {}^0/_0 \text{ Invertzucker,}$$

worin p die angewandte Menge der Substanz und F einen aus der folgenden Tabelle zu entnehmenden Faktor bedeutet.

Man benutzt dabei diejenige Spalte und diejenige Zeile der Tabelle, deren Bezeichnungen den für A und B gefundenen Werten am nächsten kommen; am Kreuzungspunkte findet sich der gesuchte Faktor F.

Tabelle

der bei der Bestimmung des Invertzuckers neben Rohrzucker in Rechnung zu stellenden Faktoren.

Invertzucker auf 100 Gesamtzucker = B	Milligramm Invertzucker = A						
	200	175	150	125	100	75	50
100	56,4	55,4	54,5	53,8	53,2	53,0	53,0
90	56,3	55,3	54,4	53,8	53,2	52,9	52,9
80	56,2	55,2	54,3	53,7	53,2	52,7	52,7
70	56,1	55,1	54,2	53,7	53,2	52,6	52,6
60	55,9	55,0	54,1	53,6	53,1	52,5	52,4
50	55,7	54,9	54,0	53,5	53,1	52,3	52,2
40	55,6	54,7	53,8	53,2	52,8	52,1	51,9
30	55,5	54,5	53,5	52,9	52,5	51,9	51,6
20	55,4	54,3	53,3	52,7	52,2	51,7	51,3
10	54,6	53,6	53,1	52,6	52,1	51,6	51,2
9	54,1	53,6	52,6	52,1	51,6	51,2	50,7
8	53,6	53,1	52,1	51,6	51,2	50,7	50,3
7	53,6	53,1	52,1	51,2	50,7	50,3	49,8
6	53,1	52,6	51,6	50,7	50,3	49,8	48,9
5	52,6	52,1	51,2	50,3	49,4	48,9	48,5
4	52,1	51,2	50,7	49,8	48,9	47,7	46,9
3	50,7	50,3	49,8	48,9	47,7	46,2	45,1
2	49,9	48,9	48,5	47,3	45,8	43,3	40,0
1	47,7	47,3	46,5	45,1	43,3	41,2	38,1

Beispiel: Angenommen, die Polarisation des Ablaufs sei 86,4 und es seien für 3,256 gr Substanz (p) 0,290 gr Kupfer (Cu) gefunden, so ist:

$$\left(A + \frac{p \times Pol}{100} \right) : A = \left(0,145 + \frac{3,256 \times 86,4}{100} \right) : 0,145 =$$
$$2,958 : 0,145 = 100 : 4,9;$$

mithin B = 4,9.

Dem Werte von A mit 140 mgr kommt in der Tabelle der Wert von 150 mgr, dem Invertzucker auf 100 Gesamtzucker mit 4,9 die Zahl 5 am nächsten; am Kreuzungspunkte der mit

5 Prozent Invertzucker bezeichneten Zeile mit der Spalte für
150 mgr findet sich der Faktor 51,2. Wird dieser in die Formel
$\frac{Cu}{p} \times$ F eingesetzt, so erhält man $\frac{0,290}{3,256} \times 51,2 = 4,56$ Prozent
Invertzucker. Hierauf wird der Invertzucker durch Abzug von
$1/20$ auf Saccharose umgerechnet und die erhaltene Zahl (4,56 — 0,23
$= 4,33$) zu derjenigen der Polarisation hinzugezählt. Aus der
Summe und den Graden Brix ermittelt man alsdann den Quotienten
in bekannter Weise.

2. Feststellung des Quotienten der auf Raffinosegehalt zu untersuchenden Zuckerabläufe.

Nachdem die Grade Brix des betreffenden Zuckerablaufs
in der im Abschnitt 1 angegebenen Weise ermittelt worden sind,
wird der Zuckergehalt desselben aus der direkten Polarisation (P)
und der bei 20° C. oder bei einer wenig davon abweichenden
Temperatur unter entsprechender Korrektur zu ermittelnden Polarisation nach der Inversion (J) vermittelst der Formel

$$Z \text{ (Zucker)} = \frac{0,5124 \ P - J}{0,839}$$

festgestellt.

Will man außerdem den Gehalt an Raffinose ermitteln, so
dient dazu die Formel

$$R \text{ (Raffinose)} = \frac{P - Z}{1,852}.$$

Die Inversion ist in der im Abschnitt 1 unter a angegebenen
Weise zu bewirken.

Beispiel: Für einen Ablauf von 85,6° Brix, 76,6° direkter
Polarisation und — 3,0° Polarisation nach der Inversion (für das
ganze Normalgewicht) berechnet sich der Zuckergehalt auf

$$\frac{0,5124 \cdot 76,6 + 3}{0,839} = 50,4 \text{ Prozent}$$

und der Quotient auf 58,8.

II. Feststellung des Zuckergehalts raffinoseverdächtiger krystallisierter Zucker.

Die Feststellung des Zuckergehalts raffinosehaltiger krystallisierter Zucker erfolgt ebenso wie diejenige raffinosehaltiger Zuckerabläufe nach den Vorschriften unter I. 2.

Als raffinosehaltig sollen nur solche Zucker angesehen
werden, bei denen die Differenz des Zuckergehalts nach der
direkten Polarisation und desjenigen, welcher sich unter Anwendung der Raffinoseformel ergeben hat, für Zucker der Klasse a
mehr als 1 Prozent, für Zucker der Klassen b und c mehr als
0,6 Prozent beträgt, weil geringere Differenzen mitunter auch bei
raffinosefreien Zuckern gefunden werden und möglicherweise die
Folge von Untersuchungsfehlern sind.

Bei Differenzen von 1 beziehungsweise 0,6 Prozent oder
weniger ist sonach das Ergebnis der direkten Polarisation als

der wirkliche Zuckergehalt des untersuchten Zuckers anzusehen. Ergiebt die Polarisation unter 90, so ist von der weiteren Untersuchung abzusehen.

Bei der Angabe des Endergebnisses sind geringere Bruchteile als volle Zehntel unberücksichtigt zu lassen. Beispielsweise ist ein Zuckergehalt von 97,19 auf 97,1 abzurunden.

Schlußbestimmung.

Über jede Untersuchung ist eine schriftliche Befundsbescheinigung auszustellen und der Amtsstelle, welche die betreffende Probe eingesendet hat, zu übermitteln. Die Bescheinigung hat außer der genauen Bezeichnung der Probe zu enthalten:

I. bei der Feststellung des Quotienten von Zuckerabläufen:

1. in den eingangs unter a bezeichneten Fällen:
das spezifische Gewicht, die daraus berechneten Grade Brix, die direkte Polarisation und den berechneten Quotienten;

2. in den eingangs unter b bezeichneten Fällen:
das Ergebnis der Prüfung auf Invertzuckergehalt, das spezifische Gewicht, die daraus berechneten Grade Brix, die direkte Polarisation; ferner, falls aus den bisher bezeichneten Angaben ein Quotient von weniger als 70 sich berechnet, entweder die Angabe der Gründe, aus denen die Untersuchung der Probe auf Stärkezuckergehalt unterblieben ist, oder das Ergebnis dieser Untersuchung mit Angabe der ermittelten Polarisation nach der Inversion; ferner bezüglich stärkezuckerfreier Abläufe die gefundene Kupfermenge und den daraus sich berechnenden Zuckergehalt, bezüglich stärkezuckerhaltiger Abläufe die gefundene Kupfermenge, den derselben entsprechenden Invertzuckergehalt und den Gesamtzuckergehalt (Polarisation + Invertzucker), schließlich den berechneten Quotienten;

3. in den eingangs unter c bezeichneten Fällen:
das Ergebnis der Prüfung auf Invertzuckergehalt, soweit solche erforderlich ist, sowie, falls die Anwendung der Raffinoseformel zulässig ist, das spezifische Gewicht, die daraus berechneten Grade Brix, die direkte Polarisation, die Polarisation nach der Inversion, den daraus mit Hülfe der Raffinoseformel berechneten Zuckergehalt und den Quotienten, andernfalls aber die vorstehend unter Ziffer 2 aufgeführten Angaben;

II. bei der Feststellung des Zuckergehalts raffinoseverdächtiger krystallisierter Zucker:
falls die direkte Polarisation unter 90 ausfällt, diese allein, andernfalls außerdem die Polarisation nach der

Inversion, den daraus berechneten Zuckergehalt nach der Raffinoseformel und sodann den bestimmungsgemäß als ermittelt geltenden prozentualen Zuckergehalt.

C. Anleitung

zur

Ausführung der Polarisation.

Polarisationsapparate.

Zur Ausführung der Polarisation für Zwecke der Steuerverwaltung darf nur der VENTZKE-SOLEIL'sche Farbenapparat oder ein Halbschattensaccharimeter benutzt werden. Für beide Instrumente entspricht bei Beobachtung im 200 mm-Rohre ein Grad Drehung einem Gehalte von 0,26048 gr Zucker in 100 cc Flüssigkeit bei 17,5° C.; eine Zuckerlösung, welche in 100 cc 26,048 gr — das sogenannte Normalgewicht — Zucker enthält, bedingt sonach eine Drehung von 100°. Demgemäß zeigen, wenn man im 200 mm-Rohre die Lösung einer Substanz untersucht, welche in 100 cc 26,048 gr Substanz enthält, die Grade der Skala die Prozente Zucker an, welche die Substanz enthält. Wendet man nur die Hälfte des Normalgewichts zur Untersuchung an, so müssen die abgelesenen Grade verdoppelt werden, um Prozente Zucker zu enthalten. Dasselbe gilt für diejenigen Fälle, in denen die Untersuchung in einem 100 mm-Rohre erfolgt. Andererseits machen Untersuchungen des doppelten Normalgewichts im 200 mm-Rohre, sowie solche des einfachen Normalgewichts im 400 mm-Rohre die Halbierung der abgelesenen Grade erforderlich.

Die Untersuchungen sind möglichst bei der vorangegebenen Normaltemperatur vorzunehmen; geringe Abweichungen können vernachlässigt werden.

Bei der Polarisation ist wie folgt zu verfahren:

Abwägen und Auflösen der Probe; Auffüllen zu 100 cc.

Man stellt auf einer geeigneten Wage zunächst die Tara eines zur Aufnahme des zu untersuchenden Zuckers dienenden, zweckmässig an den beiden Langseiten umgebogenen Kupferblechs fest und wiegt darauf das Normalgewicht, 26,048 gr, des zu untersuchenden Zuckers ab. Der Bequemlichkeit halber benutzt man dazu ein Gewichtsstück, welches auf das Normalgewicht justiert ist. Falls die Zuckerprobe, welche untersucht werden soll, nicht gleichmäßig gemischt ist, ist es notwendig, dieselbe vor dem Abwägen unter Zerdrücken der etwa vorhandenen Klumpen mit einem Pistill oder mit der Hand gut durchzurühren. Die Wägung muß mit einer gewissen Schnelligkeit geschehen, weil sonst, besonders in warmen Räumen, während der Ausführung derselben die Substanz Wasser abgeben kann, wodurch die Polarisation erhöht wird. Man schüttet die abgewogene Zuckermenge alsdann vom Kupferblech durch einen Messingtrichter in ein 100 cc-Kölbchen, spült anhängende Zuckerteilchen mit etwa 80 cc destilliertem Wasser von Zimmertemperatur, welches man einer Spritzflasche entnimmt, nach und bewegt die Flüssigkeit im Kolben unter leisem Schütteln und Zerdrücken größerer Klümpchen mit einem Glasstabe so lange, bis sämtlicher Zucker sich gelöst hat. Etwaige unlösliche Bestandteile wie Sand und dergleichen erkennt man daran, daß sie sich mit dem Glasstabe nicht zerdrücken lassen. Am Glasstabe haftende Zuckerlösung wird beim Entfernen desselben mit destilliertem Wasser ins Kölbchen zurückgespült. Hierauf wird das Volumen der Flüssigkeit im Kolben mittelst destillierten Wassers genau bis zu der 100 cc zeigenden Marke aufgefüllt. Zu diesem Zweck hält man den Kolben in senkrechter Stellung so vor sich, daß in der Höhe des Auges die Kreislinie der Marke sich als eine gerade Linie darstellt, und setzt tropfenweise destilliertes Wasser zu, bis die untere Kuppe der Flüssigkeit im Kolbenhalse in eine Linie mit dem als Marke dienenden Ätzstrich fällt. Nach dem Auffüllen ist der Kolbenhals mit Filtrierpapier zu trocknen und die Flüssigkeit durch Schütteln gut durchzumischen.

Klärung.

Zuckerlösungen, welche nach der weiterhin zu erwähnenden Filtration nicht klar oder noch so dunkel gefärbt sein würden, daß sie im Polarisationsapparate nicht hinlänglich durchsichtig wären, müssen vor dem Auffüllen zur Marke geklärt beziehungsweise entfärbt werden.

Bei der Verwendung des Farbenapparats setzt man der Zuckerlösung als Klärmittel, je nach der Art des zu untersuchenden Zuckers und der Lichtintensität der zum Apparate gehörigen Lampe, 10—20 Tropfen oder, wenn nötig, noch mehr Bleiessig vermittelst einer Heberspritzflasche oder einer kleinen Pipette zu. Gelingt die Klärung in dieser Weise nicht, so läßt man dem Bleiessigzusatz den Zusatz von ebensoviel Alaunlösung folgen oder setzt zuerst einen oder mehrere Kubikcentimeter Alaunlösung und darauf eine größere Menge Bleiessig als zuvor hinzu, bis ein Filtrat von weißlicher oder gelbweißer Farbe erzielt wird. Werden die Lösungen bei der Anwendung der bisher angegebenen Methoden nicht klar, so wird nur mit Bleiessig geklärt und das Filtrat mit möglichst wenig (1 bis höchstens 3 gr) extrahierter Blutkohle*) oder bei 120⁰ getrockneter Knochenkohle versetzt. Eintretendenfalls ist das Polarisationsergebnis um den Betrag des Absorptionskoeffizienten zu erhöhen, welchen man sich beim Bezuge der Kohle angeben lassen muß.

Bei der Benutzung eines Halbschattenapparats wird in der Regel der Zusatz von 3—5 cc eines dünnen Breies von Thonerde-

*) Von R. FLEMMING in Kalk bei Köln a. Rh. zu beziehen.

hydrat nebst wenig Bleiessig genügen. Nur wenn die Zuckerlösung sehr dunkel gefärbt ist, wendet man dieselben Klärungs-
methoden an wie bei dem Farbenapparate. Bis zur Verwendung
von Blut- oder Knochenkohle wird man beim Halbschattenapparate
kaum zu gehen brauchen, da in diesem noch ziemlich dunkle
Zuckerlösungen polarisiert werden können.

Nach der Klärung wird der innere Teil des Halses des Kölbchens mit destilliertem Wasser, welches einer Heberspritzflasche
oder einer gewöhnlichen Spritzflasche entnommen wird, abgespült
und die Lösung in der oben angegebenen Weise bis zur 100 cc-
Marke aufgefüllt. Hierauf wird die im Halse des Kölbchens
etwa noch anhaftende Flüssigkeit mit Fließpapier abgetupft, die
Öffnung des Kölbchens durch Andrücken eines Fingers geschlossen
und der Inhalt durch wiederholtes Umkehren und Schütteln des
Kolbens gut durchgemischt.

Bezüglich der Klärung gelten folgende allgemeine Bemerkungen für beide Apparate:

1. Die Flüssigkeit braucht um so weniger entfärbt zu sein,
   je größer die Lichtintensität der Lampe ist, welche zur
   Beleuchtung des Polarisationsapparats dient. Man bedient sich einer Petroleum-, Gas-, Gasglühlicht- oder
   elektrischen Lampe, welche zu dem vorliegenden Zweck
   zugerichtet ist. Für Halbschattenapparate ist es notwendig, durch Einschaltung einer Chromsäureplatte
   oder Chromsäurelösung, welche dem Apparat beigegeben
   wird, das Licht von anderen als gelben Strahlen zu
   befreien. Bei Verwendung von Gasglühlicht ist diese
   Einschaltung stets erforderlich.

2. Bei Anwendung von Bleiessig zur Klärung darf derselbe
   nie in allzugroßem Überschusse zugesetzt werden. Bei
   einiger Übung lernt man sehr bald erkennen, wann
   mit dem Bleiessigzusatz aufgehört werden muß. Ist
   zuviel Bleiessig zugesetzt worden, so muß der Überschuß
   durch Zusatz von Alaun in der oben beschriebenen
   Weise wieder ausgefällt werden.

3. Die Wirkung des Klärmittels ist um so besser, je kräftiger die Flüssigkeit nach dem Auffüllen zur Marke
   durchgeschüttelt wird.

Filtration.

Man schreitet alsdann zur Filtration der Flüssigkeit, welche
mittelst eines in einen Glastrichter eingesetzten Papierfilters geschieht. Der Trichter wird auf einen sogenannten Filtriercylinder,
welcher die Flüssigkeit aufnimmt, gesetzt und während der Operation, um Verdunstung zu verhüten, mit einer Gasplatte oder
einem Uhrglase bedeckt gehalten. Trichter und Cylinder müssen
ganz trocken sein; ein Feuchtigkeitsgehalt derselben würde eine
nachträgliche Verdünnung der 100 cc bewirken.

Zweckmäßig wird das Filter so groß hergestellt, daß man

die 100 cc Flüssigkeit auf einmal aufgeben kann; auch empfiehlt es sich, falls das Papier nicht sehr dick ist, ein doppeltes Filter anzuwenden. Die ersten durchlaufenden Tropfen werden weggegossen, weil sie trübe sind und durch den Feuchtigkeitsgehalt des Filtrierpapiers beeinflußt sein können. Ist das nachfolgende Filtrat trübe, so muß es auf das Filter zurückgegossen werden, bis die Flüssigkeit klar durchläuft. Es ist dringend notwendig, diese Vorsichtsmaßregel nicht zu verabsäumen, da nur mit ganz klaren Flüssigkeiten sich sichere polarimetrische Beobachtungen anstellen lassen.

Füllung in das 200 mm-Rohr.

Nachdem auf die beschriebene Weise eine klare Lösung erzielt worden ist, wird die Röhre, welche zur polarimetrischen Beobachtung dienen soll, mit dem dazu erforderlichen Teile der im Filtriercylinder aufgefangenen Flüssigkeit voll gefüllt.

In der Regel ist ein 200 mm-Rohr zu benutzen; bei Zuckerlösungen, welche trotz aller Klärungsversuche trübe beziehungsweise dunkel geblieben sind, ist die Benutzung eines 100 mm-Rohres vorzuziehen.

Die Beobachtungsröhren sind aus Messing oder Glas gefertigt; ihr Verschluß an beiden Enden wird durch runde Glasplatten, sogenannte Deckgläschen, bewirkt. Festgehalten werden die Deckgläschen entweder durch eine aufzusetzende Schraubenkapsel oder durch eine federnde Kapsel, welche über das Rohr geschoben und von der Feder festgehalten wird.

Die Röhren müssen auf das gründlichste gereinigt und gut getrocknet sein. Die Reinigung geschieht zweckmäßig durch wiederholtes Ausspülen mit Wasser und Nachstoßen eines trockenen Pfropfens aus Filtrierpapier mittelst eines Holzstabes. Die Deckgläser müssen blank geputzt sein und dürfen keine fehlerhaften Stellen oder Schrammen zeigen. Beim Füllen des Rohres ist seine Erwärmung durch die Hand zu vermeiden. Man faßt deshalb das unten geschlossene Rohr am oberen Teil nur mit zwei Fingern an, gießt es so voll, daß die Flüssigkeitskuppe die obere Öffnung überragt, wartet kurze Zeit, um etwa entstandenen Luftblasen Zeit zum Aufsteigen zu lassen, und schiebt das Deckgläschen von der Seite in wagerechter Richtung über die Öffnung des Rohres. Das Aufschieben des Deckgläschens muß so schnell und sorgfältig ausgeführt werden, daß unter dem Deckgläschen keine Luftblase entstehen kann. Ist das Überschieben des Deckgläschens das erste Mal nicht befriedigend ausgefallen, so muß es wiederholt werden, nachdem man das Deckgläschen wieder geputzt und getrocknet und die Kuppe der Zuckerlösung im Rohr durch Hinzufügen einiger Tropfen der Flüssigkeit wieder hergestellt hat. Nach dem Aufschieben des Deckgläschens wird das Rohr mit der Kapsel verschlossen. Erfolgt der Verschluß mit einer Schraubenkapsel, so ist mit peinlicher Sorgfalt darauf zu achten, daß dieselbe nur soweit angezogen wird, daß das Deckgläschen eben nur in fester Lage sich befindet; ist das Deckgläschen zu fest angezogen, so kann es optisch aktiv werden, und man erhält bei der Polarisation ein unrichtiges Ergebnis. Ist die Schraube zu stark angezogen worden, so genügt es nicht, dieselbe zu lockern, sondern man muß auch längere Zeit warten, bevor man die Polarisation vornimmt, da die Deckgläschen das angenommene Drehungsvermögen zuweilen nur langsam wieder verlieren. Um sicher zu gehen, wiederholt man alsdann die Beobachtung mehreremal nach Verlauf von je 10 Minuten, bis das Ergebnis eine Änderung nicht mehr erleidet.

Vorbereitung des Polarisationsapparats zur Beobachtung.

Nachdem das Rohr gefüllt ist, hält man es gegen das Licht und überzeugt sich, ob das Gesichtsfeld kreisrund erscheint und ob insbesondere keine Teile des zur Milderung der Pressung des Deckgläschens eingelegten Gummiringes über den inneren Metallrand der Verschlußkapsel hervorragen. Zeigen sich solche Gummiteile, so ist ein neues trockenes Rohr unter Verwendung eines weiter ausgeschnittenen Gummiringes mit der Flüssigkeit zu füllen. Sodann wird der Polarisationsapparat zur Beobachtung bereit gemacht. Derselbe soll in einem Raum aufgestellt werden, welcher durch Verhängen der Fenster und dergleichen nach Möglichkeit verdunkelt ist, damit das Auge bei der Beobachtung durch seitliche Lichtstrahlen nicht gestört wird. Mit größter Sorgfalt ist darauf zu achten, daß die zum Apparat gehörige Lampe in gutem Stande sei. Man stellt die Lampe in einer Entfernung von 15—20 cm vom Apparat auf. Nach dem Anzünden wartet man mindestens eine Viertelstunde, ehe man zur Polarisation schreitet. Jede Veränderung der Beschaffenheit der Flamme, sowie der Entfernung der Lampe vom Apparat, also jedes Hoch- oder Niedrigschrauben des Dochtes beziehungsweise der Flamme, jedes Vorwärtsschieben oder Drehen der Lampe beeinflußt das Ergebnis der Beobachtung.

Durch Verschiebung des Fernrohrs, welches an dem vorderen Ende des Apparats sich befindet, stellt man denselben alsdann so ein, daß der Faden, welcher das Gesichtsfeld im Apparat in zwei Teile teilt, scharf zu erkennen ist. Man drückt dabei das Auge nicht an das Augenglas des Fernrohrs an, sondern hält es 1—3 cm davon ab und sorgt dafür, daß der Körper während der Beobachtung in bequemer Stellung sich befinde, da jede unnatürliche Stellung desselben zu einer störenden Anstrengung des Auges führt. Wenn der Apparat richtig eingestellt ist, muß das Gesichtsfeld kreisrund und scharf begrenzt erscheinen. Man beruhige sich niemals mit einer unvollkommenen Erfüllung dieser Vorbedingung, sondern ändere die Stellung der Lampe beziehungsweise des Apparats und des Fernrohrs so lange, bis man das bezeichnete Ziel erreicht hat.

Nullpunkteinstellung.

Alsdann schreitet man zur Einstellung des Nullpunktes. Für Anfänger ist es ratsam, dabei ein mit Wasser gefülltes Rohr in den Apparat zu legen, weil dadurch das Gesichtsfeld vergrößert und die Beobachtung erleichtert wird.

Bei einem Farbenapparate muß der Einstellung des Nullpunktes diejenige der sogenannten teinte de passage vorausgehen.
Man dreht zu diesem Behufe die rechte seitliche Schraube so
lange, bis man einen gewissen, bei einiger Übung leicht zu finden-
den hellblauen bis blauvioletten Ton bei ungefährer Nullpunkteinstellung gefunden hat.

Die Scharfeinstellung des Nullpunktes erfolgt in der Weise,
daß man die Schraube unterhalb des Fernrohres hin- und her-
spielen läßt, bis die beiden durch den Faden getrennten Hälften
des Gesichtsfeldes bei dem Farbenapparate genau gleich gefärbt,
bei dem Halbschattenapparate gleich beschattet erscheinen.

Das Resultat der Nullpunktablesung wird bei beiden Apparaten in gleicher Weise festgestellt. Man liest an der mit
einem Nonius versehenen Skala des Apparats, welche man durch
Verschiebung eines zur Beobachtung derselben dienenden Fernrohrs und durch Beleuchtung mit einer Kerze scharf sichtbar
machen kann, das Resultat der Einstellung ab. Auf dem fest-
liegenden Nonius ist der Raum von 9 Teilen der Skala in
10 gleiche Teile geteilt. Der Nullpunkt des Nonius zeigt die ganzen
Grade an, die Teilung des Nonius wird zur Ermittelung der zu-
zuzählenden Zehntel benutzt. Wenn der Nullpunkt des Apparats
richtig steht, so muß die ihn bezeichnende Linie mit der des
Nullpunktes des Nonius zusammenfallen. Ist dies nicht der Fall,
so muß die gefundene Abweichung notiert und nachher bei der
Polarisation in Anrechnung gebracht werden.

Man begnügt sich nicht mit einer Einstellung des Nullpunktes, sondern macht 5—6 Einstellungen und berechnet das
Mittel der dabei gefundenen Abweichungen. Geben einzelne
Ablesungen eine Abweichung von mehr als $^3/_{10}$ Teilstrichen von
dem Durchschnitte, so werden dieselben als unrichtig ganz außer
Betracht gelassen. Zwischen je zwei Beobachtungen gönnt man
dem Auge 20—40 Sekunden Ruhe.

Hat man mehrere Analysen nebeneinander auszuführen,
so ist es nicht nötig, vor jeder einzelnen den Nullpunkt einzustellen, sondern es genügt, wenn dies nach Verlauf einer Stunde
von neuem geschieht.

Polarisation der Lösung.

Nachdem die Nullpunkteinstellung stattgefunden hat, wird
das Rohr mit der Zuckerlösung in den Apparat gelegt. Man
wiederholt jetzt die Scharfeinstellung des Fernrohrs, bis der
Faden, welcher das Gesichtsfeld teilt, wieder deutlich sichtbar
und ein scharfes kreisrundes Bild des Gesichtsfeldes erzielt wird.
Bleibt das Gesichtsfeld auch nach geeigneter Veränderung der
Einstellung getrübt, so muß die ganze Untersuchung noch einmal
von vorn begonnen werden. Hat man dagegen ein klares Bild
erzielt, so dreht man die unter dem Fernrohre befindliche
Schraube wieder so lange, bis im Farbenapparate Farbengleichheit,
im Halbschattenapparate gleiche Beschattung eingetreten ist.
Hierauf liest man an der Skala denjenigen Grad, welcher zunächst
dem Nullpunkt des Nonius steht, und an letzterem die Zehntel-

grade ab. Wiederum führt man 4—5 Beobachtungen mit
Zwischenräumen von 10—40 Sekunden aus und nimmt als
Endresultat der Polarisation den Durchschnitt der abgelesenen
Grade. Stand der Nullpunkt nicht genau ein, so muß man die
Abweichung desselben hinzurechnen, wenn derselbe nach links,
und abziehen, wenn er nach rechts verschoben war; auch ist
erforderlichenfalls die Ablesung in Rücksicht auf die Anwendung
von Kohle zur Klärung in der oben angegebenen Weise zu
korrigieren.

Kontrolle der Richtigkeit des Apparats.

Jedes Polarisationsinstrument muß vor seiner ersten Inge-
brauchnahme und auch später von Zeit zu Zeit, besonders wenn
es starken Erschütterungen ausgesetzt gewesen ist, auf seine
Richtigkeit geprüft werden, indem man den Nullpunkt einstellt
und die Skala mittelst sogenannter Normalquarzplatten, deren
Polarisation bekannt ist, prüft. Auch kann die Prüfung mittelst
26,048 gr chemisch reinem Zucker erfolgen, dessen Lösung genau
100 Grad polarisieren muß, wenn der Nullpunkt richtig steht.

D. Anleitung
zur
Ermittelung des Zuckergehalts der zuckerhaltigen Fabrikate.

Nach § 3 der Bestimmungen zur Ausführung des § 6 des
Zuckersteuergesetzes (Anlage D der Ausführungsbestimmungen)
darf für zuckerhaltige Fabrikate mit Ausnahme der stärkezuckerhaltigen Karamellen die Vergütung der Zuckersteuer nur gewährt
werden, wenn sie ohne Mitverwendung von Honig und Stärkezucker hergestellt sind. Während die Nichtverwendung von
Honig durch die Kontrolle der Fabrik und der Fabrikationsbücher
gesichert wird, ist die Nichtverwendung von Stärkezucker durch die
chemische Untersuchung von Proben der Fabrikate auf Stärkezuckergehalt zu kontrollieren. Diese Untersuchung hat nach den
bezüglichen Vorschriften im Abschnitt 1 der Anlage B der Ausführungsbestimmungen zu erfolgen, jedoch mit der Maßgabe,
daß bei zuckerhaltigen Fabrikaten das Vorhandensein von Stärkezucker angenommen werden soll, wenn die Linksdrehung der zu
untersuchenden Lösung nach der Inversion auf 100 Teile des
bei der direkten Polarisation ermittelten Zuckergehalts — 28 oder
weniger beträgt.

Der Zuckergehalt der stärkezuckerfreien zuckerhaltigen Fabrikate ist auf verschiedene Weise festzustellen, je nachdem dieselben weniger als 2 Prozent oder 2 Prozent oder mehr Invertzucker
enthalten. Infolgedessen ist zunächst die Untersuchung der Fabrikate

auf Invertzuckergehalt nach den Vorschriften des Abschnitts 1
der Anlage A der Ausführungsbestimmungen mit der Abweichung
vorzunehmen, daß die mit der FEHLING'schen Lösung zu kochende
Zuckerlösung nicht 10 gr der Substanz, sondern 10 Prozent Polarisation zu entsprechen hat.

Von zuckerhaltigen Fabrikaten, welche weniger als zwei
Prozent Invertzucker enthalten, wird der Zuckergehalt nach der
CLERGET'schen Methode festgestellt, wobei die Inversion genau
nach den bezüglichen Vorschriften des Abschnitts 1 unter a der
Anlage B der Ausführungsbestimmungen zu bewirken und aus
der Summe der beiden Polarisationen (vor und nach der Inversion) der Zuckergehalt mit Hülfe der Formel

$$Z = \frac{100 \; S}{142,66 - \frac{1}{2} \; t}$$

zu berechnen ist, in welcher Z den Zuckergehalt, S die Summe
der beiden Polarisationen für das Normalgewicht und t die Temperatur bedeutet, bei welcher die Polarisationen vorgenommen
worden sind. Die Konstante (C) 142,66 setzt die Anwendung
des halben Normalgewichts (13,024 gr) Zucker bei der Beobachtung
voraus und ist jedesmal entsprechend der zur Inversion angewandten Substanzmenge durch eine andere Zahl zu ersetzen.
Die letztere ergiebt sich aus folgender Tabelle:

Für gr Zucker in 100 cc	ist C einzusetzen mit
1	141,85
2	141,91
3	141,98
4	142,05
5	142,12
6	142,18
7	142,25
8	142,32
9	142,39
10	142,46
11	142,52
12	142,59
13	142,66
14	142,73
15	142,79
16	142,86
17	142,93
18	143,00
19	143,07
20	143,13.

Ergiebt beispielsweise nach dem Auffüllen des Normalgewichts zu 200 die direkte Polarisation im 200 mm-Rohre + 30,
so berechnet sich für die invertierte Lösung, welche 75 cc der
ursprünglichen Lösung einschließt, eine direkte Polarisation von
+ 22,5. Da 100 Polarisation 26,048 gr Zucker entsprechen, so
kommen auf 22,5 Polarisation 5,86 gr oder rund 6 gr Substanz;

17*

nach der Tabelle hat sonach die Konstante 142,18 zur Anwendung
zu gelangen. Angenommen, es sei bei 20° C. eine Linksdrehung
von — 7,1 beobachtet, so entspricht dies für das halbe Normalgewicht einer solchen von $\dfrac{-7,1 \cdot 100}{75} = -9,47$ und für das
ganze Normalgewicht einer solchen von — 18,94. Da die direkte
Polarisation für das ganze Normalgewicht + 60 beträgt, so be-
rechnet sich der Zuckergehalt auf $100 \cdot \dfrac{60 + 18,94}{142,18 - 10} = 59,72$
oder abgerundet 59,7 Prozent. Die Abrundung erfolgt in der
Art, daß geringere Bruchteile als volle Zehntel unberücksichtigt
bleiben.

Der Zuckergehalt derjenigen Fabrikate, welche 2 Prozent
oder mehr Invertzucker enthalten, ist nach der im Abschnitt 1
der Anlage B der Ausführungsbestimmungen angegebenen Kupfer-
methode zu bestimmen. Man invertiert eine Probe der Zuckerlösung nach der dort angegebenen Vorschrift, ermittelt in ähnlicher Weise, wie für die Invertzuckerbestimmung bei stärkezuckerhaltigen Abläufen vorgeschrieben ist, die in jedem einzelnen Falle
anzuwendende Substanzmenge und kocht 3 Minuten mit Fehlingscher Lösung. Die der gefundenen Kupfermenge entsprechende
Rohrzuckermenge ist der nebenstehenden Tabelle zu entnehmen.

Hierauf wird der Prozentgehalt des Zuckers berechnet und
demnächst der Gesamtzuckergehalt als Rohrzucker in Prozenten
der Substanz ausgedrückt. Geringere Bruchteile als volle Zehntel-
Prozente bleiben unberücksichtigt.

Bezüglich der Herstellung der Substanzlösungen ist im allgemeinen zu bemerken, daß es in der Regel nicht zulässig ist,
die festen Substanzen (Chokolade etc.) ebenso wie bei den Di-
gestionsmethoden der Rübenuntersuchung mit Wasser in einem
Kölbchen bis zur Marke aufzufüllen, weil der durch das Volumen
der unlöslichen Bestandteile verursachte Fehler oft zu erheblich
sein würde. Es ist daher in der Regel die Lösung erst nach der
Filtration und dem Auswaschen des Rückstandes zu einem bestimmten Volumen aufzufüllen.

Bezüglich der Untersuchung der vergütungsfähigen zuckerhaltigen Fabrikate ist im einzelnen noch folgendes hervorzuheben:

A. Chokolade.

Man feuchtet zweckmäßig das Normalgewicht mit etwas
Alkohol an, um die nachherige Benutzung mit Wasser zu erleichtern, übergießt mit etwa 30 cc Wasser und erwärmt 10 bis
15 Minuten auf dem Wasserbade. Sodann wird heiß filtriert,
wobei die Flüssigkeit ohne Schaden trübe durchgehen kann, und
der Rückstand mit heißem Wasser nachgewaschen. Das Filtrat
wird nach der Klärung mit etwa 10 cc Bleiessig ¼ Stunde lang
stehen gelassen, darauf mit Alaun und einigen Tropfen Thonerdehydrat geklärt und schließlich zu einem geeigneten Volumen
(etwa 200 cc) aufgefüllt.

Tabelle

zur Berechnung des dem vorhandenen Invertzucker entsprechenden
Rohrzuckergehalts aus der gefundenen Kupfermenge bei 3 Minuten
Kochdauer.

Kupfer.	Rohr-zucker.	Kupfer.	Rohr-zucker.	Kupfer.	Rohr-zucker.	Kupfer.	Rohr-zucker.	Kupfer.	Rohr-zucker.
mgr	mgr	mgr	mgr	mgr	mgr	mgr	mgr	mgr	mgr
79	40,0	116	58,3	153	77,0	190	96,2	227	115,9
80	40,5	117	58,8	154	77,5	191	96,7	228	116,4
81	41,0	118	59,3	155	78,0	192	97,2	229	117,0
82	41,5	119	59,8	156	78,5	193	97,7	230	117,5
83	42,0	120	60,2	157	79,0	194	98,3	231	118,1
84	42,5	121	60,7	158	79,6	195	98,8	232	118,6
85	42,9	122	61,2	159	80,1	196	99,3	233	119,2
86	43,4	123	61,7	160	80,6	197	99,8	234	119,7
87	43,9	124	62,2	161	81,1	198	100,4	235	120,3
88	44,4	125	62,8	162	81,6	199	100,9	236	120,8
89	44,9	126	63,3	163	82,1	200	101,4	237	121,3
90	45,4	127	63,8	164	82,6	201	101,9	238	121,8
91	45,9	128	64,3	165	83,2	202	102,5	239	122,4
92	46,4	129	64,8	166	83,7	203	103,1	240	122,9
93	46,8	130	65,3	167	84,2	204	103,6	241	123,5
94	47,3	131	65,8	168	84,7	205	104,1	242	124,0
95	47,8	132	66,3	169	85,2	206	104,6	243	124,6
96	48,3	133	66,8	170	85,7	207	105,2	244	125,1
97	48,8	134	67,3	171	86,3	208	105,7	245	125,7
98	49,3	135	67,8	172	86,8	209	106,2	246	126,2
99	49,8	136	68,3	173	87,3	210	106,7	247	126,8
100	50,3	137	68,8	174	87,8	211	107,3	248	127,3
101	50,8	138	69,4	175	88,3	212	107,8	249	127,9
102	51,3	139	69,9	176	88,9	213	108,4	250	128,4
103	51,8	140	70,4	177	89,4	214	108,9	251	128,9
104	52,3	141	70,9	178	89,9	215	109,4	252	129,4
105	52,8	142	71,4	179	90,4	216	109,9	253	130,0
106	53,3	143	71,9	180	91,0	217	110,5	254	130,6
107	53,8	144	72,4	181	91,5	218	111,1	255	131,1
108	54,3	145	72,9	182	92,0	219	111,6	256	131,7
109	54,8	146	73,4	183	92,5	220	112,2	257	132,2
110	55,3	147	73,9	184	93,1	221	112,7	258	132,8
111	55,8	148	74,5	185	93,6	222	113,2	259	133,3
112	56,3	149	75,0	186	94,1	223	113,7	260	133,9
113	56,8	150	75,5	187	94,6	224	114,3		
114	57,3	151	76,0	188	95,1	225	114,8		
115	57,8	152	76,5	189	95,7	226	115,4		

B. Konditorwaren.

a) Karamellen (Bonbons, Boltjes) mit Ausnahme der nicht vergütungsfähigen Gummibonbons.

Bezüglich derjenigen Karamellen, welche vom Anmelder als stärkezuckerhaltig bezeichnet worden sind, ist durch die Untersuchung festzustellen, daß sie mindestens 80 Grad Rechtsdrehung und 50 Prozent Zucker nach CLERGET zeigen. Andernfalls sind sie als nicht vergütungsfähig zu bezeichnen.

Karamellen, welche als stärkezuckerfrei angemeldet sind, müssen zunächst auf Stärkezuckergehalt geprüft werden. Ist kein Stärkezucker vorhanden, so erfolgt die Untersuchung ähnlich wie bei den Raffinadezeltchen.

b) Dragées (überzuckerte Samen und Kerne unter Zusatz von Mehl).

Dragées werden ähnlich wie Chokolade ausgezogen. Dieselben enthalten fast stets Invertzucker.

c) Raffinadezeltchen (Zucker mit Zusatz von ätherischen Ölen oder Farbstoffen).

Der feste Rückstand kann vernachlässigt werden. Man füllt daher das Normalgewicht der Probe direkt im 100-Kolben zur Marke auf und nimmt die Filtration erst nachträglich vor.

d) Schaumwaren (Gemenge von Zucker mit einem Bindemittel, wie Eiweiß, nebst einer Geschmacks- oder Heilmittelzuthat).

Die meist nur in geringen Mengen vorhandenen Bindemittel (Eiweiß, Gelatine, arabisches Gummi, Tragantgummi oder Leim) sind mittelst Bleiessig oder Thonerde zu entfernen.

Die zu den Schaumwaren gehörigen Santoninzeltchen enthalten linksdrehendes santoninsaures Natron. Es ist deshalb Zusatz von Bleiessig erforderlich, durch welchen die Santoninsäure ausgefällt wird.

e) Dessertbonbons (Fondants etc. aus Zucker und Einlagen von Marmelade, Früchten etc.).

Die Probe wird mit Wasser gelöst. Bleibt wenig Rückstand, so kann ohne weiteres zur Marke aufgefüllt werden; andernfalls muß zuvor Filtration erfolgen.

f) Marzipanmasse und Marzipanfabrikat (Zucker mit gequetschten Mandeln).

Das Material wird zweckmäßig mit kaltem Wasser in einer Porzellanschale zerrieben und vor der Filtration mit viel Thonerdebrei geklärt. Marzipan ist in der Regel frei von Invertzucker.

g) Cakes und ähnliche Backwaren.

Man extrahiert den Zucker mit 85—90gradigem Alkohol,

filtriert durch Asbestfilter und untersucht das Filtrat, nachdem der Alkohol verjagt worden ist.

h) **Verzuckerte Süd- und einheimische Früchte, glasiert oder kandiert; in Zuckerauflösungen eingemachte Früchte (Marmelade, Pasten, Kompotts, Geléos).**

Soweit das Material fest ist, muß besondere Sorgfalt auf die Herstellung einer Durchschnittsprobe von homogener Beschaffenheit, z. B. durch Erwärmen und Verrühren, gelegt werden. Den Zucker extrahiert man, wie vorstehend bei g angegeben. Es wird in der Regel Invertzucker vorhanden sein.

C. Zuckerhaltige alkoholische Flüssigkeiten.

Bei der direkten Polarisation wirkt der Alkoholgehalt nicht störend; vor der Inversionspolarisation muß der Alkohol jedoch verjagt werden.

D. Flüssiger Raffinadezucker.

Der flüssige Raffinadezucker enthält in der Regel Invertzucker. Die Untersuchung kann sich darauf beschränken, daß mindestens ein Zuckergehalt von insgesamt 75 Prozent vorhanden ist.

Schlußbestimmung.

Über jede Untersuchung ist der Amtsstelle, welche die Probe eingesendet hat, eine schriftliche Befundsbescheinigung zu übermitteln, welche außer der genauen Bezeichnung der Probe Angaben über die Art und das Ergebnis der stattgehabten Ermittelungen und den aus denselben berechneten prozentualen Zuckergehalt zu enthalten hat.

Trauben- oder Stärkezucker (Dextrose $C_6H_{12}O_6$).

Derselbe wird aus stärkehaltigen Stoffen, namentlich aus Kartoffelstärke, dargestellt. Die Rohmaterialien werden hierzu mit verdünnter Schwefelsäure erhitzt, das Filtrat wird mit Kalk oder Baryt ausgefällt und nach der Reinigung mit Tierkohle zur Syrupkonsistenz oder zur Krystallisation eingedampft und als Stärkesyrup oder als Stärkezucker in fester Form in den Handel gebracht.

Der Stärkezucker enthält nicht selten reichliche Mengen von Schwefelsäure und dextrinartige, nicht vergärbare Stoffe, die sog. Dextrine oder Amyline.

In neuerer Zeit ist es aber gelungen, Stärkezucker von großer Reinheit darzustellen.

Zusammensetzung des Traubenzuckers:

Wasser.	Traubenzucker.	Dextrine.	Mineralstoffe.
16,0	65,0	18,0	0,50.

Die Bestimmung des Traubenzuckergehaltes geschieht mittelst FEHLING'scher Lösung oder durch Polarisation.

50 cc FEHLING'scher Lösung = 0,2375 Traubenzucker.

Die Prüfung auf Reinheit wird wie beim Rohrzucker ausgeführt.

Malzzucker (Maltose $C_{12}H_{22}O_{11}$).

Der Malzzucker wird bei der Einwirkung von Malz auf stärkehaltige Materialien, wie Mais, Reis oder Kartoffelstärke, erhalten; es bilden sich hierbei Maltose und Dextrin.

In den Handel kommen verschiedene Maltosepräparate, Maltose- und Maismaltosesyrupe, welche häufig zur Herstellung von Bier verwendet werden.

Dieselben stellen farblose Syrupe dar, die qualitativ die gleichen Bestandteile enthalten wie das aus Malz für sich oder aus Malz und Rohfrucht hergestellte Extrakt.

Die Maltosesyrupe lösen sich leicht in Wasser, die Lösungen sind mit Hefe rasch vergärbar.

Zusammensetzung einiger Maltosepräparate:

	Maismaltosesyrup.	Maltosesyrup.
Wasser	26,91 %	17,12 %
Maltose	57,00 »	60,43 »
Dextrin	13,85 »	22,22 »
Proteïn . .	1,24 »	Spuren
Mineralstoffe . .	1,00 »	0,23 » .

Die Asche enthält: Phosphorsäure 37,76, Kali 31,61, Natron 11,68 %.

Fruchtzucker (Lävulose $C_6H_{12}O_6$).

Ein unter dieser Bezeichnung in den Handel kommendes Präparat stellt einen dicken Syrup dar, welcher zur Weinfabrikation und zur Fälschung von Honig benutzt wird. Derselbe ist ein Gemisch von Rohrzucker und Invertzucker und wird bei der Rübenzuckerfabrikation als nicht wieder in krystallisierbaren Zucker überführbares Nebenprodukt gewonnen. Die Inversion des Zuckers wird hierbei sowohl durch Schwefelsäure, Weinsäure, Phosphorsäure als auch durch Kohlensäure ausgeführt. Der Fruchtzucker hat die Eigenschaft, sehr leicht und rasch zu vergären.

Zusammensetzung des Fruchtzuckers aus der Hattersheimer Zuckerfabrik Maingau:

Wasser	23,50 %
Zucker . .	76,50 »
Mineralstoffe	0,03 »

Die Asche enthält geringe Spuren Phosphorsäure.

Milchzucker (Laktose $C_{12}H_{22}O_{11} + H_2O$).

Der Milchzucker wird aus den Molken, welche bei der Käsebereitung nach Ausscheidung des Caseïns zurückbleiben, durch Eindampfen und Krystallisieren gewonnen. Er stellt weiße, harte, rhombische Prismen dar, die in Wasser löslich, in Alkohol unlöslich sind. Der Milchzucker reduziert ammoniakalische Silberlösung in der Kälte, alkalische Kupferlösung erst beim Kochen. Die wässerigen Lösungen zeigen bei der Polarisation Rechtsdrehung.

XVII. Honig.

Unter Honig versteht man den von der Honigbiene, Apis mellifica, aus den Nektarien der Blüten gesammelten, in den Waben (Wachszellen) abgesetzten Saft von dickflüssiger, zäher Konsistenz. Der frische Honig ist durchsichtig, weißgelb bis braun und wird mit der Zeit, namentlich in der Kälte, körnig krystallinisch. Derselbe besitzt einen süßen, schwachkratzenden Geschmack und einen eigenartig angenehmen Geruch; letzterer ist oft durch die Blüten, aus welchen derselbe entnommen wurde, bedingt, und man unterscheidet danach Lindenhonig, Heidehonig, Esparsettehonig u. s. w.

Ferner unterscheidet man amerikanischen Havanna-
und Illinoishonig, welcher von hellerer, weißlichgelber
Farbe, meist krystallinisch und weniger aromatisch ist.

Eine von dem Blütenhonig durch Farbe und Geschmack, sowie auch durch seine chemische Zusammensetzung verschiedene Sorte ist der Wald- oder Koni-
ferenhonig, welcher von Bienen in den Koniferenwal-
dungen gesammelt wird. Der Waldhonig hat meist eine
grünlichbraune bis braunschwarze Farbe und schmeckt
schwach bitter.

Zur Gewinnung des Honigs läßt man die Waben
freiwillig oder unter Anwendung von gelinder Wärme aus-
fließen und erhält dabei die beste Sorte, den sogenannten
Jungfernhonig.

Durch Auspressen der Waben, durch stärkeres Erhitzen und Centrifugieren erhält man den Schleuderhonig.

Dem so gewonnenen Honig sind häufig noch Wachsteilchen aus den Waben,
sowie Pollenkörner (Fig. 72) aus den
Blüten der Pflanzen beigemengt, die sich
unter dem Mikroskop leicht erkennen
lassen.

**Chemische und optische Eigen-
schaften des Honigs.** Durch seinen Gehalt an organischen Säuren (Ameisensäure)
zeigt der Honig eine schwachsaure Reaktion.

Fig. 72. Pollenkörner.

Die reinen Blütenhonige von gelber bis hellbrauner
Farbe bewirken bei der Polarisation im allgemeinen eine
Linksdrehung, während die Waldhonige (Koniferen-
honige) durch ihren Gehalt von 6—8% dextrinartigen
Stoffen die Polarisationsebene, wenn auch oft nur um
wenige Grade, nach rechts ablenken.

Durchschnittlich enthält der Honig in 100 Teilen:

Dextrose	34—35 %
Lävulose .	39—30 »
Rohrzucker .	1—10 »
Extraktivstoffe	5 »
Mineralstoffe	0,10-0,8 »
Wasser	20 ».

Prüfung des Honigs.

Probeentnahme: 100 gr von dem gut gemischten Vorrat in Glas-, Porzellan- oder glasierte Thontöpfe, die mit Kork oder Pergamentpapier zu verschließen sind.

Feststellung der äußeren Beschaffenheit, namentlich in Bezug auf Geruch und Geschmack, die oft bessere Anhaltspunkte zur Beurteilung geben als der chemische Befund.

Bestimmung des spezifischen Gewichts. Man stellt sich eine Lösung von 1 Teil Honig in 2 Teilen Wasser her und bestimmt das spezifische Gewicht mittelst des Pyknometers. Eine solche Lösung von reinem Honig soll ein spezifisches Gewicht von 1,111 zeigen.

Wassergehalt. Durch Austrocknen von 5 gr Honig, die man vorher mit 25 gr ausgeglühtem Quarzsand und 10 cc Wasser vermischt hat, bei 100° C.

Polarisation. Man löst 10 gr Honig zu 100 cc in destilliertem Wasser, klärt die Lösung mit Thonerdehydrat, wenn nötig durch Zusatz von 3 cc Bleiessig und 2 cc einer gesättigten Natriumsulfatlösung, filtriert und polarisiert bei + 20° C. im Halbschattenapparat.

Bestimmung des Invertzuckers und Rohrzuckers nebeneinander:

a. 25 cc einer höchstens 1%igen Honiglösung werden mit 50 cc Fehling'scher Lösung und 100 cc Wasser versetzt, zum Sieden erhitzt und 2 Minuten lang bei Siedetemperatur erhalten. Man filtriert, bestimmt das reduzierte Kupferoxydul als Cu und berechnet nach der Meissl'schen Invertzuckertabelle den Zuckergehalt.

b. Bestimmung des Rohrzuckers. Man löst 10 gr Honig in 100 cc heißem Wasser, fügt nach dem Erkalten 50 cc Hefeinvertinlösung (s. unten) hinzu und läßt die Mischung 2 Stunden lang zwischen 50 und 55° C. stehen. Die Invertzuckerbestimmung wird darauf gewichtsanalytisch oder polarimetrisch ausgeführt.

Die Differenz zwischen der Zuckerbestimmung a und b mit 0,95 multipliziert, ergiebt die im Honig vorhandene Menge an Rohrzucker.

Prüfung auf Stärkezucker, Stärkesyrup, Stärkedextrine u. s. w.: Man löst 25 gr Honig in 200 cc einer Nährsalzlösung (s. unten) und sterilisiert dieselbe durch

$^{1}/_{4}$ stündiges Kochen in einem Kolben mit Watteverschluß.
Nach dem Erkalten setzt man 5 cc dünnflüssiger gärkräftiger, am besten reingezüchteter Weinhefe oder Bierhefe hinzu und läßt bei 20—25° C. vergären, was in
etwa 24—48 Stunden geschehen ist. Nach beendeter Gärung
füllt man auf 250 cc auf, klärt die Flüssigkeit mittelst
Thonerde oder Bleiessig und polarisiert bei + 20° C.
Zeigt der Vergärungsrückstand eine erhebliche Rechtsdrehung, so ist er durch Alkoholfällung auf Dextrin zu
prüfen.

Verfahren von J. König und W. Karsch*). Das
Verfahren gründet sich darauf, daß die rechtsdrehenden
Dextrine der Naturhonige und der mit Stärkezucker u. s. w.
gefälschten Honige durch Äthylalkohol gefällt werden,
dagegen nicht die in den Stärkezuckerpräparaten enthaltene
Dextrose.

40 gr Honig werden in einem Maßcylinder auf 40 cc
mit Wasser aufgefüllt. Von dieser Mischung werden 20 cc
in einem $^{1}/_{4}$·Liter-Kolben unter langsamem Zuträufeln und
Umschwenken mit absolutem Alkohol bis zur Marke aufgefüllt und unter Umschütteln 2—3 Tage stehen gelassen.
Man filtriert und verdampft 100 cc des Filtrats beinahe
bis zur Trockene. Der noch flüssige Rückstand wird unter
Zusatz von Bleiessig und Natriumsulfat auf 20 cc aufgefüllt und die filtrierte Lösung polarisiert. Bei rechtsdrehenden Naturhonigen wird dann Linksdrehung beobachtet; mit Stärkezucker oder Syrup in irgend erheblicher Menge gefälschte Honige zeigen Rechtsdrehung. Zu
bedenken ist dabei, daß die Rechtsdrehung durch einen
Gehalt des Honigs an Rohrzucker bedingt ist, worüber die
Bestimmung b Aufschluß giebt.

Verfahren von E. Beckmann**). Nach diesem
Verfahren werden die Dextrine des Stärkezuckers und
-Syrups, namentlich deren Barytverbindung durch Methylalkohol gefällt, die Dextrine der Naturhonige dagegen nicht.
Man versetzt 5 cc einer geklärten 20%igen Honiglösung
mit 3 cc einer Barytlösung, welche 2 gr $Ba(OH)_2$ in
100 cc enthält, und fügt zu der noch klaren Mischung

---

*) Zeitschrift f. analyt. Chemie 1895, 34. 1.
**) Ebendaselbst 1896, S. 263.

17 cc Methylalkohol auf einmal zu. Bei Naturhonigen bleibt die Mischung klar oder giebt nur geringe flockige Abscheidungen, beim Vorhandensein von geringen Mengen von Stärkedextrin, Stärkezucker oder Stärkesyrup entsteht eine deutliche Fällung.

Stärkesyrup und die **Handelsdextrine** lassen sich qualitativ noch auf folgende Weise nachweisen: Man löst 8 gr Honig zu 8 cc in Wasser und versetzt die Lösung auf 100 cc mit Methylalkohol. Beim Vorhandensein von Dextrin entstehen an den Gefäßwandungen starke weiße Abscheidungen, deren konzentrierte Lösungen hellgelbe Jodjodkaliumlösung rotbraun bis violett färben (Erythro- und Amylodextrin).

Bestimmung der freien Säure. Eine $10^0/o$ige Honiglösung wird mittelst $^1/_{10}$ N.-Alkalilauge unter Benutzung von Phenolphtalein titriert und die Säure auf Ameisensäure berechnet. 1 cc $^1/_{10}$ N.-Alkali $=$ 0,0046 Ameisensäure.

Stickstoffbestimmung. Dieselbe wird nach dem KJELDAHL'schen Verfahren mit 5 gr Honig ausgeführt.

Mikroskopische Untersuchung. Zum Nachweis von Pollenkörnern, die im Naturhonig nie fehlen, wird der in einer Lösung von 50 gr Honig in Wasser unlösliche Rückstand verwendet.

Beurteilung des Honigs.

Die Fälschung des Honigs ist sehr mannigfach und werden hierzu hauptsächlich Stärkezuckersyrup, sowie in neuerer Zeit Fruchtzucker, ein bei der Rübenzuckerfabrikation erhaltener Rückstand, welcher durch Säuren invertiert wird, benutzt. Die sog. Tafelhonige, welche vollständig klar und dünnflüssig sind, stellen meistens solche Kunstprodukte dar.

Ein Zusatz von Wasser kann angenommen werden, wenn der Honig mehr als $25-30^0/o$ Wasser enthält; in diesem Falle wird auch das spezifische Gewicht der Honiglösung 1 : 2 geringer sein als 1,111.

Der Nachweis einer Fälschung des Honigs mit Stärkezucker wird durch den Umstand, daß thatsächlich rechtsdrehende Naturhonige, deren Dextrine die größte Ähnlichkeit mit den dextrinartigen Substanzen des Stärkezuckers

besitzen, vorkommen, sehr erschwert; ebenso schwierig ist
die Ermittelung eines Zusatzes von Fruchtzucker.

Im allgemeinen wird daran festzuhalten sein, daß
Blütenhonige fast ausschließlich eine Linksdrehung zeigen
und daß reine Honige nach der Vergärung mit Weinhefe
keine oder doch nur eine geringe Rechtsdrehung bewirken.
Reine Honige werden nach der Vergärung und nach dem
Invertieren mit Salzsäure nur noch sehr geringe Mengen
von Traubenzucker enthalten, während Honige, die mit
erheblichen Mengen von Stärkezucker gefälscht sind, hierbei einen entsprechend größeren Gehalt an Traubenzucker
aufweisen werden.

Werden bei der Polarisation einer $10\,^0/_0$igen vergorenen Honiglösung mehr als $+ 3$ Bogengrade bei Anwendung des 200 mm-Rohrs beobachtet und erhält man
die qualitativen Dextrinreaktionen, so ist der Honig als
mit Glykose oder Stärkezucker versetzt zu bezeichnen.
Dasselbe gilt für Honige, die nach der Vergärung mehr
als $10\,^0/_0$ an Dextrinen enthalten.

Bei der Polarisation zeigen Honige mit größeren
Mengen von Dextrinen Rechtsdrehung, welche nach der
Inversion nicht verschwindet. Seltener wird bei Honigen,
welche geringe Mengen von Dextrinen enthalten, eine
schwache Linksdrehung beobachtet, und erst nach der
Vergärung tritt die Rechtsdrehung auf.

Eine Fälschung des Honigs mit Rohrzucker ergiebt
sich bei der Zuckerbestimmung vor und nach der Inversion mit Salzsäure; dabei ist zu berücksichtigen, daß im
reinen Honig $8-10\,^0/_0$ Rohrzucker enthalten sind.

Kleinere Mengen von Rohrzucker setzen nur die
Linksdrehung des Honigs herab, größere bewirken Rechtsdrehung. Diese Honige zeigen nach der Inversion entweder eine Zunahme der Linksdrehung oder eine Umwandlung der Rechtsdrehung in Linksdrehung.

Der Gehalt des Honigs an Asche, die reich an Phosphaten ist, beträgt $0,1-0,8\,^0/_0$. Honige mit erheblich
größerem Aschegehalt sind verdächtig, mit gewöhnlichem
Stärkezuckersyrup oder mit Melasse, die reich an Chlornatrium und an Calciumsalzen ist, gefälscht zu sein.

Hefeinvertin. Zur Herstellung desselben wird nach Thompson[*]) Hefe mit Sand zerrieben, die zerriebenen Hefezellen werden mit Wasser extrahiert und der filtrierte Auszug wird mit Alkohol gefällt. Das Invertin wird als ein syrupartiger Niederschlag erhalten, der getrocknet und gepulvert werden kann.

Nährsalzlösung nach Raulin[**]) (unter Hinweglassung des Zuckers):

Wasser	1500	cc.
Weinsäure	4,00	gr
Ammoniumnitrat	4,00	»
Ammoniumphosphat	0,60	»
Ammoniumsulfat	0,25	»
Kaliumkarbonat	0,60	»
Kaliumsilikat	0,07	»
Magnesiumkarbonat	0,40	»
Eisensulfat	0,07	»
Zinksulfat	0,07	».

XVIII. Kaffee.

Der Kaffee stammt von Coffea arabica, Fam. Rubiaceae, einem in Abessynien und Äthiopien einheimischen, fast in allen Tropenländern kultivierten Strauch oder Baum mit immergrünen Blättern, weißen Blüten und roten, dann violetten, kirschgroßen, zweifächerigen Steinfrüchten, welche in jedem Fache einen plankonvexen, mit Längsfurche durchzogenen Samen enthalten. Die durch Gärung oder auf mechanischem Wege vom Fruchtfleisch befreiten Samen (Bohnen) kommen als Kaffee in den Handel. Nicht selten kommt es vor, daß ein Samen fehlschlägt und nur ein Same zur Entwickelung kommt. Diese Samen zeigen eine vollkommenere, walzenartige Form, dieselben werden ausgesucht und bilden unter dem Namen »Perlkaffee« eine geschätzte Handelsware.

Die verschiedenen Sorten des Kaffees werden nach den Ländern, in denen sie gewonnen werden, benannt. Man unterscheidet:

Java- und Ceylon-Kaffee, den sog. Mokka, der aus kleinen, eirunden, grünlichgelben Bohnen besteht. Der

*) Zeitschrift f. analyt. Chemie 1894, S. 243.
**) Pasteur, Études sur la bière, S. 89.

echte Mokka aus Arabien, die beste Sorte, kommt bei uns
selten zum Verkauf.
Celebes-Kaffee, gelbe Bohnen unter der Bezeichnung »Menado«.
Cuba-Kaffee kommt aus Westindien, Santos und
Campinas aus Brasilien.
Um den rohen Kaffee genießbar zu machen, werden
die Kaffeebohnen bei 200—250⁰ C. geröstet, wobei die
Bestandteile derselben eine Veränderung erleiden, indem
sich Röstprodukte bilden, welche dem Kaffee das charakteristische Aroma und eine braune Farbe verleihen. Der
Zucker wird dabei in Karamel verwandelt, und das Coffeïn
verringert sich um weniges.

Zusammensetzung des Kaffees.

100 gr Kaffee enthalten Gramme:

Mittlere Zusammen- setzung:	Wasser.	Eiweißstoffe.	Coffeïn.	Fett.	Zucker Gummi Dextrin.	Kaffeegerb- säure.	Mineral- stoffe.	Holzfaser.
Ungebrannter Kaffee	11,15	12,20	1,25	12,15	8,10	34,60	3,25	17,10
Gebrannter »	1,29	13,80	1,26	14,35	0,70	44,95	3,50	19,00

Zusammensetzung der Kaffeeasche.

100 gr Asche enthalten Gramme:

Kali.	Natron.	Kalk.	Magnesia.	Eisenoxyd.	Phosphor- säure.	Schwefel- säure.	Chlor.	Kieselsäure.
62,0	1,28	6,45	8,90	0,60	12,50	3,65	0,49	0,80

Anatomischer Bau. Kaffeefrucht: Kleinzellige Oberhaut mit zerstreuten, eirunden Spaltöffnungen. Fruchtfleisch: Gefäßbündel mit Spiroiden und Bastfasern. Steinschale mit kreuz und quer gelagerten Steinzellen (Fig. 73).

Charakteristisch für die Gewebeteile der Kaffeebohne ist die Samenhaut mit eigentümlichen Steinzellen, die mit Spaltentüpfel versehen sind.

Die Hauptmasse des Kaffees besteht aus dem Endosperm mit unregelmäßig geformten Zellen mit knotig verdickten Zellwänden.

Der ganze Kaffee unterliegt nur selten Fälschungen. Den Fabriken, welche sich vor einigen Jahren mit der

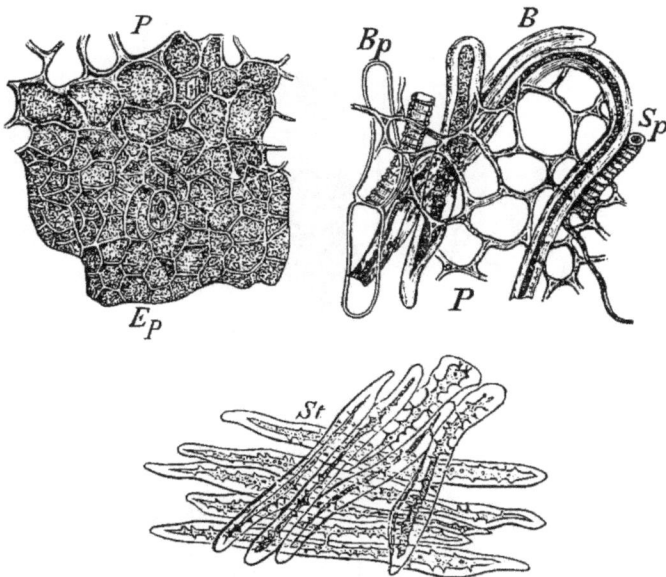

Fig. 73. Kaffeefrucht. Nach MÖLLER.
Ep Oberhaut mit Spaltöffnungen. *P* Parenchym. *Sp* Spiralgefäße. *Bp* Bastparenchym. *B* Bastfasern. *St* Steinzellen der Steinschale.

Darstellung künstlicher Kaffeebohnen aus geringwertigen Materialien beschäftigt haben, scheint durch das energische Einschreiten der Polizeibehörden das Handwerk gelegt zu sein.

Nicht selten wird dagegen minderwertiger Kaffee, namentlich solcher, der auf dem Transport durch Seewasser gelitten hat, sog. »havarierte Ware«, um derselben ein besseres Aussehen zu geben, gefärbt oder in Trommeln mit Bleikugeln oder Graphit behandelt. Als Farbstoffe

dienen hierzu: Berlinerblau und Chromgelb oder Ocker,
Indigo, Curcuma, Eisensalze u. dergl.

In den Kaffeebrennereien wird der Kaffee, um demselben die bei den Konsumenten beliebte glänzende Oberfläche zu verleihen, mit Zucker geröstet oder mit Eisenoxyd (Caput mortuum) und Vaselinöl behandelt.

Kaffeesurrogate:

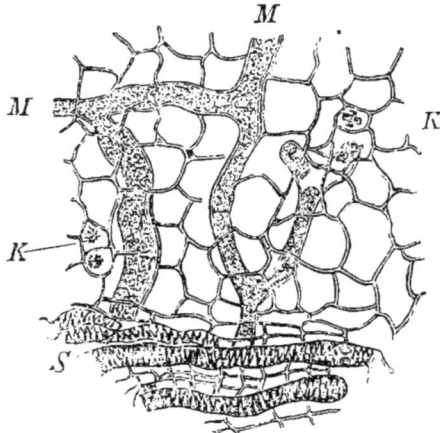

Fig. 74.   Fruchtfleisch der Feigen.   *K* Krystalle.   *M* Milchsaftschläuche.
S Spiral- und Netzgefäße.

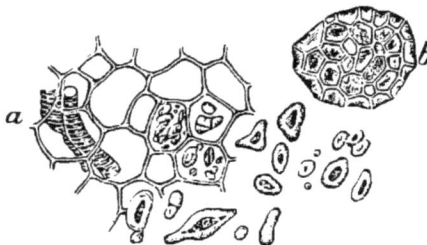

Fig. 75.   Keimlappen der Eichel.   *a* Endosperm mit Spiroiden und Stärke.
b Oberhautschüppchen.

Weit häufiger sind die Fälschungen des gemahlenen
Kaffees mit Surrogatstoffen, wie Cichorien, gerösteten
Feigen, Johannisbrot, Runkelrüben, Erdnuß, Mais, Gerste,
Palmkernen, Eicheln u. s. w.   (Fig. 74 u. 75.)

Alle diese Fälschungsmittel lassen sich teils durch
die chemische, teils durch die mikroskopische Unter-

suchung nachweisen; den Surrogaten fehlt der wirksame
Bestandteil des Kaffees, das Coffeïn, und in mikroskopischer
Beziehung ist die Struktur des Zellgewebes desselben weit
verschieden von jenem des reinen Kaffees.

Zusammensetzung einiger Surrogate.

In 100 Teilen sind enthalten:	Wasser.	Eiweißstoffe.	Fett.	Zucker.	Stickstoff-freie Ex-traktstoffe.	Mineral-stoffe.	Holzfaser.	In Wasser lösl. Stoffe.
Cichorie geröstet . .	13,30	6,41	2,65	17,29	42,30	6,20	12,80	60,00
Eicheln » . .	14,85	6,15	3,95	Spuren	68,10	2,00	5,00	—
Feigenkaffee*) . . .	18,98	4,25	2,83	34,19	29,15	3,44	7,16	73,91
Gerstenkaffee . .	10,50	13,80	1,90	16,00	48,50	2,50	6,95	64,00
(KNEIPP'scher Malzkaffee.)								

Die Untersuchung des Kaffees.

Probeentnahme: 200 gr der ganzen oder gemahlenen Ware
in Papierbeutel oder Pappschachteln.

Physikalische Merkmale. Gebrannter Kaffee auf
Wasser gegeben, schwimmt eine Zeitlang auf demselben
und färbt das Wasser erst nach Verlauf einiger Zeit.

Cichorie sinkt bei dieser Vorprüfung sofort unter, und
die Teilchen färben das Wasser in ihrer nächsten Umgebung sofort gelb bis braun.

Die chemische Untersuchung.

Wassergehalt: a) im ungebrannten Kaffee: Die im
Wassertrockenschrank einige Stunden vorgetrockneten
Bohnen werden gemahlen und 3 Stunden im Wasser-
trockenschrank getrocknet;

b) im gebrannten Kaffee: Durch 3 stündiges Trocknen
von 5 gr gemahlenem Kaffee im Wassertrockenschrank.

Mineralstoffe. Durch Verbrennen der Trockensubstanz. In der Asche ist eventuell der in Salzsäure unlösliche Teil zu bestimmen, sowie auf das Vorhandensein
von Schwermetallen zu prüfen.

---

*) KÖNIG, Nahrungsmittel.

18*

Stickstoff nach KJELDAHL in 0,5—1 gr Kaffee.

Coffeïn. 10 oder 12 gr gemahlenen Kaffees werden wiederholt mit Wasser ausgekocht, der Auszug wird mit Bleiessig gefällt, filtriert und das Filtrat mit Magnesia oder mit Calciumhydroxyd bis zur stark alkalischen Reaktion versetzt und dann mit Sand oder mit Marmorpulver zur Trockne eingedampft. Dieser Rückstand wird zerrieben und im CLAUSNITZER'schen Extraktionsapparat mit Äther oder mit Chloroform extrahiert. Der Auszug hinterläßt beim Verdunsten das Coffeïn. Um dasselbe zu reinigen, löst man es in heißem Wasser, filtriert durch ein befeuchtetes Filter, welches die harzigen Verunreinigungen zurückhält, und dampft zur Krystallisation ein.

Nach JUCKENACK-HILGER*). 20 gr feingemahlenen Kaffees werden mit 900 gr Wasser bei Zimmertemperatur in einem Becherglase einige Stunden aufgeweicht und dann unter Ersatz des verdampfenden Wassers vollständig ausgekocht, wozu bei Rohkaffee 3 Stunden, bei geröstetem Kaffee $1^1/_2$ Stunde erforderlich sind. Man läßt dann auf 60—80 Grad abkühlen, setzt 75 gr einer Lösung von basischem Aluminiumacetat (Liquor Aluminii acetici des deutschen Arzneibuches) und während des Umrührens allmählich 1,9 gr Natriumbikarbonat zu, kocht nochmals etwa 5 Minuten auf und bringt das Gesamtgewicht nach dem Erkalten auf 1020 gr. Nun wird filtriert, 750 gr des völlig klaren Filtrats, entsprechend 15 gr Substanz, mit 10 gr gefällten gepulverten Aluminiumhydroxyds und etwas mit Wasser zum Brei angeschütteltem Filtrierpapier unter zeitweiligem Umrühren im Wasserbade eingedampft, der Rückstand im Wassertrockenschranke völlig ausgetrocknet und im SOXHLET'schen Extraktionsapparate 8—10 Stunden mit reinem Tetrachlorkohlenstoff ausgezogen. Der Tetrachlorkohlenstoff wird abdestilliert, das Coffeïn im Wassertrockenschranke getrocknet und gewogen.

Zucker. a) Fertig gebildeter Zucker: 5 gr des mit Petroläther entfetteten Kaffees werden mit 95 % igem Weingeist extrahiert, der alkoholische Auszug wird eingedampft, mit Wasser aufgenommen und mit Bleiessig geklärt. Nach Entfernung des überschüssigen Bleis wird eine Zuckerbestimmung vor und nach der Invertion ausgeführt.

b) In Zucker überführbare Stoffe: Man kocht 3 gr gemahlenen Kaffee mit 200 cc einer $2^1/_2$ % igen Salzsäure am Rückflußkühler, neutralisiert die Salzsäure

---

*) Forschungsberichte 1897, S. 151.

mit Bleikarbonat, filtriert und entfärbt die Lösung mittelst Bleiessig. Aus dem Filtrat entfernt man das Blei mit verdünnter Schwefelsäure, bringt das Filtrat auf ein bestimmtes Volum und bestimmt in einem Teil desselben den Zucker nach MEISSL-ALLIHN.

In Wasser lösliche Stoffe. Dieselben werden durch Digestion des gemahlenen Kaffees mit Wasser, sorgfältiges Auswaschen des Niederschlags, Trocknen und Wägen des letzteren aus dem Gewichtsverluste bestimmt.

Fettbestimmung. Durch Extraktion von 5—10 gr getrockneten Kaffees mit Petroläther im CLAUSNITZER'schen Extraktionsapparate.

Prüfung auf anorganische Farbstoffe (Metalle). Man digeriert die Kaffeebohnen mit verdünnter Salpetersäure oder man verascht dieselben und prüft die Lösungen mit Schwefelwasserstoff und Schwefelammonium, namentlich auf Blei, Chrom, Kupfer u. s. w.

Organische Farbstoffe. Indigo oder Indigo mit Curcuma werden beim Schütteln mit Chloroform von demselben mit blauer oder grüner Farbe aufgenommen; Salpetersäure entfärbt Indigo und fällt Curcuma als gelben Niederschlag. Curcumalösungen werden, mit Alkalisalzen geschüttelt, braun. Eine eigentümliche Färbung, die oft zu Verdächtigungen reiner Ware beim Publikum Veranlassung giebt, erleidet der Kaffee beim Stehenlassen mit kalkhaltigem Wasser; das Brunnenwasser und die äußeren Teile der Kaffeebohnen färben sich schön grün und soll diese Färbung durch Bildung von Viridinsäure bedingt sein.

Mikroskopische Prüfung. Durch vergleichende Untersuchungen mit Präparaten aus den zur Fälschung benutzten Surrogaten wird man auch hierbei am besten zum Ziele kommen. Die Surrogate haben einen von echtem Kaffee ganz verschiedenen anatomischen Bau.

Zur **Beurteilung** des Kaffees möge noch gesagt sein, daß reiner Kaffee nicht mehr als 5 % Asche und nicht unter 1,0 % Coffeïn enthalten soll. Die im Wasser löslichen Bestandteile sollen 25 % nicht übersteigen. Der fertig gebildete Zucker soll nicht mehr als 2 %, der durch Säuren gebildete nicht mehr als 25 % betragen. Der Chlorgehalt des Kaffees schwankt zwischen 0,15—0,60, ein

höherer Chlorgehalt läßt auf die Beschädigung der Ware
durch Seewasser schließen.

Ungebrannter Kaffee enthält 9—12, gerösteter Kaffee
soll nicht mehr als 6°/o Wasser enthalten.

Mit Zucker- oder Harzglasur versehener Kaffee soll
stets als solcher deklariert werden.

Die Surrogate, insbesondere Cichorie, unterscheiden
sich vom Kaffee durch ihren viel höheren Gehalt an
fertig gebildetem Zucker und an wasserlöslichen Extraktivstoffen, sowie durch ihren viel geringeren Fettgehalt.

XIX. Cichorie.

Die **Cichorie,** das gebräuchlichste Kaffeesurrogat,
stammt von Cichorium Intybus, Fam. Compositae, einem
in Süddeutschland vielfach angebauten Wurzelgewächs. Die
länglichen, derbfleischigen und milchsaftführenden Wurzeln
von weißer Farbe werden nach dem Waschen in die
Fabriken gebracht, hier zu Schnitzel zerkleinert, getrocknet
und geröstet. Die gerösteten und gepulverten Wurzeln
bilden den Cichorienkaffee des Handels.

Zusammensetzung der getrockneten und gerösteten Cichorie.

Wasser.	Stickstoff-substanz.	Fett.	Zucker.	Extraktiv-stoffe.	Mineral-stoffe.	Holzfaser.
12,16 °/o	6,09 °/o	2,05 °/o	15,87 °/o	46,71 °/o	6,12 °/o	11,00 °/o

Asche.
100 gr Asche enthalten Gramme:

Kali.	Natron.	Kalk.	Magnesia.	Eisen-oxyd.	Phosphor-säure.	Schwefel-säure.	Chlor.	Kiesel-säure.
40,10	13,25	7,59	4,55	1,95	13,25	6,80	7,85	1,05

Coffeïn enthält die Cichorie nicht, im übrigen wird die Untersuchung derselben wie beim Kaffee ausgeführt. Da die Cichorienwurzel oft mit noch viel anhängendem Sand und Erde in die Fabriken gelangt, und auch dort häufig nicht gehörig von diesen Verunreinigungen befreit wird, so kamen nicht selten Cichorienpräparate in den Handel, die sehr reich an Mineralsubstanzen waren. Das gab Veranlassung zu umfangreichen Untersuchungen, die zu folgenden Resultaten führten:

Reine Cichorienschnitzel, bei 100^0 C. getrocknet, ergaben beim Einäschern $4,95^0/_0$ Asche und $1,69^0/_0$ in

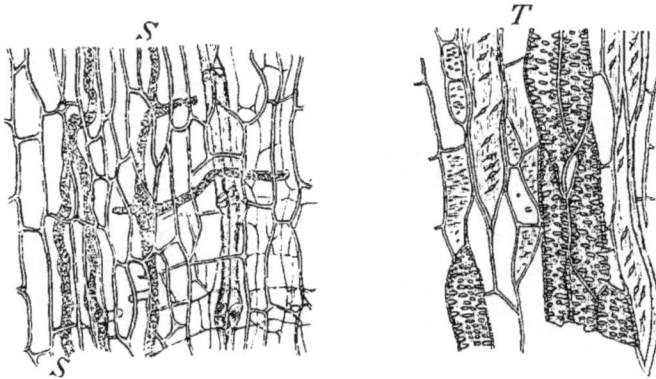

Fig. 76. Cichorie.

Salzsäure und verdünnten Ätznatron unlösliche Bestandteile (Sand). Geröstet verloren diese bei 100^0 C. getrockneten Schnitzel etwa $22^0/_0$ ihres Gewichts, so daß das Röstprodukt im wasserfreien Zustande einen Aschegehalt von 6,3 und einen Sandgehalt von $2,1^0/_0$ enthielt. Der Cichorienkaffee kommt durchschnittlich mit $14^0/_0$ Feuchtigkeit in den Handel, die untersuchte Ware enthielt in diesem Zustande $5,4^0/_0$ Gesamtasche und $1,8^0/_0$ Sand.

Nach diesem Ergebnis und nach vielen Erhebungen glaubte man keine zu hohen Anforderungen an die Cichorienfabrikanten zu stellen, wenn man verlangte, daß der Gesamtaschegehalt für Cichorienpräparate nicht mehr als $8^0/_0$, darin $2^0/_0$ Sand, betragen darf.

Das Großherzogl. Bad. Ministerium des Innern hat daher auf Grund der obigen Beobachtungen in dem Erlaß vom 18. Oktober 1882, Nr. 170 49/50, die Untersuchung des Cichorienkaffees betreffend, bestimmt und den Cichorien-fabrikanten bekannt gegeben, daß der Aschegehalt der Cichorienwurzel die oben erwähnte Grenze von $8^0/_0$ mit $2^0/_0$ Sand nicht überschreiten darf.

Bei der mikroskopischen Prüfung sind die Milchsaft-schläuche S sowie die gefäßartigen, getüpfelten Holzzellen T besonders charakteristisch (Tracheïden). (Fig. 76.) Möller.

XX. Thee.

Der Thee besteht aus den Blättern und Blattknospen der Camellia Thea, Thea chinensis, Thea viridis, Fam. Camelliaceae, und anderer Spielarten des in China und Japan kultivierten immergrünen Theestrauches.

Je nach der Art der Ernte und Zubereitung unter-scheidet man:

Grünen Thee, welcher sofort nach der Ernte in eisernen Pfannen nur kurze Zeit getrocknet und mit den Händen gerollt wird. Bei dem kurzen Erhitzen wird das Chloro-phyll nicht zerstört, und die Blätter behalten ihre grüne Farbe. Als geschätzteste Ware gelten die jungen Thee-blätter. Handelssorten sind Hayson- und Imperial-, Tonkay-oder Singloe-Thee.

Schwarzen Thee. Die Blätter bleiben nach der Ernte einige Tage liegen, bis sie welk geworden sind, um dann auf Haufen geschichtet eine Gärung durchzumachen. Hier-auf werden dieselben in eisernen Pfannen geröstet, bis sie eine schwarze Farbe angenommen haben. Das Chlorophyll wird schon beim Welken der Blätter zerstört und bei der Gärung bildet sich das, dem schwarzen Thee eigene, ange-nehme Aroma. Die schwarzen Theesorten heißen Souchong-, Pecco- und Karawanen-Thee und gelten als die wertvollsten.

Der Wert der Theesorten ist hauptsächlich durch den Geschmack, sowie durch ihren Gehalt an Gerbsäure und an Coffeïn (Theïn) bedingt. Die Theeasche enthält als charakteristischen Bestandteil Mangan in reichlicher Menge.

Das Theeblatt ist länglich, lanzettförmig oder verkehrt

eiförmig, 6—12 cm lang, lederartig glänzend mit gesägtem
Rand und kurzem Stiel. Die starke Mittelrippe hat 5—7
Nebenrippen, die fast rechtwinkelig abzweigen und in der
Nähe des Randes bogenartig miteinander verbunden sind.
Die Unterseite des Blattes ist fein behaart. (Fig. 77.)

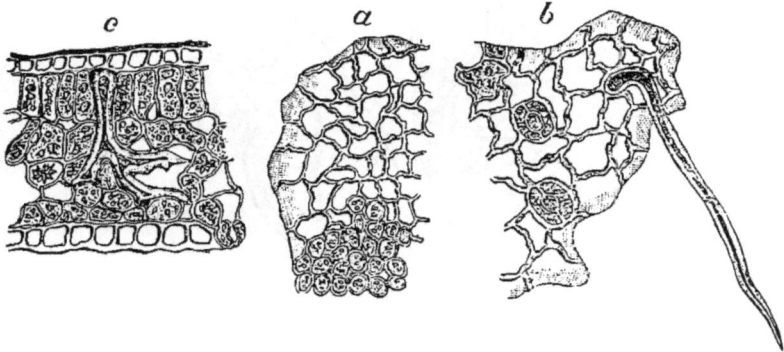

Fig. 77. Theeblatt. a Oberseite. b Unterseite. c Querschnitt.

Anatomischer Bau: Pallisadenparenchym, Krystalldrüsen von Calciumoxalat, sowie die für das Theeblatt
sehr charakteristischen 0,3 mm langen Steinzellen (Idio-
blasten). Die Haare sind 1 mm lang und 0,015 mm
breit und am Grunde gekrümmt. Die Blattunterseite zeigt
elliptische Spaltöffnungen.

Chemische Zusammensetzung des Thees.

In 100 Teilen:	Wasser.	Eiweiß-stoffe.	Theïn.	Ätheröl.	Fett.	Gummi und Dextrin.	Gerb-säure.	N. freie Extraktiv-stoffe.	Mineral-stoffe.	Holzfaser.
11,49	21,22	1,35	0,67	3,62	7,13	12,36	16,75	5,11	20,30

Theeasche.

In 100 Teilen:	Kali.	Natron.	Kalk.	Magnesia.	Eisen-oxyd.	Mangan-oxydul-oxyd.	Phosphor-säure.	Schwefel-säure.	Chlor.	Kiesel-säure.
34,20	10,30	14,25	5,30	5,20	0,85	14,50	6,89	1,75	5,20

Die Theefälschung ist sehr mannigfach und werden
namentlich hierzu die Blätter verschiedener anderer Pflanzen
verwendet, die dem Theeblatte ähnlich sind. Hierher
gehören:

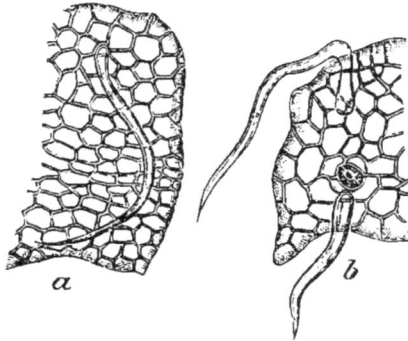

Fig. 78. Weidenblatt. *a* Oberseite. *b* Unterseite.

Weidenblätter (Salix - Arten). Die Sekundärnerven
(Nebenrippen) sind viel zahlreicher und am Ende nicht
vereinigt. Die Haare sind am Grunde nicht gekrümmt.
(Fig. 78.)

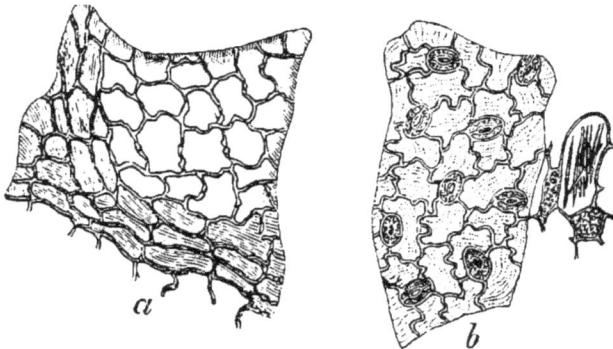

Fig. 79. Weidenröschenblatt. *a* Oberseite. *b* Unterseite.

Weidenröschenblätter von Epilobium angustifolium,
Fam. Onagrarieae, mit großwelligen, flachen Oberhaut-
zellen, Krystallnadeln. (Fig. 79.)
   Eschenblätter von Fraxinus oleaceus, Fam. Oleaceae.
Die Blätter sind breiter, scharf gesägt am Rande. Die

Nebenrippen gehen bis zum Rand; Drüsenhaare an der Blattunterseite. (Fig. 80.)

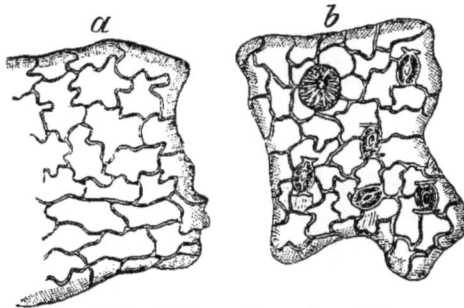

Fig. 80. Eschenblatt. *a* Oberseite. *b* Unterseite.

Schlehenblätter von **Prunus spinosa, Fam. Amygda-leae.** Gewebe mit zahlreichen Drüsen- und Einzelkrystallen. (Fig. 81.)

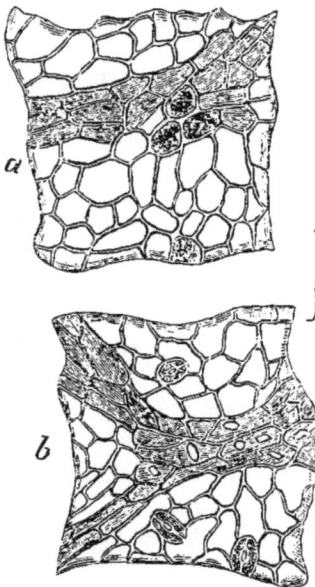

Fig. 81. Schlehenblatt.
a Oberseite. *b* Unterseite.

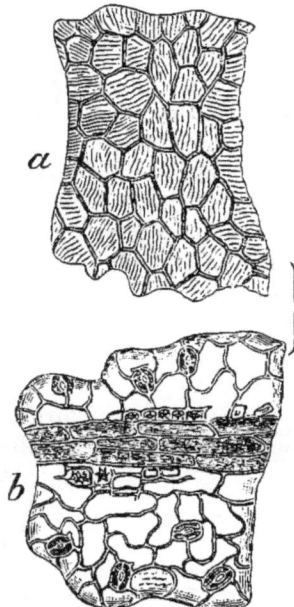

Fig. 82. Rosenblatt.
a Oberseite. *b* Unterseite.

Rosenblätter von Rosa Canina, Fam. Rosaceae. Breite Blätter mit abgerundeter Basis und dicht säge-

zähnigem Rand. Die Cuticula ist glatt und knotig ver-
dickt. (Fig. 82.)

Steinsamenblätter von Lithospermum officinale, Fam.
Scrophularineae, ein Ackerunkraut. Die Blätter sind schmal
lanzettförmig, ungestielt und auf beiden Seiten rauhhaarig.
(Fig. 83.)

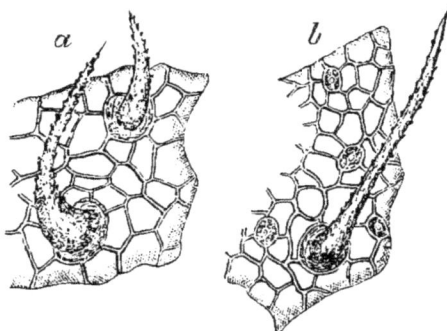

Fig. 83. Steinsamenblatt. a Oberseite. b Unterseite.

Alle die vorstehend genannten Blätter, welche zur
Fälschung des Thees benutzt werden sollen, sind schon
durch ihre äußere Beschaffenheit, insbesondere aber dadurch leicht vom Theeblatt zu unterscheiden, daß nur
die Blätter von Camellia und deren Varietäten Steinzellen zeigen, die angeführten Verfälschungen dagegen nicht.

Die chemische Untersuchung des Thees erstreckt sich
außer der Ermittelung des Wasser-, Stickstoff-, Fett-,
Extrakt- und Holzfasergehalts, die nur bei ausführlichen
Untersuchungen vorgenommen werden, auf folgende Bestimmungen:

Mineralstoffe. Durch Einäschern einer Durchschnittsprobe von etwa 10 gr Thee.

Bestimmung des in Wasser löslichen Teils der Asche.

Gerbsäure. Etwa 2 gr zerkleinerter Thee werden auf dem
Wasserbad wiederholt mit neuen Mengen Wasser erschöpfend
extrahiert, die Auszüge werden zum Kochen erhitzt, filtriert und
heiß mit 30 cc einer Lösung von 1 Teil Kupferacetat in 20 Teilen
Wasser versetzt. Der entstandene braune Niederschlag von gerb-
saurem Kupferoxyd wird auf dem Filter mit heißem Wasser
gewaschen, getrocknet und im Porzellantiegel geglüht. Nach dem
Erkalten befeuchtet man den Rückstand mit einigen Tropfen

Salpetersäure, glüht nochmals und wiegt das CuO; oder man reduziert das CuO durch Glühen im Wasserstoffstrom zu metallischem Kupfer.

1 Teil CuO entspr. 0,798 Cu = 1,3061 Gerbsäure.

Coffeïn (Theïn). Die Bestimmung wird wie beim Kaffee ausgeführt.

Mikroskopische Prüfung. Von den in Wasser aufgeweichten Blättern werden am besten kleine Stückchen abgelöst und auf den Objektträger gebracht. Die Steinzellen lassen sich leicht erkennen, wenn man solche Stückchen auf dem Objektträger mit Kalilauge erwärmt.

Beurteilung des Thees nach seinem chemischen Befunde.

Der Aschegehalt des Thees beträgt durchschnittlich 3—5%, derselbe soll nicht unter 3,0 und nicht über 8% betragen, woran nahezu die Hälfte in Wasser löslich sein muß.

Der Theïngehalt beträgt 1,5—3%, soll aber nicht unter 0,9% heruntergehen.

Der Wassergehalt beträgt 8—12%.

Das wässerige Extrakt soll bei grünem Thee mindestens 29, bei schwarzem mindestens 24% betragen.

XXI. Konserven.

Als Konserven bezeichnet man die durch Austrocknen, Einkochen mit Zucker oder Essig, durch Erhitzen in geschlossenen Gefäßen (Blechbüchsen), sowie die durch Räuchern und Pökeln haltbar gemachten Nahrungs- und Genußmittel.

Das Einkochen oder das sog. »Einmachen« in Zucker beruht darauf, daß die in den Pflanzensäften enthaltenen Fermente in konzentrierten Zuckerlösungen nicht mehr entwickelungsfähig sind.

A. Vegetabilische Konserven.

Hierher gehören die eingemachten Früchte, Fruchtsyrupe, Muse, Marmeladen, Gelees, Obstkraut, Dürrobst, Tomaten, Bohnen, Erbsen, Spargeln, Gurken und dergl.

Fruchtsäfte sind die wässerigen, abgepreßten Säfte verschiedener Früchte, aus welchen teils vor, teils nach der Vorgärung durch Aufkochen derselben mit Rohrzucker Syrupe, Gelees, Limonaden u. s. w. bereitet werden.

Unter der Bezeichnung »Fruchtsaft« sind uns in letzter Zeit von den Verwaltungsbehörden einige im Handel befindliche, von Branntwein- oder Weinhändlern hergestellte Präparate zur Untersuchung eingesandt worden, welche neben 11—12 % Zucker 15—18 Volumprozente Alkohol enthielten und mit Fruchtäthern aromatisiert waren. Wir konnten derartige Getränke nicht als Fruchtsäfte anerkennen, da Fruchtsaft keinen oder nur Spuren von Alkohol enthält, die bei der Gärung des Saftes vor dem Aufkochen mit Zucker sich gebildet haben können.

Die fälschlich als »Fruchtsaft« bezeichneten Flüssigkeiten, welche in Bezug auf ihren Alkoholgehalt den alkoholreichsten deutschen Weinen gleichkommen, wurden unter Umgehung der Vorschriften des § 33 der Gewerbeordnung, den Kleinhandel mit Branntwein oder Spiritus betreffend, in Kaufläden im Kleinverkauf verabreicht und in Wirtschaften verschänkt. Nach einem Erlaß des Großh. Ministeriums des Innern vom 25. Nov. 1892 Nr. 29607 sind derartige Mischungen als verdünnte Branntweine zu betrachten und dürfen diese als Fruchtsaft bezeichneten Getränke ohne polizeiliche Erlaubnis, wie solche für den Ausschank von Branntwein oder Spiritus für den Kleinhandel erforderlich ist, weder ausgeschänkt noch im Kleinhandel verkauft werden.

Die Früchtegelees verdanken ihre Konsistenz (Gelatinierung) den in Fruchtsäften enthaltenen Pektinstoffen. Zur Herstellung von Fruchtsyrupen werden zu Fälschungszwecken häufig statt Fruchtsaft und Rohrzucker Mischungen von Stärkesyrup, Saccharin, Pflanzensäuren, Fruchtäthern oder Fruchtessenzen und Farbstoffen verwendet.

Zur Bereitung von Gelees werden nicht selten gelatinierende Mittel, wie Agar-Agar und Gelatine, verwendet.

Als Apfelkraut (Obstkraut) bezeichnet man das durch Einkochen des Saftes aus Süßäpfeln oder aus einem Gemisch von Äpfeln und Birnen hergestellte Mus.

In neuerer Zeit werden zur Herstellung von recht minderwertigem Obstkraut und Apfelgelee die bei der Ringäpfelfabrikation in Amerika erhältlichen Äpfelabfälle (Apfelschalen und Kerngehäuse) und Stärkesyrup verwendet.

Rübenkraut wird durch Eindunsten von Zuckerrübensaft gewonnen.

Marmeladen werden durch Einkochen des Fruchtfleisches nach der Trennung von Steinen u. s. w. mit oder ohne Zucker hergestellt. Die Verwendung von Konservierungsmitteln, wie Salicylsäure, Borsäure u. s. w., welche mangelhaft zubereiteten Fruchtsyrupen und eingemachten Früchten zugesetzt werden, sowie von Stärkesyrup, Wein- und Citronensäure, Aromastoffen und Farbstoffen, ist verwerflich und sollte stets deklariert werden. Der Zusatz von Rohrzucker bei der Bereitung von Obstkraut muß ebenfalls deklariert werden.

In der umstehenden Tabelle habe ich die chemische Zusammensetzung einiger Gemüse- und Fruchtkonserven, sowie Fruchtsäfte zusammengestellt.

Die Untersuchung der Früchte- und Gemüsedauerwaren.

Probeentnahme: Am besten werden Originalverpackungen (Gläser, Töpfe oder Büchsen), andernfalls mindestens 200—400 gr in Gläser oder Porzellantöpfe entnommen.

Die Bestimmung der Einzelbestandteile der vorgenannten Konserven, wie des Wassers, des Stickstoffs, der Mineralstoffe, künstlicher Süßstoffe, des Zusatzes von Konservierungsmitteln u. s. w., wird nach den früher schon erwähnten Methoden ausgeführt.

Die Zuckerbestimmungen werden am besten nach den Ausführungsbestimmungen des Zuckersteuergesetzes (s. unter Zucker) vorgenommen.

Gelatine giebt sich durch einen höheren Stickstoffgehalt der Konserven zu erkennen. Nach BÖMER*) wird eine konzentrierte Lösung von Gelee mit der 10 fachen Menge absoluten Alkohols gefällt und in dem getrockneten Niederschlag eine Stickstoffbestimmung ausgeführt.

Agar-Agar wird nach MARPMANN**) auf folgende Weise nachgewiesen: Ein Teil des Gelees wird mit 5%iger Schwefelsäure gekocht, man fügt einige Krystalle Kaliumpermanganat hinzu und läßt absitzen. Beim Vorhandensein von Agar-Agar, welches aus Meeresalgen gewonnen wird, findet man im Bodensatz zahlreiche Arten von Diatomeen.

---

*) Chem. Ztg. 1895, 19, S. 552.
**) Zeitschr. f. angew. Mikrosk. 1896, 2. Heft, S. 9.

Durchschnittliche Zusammensetzung verschiedener vegetabilischer Konserven.

100 Gramme Konserven enthalten Gramme:	Wasser.	Eiweißstoffe.	Fett.	Zucker. Rohr-.	Zucker. Trauben-.	Stickstoff-freie Stoffe.	Mineral-stoffe.	Holzfaser.	Stärke.
Schnittbohnen . . .	88,75	2,72	0,14		1,16	5,44	0,61	1,18	
Grüne Erbsen . . .	78,44	6,35	0,53		—	12,00	0,81	1,87	
Gurken	95,60	1,02	0,09		0,095	1,33	0,39	—	
			-Säure.	Rohr-.	Trauben-.			Pektin-stoffe.	Stärke.
Äpfel eingem. . .	27,50	1,30	3,25	0,90	40,90	6,60	1,45	5,00	6,0
Birnen eingem. . .	30,00	1,92	0,75	0,40	28,50	12,95	1,60	4,60	10,0
								Phosphor-säure.	
Himbeersaft . . .	40,00	—	—	40,20	18,20	—	0,35	0,021	—
Kirschsaft	42,00	—	—	16,00	38,00	—	0,20	0,019	—
Johannisbeersaft .	45,00	—	—	28,00	23,60	—	0,18	0,022	—

Wichtig ist die Untersuchung der Konserven auf ihre
äußere Beschaffenheit, einen Gehalt an künstlichen oder
an giftigen Farbstoffen, sowie an gesundheitsschädlichen
Metallsalzen, welche nicht selten aus den bei der Herstellung der Konserven benutzten Gefäßen oder aus dem
Verpackungsmaterial, wie blei- und zinkhaltigen Blechbüchsen, in dieselben gelangen.

So werden häufig Früchte, namentlich Gurken, in
kupfernen Geschirren mit Essig gekocht, um denselben
eine schöne, grüne Farbe zu verleihen, wobei Kupfer in
Lösung geht und in Form von Kupfersalzen beim Genuß
so zubereiteter Konserven dem menschlichen Organismus
zugeführt wird; oder es nehmen säurehaltige Konserven,
welche in Büchsen aufbewahrt werden, die aus bleireichen
Zinnbleilegierungen hergestellt sind, oder deren Lot sehr
reich an Blei ist, nicht unerhebliche Mengen von Blei auf.
Amerikanisches Dürrobst (Äpfel), welches auf Zinkblechen
getrocknet worden war, erwies sich als stark verunreinigt
durch äpfelsaures Zinkoxyd.

Die Untersuchung der Konserven auf die genannten
Verunreinigungen, die gesundheitswidrige Eigenschaften
besitzen, geschieht in derselben Weise wie bei den Konditoreiwaren.

Die Flüssigkeiten, in welchen die betreffenden Früchte
konserviert sind, oder die Früchte selbst werden zur Oxydation der organischen Substanzen mit Kaliumchlorat und
Salzsäure behandelt und so zur Prüfung mit Schwefelwasserstoff und Schwefelammon vorbereitet.

Zur Bestimmung des Zinkgehaltes in Äpfelschnitten eignet
sich besonders das Verfahren von Halenke. Hiernach werden
50 gr Substanz mit 175 cc konz. Schwefelsäure und etwa 1 gr
reinem gelben Quecksilberoxyd in einem $^3/_4$ l fassenden Rundkolben wie bei der Kjeldahl'schen Stickstoffbestimmung erhitzt,
bis die Flüssigkeit weiß geworden ist. (Zeitdauer etwa 8 Stunden.)
Der ungefähr 10 cc betragende Rückstand wird in etwa 250 cc
Wasser gelöst und mittelst lebhaften Schwefelwasserstoffstromes
das Quecksilber ausgefällt. Das Filtrat vom HgS wird in einer Porzellanschale erhitzt, bis aller Schwefelwasserstoff verjagt ist,
sodann zur Oxydation des Ferrosulfats etwas Salpetersäure zugefügt. Man läßt die Flüssigkeit abkühlen, übersättigt mit konz.
Ammoniak und filtriert nach einigem Stehen den gelblichen
Niederschlag ab. Das Filtrat wird mit Essigsäure schwach angesäuert und mittelst Schwefelwasserstoffs auf Zink geprüft. Entsteht
ein weißer Niederschlag von ZnS, so wird das Kölbchen mit

Wasser fast bis an den Rand gefüllt und der Niederschlag nach 24 stündigem Stehen abfiltriert, mit schwefelwasserstoffhaltigem Wasser ausgewaschen, geglüht und als ZnO gewogen.

Sollen größere oder kleinere Mengen als 50 gr Substanz in Arbeit genommen werden, so sind für je 1 gr Substanz 3,5 cc Schwefelsäure in Anwendung zu bringen.

Um in kurzer Zeit den qualitativen Nachweis der Verunreinigung einer Konserve mit **Kupfersalzen** zu führen, steckt man einen blanken Eisenstab (Messer) oder ein Magnesiumband in die Konserve, wobei sich beim Vorhandensein von Kupfersalz dasselbe als metallischer Kupfer in Form eines rötlichen Überzugs auf dem Eisen oder Magnesium abscheidet.

Litteratur bezüglich der Aufnahme von giftigen Metallsalzen durch Konserven und deren Wirkung auf den menschlichen Organismus: Arbeiten aus dem Kaiserlichen Gesundheitsamt 1887, Bd. II von G. WOLFFHÜGEL.

B. Animalische Konserven.

Fleisch und Fleischwaren. Die marktpolizeiliche Fleischbeschau, sowie die Untersuchung auf Trichinen und andere tierische Parasiten wird, wie

hier, meistens in besonderen Abteilungen der öffentlichen Schlachthäuser von den Tierärzten vorgenommen. Die diesbezüg-

Fig. 84. Trichinen.

lichen Verordnungen, die Fleischbeschau betreffend, lasse ich unten folgen. Nur in den Fällen, wo es sich um die Ermittelung der bei der Zersetzung des Fleisches sich bildenden Fäulnisalkaloide (Ptomaïne) und Oxysäuren oder um die Bestimmung der den Nährwert des Fleisches bedingenden Bestandteile, wie Stickstoffsubstanz, Fett, Asche und Wasser, handelt, wird eine chemische Untersuchung notwendig.

Der chemische Nachweis der Fleischfäulnis, die Ermittelung der hierbei auftretenden Oxysäuren, des Indols, Skatols und der Phenole wird nach BAUMANN und HOPPE-SEYLER in folgender Weise geführt:

Etwa 100 gr feinzerhacktes Fleisch werden mit etwa 1 l Wasser angerührt und im Dampfstrom destilliert, bis ungefähr 300 cc Flüssigkeit übergegangen sind.

Das Destillat wird mit Natronlauge bis zur stark alkalischen Reaktion versetzt und nochmals destilliert. Indol giebt sich in diesem Destillat auf Zusatz von salpetrigesäurehaltiger Salpetersäure durch Rotfärbung, Skatol beim Erwärmen mit konzentrierter Salzsäure oder mit Schwefelsäure durch Violett- bezw. Purpurfärbung zu erkennen.

Phenol wird im Rückstand der zweiten Destillation dadurch nachgewiesen, daß man denselben mit Kohlensäure übersättigt,

nochmals destilliert und das Destillat mit MILLONS Reagens
erwärmt. Bei Gegenwart von Phenol tritt Rotfärbung ein.

**Zusammensetzung des Fleisches verschiedener
Schlachttiere, Wild, Geflügel und der Fische.**

In 100 Teilen sind durch-schnittlich enthalten Teile:	Wasser.	Stickstoff-substanz.	Fett.	Mineral-stoffe.
Ochsenfleisch	72,0	18,5	11,5	1,0
Kuhfleisch	75,0	19,0	6,5	1,2
Kalbfleisch	75,0	18,0	5,5	2,3
Hammelfleisch	74,0	18,5	21,0	1,0
Schweinefleisch	65,0	17,5	25,0	0,9
Pferdefleisch	74,5	21,0	2,8	1,1
Hasenfleisch	74,0	23,0	1,2	1,2
Rehfleisch, Hirschfleisch . .	76,0	19,0	2,0	1,1
Hühnerfleisch	72,0	21,0	4,0	1,2
Gans- und Entenfleisch . . .	70,0	22,5	4,0	1,0
a. Fette Fische:				
Salm, Aal, Hering	72,5	12,5	10,5	1,2
Flußaal	—	—	25,0	—
b. Magere Fische:				
Hecht, Schellfisch, Sool, Karpfen	79,0	17,2	1,0	1,3
c. Getrocknete Fische:				
Stockfisch	16,0	76,0	1,0	1,5
Caviar	42,9	31,0	14,5	7,5
Austern	87,0	5,0	1,9	3,0
Hummer	76,5	17,0	1,5	3,5

Fleischkonserven. Hierher gehören alle durch
Räuchern (Wirkung des Kreosots), Einsalzen (Kochsalz,
Salpeter), Abschluß der Luft und durch Austrocknen haltbar gemachten Fleischpräparate, namentlich die Wurstwaren, Fleischextrakte, Fleischpeptone, Fleischpulver
(Fleischmehl) und die Mischungen von Fleischmehl mit
vegetabilischen Nahrungsmitteln (Erbswurst).

Hierher gehören auch die sog. Suppenwürzen (Maggi,
japan. Sago), Bouillontafeln u. s. w., die aus Extrakten

19*

unserer Küchengewürze, Fleischextraktlösungen unter Zusatz von reichlichen Mengen von Kochsalz hergestellt werden.

Fleischextrakt wurde zuerst von LIEBIG und PETTEN-KOFER durch Konzentration von Fleischbrühe dargestellt und wird jetzt hauptsächlich in Südamerika und Australien im Großen gewonnen. Das Fleischextrakt ist verhältnismäßig arm an Stickstoffsubstanzen und an Fett, es ist deshalb kein Nahrungsmittel, wohl aber durch seinen Gehalt an angenehm schmeckenden Stoffen ein vorzügliches Genußmittel, welches die Verdauung und die Herzthätigkeit günstig beeinflußt.

Fleischpepton ist durch Fermente (Pepsin, Pankreatin, Papayotin) oder durch Wasser unter Druck unter Zusatz von sehr verdünnten Säuren oder Alkalien in lösliche Form übergeführtes Fleisch.

Fleischpulver (Fleischmehl). Dasselbe wird durch Austrocknen und Pulvern des entfetteten und gesalzenen Ochsen- und Rindfleisches gewonnen. Das Fleischmehl stellt ein hellbraunes, gleichmäßiges Pulver dar, welches den angenehmen Geruch und Geschmack des gebratenen Rindfleisches zeigt.

Büchsenfleisch (Corned Beef) wird durch Erhitzen von Fleisch im Wasserbad, Kochsalz- oder Chlorcalciumbad auf 100—110⁰ C. in Blechbüchsen, die dann sofort zugelötet werden, haltbar gemacht, oder aber auch durch Einpökeln von Fleisch bereitet.

Die **Untersuchung** der Fleischkonserven umfaßt die Feststellung der äußeren Beschaffenheit in Bezug auf Farbe, Geruch und Geschmack, die Bestimmung des Wasser-, Stickstoff-, Fett- und des Aschegehalts, sowie der fremden Zusätze, Konservierungsmittel und der Farbstoffe.

Zu berücksichtigen sind dabei ebenfalls etwaige metallische Verunreinigungen, welche aus den Blechbüchsen bezw. dem Lot der Konservenbüchsen in das Fleisch gelangen können.

Die Untersuchung des Fleischextraktes erstreckt sich auf folgende Bestimmungen:

1. **Wassergehalt.** 2—5 gr Fleischextrakt werden bei 100⁰ C. etwa 12 Stunden lang bis zum konstanten Gewicht getrocknet.

2. Der **Stickstoffgehalt** wird aus etwa 1 gr der Trockensubstanz des Extraktes nach KJELDAHL bestimmt.

3. **Alkoholextrakt.** 2 gr Fleischextrakt werden in einem Becherglas in 90 cc Wasser gelöst und dann mit 50 cc Alkohol (93 Volumprozent) versetzt, wobei ein starker Niederschlag entsteht. Die darüberstehende weingeistige Lösung wird abfiltriert, der Niederschlag wird zweimal mit je 50 cc 80 ^{0}/oigen Alkohols ausgewaschen, das Filtrat auf 200 cc verdünnt und davon ein aliquoter Teil zur Trockne verdampft und 6 Stunden bei 100^0 C. getrocknet.

4. **Fettbestimmung.** Durch Extrahieren von etwa 4—5 gr Trockensubstanz des Fleischextraktes nach der bei der Milch beschriebenen Methode.

5. **Mineralstoffe.** Durch Einäschern des bei der Wasserbestimmung erhaltenen Trockenrückstandes.

6. **Phosphorsäure** nach der Molybdänmethode aus einem Teil der Asche, welche durch Eintrocknen und Glühen des Extraktes mit Natriumkarbonat hergestellt wird.

7. **Chlor (Chlornatrium).** Aus einem Teil der zur Phosphorsäurebestimmung hergestellten Asche mittelst Silbernitrats.

Durchschnittliche Zusammensetzung verschiedener Fleischkonserven.

In 100 Gramm sind enthalten Gramme:	Wasser.	Stickstoff.	Organische Substanz.	Alkohol-Extrakt.	Fett.	Mineral-stoffe.	Phosphor-säure.
Fleischextrakt.							
von Liebig	22,40	7,40	60,10	59,90	—	17,45	—
Buschenthal	16,90	—	63,70	69,10	—	19,40	—
Kemmerich	16,20	8,95	63,20	70,30	—	20,60	—
Cibils (flüssig)	64,90	2,10	16,00	—	—	19,40	—
Exportbank Berlin	28,30	8,20	56,50	38,20	—	16,60	—
Büchsenfleisch.		Eiweiß-stoffe.					
Amerikanisches	55,50	29,10	—	—	11,60	3,60	—
Australisches	59,97	23,15	—	—	15,73	1,15	—
Deutsches, mageres	65,44	27,33·	—	—	4,59	2,64	—
» fettes	68,30	21,64	—	—	7,37	2,69	—

In 100 Gramm sind enthalten Gramme:	Wasser.	Stickstoff.	Organische Substanz.	Alkohol-Extrakt.	Fett.	Mineral-stoffe.	Phosphor-säure.
Fleischmehl.			Elweiß-stoffe.				
Exportbank Berlin .	14,38	10,45	76,80	—	8,80	6,50	2,10
Schnurr & Groß, Karlsruhe. Von gemästeten Ochsen	7,93	12,01	68,98	—	10,32	12,72	1,69
Von mageren Ochsen	7,00	12,18	68,80	—	10,50	13,70	1,65

Wurstwaren. Unter Wurstwaren versteht man die aus dem zerkleinerten Fleisch unserer Schlachttiere, sowie aus Fett, Speck und aus den sog. Schlachtabfällen, Leber, Lunge, Knorpeln und Blut unter Zusatz von verschiedenen Gewürzen, wie Pfeffer, Koriander, Zimmt, Muskatnuß, Majoran, Zwiebel, Knoblauch und Kochsalz, hergestellten Nahrungsmittel.

Dieselben enthalten durchschnittlich:

    Wasser . . . .   20—50%
    Stickstoffsubstanzen 10—20 »
    Fett . . .   10—40 »
    Mineralstoffe . .   2—6 » je nach der

Menge des zugesetzten Kochsalzes.

Der Nährwert der Wurstwaren hängt von der Menge und von der Beschaffenheit des zur Herstellung derselben verwendeten Materials ab. Durch Verarbeitung von gesundem Fleisch und von normalen Schlachtabfällen wird unter Zusatz der entsprechenden Gewürze ein schmackhaftes Nahrungsmittel erhalten, welchem der Nährwert dieser tierischen Produkte zukommt.

Um die Würste vor dem Verderben zu schützen, werden dieselben geräuchert.

Zusätze von Salpeter und sonstigen Konservierungsmitteln sind verwerflich.

Ebenso unstatthaft ist der Zusatz von Stärkemehl (Getreide-, Kartoffel- oder Leguminosenmehl) zum Wurstfüllsel.

Mit dem Zusatz von Stärkemehl, auch von Brot (Semmeln) zum Wurstfüllsel soll einesteils bezweckt werden,

Fleisch, welches sich zur Wurstfabrikation nicht eignet, welches zu trocken ist, um für sich ein dichtes, zusammenhängendes Wurstfüllsel zu liefern, verwendbar zu machen, indem die Fleischteilchen durch die beim Kochen solcher Würste erfolgende Kleisterbildung gebunden werden, was bei der Benutzung von gutem Fleisch durch die entstehende Gallerte bewirkt wird; andernteils wird aber auch damit die Bindung einer größeren Menge Wassers in die Wurst beabsichtigt.

Die Veränderungen und Nachteile, welche die Wurstfüllsel durch den Zusatz von Stärkemehl erleidet, bestehen in folgendem:

1. Die Stärke selbst hat einen geringeren Nährwert und daher auch einen geringeren Preis als reines Fleisch und tierisches Fett. Dabei ist namentlich zu berücksichtigen, daß besonders die ärmeren Volksklassen Wurst als Fleischnahrung genießen. Der Käufer wird, wenn er stärkemehlhaltige Wurst als reine Fleischwurst erhält, übervorteilt. Es ist dies um so mehr der Fall, als

2. die Stärke eine große Menge Wasser, bis zu ihrem 40fachen Volum, unter Bildung von Stärkekleister zu binden vermag, so daß die Wurst trotz des erhöhten Wassergehaltes äußerlich als normal erscheinen kann.

3. Die leichte Zersetzbarkeit, das rasche Sauerwerden des Stärkekleisters wird auf das Wurstfüllsel übertragen, so daß die stärkemehlhaltige Wurst rascher verdirbt als stärkemehlfreie.

Diese Nachteile sind so schwerwiegend, daß ein Stärkemehlzusatz als durchaus unstatthaft bezeichnet werden muß. Die geringwertige Beschaffenheit der Wurst wird durch jeden Stärkemehlzusatz hervorgebracht, die Nachteile sind nicht etwa bedingt durch einen Zusatz, der eine bestimmte Grenze überschreitet. In keinem Lande ist eine solche Grenze gesetzlich vorgeschrieben, überall hat man den Stärkemehlzusatz zum Wurstfüllsel ganz verboten, oder man hat ihn unter der Bedingung gestattet, daß dem Käufer die betreffende Wurst ausdrücklich »als mit Stärke versetzt« bezeichnet wird.

Wenn auch der Stärkemehlzusatz nicht direkt als gesundheitsschädlich bezeichnet werden kann, so ist der Konsument von stärkemehlhaltiger Wurst, die rascher verdirbt als reine Fleischwurst, viel eher der Gefahr ausgesetzt, verdorbene Ware zu genießen.

Auf Grund umfangreicher, von uns ausgeführter Untersuchungen, die ergeben haben, daß die Metzger und Wurstler gute normale Wurstwaren ohne Zusatz von Stärkemehl, dem sog. Bindemittel, herstellen können, sowie auf Grund von eingehenden Erhebungen in anderen deutschen Bundesstaaten, hat das Großh. Bad. Ministerium des Innern den Metzgergenossenschaften durch die Polizei mitgeteilt, daß ein Stärkemehl-

zusatz zur Wurstmasse verboten sei, wenn die Ware einfach unter
der Bezeichnung »Wurst« in den Handel gebracht wird. Nach
einem Erlaß des Großh. Ministeriums der Justiz, des Kultus und
Unterrichts vom 26. April 1881 wird jeder Stärkemehlzusatz zur
Wurst als unstatthaft erklärt und werden sämtliche Staatsan-
waltschaften angewiesen, vorkommenden Falls, insofern nicht schon
der Thatbestand des § 263 des St.-G.-B. vorliegen sollte, die That
als Nachahmung, beziehungsweise Fälschung im Sinne der §§ 10
und 11 des Nahrungsmittelgesetzes vom 14. Mai 1879 gerichtlich
zu verfolgen.

Die Untersuchung der Wurstwaren.

Probeentnahme: Von den abgeteilten Wurstwaren sind je
nach der Größe 1 oder 2 Stücke, von Anschnittwaren mindestens
100 gr am besten in Pergamentpapier verpackt einzusenden.

Qualitativer Nachweis von fremder Stärke (hauptsächlich Getreidemehl, Kartoffelmehl oder Brot [Semmel]):

Ein Teil der Wurst wird von der Hülle (Haut) befreit, in kleine Stückchen zerschnitten, mit Wasser angerührt und aufgekocht. Nach dem Erkalten der breiigen
Masse wird dieselbe mit einer Lösung von Jod in Jodkalium und Wasser versetzt. Tritt hierbei Blaufärbung
ein, so kann dieselbe durch einen Gehalt der Wurst an
fremder Stärke oder aber auch durch die dem Wurstfüllsel
zugesetzte Gewürzstärke (Pfefferstärke) bedingt sein. Im
ersteren Falle ist die Färbung intensiv blau, während die
Färbung durch Pfefferstärke bläulichgrün ist.

Die **mikroskopische Prüfung,** welche beim Eintritt
einer Blaufärbung stets ausgeführt werden muß, giebt
sicheren Aufschluß über die Art der vorhandenen Stärke.

Bei dieser Prüfung hat man sich stets zu versichern,
ob das zur Wurstbereitung verwendete Gewürz rein und
nicht etwa mit Stärkemehl gefälscht ist.

Die **Quantität der Stärke,** welche der Wurstmasse zugesetzt ist,
wird bestimmt, indem man die in der getrockneten und entfetteten
Wurstmasse zurückbleibende Stärke durch Erhitzen mit Wasser
bei 3 Atmosphären Druck im Dampftopf oder in REISCHAUER-
LINTNER'schen Druckfläschchen bei 108—110° C. im Glycerinbade
oder durch Diastase in Zucker umwandelt und aus der gefundenen
Zuckermenge die Stärke berechnet.

Die gefundene Dextrosenmenge mit 0,9 multipliziert, ergiebt
die entsprechende Menge Stärke.

Dieses Verfahren ist nicht ohne Schwierigkeit ausführbar
und giebt oft nur annähernd richtige Resultate.

Einfacher ist das Verfahren von J. MAYRHOFER*). Dasselbe beruht darauf, daß Stärke in alkoholischer Kalilauge unlöslich ist, während Zucker, Eiweiß und Fett gelöst werden.

10—20 gr Wurst, je nach dem Stärkemehlgehalt, werden in dünnen Schnitten in einem Becherglas oder in einer tiefen Porzellanschale mit 50 cc 8 %iger Kalilauge übergossen, das Gefäß mit einem Uhrglas bedeckt und auf ein kochendes Wasserbad gesetzt; die Wurstmasse ist in kurzer Zeit aufgelöst, die Lösung kann durch Zerdrücken der Masse mit einem Glasstabe beschleunigt werden. Man verdünnt nun mit heißem 50 %igem Alkohol, läßt absitzen und filtriert (am besten durch Asbestfilterröhrchen), wäscht noch zweimal mit heißer alkoholischer Kalilauge und schließlich mit Alkohol nach, bis das Filtrat auf Zusatz von Säure vollkommen klar bleibt und nicht mehr alkalisch reagiert. Sodann giebt man das Filter in das ursprüngliche Gefäß zurück und erwärmt mit etwa 60 cc Normalalkalilauge unter öfterem Umschütteln eine halbe Stunde auf dem Wasserbad. Bei sehr mehlreichen Würsten wendet man stärkere Lauge an, um eine vollkommene Lösung zu erzielen.

Nach dem Erkalten säuert man mit Essigsäure an und bringt das Volum auf 100 cc, wobei man den durch das Filter veranlaßten Fehler vernachlässigt; man filtriert und fällt in einem aliquoten Teil die Stärke mit Alkohol aus. Der entstandene Niederschlag wird auf einem gewogenen Filter gesammelt und so lange mit 50 %igem Alkohol gewaschen, bis das Filtrat beim Verdampfen auf einem Uhrglas einen Rückstand nicht mehr hinterläßt. Man verdrängt schließlich den Alkohol mit absolutem und diesen mit Äther und trocknet bei 100° C. bis zum gleichbleibenden Gewichte.

Die Ausfällung der Stärke ist vollkommen, wenn zur wässerigen Lösung eine gleiche Menge 95 %igen Alkohols zugegeben wird.

Nachweis von Konservierungsmitteln (Borsäure, Borax und schwefligsauren Salzen).

Borsäure. Man entfettet eine hinreichende Menge von Fleisch- oder Wurstwaren mittelst Petroläther und extrahiert die entfettete Masse mit heißem Wasser.

Einen Teil des Filtrats versetzt man mit Natriumkarbonatlösung, dampft zur Trockne ein und verascht. Den Rückstand löst man in Salzsäure und legt einen Streifen Curcumapapier in die saure Lösung. Bei Gegenwart von Borsäure färbt sich das Curcumapapier nach dem Trocknen über einer Bunsenflamme kirschrot bis rotbraun.

---

*) Forschungsberichte über Lebensmittel 1896.

Borsäurehaltige Konservierungsmittel können auch in folgender Weise nachgewiesen werden: Man kocht etwa 50—100 gr der Fleisch- oder Wurstwaren mit Wasser auf, filtriert und dampft das Filtrat bis zur dünnen Syrupkonsistenz ein. Den Rückstand überschichtet man mit Alkohol in einer Porzellanschale und läßt vom Rande der Schale konzentrierte Schwefelsäure zufließen. Die sich entwickelnden Alkoholdämpfe brennen nach dem Anzünden beim Vorhandensein von Borsäure mit grüngesäumter Flamme.

Zur quantitativen Bestimmung der Borsäure dampft man die aus dem Fleische durch Extraktion mit Wasser erhaltene Lösung von Borsäure durch Zusatz von Natriumkarbonat ein und verascht. Die Asche wird nach Rosenbladt*) und Gooch**) mit wenig Wasser versetzt, mit Salpetersäure (spez. Gew. 1,18) neutralisiert und nach Zusatz von weiteren 2 cc Salpetersäure auf 50 cc aufgefüllt. Hiervon giebt man 20 cc in ein Fraktionierkölbchen, dessen Hals mit einem durchbohrten Stopfen versehen ist, durch dessen Bohrung ein mit Methylalkohol beschickter Scheidetrichter führt. Das Kölbchen verbindet man mit einem Liebig'schen Kühler, dessen Röhre in eine 27 %ige wässerige Ammoniaklösung taucht. Man erhitzt nun das Kölbchen im Öl- oder Glycerinbade auf 120° C. und läßt aus dem Scheidetrichter zuerst tropfenweise, dann 1—2 cc auf einmal Methylalkohol zufließen. Nachdem 15 cc Methylalkohol zugeflossen sind, destilliert man bis zur Trockne und wiederholt die Destillation mit 15 cc Methylalkohol so lange, bis eine Probe des Destillats nach dem Ansäuern mit Salzsäure keine Borsäurereaktion mehr giebt. Hierauf läßt man noch 3 cc Wasser in das Kölbchen fließen und destilliert nochmals zur Trockne.

Die in der Vorlage gesammelte ammoniakalische Flüssigkeit wird in eine Platinschale, die mit einer gewogenen Menge (0,5 gr) frisch geglühtem Ätzkalk beschickt ist, übergeführt, zur Trockne verdampft, bei 160° C. getrocknet und vorsichtig bis zum gleichbleibenden Gewichte geglüht.

Da der beim Glühen hinterbleibende borsaure Kalk die Formel $B_2O_3 \cdot CaO$ hat, so ergiebt sich aus der Gewichtszunahme des geglühten Ätzkalkes die Menge Borsäureanhydrid, welche in der angewendeten Flüssigkeit enthalten war.

Schwefligsaure Salze. Eine genügende Menge Fleisch oder Wurst wird mit Wasser nach dem Ansäuern mit Phosphorsäure in vorgelegtes Jod- oder Bromwasser destilliert. Durch die Bestimmung der gebildeten Schwefel-

---

*) Zeitschr. f. analyt. Chemie, Bd. 26, S. 18.
**) Analyst 1887, Bd. 12, S. 92 u. 132.

säure erfährt man die Menge der im Fleische vorhandenen schwefligen Säure.

Nachweis von fremden Farbstoffen in Fleisch- und in Wurstwaren.

Um mißfarbigem Fleisch oder aus solchem Fleische hergestellten Wurstwaren ein besseres Aussehen zu verleihen, werden von fremden Farbstoffen namentlich Karmin und Teerfarbstoffe (Fuchsin und Azofarbstoffe) verwendet. Teerfarbstoffe gehen bei der Extraktion mit Alkohol in diesen über und färben die Lösung rot. Beim Kochen der Lösung mit 10 cc einer 10%igen Kaliumbisulfatlösung, in die man einen Wollfaden gelegt hat, färbt sich derselbe bei der Gegenwart eines Teerfarbstoffes rot. Karmin extrahiert man durch Alkohol oder nach H. Bremer durch eine schwach angesäuerte Mischung von gleichen Teilen Glycerin und Wasser. Auf Zusatz von Ammoniak wird die Lösung karmoisinrot, das Karmin läßt sich nach vorherigem Zusatz von wenig Alaunlösung mit Ammoniak als Lack fällen.

Die Fleischschau.

Allgemein gültige Vorschriften, die Fleischschau betreffend, bestehen zur Zeit noch nicht, doch dürfte eine Regelung dieser wichtigen Frage auf reichsgesetzlichem Wege in Bälde zu erwarten sein. Es mögen deshalb hier die in Baden bestehenden diesbezüglichen Verordnungen, welche von denen der übrigen Bundesstaaten wesentlich nicht verschieden sind, Platz finden.

Die Fleischschau betreffende Verordnung vom 26. November 1878.

§ 1. Jede Gemeinde hat zur Besichtigung des der Schau unterworfenen Schlachtviehs, sowie der zum Verkauf ausgesetzten Fleischwaren die nötige Anzahl von Fleischbeschauern aufzustellen.

§ 2. Als Fleischbeschauer kann außer einem Tierarzte auch derjenige aufgestellt werden, der sich durch ein Zeugnis des Bezirkstierarztes über den Besitz der zur Besorgung der Fleischbeschau erforderlichen Kenntnisse ausweist.

In Gemeinden, in welchen ein Tierarzt wohnt, kann nur mit Genehmigung des Ministeriums des Innern ein Sachverständiger, der nicht Tierarzt ist, als Fleischbeschauer aufgestellt werden.

Eine Dienstweisung, auf deren Beachtung jeder Fleischbeschauer bezirksamtlich zu verpflichten ist, wird dessen Obliegenheiten näher bezeichnen.

§ 3. Die Belohnung des Fleischbeschauers hat unmittelbar aus der Gemeindekasse zu geschehen.

Der Gemeinde ist überlassen, für jedes der Beschau unterstellte Schlachttier von dessen Besitzer eine Gebühr zu erheben. Die Bestimmung der Größe dieser Gebühr unterliegt der Genehmigung des Bezirksamtes.

§ 4. Nachgenannte Tiere, die zum Verkauf ihres Fleisches als Nahrungsmittel für Menschen geschlachtet werden sollen, müssen sowohl vor als nach der Schlachtung der Besichtigung des Fleischbeschauers unterstellt werden:

1. Rindvieh, einschließlich der Kälber,
2. Pferde jedes Alters,
3. Schafe,
4. Ziegen,
5. Schweine.

Zu diesem Zwecke muß die beabsichtigte Schlachtung einige Stunden vorher dem Fleischbeschauer angezeigt werden.

Nur in Notfällen darf die Stellung zur Schau vor der Schlachtung unterlassen werden.

§ 5. Bei krankem Schlachtvieh muß die zweite Besichtigung durch einen Tierarzt vorgenommen werden. Diese Bestimmung findet keine Anwendung auf krankes Kleinvieh und auf Schlachttiere, welche wegen Aufblähung infolge der Grünfütterung, wegen drohender Erstickung, Zufällen während der Geburt oder Vorfall der Gebärmutter oder wegen einer erlittenen äußerlichen Verletzung binnen der ersten 12 Stunden nach der Beschädigung geschlachtet wurden.

§ 6. Verdorbenes, der Gesundheit schädliches Fleisch (§ 10) und Fleisch, welches von dem Fleischbeschauer als ungenießbar bezeichnet wird, darf zum Genusse weder feilgeboten noch verkauft werden.

Als verdorben oder der Gesundheit schädlich ist namentlich zu behandeln:

1. Übelriechendes, bereits in Fäulnis übergegangenes Fleisch;
2. Fleisch, welches von gehetzten oder umgestandenen Tieren herrührt;
3. Fleisch von Tieren, die an Milzbrand, Wut, Rotz, Wurm, ausgebreiteter Lungen- und Perlsucht, an Trichinen, Finnen oder an einer in Entmischung und Zersetzung der Säfte bestehenden Krankheit gelitten haben.

§ 7. Der Besitzer des vom Fleischbeschauer als ungenießbar bezeichneten Fleisches kann, wenn er sich hierüber nicht beruhigen will, den endgültigen Ausspruch des Bezirkstierarztes einholen.

Im Falle der Bezirkstierarzt selbst die Fleischbeschau besorgt, kann der endgültige Ausspruch des Bezirksarztes angerufen werden.

§ 8. Wer den Verkauf von Fleisch oder Fleischwaren gewerbsmäßig oder an öffentlichen Orten betreibt, ist verbunden, dem Fleischbeschauer auf Verlangen jederzeit den gesamten Vorrat zur Beschau zu unterstellen.

§ 9. Die Ortspolizei hat dafür zu sorgen, daß Fleisch oder Fleischwaren, welche als ungenießbar bezeichnet oder als verdorben oder der Gesundheit schädlich befunden worden sind, nicht fernerhin als Genußmittel zum Verkauf gebracht werden. (§ 305 des P.-St.-G.)

§ 10. Pferdefleisch, welches zum Verkauf ausgesetzt wird, darf ausdrücklich nur als Pferdefleisch und nur in Fleischbänken, in welchen anderes Fleisch nicht zum Verkauf ausgesetzt ist, feilgeboten werden.

§ 11. Der Bestimmung der Ortspolizei ist überlassen, den Verkauf des Fleisches kranker Tiere, welches jedoch noch genießbar ist, sowie des weniger schmack- und nahrhaften Fleisches (des sog. nichtbankwürdigen Fleisches) in Fleischbänken zu beschränken oder, sofern besondere Verkaufsstellen von der Ortspolizei für solches Fleisch bestimmt, ganz zu verbieten.

Nichtbankwürdig ist das Fleisch:
1. von verunglückten Tieren, welche nicht unverzüglich nach dem Unfall geschlachtet werden,
2. von alten und abgemagerten Pferden,
3. von Kälbern, die nicht 14 Tage alt sind,
4. von kranken Tieren, soweit solches Fleisch überhaupt verkauft werden darf,
5. das von dem Fleischbeschauer als ungeeignet für den unbeschränkten Verkauf in Fleischbänken bezeichnete Fleisch.

§ 12. Durch ortspolizeiliche Vorschrift kann die nochmalige Beschau alles in die Gemeinde von auswärts eingebrachten Fleisches angeordnet werden.

§ 13. Durch ortspolizeiliche Vorschrift kann angeordnet werden, daß Schweinefleisch in Fleischbänken, Verkaufslokalitäten, auf Märkten oder auf anderen öffentlichen Orten nicht feilgehalten oder verkauft werden darf, bevor es einer mikroskopischen Untersuchung auf Trichinen unterzogen worden ist.

§ 14. Diese Verordnung tritt am 1. Januar k. J. in Kraft.

Dienstweisung für die Fleischbeschauer.

§ 1. Wer, ohne Tierarzt zu sein, als Fleischbeschauer bestellt werden will, muß sich durch ein Zeugnis des Bezirkstierarztes über den Besitz folgender Kenntnisse ausweisen:
1. Kenntnis der einschlagenden Gesetze, Verordnungen und Instruktionen;
2. Kenntnis der einzelnen Körperteile der Schlachttiere und ihrer Benennung;
3. Kenntnis der Gesundheitszeichen der Schlachttiere im lebenden und geschlachteten Zustande;
4. Kenntnis der hauptsächlichen Merkmale kranker Schlachttiere im lebenden und toten Zustande und der Merkmale der verdorbenen Fleischwaren;
5. Kenntnis der Zeichen der wichtigeren ansteckenden Tierkrankheiten, insbesondere der Tollwut, der Rotz- und Wurmkrankheit, des Milzbrandes, der Rinderpest, der Lungenseuche, der Maul- und Klauenseuche und der Schafräude.

Die Bestellung als Fleischbeschauer muß von dem Bezirksamte nach Benehmen mit dem Bezirkstierarzte genehmigt werden.

§ 2. Nur solches Schlachtvieh und solches Fleisch untersteht der Fleischbeschau, welches zum Verkauf als Nahrungsmittel für Menschen bestimmt ist, gleichviel ob das Fleisch roh, gekocht oder auf sonstige Weise zubereitet oder mit andern Stoffen gemengt ist.

§ 3. Die Fleischbeschau zerfällt in die ordentliche, das ist jene, welche auf Anzeige des Schlächters gemäß § 9 der Verordnung vom 26. November d. J. vorgenommen wird, und in die außerordentliche, das ist jene, welche ohne Aufforderung und Vorwissen des Schlächters oder Fleischverkäufers auf den Grund des § 8 der genannten Verordnung angestellt wird.

§ 4. Zur Vornahme der ordentlichen Fleischbeschau hat der Fleischbeschauer sich auf die ihm zugehende Anzeige seitens des Schlächters so zeitig in dessen Schlachtlokal zu begeben, daß die beabsichtigte Schlachtung nicht aufgehalten wird.

§ 5. Die Tiere, welche der ordentlichen Fleischbeschau unterstehen (vergl. § 4 der Verordnung vom 26. November d. J.), muß der Fleischbeschauer sowohl vor der Schlachtung im lebenden Zustande (äußere Beschau), als auch nach dem Schlachten bezüglich der Eingeweide und des Fleisches einer genauen Untersuchung unterstellten (innere Beschau).

§ 6. Die Stellung des Schlachttieres zur ordentlichen Schau im lebenden Zustande darf nur in Notfällen, d. h. dann unterbleiben, wenn das Tier zufällig in eine Lage geraten ist, in welches ohne augenblickliche Schlachtung dessen Fleisch nicht mehr als Nahrungsmittel für Menschen verkauft werden könnte, z. B. bei Verwundungen, Knochenbrüchen, plötzlichem Aufblähen, bei drohender Erstickung, bei Zufällen während der Geburt und bei Vorfall oder Umstülpung des Tragsackes.

§ 7. Bei kranken Schlachttieren muß gemäß § 5 der Verordnung vom 26. November l. J. die zweite Beschau in der Regel von einem Tierarzte vorgenommen werden.

§ 8. Der außerordentlichen Fleischbeschau untersteht sämtliches Fleisch, sowie alle Fleischwaren, welche sich in den Schlacht- und Verkaufslokalitäten der Metzger, Wurstler und sonstiger gewerbsmäßiger Fleischwarenverkäufer vorfinden oder auf Märkten, in Freibänken oder an anderen öffentlichen Orten feilgeboten werden.

Die außerordentliche Fleischbeschau ist unvermutet und so oft vorzunehmen, als es die örtlichen Verhältnisse verlangen.

§ 9. Das zum Verkauf als Nahrungsmittel für Menschen bestimmte Fleisch kann entweder genießbar und deswegen zum Verkauf zulässig oder ungenießbar und deswegen zum Verkauf unzulässig befunden werden. Ungenießbar ist das durch § 6 der Verordnung vom 26. November l. J. als verdorben, der Gesundheit schädlich bezeichnete Fleisch und das Fleisch, das vom Fleischbeschauer nach der Dienstweisung des § 16 für ungenießbar erklärt wird.

§ 10. Das zum Verkauf zulässige Fleisch kann infolge besonderer auf Grund des § 11 der Verordnung vom 26. Novbr. dieses Jahres erlassener ortspolizeilicher Vorschrift selbst wieder in bankwürdiges, d. h. zum Verkauf in den Fleischbänken geeignetes, und in nichtbankwürdiges Fleisch zerfallen. Das nichtbankwürdige Fleisch darf nur unter den ortspolizeilichen vorgeschriebenen Beschränkungen zum Verkauf zugelassen werden. Wo ortspolizeiliche Vorschriften diesen Unterschied aufstellen, gelten hierfür die in §§ 11—15 gegebenen Merkmale als Anleitung.

§ 11. Als bankwürdig ist alles von gesunden Schlachttieren kommende Fleisch zu betrachten, welches ordnungsmäßig geschlachtet und noch frisch (unverdorben, von Fäulnis nicht angegangen) ist. Dasselbe muß je nach der Tiergattung, von der es stammt, die eigentümliche Fleischfarbe und den entsprechenden Geruch besitzen.

§ 12. Fleisch von solchen Tieren, welche bisher gesund und in schlachtfähigem (zur Verwertung als Schlachtvieh geeignetem) Zustande befunden, jedoch durch Zufälle der in § 6 erwähnten Art Schaden genommen haben, ist als bankwürdig zu betrachten, wenn die Tiere ohne Verzug nach dem Schaden, der sie betroffen, ordnungsmäßig ausgeschlachtet worden sind und das Fleisch die in § 11 angegebenen Eigenschaften zeigt.

§ 13. Krankhafte Veränderungen von geringer örtlicher Ausdehnung, bei denen das Wohlbefinden der Tiere nicht wesentlich gelitten hat, namentlich ihre Anmästung nicht weiter gestört worden ist, schließen, soweit nicht die §§ 15 und 16 Anwendung finden, die Bankwürdigkeit des Fleisches nicht aus, wenn solches nur sonst von guter Beschaffenheit ist. Die einzelnen Teile, in welchen sich solche kleine Schäden und Entartungen vorfinden, sind jedoch sorgfältig auszuscheiden und sofort vertilgen zu lassen.

§ 14. Kalbfleisch, welches als bankwürdig erachtet werden soll, darf nicht von zu geringen und nicht unter 14 Tage alten Kälbern herstammen.

§ 15. Nicht bankwürdig, aber doch genießbar ist das Fleisch:
1. von verunglückten Tieren (§ 6), welche nicht unverzüglich nach dem Unfall, jedoch (je nach der Wärme der Witterung) längstens 6—12 Stunden nachher in fieberlosem Zustande geschlachtet worden sind;
2. von Tieren, welche durch Blitz getötet worden sind und alsbald ausgehauen werden;
3. von alten, abgemagerten Pferden;
4. von Kälbern, die nicht 6 Schneidezähne besitzen oder deren Fleisch mager, von welker Beschaffenheit und von verwaschen rötlicher Farbe ist, oder deren Mark in den Knochen sehr blutreich erscheint;
5. von kranken Tieren, wenn die Krankheit ihrer Art nach den Fleischgenuß nicht unbedingt ausschließt (§ 16), erst im Be-

ginn gewesen und weder Fieber, noch ausgedehnte Vereiterung noch Blutzersetzung zur Folge hatte, oder sich nur auf einzelne, vom Genuß ausschließende Teile beschränkt.

§ 16. Als ungenießbar und darum für den Verkauf unzulässig ist das Fleisch anzusehen:

1. wenn es blaß oder wässerig oder dunkel und gründlich gefärbt und schmierig ist oder übel riecht;

2. wenn das Fett weder weiß, noch gelblich, sondern grünlich oder sonst mißfarbig ist, wenn dasselbe insbesondere seine Dichtigkeit verloren und sulzig geworden ist;

3. wenn das hellgelbe unter der Haut oder zwischen dem Fleische oder dasjenige der Eingeweide wässerige, blutige oder sulzige Ergießungen in erheblicher Ausdehnung wahrnehmen läßt;

4. wenn das Blut nicht geronnen, dick und schwarz oder dünn und blaß ist;

5. wenn das Fleisch von gehetzen oder umgestandenen Tieren stammt;

6. wenn es von Tieren herrührt, welche an Tollwut, Milzbrand, Rotz und Wurm litten, oder einer dieser Krankheit verdächtig gewesen sind;

7. ebenso das Fleisch von Tieren, welche an ausgebreiteter Lungen- und Perlsucht gelitten haben;

8. wenn das Fleisch von Tieren herkommt, welche in hohem Grade oder längere Zeit krank gewesen waren, so daß Fieber, Zehrfieber, Zersetzung des Blutes und der Säfte, Erguß von Flüssigkeiten in die Körperhöhlen oder brandige Zerstörung von Eingeweiden erfolgten, oder Geschwüre und Eiterbeulen sich in verschiedenen Körperteilen gebildet haben;

9. das Fleisch von Tieren, welche an Vergiftung zu Grunde gingen; endlich

10. Fleischstücke und Eingeweide, welche mit Trichinen, Finnen, Quesen oder Hülsenwurmblasen (sog. Wasserblasen) durchsetzt sind.

§ 17. Findet der Fleischbeschauer bei der ordentlichen Fleischbeschau Fleisch, welches er nach obigen Vorschriften als ungenießbar und darum zum Verkauf als Nahrungsmittel für Menschen als unzulässig erachtet, so hat er dies dem Besitzer zu eröffnen und mit dem Fleische im Beisein des Fleischbeschauers sofort eine solche Veränderung vornehmen zu lassen, daß ein Verkauf zum menschlichen Genusse unmöglich wird.

Alle Teile eines Schlachttieres, welche Eingeweidewürmer irgend einer Art oder Entwickelungsstufe enthalten, sind durch mehrstündiges Auskochen oder durch Verbrennen unschädlich zu machen.

Die unter polizeilicher Aufsicht ausgekochten Teile eines Schlachttieres können zu technischen Zwecken verwendet werden.

Wo das Auskochen oder Verbrennen nicht polizeilich überwacht werden kann, sind solche Teile eines Schlachttieres in Chlorkalk zu werfen oder mit Teer oder mit Steinöl (Petroleum) zu übergießen und dann zu vergraben.

Ebenso ist mit dem Fleische milzbrandkranker Tiere zu verfahren.

§ 18. Fleisch oder Fleischwaren, welche bei der außerordentlichen Fleischbeschau als ungenießbar befunden werden, hat der Fleischbeschauer sofort mit Beschlag zu belegen und der Ortspolizeibehörde zur weiteren Amtshandlung (§ 17) zur Verfügung zu stellen. Außerdem ist, wie das Fleisch als verdorben und gesundheitsschädlich zu betrachten und demnach das Feilhalten schon nach §§ 6 und 9 der Verordnung vom 26. November d. J. untersagt ist, der Ortspolizeibehörde zur Bestrafung Anzeige zu machen.

§ 19. Wo bezüglich des Fleischverkaufs durch ortspolizeiliche Vorschrift ein Unterschied zwischen bankwürdigem und nichtbankwürdigem Fleisch eingeführt ist, darf Fleisch, welches bei der ordentlichen oder außerordentlichen Fleischbeschau als genießbar, aber nicht als bankwürdig befunden wird, nur mit den ortspolizeilichen vorgeschriebenen Beschränkungen zum Verkaufe ausgesetzt werden.

Zuwiderhandlungen gegen diese Bestimmungen und gegen diejenigen über den Verkauf von Pferdefleisch (§ 10 der Verordnung vom 26. Novbr. d. J.) sind behufs der Bestrafung der Polizeibehörde anzuzeigen.

§ 20. Der Fleischbeschauer hat bei allen seinen Besichtigungen zugleich darüber zu wachen, daß die landes- und ortspolizeilichen Vorschriften über Einrichtungen und Reinlichkeit in den Schlachthäusern, Fleischbänken und Verkaufslokalitäten geachtet und Mißstände in dieser Beziehung beseitigt werden, nötigenfalls aber dieselben der Ortspolizeibehörde anzuzeigen.

Ebenso hat der Fleischbeschauer der Ortspolizeibehörde Anzeige zu erstatten, wenn ihm der Ausbruch einer ansteckenden Tierkrankheit oder ein Vergehen der zum Schutze gegen ansteckende Tierkrankheiten bestehenden Verordnungen zur Kenntnis gelangt.

§ 21. Jeder Fleischbeschauer hat ein Tagebuch zu führen, in welches er laut Verordnung das Alter und das Geschlecht jedes besichtigten Schlachttieres, den Befund an demselben, das Gutachten hierüber, sowie die Zeit der Schlachtung einzutragen hat. Jeder Eintrag ist mit einer fortlaufenden Nummer zu versehen, welche gleichlautend auf dem etwa auszustellenden Schauschein zu verzeichnen ist.

Am Schlusse jedes Vierteljahres ist ein Auszug aus dem Tagebuch dem Bezirkstierarzte vorzulegen.

Der Auszug, welchen auch der Bezirkstierarzt, welcher die Fleischbeschau selbst ausübt, zu fertigen hat, ist den Akten des Bezirkstierarztes über Fleischbeschau einzuverleiben.

§ 22. Der Nachweis der geschehenen Fleischbeschau und der Entrichtung der Fleischschaugebühr an die Gemeindekasse richtet sich nach den jeden Orts bestehenden besonderen Anordnungen.

§ 23. Diese Dienstweisung tritt am 1. Januar 1879 in Kraft.

Die Trichinenkrankheit, Erlaß vom 9. März 1864.

(Central-V.-Bl. Nr. 4.)

In der neuesten Zeit erregt eine Krankheit Besorgnisse, welche vom Genusse des Schweinefleisches entstehen kann, die Trichinenkrankheit.

Das Schweinefleisch bildet im Lande einen großen Teil der Fleischnahrung und auswärtige Würste aller Art und Schinken werden in Mengen verkauft.

Um die Bevölkerung in den Stand zu setzen, die mit dem Genusse dieser Speisen möglicherweise verbundenen Gefahren zu vermeiden, wird im folgenden sowohl auf die Entstehungsweise und Natur jener Krankheit als auch auf die Wege zu deren Verhütung aufmerksam gemacht.

Das Schweinefleisch kann dadurch der Gesundheit Nachteile bringen, daß Trichinen, kleine Ringwürmer, in seinen Fasern (Muskelbündeln) sitzen und mit dem Fleische verzehrt werden. Deren Körper ist durchsichtig, so daß sie mit bloßem Auge nicht gesehen werden, doch bildet sich mit der Zeit eine kalkige Schale um dieselben, und in diesem Zustande erkennt man in dem mit Trichinen behafteten Fleische eine Menge weißer Pünktchen.

Infolge des Genusses derartigen Fleisches gehen diese Würmchen nicht zu Grunde, sondern kommen vielmehr nun erst zu weiterer Entwicklung und rascher Vermehrung, um dann endlich nach Durchdringung der Eingeweide selbst wieder in den Muskeln dessen sich festzusetzen, der von jenem Fleische genossen hatte.

Sind nur wenige Trichinen in einen menschlichen Körper gelangt, so kann sie der Mensch wohl beherbergen, ohne viele oder vielleicht irgendwelche Beschwerden dadurch zu empfinden.

Wird aber die Menge erheblich und geschieht ihre Einwanderung plötzlich, so kann schwere Krankheit und selbst der Tod dadurch erfolgen.

Das erste Unwohlsein giebt sich durch Magenbeschwerden und meist durch gleichzeitige Durchfälle kund; erst nach 8 bis 14 Tagen treten Muskelschmerzen wie rheumatische auf, die Glieder werden schwer, steif, können kaum bewegt werden, man bemerkt leichte Anschwellungen im Gesichte, zumal an den Augenlidern, selbst die Glieder schwellen an. Mit solchen Beschwerden kann die Krankheit wieder zurückgehen, aber andere Male verläuft sie auch rasch fieberhaft unter dem Bilde eines Typhus oder der Leidende kann sich nicht erholen und geht einem allgemeinen Siechtum entgegen.

Um diese Gefahren zu vermeiden, haben wir nach 2 Richtungen hin thätig zu sein: die Entstehung der Trichinen im Schweine zu verhüten und die in dessen Fleische etwa vorhandenen Trichinen zu zerstören oder unschädlich zu machen.

1. Die Trichine entsteht weder im Schweine noch sonstwo selbständig, sondern sie wird auch hier von außen in den Magen eingebracht. Es hat sich erwiesen, daß in den Muskeln mancher Tierarten häufig die Trichine vorkommt, so in der Katze, Maus, im Maulwurfe, Kaninchen, zeitweise in einzelnen Vögeln, nach neuesten Behauptungen auch im Regenwurme.

Wenn nun Schweine mit derartigen tierischen Teilen gefüttert werden, oder wenn sie im Freien solche auffinden, so liegt die Entstehung der Trichine nahe. Es wird deshalb zur dringendsten Aufforderung werden, die Mast der Schweine genau zu überwachen, keine Fütterungsstoffe zuzulassen, welche möglicherweise Trichinen bergen, und eine solche Reinlichkeit einzuhalten, daß die Schweine nicht selbst dazu gelangen können. Würden Beobachtungen das Auftreten von Trichinen auch in unserem Lande darthun, so wäre zu erwägen, ob nicht außer dieser Sorgfalt, welche dem einzelnen überlassen bleibt, noch eine genaue polizeiliche Fleischbeschau auch für das Schweinefleisch anzuordnen sei. Vielleicht läge es jetzt schon im gewerblichen Interesse der Metzger, sofort selbst solche Maßregeln unter Benehmen mit einem Tierarzte zu ergreifen, welche dem Publikum das Vertrauen zu reiner Ware geben.

2. Die niederen Geschöpfe haben eine sehr große Lebenszähigkeit, und wenn man meinen sollte, daß solche kleine Wesen äußeren Einflüssen desto eher unterliegen, so ist das gerade Gegenteil der Fall. Eingekapselte Muskeltrichinen, wenn sie schon jahrelang von ihrer Kalkschale umschlossen waren, haben sich, wenn mit dem Fleische ein anderes Tier gefüttert worden, noch fortpflanzungsfähig gezeigt. Ein Mittel dagegen tötet sie sicher, das ist die Siedhitze, oder selbst nur eine Hitze, bei welcher das Eiweiß gerinnt (50—60° R.), indem dadurch ihr zarter Körper gleichfalls erstarrt. Scharfe chemische Stoffe würden sie zwar töten, dieselben beschädigen aber gleichfalls das Fleisch so sehr, daß sie nicht anzuwenden sind. Fleisch also, welches gekocht oder gebraten die Siedhitze erreicht hatte, enthält keine lebensfähigen Trichinen mehr. Damit ist aber Fleisch, welches man gebraten oder gesotten verspeist, nicht unter allen Umständen unschädlich. Wenn der Braten in seinem Innern noch blutige Flüssigkeit ergießt, so hat die Siedhitze ihn nicht durchdrungen, und dasselbe ist beim Kesselfleische oder gesottenem Fleische oder bei Würsten der Fall, welche nur in äußeren Schichten, nicht durch und durch diesen Hitzegrad erlitten haben. Eine weitere gewöhnliche Zubereitung des Schweinefleisches, sowie der Würste ist das Einsalzen und Räuchern des Fleisches.

Die Erfahrungen und Versuche haben darüber folgendes nachgewiesen: durch längeres Einsalzen und eine warme Räucherung, das heißt ein Aufhängen im Rauche werden die Trichinen getötet. Wenn aber, wie es jetzt meist Gebrauch geworden, selbst in Westfalen, Schinken und Würste kalt geräuchert, nämlich in eine aus kreosothaltiger Flüssigkeit bestehende Räucherbeize getaucht werden, so überleben sie wenigstens eine Zeit lang diesen Zustand.

Will man also vor Trichinen ganz sicher sein, so esse man kein rohes Schweinefleisch, man koche oder brate dasselbe vollständig und genieße das geräucherte nur, wenn es gut gesalzen ist und einige Zeit, wenigstens 14 Stunden lang, im heißen Rauch hing.

Ein zuverlässiges Mittel, um in den Magen gelangte Trichinen

zu zerstören, ist bis jetzt noch nicht gefunden worden, doch wird
es sicherlich nur eine Sache der Zeit sein, ein solches zu ent-
decken, welches die Eigenschaft hat, Darm-Trichinen zu töten,
ohne gleichzeitig dem Menschen zu schaden. In der ersten Zeit
der Magen- und Verdauungsbeschwerden wird man zu Brech- und
Abführmitteln greifen, um die Tierchen fortzuschaffen. Ob wir
sie aber auch in ihrem sicheren Versteck, in den Muskeln,
je mit Erfolg werden angreifen können, müssen weitere Erfahrungen lehren.

Trichinenschau, Auszug aus dem Erlaß vom 18. November 1888.

¹ Wo ortspolizeiliche Vorschriften über die zwangsweise Einführung der Trichinenschau erlassen werden wollen, sollten
dieselben jedenfalls folgende Bestimmungen enthalten:

1. Jeder, welcher ein Schwein schlachten will, dessen
Fleisch feilgehalten, verkauft oder in Wirtschaften und Speise-
anstalten verabreicht werden soll, hat dem Fleischbeschauer bezw.
dem Trichinenschauer so rechtzeitig die Anzeige zu erstatten,
daß der Fleischbeschauer der Schlachtung anwohnen kann.

2. Der Fleisch- bezw. der Trichinenschauer hat dem eben
geschlachteten Schweine persönlich

    a. Fleischteile des Zwerchfelles,

    b. Fleisch aus Zwischenrippenräumen,

    c. Teile aus den Augenmuskeln,

    d. Teile der Kiefermuskeln,

    e. Fleischteile des Kehlkopfes

zur Prüfung zu entnehmen, wobei durch genaue Bezeichnung der
einzelnen Schweine durch eine Marke und durch die gleiche Bezeichnung der entnommenen Fleischproben dafür zu sorgen ist,
daß keine Verwechslung der zur Untersuchung ausgeschnittenen
Fleischstücke mit solchen anderen Schweinen entnommenen stattfinden kann.

3. Von jedem der unter 2 genannten Fleischausschnitte
müssen mindestens 6 Präparate gefertigt und unter dem Mikroskope auf Trichinen untersucht werden.

4. Der Fleisch- bezw. der Trichinenschauer hat beim Auffinden
von Trichinen oder verdächtigen trichinenähnlichen Körpern in
den Präparaten sofort der Ortspolizeibehörde zur vorläufigen
Beschlagnehmung des geschlachteten Schweines Anzeige zu erstatten und von dem Vorkommnis unverzüglich dem Bezirkstierarzte zur Nachprüfung der Präparate Kenntnis zu geben.

5. Nach Feststellung der Trichinose hat die Ortspolizeibehörde dafür zu sorgen, daß das Fleisch des trichinösen Tieres
nicht fernerhin als Genußmittel zum Verkauf gebracht werde
(§ 9 der Fleischschauordnung und § 17 der Dienstweisung für
die Fleischbeschauer); zu gestatten ist jedoch die Verwertung der
Haut und Borsten, das Ausschmelzen des Fettes und die be-
liebige Verwendung desselben.

6. Das zum Verkauf bestimmte Fleisch auswärts geschlachteter
Schweine, welches in den Ort eingeführt wird, ist ebenfalls vor

dem Feilbieten desselben vom Fleisch- bezw. Trichinenschauer
zu untersuchen.

7. Kaufleute, Händler u. s. w., welche von auswärts be-
zogenes Schweinefleisch oder daraus bereitete Fleischware feilhalten, verkaufen u. s. w., haben innerhalb 24 Stunden nach
Empfang der Ware und jedenfalls vor Auslegung derselben zum
Verkauf die Ware auf Trichinen untersuchen zu lassen, wenn
sie nicht schriftliche Zeugnisse darüber besitzen, daß die Ware
innerhalb des Deutschen Reiches bereits auf Trichinen untersucht
und frei davon befunden worden ist.

8. Gewerbetreibende, welche Schweine zum Verkaufe
schlachten oder schlachten lassen, haben ein Schlachtbuch zu
führen, in welchem die laufende Nummer, der Schlachttag, die
Bezeichnung des Schweines nach Farbe, Geschlecht, Alter und
Rasse, der Herkunftsort des Schweines und der Name des Verkäufers derselben, der Tag der Vornahme der Trichinenschau
an den Schweinen, das Zeugnis des Fleisch- bezw. Trichinen-
beschauers über das Ergebnis der Untersuchung und Bemerkungen
des Bezirkstierartzes, soweit dieselben erforderlich sind, eingetragen werden.

9. Verkäufer haben von auswärts bezogenem Schweinefleisch
oder aus solchem gefertigten Fleischwaren ein Fleischwarenbuch
zu führen, in welches einzutragen ist: die laufende Nummer,
der Tag der Ankunft der Ware, die Bezeichnung der Fleischwaren, das Gewicht derselben, der Ort und die Firma der Bezugsquelle, der Ort und die Zeit der Untersuchung, das Ergebnis
der Untersuchung; die Zeugnisse über auswärts vorgenommene
Untersuchungen sind dem Buche beizulegen.

10. Die Fleischbeschauer bezw. der Bezirkstierarzt selbst
haben die Einträge in die bezeichneten Bücher zu machen, welche
sich auf die Vornahme der Untersuchung und das Ergebnis derselben beziehen, sofern sie die Untersuchung ausgeführt haben,
und von den eben erwähnten Zeugnissen zeitweise Einsicht zu
nehmen.

11. Die Fleisch- bezw. Trichinenschauer haben ihrerseits
ein Schaubuch zu führen, in welches sie die laufende Nummer,
den Schlachttag, den Namen und Wohnort des Schlachtenden,
bezw. des Fleisch-, Fleischwaren-Einführenden, die Bezeichnung
des Schweines nach Farbe, Geschlecht, Alter und Rasse, bezw.
die Bezeichnung der Fleischwaren, das Gewicht derselben, den
Ort und die Firma der Bezugsquelle der Schweine oder der
Fleischwaren, den Tag und die Stunde der mikroskopischen
Untersuchung und das Ergebnis der Untersuchung eintragen.
Außerdem ist eine Spalte frei zu lassen für die etwa nötig werdenden Anmerkungen des Bezirkstierarztes.

12. Die Fleischbeschauer haben jedem, der Schweine,
Schweinefleisch oder aus diesem gefertigte Fleischwaren untersuchen läßt, ein Zeugnis über die geschehene Schau und deren
Ergebnis unter Anführung der laufenden Nummer des Schau-
buches und des Schlacht- bezw. Warenbuches auszuhändigen.

Den Verkauf amerikanischer Speckseiten betreffende Verordnung vom 25. Oktober 1872.

Wiederholte Untersuchungen haben ergeben, daß die vielfach aus Amerika eigeführten Speckseiten, welche insbesondere zur Wurstfabrikation verwendet zu werden pflegen, mitunter Trichinen enthielten. Die Gr. Bezirksämter werden beauftragt, durch Bekanntmachungen das Publikum auf die mit dem Ankauf und Genuß dieser Speckseiten verbundene Gefahr aufmerksam zu machen, sowie die Verkäufer auf die Strafbestimmung des § 367, Ziffer 7, des Reichsstrafgesetzbuches hinzuweisen.

XXII. Gewürze.

Die Gewürze sind die zur Geschmackserhöhung, zum Würzen unserer Speisen und Getränke verwendeten Pflanzenstoffe; sie besitzen eine verdauungsbefördernde Wirkung, die sie einem mehr oder weniger reichlichen Gehalte an ätherischen Ölen oder an scharf schmeckenden Stoffen verdanken. Viele derselben gehören der tropischen Flora an, eine große Anzahl wird aber auch in Südeuropa kultiviert. Von den Bestandteilen der Pflanzen sind es namentlich die Früchte und Samen, Blüten, Blätter, Rinden und Wurzeln, welche uns die Gewürze liefern.

Die Gewürze kommen teils in ganzem, teils in gemahlenem Zustande in den Handel und sind, namentlich in letzterer Form, häufig Fälschungen und Nachahmungen unterworfen. Starke Verunreinigung der Gewürze durch Mineralsubstanzen sind oft dadurch bedingt, daß dieselben vor dem Vermahlen nicht gehörig von anhängender Erde und Sand gereinigt wurden. Am häufigsten beobachtet man bei der Prüfung solcher Gewürze Zusätze von den äußeren minderwertigen Teilen, den Samenschalen oder Fruchtstielen, oder die Verwendung bezw. Beimischung von Gewürzpulvern, die schon zur Gewinnung von ätherischen Ölen benutzt wurden und dann nur noch geringe Mengen ihrer wirksamen Bestandteile enthalten.

Unter der Bezeichnung »Matta« kommen solche Gewürzimitationen in den Handel, die aus wertlosen Abfällen bestehen und die speziell zur Verfälschung von Gewürzen Verwendung finden.

Seltener werden Zusätze von Getreide- oder Hülsenfrüchtemehl zur Fälschung benutzt, weil dieselben durch die mikroskopische Prüfung leicht von den Stärkekörnern der Gewürze unterschieden werden können.

Der Gehalt der Gewürze an Stickstoffsubstanzen pflegt 1—28%, an ätherischen Ölen 0,25—17,0% und an Zucker 0,1—15,0% zu betragen; der Gehalt an Stärke, sowie an Mineralsubstanzen schwankt zwischen weiten Grenzen.

Die Prüfung der Gewürze auf ihre Reinheit besteht hauptsächlich in einer mikroskopischen Untersuchung auf fremde organische Beimengungen, sowie in der Bestimmung des Aschegehaltes, aus welchem sich die Verunreinigungen der Gewürze durch Mineralsubstanzen ergeben.

Die Untersuchung der Gewürze.

Probeentnahme: Bei der Probeentnahme der ganzen, sowie der gemahlenen Gewürze ist mit besonderer Vorsicht zu verfahren. Je nach der Aufbewahrung derselben in Kästen, Gläsern, Büchsen oder Säcken sammeln sich die den ganzen Gewürzen anhängenden mineralischen, erdigen Verunreinigungen an den unteren Teilen oder am Boden dieser Vorratsgefäße an, so daß der in denselben enthaltene Rest von Gewürzen meist stärker durch Mineralstoffe verunreinigt ist als die darüber lagernden Teile.

Es ist deshalb vor der Probeentnahme der ganze Inhalt des betreffenden Vorratsgefäßes gut zu durchmischen und dann erst eine Probe von 50 gr in Pappschachteln oder Papierbeutel zu entnehmen.

Stammen die entnommenen Gewürzproben aus kleinen Resten der Vorratsgefäße, so ist darüber bei der Einsendung Mitteilung zu machen.

Mikroskopische Untersuchung.

Dieselbe wird auch bei den Gewürzen am besten in der Weise ausgeführt, daß man sich Präparate aus reinen Gewürzen, die in jedem Lebensmittel-Untersuchungslaboratorium vorrätig sein müssen, herstellt und vergleichende Prüfungen mit den zur Untersuchung vorliegenden Objekten vornimmt.

Chemische Untersuchung.

Der **Aschegehalt** wird durch Verbrennen von etwa 2—5 gr, je nach dem Volum und der sonstigen Beschaffenheit des betreffenden gut durchmischten Gewürzes ermittelt.

Die **Gesamtasche** wird dann in einen in Salzsäure

löslichen und unlöslichen Teil getrennt und letzterer als
»Sand« bezeichnet. Zu diesem Zwecke übergießt man die Asche mit
10%iger Salzsäure, erwärmt eine Stunde auf dem Wasserbad bei 30—40° und filtriert durch ein Filter von bestimmtem Aschegehalt. Der mit heißem Wasser gut aus-
gewaschene Rückstand wird nach dem Trocknen in der
zur Aschebestimmung benutzten Platinschale geglüht und
gewogen.

In manchen Fällen führen wir eine Bestimmung des
alkoholischen Extraktes aus, wenn dieselbe auch nicht
immer besondere Anhaltspunkte für die Beurteilung der
Gewürze bietet. Hierzu werden die lufttrockenen Gewürze
mit 95%igem Alkohol im CLAUSNITZER'schen Extraktionsapparat bis zur Erschöpfung behandelt und dann das
durch Verdampfen der Lösung erhaltene Extrakt, sowie
der extrahierte Rückstand bei 100° C. getrocknet und
gewogen. Der Gewichtsverlust umfaßt hierbei den Gehalt
des Gewürzes an Wasser, an flüchtigem und nicht flüchtigem Extrakt.

Die Ermittelung des Gehalts an ätherischem
Öl geschieht durch Destillation der Gewürze mit Wasserdampf, Ausschütteln des Destillates mit Äther und Trocknen
des erhaltenen Rückstandes in Vakuum über Schwefelsäure.

Die gebräuchlichsten Gewürze.

Anis. Die Teilfrüchtchen von Pimpinella anisum,
Fam. Umbelliferae, einer in Spanien, Italien, Frankreich
und in Deutschland kultivierten Pflanze mit etwa 3%
ätherischem und 3% fettem Öl, sowie 6—8% Asche.
Maximalaschegehalt: 10% mit 2,5% Sand.
Mikroskopisch: Kleine zarte Gefäßbündel, in der Mitte
der Fruchtwand Ölgänge. Charakteristisch sind die gekrümmten und stumpfen Haare der Oberhautzellen (Fig. 85).
Zufällige Verunreinigungen durch die Früchte des Schierlings, Conium maculatum, sind schon beobachtet worden.

Cardamomen. Die stumpf-dreikantigen Fruchtkapseln
mit etwa 20 rundlichen, braunen Samen der Elletaria
Cardamomum, Fam. Scitamineae, einer in den Gebirgs-
wäldern der Molukken einheimischen, wildwachsenden,

auf Ceylon kultivierten Pflanze mit 3—4⁰/₀ ätherischem
Öl und 8—9⁰/₀ Asche. **Maximalaschegehalt:** 10⁰/₀ mit
2,5⁰/₀ Sand. (Fig. 86, Querschnitt nach MÖLLER.)

Mikroskopisch: Fruchtschale mit zartwandigem Parenchym und Harzzellen mit gelben bis braunen Harzklumpen,
Endosperm mit Ölzellen, Samenschale mit Pallisadenzellen,
polyedrische Stärkekörnchen mit Kernhöhle.

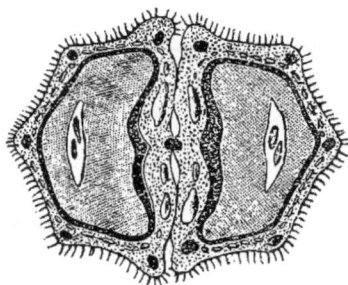

Fig. 85. Anis.

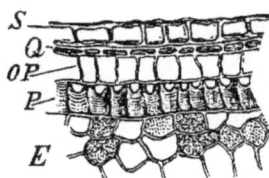

Fig. 86. Cardamomen.
S Schlauchzellen. Q Querzellen.
OP Ölführendes Parenchym. P Palli-
sadenzellen. E Perisperm.

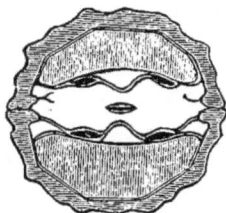

Fig. 87. Koriander.

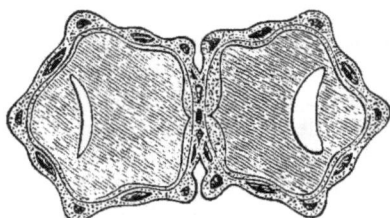

Fig. 88. Kümmel.

Koriander. Die gelbbraunen, kugeligen Spaltfrüchte
von Coriandrum sativum, Fam. Umbelliferae, einer im
Süden überall angebauten Pflanze mit 0,5⁰/₀ ätherischem
und etwa 13,0⁰/₀ fettem Öl, sowie 4—5⁰/₀ Mineralstoffen.
Maximalaschegehalt: 7⁰/₀ mit 2⁰/₀ Sand.

Mikroskopisch: Gefäßbündel plattenförmig, derb-
wandige Prosenchymzellen. (Fig. 87.)

Kümmel. Die braunen Spaltfrüchte von Carum Carvi,
Fam. Umbelliferae, mit durchschnittlich 5⁰/₀ ätherischem

und 7 °/o fettem Öl, sowie 5,6 °/o Mineralstoffen. Maxi-
malaschegehalt: 8,0 °/o mit 2 °/o Sand.
Mikroskopisch: Gefäßbündel mit engen, verdickten
Zellen, breite Ölgänge. (Fig. 88.)

Pfeffer, schwarzer. Die Früchte von Piper nigrum,
Fam. Piperaceae, ein auf Malabar einheimischer und in
Hinterasien kultivierter, der Weinrebe ähnlich kletternder
Strauch. Die beerenartigen Früchte werden vor der Reife
gesammelt und getrocknet. Der Pfeffer enthält ein scharfes
Harz, etwa 2 °/o flüchtiges Öl und etwa 4,5—9 °/o eines in
Wasser unlöslichen Alkaloids, das Piperin. Die Asche des
gut gereinigten schwarzen Pfeffers beträgt zwischen 3,5
und 4,9 °/o.

Mikroskopisch: Die kleinen Oberhautzellen mit braunem Inhalt sind mit einer derben Cuticula überzogen.
Darunter eine Schicht mit gleichmäßig verdickten, meist
radial gestreckten, gelb gefärbten Steinzellen, dann folgt
eine Parenchymschicht mit dünnrandigen, tangential gestreckten Zellen und Ölzellen, neben an der Innenseite
verdickten hufeisenförmigen Steinzellen. Gefäßbündel und
Spiroiden, Bastfasern. Das Sameneiweiß besteht aus zart-
wandigen Zellen, die meist mit kleinen, eckigen Stärkekörnchen erfüllt sind, sowie aus stärkefreien Zellen mit
gelbem Harz. (Fig. 89.)

Der Pfeffer ist eines der gebräuchlichsten Gewürze in
der Hauswirtschaft und kommt ganz oder in gemahlenem
Zustande in den Handel. In letzterer Form unterliegt
derselbe mannigfachen Fälschungen, teils durch Vermahlen
mit den minderwertigen Pfefferschalen, einem Nebenprodukt von der Weißpfefferfabrikation, das namentlich
von England unseren Gewürzmüllern häufig angeboten wird,
teils durch Mineralsubstanzen, die den Pfefferkörnern
anhängen.

Zu den Fälschungsmitteln gehören noch: Leinsamen-,
Mandel-, Nußschalen-, Palmkuchen-, Erdnuß-, Rapskuchen-
und Birnenmehl.

Seltener sind Zusätze von Mehl aus Getreide oder
Hülsenfrüchten, die sich bei der mikroskopischen Untersuchung leicht zu erkennen geben.

Viel häufiger sind fahrlässige Verunreinigungen mit
Sand und erdigen Beimengungen im Pfeffer zu beobachten.

Die Quelle des Gehalts des Pfefferpulvers an diesen Verunreinigungen ist die mangelhafte Reinigung der Rohware. Die Pfefferkörner kommen fast regelmäßig mit einer nicht unerheblichen Menge von Sand, Erde und kleinen Steinchen in den Handel und müssen vor dem Vermahlen von diesen Verunreinigungen befreit werden. Selbst bei sorgfältiger Reinigung ist es aber außerordentlich schwer, diese mineralischen Beimengungen vollständig zu entfernen, ein kleiner Betrag derselben gelangt

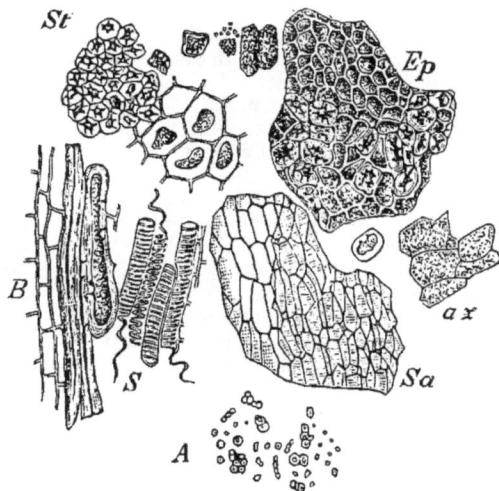

Fig. 89. Pfeffer.
Ep Oberhaut mit Steinparenchym. *A* Stärke. *S* Spiralgefäße. *B* Bastfasern und Bastparenchym. *Sa* Samenhaut. *St* Steinzellenschicht. *AZ* Stärkezellen.

fast ausnahmslos in das gemahlene Gut, ein geringer Gehalt des Gewürzpulvers an Sand muß somit zugestanden werden.

Nach zahlreichen Beobachtungen, die wir in unserem Laboratorium anzustellen Gelegenheit fanden, beträgt die Menge Sand und Erde, welche im Pfefferpulver bleibt, im Maximum 2 % der Ware, und nach den umfangreichen Untersuchungen verschiedener Pfefferproben von Importhäusern aus Rotterdam haben wir bei der Einäscherung der reinen Pfefferkörner Zahlen beobachtet, welche den Gesamtaschegehalt zwischen 3,5 und 4,9 % liegend angaben.

Nach den von uns gemachten Erhebungen in anderen Ländern, namentlich in Bayern, sowie nach dem Ergebnis

unserer Untersuchungen zeigte es sich, daß reiner, schwarzer
Pfeffer im Durchschnitt 4,5 °/o Asche enthält und man
somit keine zu großen Anforderungen an die Gewürzmüller
stellt, wenn man verlangt, daß sie dieses Gewürz vor dem
Vermahlen von Sand, Erde und Staub soweit reinigen,
was durch Sieben leicht gelingt, daß dasselbe nicht mehr
als 6,5 °/o Gesamtasche enthalten darf, und daß davon
etwa 2 °/o aus Sand bestehen dürfen.

Im Anschluß an den durch unsere Untersuchungen festgestellten Aschegehalt des Pfeffers und die im reellen Verkehr in
Baden und Bayern schon bisher bestandene Übung hat das
Großh. Bad. Ministerium des Innern in dem Erlaß vom 30. April 1890
Nr. 7400 die Anweisung gegeben, daß für die Folge Proben von
als »Pfeffer« feilgehaltenen Gewürzen, welche den Gesamtaschegehalt von 6,5 °/o oder weniger zeigen, in dieser Richtung nicht
zu beanstanden sind. Ergiebt dagegen die Untersuchung einen
höheren Aschegehalt, und ist die Ware nicht durch eine besondere Bezeichnung als ein dem gewöhnlichen Pfeffer an Reinheit nicht gleichkommendes Genußmittel kenntlich gemacht, so
wird dann weiter zu prüfen sein, ob die Ware im Sinne der
§§ 10 und 11 des Nahrungsmittelgesetzes als verdorben oder
verfälscht zu betrachten sei und die übrigen Erfordernisse zur
Strafbarkeit vorliegen, wobei insbesondere auch in Erwägung
kommen wird, ob die Unterlassung der im reellen Verkehr üblichen Reinigung der Pfefferkörner vor dem Mahlen und das
Feilhalten des gemahlenen Pfeffers unter Verschweigen der unter-
bliebenen Reinigung zur Strafbarkeit ausreicht.

Zugleich werden die Großh. Bezirksämter veranlaßt, die
Entnahme von Pfefferproben in der Weise ausführen zu lassen,
daß die Schublade oder sonstigen Behältnisse, in welchen sich
der Pfeffer befindet, herausgenommen und der gesamte darin
vorhandene Pfeffervorrat durcheinandergemischt wird, da sich
die schwereren Aschenbestandteile gewöhnlich auf den Boden
niedersetzen, während der reinere Pfeffer oben liegt.

Seit Erlaß der Großh. Ministerialverordnung kommt, wie
das günstige Ergebnis der Pfefferuntersuchungen in den letzten
Jahren zeigt, viel reinerer gemahlener Pfeffer bei uns in
den Handel; die Gewürzmüller scheinen hiernach die Reinigung
der Rohware vor dem Vermahlen mit größerer Sorgfalt auszuführen.

Ein Gehalt des Pfefferpulvers an Pfefferschalen,
welche 11—13 °/o in Zucker überführbare Stoffe enthalten,
kann durch eine nach dem Verfahren von Lenz*) ausgeführte
Zuckerbestimmung ermittelt werden.

Anhaltspunkte für die Beurteilung des Pfefferpulvers

---

*) Lenz, Zeitschr. f. analyt. Chemie 1884, Bd. 23, S. 501.

giebt auch die Bestimmung der Bleizahl für 1 gr wasserfreies Pfefferpulver nach Busse*).

Unter Bleizahl versteht man die Anzahl Gramme metallisches Blei, welche durch die bleifällenden Körper eines Auszuges aus 1 gr wasserfreiem Pfefferpulver gebunden werden.

Bleizahl für schwarzen Pfeffer . . = 0,047—0,075
»   »   gemischten schwarzen
Pfeffer, Pfefferschalen
und Staub . .   . = 0,122
»   »   Pfefferschalen   . . . = 0,129—0,157.

Bestimmung des Piperins: Etwa 20 gr werden mit 95%igem Alkohol extrahiert, der Auszug wird vom Alkohol befreit und der extraktartige Rückstand wird zur Entfernung von Harz mit Kalilauge behandelt. Das so erhaltene unreine Piperin wird mit Wasser gewaschen, aus Alkohol umkrystallisiert, getrocknet und gewogen.

Pfeffer, weißer, wird von den reifen Früchten des schwarzen Pfeffers gewonnen. Die Früchte werden in Wasser eingeweicht, bis sich die äußere, gelockerte Fruchtschale entfernen läßt.

Mikroskopisch: Im allgemeinen ist der anatomische Bau derselbe wie beim schwarzen Pfeffer, nur fehlen dem weißen Pfeffer die äußeren Schalenteile mit der äußeren Steinzellenschicht, so daß fast nur Endospermzellen vorhanden sind.

Die Asche des weißen Pfeffers beträgt: 1,2—2,7% mit 0,1% Sand. Maximalaschegehalt: 4% mit 1% Sand.

Pfeffer, spanischer. Die Früchte (Beeren) von Capcum annuum (Fingerhut), Fam. Solaneae, eines im tropischen Amerika heimischen, jetzt im wärmeren Europa angepflanzten Krautes.

Die Früchte sind kegelförmig, 5—10 cm lang, dünnwandig, von roter oder rotbrauner Farbe und glänzender Oberfläche. Das Innere der Frucht besteht aus schwammartigem Marke und enthält in 2—3 Fächern zahlreiche, hellgelbe Samen.

Der scharfe Geschmack ist durch den Gehalt an

---

*) Busse, Arbeiten aus dem Kais. Gesundheitsamt, 1884, Bd. IX, S. 509.

Capsaïcin bedingt. Im gepulverten Zustande bildet der spanische Pfeffer ein gelbrotes Pulver, welches 5—6°/₀ Asche enthält. Maximalaschegehalt: 6°/o mit 0,5°/o Sand. **Cayennepfeffer.** Paprika stammt von den Früchten der Capsicum fastigiatum und C. frutescens. Asche: 5°/o, Maximalaschegehalt: 6,5°/o mit 1°/o Sand.

Mikroskopisch: Der anatomische Bau beider Pfefferarten ist der gleiche: dünnwandiges Parenchym mit Collenchymfragmenten, wulstig verdickte Zellen der Samenoberhaut. Der Zellinhalt besteht aus roten und gelben Öltröpfchen, sowie aus Farbstoffkörperchen, die bei der Einwirkung von konzentrierter Schwefelsäure sich indigoblau färben. Sehr kleinkörnige Stärke.

Von Fälschungsmitteln sind zu nennen: Polentamehl, Getreidemehl, Sandelholz- und Curcumapulver, Ziegelmehl, Ockererde u. dergl.

Piment. Nelkenpfeffer sind die vor der Reife gesammelten Früchte von Myrtus Pimenta, Fam. Myrtaceae, eines in Westindien heimischen, in Südamerika und in Ostindien kultivierten Baumes, die 1 — 3°/o flüssiges, dem Nelkenöl ähnliches ätherisches Öl enthalten. Der Aschegehalt beträgt 4,1—5,0°/o, im Maximum 6,0°/o mit 0,5°/o Sand.

Mikroskopisch: Die Oberhaut ist kleinzellig, mit dickwandigen Haaren, großen Spaltöffnungen, Ölräumen und großen Steinzellen in braunem Parenchym, sowie Oxalatkrystallen. Der Pigmentinhalt und die Membrane des Kleingewebes, sowie der Inhalt der Schlauchzellen der Samenhaut färben sich mit Eisenchlorid blau. Samenkern ohne Eiweiß mit regelmäßig zusammengesetzten Stärkekörnern. (Fig. 90 und 91 nach MÖLLER.)

Senf, schwarzer oder grüner, besteht aus den ovalen oder kugeligen rotbraunen bis schwarzen Samen der Brassica nigra, Fam. Cruciferae, einer überall angebauten Pflanze. Aschegehalt: 4,5°/o mit 0,5°/o Sand.

Der Senf enthält etwa 20—30°/o fettes Öl; das scharfe schwefelhaltige, ätherische Öl (0,9°/o) bildet sich erst beim Anrühren des Senfes mit warmem Wasser durch den Einfluß des im Senf enthaltenen Glykosids, Myrosin.

Mikroskopisch: Samenschalen mit stark verdickten, quellbaren Wänden, Pallisadenschicht mit becherförmigen und Kleberschicht mit polyedrischen Zellen. Gelbliche Steinzellen, dünnwandige Pigmentzellen, die bei weißem

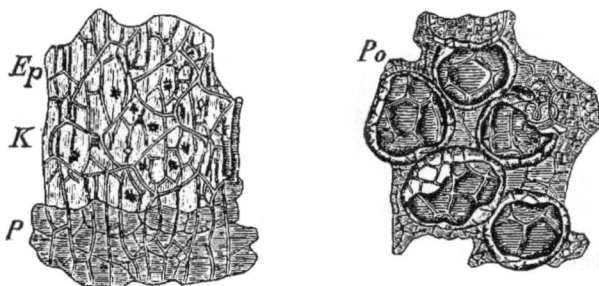

Fig. 90.

Fig. 91. Piment.
Ep Oberhaut. *P* Braunes Parenchym. *K* Krystalle. *Po* Parenchym mit Ölräumen. *St* Steinzellen.

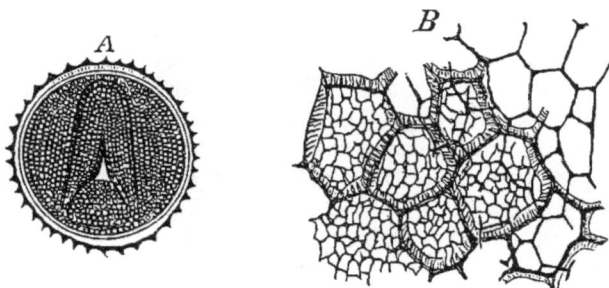

Fig. 92. Senf.
A Querschnitt. *B* Oberhaut.

Senf farblos, bei schwarzem braun gefärbt sind. Der Senf enthält keine Stärke.

Als Fälschungen werden beobachtet: Leinsamenmehl, Rapskuchen und Curcumapulver.

Weißer Senf sind die gelben Samen von Brassicas alba; dieselben geben bei der Behandlung mit Wasser nicht das flüchtige Öl wie der schwarze Senf.

Russischer oder Sarepta-Senf sind die Samen von Brassica juncea mit hellbrauner Farbe.

Dieser sowie der **englische Senf,** ein hellgelbes Pulver, wird in der Weise gewonnen, daß die Senfsamen geschält und durch Abpressen von fettem Öl befreit und dann vermahlen werden.

Der **Speisesenf** besteht aus Mischungen von Senfpulver mit Gewürzen (Nelken, Pfeffer, Estragon), Zucker und Kochsalz, die mit Essig oder mit Wein zu einem zarten Brei zerrieben werden.

Billige Senfsorten werden unter Zusatz von Getreide- und Maismehl hergestellt.

Bei der Untersuchung des Speisesenfs ist namentlich auf Verunreinigungen durch Metallsalze (Blei) zu achten, die aus den zum Versand und zur Aufbewahrung dienenden Gefäßen in denselben gelangen können, sowie auf das Vorhandensein von künstlichen Süßstoffen (Saccharin), Konservierungsmitteln (Salicylsäure u. dergl.).

Vanille, die unreifen, 15—30 cm langen, 1 cm dicken Früchte (Schoten) der Vanilla planifolia, Fam. Orchideae, einer strauchartigen, in Südamerika heimischen Pflanze mit 0,8—1,5 % Vanillin und 4—5 % Asche. Im Handel ist hauptsächlich die Bourbon- oder mexikanische Vanille.

Mikroskopisch: Fruchtschale mit großzelligem Parenchym, die Zellen enthalten Kalkoxalatkrystalle; das Fruchtfleisch mit derbwandigen, collenchymatischen Zellen, mit Gefäßbündeln durchzogen, die Spiral- und Ringgefäße, sowie treppen- und netzförmig getüpfelte Tracheen enthalten. Zahlreiche große Raphiden (Balsamschläuche). Die innere Epidermis mit haarförmigen Papillen mit öligem Inhalt. (Fig. 93 nach MÖLLER.)

An der Oberfläche der Vanille befinden sich Krystalle (Nadeln und Prismen) von Vanillin, welche in heißem Wasser, in Alkohol und Äther leicht löslich sind. Die wässerige Lösung färbt sich mit Eisenchlorid violett.

Bestimmung des **Vanillins:** Nach HARTMANN: Extrahieren der zerschnittenen Vanille mit Äther, Abdestillieren des Äthers und 20 Minuten langes Schütteln des Rückstandes mit einer Mischung von gleichen Teilen Wasser und einer gesättigten Natriumbisulfitlösung. Die Ausschüttelung wird mit Äther erschöpft, mit verdünnter Schwefelsäure vorsichtig versetzt und die sich bildende schweflige Säure mittelst Wasserdampfs ausgetrieben. Das freigemachte Vanillin schüttelt man mit Äther aus, verdunstet und wägt.

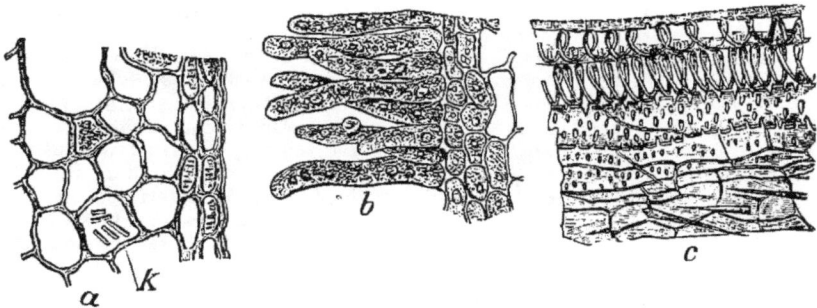

Fig. 93. Vanille.
α Oberhaut mit Cuticula, Parenchymschichten und Raphiden (K). b Balsamschläuche. c Gefäßbündel.

Lorbeerblätter von Laurus nobilis, Fam. Laurineae, dem aus Kleinasien stammenden, überall wild wachsenden Lorbeerbaum. Die Blätter sind 8—12 cm lang und 4—5 cm breit und enthalten wenig ätherisches Öl, Bitterstoff und Gerbstoff. Asche: 3,65%.

Majoran, die getrockneten Blumenähren und Blätter des Stengels des im Orient und im südlichen Europa einheimischen, bei uns angebauten einjährigen Labiate Origanum Majorana, ist ein in der Hauswirtschaft beliebtes Blattgewürz und findet namentlich bei der Wurstfabrikation in großen Mengen Verwendung. Das Gewürz kommt als zerschnittene, aus Blättern und Stengelteilen bestehende, als abgerebelte, von Stengelteilen größtenteils befreite Ware oder als Pulver, selten als ganze Pflanze in den Handel und ist häufig stark verunreinigt durch Mineralsubstanzen, wie Sand, Thon u. s. w.

Man unterscheidet im Handel deutschen und französischen Majoran und zwischen Majoran in »Blättern«, sog. »abgerebeltem« und zwischen zerschnittenem Majoran.

Der deutsche Majoran kommt größtenteils als zerschnittene Ware mit zahlreichen dünneren oder dickeren Stengelteilchen im

Handel vor und besitzt eine graugrüne Farbe, während der französische Majoran fast nur in Blättern, als von den Stengeln abgestreifter oder abgerebelter Majoran in den Handel gebracht wird, der eine schöne, grüne Farbe zeigt.

Bezüglich des Aschegehaltes erweist sich der französische Majoran fast durchweg als reicher an Mineralstoffen als der deutsche, was durch die dichtere Beschaffenheit des ersteren und durch das Fehlen der an Asche armen Stengelteilchen, von welchem der deutsche Majoran oft bis zu 50 % enthält, bedingt sein dürfte.

Die Asche des deutschen Majorans zeichnet sich ferner vor derjenigen des französischen dadurch aus, daß sie reicher an Mangan als die des letzteren ist, was sich schon beim Veraschen des Gewürzes durch die meist grüne Farbe der Asche des deutschen Majorans im Vergleiche zu dem meist weißen oder grünen Aschenrückstande des französischen Majorans als Unterscheidungsmerkmal zu erkennen giebt. Auf Grund zahlreicher, von mir ausgeführter Untersuchungen von Majoranproben verschiedenen Ursprungs wurden in der Verordnung des Großh. Ministeriums des Innern vom 28. Januar 1893 für den höchst zulässigen Gehalt des Majorans an Asche bezw. Sand folgende Zahlen festgesetzt.

	Asche	mit Sand.
1) Für zerschnittenen und gepulverten deutschen Majoran	10 %	2 %
2) Für desgleichen französischen Majoran	12,5 »	2,5 »
3) Für deutschen Majoran in Blättern	14,5 »	2,5 »
4) Französischen Majoran in Blättern	16,5 »	3,5 »

Zusammensetzung der Majoranasche.

	Deutscher	Französischer
	\multicolumn{2}{c}{Majoran.}	
Kieselsäure und Sand	26,520	19,440
Kalk	17,600	24,800
Magnesia	4,760	6,740
Eisenoxyd	7,300	6,064
Manganoxyduloxyd	1,050	Spuren
Kali	20,180	18,335
Natron	0,677	0,649
Schwefelsäure	4,920	4,800
Chlor	2,050	1,510
Phosphorsäure	8,800	9,100
Kohlensäure	6,063	8,562
	100,000	100,000.

Muskatblüte (Macis), der Samenmantel der Muskatfrucht Myristica fragrans, Fam. Myristiceae, eines immergrünen, auf den Molukken einheimischen, auf Jamaica kultivierten Baumes. Die Muskatblüte ist fleischig, orange-

gelb glänzend, reich an ätherischem Öl (bis zu 16%)
und enthält durchschnittlich 1,7—2% an Mineralstoffen.
Maximalaschegehalt: 3% mit 1% Sand.
Die beste Handelssorte ist die Banda-Macis (von den
Bandainseln).

Mikroskopisch: Oberhaut mit 1—3 Lagen stark verdickten, quadratischen und dreieckigen, langgestreckten
Zellen. Das übrige Gewebe besteht aus polyedrischen
Parenchymzellen mit körnigem Inhalt aus Amylodextrin
und fettem Öl. (Fig. 94.) Vereinzelte Stränge von Spiralgefäßen. Kein Stärkemehl.

Als Ersatz für die echte Macis kommt häufig die
Bombay- oder Papua-Macis, der Samenmantel der Myristica

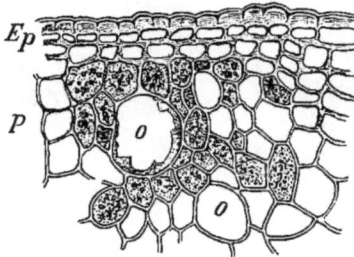

Fig. 94. Macis.
Ep Oberhaut. *P* Parenchym. *O* Ölzellen.

Malabarica, in den Handel. Dieselbe ist von schmutzig-
rotbrauner Farbe, sehr brüchig und fast ohne Geruch und
Geschmack. Ihr Gehalt an ätherischem Öl ist geringer,
jener an fettem Öl ein weit höherer als bei echter Macis.

Chemisch verschieden ist das Fett der beiden Macis-
sorten; die Jodzahl der Banda-Macis beträgt 50—53, jene
der Bombay-Macis 77—80.

Bleiessig erzeugt in dem alkoholischen Auszug der
Bombay-Macis einen rotbraunen Niederschlag.

Beim Kochen des mit Wasser verdünnten Auszugs
mit wenig Kaliumchromatlösung färbt sich die Flüssigkeit
mehr oder weniger rotbraun, während ein Auszug der
Banda-Macis rein gelb bleibt.

Muskatnuß. Die Samen der Myristica fragrans, welche
etwa 8—15% ätherisches und etwa 34% fettes Öl enthält.

Aschegehalt: 3 °/o durchschnittlich, Maximalaschegehalt: 3,5 °/o mit 0,5 °/o Sand.

Mikroskopisch: Endosperm aus polyedrischen Zellen, die mit einer farblosen oder braunen Masse erfüllt sind. Samenhaut mit Fettsäurekrystallen (Myristicinsäure). Zusammengesetzte Stärkekörner mit Kernhöhle. (Fig. 95.)

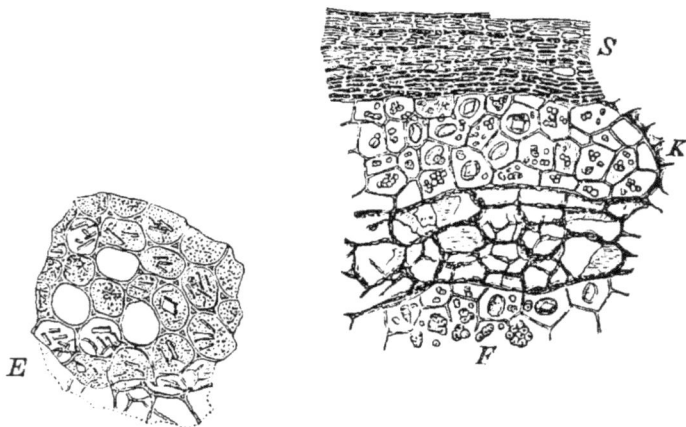

Fig. 95. Muskatnuß.
K Kern mit Stärke. F. Fettsäurekrystalle. E Eiweißkörper. S Samenhaut.

Gewürznelken. Die noch nicht ganz entfalteten Blüten von Caryophyllus aromaticus (Eugenia caryophyllata), Fam. Myrtaceae, eines auf den Molukken heimischen, jetzt in den Tropenländern, Philippinen, Großen Sundainseln, Antillen, Hinterindien und in Südamerika kultivierten Baumes. Die Gewürznelken enthalten 9—20 °/o ätherisches Öl und 4—5 °/o Mineralstoffe. Maximalaschegehalt: 8 °/o mit 1 °/o Sand.

Mikroskopisch: Radialgestrecktes, dünnwandiges Parenchymgewebe mit Ölräumen, Gefäßbündel mit Spiroiden und derbwandigen Bastfasern. Im Parenchym reichliche Krystalldrüsen von Kalkoxalat. Stärke, Sklereiden, Treppen- und Treppennetzgefäße sind nicht vorhanden. (Fig. 96 nach MÖLLER.)

Eisenchlorid färbt das ganze Gewebe indigoblau.

Als Fälschungsmittel der Nelken werden häufig die **Nelkenstiele** (Fig. 97) verwendet, welche ärmer an ätherischem Öl sind und die sich bei der mikroskopischen

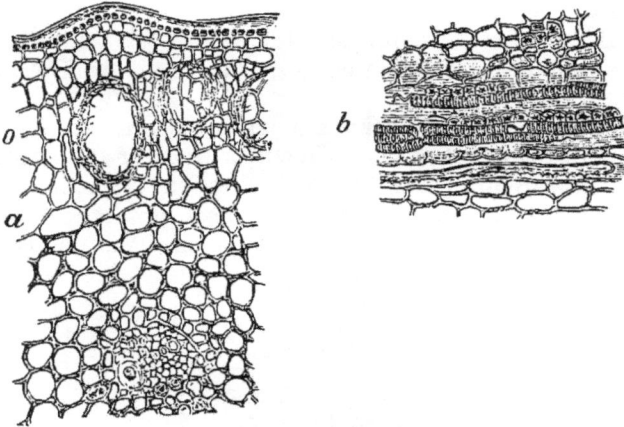

Fig. 96. Gewürznelke.
a Unterkelch. b Gefäßbündel (Längsschnitt). O Öldrüsen.

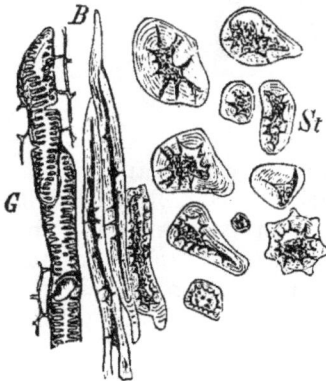

Fig. 97. Nelkenstiele.
G Gefäßröhren. B Bastfasern.
St Steinzellen.

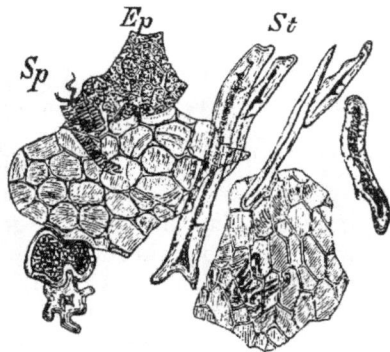

Fig. 98. Mutternelken.
Ep Oberhaut mit Spaltöffnung.
Sp Spiralgefäße. St Steinzellen.

Prüfung durch ihren Gehalt an Steinzellen und an Treppengefäßen erkennen lassen, die den Nelken nicht eigen sind. Dieselben enthalten 8—9 % Asche.

Ferner dienen zur Fälschung die **Mutternelken** (Anto-phylli) (Fig. 98), die reifen Früchte (Steinbeeren) der Gewürznelken. Dieselben zeigen nicht die charakteristischen Steinzellen von Gewürznelken, und das Gewebe der Kotyledonen enthält S t ä r k e.

Als weitere Fälschungsmittel sind noch zu nennen: entölte Nelken, sowie Sandelholz, Curcuma und Getreidemehl.

Safran. Die getrockneten, etwa 3 cm langen, rotbraunen Blütennarben des Crocus sativus, Fam. Irideae, eines im Orient heimischen, in Italien, Spanien und Frankreich angebauten Zwiebelgewächses mit etwa $0,62\,^0/_0$ ätherischem Öl und $5\,^0/_0$ Mineralstoffen. Maximalaschegehalt: $8,0\,^0/_0$ mit $0,5\,^0/_0$ Sand.

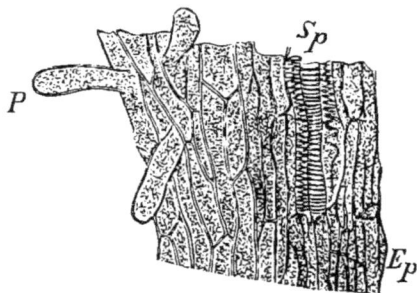

Fig. 99. Safran.
P Papillen. Sp Spiralgefäße. Ep Oberhaut.

Mikroskopisch: Die Narbenwand besteht aus einem langgestreckten, zartzelligen Parenchym, Gefäßbündel mit Spiroiden; Narbenrand mit großen und breiten Papillen, dazwischen Pollenkörner; alle Zellen mit schön rotem Farbstoff (Polychroit, Crocin), der in Wasser und Weingeist löslich, in fetten Ölen unlöslich ist. Mit konz. Schwefelsäure färbt sich derselbe blau, dann violett. (Fig. 99.)

Fälschungen des Safrans. Der Safran unterliegt häufig Fälschungen; oft werden die Griffel der Blüte (Feminell) mit den Narben gemischt; erstere sind aber durch ihre gelbe Farbe von den letzteren leicht zu unterscheiden. Ebenso kommen Mischungen mit extrahiertem und wieder aufgefärbtem Safran vor. Von anderen Pflanzen werden die Blüten der R i n g e l b l u m e n C a l e n d u l a offi-

cinalis, Fam. Compositae (Fig. 100), und die **Saflorblüten Carthamus tinctorius**, Fam. Compositae (Fig.
101) zur Fälschung benutzt. Die Ringelblumen besitzen eine gestreifte Oberhaut
mit dicken langen Haaren, ölreiches Parenchym.
Der Saflor besitzt sehr enge Spiralgefäße und Sekret-
schläuche. Der gelbe Farbstoff des Saflor ist in fetten
Ölen unlöslich.

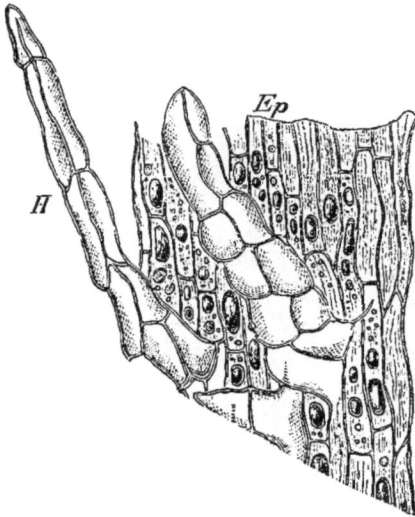

Fig. 100. Ringelblumen.
Ep Oberhaut gestreift. H Haare.

Fig. 101. Saflorblüten.
Ep Oberhaut. P Papillen.
Sp Spiralgefäße. S Sekret-
schläuche.

Nach KAYSER wird Safran mit Schwerspat in der Weise gefälscht, daß derselbe mit Chlorbaryumlösung getränkt und nach
dem Trocknen mit Alkalisulfat benetzt und wieder getrocknet
wird. Ferner werden beobachtet mit roten oder gelben Teerfarb-
stoffen aufgefärbter Safran, Beschwerung mit Honig, Glycerin,
Zucker, Zinnoxyd u. s. w.

Zimmt. Die vom Kork durch Abschaben befreite
Rinde der jungen Äste von Cinnamomum Cassia und
C. Ceylonicum, Fam. Lauraceae, des in Südchina, in
Cochinchina und auf Ceylon einheimischen, immergrünen
Strauches und Baumes. Die Rinde kommt in 50 cm
langen, gerollten Röhren von hellbrauner Farbe in den
Handel. Man unterscheidet: **chinesischen Zimmt**

(C. Cassia) mit 1,5—2 % ätherischem Öl. Aschegehalt: 5 %, höchstens 6 % mit 2 % Sand.

Mikroskopisch: Bastparenchym, Bastfasern, Markstrahlen mit prismatischen Kalkoxalatkrystallen, Siebröhren, im Parenchym zerstreute Schleimzellen. Zahlreiche große, rundliche und langgestreckte Steinzellen. Regelmäßig zusammengesetzte Stärkekörner. (Fig. 102 nach MÖLLER.)

Ceylonzimmt (Kanehl) stammt von Cinnamomum acutum oder Ceylonicum. Asche: 3,7—5,0 %.

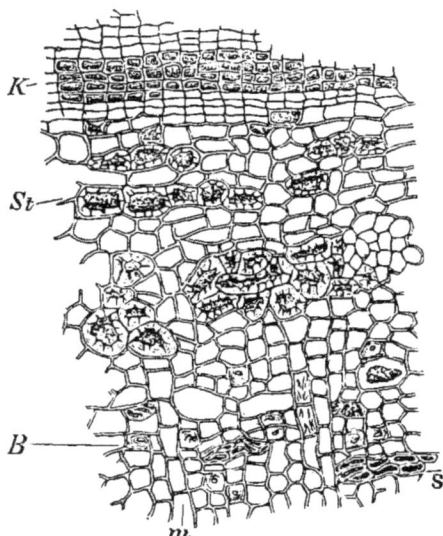

Fig. 102. Zimmt.
St Steinzellen. *K* Steinkork. *S* Siebröhrenstränge. *M* Markstrahlen. *B* Bastfasern.

Mikroskopisch: Der anatomische Bau stimmt im wesentlichen mit jenem des Chinazimmts überein; beim Ceylonzimmt ist das Bastparenchym weniger straff und die Zellen sind ärmer an Stärke.

Von geringeren Zimmtsorten sind zu nennen:

Der **Holzzimmt, Holzcassie** oder **Malabarzimmt.** Derselbe stammt von älteren Ästen, ist wenig gewürzhaft und wird beim Kauen schleimig.

Als Fälschungsmittel des Zimmtpulvers werden benutzt: entölter Zimmt, Sandelholz, Maisgries, Mehl u. s. w.

Häufiger sind Beimischungen von minderwertigeren

Zimmtpulvern, wie von Zimmtbruch und Chips, einem Abfallprodukt bei der Zimmternte.

Seit noch nicht langer Zeit kommt ein Zimmtpulver im Handel vor, welches aus sog. »Zimmtbruch« hergestellt wird, dessen Aschegehalt die oben erwähnten Grenzen in erheblichem Grade überschreitet und desbalb bei der Untersuchung zur Beanstandung geführt hat.

Auf Veranlassung der Handelskammer in Mannheim, sowie einiger Großhändler, die geltend machten, daß der sog. »Bruchzimmt«, der aus kleinen Zimmtfragmenten besteht, die beim Einsammeln der Rinde im Produktionslande, beim Bündeln der langen Rindenteile ausgeschieden würden, im allgemeinen reicher an Aschebestandteilen sei als der gewöhnliche Zimmt, sind wir der Frage, ob es thunlich sei, diese Ware unter der ausdrücklichen Bezeichnung »Bruchzimmt« bezw. gemahlener »Bruchzimmt« in den Verkehr zu bringen, näher getreten.

Um eine sichere Grundlage für die Beurteilung dieses Bruch-zimmts zu gewinnen, verschaffte ich mir einen Originalballen (etwa 12 Kilogramm) von Bruchzimmt, wie er von China importiert wurde, zur Ausführung von Untersuchungen auf dessen Asche-gehalt; zu demselben Zwecke ließ ich mir Proben von in Deutsch-land gemahlenem Bruchzimmt, wie er von den Droguisten in den Verkehr gebracht wird, zu Aschebestimmungen kommen. Des-gleichen lagen mir Proben von ganzem und gemablenem Ceylon-bruchzimmt zur Untersuchung vor.

Die Untersuchung*) der von mir aus ganzer Ware vor und nach dem Reinigen durch Auslesen der gröbsten Steinchen und Absieben von Sand und Staub, soweit dies ohne erheblichen Verlust von Zimmt thunlich war, hergestellten Pulver führte zu folgenden Resultaten:

In 100 Gewichtsteilen lufttrockenen Pulvers:

I. China-Bruchzimmt.		II. Ceylon-Bruchzimmt.	
1. Gemahlene Handelsware:		1. Gemablene Handelsware:	
Gesamtasche:	Sand:	Gesamtasche:	Sand:
a) 5,80	3,00	a) 6,50	2,48
b) 6,08	3,20	b) 6,00	2,63
c) 6,20	3,20	c) 5,80	2,00
2. Vom Oripinalballen und selbst gemahlen:		2. Vom Originalballen und selbst gemahlen:	
a) 5,43	2,82	a) 4,95	1,30
b) 6,00	2,90	b) 4,80	1,00
c) 5,95	2,85	c) 5,00	0,90
3. In der beschriebenen Weise gereinigt und selbst ge-mahlen:		3. In der beschriebenen Weise gereinigt und selbst ge-mahlen:	
a) 5,03	0,82	a) 4,50	0,60
b) 4,98	0,79	b) 4,60	0,66
c) 4,57	0,90	c) 4,00	0,52

*) Rupp, Zeitschr. für Nahrungs- u. Genußm. 1899, Heft 2, S. 209.

Aus den unter I,3 und II,3 aufgeführten Ergebnissen der
Untersuchung ist aber zu ersehen, daß es bei Anwendung von
einiger Sorgfalt gelingt, durch Auslesen und Absieben den Bruchzimmt vor dem Vermahlen desselben so weit zu reinigen, daß
er den Anforderungen, die man bis jetzt an gemahlenen Zimmt
in Bezug auf seinen Aschegehalt gestellt hat, in den meisten
Fällen entsprechen dürfte. Der Höchstgehalt an Asche bezw.
Sand beträgt bei den unter I,3 und II,3 aufgeführten Zimmtpulvern
5,03 % Asche mit 0,82 % Sand bezw. 4,60 % Asche mit 0,66 % Sand,
mithin Werte, welche mit den bis jetzt fast überall gültigen
obersten Grenzen für normales Zimmtpulver übereinstimmen.

Ob die Reinigung und dadurch die Verminderung der
Mineralsubstanzen des Bruchzimmts bei jeder Originalware sich
bis zu dem Grade erreichen läßt wie im vorliegenden Falle, muß
noch durch weitere Untersuchungen ermittelt werden.

Bis dahin dürfte es sich empfehlen, falls die Untersuchung
von minderwertigen Zimmtsorten, die ausdrücklich unter der
Bezeichnung »Bruchzimmt« in den Verkehr gebracht werden, in
100 Gewichtsteilen gemahlenem Zimmt nicht mehr als 6 Gewichtsteile Gesamtasche mit 3 Gewichtsteilen Sand
(d. h. in verdünnter Salzsäure unlösliche Teile) ergiebt, von einer
direkten Beanstandung bezw. vor einer Strafverfolgung abzusehen.

Galgant. Der rotbraune Wurzelstock von Alpinia
officinarum, Fam. Zingiberaceae, einer auf der Insel
Hainan (China) heimischen, auf Siam kultivierten Pflanze
mit ätherischem Öl und scharfem Harz und 3—4 %
Mineralstoffen.

Mikroskopisch: Derbwandiges Parenchym, Gefäßbündel mit Bastfasern, Treppen- und Netzgefäße, große
keulenförmige Stärkekörner, die am breiten Ende einen
Kern zeigen. (Fig. 103.)

Ingwer. Das Rhizom von Zingiber officinale, Fam.
Zingiberaceae, eine in Westindien und Westafrika kulti-
vierte Pflanze mit ätherischem Öl, scharfem Harz und
Stärkemehl. Der Aschegehalt beträgt 4,8—6,0 %, im
Maximum 8 % mit 3 % Sand.

Mikroskopisch: Parenchym mit Gefäßbündeln durchzogen, Treppen- und Netzgefäße, dickwandige Bastfasern,
zerstreute Parenchymzellen mit Öl- und Harzmassen,
seltener Spiralgefäße, eigenartige, einfache, flachgedrückte,
an einem Ende spitz verlaufende Stärkekörner. (Fig. 104.)

Fälschungsmittel: Getreidemehl, Mandelkleie, gemahlene Semmel.

Zittwer. Der knollige Wurzelstock von Curcuma Zedoaria, Fam. Scitamineae, einer in Ostindien heimischen Pflanze mit ätherischem Öl, scharfem Harz und Stärke. Aschegehalt: 4,5 %.

Fig. 103. Galgant.
a Stärkekörner. b Bastfasern.

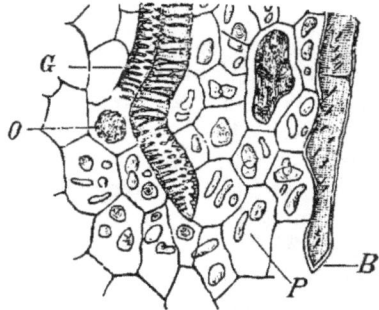

Fig. 104. Ingwer.
G Gefäßröhren. B Bastfasern. O Ölzellen. P Parenchym mit Stärkezellen.

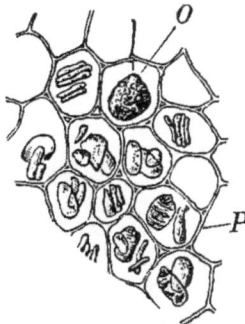

Fig. 105. Zittwer.
O Ölzellen. P Parenchym mit Stärke.

Mikroskopisch: Manche Gefäßbündel sind mit sklerotischen Bastfasern umgeben, das Stärkeparenchym ist derbwandiger und die Stärkekörner, von länglichrunder, stumpf zugespitzter Form sind größer als bei dem Ingwer.

XXIII. Kokosnußbutter.

Unter der Bezeichnung Kokosnußbutter kommt seit einigen Jahren ein Speisefett in den Handel, welches aus dem Fruchtkern der Cocos nucifera, einer auf den Südsee-inseln und auf den Inseln des ostindischen Archipels wachsenden, sowie in allen Ländern des Wendekreises angebauten Palme. Der Fruchtkern der reifen Kokosnuß enthält ein weißes Fleisch, die sog. Kopra, mit 60—70% Fett, 23—25% organischen Stoffen, von welch letzteren 9—10% aus Eiweiß bestehen. Dieses Fett wird durch Auspressen oder Auskochen der Nüsse erhalten und stellt, von freien Säuren und ätherischen Ölen befreit, eine feste, weiße Masse von butterartiger Konsistenz, von mildem Geschmack und nicht unangenehmem Geruch dar.

Die Kokosbutter besteht hauptsächlich aus den Gly-ceriden der Laurostearin-, Myristin-, Palmitin- und Capryl-säure und hat die Eigenschaften eines neutralen Pflanzen-fettes. In Bezug auf seinen Gehalt an Glyceriden flüch-tiger Fettsäuren steht es von allen festen Fetten der Milchbutter am nächsten.

Chemische Zusammensetzung der Kokosbutter:

Wasser	0,0104
Fett . .	99,9861
Mineralstoffe . .	0,0035
	100,00.

Spezifisches Gewicht des Fettes bei 100° C.: 0,863. Schmelzpunkt: 26—28° C. Reichert-Meissl'sche Zahl: 7—7,6. Hübl'sche Jodzahl: 8,8. Kœttstorfer'sche Verseifungszahl: 268,4; die Kokosbutter zeigt von allen Fetten die höchste Verseifungszahl.

Die Untersuchung der Kokosnußbutter wird auf die-selbe Weise ausgeführt wie bei der Milchbutter.

Reine Kokosbutter muß eine weiße Farbe zeigen, frei von freien Fettsäuren sein und im übrigen die oben genannten Eigenschaften besitzen.

Die in neuerer Zeit unter der Bezeichnung »Palmin« und »Laureol« in den Handel gebrachten Speise- bezw. Schmelzfette bestehen meist aus gereinigtem Kokosnußöl.

XXIV. Kunstbutter (Margarine).

Die Präparate, welche unter der Bezeichnung Margarine als Ersatzmittel für Butter in den Handel kommen, bestehen im wesentlichen aus Oleomargarin, den vom Stearin getrennten, leichter schmelzbaren Bestandteilen (Triolein und Tripalmitin) des Rindstalgs, neben geringen Mengen von Milchbutterfett, Schweinefett (Neutral Lard), Pflanzenölen (Sesamöl) und gelben Farbstoffen. Nach dem Reichsgesetz vom 15. Juni 1887, den Verkehr mit Butter, Käse, Schmalz und deren Ersatzmitteln betreffend, sind Margarine diejenigen der Milchbutter oder dem Butterschmalz ähnlichen Zubereitungen, deren Fettgehalt nicht ausschließlich der Milch entstammt.

Die Darstellung der Margarine geschieht nach dem Verfahren des Chemikers Mège-Mouriès, welches darauf beruht, verschiedene Fettarten unter bestimmten Temperaturen in das leichter schmelzbare Oleomargarin oder Margarin und in das bei diesen Temperaturen nicht schmelzbare Stearin zu scheiden, in Kürze auf folgende Weise:

Das von Mège-Mouriès verbesserte Verfahren zur Herstellung von Margarine besteht nach Sells*) ausführlicher Arbeit darin, daß das Fett mit Teilen des Magens eines Schafes, Salzsäure und phosphorsaurem Kalk versetzt wird, damit sich zunächst ein künstlicher Verdauungssaft bildet. Diese Mischung wird auf 40—50⁰ C. erwärmt, wobei eine gelbe Flüssigkeit von butterartigem Geruch entsteht, die abgezogen und mit Kochsalz versetzt wird. Nach dem Klären wird die Masse der Krystallisation bei 25⁰ C. überlassen und dann der flüssige Teil abgepreßt. Das Margarin wird nun noch flüssig mit 12—20 % Rahm vermischt, der einen Zusatz von ¹/₁₀₀₀ Natriumbikarbonat und ¹/₁₀₀ Kuheuter erhalten hat, eine halbe Stunde gebuttert.

Das Verfahren, nach welchem in neuerer Zeit Margarine gewonnen wird, ist im wesentlichen das gleiche wie jenes, welches Mège angewendet hat.

Zur Feststellung von Margarine wird namentlich das Nierenfett frisch geschlachteter Tiere, wie es die Schlachthäuser liefern, verwendet. Das Ausschmelzen des Talgs wird selten noch in den Margarinefabriken selbst, sondern meistens in den Talgschmelzen ausgeführt.

---

*) Arbeiten des Kaiserl. Gesundheitsamtes, Bd. I, 1886.

Der Talg wird nach der Reinigung durch Waschen zerkleinert und in mit Dampf erhitzten Kesseln bei etwa 40—50° C. geschmolzen.

Nach dem Waschen des flüssigen Fettes mit Salzwasser und dem Abschäumen der letzten Reste von Gewebeteilchen erhält man fast geruch- und geschmacklosen, gereinigten Talg, den »premier jus« der Margarinefabriken.

Aus dem gereinigten Talg erhält man durch Auskrystallisieren bei 20—25° C. das Stearin und durch Auspressen das leicht schmelzbare Oleomargarin von gelblich-weißer Farbe und süßlichem Geschmack.

Zur Fabrikation von Margarine wird das Oleomargarin oder auch, namentlich zur Herstellung der geringeren Sorten, der gereinigte Talg selbst mit verschiedenen anderen tierischen und pflanzlichen Fetten, wie mit Neutral-Lard, einem Produkt aus amerikanischem Schweinefett, welches in ähnlicher Weise gewonnen wird wie das Oleomargarin aus Talg, ferner mit Sesamöl, Erdnußöl und Baumwollsamenöl, seltener mit Palmkernöl, Palmöl und Kokosöl zusammengeschmolzen.

Das Mengeverhältnis richtet sich nach der Jahreszeit und der Konsistenz, die man der Margarine zu geben beabsichtigt.

Die flüssige Fettmischung wird darauf mit Orlean, einem Pflanzenfarbstoff, der aus dem Fruchtfleisch von Bixa orellana, einem in Ost- und Westindien einheimischen Baume, gewonnen wird, schwach gelb gefärbt und kommt nun aus dem Schmelzraume in die mit Dampf mäßig erwärmte Kirnmaschine (ein Butterfaß im großen), ein eiserner Kessel, in welchem durch ein Rührwerk mittelst Transmissionsbetriebs die geschmolzene Fettmischung mit Rahm bezw. mit Milch oder Magermilch, die nach und nach zugesetzt werden, aufs innigste verarbeitet wird. Nach einer Stunde hat sich hierbei eine Emulsion gebildet, in welcher Fett und Milch mechanisch gebunden sind.

Die flüssige Emulsion läßt man nun im geeigneten Moment durch einen Hahnen, über welchem eine Brause mit eiskaltem Wasser angebracht ist, in eine große hölzerne Wanne, die Kühlwanne, ablaufen. Die Fettemulsion wird dadurch zum Erstarren gebracht, das erstarrende Fett schließt hierbei einen großen Teil der Milch bezw. der Magermilch ein, wodurch der Margarine der butterähnliche Geruch und Geschmack verliehen wird.

Es spielt sich hierbei ein ganz ähnliches Verfahren ab wie bei der Butterbereitung im Butterfaß.

Die in Klümpchen erstarrte, bröckelige Margarine wird in der Kühlwanne gesammelt und gelangt von da auf den Buttertrockner, ein faßähnlicher Bottich, in welchem durch ein hölzernes Knetwerk die Margarine vom größten Teil der anhängenden Buttermilch und des Wassers befreit wird. Schließlich wird die Margarine auf ein Walzwerk gegeben, wo sie etwa 4—5 mal eiserne Walzen passieren muß, wodurch dieselbe eine geschmeidige Konsistenz erhält und ihr Buttermilch und Wasser bis auf etwa 3—8 % entzogen werden.

Die sorgfältig bereitete Kunstbutter hat in ihrer
äußeren Beschaffenheit große Ähnlichkeit mit der Milchbutter, wenn sie auch den angenehmen Geruch und Geschmack der letzteren bei weitem nicht besitzt.
Dieselbe eignet sich, vorausgesetzt daß sie aus normalem Fett gesunder Tiere, sowie aus unverdorbenen
Pflanzenfetten hergestellt ist, zu Genußzwecken, namentlich
zum Kochen und Backen.

Es ist aber nicht ausgeschlossen, daß zur Margarine-
fabrikation schlechtes Material, Abfälle, Fett von kranken
oder gefallenen Tieren verwendet wird, wodurch unappetit-
liche und gesundheitsschädliche Produkte in den Handel
gelangen können. Eine scharfe Kontrolle der Margarine-
fabrikation ist deshalb empfehlenswert.

Zusammensetzung der Kunstbutter.

Wasser.	Palmitin.	Stearin.	Oleïn.	Caprins.	Caseïn.	Asche.
12-14,0 %	18,5 %	38,0 %	25,0 %	0,25 %	0,50 %	1-2,0 %

Durchschnittlich beträgt das spez. Gewicht der Margarine bei 100^0 C. $= 0,859 - 0,861$; ihr Schmelzpunkt
liegt bei $32 - 35^0$.

REICHERT-MEISSL'sche Zahl: 0,8—1,5.

In chemischer Beziehung ist die Margarine jedoch
wesentlich verschieden von der Milchbutter. Wenn auch
die Hauptbestandteile der tierischen Fette, die Glyceride
der Stearin-, Palmitin- und Oleïnsäure, in annähernd dem
gleichen Verhältnis in der Margarine wie in der Butter
vorhanden sind, so enthält die Milchbutter als charakteristischen Bestandteil reichliche Mengen flüchtiger Fettsäuren, wie Buttersäure, Capryl- und Caproinsäure, Bestandteile, die in der Margarine, wie in allen anderen Fetten
animalischen und pflanzlichen Ursprungs nicht oder nur
in weit geringerer Menge enthalten sind.

Das Feilhalten und Verkaufen von Margarine
ist durch das Reichsgesetz vom 15. Juni 1897, den Verkehr mit Butter, Käse, Schmalz und deren Ersatzmitteln
betreffend, geregelt; letzteres giebt auch Vorschriften über
die Beschaffenheit der Margarine in Bezug auf ihren Gehalt an Milchfett und Sesamöl (s. Anhang).

Die Untersuchung der Margarine*).

Dieselbe besteht, wie bei der Butter, in der Bestimmung
der physikalischen Eigenschaften, des Wassergehalts, der
Asche, des Gehalts an flüchtigen und freien Fettsäuren,
an Konservierungsmitteln, sowie an Sesamöl, dem Erkennungsmittel der Margarine.

Beurteilung der Margarine.

Bei der Beurteilung der Margarine in Bezug auf
ihren Gehalt an Butterfett ist zu berücksichtigen, daß
einem Gehalte von 3,5—6 % Butterfett, welche Menge bei
der gesetzlich zulässigen Verwendung von 10 Gewichtsteilen eines fettreichen Centrifugenrahmes in die Margarine
gelangen kann, REICHERT-MEISSL'sche Zahlen von 1,8 bis
2,5 entsprechen, während die REICHERT-MEISSL'sche Zahl
für Oleomargarine 0,7—1,0 beträgt.

Noch höhere REICHERT-MEISSL'sche Zahlen können
bei Margarine beobachtet werden, ohne daß ihr Butterfett-
gehalt die gesetzlich normierte Maximalgrenze überschreitet,
wenn Pflanzenfette verwendet werden, die reich an flüchtigen Fettsäuren sind, wie Palmkernöl und Kokosnußöl
mit REICHERT-MEISSL'schen Zahlen von 4—5 bezw. 7—8.

Zeigt eine Margarine eine höhere REICHERT-MEISSL'sche
Zahl als 2,5, so ist das noch kein sicherer Beweis dafür, daß
sie mehr als die gesetzlich zulässige Menge von 10 % Rahm
entsprechend 3,5—6 % Butterfett enthält; um diese Annahme zu rechtfertigen, muß festgestellt werden, daß die
betreffende Margarine weder Kokosnußöl noch Palmkernöl
enthält.

Kokosnußöl und Palmkernöl lassen sich durch ihre
niederen Jodzahlen und ihre hohen Verseifungszahlen erkennen. Die Jodzahl des Kokosnußöls beträgt 9, die des
Palmkernöls 14; dagegen die des Baumwollsamenöls und
Sesamöls 108, des Erdnußöls 96, des Schweinefettes etwa
60 und des Oleomargarins etwa 50.

Die Verseifungszahl beträgt beim Kokosnuß- und Palmkernöl 261 bezw. 248, beim Sesamöl 190, beim Erdnußöl
193,5, beim Baumwollsamenöl 195, beim Schweineschmalz
196 und bei der Butter durchschnittlich 227.

---

*) S. Anhang: »Amtl. Bekanntmachung«.

XXV. Schweinefett.

Schweinefett ist das aus dem Zellgewebe des Netzes und der Nieren des Schweines, Sus scrofa, durch Ausschmelzen erhaltene Fett. Zur Gewinnung desselben werden nur die in der Nähe der Rippen und Nieren liegenden dicken Fettschichten, das sog. Lendenfett oder der Schmer, benutzt und zu diesem Zwecke von den sie umschließenden Häuten befreit, in kleine Stücke zerschnitten und in Kesseln im Dampfbad oder auf freiem Feuer erhitzt. Das flüssig gewordene Fett wird abkoliert.

Beim Ausschmelzen des Schweinefettes auf freiem Feuer ist dafür Sorge zu tragen, daß die Temperatur nicht zu hoch wird, damit das Fett nicht anbrennt, was am besten durch einen Zusatz von etwas Wasser verhindert werden kann.

Das frische Schweinefett ist eine weiße, körnige Masse von eigenartigem, angenehmem Geruch und Geschmack. Dasselbe ist vollständig löslich in Äther, Chloroform, Benzol, Petroleumäther und in Amylalkohol.

Der Schmelzpunkt des Fettes liegt bei 40—45° C., wobei es zu einer klaren farblosen und in nicht zu dicker Schichte durchsichtigen Flüssigkeit schmilzt.

Das spez. Gewicht des Schweinefettes bei 100° C. = 0,861.

Die chemischen Bestandteile des Schweinefettes sind neutrale Fettsäureäther, wie Ölsäure-, Palmitin- und Stearinsäure-Glycerinäther.

Mittlere Zusammensetzung des Schweinefettes:

Wasser.	Eiweißstoffe.	Fett.	Mineralstoffe.
0,80 %	0,18 %	99,10 %	Spuren.

Die Untersuchung des Schweinefettes*).

Probeentnahme: wie bei der Butter.

Äußere Beschaffenheit nach Farbe, Geruch und Geschmack, sowie Konsistenz.

---

*) S. Anhang: »Amtl. Bekanntmachung«.

Das **spezifische Gewicht,**
der **Schmelzpunkt,**
Wasser- und **Aschegehalt** werden wie bei der Butter
ermittelt.

Bestimmung der HÜBL'schen Jodzahl.
Die Ermittelung der Jodzahl des Schweinefettes, wie
überhaupt aller Fette, beruht darauf, daß die gesättigten
Fettsäuren der Essigsäurereihe keine Halogene addieren,
während die Fette mit ungesättigten Säuren aus der Reihe
der Acryl- (Öl- und Erucasäure) und der Tetrolsäure
(Leinölsäure) Halogenverbindungen eingehen. Je nach
dem Gehalt an ungesättigten Fettsäuren wird das betreffende Fett mehr oder weniger viel Halogen zu addieren
im stande sein. So nimmt z. B. 1 Molekül Ölsäure oder
deren Homologe 2 Atome, Leinölsäure 4 Atome Chlor,
Brom oder Jod auf.

HÜBL hat hierzu eine Jodlösung in Gegenwart von
Quecksilberchlorid benutzt, welche auf ungesättigte Fett-
säuren bei gewöhnlicher Temperatur unter Bildung von
Chlor-Jodadditionsprodukten einwirkt, und bezeichnete die
hierzu für 100 Teile Fett verbrauchte Menge Jod als
Jodzahl.

Die bei der Untersuchung des Schweinefettes aus-
führenden Methoden zur Bestimmung der
HÜBL'schen Jodzahl,
BECHI'schen Silbernitratreaktion zum Nachweis von
Baumwollsamenöl,
WELMANS'schen Phosphormolybdänsäurereaktion,
des Cholesterins und Phytosterins nach SALKOWSKI,
sow e die Herstellung der hierzu nötigen Lösungen ist im
Anhang unter den amtlichen Vorschriften für die chemische
Untersuchung der Fette näher beschrieben (s. Anhang).

Das amerikanische Schweinefett, welches schon seit langer
Zeit in großen Massen bei uns eingeführt wird, genügt größten-
teils nicht den Anforderungen, welche wir an unsere einheimische
Ware stellen, und unsere Untersuchungen*) haben ergeben, daß
über 50%/0 des amerikanischen Schweinefettes mit Baumwoll-
samenöl (Cottonöl) gefälscht sind, oder aus Mischungen von Talg,
Pflanzenöl und geringen Mengen von Schweineschmalz bestehen.
Dies geht auch aus den Mitteilungen von R. GRIMSHARD (J. FRANKL,
Bd. 77, S. 171; 5. Heft, Nr. 8 der Zeitschr. f. angew. Chemie 1889)

---

*) Zeitschrift f. angew. Chemie 1891, Heft 13.

hervor, wonach von der Gesamtproduktion des Baumwollsamenöls
90 % zu Genußzwecken und namentlich zur Schmalzfabrikation
verwendet werden.

Für unsere Untersuchungen ließen wir uns, um sicher zu
sein, ob nicht vielleicht durch die Art der Fütterung oder durch
die Verschiedenheit der Rasse der Schweine die Zusammensetzung
oder die Eigenschaften des Schweinefettes beeinflußt werden, aus
zuverlässigen Quellen aus Amerika, England, Frankreich, Italien
und Ungarn reines unausgeschmolzenes Schweinefett kommen
und unterwarfen diese Proben sowie ein echtes Baumwollsamenöl
und Mischungen von Schweinefett mit ersterem einer eingehenden
Untersuchung nach folgenden Methoden:

1. Bestimmung der Hübl'schen Jodzahl;
2. Silbernitratproben nach Becнi;
3. Färbung bei der Behandlung des Fettes mit Bleiacetat
nach Labiche;
4. Bestimmung des Erhitzungsgrades beim Mischen des
Fettes mit konzentrierter Schwefelsäure nach Maumené.

Die Untersuchung führte zu folgenden Resultaten:

Schweinefett aus:	Hübl'sche Jodzahl.	Silbernitrat- probe Bechi.	Bleiace- tatprobe Labiche.	Erhitzungs- grad Maumené.
Amerika (Eldred in Pensylvanien) . .	58,6	farblos	weiß	31,0°
England (London) .	59,0	»	»	31,5°
Frankreich (Paris) .	58,5	»	»	31,0°
Italien (Grottamare) .	57,8	»	»	31,2°
Ungarn (Budapest) .	58,6	»	»	31,4°
Deutsches I.	57,8	»	»	31,0°
» II.	58,0	»	»	31,6°
» III.	57,3	»	»	31,0°
» IV.	56,9	»	»	31,4°
» V.	58,3	»	»	31,5°
» VI.	57,5	»	»	31,5°
» VII.	57,6	»	»	31,0°
» VIII.	59,0	»	»	32,0°
» IX. . . .	58,5	»	»	31,5°
» X.	58,6	»	»	31,8°
Baumwollsamenöl .	112,0	dunkelbraun	braun	31,0°
10 Teile Baumwoll- samenöl, 90 Teile Schweinefett . . .	60,0—61,0	braun	weiß	34,0°
20 % Baumwolls. . .	67,0—68	»	gelblich	40—42°
50 % » . .	82—85	schwarzbraun	gelbbraun	58,9°

22*

Was die Zuverlässigkeit der Methoden anbelangt,
welche wir bei diesen Untersuchungen angewendet haben,
so müssen wir der Bestimmung der HÜBL'schen Jodzahl
(Jodadditionsvermögen) der Fette den Vorzug geben, sie
giebt weitaus die besten Anhaltspunkte für die Beurteilung
der quantitativen Zusammensetzung der Fette.

Recht brauchbare Resultate giebt auch die BECHI'sche
Silbernitratprobe, wenn es sich um den qualitativen Nachweis von Baumwollsamenöl im Schweinefett, bezw. um
den Beweis handelt, ob eine reine Ware vorliegt oder nicht.

Sämtliche Schweinefettproben, welche wir selbst aus-
geschmolzen oder aus zuverlässigen Quellen bezogen haben,
haben ihre Farbe beim Kochen mit alkoholischer Silbernitratlösung nicht verändert, sie blieben vollständig weiß.
Daß Auftreten minimaler Färbungen, welche durch Verunreinigung der Fette durch organische Substanzen (Staub,
Teilchen, welche aus den zum Kolieren benutzten Materialien stammten) bedingt sind, läßt sich von der Färbung,
welche von der durch Baumwollsamenöl bedingten Reduktion der Silberlösung herrührt, bei einiger Übung leicht
unterscheiden.

Bei sorgfältiger Ausführung giebt die Bestimmung des Erhitzungsgrades nach MAUMENÉ ebenfalls gute Resultate.

Die Bleiacetatprobe scheint sehr von der Einwirkung des
Lichtes, sowie vom Alter des Fettes, namentlich bei einem hohen
Gehalte an freien Fettsäuren beinflußt zu sein. Die entstehenden
Färbungen sind deshalb nicht immer zuverlässig.

Außerdem giebt die von WELMANS in unserem Laboratorium
bei Untersuchung verschiedener, teils reiner, teils mit Pflanzenölen gefälschter Fettproben angestellte Reaktion für den qualitativen Nachweis von fetten Pflanzenölen, welche vorher einer Behandlung mit chemischen Agentien nicht unterworfen waren,
recht gute Anhaltspunkte.

Schüttelt man nämlich eine Lösung von reinem Schweinefett
(1 gr) in Chloroform (5 cc) mit 2 cc einer Lösung von phosphormolybdänsaurem Natron in Salpetersäure, so verändert sich die
Farbe der Mischung nicht, während beim Vorhandensein von
fetten Pflanzenölen durch Reduktion der Molybdänsäure eine
Grünfärbung auftritt, die um so intensiver ist, je reicher das Fett
an fettem Pflanzenöl ist. Übersättigt man diese Flüssigkeit mit
Ammoniak, so geht die grüne Farbe in blau über, während auch
hierbei die Mischung mit reinem Schweinefett unverändert bleibt.

Hier mögen noch die Jodzahlen einiger anderer, eventuell
zur Fälschung von Schweinefett zur Verwendung gelangender
Pflanzenöle oder Fette, sowie des Talges angeführt werden:

Sesamöl	108,0—123,0
Arachisöl	90,0—103,0
Olivenöl	79,5— 88,0
Rüböl	98,0—105,0
Palmkernöl	10,3— 17,5
Kokosöl	7,9— 9,5
Talg	35,5— 40,5

Beurteilung des Schweinefettes. Reines Schweinefett muß eine weiße Farbe, eine körnige Konsistenz, sowie einen angenehmen Geruch und Geschmack zeigen.

Die Hübl'sche Jodzahl liegt zwischen 52 und 59 und soll letztere Zahl im allgemeinen nicht übersteigen, wenn auch bei stark überhitztem Schweinefett schon Jodzahlen bis zu 64 beobachtet worden sind, bei welchen sich ein Gehalt von Baumwollsamenöl nach der Bechi'schen Methode nicht nachweisen ließ. Beim Kochen mit alkoholischer Silbernitratlösung muß reines Schweinefett in Bezug auf seine Farbe unverändert bleiben.

Fälschungen mit flüssigen Pflanzenölen erhöhen die Jodzahl, ein Zusatz von Rindertalg erniedrigt dieselbe.

Palmkernöl und Kokosnußöl lassen sich durch ihre hohen Verseifungszahlen und ihre niederen Jodzahlen erkennen.

Nach Angaben von Dieterich[*]) soll die Jodzahl, wenn bei der Herstellung des Schweinefettes vorzugsweise Bauch- oder Darmfett verwendet wird, zwischen 46,6 und 62,9, bei der Verwendung von Rückenspeck zwischen 63,6 und 66 betragen. Schweinefett, welches Jodzahlen unter 46 zeigt, ist verdächtig, mit Talg gefälscht zu sein, da Talg Jodzahlen zwischen 35,6 und 40 aufweist, jedoch ist dabei zu beachten, daß das Alter des Schweinefettes und die Zunahme der freien Fettsäuren die Jodzahl erniedrigen, was auch für einen Zusatz von Kokosnußöl oder Palmkernöl gilt. Im letzteren Fall wird die Reichert-Meissl'sche Zahl des Schweinefettes eine höhere sein.

Von tierischen Fetten, die zu Genußzwecken verwendet werden, sind noch zu erwähnen:

Gänsefett. Dasselbe wird aus dem Eingeweide- und Brustfett der Gänse gewonnen; es besitzt eine gelblichweiße Farbe, weiche Konsistenz und einen angenehmen Geschmack.

---

*) Helfenb. Annal. 1887, S. 8; 1888, S. 40.

Schmelzpunkt: 24—26° C. Erstarrungspunkt: 18° C.
HÜBL'sche Jodzahl: 71—72. REICHERT-MEISSL'sche
Zahl: 0,2—0,3. Verseifungszahl: 184—198.

XXVI. Speiseöle.

Die zur Zubereitung von Speisen dienenden Pflanzenöle werden aus verschiedenen Früchten gewonnen und
gehören folgende zu den gebräuchlichsten:

Olivenöl, das aus dem Fleische und den Samenkernen
der Steinfrüchte von Olea europaea, Fam. Oleaceae, dem
im südlichen Europa kultivierten Ölbaum, durch Auspressen unter Anwendung von Wärme gewonnene fette
Öl. Das Olivenöl ist hell- bis goldgelb und besitzt einen
eigenartigen Geruch und angenehmen Geschmack. Die
beste Sorte ist das Jungfern- oder Provenceröl.

Chemische Zusammensetzung:

$$\left.\begin{array}{l}\text{Feste} \\ \text{Glyceride.}\end{array}\right\} \left\{\begin{array}{l}\text{Palmitin} \\ \text{Stearin} \\ \text{Arachin}\end{array}\right\} \text{28 Proz.}$$

Oleïn   72   »

Die Untersuchung der Speiseöle*) erfolgt in ähnlicher Weise wie bei der Butter und dem Schweinefett.

Probeentnahme der Speiseöle.

Von dem gut durchmischten Ölvorrate sind mindestens
100 gr Öl zu entnehmen. Falls die Öle infolge von kalter Lagerung
feste Bestandteile ausgeschieden haben, so müssen diese vor der
Probeentnahme durch gelindes Erwärmen des Ölbehälters zur
Lösung gebracht werden und es darf erst nach kräftiger Durchmischung des Öls die Probeentnahme stattfinden.

Die Ölproben sind in reinen, vollständig trockenen
und mit Kork gut verschließbaren Glasflaschen einzusenden.

Eigenschaften und Prüfung des Olivenöls:

Spezifisches Gewicht. Reines Olivenöl zeigt ein spezifisches Gewicht von 0,915—0,918 bei 15° C.

HÜBL'sche Jodzahl. Dieselbe beträgt 79,5—88.

Verseifungszahl: 188—203.

---

*) S. Anhang: »Amtl. Bekanntmachung«.

Elaïdinprobe. Dieselbe beruht darauf, daß das flüssige Oleïn, an welchem die nicht trocknenden Öle sehr reich sind, durch die Einwirkung von salpetriger Säure in festes Elaïdin verwandelt wird, während die Glyceride der Leinölsäure und dgl. hierbei keine feste Verbindung geben. Die Elaïdinprobe dient zur Ermittelung eines Zusatzes trocknender Öle zu nicht trocknenden. Die trocknenden Öle, wie Mohnöl und Leinöl, geben kein Elaïdin, sie scheiden sich als ölige Schicht auf dem Elaïdin ab. Olivenöl giebt bei der Elaïdinprobe eine feste, harte Masse.

Ausführung der Elaïdinprobe. In einem Reagenzcylinder von etwa 2 cm Durchmesser überläßt man 3 cc Öl der Einwirkung von 5 cc Salpetersäure und 0,5 gr Kupferdrahtspänen. Die nicht trocknenden Öle geben nach etwa 3—5 Stunden, Olivenöl schon nach 1 Stunde eine harte, nicht mehr schmierige Masse.

Silbernitratprobe. Dieselbe wird wie beim Schweinefett nach der Bechi'schen Methode ausgeführt. Die Reduktion der Silberlösung deutet auf eine Fälschung mit Baumwollsamenöl, Rüböl oder fettem Senföl.

Als **Farbenreaktionen**, welche jedoch nur in seltenen Fällen zuverlässige Anhaltspunkte bieten, werden bei der Prüfung des Olivenöls folgende ausgeführt:

Schüttelt man 2 Teile einer Mischung gleicher Teile Schwefelsäure und Salpetersäure mit 1 Teil Olivenöl und 1 Teil Schwefelkohlenstoff, so tritt nach der Scheidung der Öl- und Säureschicht an ihrer Berührungsfläche beim Vorhandensein von **Sesamöl** eine rote, von **Sonnenblumen-** und **Buchenkernöl** eine rötlichgelbe, von **Baumwollsamenöl** eine bräunliche Färbung auf, während reines Olivenöl hierbei eine weißlichgelbe Emulsion bildet.

Zum Nachweis von Sesamöl schüttelt man 10 gr Öl mit 0,1 cc Furfurol und 10 cc Salzsäure (sp. Gew. 1,19) eine halbe Minute lang. Beim Vorhandensein von Sesamöl ist die am Boden des Glases sich abscheidende Salzsäure karmoisinrot gefärbt.

Zur Fälschung des Olivenöls wird hauptsächlich Sesam-, Mohn-, Baumwollsamen-, Erdnuß-(Arachiden-) und fettes Senföl benutzt. Durch einen Zusatz dieser Öle zu

Olivenöl wird die HÜBL'sche Jodzahl erhöht und die
Elaïdinprobe meist gefärbt.

Mohnöl. Dasselbe wird durch kaltes und heißes
Pressen in den Ölmühlen aus den schwarzen und weißen
Samen des Mohns, Papaver somniferum, Fam.
Papaveraceae, einer fast überall kultivierten Pflanze, gewonnen.
Das Mohnöl ist ein gelbes, trocknendes Öl von
schwachem Geruch und angenehmem Geschmack; das-
selbe besteht, wie alle trocknenden Öle, der Hauptmasse
nach aus Glyceriden der Leinölsäure.

Spezifisches Gewicht: 0,924—0,937 bei 15° C.

HÜBL'sche Jodzahl: 135,0.

Verseifungszahl: 192—195.

Elaïdinprobe. Das Öl bleibt flüssig.

Farbenreaktion. Beim Schütteln von 10 cc Mohnöl
mit 10 cc einer Mischung aus gleichen Teilen Schwefelsäure und Salpetersäure färbt es sich ziegelrot; Sesamöl
färbt sich dabei grasgrün.

Fälschungen des Mohnöls mit Sesamöl sind nicht
selten. Zur Erkennung der Fälschung eignet sich am
besten die Bestimmung der HÜBL'schen Jodzahl, welche
beim Mohnöl erheblich höher ist als bei allen anderen
Ölen, sowie die Furfurolreaktion.

Instruktion

für

die zolltechnische Unterscheidung des Talgs, der schmalzartigen Fette und der unter Nr. 26i des Zolltarifs fallenden
Kerzenstoffe.

Vom 30. Januar 1896.

(Centralblatt für das Deutsche Reich, S. 55.)

(Unter Berücksichtigung der Abänderungen und Ergänzungen.)*)

Zur zolltechnischen Unterscheidung des Talgs (Nr. 26 l), der
schmalzartigen Fette (Nr. 26 h), soweit sie nicht im Schmalz von
Schweinen oder Gänsen bestehen, und der unter dem Namen
Stearin in den Handel kommenden, nach Nr. 26i zu tarifieren-

---

*) Siehe den Beschluß des Bundesrats vom 17. Dezember
1896.

den festen, harten Fettsäuregemische der Stearin- und Palmitinsäure sowie ähnlicher Kerzenstoffe dient in erster Linie die von den
Zollämtern vorzunehmende Feststellung des Erstarrungspunktes.
Liegt der ermittelte Erstarrungspunkt der Fette unter 30° C., so
sind sie als schmalzartige Fette, liegt er zwischen 30 und 45° C.,
so sind sie als Talge, und liegt er über 45° C., so sind sie als
Kerzenstoffe zu behandeln. Jedoch wird Preßtalg, der als solcher
deklariert ist, noch mit einem Erstarrungspunkt von 50° C. zur
Verzollung als Talg zugelassen, wenn er nicht mehr als 5 % freie
Fettsäure enthält.

Von der Feststellung des Erstarrungspunktes kann bei den
nicht im Schmalz von Schweinen oder Gänsen bestehenden Fetten
nur abgesehen werden, wenn die Verzollung
des zur Abfertigung gestellten Fettes zum Satz
der Nr. 26 h oder i angeboten wird, oder wenn
die vorgeführte Ware bei einer Temperatur
von 17,5—18,5° C. schmalzartige Konsistenz
zeigt und der Zollpflichtige dies anerkennt
bezw. sich mit der Anwendung des höheren
Zollsatzes einverstanden erklärt.

Behufs der Prüfung ist eine Durchschnittsprobe der Ware in der Weise
herzustellen, daß mittelst eines Bohrlöffels
aus verschiedenen Höhenlagen des zu prüfenden Fettes, und zwar sowohl aus der Mittel-
achse als auch aus den gegen die Seiten-
ränder hin gelegenen Teilen desselben, Proben entnommen und miteinander vermischt
werden. Bei größeren Fettposten von augen-
scheinlich gleicher Beschaffenheit und gleichem
Ursprung genügt es, wenn aus 2—5 % der
Kolli je eine Durchschnittsprobe entnommen
wird. Jede Probe ist für sich zu untersuchen;
zeigt hierbei der Inhalt auch nur eines Kollo
der Sendung eine abweichende Beschaffenheit,
so ist die Prüfung auf sämtliche Kolli der
Sendung auszudehnen.

Die Feststellung des Erstarrungspunktes hat mittelst
des oben abgezeichneten Apparats (die Zeichnung stellt die
hintere Hälfte desselben nach Entfernung der vorderen durch
einen senkrechten ebenen Schnitt dar) zu erfolgen. Derselbe
besteht aus einem mit Klappendeckel versehenen viereckigen
Kasten von Buchenholz von 70 mm lichter Weite, 144 mm lichter
Höhe und 9 mm Wandstärke, einem Glaskolben, dessen Kugel
einen Durchmesser von 49—51 mm hat, und einem in den
Hals des Kolbens eingeschliffenen Thermometer. In der Mitte
des Bodens des Kastens ist ein 22 mm hoher Kork befestigt;
derselbe hat eine kleine Vertiefung in Form einer Kugelschale,
in welche der Kolben zu stehen kommt. Wenn das in den
Kolbenhals eingeschliffene Thermometer in den Schliff eingesetzt
wird, fällt der Mittelpunkt seiner Kugel mit demjenigen der

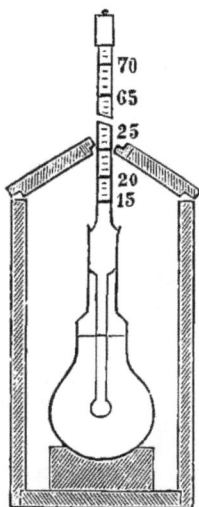

Kugel des Kolbens in einen Punkt. In dem Schliff des Thermometers ist parallel zu der Achse eine Rinne angebracht, so daß die Luft in dem Kölbchen über dem Fette immer unter dem Druck der Atmosphäre steht, wenn man die Schliffflächen rein hält. Werden die beiden Klappen, welche den Deckel des Kastens bilden, heruntergelassen und in dieser Lage durch zwei Haken befestigt, so halten sie das Thermometer, welches eine Durchbohrung in der Mitte des Deckels gerade ausfüllt, und mit ihm den Kolben in der richtigen Lage fest. Der Hals des Kolbens ist unten etwas erweitert (25 mm weit), damit die Kugel beim Erkalten des Fettes sicher voll bleibt, wenn man das flüssige Fett bis zu der Marke am Halse, etwa 10 mm über der Kugel, eingefüllt hat. Die Thermometerkugel hat 9 mm Durchmesser, der dünnere Teil des Thermometers 5 mm und der Schliff 12 mm. Die Teilung des Thermometers geht bis zu 75° C. in ¹/₅ Graden, die Thermometerröhre hat aber ein etwas größeres Reservoir, so daß das Thermometer bis zu 120° C. erhitzt werden kann, ohne zu platzen.

Das Verfahren der Feststellung des Erstarrungspunktes, welches etwa 2 Stunden Zeit in Anspruch nimmt, ist folgendes: Man bringt 150 gr der Durchschnittsprobe des zu untersuchenden Fettes in einer unbedeckten Porzellanschale auf einem siedenden Wasserbade zum Schmelzen, läßt sie nach dem Eintritt der Schmelzung mindestens 10 Minuten oder so lange auf dem siedenden Wasserbade stehen, bis das geschmolzene Fett eine vollständig klare Flüssigkeit darstellt, und füllt alsdann aus der außen abgetrockneten Schale Fett in das Kölbchen des Apparats bis zur Marke. Das Kölbchen stellt man, nachdem der Schliff, wenn nötig, abgeputzt und das Thermometer eingesetzt ist, sofort in den Kasten, klappt den Deckel desselben zu und fängt, wenn das Thermometer auf 50° C. gesunken ist, an, den Stand desselben mit Zwischenräumen von 2 Minuten abzulesen und aufzuschreiben.

Bei harten Fetten fängt das Thermometer nach einiger Zeit an langsamer zu fallen, bleibt einige Minuten stehen, steigt wieder, erreicht einen höchsten Stand und sinkt abermals. Dieser höchste Stand ist der Erstarrungspunkt.

Bei weichen Fetten fängt das Thermometer nach einiger Zeit an langsamer zu fallen, bleibt mehrere Minuten auf einem sich nicht ändernden Stand stehen und sinkt dann, ohne den vorigen dauernden Stand wieder zu erreichen. Der beobachtete höchste, sich auf einige Zeit nicht ändernde Stand giebt den Erstarrungspunkt an.

In zweifelhaften Fällen ist die Bestimmung des Erstarrungspunktes in der Weise zu wiederholen, daß das Fett direkt im Kolben, nachdem man das Thermometer herausgenommen hat, durch Einstellen in das Heißwasserbad abermals geschmolzen und demnächst nochmals auf seinen Erstarrungspunkt geprüft wird.

Eine genaue Regelung der Temperatur des Zimmers, in welchem die Untersuchung vorgenommen wird, ist, wenn dieselbe von einer gewöhnlichen Zimmertemperatur nicht sehr stark abweicht, nicht erforderlich. Das Abkühlen des mit einer Temperatur von 100° C. in den Kolben gebrachten Fettes auf 50° C. dauert etwa ³/₄ Stunden. Wenn die Untersuchung beendet ist, bringt man das Fett in dem Kölbchen durch Einstellen des letzteren in siedendes Wasser zum Schmelzen, nimmt erst dann das Thermometer heraus, gießt das Fett aus und spült das erkaltete Kölbchen mit einigen Kubikcentimetern Äther einigemal aus.

Bestehen über die Richtigkeit der Ermittelungen nach dem Verfahren der Prüfung des Fettes in Bezug auf den Erstarrungspunkt Zweifel oder Meinungsverschiedenheiten, so ist durch einen Chemiker die Jodzahl des Fettes zu bestimmen. Zu dem Zwecke bringt man etwa 0,35—0,45 gr des fraglichen Fettes (genau gewogen) in eine 500—700 cc fassende, mit gut eingeschliffenem Stopfen versehene Flasche, löst in 20 cc Chloroform und setzt 20 cc HÜBL'sche Jodlösung, die 30—36 cc ¹/₁₀ Normal-Natriumthiosulfatlösung entsprechen müssen, hinzu. Man verschließt die Flasche gut, läßt sie 2 Stunden unter öfterem Umschwenken bei 15—20° C. stehen und titriert dann, nachdem man noch 20 cc Jodkaliumlösung (1 : 10) und 20 cc Wasser hinzugesetzt hat, den Jodüberschuß mit ¹/₁₀ Normal-Natriumthiosulfatlösung zurück.

Die Jodlösung ist unmittelbar vor dem Gebrauch unter Zusatz von Chloroform, Jodkaliumlösung und Wasser in den oben angegebenen Mengenverhältnissen zu kontrollieren. Ist sie schwächer, als oben vorgeschrieben ist, so hat man entsprechend mehr zu nehmen.

Liegt die ermittelte Jodzahl zwischen 30 und 42, so ist das Fett als Talg anzusprechen, bei Abweichungen von diesen Zahlen aber nach Maßgabe des gefundenen Erstarrungspunktes entweder als Kerzenstoff oder als schmalzartiges Fett zu behandeln. Die schmalzartigen Fette zeigen höhere Jodzahlen als 42, die Kerzenstoffe dagegen niedrigere als 30.

Wenn die vorbezeichneten Untersuchungsmethoden sich nicht soweit ergänzen, daß eine endgültige Entscheidung getroffen werden kann, oder wenn es sich um die Unterscheidung des Stearins von dem sogenannten Preßtalge handelt, d. i. den durch das Auspressen von tierischen Fetten in niederer oder höherer Temperatur gewonnenen Preßrückständen von nicht schmalzartiger Konsistenz, welche im wesentlichen Neutralfette sind und einen Erstarrungspunkt nicht über 50° C. zeigen, bezw. nicht mehr als 5 °/₀ freier Fettsäure enthalten, so hat der mit der Sache befaßte Chemiker eine Untersuchung der Durchschnittsprobe auf ihren Gehalt an Fettsäure im Wege des Titrierverfahrens vorzunehmen. Wird bei der Titration in der Warenprobe ein Gehalt von mehr als 30, in Proben von Preßtalg ein Gehalt von mehr als 5 °/₀ freier Fettsäure ermittelt, so ist die betreffende Ware als Kerzenstoff anzusehen. Als Grundlage für die Berechnung der freien Fettsäure hat die Durchschnittszahl (270) des Molekulargewichts der Stearinsäure (284) und der Palmitinsäure (256) zu dienen.

XXVII. Luft.

Es erübrigt hier noch, die Untersuchung der Luft, deren Sauerstoff zum Lebensprozeß ebenso notwendig ist als alle übrigen Lebensmittel, zu besprechen.

Die atmosphärische Luft ist ein Gasgemenge und enthält in 100 Volumteilen durchschnittlich:

Stickstoff	78,35
Sauerstoff .	20,77
Wasserdampf	0,84
Kohlensäure	0,03
Ammoniak, Argon, Ozon, salpetrige Säure und Salpetersäure . . .	Spuren.

Neben Staub, Rauch, Grubengasen, Fabrikgasen (schweflige Säure, Schwefelsäure, Chlor, Salzsäure, Ammoniak und Schwefelwasserstoff) und Feuchtigkeit kommen als Verunreinigung der Luft hier namentlich die Verschlechterung derselben durch **Kohlensäure** und **Kohlenoxydgas** in Betracht.

Die Kohlensäure kann sich durch den Atmungsprozeß der Menschen und Tiere, sowie durch mangelhafte Beleuchtungs- und Heizungsanlagen infolge der Verbrennung organischer Stoffe in der Luft bewohnter Räume in solchen Mengen ansammeln, daß dieselbe von gesundheitsschädlichem Einfluß auf das Leben der Menschen und Tiere ist.

Die Untersuchung der Luft.

Bestimmung der Feuchtigkeit. Die Feuchtigkeit wird mittelst des Psychrometers von AUGUST u. a., sowie durch Haarhygrometer von KLINKERFUES, SAUSSURE und LAMBERT bestimmt.

Die genaue Ermittelung des **Kohlensäuregehaltes der** Luft wird auf maßanalytischem Wege nach dem Verfahren von v. PETTENKOFER ausgeführt.

Diese Methode beruht darauf, daß Barytwasser von bestimmtem Gehalt an Barythydrat, mit kohlensäurehaltiger Luft geschüttelt, unlösliches Baryumkarbonat bildet und daß hierdurch nach dem Schütteln eine der vorhanden gewesenen Kohlensäuremenge entsprechende Menge

Barythydrat weniger in der Flüssigkeit vorhanden ist als vorher. Das unveränderte Barythydrat kann durch titrierte Oxalsäurelösung gemessen und aus der Differenz der Kohlensäuregehalt berechnet werden. Zur Ausführung der Kohlensäurebestimmung sind erforderlich:

1) Oxalsäurelösung (1,405 gr Oxalsäure in 1 Liter Wasser gelöst), von welcher 1 cc = 0,25 cc Kohlensäure entspricht nach der Formel:

$$C_2H_2O_4 + 2H_2O = CO_2$$
1 Mol. Oxalsäure = 1 Mol. Kohlensäure
$$126 = 44$$

und da:
1 Milligr. Kohlensäure = 0,5084 cc bei 0° und 760 mm Barometerstand, also 44 Milligr. = 44 × 0,5084 = 22,3696 cc CO_2 sind, so müssen, um eine Lösung herzustellen, von welcher 1 cc = 0,25 cc Kohlensäure entsprechen sollen, nach dem Ansatz: 22,3696 : 126 = 0,25 : x = 1,405 gr Oxalsäure in 1000 cc Wasser gelöst werden.

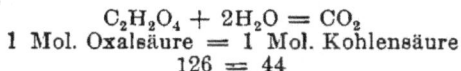

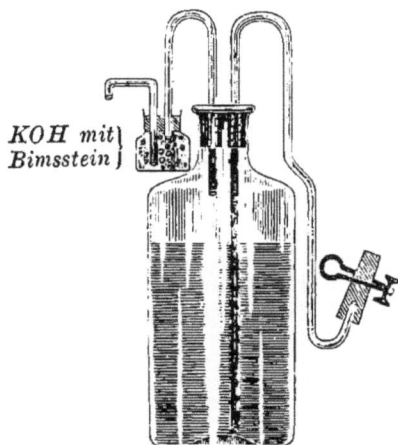

KOH mit
Bimsstein

Fig. 106.   Fig. 107.

2) **Barytwasser,** eine Lösung von Ätzbaryt in Wasser (3,5 gr reines alkalifreies Barythydrat), von der 25 cc ungefähr 25 cc der obigen Oxalsäurelösung entsprechen. Die Aufbewahrung dieses Barytwassers geschieht unter Luftabschluß am besten in der oben abgebildeten Flasche. (Fig. 106.)

3) **Indikator.** Phenolphthaleïn 1 : 30 Alkohol (80 %) oder Rosolsäure 1 : 500 Alkohol.

4) **Geaichte Flaschen** von obenstehender Form und von etwa 5 Liter Inhalt. (Fig. 107.)

Man füllt die vorher gewogenen Flaschen nebst Gummikappe
mit destilliertem Wasser bis zum Überlaufen, verschließt mit der
Gummikappe und wägt wieder. Die Differenz ergiebt den Rauminhalt in Grammen oder Kubikcentimetern.

5) Ein **Blasebalg,** dessen Mundstück mit einem Gummischlauch versehen ist, der bis zum Boden der Flasche reicht.
(Fig. 107.)

Die Flasche (4) bringt man nun in den Raum, in
welchem die Kohlensäure bestimmt werden soll, nimmt
den Kautschukverschluß ab, bläst mittelst des Blasebalges
in etwa 100 Stößen Luft in die Flasche ein und verschließt die Flasche wieder mit der Gummikappe.

Während dieser Operation wird die Temperatur des
Raumes, der Barometerstand, sowie die Temperatur am
Barometer abgelesen und aufgezeichnet.

Von dem Barytwasser aus der Flasche entnimmt
man mittelst einer Pipette 100 cc, bringt dasselbe in die
mit der zu prüfenden Luft gefüllte Flasche, verschließt
wieder mit der Gummikappe und schüttelt nun das Barytwasser 15 Minuten lang mit der Luft, wobei alle in derselben vorhandene Kohlensäure absorbiert wird.

Die hierbei durch ausgeschiedenes Baryumkarbonat
getrübte Flüssigkeit bringt man mittelst eines kleinen
Trichters in ein hohes, etwa 150 cc fassendes Stöpselglas
und läßt dieselbe sich etwa 3—6 Stunden absetzen.

Von dem über dem Baryumkarbonat stehenden klaren
Barytwasser nimmt man nun vorsichtig mittelst einer
Pipette 25 cc heraus und titriert dieselben mit der unter
1) beschriebenen Oxalsäurelösung, die auf das Barytwasser
eingestellt ist.

Aus der Differenz der verbrauchten cc vor und nach
dem Schütteln mit Luft kann die Menge Kohlensäure
berechnet werden, welche in der durch die geaichte Flasche
abgemessenen Luftmenge enthalten war.

Da die Oxalsäurelösung so titriert ist, daß 1 cc =
0,25 cc Kohlensäure bei 0^0 C. und 760 Milligr. Barometerstand entsprechen, die Kohlensäurebestimmung bei
anderer Temperatur und anderem Barometerstand ausgeführt worden ist, mithin das Luftvolum in der Flasche
bei anderem Druck und anderen Temperaturverhältnissen
gemessen ist, so ist dasselbe auf 0^0 C. und den Normalbarometerstand von 760 Milligr. zu reduzieren.

Die Reduktion eines bei einem anderen Barometerstand abgemessenen Luftvolums auf den Normalbarometerstand geschieht nach dem MARIOTTE'schen Gesetze, nach
welchem die Volume der Gase umgekehrt proportional
sind dem Drucke, der auf ihnen lastet.

Z. B. 1000 cc Luft bei 750 mm Barometerstand
entsprechen 986,8 cc Luft bei 760 mm Barometerstand
nach dem Ansatz:

$$760 : 750 = 1000 : x = 986,8.$$

Die Reduktion der Gase auf die Normaltemperatur
von 0^0 hat unter Berücksichtigung des Einflusses, welchen
die Temperatur auf die Gasvolume ausübt, zu geschehen.

Nach dem GAY-LUSSAC'schen Gesetz ist das Volum
der Gase direkt proportional der Temperatur; beim Erhöhen oder Erniedrigen der Temperatur gasförmiger Körper
unter dem gleichen Druck dehnen sich dieselben in ganz
gleicher Weise aus, bezw. sie werden um dasselbe Volum
verdichtet.

Durch Beobachtungen hat man gefunden, daß jedes
Gas bei der Erwärmung um 1^0 C. sich um $1/273$ seines
Volums ausdehnt, bezw. bei der Erniedrigung der Temperatur sich zusammenzieht, und daraus ergiebt
sich für alle Gase der Ausdehnungskoëfficient
$1/273 = 0,003665$.

Z. B. 1000 cc Luft bei 15^0 C. entsprechen
947,9 cc bei 0^0 nach der Formel:

$$(273 \text{ Volum Luft} + 15^0 \text{ C.}) : 273 = 1000 : x$$
oder $288 : 273 = 1000 : x = 947,9.$

Die allgemeine Formel für die Reduktion eines
Gasvolums auf 0^0 C. und 760 mm Barometerstand
ist folgende:

$$V = \frac{v \cdot b}{760 (1 + 0,003665 \times t)}$$

worin

V = das bei Normaltemperatur 0^0 C. und
Normalbarometerstand 760 mm gesuchte Luftvolum;

v = das abgemessene Luftvolum — 100 cc
Barytwasser auf 0^0 C. und 760 mm Barometerstand
reduziert;

b = Barometerstand während des Versuchs
auf 0^0 C. reduziert;

t = Temperatur während des Versuchs.

In den von A. BAUMANN in München berechneten
Tafeln zur Gasometrie lassen sich die Reduktionen
leicht ablesen. (Litteratur über Luftuntersuchungen:
EMMERICH und TRILLICH, München.)

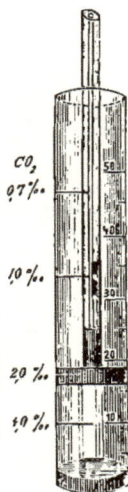

Fig. 108.
Carbacido-
meter.

CO_2
97%

10%

20%

10%

Gewichtsanalytisch kann die Kohlensäure der Luft auch auf folgende Weise bestimmt werden: Man saugt ein bestimmtes Volum Luft (etwa 50 Liter) mittelst eines Aspirators zunächst durch Schwefelsäure und Chlorcalcium, dann durch einen gewogenen Kaliapparat, wobei sich der Kohlensäuregehalt der Luft aus der Gewichtszunahme des letzteren ergiebt.

Luftprüfungsmethoden auf Kohlensäure bestehen noch einige andere, die aber keine so genauen Resultate wie die oben beschriebenen liefern, so:

Die neue Luftprüfungsmethode von Dr. WOLPERT in Nürnberg. Dieselbe beruht darauf, die Kohlensäure eines nach und nach vergrößerten Luftvolums zur Neutralisation einer $1/50$ prozentigen, mit Phenolphthaleïn gefärbten Sodalösung zu benutzen. Zur Ausführung dient vorstehender Apparat von der Form eines Reagenzcylinders (Fig. 108), der mit Skala in cc versehen und in welchem ein Kolben zum Abmessen des Luftvolums verschiebbar ist. (Nähere Beschreibung: Dr. WOLPERT in Nürnberg, Luftprüfungsmethode auf Kohlensäure. Leipzig, Baumgärtners Buchhandlung.)

Methode von LUNGE und ZECKENDORF, wobei man von einer $1/10$ Normalsodalösung (5,3 wasserfreie Soda: 1 Liter Wasser), die mit

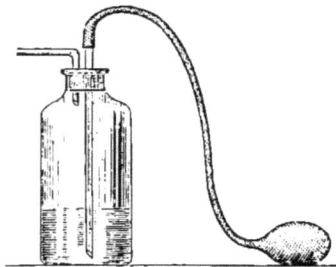

Fig. 109.

Phenolphthaleïn gerötet ist, 2 cc mit 100 cc ausgekochtem destilliertem Wasser verdünnt, diese Lösung in den nebenstehenden Apparat (Fig. 109) bringt und mittelst des Gummiballons von bestimmtem Rauminhalt von der zu untersuchenden Luft so lange einpreßt, bis die violette Farbe in gelb übergeht.

Aus der verbrauchten Sodalösung berechnet sich der Kohlensäuregehalt der Luft.

Nach LUNGE geben, einen Gummiballon mit 70 cc Inhalt vorausgesetzt, und bei Anwendung von $1/500$ Normallösung:

48	Füllungen	0,3	pro	Mille	Kohlensäure	an.
35	»	0,4	»	»	»	»
27	»	0,5	»	»	»	»
21	»	0,6	»	»	»	»
17	»	0,7	»	»	»	»
13	»	0,8	»	»	»	»
10	»	0,9	»	»	»	»
9	»	1,0	»	»	»	»
8	»	1,2	»	»	»	»
7	»	1,4	»	»	»	»
6	»	1,5	»	»	»	»
5	»	1,8	»	»	»	»
4	»	2,1	»	»	»	»
3	»	2,5	»	»	»	»
2	»	3,0	»	»	»	»

Als **Grenzzahl** für gute Luft wird 1 % angegeben, die Luft in stark mit Menschen angefüllten Räumen, wie in Schulen, Konzertsälen, Theatern, Gastwirtschaften u. s. w., enthält aber häufig bis zu 2 % Kohlensäure. Wohnungsluft mit 3—5 % Kohlensäuregehalt muß als verdorben und als unzulässig bezeichnet werden.

Das **Kohlenoxyd**, welches sich bei unvollkommener Verbrennung, d. h. bei unzureichender Sauerstoffzufuhr bei der Verbrennung der Kohle bildet, ist ein sehr giftiges Gas. Es entsteht namentlich bei der Zimmerheizung durch zu frühes Schließen der Ofenklappen, sowie durch mangelhafte Ventilation.

Kohlenoxydgas wirkt schon beim Einatmen kleiner Mengen, etwa von 0,07 % an, schädlich auf den Organismus,

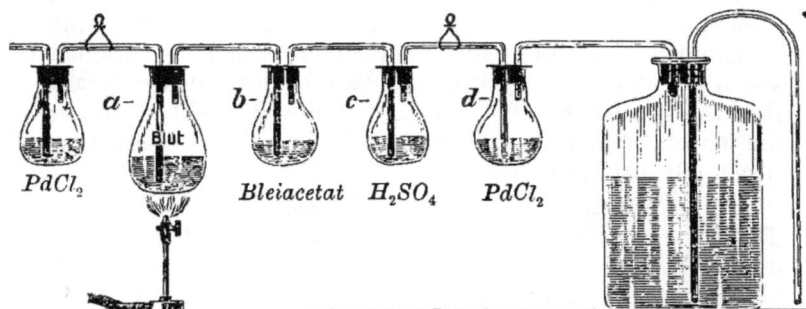

Fig. 110.   Kohlenoxydbestimmungsapparat.

indem es Beklemmungen beim Atmen und Kopfschmerz hervorruft; Mengen von 0,4—0,5 % wirken tödlich auf Tiere.

Bestimmung des Kohlenoxyds. Zur Nachweisung von Kohlenoxydgas leitet man nach Fodor dasselbe durch eine Lösung von Palladiumchlorür, wodurch diese reduziert wird und sich schwarzes Palladium ausscheidet. Die Prüfung wird in folgender Weise ausgeführt:

10—20 Liter Luft aus dem zu untersuchenden Raum werden ähnlich wie bei der Kohlensäurebestimmung mittelst eines Blasebalges in eine Flasche gepreßt, welche man mit 10 cc normalem Blut beschickt hatte.

Nach 15—20 Minuten langem Schütteln des Blutes mit Luft giebt man dasselbe in das Kölbchen a (Fig. 110), erhitzt zum Sieden und leitet die Luft etwa 3—4 Stunden lang durch die mit Bleiacetat, verdünnter Schwefelsäure und zuletzt mit Palladiumchlorür beschickten Kölbchen b, c und d.

Noch schärfer läßt sich das Vorhandensein von Kohlen-oxydgas spektroskopisch nachweisen. Zu diesem Zwecke bringt man etwa 50—100 cc stark mit Wasser verdünntes, normales Blut (1 : 4) in eine Flasche, ähnlich wie sie bei der Kohlensäurebestimmung verwendet wird, bläst Luft ein und schüttelt wie oben die Luft mit Blut 15—20 Minuten lang, bis alles Kohlenoxyd von dem letzteren absorbiert ist. Das Hämoglobin des Blutes wird hierbei in Kohlen-oxydhämoglobin verwandelt, welches namentlich bei der Reduktion durch Schwefelammonium ein vom Hämoglobin verschiedenes spektroskopisches Verhalten zeigt.

Vergleicht man verdünnte Lösungen von 10 Tropfen reinem Blut in 20 cc Wasser einerseits und das mit Kohlenoxydluft geschüttelte Blut in gleicher Verdünnung andererseits, indem man dieselben in einem Fläschchen vor die Spalte des Spektralapparats bringt, in Bezug auf ihre Absorptionsstreifen, so zeigen beide 2 Spektralbänder, die jedoch beim Kohlenoxydhämoglobin näher bei einander liegen als bei normalem Blut.

Versetzt man nun die beiden Blutlösungen mit einigen Tropfen Schwefelammonium, schüttelt um und betrachtet dieselben wiederholt im Spektralapparat, so verschwinden bei normalem Blut die beiden Streifen und an Stelle derselben sieht man nur einen verwaschenen Streifen, während beim Kohlenoxydhämoglobin beide verwaschene Streifen fast unverändert erhalten bleiben.

Bestimmung des Chlors. Man absorbiert ein bestimmtes Volum Luft in einer Lösung von 1 gr Jodkalium in 20 cc Wasser und titriert das frei gewordene Jod mittelst $^1/_{10}$ Normallösung von Natriumthiosulfat.

Bestimmung des Salzsäuregases. Man leitet die zu unter-suchende Luft durch $5\,^0/_0$ige reine Natronlauge, neutralisiert die Lösung mit reiner Salpetersäure und titriert das entstandene Natriumchlorid mit $^1/_{100}$ N.-Silbernitratlösung.

Bestimmung der schwefligen Säure. Man absorbiert ein bestimmtes Luftvolum in $^1/_{10}$ N.-Jodlösung und titriert den ge-bildeten Jodwasserstoff mit Natriumthiosulfatlösung zurück.

Bestimmung des Schwefelwasserstoffs. Qualitativ: Man leitet die Luft in einer Glasröhre über Papierstreifen, welche mit Bleiacetat- oder mit Nitroprussidnatriumlösung und etwas Natron-lauge getränkt sind. Quantitativ: Durch Absorption einer be-stimmten Menge Luft in titrierter Jodlösung und Zurücktitrieren mittelst Natriumthiosulfatlösung.

Bestimmung der salpetrigen Säure, Salpetersäure und Schwefelsäure. Man leitet ein bestimmtes Volum Luft durch verdünnte Alkalilauge und bestimmt in der neutralisierten Lösung die Säuren wie im Trinkwasser.

Bestimmung des Ammoniaks. Durch Absorption eines bekannten Luftvolums in verdünnter Schwefelsäure, Destillation der ammoniakhaltigen Lösung mit Magnesia in vorgelegte $^1/_{10}$ N.- Schwefelsäure und Zurücktitrieren der letzteren mit $^1/_{10}$ N.- Natronlauge.

Bestimmung der Staubteilchen. Man saugt ein größeres Luftvolum durch eine mit Baumwolle oder mit Asbest beschickte und bei 100° getrocknete Röhre. Die Gewichtszunahme ergiebt die Menge des in der Luft vorhandenen Staubes. Der Staub ist einer chemischen und mikroskopischen Untersuchung zu unterwerfen.

Beurteilung der Luft.

Die Temperatur der Luft soll in Wohn- und Arbeitsräumen zwischen 14—20° C. liegen.

Die relative Feuchtigkeit soll 45—70°/o betragen.

Der Kohlensäuregehalt der Luft in Wohn-, Schul-, Versammlungs- und Fabrikräumen soll 1 cc für 1 Liter Luft nicht überschreiten.

Schädliche oder giftige Gase, metallische Dämpfe (Quecksilber, Blei u. s. w.) soll die Luft in Aufenthalts·räumen für Menschen nicht enthalten.

Von K. B. LEHMANN*) sind folgende Grenzzahlen für die Schädlichkeit verschiedener Gase aufgestellt:

	Konzentrationen, die rasch gefährliche Erkrankungen bedingen.	Konzentrationen, die nach 1/2-1 Stunde ohne schwerere Störungen zu ertragen sind.	Konzentrationen, die bei mehrstündiger Einwirkung nur minimale Symptome bedingen.
Salzsäuregas	1,5 — 2,0 °/oo	0,05 — höchst. 0,1 °/oo	0,01 °/oo
Schweflige Säure .	0,4 — 0,5 »	0,03—0,04 »	0,02 »
Kohlensäure .	ca. 30 °/o	bis 8 °/o	1 °/o
Ammoniak . . .	2,5 —4,5 °/oo	0,3 °/oo	0,1 /oo
Chlor und Brom	0,04—0,06 »	0,004 »	0,001 »
Jod	—	0,003 »	0,0005—0,001 °/oo
Schwefelwasserstoff .	0,5 —0,7 »	0,2—0,3 °/oo	—
Schwefelkohlenstoff .	2,5 —3,5 »	1,5 —1,6 »	0,5 —0,7 °/oo
Kohlenoxyd . . .	2—3 »	0,5 —1,0 »	0,2 °/oo unschädlich für Menschen.

*) K. B. LEHMANN, Die Methoden der prakt. Hygiene, 1890, S. 175.

23*

XXVIII. Geheimmittel.

Die Untersuchung von Geheimmitteln, die mir als
Mitglied des Ortsgesundheitsrates Karlsruhe, einer städti-
schen Behörde, welche hauptsächlich mit der Fürsorge für
die öffentliche Gesundheit betraut ist, obliegt, gehört häufig
zu den umfangreichsten Arbeiten, einmal, weil diese Medi-
kamente oft aus Mischungen verschiedener organischer
Substanzen, wie Tinkturen, Essenzen, Extrakten, ätherischen oder fetten Ölen, sowie aus Salzlösungen bestehen
und dann, weil dieselben oft Stoffe enthalten, die bestimmte
charakteristische Reaktionen nur im reinen Zustande zeigen,
oder die überhaupt nicht oder nur schwer mit Sicherheit
nachzuweisen sind.

Vor allem sind zur Untersuchung dieser Mittel reichliche pharmazeutische Kenntnisse notwendig, die es er-
möglichen, oft schon nach der äußeren Beschaffenheit,
nach dem Geruch und Geschmack Schlüsse auf die Zusammensetzung des Untersuchungsobjektes zu ziehen.

Bei der Untersuchung von Geheimmitteln ist in vielen
Fällen die Frage zu beantworten, ob dieselben Arzneimittel
darstellen oder Stoffe enthalten, welche nach dem unten
folgenden Reichsgesetz vom 27. Januar 1890, den Verkehr
mit Arzneimitteln betreffend, nur in den Apotheken feilgehalten und verkauft werden dürfen.

Die Untersuchung dieser Mittel erstreckt sich namentlich auf die folgenden Bestimmungen:

1. **Feststellung** des Gesamtgewichts des Mittels nebst
dem Behälter.

2. Prüfung der **äußeren Beschaffenheit** nach Farbe,
Geruch, Geschmack und Konsistenz.

3. **Spezifisches Gewicht** (meist nur bei Flüssigkeiten
zu bestimmen).

4. **Reaktion.**

5. **Wassergehalt.**

6. **Alkohol.**

7. **Extrakt** oder **Trockenrückstand** bei 100° C.

8. **Asche.**

Bestimmung der einzelnen Bestandteile der Asche,

welche erkennen lassen, ob organische Stoffe (Pflanzen-
asche) oder nur anorganische vorliegen.

    9. **Zuckerbestimmung.**

   10. **Säuregehalt.**

   11. **Glycerin** in solchen Substanzen, die bei der Bestimmung der Trockensubstanz nicht fest werden und
dadurch auf einen Gehalt an Glycerin hindeuten.

Verordnung,
betreffend
den Verkehr mit Arzneimitteln, vom 27. Januar 1890.

    Wir Wilhelm, von Gottes Gnaden Deutscher Kaiser, König
von Preußen etc., verordnen im Namen des Reichs auf Grund
der Bestimmung im § 6 Absatz 2 der Gewerbeordnung (Reichs-
Gesetzblatt 1883, S. 177), was folgt:

    § 1. Die in dem anliegenden Verzeichnisse A aufgeführten
Zubereitungen dürfen, ohne Unterschied, ob sie heilkräftige Stoffe
enthalten oder nicht, als Heilmittel nur in Apotheken feilgehalten
oder verkauft werden.

    Diese Bestimmung findet auf Verbandstoffe (Binden, Gazen,
Watten u. dergl.), auf Zubereitungen zur Herstellung von Bädern,
sowie auf Seifen nicht Anwendung. Auf künstliche Mineralwässer
findet sie nur dann Anwendung, wenn dieselben in ihrer Zusammensetzung natürlichen Mineralwässern nicht entsprechen
und wenn sie zugleich

    Antimon, Arsen, Baryum, Chrom, Kupfer, freie Salpetersäure,
    freie Salzsäure oder freie Schwefelsäure

enthalten.

    § 2. Die in dem anliegenden Verzeichnisse B aufgeführten
Droguen und chemischen Präparate dürfen nur in Apotheken feilgehalten oder verkauft werden.

    § 3. Der Großhandel sowie der Verkauf der im Verzeich-
nisse B aufgeführten Gegenstände an Apotheken oder an solche
Staatsanstalten, welche Untersuchungs- oder Lehrzwecken dienen
und nicht gleichzeitig Heilanstalten sind, unterliegen vorstehenden
Bestimmungen nicht.

    § 4. Die gegenwärtige Verordnung tritt mit dem 1. Mai 1890
in Kraft. Mit demselben Zeitpunkte treten die Verordnungen,
betreffend den Verkehr mit Arzneimitteln, vom 4. Januar 1875
(Reichs-Gesetzblatt S. 5), betreffend den Verkehr mit künstlichen
Mineralwässern, vom 9. Februar 1880 (Reichs-Gesetzblatt S. 13)
und betreffend den Verkehr mit Honigpräparaten, vom 3. Januar
1883 (Reichs-Gesetzblatt S. 1) außer Kraft.

    Urkundlich unter Unserer Höchsteigenhändigen Unterschrift
und beigedrucktem Kaiserlichen Insiegel.

    Gegeben Berlin, den 27. Januar 1890.

    (L. S.)   **Wilhelm.**

                             von Boetticher.

Verzeichnis A.

1. **Abkochungen** und **Aufgüsse** (decocta et infusa);
2. **Ätzstifte** (styli caustici);
3. **Auszüge** in fester oder flüssiger Form (extracta et tincturae), ausgenommen:
>Arnikatinktur,
>Baldriantinktur,
>Benzoëtinktur,
>Eichelkaffeeextrakt,
>Fichtennadelextrakt,
>Fleischextrakt,
>Himbeeressig,
>Kaffeeextrakt,
>Lakritzen (Süßholzsaft), auch mit Anis,
>Malzextrakt, auch mit Eisen, Leberthran oder Kalk,
>Myrrhentinktur,
>Theeextrakt von Blättern des Theestrauches,
>Wacholderextrakt;

4. **Gemenge**, trockene, von **Salzen** oder zerkleinerten **Substanzen** oder von beiden untereinander (pulveres, salia et species mixta), ausgenommen:
>Brausepulver, einfache oder mit Zucker und ätherischen Ölen gemischte,
>Riechsalz,
>Salicylstreupulver,
>Salze aus natürlichen Mineralwässern bereitet oder den solchergestalt bereiteten Salzen nachgebildet;

5. **Gemische**, flüssige und **Lösungen** (mixturae et solutiones), einschließlich gemischte Balsame, Honigpräparate und Syrupe, ausgenommen:
>Ameisenspiritus,
>Eukalyptuswasser,
>Fenchelhonig,
>Fruchtsäfte mit Zucker eingekocht,
>HOFFMANNS-Tropfen,
>Kampherspiritus,
>Leberthran mit Pfeffermünzöl,
>Pepsinwein,
>Rosenhonig,
>Seifenspiritus,
>weißer Zuckersyrup;

6. **Kapseln**, gefüllte, von Leim (Gelatine) oder Stärkemehl (capsulae gelatinosae et amylaceae repletae), ausgenommen solche Kapseln, welche
>Brausepulver, auch mit Zucker und ätherischen Ölen gemischt,
>Copaïvabalsam,
>Leberthran,
>doppelkohlensaures Natrium,
>Ricinusöl oder
>Weinsäure enthalten;

7. Latwergen (electuaria);
8. Linimente (linimenta), ausgenommen flüchtiges Lini-
ment;
    9. Pastillen (auch Plätzchen und Zeltchen), Pillen und
Körner (pastilli — rotulae et trochisci —, pilulae et granula),
ausgenommen:
        aus natürlichen Mineralwässern oder aus künstlichen
Mineralquellsalzen bereitete Pastillen,
        einfache Molkenpastillen,
        Pfeffermünzplätzchen,
        Salmiakpastillen;
    10. Pflaster und Salben (emplastra et unguenta), aus-
genommen:
        Cold-Cream,
        Englisches Pflaster,
        Heftpflaster,
        Hühneraugenringe,
        Lippenpomade,
        Pappelpomade,
        Pechpflaster,
        Salicyltalg,
        Senfpapier;
    11. Suppositorien (suppositoria) in jeder Form (Kugeln,
Stäbchen, Zäpfchen oder dergl.).

Verzeichnis B.

Acetanilidum.	Antifebrin.
Acida chloracetica.	Die Chloressigsäuren.
Acidum benzoïcum e resina sublimatum.	Aus dem Harze supplimierte Benzoësäure.
— cathartinicum.	Kathartinsäure.
— chrysophanicum.	Chrysophansäure.
— hydrocyanicum.	Cyanwasserstoffsäure (Blau-säure).
— lacticum et ejus salia.	Milchsäure und deren Salze.
— osmicum et ejus salia.	Osmiumsäure und deren Salze.
— sclerotinicum.	Sklerotinsäure.
— succinicum.	Bernsteinsäure.
— sulfocarbolicum.	Sulfophenolsäure.
— valerianicum et ejus salia.	Baldriansäure und deren Salze.
Aconitinum, Aconitini derivata et eorum salia.	Akonitin, die Abkömmlinge des Akonitins und deren Salze.
Adonidinum.	Adonidin.
Aether bromatus.	Äthylbromid.
— jodatus.	Äthyljodid.
Aethyleni praeparata.	Die Äthylenpräparate.
Aethylidenum bichloratum.	Zweifachchloräthyliden.
Agaricinum.	Agaricin.
Aluminium acetico-tartaricum.	Essigweinsaures Aluminium.
Ammonium chloratum ferratum.	Eisensalmiak.

Amylenum hydratum.	Amylenhydrat.
Amylium nitrosum.	Amylnitrit.
Antipyrinum.	Antipyrin.
Anthrarobinum.	Anthrarobin.
Apomorphinum et ejus salia.	Apomorphin und dessen Salze.
Aqua Amygdalarum amararum.	Bittermandelwasser.
— Lauro-cerasi.	Kirschlorbeerwasser.
— Opii.	Opiumwasser.
Arsenium jodatum.	Jodarsen.
Atropinum et ejus salia.	Atropin und dessen Salze.
Betolum.	Betol.
Bismutum bromatum.	Bromwismut.
— oxyjodatum.	Wismutoxyjodid.
— salicylicum.	Salicylsaures Wismut.
— tannicum.	Gerbsaures Wismut.
Blatta orientalis.	Orientalische Schabe.
Bromalum hydratum.	Bromalhydrat.
Brucinum et ejus salia.	Brucin und dessen Salze.
Bulbus Scillae siccatus.	Getrocknete Meerzwiebel.
Butyl-chloralum hydratum.	Butylchloralhydrat.
Camphora monobromata.	Einfach-Bromkampher.
Cannabinon.	Cannabinon.
Cannabinum tannicum.	Gerbsaures Cannabin.
Cantharides.	Spanische Fliegen.
Cantharidinum.	Kantharidin.
Cardolum.	Cardol.
Castoreum canadense.	Kanadisches Bibergeil.
— sibiricum.	Sibirisches Bibergeil.
Chinidinum et ejus salia.	Chinidin und dessen Salze.
Chininum et ejus salia.	Chinin und dessen Salze.
Chinoïdinum.	Chinoïdin.
Chloralum hydratum crystallisatum.	Krystallisiertes Chloralhydrat.
Chloroformium.	Chloroform.
Chrysarobinum.	Chrysarobin.
Cinchonidinum et ejus salia.	Cinchonidin und dessen Salze.
Cinchoninum et ejus salia.	Cinchonin und dessen Salze.
Cocaïnum et ejus salia.	Cocaïn und dessen Salze.
Codeïnum et ejus salia.	Kodeïn und dessen Salze.
Coffeïnum et ejus salia.	Koffeïn und dessen Salze.
Colchicinum.	Kolchicin.
Coniinum et ejus salia.	Koniin und dessen Salze.
Convallamarinum.	Convallamarin.
Convallarinum.	Convallarin.
Cortex Chinae.	Chinarinde.
— Granati.	Granatrinde.
— Mezerei.	Seidelbastrinde.
Cotoïnum.	Kotoïn.
Cubebae.	Kubeben.
Cuprum aluminatum.	Kupferalaun.
— salicylicum.	Salicylsaures Kupfer.

Cuprum sulfocarbolicum.	Sulfokarbolsaures Kupfer.
Curare.	Curare.
Curaninum et ejus salia.	Curarin und dessen Salze.
Daturinum.	Daturin.
Delphininum.	Delphinin.
Digitalinum et ejus derivata.	Digitalin und dessen Abkömmlinge.
Duboisinum et ejus salia.	Duboisin und dessen Salze.
Emetinum et ejus salia.	Emetin und dessen Salze.
Euphorbium.	Euphorbium.
Fel tauri depuratum siccum.	Gereinigte trockene Ochsengalle.
Ferrum arsenicum.	Arsensaures Eisen.
— arsenicosum.	Arsenigsaures Eisen.
— carbonicum saccharatum.	Zuckerhaltiges kohlensaures Eisen.
— citricum ammoniatum.	Citronensaures Eisenammonium.
— jodatum saccharatum.	Zuckerhaltiges Eisenjodür.
— oxydatum dialysatum.	Dialysiertes Eisenoxyd.
— oxydatum saccharatum.	Eisenzucker.
— reductum.	Reduziertes Eisen.
— sulfuricum oxydatum ammoniatum.	Ammoniakalischer Eisenalaun.
— sulfuricum siccum.	Entwässertes schwefelsaures Eisen.
Flores Cinae.	Wurmsamen.
— Koso.	Kosoblüten.
Folia Belladonnae.	Belladonnablätter.
— Bucco.	Buccoblätter.
— Cocae.	Cocablätter.
— Digitalis.	Fingerhutblätter.
— Jaborandi.	Jaborandiblätter.
— Rhois toxicodendri.	Giftsumachblätter.
— Stramonii.	Stechapfelblätter.
Fructus Colocynthidis.	Koloquinten.
— Papaveris immaturi.	Unreife Mohnköpfe.
— Sabadillae.	Sabadillsamen.
Fungus laricis.	Lärchenschwamm.
Galbanum.	Galbanum.
Guajacolum.	Guajakol.
Herba Aconiti.	Akonitkraut.
— Adonidis.	Adoniskraut.
— Cannabis indicae.	Kraut des indischen Hanfs.
— Cicutae virosae.	Wasserschierling.
— Conii.	Schierling.
— Gratiolae.	Gottesgnadenkraut.
— Hyoscyami.	Bilsenkraut.
— Lobeliae.	Lobelienkraut.
Homatropinum et ejus salia.	Homatropin und dessen Salze.
Hydrargyrum aceticum.	Essigsaures Quecksilber.
— bijodatum.	Quecksilberjodid.

Hydrargyrum bromatum.	Quecksilberbromür.
— chloratum.	Quecksilberchlorür (Kalomel).
— cyanatum.	Quecksilbercyanid.
— formamidatum.	Quecksilberformamid.
— jodatum.	Quecksilberjodür.
— oleïnicum.	Ölsaures Quecksilber.
— oxydatum via humida para-	Gelbes Quecksilberoxyd.
tum.	
— peptonatum.	Quecksilberpeptonat.
— praecipitatum album.	Weißes Quecksilberpräcipitat.
— salicylicum.	Salicylsaures Quecksilber.
— tannicum oxydulatum.	Gerbsaures Quecksilberoxydul.
Hydrastis canadensis.	Kanadisches Wasserkraut.
Hyoscinum et ejus salia.	Hyoscin und dessen Salze.
Hyoscyaminum et ejus salia.	Hyoscyamin und dessen Salze.
Jodoformium.	Jodoform.
Jodolum.	Jodol.
Kaïrinum.	Kaïrin.
Kaïrolinum.	Kaïrolin.
Kalium jodatum.	Kaliumjodid.
Kamala.	Kamala.
Kosinum.	Kosin.
Kreosotum (e ligno paratum).	Holzkreosot.
Lactucarium.	Giftlattichsaft.
Magnesium citricum effer-	Brausendes citronensaures Mag-
vescens.	nesium.
— salicylicum.	Salicylsaures Magnesium.
Manna.	Manna.
Morphinum et ejus salia.	Morphin und dessen Salze.
Muscarinum.	Muscarin.
Narceinum et ejus salia.	Narceïn und dessen Salze.
Narcotinum.	Narkotin.
Natrium aethylatum.	Natriumäthylat.
— benzoïcum.	Benzoësaures Natrium.
— pyrophosphoricum ferratum.	Pyrophosphorsaures Eisenoxyd-
	Natron.
— salicylicum.	Salicylsaures Natrium.
— santonicum.	Santonin-Natron.
— tannicum.	Gerbsaures Natrium.
Oleum Chamomillae aethereum.	Ätherisches Kamillenöl.
— Crotonis.	Krotonöl.
— Cubebarum.	Kubebenöl.
— Matico.	Maticoöl.
— Sabinae.	Sadebaumöl.
— Sinapis aethereum.	Ätherisches Senföl.
— Valerianae.	Baldrianöl.
Opium.	Opium.
Paracotoïnum.	Parakotoïn.
Paraldehydum.	Paraldehyd.
Pasta Guarana.	Guarana.
Pelletierinum et ejus salia.	Pelletierin und dessen Salze.

Phenacetinum.	Phenacetin.
Physostigminum (Eserinum) et ejus salia.	Physostigmin (Eserin) und dessen Salze.
Picrotoxinum.	Pikrotoxin.
Pilocarpinum et ejus salia.	Pilokarpin und dessen Salze.
Plumbum jodatum.	Jodblei.
— tannicum.	Gerbsaures Blei.
Podophyllinum.	Podophyllin.
Propylaminum.	Propylamin.
Radix Belladonnae.	Belladonnawurzel.
— Colombo.	Colombowurzel.
— Gelsemii.	Wurzel des gelben Jasmin.
— Ipecacuanhae.	Brechwurzel.
— Rheï.	Rhabarberwurzel.
— Sarsaparillae.	Sarsaparille.
— Senegae.	Senegawurzel.
Resina Jalapae.	Jalapenharz.
— Scammoniae.	Scammoniaharz.
Resorcinum purum.	Reines Resorcin.
Rhizoma Filicis.	Farnwurzel.
— Veratri.	Weiße Nieswurzel.
Salolum.	Salol.
Santoninum.	Santonin.
Secale cornutum.	Mutterkorn.
Semen Calabar.	Calabarsamen.
— Colchici.	Zeitlosensamen.
— Hyoscyami.	Bilsensamen.
— St. Ignatii.	Sankt-Ignatiussamen.
— Stramonii.	Stechapfelsamen.
— Strophanthi.	Strophanthussamen.
— Strychni.	Brechnuß.
Sozojodolum.	Sozojodol.
Stipites Dulcamarae.	Bittersüßstengel.
Strychninum et ejus salia.	Strychnin und dessen Salze.
Sulfonalum.	Sulfonal.
Sulfur jodatum.	Jodschwefel.
Summitates Sabinae.	Sadebaumspitzen.
Tartarus stibiatus.	Brechweinstein.
Terpinum hydratum.	Terpinhydrat.
Thallinum et ejus salia.	Thallin und dessen Salze.
Thebaïnum et ejus salia.	Thebaïn und dessen Salze.
Tubera Aconiti.	Akonitknollen.
— Jalapae.	Jalapenknollen.
Urethanum.	Urethan.
Veratrinum et ejus salia.	Veratrin und dessen Salze.
Zincum aceticum.	Essigsaures Zink.
— chloratum purum.	Reines Chlorzink.
— cyanatum.	Cyan-Zink.
— permanganicum.	Übermangansaures Zink.
— salicylicum.	Salicylsaures Zink.
— sulfocarbolicum.	Sulfophenylsaures Zink.

Zincum sulfoichthyolicum.   Ichthyolsulfosaures Zink.
— sulfuricum purum.   Reines schwefelsaures Zink.

Verordnung,

betreffend

den Verkehr mit Arzneimitteln.

Vom 25. November 1895.

Artikel 1.

Zu den Zubereitungen, Droguen und chemischen Präparaten,
welche nach §§ 1 und 2 der Verordnung, betreffend den Verkehr
mit Arzneimitteln, vom 27. Januar 1890, sowie nach den zugehörigen Verzeichnissen A und B nur in Apotheken feilgehalten
oder verkauft werden dürfen, treten hinzu, und zwar:

im Verzeichnis A unter Nr. 11:

Wundstäbchen (cereoli);

im Verzeichnis B:

Acidum camphoricum.   Kamphersäure.
Acidum hydrobromicum.   Bromwasserstoffsäure.
Bismutum subsalicylicum.   Basisches Wismutsalicylat.
Lithium salicylicum.   Lithiumsalicylat.
Theobrominum natrio-salicylicum.   Diuretin.

In dem Verzeichnis B kommt

Bismutum salicylicum.   Salicylsaures Wismut

in Wegfall.

Artikel 2.

Zu den Zubereitungen, welche nach dem Verzeichnis A der
erwähnten Verordnung ausnahmsweise dem freien Verkehr überlassen sind, treten hinzu:

unter Nr. 3 des Verzeichnisses:

Aloëtinktur zum Gebrauch für Tiere;

unter Nr. 5 des Verzeichnisses:

Bleiwasser, mit einem Gehalt von höchstens 2 Gewichtsteilen Bleiessig in 100 Teilen der Mischung, zum
Gebrauch für Tiere,
Kresolseifenlösung zum Gebrauch für Tiere,
Mischungen von HOFFMANNS-Tropfen (Ätherweingeist),
Kampherspiritus und Seifenspiritus untereinander,
zum Gebrauch für Tiere, sofern die einzelnen Bestandteile der Mischungen auf den Abgabegefäßen
angegeben werden;

unter Nr. 10 des Verzeichnisses:

Bleisalbe zum Gebrauch für Tiere,

Borsalbe zum Gebrauch für Tiere,
Hufkitt,
Terpentinsalbe zum Gebrauch für Tiere,
Zinksalbe zum Gebrauch für Tiere.

Artikel 3.

Gegenwärtige Verordnung tritt am 1. Februar 1896 in Kraft

XXIX. Ausmittelung von giftigen Metallsalzen, Pflanzenalkaloiden und anderen Arzneistoffen.

I. Nachweis giftiger Metallsalze.

Der Gang der Analyse ist folgender:

Die Objekte werden, falls sie dünnflüssig sind, durch vorsichtiges Eindampfen konzentriert und dann zur Zerstörung der organischen Substanzen in einer Porzellanschale mit arsenfreier Salzsäure übergossen und unter allmählichem Zusatz von kleinen Mengen chemisch reinen Kaliumchlorats so lange auf dem Wasserbad erhitzt, bis die Flüssigkeit eine hellgelbe Farbe angenommen hat. Hierauf wird aus derselben durch weiteres Erhitzen das freie Chlor verjagt und die Lösung filtriert. In die warme Lösung leitet man nun einen langsamen Strom reines, am besten aus Schwefelcalcium und reiner, arsenfreier Salzsäure entwickeltes Schwefelwasserstoffgas bis zur Sättigung der Lösung und läßt dieselbe darauf noch 12 Stunden ruhig stehen.

Der hierbei entstandene Niederschlag kann enthalten:

Antimon, Arsen, Zinn, Quecksilber, Blei, Wismut, Silber, Kupfer und **Cadmium** als Schwefelmetalle, neben Spuren von organischen Substanzen, die nicht vollständig zerstört worden waren.

Der Niederschlag wird abfiltriert, mit Schwefelwasserstoffwasser ausgewaschen und das Filtrat, mit A bezeichnet, aufbewahrt. Die Farbe des erhaltenen Niederschlags läßt auf das Vorhandensein mancher Metalle schließen.

Ein gelber Niederschlag deutet auf Arsen, ein orangeroter auf Antimon, ein schwarzbrauner auf Blei, Kupfer und Quecksilber oder auf Mischungen dieser Metallsulfide. Der Niederschlag wird auf dem Filter mit heißem Schwefelammonium übergossen und mittelst eines Glasstabes zerrieben.

In Lösung B gehen hierbei:

Arsen, Antimon und Zinn.

Die Lösung B wird nun in einer Porzellanschale zur Trockne verdampft, zur Oxydation der noch etwa vorhandenen organischen Substanzen allmählich mit einigen Tropfen rauchender Salpetersäure auf dem Wasserbad erwärmt, hierauf mit Natronlauge neutralisiert und unter Zusatz von Natriumkarbonat und Natronsalpeter wieder zur Trockne verdampft. Dieser Rückstand wird nach dem Trocknen im Porzellantiegel geglüht, nach dem Erkalten in Wasser gelöst und filtriert.

(In dieser Lösung kann das Arsen durch Versetzen mit Ammoniak und Magnesiumgemisch als Ammoniummagnesium-Arseniat bestimmt werden.)

Das Filtrat enthält

Natriumarseniat.

Der Rückstand auf dem Filter

Zinnoxyd und pyroantimonsaures Natrium.

Zum Nachweis des Arsens wird ein Teil der Natrium-arseniatlösung zunächst zur Vertreibung der Salpetersäure mit einigen Tropfen Schwefelsäure so lange erhitzt, bis die letztere zu verdampfen beginnt, dann wird die Lösung mit Wasser verdünnt und in den MARSH'schen Apparat gebracht (Fig. 111).

Beim Vorhandensein von Arsen wird je nach der Menge desselben nach kürzerer oder nach längerer Zeit hinter dem geglühten Teil (S) der Röhre ein braun-schwarzer glänzender Arsenspiegel entstehen.

Prüfung des Arsenspiegels. Der Arsenspiegel ist braunschwarz, stark glänzend und beim Erhitzen leicht flüchtig. Derselbe ist löslich in Chlornatronflüssigkeit*). Die Lösung des Arsenspiegels in Salpetersäure färbt sich mit Silbernitratlösung und Ammoniak gelb. In Schwefel-

---

*) Dieselbe wird gewonnen durch Einleiten von Chlor in Natriumhydroxydlösung.

ammonium gelöst und zur Trockne verdampft, erhält man gelbes Schwefelarsen.

Den Rückstand auf dem Filter vom Natriumarseniat-filtrat, bestehend aus pyroantimonsaurem Natrium und Zinnoxyd, löst man in konzentrierter Salzsäure, verdampft die überschüssige Säure, verdünnt mit Wasser und trennt in dieser Lösung Antimon und Zinn mittelst eines Zink-stabes, den man in die Lösung stellt, wobei Antimon als schwarze, schwammige Masse abgeschieden wird.

Dasselbe wird abfiltriert, in Königswasser gelöst, die Lösung dampft man zur Trockne, löst die Masse in

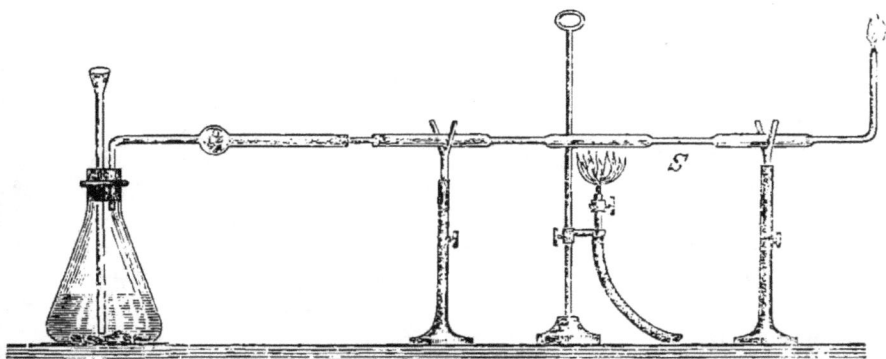

Fig. 111. MARSH'scher Apparat.

Wasser und prüft wie oben beim Arsen im MARSH'schen Apparat auf Antimon.

Antimon setzt sich teils vor, teils hinter der geglühten Stelle der Röhre als matter, schwarzer Anflug ab.

Der **Antimonspiegel** ist in Chlornatronflüssigkeit un-löslich. Bei der Behandlung mit Salpetersäure liefert der-selbe weißes Antimonoxyd. In Schwefelammonium gelöst und verdunstet, giebt derselbe einen orangeroten Rück-stand von Schwefelantimon.

Die Lösung vom abgeschiedenen Antimon enthält vor-handenes **Zinn** als Zinnchlorür, welches bei der Prüfung mit Quecksilberchlorid sich durch den entstehenden weißen, beim Erhitzen grau werdenden Niederschlag zu erkennen giebt.

Der in Schwefelammonium unlösliche Rückstand auf
dem Filter enthält etwa vorhandenes
Quecksilber-, Blei-, Wismut-, Silber-, Kupfer- und
Cadmiumsulfid.

Dieser Niederschlag wird mit einem heißen Gemisch
aus gleichen Teilen verdünnter und konzentrierter Salpetersäure behandelt, wobei folgende Metalle in Lösung gehen:
Blei, Wismut, Silber, Kupfer und **Cadmiumsulfid.**

Zur Nachweisung des **Bleis** wird die Lösung mit verdünnter Schwefelsäure versetzt und eingedampft, wobei
das Blei als Bleisulfat ausfällt. Das Bleisulfat löst man
in einer ammoniakalischen Lösung von Weinsäure und
bringt zu einem Teil der Lösung Kaliumbichromatlösung,
wodurch Blei als krystallinischer gelber Niederschlag von
Bleichromat gefällt wird. Im Filtrat von Bleisulfat fällt
man vorhandenes **Silber** mit Salzsäure als weißes Chlorsilber. Das Filtrat von Chlorsilber versetzt man mit
Ammoniak im Überschuß und erhält das **Wismut** als
flockiges, weißes Wismuthydroxyd. Letzteres in Salzsäure
gelöst, scheidet sich beim Eintröpfeln in Wasser als weißes,
basisches Wismutchlorid aus.

Beim Vorhandensein von **Kupfer** ist das ammoniakalische Filtrat vom Wismuthydroxydniederschlag blau
und giebt in dem Falle mit Salzsäure bis zur sauren
Reaktion versetzt auf Zusatz von Ferrocyankalium rot-
braunes Ferrocyankupfer. Stellt man einen blanken Eisenstab in die angesäuerte Lösung, so schlägt sich metallisches
Kupfer auf demselben nieder.

Ist außer Kupfer noch **Cadmium** vorhanden, so entfärbt man das blaue Filtrat vom Wismuthydroxydniederschlag durch Hinzufügen einiger Tropfen einer Kalium-
cynatlösung und schlägt Cadmium mit Schwefelwasserstoff
als hellgelbes Cadmiumsulfid nieder.

Ist kein Kupfer vorhanden, sondern nur Cadmium,
so fällt man das letztere direkt aus dem ammoniakalischen
Filtrat vom Wismuthydroxyd mit Schwefelwasserstoff.

Das auf dem Filter verbleibende, in verdünnter Salpetersäure unlösliche Quecksilbersulfid löst man in Königswasser und erwärmt die verdünnte Lösung mit Zinnchlorür;
das **Quecksilber** wird hierbei als zuerst weißer, dann grauer,
metallischer Niederschlag abgeschieden.

Das Filtrat A vom Schwefelwasserstoffniederschlag kann von giftigen Metallsalzen noch **Baryum, Zink** und **Chrom** enthalten.

Zur Ermittelung von **Baryum** wird ein Teil des Filtrats mit verdünnter Schwefelsäure versetzt, wobei Baryum als weißes Baryumsulfat ausfällt. Zur weiteren Prüfung, ob dieser Niederschlag aus Baryumsulfat besteht, wird derselbe mit Natriumkarbonat und Wasser gekocht und das hierbei entstandene Baryumkarbonat in Essigsäure gelöst. Die Lösung giebt auf Zusatz von Kaliumbichromatlösung einen gelben Niederschlag von Baryumchromat.

Der übrige Teil des Filtrats vom Baryumsulfat oder, wenn Baryum nicht vorhanden war, das Filtrat A vom Schwefelwasserstoffniederschlag wird mit Ätzammoniak alkalisch gemacht und mit Schwefelammonium versetzt. Der hierbei entstehende Niederschlag enthält neben Phosphaten vorhandenes Eisen und **Zink** als Schwefelmetalle. Die Flüssigkeit wird nun mit Essigsäure angesäuert und erwärmt, wobei die Phosphate, sowie der größte Teil des Schwefeleisens in Lösung gehen, während Zinksulfid und Schwefel in der Flüssigkeit suspendiert bleiben. Das Zinksulfid wird abfiltriert, getrocknet und im Porzellantiegel geglüht. Es entsteht hierbei Zinkoxyd neben geringen Mengen Eisenoxyd; durch Erhitzen dieses Rückstandes mit verdünnter Schwefelsäure und Salpetersäure erhält man eine Lösung von Zinksulfat, aus welcher man das Zink mit Schwefelwasserstoff als weißes Zinksulfid abscheidet.

Im Filtrat von Schwefelzink kann noch **Chrom** vorhanden sein. Dasselbe wird in der Weise ermittelt, daß man das Filtrat unter Zusatz von Salpeter zur Trockne verdampft, den Rückstand durch Eintragen in einen, mit geschmolzenem Salpeter beschickten, glühenden Porzellantiegel verpufft. Eine gelbe Farbe der Schmelze deutet auf Chrom.

Löst man die Schmelze in Wasser und fügt zu einem Teil, den man vorher mit Essigsäure angesäuert hat, Bleiacetatlösung, so entsteht gelbes Bleichromat.

Ein anderer Teil der Lösung, mit Schwefelsäure angesäuert und mit Alkohol erhitzt, färbt sich beim Vorhandensein von Chrom grün und entwickelt Aldehyd, das am Geruche zu erkennen ist.

II. Ermittelung der Pflanzenalkaloide, sowie einiger anderer, giftig wirkender Stoffe.

Die Untersuchung eines Gemisches auf einen Gehalt an Alkaloiden, den meist stickstoffhaltigen Pflanzenbasen, ist oft mit großen Schwierigkeiten verbunden, namentlich da dieselben zu ihrer Erkennung an den für sie charakteristischen, chemischen Reaktionen in möglichst reinem Zustande vorliegen müssen und weil die Auffindung in manchen Fällen dadurch erschwert wird, daß bei Fäulnisprozessen, bei der Zersetzung von Eiweißsubstanzen, ebenfalls Stoffe, sog. Ptomaïne (Fäulnisalkaloide) auftreten, die sich gegen chemische Reagentien ähnlich verhalten wie die Pflanzenalkaloide.

Das Verfahren zur Ausmittelung von Alkaloiden gründet sich darauf, daß die Salze der letzteren in säurehaltigem Wasser und in Alkohol löslich sind und daß diese sauren Lösungen beim Ausschütteln mit Äther außer einigen wenigen Alkaloiden oder ähnlichen Stoffen nur Fett und Farbstoff an denselben abgeben, während die meisten Pflanzenalkaloide in der wässerigen Lösung zurückbleiben und erst auf Zusatz von alkalischen Basen (Natriumhydroxyd) teils beim Ausschütteln mit Äther, teils bei der Behandlung mit Ammoniak und Amylalkohol in diese übergehen. Beim Verdunsten dieser Ausschüttelung erhält man die Alkaloide in mehr oder weniger verunreinigtem Zustande.

Die Pflanzenalkaloide geben sich durch ihr charakteristisches Verhalten gegen verschiedene Reagentien zu erkennen. So bilden dieselben mit den Chloriden des Platins, des Goldes, mit den Chloriden und Jodiden des Quecksilbers und Wismuts, ferner mit Gerbsäure und Phosphormolybdänsäure schwer lösliche, meist krystallinische Doppelverbindungen.

Die Lösungen der genannten Chemikalien, die sog. »Gruppenreagentien«, werden deshalb auch im allgemeinen für den qualitativen Nachweis des Vorhandenseins eines Alkaloids benutzt.

Die Verdampfungsrückstände aus den oben erwähnten Ausschüttelungen aus saurer, sowie aus alkalischer wässeriger Lösung werden deshalb zunächst mit wenig Wasser und Spuren von Salzsäure aufgenommen, filtriert, nochmals eingedampft und die nun hergestellte wässerige Lösung in Tropfen auf Uhrgläsern verteilt.

Beim Vorhandensein eines Alkaloids zeigen die Lösungen beim Zusammenbringen mit den Gruppenreagentien folgendes Verhalten:

1) **Phosphormolybdänsäure**: gelblichweiße, grünliche oder bläuliche Niederschläge.
2) **Kaliumwismutjodid**: orangerote Niederschläge.
3) **Quecksilberchlorid**: weiße und gelbliche Niederschläge.
4) **Platinchlorid**: krystallinische, körnige, gelbe Niederschläge.
5) **Gerbsäure**: weiße oder gelbliche Niederschläge.

Tritt keine dieser Reaktionen ein, so kann das Nichtvorhandensein eines Alkaloides angenommen werden.

Gang der Untersuchung:

Um die Alkaloide aus den zur Untersuchung vorliegenden Objekten zu isolieren, werden die letzteren, falls sie flüssig sind, bis zur Extraktdicke auf dem Wasserbad vorsichtig eingedampft, feste Substanzen werden zerkleinert (gepulvert), dann mit Weinsäure bis zur sauren Reaktion versetzt und mit Alkohol in einem mit Rückflußkühler versehenen Kölbchen, wenn nötig, wiederholt extrahiert. Nach dem Erkalten werden die alkoholischen Auszüge filtriert und durch Abdestillieren von Alkohol befreit. Die sauren Rückstände nimmt man nun mit Wasser auf, filtriert etwa abgeschiedene, fettige oder harzige Substanzen ab und giebt die wässerige Lösung in einen Schüttelcylinder.

A. Alkaloide und ähnliche Stoffe, die aus saurer Lösung in Äther übergehen.

Durch wiederholtes Ausschütteln der sauren Lösung mit wasserfreiem Äther gehen in diesen neben Farbstoffen und Fett folgende Stoffe über:

Cantharidin. Der blasenziehende Stoff der spanischen Fliegen, Lytta vesicatoria, Fam. Meloidae. Es bildet farblose Säulen oder Blättchen des rhombischen Systems.

Mit Öl angerieben und auf Leinwandläppchen auf die menschliche Haut befestigt, erzeugt das Cantharidin Blasen.

Coffeïn. Das Alkaloid des Kaffees, Coffea arabica, Fam. Rubiaceae. Dasselbe krystallisiert in Nadeln und ist sublimierbar.

Mit Salzsäure und Kaliumchlorat zur Trockne verdampft, liefert das Coffeïn einen rotgelben Rückstand, der sich mit Ammoniak übergossen purpurrot färbt.

24*

Colchicin. Das Alkaloid der Herbstzeitlose, Colchicum autumnale, Fam. Colchicaceae, eine amorphe Substanz von gelblicher Farbe. Mit konzentrierter Salpetersäure übergossen, löst es sich mit violetter Farbe, die nach dem Verdünnen mit Wasser und Übersättigen mit Ätznatron in Orangerot übergeht.

Digitalin, ein Bestandteil der Fingerhutblätter, Digitalis purpurea, Fam. Scrophularineae. Farblose krystallinische Körperchen, die schwer in Wasser und Äther, leicht in Alkohol löslich sind.

In konzentrierter Schwefelsäure gelöst und mit Bromdampf in Berührung gebracht, färbt sich Digitalin violettrot.

Bei physiologischen Versuchen wirkt es vermindernd auf den Blutumlauf und auf die Herzthätigkeit.

Pikrotoxin, ein Bestandteil der Kockelskörner, der Früchte von Menispermum Cocculus, Fam. Menispermeae. Dasselbe krystallisiert in langen, farblosen Prismen, zeigt einen bitteren Geschmack und ist in kochendem Wasser und Alkohol, weniger in Äther löslich.

In konzentrierter Schwefelsäure löst es sich mit gelber Farbe, die auf Zusatz von Kaliumbichromat violett und schließlich grün wird.

Mit konzentrierter Salpetersäure verdampft, der Rückstand in konzentrierter Schwefelsäure gelöst und mit Natronlauge übersättigt, giebt eine ziegelrote Lösung.

FEHLING'sche Lösung wird durch Pikrotoxin reduziert.

B. Alkaloide, welche aus alkalischer Lösung in *
Äther übergehen.

Die von der Ätherausschüttelung A zurückgebliebene wässerige Lösung wird auf dem Wasserbad so lange erwärmt, bis aller Äther daraus verflüchtigt ist, dann mit Natronlauge bis zur deutlich alkalischen Reaktion versetzt und nach dem Erkalten wiederholt mit wasserfreiem Äther ausgeschüttelt. Der Äther nimmt hierbei folgende Alkaloide auf:

Coniin, das flüchtige Alkaloid des Schierlings, Conium maculatum, Fam. Umbelliferae. Eine farblose, leicht braun werdende ölige Flüssigkeit, die den widerlichen Geruch des Mäuseharns zeigt.

Das Coniin ist in Wasser schwer löslich, die Lösung zeigt stark alkalische Reaktion und trübt sich beim Erwärmen.

Nikotin, der giftige Bestandteil des Tabaks, Nicotiana Tabacum, Fam. Solaneae, stellt eine farblose, an der Luft braun werdende, in Wasser leicht lösliche Flüssigkeit von charakteristischem Geruch und scharfem Geschmack dar. Die Lösung von Nikotin in Äther (1 : 100) mit gleichen Teilen einer ätherischen Jodlösung versetzt, giebt rubinrote, blauschillernde sog. Roussin'sche Krystalle.

Strychnin, das Alkaloid der Krähenaugen oder Brechnüsse, der Samen von Strychnos nux vomica, Fam. Strychneae, eines in Ostindien und Malabar heimischen Baumes. Das Strychnin ist ein in Wasser schwer lösliches, gelblichweißes, krystallinisches Pulver von außerordentlich bitterem Geschmack. Leicht löslich in Alkohol. Strychnin in einem Porzellanschälchen in konzentrierter Schwefelsäure gelöst, giebt nach dem Hinzufügen eines Kryställchens Kaliumbichromat beim Neigen des Schälchens violettrote Streifen.

Eine Lösung von 1 Teil vanadinsaurem Ammon in 200 Teilen Schwefelsäure färbt sich mit Strychnin zuerst violett, dann zinnoberrot.

Brucin kommt neben Strychnin in den Samen der Strychnosarten vor und bildet farblose, monokline Tafeln, die in Alkohol und in Chloroform leicht, in Äther unlöslich sind.

In konzentrierter Salpetersäure löst es sich mit blutroter Farbe, die bald in Gelb übergeht und auf Zusatz von Zinnchlorür violett wird.

Veratrin, das Alkaloid des Sabadillsamens, Veratrum Sabadilla, Fam. Melanthraceae, sowie anderer Veratrumarten, ist ein weißes, zum Niesen reizendes Pulver, welches in Alkohol und in Chloroform leicht löslich ist.

In konzentrierter Schwefelsäure löst sich Veratrin mit gelber, dann blutrot und beim Erhitzen kirschrot werdender Farbe.

Mit konzentrierter Salzsäure erhitzt, färbt es sich kirschrot. Mit Rohrzucker und konzentrierter Schwefelsäure gemischt, färbt sich Veratrin gelb, dann vom Rande aus grün und zuletzt blau.

Atropin, das Alkaloid der Tollkirsche, Atropa Belladonna, und des Stechapfels, Datura Stramonium, beide aus der Fam. Solaneae. Farblose, in Wasser nur wenig, in Alkohol, Chloroform und in Amylalkohol leicht lösliche Nadeln. ' Besonders charakteristisch bei physiologischen Versuchen ist die pupillenerweiternde Wirkung der Atropinlösungen. In konzentrierter Salpetersäure gelöst und zur Trockne verdampft, hinterläßt es einen Rückstand, der beim Befeuchten mit alkoholischer Ätzkalilösung violett-kirschrot wird.

Hyoscyamin. Das Alkaloid des Bilsenkrauts Hyoscyamus niger, Fam. Solaneae, stellt feine Nadeln dar, die gegen chemische Reagentien, sowie bei physiologischen Versuchen sich ähnlich verhalten wie Atropin. Die beiden Alkaloide unterscheiden sich nur durch ihre Schmelzpunkte, sowie durch das Verhalten ihrer Doppelsalze mit Platin- und Goldchlorid.

Schmelzpunkt des Atropins . .   115,5 ⁰ C.

    »   » Hyoscyamins . .   108,5 ⁰ C.

Platinchloriddoppelsalz krystallisiert

                                monoklinisch rhombisch

Goldchloriddoppelsalz schmilzt bei 135-137 ⁰ C. 159-160 ⁰ C.

Aconitin. Das Alkaloid des Krautes und der Knollen des Eisenhuts, Aconitum Napellus, Fam. Ranunculaceae, bildet farblose, tafelförmige, in Wasser schwer, in Alkohol, Äther, Chloroform und in Benzin leicht lösliche Krystalle.

In unreinem Zustand in Phosphorsäure gelöst, färbt es sich beim Verdampfen der Lösung violett.

Die Lösung in konzentrierter Schwefelsäure färbt sich nach einigen Stunden ebenfalls violett.

Delphinin. Das Alkaloid der Stephanskörner, der Samen von Delphinium Staphisagria, Fam. Ranunculaceae, bildet rhombische, in Wasser schwer, leicht in Alkohol, Äther und in Chloroform lösliche Krystalle. Die alkoholische Lösung schmeckt bitter und ruft auf der Zunge ein Gefühl von Kälte hervor.

In konzentrierter Schwefelsäure gelöst und mit Bromdampf in Berührung gebracht, färbt es sich violettrot.

In FRÖHDES Reagens ist es mit brauner ins Rote übergehender Farbe löslich.

Emetin, der Erbrechen bewirkende Bestandteil der Wurzel von Cephaëlis Ipecacuanha, Fam. Rubiaceae, einer in Brasilien wachsenden Pflanze. Es stellt ein weißes, amorphes Pulver dar, das sich am Lichte gelblich färbt und leicht in Alkohol, Äther und in Chloroform, sowie schwer in Wasser löslich ist. In FRÖHDES Reagens löst es sich mit brauner Farbe, die auf Zusatz von einem Tropfen konzentrierter Salzsäure in Blau übergeht.

Physostigmin (Eserin), ein Bestandteil der Samen von Physostigma venenosum (Calabarbohne), eine im westlichen Afrika (Dahomeh) heimische Papilionacee. Das Alkaloid ist ein gelblichweißes, krystallinisches, in Wasser und in Alkohol leicht lösliches Pulver. Chlorkalklösung färbt die Lösung von Physostigmin rot. Ammoniak löst es mit gelber Farbe, die Lösung hinterläßt beim Verdunsten einen blauen Rückstand, der sich in Alkohol mit blauer, in Schwefelsäure mit grüner Farbe löst. Bei physiologischen Versuchen bewirkt es eine Verengerung der Pupillen.

Cocaïn, das Alkaloid der Blätter von Erythroxylon Coca, Fam. Erythroxyleae, des in Peru, Columbien und Brasilien heimischen Cocastrauches. Das Cocaïn bildet farblose, große Prismen, welche schwer in Wasser, leicht in Alkohol und Äther löslich sind. Die Lösungen wirken betäubend auf die Nerven. Mit wenig Chlorwasser und Palladiumchlorürlösung liefert es einen roten, in Alkohol und Äther unlöslichen, in Natriumthiosulfat löslichen Niederschlag. Eine 1 %ige Kaliumpermanganatlösung scheidet aus den Lösungen eines Cocaïnsalzes violette Blättchen ab. Mit Ätzkali erwärmt, entwickelt es den Geruch des Benzoësäure-Äthylesters.

Chinin. Das Alkaloid verschiedener der Familie der Rubiaceen angehörender Cinchonaarten (Cinchona calisaya, C. succiruba und andere), baumartige, auf den Kordilleren Südamerikas heimische, auf Java kultivierte Pflanzen. Das Chinin bildet ein weißes, außerordentlich bitter schmeckendes Pulver, das in Alkoholäther und in Chloroform leicht löslich ist. Die Lösungen zeigen starke, bläuliche Fluorescenz. Chinin in Chlorwasser gelöst und mit Ammoniak versetzt, giebt einen grünen Niederschlag, der sich im

Überschuß des Fällungsmittels mit schön grüner Farbe löst und beim Neutralisieren mit Salzsäure blau, dann violett und rot wird. In Chlorwasser gelöst, mit Ferrocyankalium und mit Ammoniak versetzt, giebt Chinin eine dunkelrote Flüssigkeit.

Aus einer alkoholischen Lösung von Chinin scheidet sich beim Zusatz von einer alkoholischen Jodlösung ein grün schillernder, krystallinischer Niederschlag ab.

Narkotin, ein aus dem Opium, dem aus den Mohnkapseln von Papaver somniferum, Fam. Papaveraceae, ausfließenden und getrockneten Saft, stammendes Alkaloid. Dasselbe stellt lange, farblose Nadeln dar, welche in Wasser nur schwer, leichter in Alkohol und in Chloroform löslich sind.

Mit konzentrierter Schwefelsäure giebt es eine farblose Lösung, die auf Zusatz von konzentrierter Salpetersäure blutrot wird.

Beim Verdunsten einer Lösung von Narkotin in verdünnter 20 %/oiger Schwefelsäure färbt sich dieselbe dunkelgelb bis orange, hierauf blauviolett und zuletzt rotviolett.

Codeïn, ebenfalls ein im Opium enthaltenes krystallinisches Alkaloid von bitterem Geschmack.

Mit konzentrierter Schwefelsäure, der eine Spur Eisenchlorid oder Salpetersäure zugesetzt ist, färbt es sich beim Erwärmen blau. Mit konzentrierter Schwefelsäure und Rohrzucker vorsichtig erwärmt, färbt es sich blutrot; im übrigen siehe unter Morphin.

C. Alkaloide, die aus ammoniakalischer Lösung in Äther übergehen.

Die wässerige Lösung, welche bei der Ausschüttelung B übrig geblieben ist, wird zur Vertreibung des Äthers erwärmt, mit Salzsäure angesäuert, dann im Schüttelcylinder mit Ammoniumhydroxyd versetzt und mit Äther ausgeschüttelt. In den Äther aus ammoniakalischer Lösung gehen über: Spuren von Morphin und

Apomorphin, eine aus dem Morphin durch Erhitzen mit Salzsäure in geschlossenen Glasröhren auf 140—150 ⁰ C. hergestellte Pflanzenbase. Dasselbe stellt eine amorphe, in Wasser schwer, in Alkohol, Äther und in Chloroform leicht lösliche Masse dar.

Die Lösungen des Apomorphins färben sich an der Luft grün.

Spuren von Salpetersäure enthaltende Schwefelsäure löst es mit blutroter Farbe.

Die Lösung von Apomorphin in Wasser mit alkoholischer Jodlösung versetzt, färbt sich beim Mischen grün. Beim Ausschütteln dieser Flüssigkeit mit Äther färbt sich derselbe violettrot (PELLAGRI'sche Reaktion). Kali- oder Natronlauge färben die Lösungen des Apomorphins rot und zuletzt schwarz.

D. Alkaloide, welche aus ammoniakalischer Lösung von Amylalkohol aufgenommen werden.

Die wässerige, ammoniakalische Flüssigkeit von der Ausschüttelung C wird durch Erwärmen wiederum von Äther befreit und dann mit kleinen Mengen heißen Amylalkohols wiederholt ausgeschüttelt. Der Amylalkohol hinterläßt beim Verdunsten folgende etwa vorhandene Alkaloide:

Morphin, die Hauptmenge der basischen Bestandteile des Opiums. Dasselbe krystallisiert in farblosen, durchscheinenden, glänzenden Nadeln oder in rhombischen Prismen, die schwer in Wasser, leicht in Alkohol löslich sind. Die Lösungen des Morphins schmecken bitter.

In konzentrierter Schwefelsäure gelöst und kurz auf 150° C. erhitzt, färbt sich die nach dem Erkalten mit einer Spur Salpetersäure oder Kaliumchlorat versetzte Flüssigkeit violett und später blutrot.

Die Lösung einer Spur von Morphin in Salzsäure hinterläßt beim Verdunsten mit einigen Tropfen Schwefelsäure einen roten Rückstand. Nimmt man diesen Rückstand mit Salzsäure auf und setzt so viel einer Lösung von Natriumbikarbonat hinzu, bis man eine neutrale oder schwach alkalische Flüssigkeit erhalten hat, so färbt sich dieselbe mit Zusatz von alkoholischer Jodlösung grün. Beim Ausschütteln dieser Lösung mit Äther nimmt derselbe eine violette Farbe an (PELLAGRI'sche Reaktion). Hierdurch unterscheidet sich Morphin von den Ptomaïnen, welche diese Reaktion nicht geben. In FRÖHDES Reagens löst sich Morphin mit violetter Farbe.

Mit einer neutralen, stark verdünnten Lösung von Eisenchlorid färbt es sich blau.

Beim Schütteln einer mit Schwefelsäure angesäuerten Morphinlösung mit Jodsäure wird Jod abgeschieden. Setzt

man vor dem Schütteln der Lösung Chloroform oder
Schwefelkohlenstoff zu, so nehmen diese das Jod mit violetter Farbe auf.

Narceïn, ebenfalls ein im Opium enthaltenes Alkaloid,
weiße, glänzende Nadeln darstellend, die in Wasser nur
schwer, in kaltem Alkohol und in Äther leicht löslich
sind. Wässeriges Ammoniak löst das Narceïn leicht.
In FRÖHDES Reagens löst sich Narceïn mit blaugrüner
Farbe, die allmählich in Rot übergeht.

Jodhaltige Kaliumzinkjodidlösung scheidet in Narceïn-
lösungen blaugefärbte Krystalle ab.

Mit Jodwasser färbt sich Narceïn blau.

E. Im wässerigen ammoniakalischen Rückstand
von der Ausschüttelung D ist noch etwa vorhandenes

Curarin, das Alkaloid des Pfeilgiftes, welches die In-
dianer von verschiedenen Strychnaceen, so von Paullinia
Curara und von Strychnos toxifera, bereiten, zu ermitteln.

Die wässerige Lösung dampft man hierzu mit etwas
Sand (Quarzpulver) zur Trockne, pulvert den Rückstand
und extrahiert denselben in einem Kölbchen auf dem
Wasserbad mit Alkohol.

Um die Alkalien aus der Lösung zu entfernen, schlägt
man dieselben durch Einleiten eines Kohlensäurestromes
nieder, filtriert die alkoholische Flüssigkeit ab und verdampft dieselbe zur Trockne. Den so erhaltenen Rückstand nimmt man mit Wasser auf, filtriert und dampft
nochmals zur Trockne, wobei das Curarin als Rückstand
erhalten wird.

Dasselbe stellt farblose Prismen von bitterem Geschmack dar, welche in Wasser und Alkohol leicht, schwer
in Chloroform und unlöslich in Äther sind.

Das Curarin löst sich in konzentrierter Schwefelsäure
mit violetter, nach einiger Zeit in Rot übergehender Farbe.

Mit Schwefelsäure und Kaliumbichromat zeigt es dieselbe Reaktion wie Strychnin. In ERDMANNS Reagens
löst es sich violett. Konzentrierte Salpetersäure löst das
Curarin purpurrot.

F. Nachweis von Opium.

Das Vorhandensein von Opium giebt sich durch das Verhalten der in ihm enthaltenen Meconsäure und des Meconins zu erkennen. Die **Meconsäure** wird in einer Substanz in der Weise ermittelt, daß man dieselbe nach dem Ansäuern mit Salzsäure mit Alkohol extrahiert, den Auszug zur Trockne verdampft, den Rückstand mit Wasser aufnimmt und filtriert. Das Filtrat wird mit Magnesiumkarbonat übersättigt und gekocht, wodurch meconsaure Magnesia entsteht. Säuert man die Lösung dieses Salzes mit Salzsäure schwach an und schichtet dieselbe mit verdünntem Eisenchlorid, so entsteht eine blutrote Zone, durch die sich das Vorhandensein von Meconsäure zu erkennen giebt.

Meconin erhält man durch Extrahieren der mit Schwefelsäure angesäuerten Substanz mit Alkohol. Den Auszug filtriert man, dampft das Filtrat zur Trockne, nimmt den Rückstand mit Wasser auf und schüttelt die Lösung mit Benzol aus. Beim Verdunsten des Benzols hinterbleibt Meconin. Meconin löst sich in konzentrierter Schwefelsäure grün, die Farbe wird später rot.

III. Ausmittelung von drastisch wirkenden und harzigen organischen Stoffen, die häufig in Arzneimitteln, sowie in Geheimmitteln enthalten sind.

Zur Ermittelung dieser Substanzen werden die festen Untersuchungsobjekte gepulvert, die flüssigen werden zur Trockne verdampft, ebenfalls in Pulverform gebracht und dann zunächst mit Wasser behandelt, um die in Wasser löslichen Teile von den harzigen Bestandteilen zu trennen. Die letzteren werden wiederum getrocknet und dann mit Äther, Chloroform oder mit Benzin extrahiert.

a. Hierbei gehen in Äther oder in Chloroform über:

Agaricin, das Harz des Lärchenschwammes, Polyporus officinalis, Fam. Hymenomycetes. Dasselbe ist rötlich gefärbt und schmeckt außerordentlich bitter.

Myrrhenharz, ein Bestandteil der Myrrhe, Balsamodendron Myrrha, Fam. Burseraceae, eine in Arabien und der Somaliküste angebaute Pflanze.

In Schwefelkohlenstoff gelöst und verdunstet, hinterläßt es einen Rückstand, der mit Salpetersäure befeuchtet

violett wird. Beim Erwärmen zeigt es den charakteristischen Geruch der Myrrhe.

Scammonium, der getrocknete, grünlich graue Milch-
saft von Convolvulus Scammonia, Fam. Convolvulaceae,
einer in Kleinasien heimischen Pflanze. Dasselbe schmeckt
süßlich und schmilzt beim Kochen mit Salpetersäure zu
einer öligen Masse. b. Der in Äther und Chloroform unlösliche Rückstand
giebt beim Kochen desselben mit einer wässerigen Lösung
von Natriumkarbonat an diese ab:

Aloë, der grünlichgelbe, bittere Saft der Blätter verschiedener Aloëarten, Aloë ferox und africana, Fam.
Liliaceae, baumförmiger Pflanzen des Kaplandes, stellt im
getrockneten Zustande braune bis schwarze, glänzende
Massen dar, die in alkalikarbonathaltigem Wasser und
in absolutem Alkohol löslich sind. Die Ausschüttelungen
alkoholischer Auszüge von Aloë mit Benzin färben sich
nach BORNTRÄGER mit Ammoniak versetzt und gelinde
erwärmt violett.

Nach KLUNGE färbt sich stark verdünnte, wässerige
Aloëlösung auf Zusatz von einigen Tropfen Kupfersulfat-
lösung gelb; die Farbe geht beim Erwärmen mit festem
Chlornatrium in Rot über.

Aloë mit Salpetersäure gekocht und auf dem Wasserbad zur Trockne verdampft, giebt in wässeriger Lösung
auf Zusatz von Kali und Cyankalium beim Erwärmen
eine blutrote Färbung.

Colocynthin, der bittere Bestandteil der Koloquinte,
der Früchte von Cucumis s. Citrullus Colocynthis, Fam.
Cucurbitaceae, einer in Ostindien und Persien heimischen
Pflanze.

Colocynthin färbt sich mit konzentrierter Schwefelsäure hochrot, mit FRÖHDES Reagens kirschrot.

Jalapenharz aus den Knollen der Ipomaea Purga,
Fam. Convolvulaceae, einer in Mexiko und den Kordilleren
wachsenden Pflanze. Das Convolvulin erhält man durch
Fällung der alkoholischen Lösung durch Wasser.

Schwefelsäure färbt dasselbe rot.

Gummi-Gutti. Der aus dem verwundeten Stamm der
Garcinia Morella, Fam. Guttiferae, eines in Hinterindien
und auf Ceylon wachsenden Baumes, ausfließende Saft

bildet in getrocknetem Zustand eine rötlichgelbe Masse, die sich in Alkohol und Äther mit orangegelber Farbe löst. Die wässerigen Lösungen sind gelb und werden auf Zusatz von Alkalien blutrot gefärbt. **Rhabarber.** Die Wurzel von Rheum officinale und anderer Rheumarten, Fam. Polygoneae, in Hochasien heimischer Pflanzen, enthält als Hauptbestandteil **Chrysophansäure.**

Zur Isolierung der Chrysophansäure schüttelt man die sauren wässerigen Auszüge mit Chloroform oder Benzin aus, aus welchen sie beim Verdunsten teils amorph, teils krystallinisch hinterbleibt.

Ammoniak, Alkalihydrate und Alkalikarbonate färben die Lösungen der Chrysophansäure purpurrot.

Mit Ätzkali geschmolzen, liefert Chrysophansäure eine blaue Masse; mit Schwefelsäure färbt sie sich tiefrot.

Frangulin (Rhamnoxanthin), ein purgierender Stoff der Faulbaumrinde, Rhamnus Frangula, Fam. Rhamneae. Die Lösungen dieses Stoffes werden durch Alkalien kirschrot gefärbt.

Guajakharz. Durch Ausschmelzen oder Auskochen des Holzes von Guajacum officinale, Fam. Zygophylleae, eines in Westindien heimischen Baumes, erhaltenes grünlichbraunes, in Alkohol, Äther und in Chloroform lösliches Harz.

Die Lösungen werden durch oxydierende Substanzen (salpetrige Säure) grün und blau, die alkoholische Lösung wird durch Schwefelsäure grün, durch Eisenchlorid blau gefärbt.

Santonin. Der wirksame Bestandteil des Wurmsamens, Artemisia maritima s. Cina, Fam. Senecionidae, einer in Persien heimischen Pflanze.

Das Santonin wird durch Behandlung der Substanz mit Ätzkalk und Extraktion der Masse mit Weingeist oder Chloroform erhalten. Dasselbe bildet weiße Krystalle, die an der Luft sich gelb färben.

Mit schwefelsäurehaltigem Wasser ($1\ H_2O : 2H_2SO_4$) erhitzt und nach dem Erkalten mit sehr verdünnter Eisenchloridlösung versetzt und wieder erwärmt, färbt sich Santonin violett. In alkoholischer Kalilauge löst sich Santonin mit roter Farbe.

Pikrinsäure (Trinitrophenol), welche hauptsächlich zum Färben verwendet wird, bildet gelblichweiße, sehr bitter schmeckende, glänzende Schuppen oder Nadeln. Dieselbe wird aus dem Untersuchungsobjekt durch Aus-kochen mit salzsäurehaltigem Alkohol erhalten oder durch Ausschüttelung wässeriger, schwefelsäurehaltiger Lösungen mit Amylalkohol. Die Lösungen der Pikrinsäure färben Wolle intensiv gelb.

Wässerige Lösungen von Pikrinsäure, mit Kali oder Ammoniak und Cyankalium erhitzt, färben sich blutrot.

Gerbsäure (Gallusgerbsäure, Tannin) findet sich in den levantinischen Galläpfeln, den durch den Stich der Eichen-gallwespe an den Zweigen der Quercus infectoria s. lusi-tanica entstehenden Auswüchsen. Dieselbe wird durch Extrahieren der trockenen Substanz mit Ätheralkohol er-halten. Die Gerbsäure bildet schwach gelbliche, amorphe Massen von zusammenziehendem Geschmack, die in Wasser und in Alkohol leicht löslich sind. In reinem Äther und Chloroform ist sie unlöslich, dieselbe löst sich nur in wasser- und alkoholhaltigem Äther. Gerbsäure fällt Eisenoxydul-lösungen nicht, erst nach einiger Zeit tritt Violettfärbung ein, schließlich entsteht ein blauschwarzer Niederschlag.

Eisenoydsalze geben mit Gerbsäure blauschwarze Niederschläge, Eiweiß- und Leimlösungen werden von der-selben gefällt.

Alkalische Kupferlösung, Silber- und Goldlösungen werden reduziert.

Gallussäure ist im chinesischen Thee und im Sumach, Rhus coriaria, enthalten. Dargestellt wird dieselbe durch Kochen der Gallusgerbsäure mit verdünnter Schwefelsäure. Die Gallussäure bildet farblose, seidenglänzende Nadeln, die in Alkohol und in Äther leicht, schwerer in Wasser löslich sind. Aus Gold- und Silbersalzlösungen scheidet sie die Metalle ab.

Eisenoxydlösungen fällt sie blauschwarz. Ammonia-kalische Pikrinsäurelösung wird durch Gallussäure rot, dann grün gefärbt.

Eiweiß- und Leimlösungen werden nicht gefällt (Unter-schied von Tannin). FEHLING'sche Lösung wird nicht reduziert. Die wässerigen Lösungen der Gallussäure bräu-nen sich an der Luft.

Pyrogallussäure entsteht durch Erhitzen von Gallussäure auf 200—210° C. und wird durch Sublimieren der letzteren erhalten. Dieselbe stellt farblose, glänzende, bitter schmeckende Nadeln oder Blättchen dar, die leicht in Wasser, schwerer in Alkohol und Äther löslich sind. Pyrogallussäure reduziert Gold-, Silber- und Quecksilbersalze.

Eisenvitriollösungen werden blauschwarz, Eisenchlorid rot gefärbt. Haut und Haare werden durch Pyrogallussäure braun gefärbt.

IV. Nachweis der bei der Destillation flüchtigen Stoffe.

Die Destillation wird im allgemeinen in der Weise ausgeführt, daß man die zu untersuchende Substanz, wenn nötig, zerkleinert, sowie mit Wasser verdünnt und dann mit Weinsäure ansäuert. Je nach der Beschaffenheit des Untersuchungsobjektes destilliert man auf dem Drahtnetz, im Wasserbad oder mittelst Wasserdampfs; bei der Prüfung auf **Phosphor** in einem absolut dunklen Raume.

Äther giebt sich im Destillate durch seinen Geruch, sowie durch eine leichte Entzündbarkeit zu erkennen; charakteristische chemische Reaktionen zur Ermittelung des Äthers sind bis jetzt nicht bekannt.

Alkohol, Aldehyd, Methylalkohol. Einen Teil des Destillats versetzt man mit Spuren von sublimiertem Jod, giebt Kalilauge hinzu, bis eine farblose Lösung entstanden ist, und erwärmt. Beim Vorhandensein von Alkohol scheidet sich das durch seinen Geruch leicht erkennbare Jodoform in gelben Kryställchen ab.

Beim Erhitzen des alkoholhaltigen Destillats mit Kaliumbichromat und Schwefelsäure färbt sich die Flüssigkeit unter Bildung von **Aldehyd** grün.

Beim Erwärmen des alkoholhaltigen Destillats mit Natriumacetat und Schwefelsäure bildet sich Essigäther, der am Geruche leicht erkenntlich ist.

Blausäure. Einen Teil des Destillats versetzt man in einem Reagenzcylinder mit einigen Tropfen Natronlauge und Eisenvitriollösung, schüttelt so lange durcheinander, bis der entstandene Niederschlag eine dunkle Farbe angenommen hat, und säuert dann mit Salzsäure an. Cyan giebt sich durch eine Blaufärbung der Flüssigkeit oder beim Vorhandensein größerer Mengen durch einen blauen Niederschlag (Berlinerblau) zu erkennen. Da sich Cyan auch bei der Zersetzung von Ferrocyankaliumlösung bilden kann, so ist die zu untersuchende ursprüngliche Flüssigkeit oder mit Wasser behandelte Substanz direkt auf Ferrocyankalium zu prüfen. Setzt man zu einer solchen Lösung, nach dem Ansäuern mit Salzsäure, Eisenchlorid, so bildet sich bei der Anwesenheit von Ferrocyankalium ein Niederschlag von Berlinerblau.

Carbolsäure. Das Destillat wird mit Äther ausgeschüttelt, Carbolsäure verbleibt beim Verdunsten des Äthers in Krystallen und wird am Geruch, sowie an folgendem Verhalten erkannt:

Giebt man zu der Lösung von Carbolsäure verdünnte Eisenchloridflüssigkeit, so entsteht eine Blaufärbung.

Auf Zusatz von Bromwasser zu einer Carbolsäurelösung bildet sich Tribromphenol in Form eines weißen Niederschlags.

Chloralhydrat wird beim Ausschütteln des Destillats mit Äther erhalten.

Mit Natronlauge erwärmt, giebt dasselbe Chloroform und ist an dem Geruch des letzteren zu erkennen.

Beim Erhitzen mit alkoholischer Kalilauge und Anilin entsteht Phenylcarbylamin, das an seinem höchst unangenehmen Geruch erkennbar ist.

Mit Resorcin und Natronlauge erhitzt, giebt Chloralhydrat eine feurigrote Flüssigkeit, die beim Verdünnen mit Wasser gelblichgrün fluoresziert.

Chloroform geht in Form von schweren Tropfen in das Destillat über und ist am Geruche erkennbar.

Auf Zusatz einer Spur von Jod färbt sich Chloroform violett.

Im übrigen zeigt es beim Erhitzen mit alkoholischer Kalilauge und Anilin, sowie mit Resorcin und Kalilauge dasselbe Verhalten wie Chloralhydrat.

Jodoform. Das Destillat wird alkalisch gemacht und mit Äther ausgeschüttelt, aus welchem es sich beim Verdunsten abscheidet und namentlich an seinem Geruche erkannt werden kann.

Beim Erhitzen von Jodoform in alkoholischer Lösung mit Phenolnatrium entsteht eine karminrote Farbe.

Kreosot erhält man ebenfalls durch Ausschütteln des Destillats mit Äther. Dasselbe zeigt einen charakteristischen Geruch. Die wässerige Lösung von Kreosot färbt sich auf einen Zusatz von verdünntem Eisenchlorid grün.

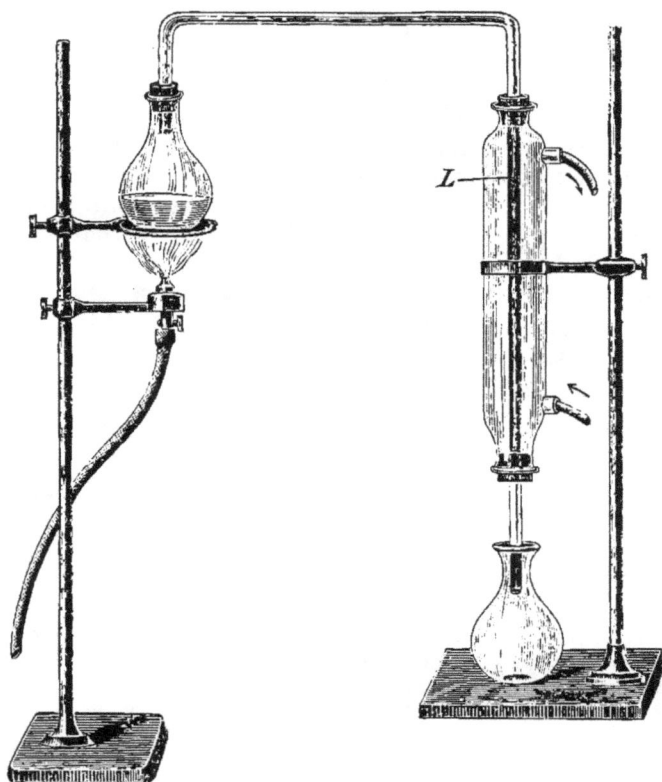

Fig. 112. Apparat zum Nachweis von Phosphor.

Nitrobenzol bleibt beim Ausschütteln des Destillats mit Äther und Verdunsten des letzteren als eine nach Bittermandelöl riechende Substanz.

Bei der Digestion von Nitrobenzol mit Weingeist, Zinkstaub und Salzsäure liefert dasselbe ein Anilin. Schüttelt man die Lösung nach Zusatz von Kalilauge mit Äther, so färbt sich der aus Anilin bestehende Verdampfungsrückstand beim Versetzen desselben mit einer Lösung von Chlorkalk oder von unterchlorigsaurem Natron violettblau.

Phosphor. Zur Prüfung auf einen Gehalt an Phosphor wird die Destillation der Substanz, wie schon erwähnt, in einem dunklen Raume vorgenommen. Man benutzt hierzu den Apparat Fig. 112.

Enthält die Substanz Phosphor, so giebt sich derselbe durch das charakteristische Leuchten bei L in der gläsernen Kühlröhre zu erkennen.

Zur weiteren Prüfung wird das Destillat durch Erwärmen mit Salpetersäure oder mit Chlorwasser oxydiert. Zu einem Teil der so erhaltenen Lösung giebt man Ammoniumhydroxyd und Magnesiumgemisch, wodurch beim Vorhandensein von Phosphor bezw. Phosphorsäure ein krystallinischer Niederschlag von Ammonium-Magnesiumphosphat entsteht.

Ein anderer Teil der Lösung wird mit Ammonium-molybdatlösung auf etwa 30° C. erwärmt, wobei sich gelbes phosphorsaures Ammoniummolybdat abscheidet.

Nach DUSSARD und BLONDLOT lassen sich, wenn das Leuchten des Phosphors nicht beobachtet werden kann, sehr geringe Mengen von Phosphor oder von phosphoriger Säure in folgender Weise ermitteln: Das bei dem oben beschriebenen Verfahren von MITSCHERLICH erhaltene Destillat, welches jedoch frei sein muß von Alkohol und Äther, oder das aus demselben durch Zusatz einer neutralen Silbernitratlösung entstandene Phosphorsilber bringt man in einen Wasserstoffentwickelungsapparat und leitet das Wasserstoffgas zunächst durch eine U-förmige Röhre, welche zur Abhaltung von etwa vorhandenem Schwefelwasserstoff mit Kalilauge getränkten Bimssteinstückchen beschickt ist, und von hier durch eine Glasröhre, die in eine Platinspitze endet. War dem Wasserstoffgas Phosphorwasserstoff beigemengt, so erscheint in der Wasserstoffflamme ein smaragdgrüner Flammenkegel.

V. Nachweis von Säuren und ätzenden Alkalien.

Man extrahiert die zu untersuchenden Substanzen mit kaltem Wasser oder mit verdünntem Weingeist und prüft die erhaltenen Lösungen auf das Vorhandensein von freier Schwefelsäure, Salzsäure, Salpetersäure und Essigsäure, Oxalsäure nach den üblichen Methoden. Einen anderen Teil der durch Extraktion erhaltenen Flüssigkeit unterwirft man der Destillation, wobei etwa vorhandenes freies Ammoniak erhalten wird.

Der Destillationsrückstand enthält die anwesenden fixen Alkalien, welche nach dem Glühen nach bekannten Methoden erkannt und getrennt werden.

XXX. Gebrauchsgegenstände.

Die Untersuchung der im Haushalt verwendeten Gebrauchsgegenstände ist für das Interesse der öffentlichen Gesundheitspflege von großer Bedeutung, namentlich da dieselben bei einem Gehalt an giftigen Stoffen, sei es durch direkte Berührung oder durch Vermittelung des Genusses von Speisen oder Getränken, gesundheitsschädlich werden können.

Wenn auch oft die Mengen solcher gesundheitsschädlicher Substanzen, welche aus den Gebrauchsgegenständen dem Organismus zugeführt werden, verhältnismäßig geringe sind, so ist eine fortgesetzte Einführung in denselben doch nicht unbedenklich und kann mit der Zeit Vergiftungserscheinungen hervorrufen.

Von Gebrauchsgegenständen sollen im folgenden hauptsächlich nur diejenigen in Betracht kommen, welche zur Zubereitung, Aufbewahrung, zur Verpackung und zum Vertrieb von Nahrungs- und Genußmitteln benutzt werden, sowie solche, die als Kleidungsstücke, Ausstattung von Wohnungen (Tapeten), als Spielwaren, insbesondere als Farben und als kosmetische Mittel dienen.

Endlich soll hier noch die Prüfung des Petroleums zu Beleuchtungszwecken Platz finden, das bei mangelhafter Beschaffenheit die menschliche Gesundheit zu gefährden imstande ist.

Der Verkehr mit derartigen Gebrauchsgegenständen ist, um den oben erwähnten Gefahren vorzubeugen, durch die folgenden einschlägigen Reichsgesetze geregelt.

Reichsgesetz,

betreffend

den Verkehr mit blei- und zinkhaltigen Gegenständen, vom 25. Juni 1887

(Reichsgesetzblatt S. 273) nebst der Novelle vom 22. März 1888 (Reichsgesetzblatt S. 114).

Wir Wilhelm, von Gottes Gnaden deutscher Kaiser, König von Preußen etc., verordnen im Namen des Reichs, nach erfolgter Zustimmung des Bundesrats und des Reichstags, was folgt:

§ 1. Eß-, Trink- und Kochgeschirr sowie Flüssigkeitsmaße dürfen nicht

1. ganz oder teilweise aus Blei oder einer in 100 Gewichtsteilen mehr als 10 Gewichtsteile Blei enthaltenden Metalllegierung hergestellt;

2. an der Innenseite mit einer in 100 Gewichtsteilen mehr als einen Gewichtsteil Blei enthaltenden Metalllegierung verzinnt oder mit einer in 100 Gewichtsteilen mehr als 10 Gewichtsteile Blei enthaltenden Metalllegierung gelötet;

3. mit Email oder Glasur versehen sein, welche bei halbstündigem Kochen mit einem in 100 Gewichtsteilen 4 Gewichtsteile Essigsäure enthaltenden Essig an den letzteren Blei abgeben.

Auf Geschirre und Flüssigkeitsmaße aus bleifreiem Britanniametall findet die Vorschrift in Ziffer 2 betreffs des Lotes nicht Anwendung.

Zur Herstellung von Druckvorrichtungen zum Ausschank von Bier, sowie von Siphons für kohlensäurehaltige Getränke und von Metallteilen für Kindersaugflaschen dürfen nur Metalllegierungen verwendet werden, welche in 100 Gewichtsteilen nicht mehr als einen Gewichtsteil Blei enthalten.

§ 2. Zur Herstellung von Mundstücken für Saugflaschen, Saugringen und Warzenhütchen darf blei- oder zinkhaltiger Kautschuk nicht verwendet sein.

Zur Herstellung von Trinkbechern und von Spielwaren, mit Ausnahme der massiven Bälle, darf bleihaltiger Kautschuk nicht verwendet sein.

Zu Leitungen für Bier, Wein oder Essig dürfen bleihaltige Kautschukschläuche nicht verwendet werden.

§ 3. Geschirre und Gefäße zur Verfertigung von Getränken und Fruchtsäften dürfen in denjenigen Teilen, welche bei dem bestimmungsgemäßen oder vorauszusehenden Gebrauche mit dem Inhalt in unmittelbare Berührung kommen, nicht den Vorschriften des § 1 zuwider hergestellt sein.

Konservenbüchsen müssen auf der Innenseite den Bedingungen des § 1 entsprechend hergestellt sein.

Zur Aufbewahrung von Getränken dürfen Gefäße nicht verwendet sein, in welchen sich Rückstände von bleihaltigem Schrote befinden. Zur Packung von Schnupf- und Kautabak, sowie Käse dürfen Metallfolien nicht verwendet sein, welche in 100 Gewichtsteilen mehr als einen Gewichtsteil Blei enthalten.

§ 4. Mit Geldstrafe bis zu einhundertfünfzig Mark oder mit Haft wird bestraft:

1. wer Gegenstände der im § 1, § 2 Absatz 1 und 2, § 3 Absatz 1 und 2 bezeichneten Art den daselbst getroffenen Bestimmungen zuwider gewerbsmäßig herstellt;

2. wer Gegenstände, welche den Bestimmungen im § 1, § 2 Absatz 1 und 2 und § 3 zuwider hergestellt, aufbewahrt oder verpackt sind, gewerbsmäßig verkauft oder feilhält;

3. wer Druckvorrichtungen, welche den Vorschriften im § 1 Absatz 3 nicht entsprechen, zum Ausschank von Bier oder bleihaltige Schläuche zur Leitung von Bier, Wein oder Essig gewerbsmäßig verwendet.

§ 5. Gleiche Strafe trifft denjenigen, welcher zur Verfertigung von Nahrungs- oder Genußmitteln bestimmte Mühlsteine unter Verwendung von Blei oder bleihaltigen Stoffen an der Mahlfläche herstellt oder derartig hergestellte Mühlsteine zur Verfertigung von Nahrungs- oder Genußmitteln verwendet.

§ 6. Neben der in den §§ 4 und 5 vorgesehenen Strafe kann auf Einziehung der Gegenstände, welche den betreffenden Vorschriften zuwider hergestellt, verkauft, feilgehalten oder verwendet sind, sowie der vorschriftswidrig hergestellten Mühlsteine erkannt werden.

Ist die Verfolgung oder Verurteilung einer bestimmten Person nicht ausführbar, so kann auf die Einziehung selbständig erkannt werden.

§ 7. Die Vorschriften des Gesetzes, betreffend den Verkehr mit Nahrungsmitteln, Genußmitteln und Gebrauchsgegenständen, vom 14. Mai 1879 (Reichsgesetzblatt S. 145) bleiben unberührt. Die Vorschriften in den §§ 16, 17 desselben finden auch bei Zuwiderhandlungen gegen die Vorschriften des gegenwärtigen Gesetzes Anwendung.

§ 8. Dieses Gesetz tritt am 1. Oktober 1888 in Kraft.

Urkundlich unter Unserer Höchsteigenhändigen Unterschrift und beigedrucktem Kaiserlichen Insiegel.

Gegeben Berlin, den 25. Juni 1887.

Wilhelm.

von Boetticher.

Unter die Bestimmungen dieses Gesetzes fallen:

I. Die Zinn-Blei-Legierungen, welche zur Herstellung von Bierdruckapparaten, Leitungsröhren, Zapfhahnen, Bierleitungen, Siphonsköpfen, Metallteilen an Kindersaugflaschen, Konservenbüchsen-Lot, Bleischrot, Metallfolien (Stanniol) zum Verpacken von Käse und Schnupftabak verwendet werden.

Solche Legierungen enthalten oft große Mengen von Blei, von welchem bei der Berührung mit Nahrungs- und

Genußmitteln, insbesondere mit säurehaltigen, wie Branntwein, Bier, Wein, Mineralwasser, Essig und dergl., nicht
unerhebliche Mengen in Lösung gehen.

Bezüglich der Beurteilung von Metallspielwaren hat
H. Stockmeier in Nürnberg auf Grund umfangreicher Untersuchungen von Spielwaren aus Bleizinnlegierungen auf ihr Verhalten in Berührung mit Speichel auf der 18. Jahresversammlung
der Freien Vereinigung bayerischer Vetreter der angewandten
Chemie folgende Leitsätze aufgestellt:

1. Gegen die Herstellung und Verleitgabe von Trillerpfeifchen,
Schreihähnen u. s. w. aus Blei-, Zinn- und antimonhaltigen Legierungen bis zu 80 %/o Bleigehalt, welche entweder vernickelt sind
oder ein Mundstück aus einer 10 %/o Bleigehalt nicht überschrei-
tenden Zinnlegierung besitzen, besteht keine Erinnerung.

2. Puppengeschirre aus einer Bleizinnlegierung bis zu 40 %/o
Bleigehalt sind nicht zu beanstanden.

3. Puppengeschirre aus verzinntem Kupfer- oder Eisenblech
unterliegen der Beurteilung wie Eß-, Trink- und Kochgeschirre.

4. Die Herstellung und der Verkauf von Kindertrompeten,
sowie Puppengeschirren aus Zink bezw. vernickeltem Zinkblech
veranlassen keine Erinnerung.

5. Die Beurteilung der Bleisoldaten und Zinnkompositions-
figuren fällt nicht unter § 12 Abs. 2 des Nahrungsmittelgesetzes.

Nach einem vom Reichsamt des Innern mitgeteilten Gutachten des Kaiserl. Gesundheitsamts sind Bleisoldaten in be-
maltem Zustande im allgemeinen nicht als geeignet zu erachten,
die menschliche Gesundheit zu beschädigen (§ 12 Ziffer 2 des
Nahrungsmittelgesetzes vom 14. Mai 1879), da dieselben mit einer
in Wasser und Speichel unlöslichen, unschädlichen Öl- oder Lackfarbe bemalt sind, so daß beim Anlecken oder in den Mund
nehmen das Blei der Figur selbst nicht gelöst wird. Erst wenn
durch Abbrechen die Bruchfläche frei von deckender Schutzfarbe
zu Tage tritt, ist mit dieser Möglichkeit zu rechnen. Da die Fläche
einer solchen Bruchstelle (abgebrochener Kopf, Gewehr oder
Arm) aber nur klein sein wird, so dürfte eine erhebliche Gefahr
für die Gesundheit nicht vorliegen. Bezüglich der Zusammensetzung der Farben ist der Fabrikant durch das Gesetz vom
5. Juli 1887, die Verwendung gesundheitsschädlicher Farben betreffend, gebunden. Es wird deshalb in der Regel zu einer Beanstandung von Bleisoldaten, sowie auch von anderen zu Kinder-
spielzwecken bestimmten, bemalten Bleifiguren vom gesundheits-
polizeilichen Standpunkt kein Grund vorliegen. Bezüglich der
Schädlichkeit der vielfach als Kinderspielzeug im Gebrauch befindlichen Eß-, Trink- und Kochgeschirre aus bleihaltigen Metalllegierungen (Puppengeschirr, Kinderspielservice) sind die Untersuchungen im Kaiserl. Gesundheitsamt zur Zeit noch nicht abgeschlossen.

Die Analyse dieser Metalllegierungen wird in folgender Weise ausgeführt:

1—2 gr der Legierung werden in zerschnittenem oder geraspeltem Zustande in einem mit einem Uhrglas zu bedeckenden Becherglase mit etwa 10—15 cc reiner, chlorfreier Salpetersäure übergossen und im Wasserbade so lange erwärmt, bis die Metalle vollständig oxydiert sind. Man entfernt nun das Uhrglas und dampft zur Trockne ein. Den Rückstand befeuchtet man mit Salpetersäure, erwärmt, nimmt dann mit heißem Wasser auf, filtriert das abgeschiedene Zinnoxyd ab und wäscht den Niederschlag sorgfältig mit heißem Wasser aus.

Der Niederschlag wird getrocknet, nach dem Befeuchten mit einigen Tropfen Salpetersäure im Porzellantiegel geglüht und das Zinnoxyd gewogen.

Das Filtrat vom Zinnoxydniederschlag, welches vorhandenes Blei als Bleinitrat enthält, wird am besten in Glasschalen, unter Zusatz von verdünnter Schwefelsäure zunächst auf dem Wasserbade, dann auf dem Sandbade soweit eingedampft, bis sich weiße Dämpfe entwickeln. Nach dem Erkalten nimmt man den Rückstand mit Alkohol auf, filtriert das abgeschiedene Bleisulfat auf einem Filter von bekanntem Gewicht ab, wäscht mit verdünntem Alkohol gut aus, trocknet bei 120° C. und wägt.

Häufig sind die Zinnbleilegierungen durch geringe Mengen Kupfer verunreinigt, das sich durch eine bläulichgrüne Farbe des oben erwähnten oxydierten Rückstandes zu erkennen giebt und sich im Filtrat vom Bleisulfatniederschlage ermitteln läßt.

II. Die bleihaltigen Glasuren der irdenen Eß-, Trink- und Kochgeschirre, sowie der emaillierten Eisengeschirre.

Bei der Aufbewahrung oder Zubereitung von sauren Speisen oder Getränken, wie Sauerkraut, Salat, sauren Saucen, Sauermilch u. s. w., in irdenen, mit mangelhaft eingebrannten Bleiglasuren versehenen Töpferwaren gehen nicht selten reichliche Mengen Blei in Lösung, so daß der Genuß solcher Lebensmittel von gesundheitsstörendem Einfluß auf den menschlichen Organismus sein kann. Die Verwendung bleihaltiger Materialien (Bleiglanz) zur Herstellung der Glasuren irdener Töpferwaren erteilt denselben nicht unbedingt eine gesundheitswidrige Beschaffenheit. Werden die Glasuren nicht zu sehr mit Bleioxyd übersättigt, und wird zur Fabrikation der betreffenden Geschirre guter Thon, welcher eine genügend hohe Temperatur beim Brennen der Geschirre auszuhalten vermag, verwendet, so entstehen Thonerde-Bleisilikate, welche an die oben erwähnten, verdünnte Säuren enthaltenden Nahrungs- oder Genußmittel weder bei längerer Aufbewahrung noch beim Kochen derselben Blei abgeben.

Für die Emailglasuren, die aus Zinnoxyd, Blei, Kochsalz, Soda und Sand hergestellt werden, gilt dasselbe; es
giebt jedoch auch Verfahren, wobei zur Herstellung von
Glasuren für irdene Geschirre, sowie für Emaillen kein
Blei verwendet wird.

Die Prüfung der Glasuren und Emaillen auf Angreif-
barkeit durch saure Speisen oder Getränke wird in folgender Weise ausgeführt:

Die Geschirre werden zunächst mittelst eines reinen
Schwammes mit Wasser, dann mit kaltem Essig ausgewaschen
und mit destilliertem Wasser ausgespült. Hierauf werden dieselben mit je 50 cc 4%igem Essig (verdünnte 4%ige Essigsäure)
auf 1 Liter Rauminhalt unter öfterem Bespülen der Wandungen
der Geschirre und Ergänzen der verdampften Flüssigkeit eine
halbe Stunde lang ausgekocht. Die Flüssigkeit giebt man in
Bechergläser, filtriert dieselbe, wenn nötig, und prüft sie nach dem
Erkalten mit Schwefelwasserstoff auf einen Gehalt an Blei.

III. Blei- oder zinkhaltiger Kautschuk zur Herstellung
von Mundstücken für Saugflaschen, Saugringen, Warzenhütchen, Trinkbechern, von Schläuchen für Leitungen von
Bier, Wein und Essig, Verschlüssen von Flaschen, sowie
zur Fabrikation von Spielwaren.

Zum »Vulkanisieren«, d. h. zum Imprägnieren des
Kautschuks mit Schwefel, werden häufig statt des reinen
Schwefels Schwefelverbindungen, wie Schwefelblei, Schwefelzink und dergl., verwendet, so daß bei der Benutzung
obiger Gegenstände Beschädigungen der menschlichen Gesundheit nicht ausgeschlossen sind.

Zur Ermittelung der Verunreinigungen des Kautschuks durch Zink und Blei wird folgende Methode angewendet:

Die Untersuchungsobjekte werden durch Zerschneiden zerkleinert und dann in geschmolzenem Salpeter eingetragen. Wenn
die Masse vollständig weiß geworden ist, wird dieselbe mit
schwefelsäurehaltigem Wasser ausgezogen und filtriert.

Im sauren Filtrat bestimmt man mittelst Schwefelwasserstoffs das Zink.

Ein zurückbleibender weißer Rückstand auf dem Filter
ist Bleisulfat, welches getrocknet, geglüht und als solches gewogen wird.

Reichsgesetz,

betreffend

die Verwendung gesundheitsschädlicher Farben bei der Herstellung von Nahrungsmitteln, Genußmitteln und Gebrauchsgegenständen, vom 5. Juli 1887.

(Reichsgesetzblatt S. 277.)

Wir Wilhelm, von Gottes Gnaden deutscher Kaiser, König von Preußen etc., verordnen im Namen des Reichs, nach erfolgter Zustimmung des Bundesrats und des Reichstags, was folgt:

§ 1. Gesundheitsschädliche Farben dürfen zur Herstellung von Nahrungs- und Genußmitteln, welche zum Verkaufe bestimmt sind, nicht verwendet werden.

Gesundheitsschädliche Farben im Sinne dieser Bestimmung sind diejenigen Farbstoffe und Farbzubereitungen, welche Antimon, Arsen, Baryum, Blei, Cadmium, Chrom, Kupfer, Quecksilber, Uran, Zink, Zinn, Gummigutti, Korallin, Pikrinsäure enthalten.

Der Reichskanzler ist ermächtigt, nähere Vorschriften über das bei der Feststellung des Vorhandenseins von Arsen und Zinn anzuwendende Verfahren zu erlassen.

§ 2. Zur Aufbewahrung oder Verpackung von Nahrungs- und Genußmitteln, welche zum Verkauf bestimmt sind, dürfen Gefäße, Umhüllungen oder Schutzbedeckungen, zu deren Herstellung Farben der im § 1 Absatz 2 bezeichneten Art verwendet sind, nicht benutzt werden.

Auf die Verwendung von

schwefelsaurem Baryum (Schwerspat, blanc fixe),

Barytfarblacken, welche von kohlensaurem Baryum frei sind,

Chromoxyd, Kupfer, Zinn, Zink und deren Legierungen als Metallfarben,

Zinnober,

Zinnoxyd,

Schwefelzinn als Musivgold,

sowie auf alle in Glasmassen, Glasuren oder Emails eingebrannte Farben und auf den äußeren Anstrich von Gefäßen aus wasserdichten Stoffen findet diese Bestimmung nicht Anwendung.

§ 3. Zur Herstellung von kosmetischen Mitteln (Mittel zur Reinigung, Pflege oder Färbung der Haut, des Haares oder der Mundhöhle), welche zum Verkauf bestimmt sind, dürfen die im § 1 Absatz 2 bezeichneten Stoffe nicht verwendet werden.

Auf schwefelsaures Baryum (Schwerspat, blanc fixe), Schwefelcadmium, Chromoxyd, Zinnober, Zinkoxyd, Zinnoxyd, Schwefelzink, sowie auf Kupfer, Zinn, Zink und deren Legierungen in Form von Pulver findet diese Bestimmung nicht Anwendung.

§ 4. Zur Herstellung von zum Verkauf bestimmten Spielwaren (einschließlich der Bilderbogen, Bilderbücher und Tuschfarben für Kinder), Blumentopfgittern und künstlichen Christbäumen dürfen die im § 1 Absatz 2 bezeichneten Farben nicht verwendet werden.

Auf die im § 2 Absatz 2 bezeichneten Stoffe, sowie auf
Schwefelantimon und Schwefelcadmium als Färbmitteln der
Gummimasse, Bleioxyd in Firnis,

Bleiweiß als Bestandteil des sogenannten Wachsgusses,
jedoch nur, sofern dasselbe nicht ein Gewichtsteil in 100 Gewichtsteilen der Masse übersteigt,

chromsaures Blei (für sich oder in Verbindung mit schwefelsaurem Blei) als Öl- oder Lackfarbe oder mit Lack- oder Firnisüberzug,

die in Wasser unlöslichen Zinkverbindungen, bei Gummi-
spielwaren jedoch nur, soweit sie als Färbmittel der Gummimasse,
als Öl- oder Lackfarben oder mit Lack- oder Firnisüberzug verwendet werden,

alle in Glasuren oder Emails eingebrannten Farben findet
diese Bestimmung nicht Anwendung.

Soweit zur Herstellung von Spielwaren die in den §§ 7 und 8
bezeichneten Gegenstände verwendet werden, finden auf letztere
lediglich die Vorschriften der §§ 7 und 8 Anwendung.

§ 5. Zur Herstellung von Buch- und Steindruck auf den
in den §§ 2, 3 und 4 bezeichneten Gegenständen dürfen nur
solche Farben nicht verwendet werden, welche Arsen enthalten.

§ 6. Tuschfarben jeder Art dürfen als frei von gesundheitsschädlichen Stoffen beziehungsweise giftfrei nicht verkauft oder
feilgehalten werden, wenn sie den Vorschriften in § 4 Absatz 1
und 2 nicht entsprechen.

§ 7. Zur Herstellung von zum Verkauf bestimmten Tapeten,
Möbelstoffen, Teppichen, Stoffen zu Vorhängen oder Bekleidungsgegenständen, Masken, Kerzen, sowie künstlichen Blättern, Blumen
und Früchten dürfen Farben, welche Arsen enthalten, nicht verwendet werden.

Auf die Verwendung arsenhaltiger Beizen oder Fixierungs-
mittel zum Zweck des Färbens oder Bedruckens von Gespinsten
oder Geweben findet diese Bestimmung nicht Anwendung. Doch
dürfen derartig bearbeitete Gespinste oder Gewebe zur Herstellung der im Absatz 1 bezeichneten Gegenstände nicht verwendet
werden, wenn sie das Arsen in wasserlöslicher Form oder in
solcher Menge enthalten, daß sich in 100 Quadratcentimeter des
fertigen Gegenstandes mehr als zwei Milligramm Arsen vorfinden.
Der Reichskanzler ist ermächtigt, nähere Vorschriften über das
bei der Feststellung des Arsengehalts anzuwendende Verfahren
zu erlassen.

§ 8. Die Vorschriften des § 7 finden auf die Herstellung
von zum Verkauf bestimmten Schreibmaterialien, Lampen- und
Lichtschirmen, sowie Lichtmanschetten Anwendung. Die Herstellung der Oblaten unterliegt den Bestimmungen im § 1, jedoch
sofern sie nicht zum Genusse bestimmt sind, mit der Maßgabe,
daß die Verwendung von schwefelsaurem Baryum (Schwerspat,
blanc fixe), Chromoxyd und Zinnober gestattet ist.

§ 9. Arsenhaltige Wasser- oder Leimfarben dürfen zur Herstellung des Anstrichs von Fußböden, Decken, Wänden, Thüren,
Fenstern der Wohn- oder Geschäftsräume, von Roll-, Zug- oder

Klappläden oder Vorhängen, von Möbeln und sonstigen häuslichen Gebrauchsgegenständen nicht verwendet werden.

§ 10. Auf die Verwendung von Farben, welche die im § 1 Absatz 2 bezeichneten Stoffe nicht als konstituierende Bestandteile, sondern nur als Verunreinigungen, und zwar höchstens in einer Menge enthalten, welche sich bei den in der Technik gebräuchlichen Darstellungsverfahren nicht vermeiden läßt, finden die Bestimmungen der §§ 2 bis 9 nicht Anwendung.

§ 11. Auf die Färbung von Pelzwaren finden die Vorschriften dieses Gesetzes nicht Anwendung.

§ 12. Mit Geldstrafe bis zu einhundertfünfzig Mark oder mit Haft wird bestraft:

1. wer den Vorschriften der §§ 1 bis 5, 7, 8 und 10 zuwider Nahrungsmittel, Genußmittel oder Gebrauchsgegenstände herstellt, aufbewahrt oder verpackt, oder derartig hergestellte, aufbewahrte oder verpackte Gegenstände gewerbsmäßig verkauft oder feilhält;

2. wer der Vorschrift des § 6 zuwiderhandelt;

3. wer der Vorschrift des § 9 zuwiderhandelt, ingleichen, wer Gegenstände, welche dem § 9 zuwider hergestellt sind, gewerbsmäßig verkauft oder feilhält.

§ 13. Neben der im § 12 vorgesehenen Strafe kann auf Einziehung der verbotswidrig hergestellten, aufbewahrten, verpackten, verkauften oder feilgehaltenen Gegenstände erkannt werden, ohne Unterschied, ob sie dem Verurteilten gehören oder nicht. Ist die Verfolgung oder Verurteilung . einer bestimmten Person nicht ausführbar, so kann auf die Einführung selbständig erkannt werden.

§ 14. Die Vorschriften des Gesetzes, betreffend den Verkehr mit Nahrungsmitteln, Genußmitteln und Gebrauchsgegenständen, vom 14. Mai 1879 (Reichsgesetzblatt S. 145) bleiben unberührt. Die Vorschriften in den §§ 16, 17 desselben finden auch bei Zuwiderhandlungen gegen die Vorschriften des gegenwärtigen Gesetzes Anwendung.

§ 15. Dieses Gesetz tritt mit dem 1. Mai 1888 in Kraft; mit demselben Tage tritt die Kaiserliche Verordnung, betreffend die Verwendung giftiger Farben, vom 1. Mai 1882 (Reichsgesetzblatt S. 55) außer Kraft.

Urkundlich unter Unserer Höchsteigenhändigen Unterschrift und beigedrucktem Kaiserlichen Insiegel.

Gegeben Bad Ems, 5. Juli 1887.

Wilhelm.

von Boetticher.

Das vorstehende Gesetz hat die Überwachung der Beschaffenheit der zu den verschiedensten Zwecken verwendeten Farben, hauptsächlich solcher, die zum Färben von Nahrungs- und Genußmitteln, von Spielwaren und Kleiderstoffen, sowie der zu kosmetischen Zwecken dienenden Färbemittel im Auge. Dahin gehören:

I. Gefärbte Konditoreiwaren, Fruchtsäfte, Limonaden, Gelees, Liqueure u. s. w.

II. Verpackungsmaterial, bunte Papiere zum Einhüllen von Lebensmitteln.

III. Kosmetische Mittel, namentlich Haarfärbemittel und Mittel zur Pflege der Haut in Form von Flüssigkeiten, salbenartigen Mischungen oder von Puder. Von den Haarfärbemitteln waren es namentlich die bleihaltigen zum Braun- und Schwarzfärben der Haare, welche in vielen Fällen wegen der leichten Absorbierbarkeit der Bleisalze durch die Kopfhaut die Veranlassung zu chronischen Bleivergiftungen gegeben haben. Seit dem Erlaß des vorstehenden Reichsgesetzes werden die Bleisalze häufig durch Wismutsalzlösungen oder durch organische Farbstoffe (p. Phenylendiamin und dessen Derivate) ersetzt.

IV. Die Farben der Kinderspielwaren und Bilderbogen, die mit leicht löslichen Farben bemalt sind, sowie die Farben- und Tuschkasten, welche giftige Farbstoffe enthalten und die von Kindern häufig mit dem Mund in Berührung gebracht werden.

V. Die mit giftigen Farben versehenen Kleidungs-, Möbel- und Teppichstoffe, die besonders dann gefährlich werden können, wenn sie mit verwundeten Stellen des Körpers in Berührung kommen.

VI. Die Herstellung von künstlichen Blumen, grünen Blättern und Früchten, die schon häufig wegen des Arsengehaltes ihrer Farben zu Krankheiten der damit beschäftigten Arbeiter Veranlassung gegeben haben.

VII. Die Tapeten, namentlich die grün und rot gefärbten, zu deren Herstellung früher, jetzt selten, arsenhaltige Farben verwendet worden sind.

Die Untersuchung dieser Gegenstände auf einen Gehalt an giftigen Stoffen organischer oder anorganischer Natur wird, soweit dieselbe nicht, wie in der nachstehenden Verordnung bezw. Ergänzung zu den Vorschriften des § 1 Abs. 3 und § 7 Abs. 2 des Reichsgesetzes vom 5. Juli 1887 besonders bestimmt ist, nach den bei der Prüfung der Geheimmittel auf gesundheitsschädliche Bestandteile beschriebenen Methoden ausgeführt.

Bekanntmachung,

betreffend

die Untersuchung von Farben, Gespinsten und Geweben auf Arsen und Zinn, vom 10. April 1888.

Auf Grund der Vorschriften im § 1 Absatz 3 und § 7 Absatz 2 des Gesetzes, betreffend die Verwendung gesundheitsschädlicher Farben bei der Herstellung von Nahrungsmitteln, Genußmitteln und Gebrauchsgegenständen, vom 5. Juli 1887 (Reichsgesetzblatt S. 277) bestimme ich, daß bei der Feststellung des Vorhandenseins von Arsen und Zinn in den zur Herstellung von Nahrungs- und Genußmitteln verwendeten Farben und bei der Ermittelung des Arsengehaltes der unter Benutzung arsenhaltiger Beizen hergestellten Gespinste und Gewebe nach Maßgabe der beiliegenden Anleitung zu verfahren ist.

Berlin, den 10. April 1888.

Der Stellvertreter des Reichskanzlers.

von Boetticher.

Anleitung

für die

Untersuchung von Farben, Gespinsten und Geweben auf Arsen und Zinn (§ 1 Abs. 3, § 7 Abs. 2 des Gesetzes, betr. die Verwendung gesundheitsschädlicher Farben bei der Herstellung von Nahrungsmitteln, Genußmitteln und Gebrauchsgegenständen, vom 5. Juli 1887).

A. Verfahren zur Feststellung des Vorhandenseins von Arsen und Zinn in gefärbten Nahrungs- oder Genußmitteln (§ 1 des Gesetzes).

I. Feste Körper.[1]

1. Bei festen Nahrungs- oder Genußmitteln, welche in der Masse gefärbt sind, werden 20 gr in Arbeit genommen, bei oberflächlich gefärbten wird die Farbe abgeschabt und ist soviel des Abschabsels in Arbeit zu nehmen, als einer Menge von 20 gr des Nahrungs- oder Genußmittels entspricht. Nur wenn solche Mengen nicht verfügbar gemacht werden können, darf die Prüfung auch an geringeren Mengen vorgenommen werden.

2. Die Probe ist durch Reiben oder sonst in geeigneter Weise fein zu zerteilen und in einer Schale aus echtem Porzellan mit einer zu messenden Menge reiner Salzsäure von 1,10 bis 1,12 spezifischem Gewicht und soviel destilliertem Wasser zu versetzen, daß das Verhältnis der Salzsäure zum Wasser etwa wie 1 zu 3 ist. In der Regel werden 25 cc Salzsäure und 75 cc Wasser dem Zwecke entsprechen.

Man setzt nun 0,5 gr chlorsaures Kalium hinzu, bringt die Schale auf ein Wasserbad und fügt — sobald ihr Inhalt die Temperatur des Wasserbades angenommen hat — von 5 zu 5 Minuten weitere kleine Mengen von chlorsaurem Kalium zu, bis die Flüssigkeit hellgelb, gleichförmig und dünnflüssig geworden ist. In der Regel wird ein Zusatz von im ganzen 2 gr des Salzes dem Zwecke entsprechen. Das verdampfende Wasser ist dabei von Zeit zu Zeit zu ersetzen. Wenn man den genannten Punkt erreicht hat, so fügt man nochmals 0,5 gr chlorsaures Kalium hinzu und nimmt die Schale alsdann von dem Wasserbade. Nach völligem Erkalten bringt man ihren Inhalt auf ein Filter, läßt die Flüssigkeit in eine Kochflasche von etwa 400 cc völlig ablaufen und erhitzt sie auf dem Wasserbade, bis der Geruch nach Chlor nahezu verschwunden ist. Das Filter samt dem Rückstande, welcher sich in der Regel zeigt, wäscht man mit heißem Wasser gut aus, verdampft das Waschwasser im Wasserbade bis auf etwa 50 cc und vereinigt diese Flüssigkeit samt einem etwa darin entstandenen Niederschlage mit dem Hauptfiltrate. Man beachte, daß die Gesamtmenge der Flüssigkeit mindestens das Sechsfache der angewendeten Salzsäure betragen muß. Wenn z. B. 25 cc Salzsäure verwendet wurden, so muß das mit dem Waschwasser vereinigte Filtrat mindestens 150, besser 200 bis 250 cc betragen.

3. Man leitet nun durch die auf 60 bis 80° C. erwärmte und auf dieser Temperatur erhaltene Flüssigkeit 3 Stunden lang einen langsamen Strom von reinem, gewaschenem Schwefelwasserstoffgas, läßt hierauf die Flüssigkeit unter fortwährendem Einleiten des Gases erkalten und stellt die dieselbe enthaltende Kochflasche, mit Filtrierpapier leicht bedeckt, mindestens 12 Stunden an einen mäßig warmen Ort.

4. Ist ein Niederschlag entstanden, so ist derselbe auf ein Filter zu bringen, mit schwefelwasserstoffhaltigem Wasser auszuwaschen und dann in noch feuchtem Zustande mit mäßig gelbem Schwefelammonium zu behandeln, welches vorher mit etwas ammoniakalischem Wasser verdünnt worden ist. In der Regel werden 4 cc Schwefelammonium, 2 cc Ammoniakflüssigkeit von etwa 0,96 spezifischem Gewicht und 15 cc Wasser dem Zwecke entsprechen. Den bei der Behandlung mit Schwefelammonium verbleibenden Rückstand wäscht man mit schwefelammonium-haltigem Wasser aus und verdampft das Filtrat und das Waschwasser in einem tiefen Porzellanschälchen von etwa 6 cm Durchmesser bei gelinder Wärme bis zur Trockne. Das nach der Verdampfung Zurückbleibende übergießt man, unter Bedeckung der Schale mit einem Uhrglase, mit etwa 3 cc roter, rauchender Salpetersäure und dampft dieselbe bei gelinder Wärme behutsam ab. Erhält man hierbei einen im feuchten Zustande gelb erscheinenden Rückstand, so schreitet man zur sogleich zu beschreibenden Behandlung. Ist der Rückstand dagegen dunkel, so muß er von neuem so lange der Einwirkung von roter, rauchender Salpetersäure ausgesetzt werden, bis er in feuchtem Zustande gelb erscheint.

5. Man versetzt den noch feuchten Rückstand mit fein zerriebenen kohlensaurem Natrium, bis die Masse stark alkalisch

reagiert, fügt 2 gr eines Gemenges von 3 Teilen kohlensaurem mit 1 Teil salpetersaurem Natrium hinzu und mischt unter Zusatz von etwas Wasser, so daß eine gleichartige, breiige Masse entsteht. Die Masse wird in den Schälchen getrocknet und vorsichtig bis zum Sintern oder beginnenden Schmelzen erhitzt. Eine weitergehende Steigerung der Temperatur ist zu vermeiden. Man erhält so eine farblose oder weiße Masse. Sollte dies ausnahmsweise nicht der Fall sein, so fügt man noch etwas salpetersaures Natrium hinzu, bis der Zweck erreicht ist*).

6. Die Schmelze weicht man in gelinder Wärme mit Wasser auf und filtriert durch ein nasses Filter. Ist Zinn zugegen, so befindet sich dieses nun im Rückstande auf dem Filter in Gestalt weißen Zinnoxyds, während das Arsen als arsensaures Natrium im Filtrat enthalten ist. Wenn ein Rückstand auf dem Filter verblieben ist, so muß berücksichtigt werden, daß auch in das Filtrat kleine Mengen Zinn übergegangen sein können. Man wäscht den Rückstand einmal mit kaltem Wasser, dann dreimal mit einer Mischung von gleichen Teilen Wasser und Alkohol aus, dampft die Waschflüssigkeit soweit ein, daß das mit dieser vereinigte Filtrat etwa 10 cc beträgt, und fügt verdünnte Salpetersäure tropfenweise hinzu, bis die Flüssigkeit eben sauer reagiert. Sollte hierbei ein geringer Niederschlag von Zinnoxydhydrat entstehen, so filtriert man denselben ab und wäscht ihn wie oben angegeben aus. Wegen der weiteren Behandlung zum Nachweise des Zinns vergl. Nr. 10.

7. Zum Nachweise des Arsens wird dasselbe zunächst in arsenmolybdänsaures Ammonium übergeführt. Zu diesem Zwecke vermischt man die nach obiger Vorschrift mit Salpetersäure angesäuerte, durch Erwärmen von Kohlensäure und salpetriger Säure befreite, darauf wieder abgekühlte, klare (nötigenfalls filtrierte) Lösung, welche etwa 15 cc betragen wird, in einem Kochfläschchen mit etwa gleichem Raumteile einer Auflösung von molybdänsaure Ammmonium mit Salpetersäure**) und läßt zunächst 3 Stunden ohne Erwärmen stehen. Enthielte nämlich die Flüssigkeit infolge mangelhaften Auswaschens des Schwefelwasserstoffniederschlags etwas Phosphorsäure, so würde sich diese als phosphormolybdänsaures Ammonium abscheiden, während bei richtiger Ausführung der Operationen ein Niederschlag nicht entsteht.

8. Die klare bezw. filtrierte Flüssigkeit erwärmt man auf dem Wasserbade, bis sie etwa 5 Minuten lang die Temperatur

---

*) Sollte die Schmelze trotzdem schwarz bleiben, so rührt diese in der Regel von einer geringen Menge Kupfer her, da Schwefelkupfer in Schwefelammonium nicht ganz unlöslich ist.

**) Die oben bezeichnete Flüssigkeit wird erhalten, indem man 1 Teil Molybdänsäure in 4 Teilen Ammoniak von etwa 0,96 spezifischem Gewicht löst und die Lösung in 15 Teile Salpetersäure von 1,2 spezifischem Gewicht gießt. Man läßt die Flüssigkeit dann einige Tage in mäßiger Wärme stehen und zieht sie, wenn nötig, klar ab.

des Wasserbades angenommen hat*). Ist Arsen vorhanden, so
entsteht ein gelber Niederschlag von arsenmolybdänsaurem Ammonium, neben welchem sich meist auch weiße Molybdänsäure
ausscheidet. Man gießt die Flüssigkeit nach einstündigem Stehen
durch ein Filterchen von dem der Hauptsache nach in der kleinen
Kochflasche verbleibenden Niederschlage ab, wäscht diesen zweimal mit kleinen Mengen einer Mischung von 100 Teilen Molybdänlösung, 20 Teilen Salpetersäure von 1,2 spezifischem Gewicht
und 80 Teilen Wasser aus, löst ihn dann unter Erwärmen in
2 bis 4 cc wässeriger Ammonflüssigkeit von etwa 0,96 spezifischem
Gewicht, fügt etwa 4 cc Wasser hinzu, gießt, wenn erforderlich,
nochmals durch das Filterchen, setzt ¼ Raumteil Alkohol und
dann 2 Tropfen Chlormagnesium-Chlorammoniumlösung hinzu.
Das Arsen scheidet sich sogleich oder beim Stehen in der Kälte
als weißes, mehr oder weniger krystallinisches arsensaures Am-
moniummagnesium ab, welches abzufiltrieren und mit einer möglichst geringen Menge einer Mischung von 1 Teil Ammoniak,
2 Teilen Wasser und 1 Teil Alkohol auszuwaschen ist.

9. Man löst alsdann den Niederschlag in einer möglichst
kleinen Menge verdünnter Salpetersäure, verdampft die Lösung
bis auf einen ganz kleinen Rest und bringt einen Tropfen auf
ein Porzellanschälchen, einen anderen auf ein Objektglas. Zu
ersterem fügt man einen Tropfen einer Lösung von salpetersaurem
Silber, dann vom Rande aus einen Tropfen wässeriger Ammonflüssigkeit von 0,96 spezifischem Gewicht; ist Arsen vorhanden,
so muß sich in der Berührungszone ein rotbrauner Streifen von
arsensaurem Silber bilden. Den Tropfen auf dem Objektglase
macht man mit einer möglichst kleinen Menge wässeriger Ammonflüssigkeit alkalisch; ist Arsen vorhanden, so entsteht sogleich
oder sehr bald ein Niederschlag von arsensaurem Ammonmag-
nesium, der, unter dem Mikroskope betrachtet, sich als aus
spießigen Kryställchen bestehend erweist.

10. Zum Nachweise des Zinns ist das oder sind die
das Zinnoxyd enthaltenden Filterchen zu trocknen, in einem
Porzellantiegelchen einzuäschern und demnächst zu wägen**).
Nur wenn der Rückstand (nach Abzug der Filterasche) mehr als
2 mg beträgt, ist eine weitere Untersuchung auf Zinn vorzu-
nehmen. In diesem Falle bringt man den Rückstand in ein
Porzellanschiffchen, schiebt dieses in eine Röhre von schwer
schmelzbarem Glase, welche vorn zu einer langen Spitze mit feiner
Öffnung ausgezogen ist, und erhitzt in einem Strom reinen, trocknen
Wasserstoffgases bei allmählich gesteigerter Temperatur, bis kein
Wasser mehr auftritt, bis somit alles Zinnoxyd reduziert ist. Man

---

*) Am sichersten ist es, das Erhitzen so lange fortzusetzen,
bis sich Molybdänsäure auszuscheiden beginnt.
**) Sollte der Rückstand infolge eines Gehaltes an Kupfer-
oxyd schwarz sein, so erwärmt man ihn mit Salpetersäure, verdampft im Wasserbad zur Trockne, setzt einen Tropfen Salpetersäure und etwas Wasser zu, filtriert, wäscht aus, glüht und wägt
erst dann.

läßt im Wasserstoffstrom erkalten, nimmt das Schiffchen aus der
Röhre, neigt es ein wenig, bringt wenige Tropfen Salzsäure von
1,10 bis 1,12 spezifischem Gewicht in den unteren Teil desselben,
schiebt es wieder in die Röhre, leitet einen langsamen Strom
Wasserstoff durch dieselbe, neigt sie so, daß die Salzsäure im
Schiffchen mit dem reduzierten Zinn in Berührung kommt, und
erhitzt ein wenig. Es löst sich dann das Zinn unter Entbindung
von etwas Wasserstoff in der Salzsäure zu Zinnchlorür. Man
läßt im Wasserstoffstrom erkalten, nimmt das Schiffchen aus der
Röhre, bringt nötigenfalls noch einige Tropfen einer Mischung
von 3 Teilen Wasser und 1 Teil Salzsäure hinzu und prüft Tropfen
der erhaltenen Lösung auf Zinn mit Quecksilberchlorid, Goldchlorid und Schwefelwasserstoff, und zwar mit letzterem vor und
nach Zusatz einer geringen Menge Bromsalzsäure oder Chlorwasser.

Bleibt beim Behandeln des Schiffcheninhalts ein schwarzer
Rückstand, der in Salzsäure unlöslich ist, so kann derselbe
Antimon sein.

II. Flüssigkeiten, Fruchtgelees u. dgl.

11. Von Flüssigkeiten, Fruchtgelees und dergleichen ist eine
solche Menge abzuwägen, daß die darin enthaltene Trockensubstanz
etwa 20 gr beträgt, also z. B. von Himmbeersyrup etwa 30 gr, von
Johannisbeergelee etwa 35 gr, von Rotwein, Essig oder dergleichen
etwa 800 bis 1000 gr. Nur wenn solche Mengen nicht verfügbar
gemacht werden können, darf die Prüfung auch an einer geringeren Menge vorgenommen werden.

12. Fruchtsäfte, Gelees und dergleichen werden genau nach
Abschnitt I mit Salzsäure, chlorsaurem Kalium u. s. w. behandelt;
dünne, nicht sauer reagierende Flüssigkeiten konzentriert man
durch Abdampfen bis auf einen kleinen Rest und behandelt diesen
nach Abschnitt I mit Salzsäure und chlorsaurem Kalium u. s. w.;
dünne, sauer reagierende Flüssigkeiten aber destilliert man bis
auf einen geringen Rückstand ab und behandelt diesen nach
Abschnitt I mit Salzsäure, chlorsaurem Kalium u. s. w. — In
das Destillat leitet man nach Zusatz von etwas Salzsäure ebenfalls Schwefelwasserstoff und vereinigt einen etwa entstehenden
Niederschlag mit dem nach Nr. 3 zu erhaltenden.

B. Verfahren zur Feststellung des Arsengehalts in Gespinsten oder Geweben (§ 7 des Gesetzes).

13*). Man zieht 30 gr des zu untersuchenden Gespinstes
oder Gewebes, nachdem man dasselbe zerschnitten hat, drei bis
vier Stunden lang mit destilliertem Wasser bei 70 bis 80° C. aus,
filtriert die Flüssigkeit, wäscht den Rückstand aus, dampft Filtrat

---

*) Es bleibt dem Untersuchenden unbenommen, vorweg mit
dem MARSH'schen Apparate an einer genügend großen Probe festzustellen, ob überhaupt Arsen in dem Gespinste oder Gewebe
vorhanden ist. Bei negativem Ausfalle eines solchen Versuches
bedarf es nicht der weiteren Prüfungen nach Nr. 13 etc., 16 etc.

und Waschwasser bis auf etwa 25 cc ein, läßt erkalten, fügt 5 cc
reine konzentrierte Schwefelsäure hinzu und prüft die Flüssigkeit
im Marsh'schen Apparat unter Anwendung arsenfreien Zinks
auf Arsen.

Wird ein Arsenspiegel erhalten, so war A r s e n   i n   w a s s e r -
l ö s l i c h e r   F o r m in dem Gespinste oder Gewebe vorhanden.

14. Ist der Versuch unter Nr. 13 negativ ausgefallen, so
sind weitere 10 gr des Stoffes anzuwenden und dem Flächen-
inhalte nach zu bestimmen. Bei Gespinsten ist der Flächeninhalt
durch Vergleichung mit einem Gewebe zu ermitteln, welches aus
einem gleichartigen Gespinste derselben Fadenstärke hergestellt ist.

15. Wenn die nach Nr. 13 und 14 erforderlichen Mengen
des Gespinstes oder Gewebes nicht verfügbar gemacht werden
können, dürfen die Untersuchungen an geringeren Mengen, sowie
im Falle der Nr. 14 auch an einem Teile des nach Nr. 13 untersuchten, mit Wasser ausgezogenen, wieder getrockneten Stoffes
vorgenommen werden.

16. Das Gespinst oder Gewebe ist in kleine Stücke zu zerschneiden, welche in eine tubulierte Retorte aus Kaligas von
etwa 400 cc Inhalt zu bringen und mit 100 cc reiner Salzsäure
von 1,19 spezifischem Gewicht zu übergießen sind. Der Hals der
Retorte sei ausgezogen und in stumpfem Winkel gebogen. Man
stellt dieselbe so, daß der an den Bauch stoßende Teil des Halses
schief aufwärts, der andere Teil etwas schräg abwärts gerichtet
ist. Letzteren schiebt man in die Kühlröhre eines Liebig'schen
Kühlapparates und schließt die Berührungsstelle mit einem Stück
Kautschukschlauch. Die Kühlröhre führt man luftdicht in eine
tubulierte Vorlage von etwa 500 cc Inhalt. Die Vorlage wird
mit etwa 200 cc Wasser beschickt und, um sie abzukühlen, in
eine mit kaltem Wasser gefüllte Schale eingetaucht. Den Tubus
der Vorlage verbindet man in geeigneter Weise mit einer mit
Wasser beschickten Péligot'schen Röhre.

17. Nach Ablauf von etwa einer Stunde bringt man 5 cc
einer aus Krystallen bereiteten kaltgesättigten Lösung von arsen-
freiem Eisenchlorür in die Retorte und erhitzt deren Inhalt.
Nachdem der überschüssige Chlorwasserstoff entwichen, steigert
man die Temperatur, so daß die Flüssigkeit ins Kochen kommt,
und destilliert, bis der Inhalt stärker zu steigen beginnt. Man
läßt jetzt erkalten, bringt nochmals 50 cc der Salzsäure von
1,19 spezifischem Gewicht in die Retorte und destilliert in gleicher
Weise ab.

18. Die durch organische Substanzen braun gefärbte Flüssigkeit in der Vorlage vereinigt man mit dem Inhalt der Péligot-
schen Röhre, verdünnt mit destilliertem Wasser etwa auf 600
bis 700 cc und leitet, anfangs unter Erwärmen, dann in der Kälte,
reines Schwefelwasserstoffgas ein.

19. Nach 12 Stunden filtriert man den braunen, zum Teil
oder ganz aus organischen Substanzen bestehenden Niederschlag
auf einem Asbestfilter ab, welches man durch ein entsprechendes
Einlegen von Asbest in einen Trichter, dessen Röhre mit einem

Glashahn versehen ist, hergestellt hat. Nach kurzem Auswaschen des Niederschlags schließt man den Hahn und behandelt den Niederschlag in dem Trichter unter Bedecken mit einer Glasplatte oder einem Uhrglas mit wenigen cc Bromsalzsäure, welche durch Auflösen von Brom in Salzsäure von 1,19 spezifischem Gewicht hergestellt worden ist. Nach etwa halbstündiger Einwirkung läßt man die Lösung durch Öffnen des Hahnes in den Füllungskolben abfließen, an dessen Wänden häufig noch geringe Anteile des Schwefelwasserstoffniederschlags haften. Den Rückstand auf dem Asbestfilter wäscht man mit Salzsäure von 1,19 spezifischem Gewicht aus.

20. In dem Kolben versetzt man die Flüssigkeit wieder mit überschüssigem Eisenchlorür und bringt den Kolbeninhalt unter Nachspülen mit Salzsäure von 1,19 spezifischem Gewicht in eine entsprechend kleinere Retorte eines zweiten, im übrigen dem in Nr. 16 beschriebenen gleichen Destillierapparates, destilliert, wie in Nr. 17 angegeben, ziemlich weit ab, läßt erkalten, bringt nochmals 50 cc Salzsäure von 1,19 spezifischem Gewicht in die Retorte und destilliert wieder ab.

21. Das Destillat ist jetzt in der Regel wasserhell. Man verdünnt es mit destilliertem Wasser auf etwa 700 cc, leitet Schwefelwasserstoff wie in Nr. 18 angegeben ein, filtriert nach 12 Stunden das etwa niedergefallene dreifache Schwefelarsen auf einem nacheinander mit verdünnter Salzsäure, Wasser und Alkohol ausgewaschenen, bei 110 ^{0} C. getrockneten und gewogenen Filterchen ab, wäscht den Rückstand auf dem Filter erst mit Wasser, dann mit absolutem Alkohol, mit erwärmtem Schwefel-kohlenstoff und schließlich wieder mit absolutem Alkohol aus, trocknet bei 110 ^{0} C. und wägt.

22. Man berechnet aus dem erhaltenen dreifachen Schwefel-arsen die Menge des Arsens und ermittelt, unter Berücksichtigung des nach Nr. 14 festgestellten Flächeninhalts der Probe, die auf 100 qcm des Gespinstes oder Gewebes entfallende Arsenmenge.

XXXI. Petroleum.

Das Rohpetroleum besteht aus einer Reihe von Kohlen-wasserstoffen, nämlich aus den bei der fraktionierten De-stillation bei 40 –150 ^{0} C. übergehenden sog. »flüchtigen Essenzen«, dem eigentlichen Brennpetroleum, welches bei 150—300 ^{0} C. erhalten wird, und den über 300 ^{0} C. destil-lierenden Schmierölen.

Bei der Benutzung des Petroleums zu Beleuchtungs-zwecken können hauptsächlich dann Gefahren entstehen, wenn dasselbe mangelhaft gereinigt ist, d. h. wenn es nicht gehörig von den leichter flüchtigen, unter 150⁰ C. siedenden Kohlenwasserstoffen befreit oder wenn dasselbe mit leichter siedenden Essenzen vermischt ist.

Beim Erwärmen des Petroleums giebt dasselbe Dämpfe ab, die in Berührung mit einer Flamme sich entzünden. Diese Entzündung oder Explosion tritt um so eher ein, je größer der Gehalt des Petroleums an den oben erwähnten, leichter flüchtigen Bestandteilen ist. Da sich das Petroleum beim Brennen in unseren Petroleumlampen bis über 30⁰ C. erhitzen kann, so sind Explosionen nicht ausgeschlossen und ist deshalb zur Verhütung solcher Gefahren durch das Reichsgesetz vom 24. Februar 1882 folgendes bestimmt worden:

Reichsgesetz,

betreffend

das gewerbsmäßige Verkaufen und Feilhalten von Petroleum.

Wir Wilhelm, von Gottes Gnaden Deutscher Kaiser, König von Preußen etc., verordnen im Namen des Reiches, auf Grund des § 5 des Gesetzes vom 14. Mai 1879, betreffend den Verkehr mit Nahrungsmitteln, Genußmitteln und Gebrauchsgegenständen, nach erfolgter Zustimmung des Bundesrats, was folgt:

§ 1. Das gewerbsmäßige Verkaufen und Feilhalten von Petroleum, welches unter einem Barometerstande von 760 mm schon bei einer Erwärmung auf weniger als 21 Grad des hundertteiligen Thermometers entflammbare Dämpfe entweichen läßt, ist nur in solchen Gefäßen gestattet, welche an in die Augen fallender Stelle auf rotem Grunde in deutlichen Buchstaben die nicht verwischbare Inschrift »Feuergefährlich« tragen.

Wird derartiges Petroleum gewerbsmäßig zur Abgabe in Mengen von weniger als 56 kg feilgehalten oder in solchen geringeren Mengen verkauft, so muß die Inschrift in gleicher Weise noch die Worte: »Nur mit besonderen Vorsichtsmaßregeln zu Brennzwecken verwendbar« enthalten.

§ 2. Die Untersuchung des Petroleums auf seine Entflammbarkeit im Sinne der § 1 hat mittelst des ABEL'schen Petroleumprobers unter Beachtung der von dem Reichskanzler wegen Handhabung des Probers zu erlassenden näheren Vorschriften zu erfolgen.

Wird die Untersuchung unter einem anderen Barometerstande als 760 mm vorgenommen, so ist derjenige Wärmegrad maßgebend, welcher nach einer vom Reichskanzler zu veröffentlichenden Umrechnungstabelle unter dem jeweiligen Barometerstande dem im § 1 bezeichneten Wärmegrade entspricht.

§ 3. Diese Verordnung findet auf das Verkaufen und Feilhalten von Petroleum in den Apotheken zu Heilzwecken nicht Anwendung.

§ 4. Als Petroleum im Sinne dieser Verordnung gelten das Rohpetroleum und dessen Destillationsprodukte.

§ 5. Diese Verordnung tritt mit dem 1. Januar 1883 in Kraft. Urkundlich Unserer Höchsteigenhändigen Unterschrift und beigedrucktem Kaiserlichen Insiegel.

Gegeben Berlin, den 24. Februar 1882.

(L. S.)   **Wilhelm.**

von Boetticher.

Umrechnungstabelle.

Barometerstand in Millimetern.

685	690	695	700	705	710	715	720	725	730	735

Entflammungspunkte nach Graden des 100teiligen Thermometers.

685	690	695	700	705	710	715	720	725	730	735
16,4	16,6	16,7	16,9	17,1	17,3	17,4	17,6	17,8	18,0	18,1
16,9	17,1	17,2	17,4	17,6	17,8	17,9	18,1	18,3	18,5	18,6
17,4	17,6	17,7	17,9	18,1	18,3	18,4	18,6	18,8	19,0	19,1
17,9	18,1	18,2	18,4	18,6	18,8	18,9	19,1	19,3	19,5	19,6
18,4	18,6	18,7	18,9	19,1	19,3	19,4	19,6	19,8	20,0	20,1
18,9	19,1	19,2	19,4	19,6	19,8	19,9	20,1	20,3	20,5	20,6
19,4	19,6	19,7	19,9	20,1	20,3	20,4	20,6	20,8	21,0	21,1
19,9	20,1	20,2	20,4	20,6	20,8	20,9	21,1	21,3	21,5	21,6
20,4	20,6	20,7	20,9	21,1	21,3	21,4	21,6	21,8	22,0	22,1
20,9	21,1	21,2	21,4	21,6	21,8	21,9	22,1	22,3	22,5	22,6
21,4	21,6	21,7	21,9	22,1	22,3	22,4	22,6	22,8	23,0	23,1
21,9	22,1	22,2	22,4	22,6	22,8	22,9	23,1	23,3	23,5	23,6
22,4	22,6	22,7	22,9	23,1	23,3	23,4	23,6	23,8	24,0	24,1

740	745	750	755	760	765	770	775	780	785
18,3	18,5	18,7	18,8	19,0	19.2	19,4	19,5	19,7	19,9
18,8	19,0	19,2	19,3	19,5	19,7	19,9	20,0	20,2	20,4
19,3	19,5	19,7	19,8	20,0	20,2	20,4	20,5	20,7	20,9
19,8	20,0	20,2	20,3	20,5	20,7	20,9	21,0	21,2	21,4
20,3	20,5	20,7	20,8	21,0	21,2	21,4	21,5	21,7	21,9
20,8	21,0	21,2	21,3	21,5	21,7	21,9	22,0	22,2	22,4
21,3	21,5	21,7	21,8	22,0	22,2	22,4	22,5	22,7	22,9
21,8	22,0	22,2	22,3	22,5	22,7	22,9	23,0	23,2	23,4
22,3	22,5	22,7	22,8	23,0	23,2	23,4	23,5	23,7	23,9
22,8	23,0	23,2	23,3	23,5	23,7	23,9	24,0	24,2	24,4
23,3	23,5	23,7	23,8	24,0	24,2	24,4	24,5	24,7	24,9
23,8	24,0	24,2	24,3	24,5	24,7	24,9	25,0	25,2	25,4
24,3	24,5	24,7	24,8	25,0	25,2	25,4	25,5	25,7	25,9

Berlin, den 12. April 1882. Der Reichskanzler. Im Auftrag: Bosse.

Der zur Prüfung des Petroleums gesetzlich vorgeschriebene ABEL'sche Apparat besteht aus folgenden Teilen
(Fig. 113):

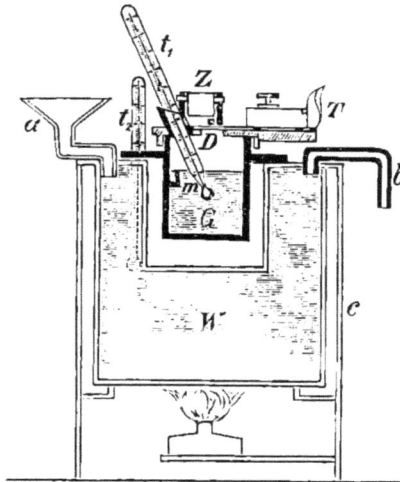

Fig. 113.

1. Gefäß G zur Aufnahme des zu prüfenden Petroleums, mit
der Marke M, bis zu welcher das Petroleum einzufüllen ist.
2. Deckel D mit dem Triebwerk T, dem Zündlämpchen Z
und dem Thermometer t_1.
3. Wasserbad W mit Thermometer t_2, dem zum Einfüllen
des Wassers dienenden Trichter a und dem Wasserablaufrohr b.
4. Messingmantel c, welcher das Wasserbad umgiebt.

Anweisung

für die

Untersuchung des Petroleums auf seine Entflammbarkeit mittelst des ABEL'schen Petroleumprobers.

(Bekanntmachung vom 20. April 1882.)

I. Vorbereitungen.

1. Für die Untersuchung des Petroleums ist ein möglichst
zugfreier Platz in einem Arbeitsraum von der mittleren Temperatur
bewohnter Zimmer zu wählen.
2. Das Petroleum ist vor der Untersuchung in einem geschlossenen Behälter innerhalb des Arbeitsraumes genügend lange

aufzubewahren, so daß es nahezu die Temperatur des letzteren angenommen hat. ·

3. Vor Beginn der Untersuchung wird der Stand eines geeigneten, im Arbeitsraume befindlichen Barometers in ganzen Millimetern abgelesen und auf Grund desselben aus nachfolgender Tafel derjenige Wärmegrad des Petroleums (s. Nr. 12) ermittelt, bei welchem das Proben durch das erste Öffnen des Schiebers zu beginnen hat.

Bei einem Barometerstande erfolgt der Beginn des Probens
von 685 bis einschließlich 695 mm bei + 14,0° C.

von mehr als 695	»	»	705	»	»	14,5°	»
» » » 705	»	»	715	»	»	15,0°	»
» » » 715	»	»	725	»	»	15,5°	»
» » » 725	»	»	735	»	»	16,0°	»
» » » 735	»	»	745	»	»	16,0°	»
» » » 745	»	»	755	»	»	16,5°	»
» » » 755	»	»	765	»	»	17,0°	»
» » » 765	»	»	775	»	»	17,0°	»
» » » 775	»	»	785	»	»	17,5°	»

4. Weicht der gemäß Nr. 3 gefundene Barometerstand von dem im § 1 der Verordnung vom 24. Februar 1882 bezeichneten Normalbarometerstande (760 mm) um mehr als 2½ mm nach oben oder unten ab, so ist noch derjenige Wärmegrad zu ermitteln, welcher gemäß § 2 Absatz 2 daselbst bei dem jeweiligen Barometerstande dem Normalentflammungspunkte (21° C. bei 760 mm) entspricht und maßgebend ist. Zu diesem Zwecke sucht man in der obersten Zeile der Umrechnungstabelle (S. 405) die der Höhe des beobachteten Barometerstandes am nächsten kommende Zahl ab, geht in der mit dieser Zahl überschriebenen Spalte bis zu der durch einen leeren Raum oberhalb und unterhalb hervorgehobenen Zeile hinab. Die Zahl, auf welche man in dieser Zeile trifft, bezeichnet den maßgebenden Wärmegrad, unter welchem das Petroleum entflammbare Dämpfe nicht abgeben darf, wenn es nicht den Beschränkungen in § 1 der Verordnung vom 24. Februar 1882 unterliegen soll. (Beispiele: Zeigt das Barometer einen Stand von 742 mm, so liegt der maßgebende Wärmegrad bei 20,3° C., zeigt es jedoch 744 mm, so liegt derselbe bei 20,5° C.)

5. Nach Ausführung der in Nr. 3 und 4 vorgeschriebenen Ermittelungen wird der Prober, zunächst ohne das Petroleumgefäß, so aufgestellt, daß die rote Marke des in dem Wasserbehälter eingehängten Thermometers sich nahezu in gleicher Höhe mit den Augen des Untersuchenden befindet.

6. Hierauf wird der Wasserbehälter durch den Trichter mit Wasser von + 50° C. bis + 52° C. soweit gefüllt, daß dasselbe anfängt, durch das Abflußrohr abzulaufen.

Ist Wasser von der erforderlichen Wärme anderweitig nicht zu beschaffen, so kann man den Wasserbehälter des Probers selbst, unter Anwendung der beigegebenen Spirituslampe oder eines Gasbrenners oder dergl. dazu benutzen, das Wasser vorzuwärmen. Bei dieser Art der Vorwärmung ist aber jedenfalls eine Überhitzung des Tragringes an dem Dreifuße zu vermeiden.

7. Die mit einem rund geflochtenen Dochte versehene Zündungslampe wird mit loser Watte angefüllt und so lange Petroleum auf die Watte gegossen, bis diese und der Docht sich gehörig vollgesogen haben. Hierauf wird der nicht angesogene Überschuß an Petroleum durch Auftupfen mit einem Tuch entfernt, die Watte aber in der Lampe belassen. Die Mündung der Dochttülle ist zugleich von etwa anhaftendem Ruß zu befreien.

8. Das Petroleumgefäß und sein Deckel nebst zugehörigem Thermometer werden nunmehr, jedes für sich, gut gereinigt und erforderlichenfalls mit Fließpapier getrocknet.

Der Schluß der Vorbereitungen besteht darin, daß das Petroleum, falls seine Temperatur (s. Nr. 2) nicht mindestens 2 Grad unter dem gemäß Nr. 3 ermittelten Wärmegrad liegt, bis zu 2 Grad unter letzterem abgekühlt wird. Das Gefäß ist auf dieselbe Temperatur zu bringen wie das Petroleum, und falls es zu diesem Zwecke in Wasser getaucht wurde, aufs neue sorgfältig zu trocknen.

II. Das Proben.

9. Nach Beendigung aller Vorbereitungen und nach genügender Vorwärmung des Wasserbades wird dieses mit Hülfe der Spirituslampe auf den durch eine rote Marke an dem Thermometer des Wasserbehälters hervorgehobenen Wärmegrad von + 54,5 bis 55° C. gebracht.

10. Inzwischen wird das Petroleum mit Hülfe der Glaspipette behutsam in das Gefäß soweit eingefüllt, daß die äußerste Spitze der Füllungsmarke sich eben noch über den Flüssigkeitsspiegel erhebt. Eine Benetzung der oberhalb der Marke liegenden Seitenwandungen des Gefäßes ist unter allen Umständen zu vermeiden; sollte sie trotz aller Vorsicht erfolgt sein, so ist das Gefäß sofort zu entleeren, sorgfältig auszutrocknen und mit frischem Petroleum zu befüllen. Etwaige an der Oberfläche des Petroleums sich zeigende Blasen werden mittelst der frischen Kohlenspitze eines eben ausgebrannten Streichhölzchens vorsichtig entfernt.

Unmittelbar nach der Einfüllung wird der Deckel auf das Gefäß gesetzt.

11. Das befüllte Petroleumgefäß wird hierauf mit Vorsicht und ohne das Petroleum zu schütteln in den Wasserbehälter eingehängt, nachdem konstatiert ist, daß der Wärmegrad des Wasserbades + 55° C. beträgt. Die Spirituslampe wird nach dieser Konstatierung ausgelöscht.

Hatte die Wärme des Wasserbades 55° C. bereits überschritten, so ist sie durch Nachgießen kleiner Mengen kalten Wassers in den Trichter des Wasserbehälters bis auf 55° C. zu erniedrigen.

12. Nähert sich die Temperatur des Petroleums in dem Petroleumgefäße dem gemäß Nr. 3 ermittelten Wärmegrad, so brennt man das Zündflämmchen an und reguliert dasselbe dahin, daß es seiner Größe nach der auf dem Gefäßdeckel befindlichen weißen Perle ungefähr gleichkommt. Ferner zieht man das Triebwerk auf, indem man den Knopf desselben in der Richtung des darauf markierten Pfeiles bis zum Anschlag dreht.

13. Sobald das Petroleum den für den Anfang des Probens vorgeschriebenen Wärmegrad erreicht hat, drückt man mit der Hand gegen den Auslösungshebel des Triebwerks, worauf der Drehschieber seine langsame und gleichmäßige Bewegung beginnt und in 2 vollen Zeitsekunden beendet. Während dieser Zeit beobachtet man, indem man jede störende Luftbewegung, namentlich auch das Atmen gegen den Apparat, vermeidet, das Verhalten des der Oberfläche des Petroleums sich nähernden Zündflämmchens. Nachdem das Triebwerk zur Ruhe gekommen, wird es sofort von neuem aufgezogen, und man wiederholt die Auflösung des Triebwerks und den Zündungsversuch, sobald das Thermometer im Petroleumgefäß um einen halben Grad weiter gestiegen ist. Dies wird von halbem zu halbem Grad so lange fortgesetzt, bis eine Entflammung erfolgt.

Das Zündflämmchen wird sich besonders in der Nähe des Entflammungspunktes durch eine Art von Lichtschleier etwas vergrößern, doch bezeichnet erst das blitzartige Auftreten einer größeren blauen Flamme, welche sich über die ganze freie Fläche des Petroleums ausdehnt, das Ende des Versuchs und zwar auch dann, wenn das in vielen Fällen durch die Entflammung verursachte Erlöschen des Zündflämmchens nicht eintritt.

Derjenige Wärmegrad, bei welchem die Zündvorrichtung zum letztenmal, d. h. mit deutlicher Entflammungswirkung in Bewegung gesetzt wurde, bezeichnet den Entflammungspunkt des untersuchten Petroleums.

III. Wiederholung des Probens.

14. Nach der Beendigung des ersten Probens ist die Prüfung in der vorgeschriebenen Weise mit einer anderen Portion desselben Petroleums zu wiederholen. Zuvor läßt man den erwärmten Gefäßdeckel abkühlen, während dessen man das Petroleumgefäß zu entleeren, im Wasser abzukühlen, auszutrocknen und frisch zu beschicken hat.

Auch das in das Gefäß einzusenkende Thermometer und der Gefäßdeckel sind vor der Neubeschickung des Petroleumgefäßes sorgfältig mit Fließpapier zu trocknen, insbesondere sind auch alle etwa dem Deckel oder den Schieberöffnungen noch anhaftenden Petroleumspuren zu entfernen.

Vor der Einsetzung des Gefäßes in den Wasserbehälter wird das Wasserbad mittelst der Spirituslampe wieder auf 55° C. erwärmt.

15. Ergiebt die wiederholte Prüfung einen Entflammungspunkt, welcher um nicht mehr als einen halben Grad von dem zuerst gefundenen abweicht, so nimmt man den Mittelwert der beiden Zahlen als den scheinbaren Entflammungspunkt an, d. h. als denjenigen Wärmegrad, bei welchem unter dem jeweiligen Barometerstande die Entflammung eintritt.

Beträgt die Abweichung des zweiten Ergebnisses von dem ersten einen Grad und mehr, so ist eine nochmalige Wiederholung der Prüfung erforderlich. Wenn alsdann zwischen den drei Ergebnissen sich größere Unterschiede als 1½ Grad nicht vorfinden,

so ist der Durchschnittswert aus allen drei Ergebnissen als schein-
barer Entflammungspunkt zu betrachten.

Sollten ausnahmsweise sich stärkere Abweichungen zeigen,
so ist, sofern es sich nicht um sehr leichtes, beim ersten Öffnen
des Schiebers entflammtes und deshalb unzweifelhaft zu ver-
werfendes Petroleum handelt, die ganze Untersuchung des Petroleums auf seine Entflammbarkeit zu wiederholen. Vorher ist
jedoch der Prober und die Art seiner Anwendung einer gründ-
lichen Revision zu unterziehen. Dieselbe hat sich wesentlich auf
die Richtigkeit der Aufsetzung des Gefäßdeckels, der Einsenkung
des Thermometers in das Gefäß und der Einhängung der Zünd-
lampe, sowie auf die hinreichende Ausführung der Reinigung aller
einzelnen Apparatteile zu erstrecken.

16. Ist der gemäß Nr. 15 gefundene, dem Mittelwerte der
wiederholten Untersuchungen entsprechende Entflammungspunkt
niedriger als der gemäß Nr. 4 ermittelte maßgebende Entflammungspunkt, so ist das untersuchte Petroleum den Beschränkungen des
§ 1 der Verordnung vom 24. Februar 1882 unterworfen.

Will man noch denjenigen Entflammungspunkt ermitteln,
welcher bei Zugrundelegung des normalen Barometerstandes
(760 mm) an die Stelle des unter dem jeweiligen Barometerstande
gefundenen Entflammungspunktes treten würde, so sucht man
zunächst in der dem letzteren Barometerstande entsprechenden
Spalte der Umrechnungstabelle (S. 405) diejenige Gradangabe,
welche dem beobachteten Entflammungspunkte am nächsten
kommt. Hierbei werden Bruchteile von einem halben Zehntel
oder mehr für ein volles Zehntel gerechnet, geringere Bruchteile
aber unberücksichtigt gelassen. In der Zeile, in welcher die hiernach berechnete Gradangabe steht, geht man bis zu derjenigen
Spalte, welche oben mit 760 überschrieben ist (der Spalte der
fettgedruckten Zahlen). Die Zahl, bei welcher jene Zeile und
diese Spalte zusammentreffen, zeigt den gewünschten, auf den
Normalbarometerstand umgerechneten Entflammungspunkt an.

                        B e i s p i e l.
Der Barometerstand betrage 727 Millimeter. Da eine besondere Spalte für 727 mm in der Tabelle nicht vorhanden ist,
so ist die mit 725 mm überschriebene entsprechende Spalte maßgebend. Das erste Proben habe ergeben 19,0° C., das zweite
20,5° C., das hiernach erforderte dritte 19,5° C. Der Durchschnittswert beträgt somit 19,67° C. Derselbe wird abgerundet
auf 19,7° C. In der mit 725 überschriebenen Spalte findet man
als der Zahl 19,7 am nächsten kommend die Zahl 19,8. In der
Zeile, in welcher diese Zahl steht, findet man jetzt in der mit
760 überschriebenen Spalte die fettgedruckte Zahl 21,0. Die
letztere ist somit der auf den Normalbarometerstand umgerechnete
Entflammungspunkt des untersuchten Petroleums.

XXXII. Reagentienlösungen.

Indikatoren:

Lackmustinktur. Zur Herstellung derselben wird der aus den Flechtenarten Rocella und Lecanora durch einen Gärungsprozeß mit Ammoniaklösung erhaltene Lackmusfarbstoff zunächst mit heißem destilliertem Wasser extrahiert, das ungelöste durch Filtration entfernt und das Filtrat nach dem Ansäuern mit Essigsäure zur Syrupdicke verdampft. Diesen Rückstand nimmt man mit 90⁰/oigem Alkohol auf und digeriert denselben einige Zeit in einem Kolben, wobei roter und gelbgrün fluoreszierender Farbstoff gelöst und der reine blaue Farbstoff gefällt wird. Diesen Niederschlag filtriert man ab, wäscht mit Alkohol aus und löst ihn in warmem Wasser. Die fertige Lackmustinktur wird in Flaschen aufbewahrt, die mit Baumwollpfropfen verschlossen werden.

Zur Herstellung des blauen oder roten Lackmuspapiers ist es erforderlich, zu der in obiger Weise hergestellten Lackmustinktur einige Tropfen Natronlauge, bezw. verdünnte Schwefelsäure zuzusetzen und Papierstreifen damit zu tränken.

Curcumatinktur zur Herstellung von Curcumapapier. 1 Teil Curcumawurzel (Curcuma longa) wird mit 5 Teilen Alkohol bei gelinder Wärme extrahiert.

Phenolphthaleïn. 1 : 100 Alkohol.

Rosolsäure. 1 : 500.

Cochenilletinktur. Durch Digestion von gepulverter Cochenille mit verdünntem Weingeist.

Kongorot. 1 : 1000 50⁰/oigen Alkohol. Säuren färben die Kongorotlösung blau, die durch Alkalien wieder rot wird.

Reagentien:

Ammoniumkarbonat. 1 Teil Ammon. carb., 3 Teile Wasser, 1 Teil Ammoniumhydroxyd.

Ammoniumchlorid. 1 Teil in 9 Teilen Wasser.

Ammoniumoxalat. 1 Teil in 19 Teilen Wasser.

Barytwasser. 1 Teil Ätzbaryt in 19 Teilen Wasser.

Baryumchlorid. 1 Teil in 9 Teilen Wasser.

Bleiacetat. 1 Teil in 9 Teilen Wasser.

Bromwasser. Mit Brom durch Schütteln gesättigtes destilliertes Wasser.

Calciumacetat. 1 Teil in 5 Teilen Wasser.

Calciumchlorid. 1 Teil in 19 Teilen Wasser.

Chlorkalk. 1 Teil wird mit 9 Teilen Wasser angerieben und filtriert.

Die Lösung ist stets frisch zu bereiten.

Eisenchlorid. 1 Teil in 9 Teilen Wasser.

ERDMANNS Reagens. 10 Tropfen einer Mischung von 6 Tropfen Salpetersäure von 1,25 spez. Gewicht mit 100 cc Wasser mit 20 gr konzentrierter Schwefelsäure versetzt.

FEHLING'sche Lösung. a) 34,639 gr reines krystallisiertes Kupfersulfat in 500 cc destilliertem Wasser gelöst. b) 173 gr Natriumkaliumtatrat (Seignette-Salz) und 50 gr Natriumhydroxyd in 500 cc destilliertem Wasser gelöst. Gleiche Volumina der beiden Lösungen, die getrennt aufzubewahren sind, gemischt geben FEHLING'sche Lösung.

FRÖHDES Reagens. 0,001 gr Molybdänsäure in 1 cc konzentrierter Schwefelsäure gelöst. Das Reagens ist beim Gebrauche stets frisch zu bereiten.

Gerbsäure. 1 Teil in 19 Teilen Wasser.

Jodlösung. 12,7 Teile Jod, 20 Teile Kalumjodid in 1 Liter Wasser. ($^1/_{10}$ Normallösung.)

Jodzinkstärkelösung s. S. 46.

Kalilauge. 56 Teile Kaliumhydroxyd in 1 Liter Wasser.

Kalilauge, alkoholische. 1 Teil Kaliumhydroxyd in 9 Teilen Alkohol.

Kaliumacetat. 57 Teile in 100 Teilen Alkohol.

Kaliumchromat. 1 Teil in 19 Teilen Wasser.

Kaliumferricyanid. 1 Teil in 19 Teilen Wasser.

Kaliumferrocyanid. 1 Teil in 19 Teilen Wasser.

Kaliumquecksilberjodid. 13,5 gr Quecksilberchlorid, 50 gr Kaliumjodid in 100 gr Wasser und die Lösung auf 1 Liter verdünnt.

Kaliumsulfocyanid. 1 Teil in 19 Teilen Wasser.

Kaliumwismutjodid. Wismutjodid wird in Kalium-jodidlösung durch Erwärmen gelöst, diese Lösung wird mit derselben Menge Kaliumjodidlösung, die zur Lösung des Wismutjodids erforderlich war, vermischt.

Magnesiumgemisch. Magnesiumchlorid 100,0, Ammoniumchlorid 140,0, Ammoniumhydroxyd (10 %) 700,0, destilliertes Wasser 1500,0.

Molybdänlösung. 150 gr Ammoniummolybdat werden in 300 gr Wasser und wenig Ammoniumhydroxyd gelöst, die Lösung wird auf 1 Liter verdünnt und dann unter Umrühren in 1 Liter Salpetersäure von 1,185—1,2 spez. Gewicht gegossen.

Natriumacetat. 1 Teil in 4 Teilen Wasser.

Natriumbikarbonat. 1 Teil in 19 Teilen Wasser.

Natriumkarbonat. 1 Teil in 4 Teilen Wasser.

Natriumhydroxyd. 1 Teil in 9 Teilen Wasser.

Natriumphosphat. 1 Teil in 9 Teilen Wasser.

NESSLERS Reagens s. Quecksilberkaliumjodid.

Phosphormolybdänsäure. Man fällt eine mit Salpetersäure angesäuerte Lösung von Natriumphosphat mit Ammoniummolybdat, löst den Niederschlag in Natriumkarbonatlösung, verdampft zur Trockne und glüht gelinde. Nach dem Erkalten löst man den Glührückstand in Wasser und setzt soviel Salpetersäure hinzu, daß der entstehende Niederschlag gerade wieder gelöst wird.

Platinchlorid. 1 Teil in 19 Teilen Wasser.

Pikrinsäure. 1 Teil in 100 Teilen Wasser.

Quecksilberchlorid. 1 Teil in 19 Teilen Wasser.

Quecksilberkaliumjodid. Alkalisches (NESSLERS) Reagens. 50 gr Kaliumjodid werden in 50 gr heißem Wasser gelöst und mit einer konzentrierten heißen Quecksilberchloridlösung (etwa 20—25 gr Quecksilberchlorid enthaltend) so lange versetzt, bis der entstandene rote Niederschlag sich nicht mehr löst. Die Lösung wird filtriert, mit einer Lösung von 150 gr Kaliumhydroxyd in 300 cc Wasser vermischt und mit Wasser auf 1 Liter verdünnt. Die Lösung läßt man sich absetzen und bewahrt sie in gut verschlossenen Gefäßen auf.

Salpetersäure, verdünnte. 1 Teil konzentrierte Salpetersäure in 3 Teilen Wasser.

Salzsäure, verdünnte. 1 Teil konzentrierte Salzsäure in 3 Teilen Wasser.

Schwefelsäure, verdünnte. 1 Teil konzentr. Schwefelsäure in 9 Teilen Wasser.

Silbernitrat. 1 Teil in 19 Teilen Wasser.

Silbernitratlösung nach BECHI: Silbernitrat 1, Alkohol 200,0, Äther 40,0 und Salpetersäure 0,10. **Zinnchlorür.** 1 Teil krystallisiertes Zinnchlorür in 2 Teilen Salzsäure und 7 Teilen Wasser.

Tabelle der Atomgewichte,

welche nach den Beschlüssen der von der Deutschen chemischen Gesellschaft eingesetzten Kommission den praktisch-analytischen Rechnungen zu Grunde zu legen sind (vgl. den Bericht der Kommission: »Berichte« 31, 2761 [1898]).

Aluminium	Al	27,1	Nickel	Ni	58,7*
Antimon	Sb	120	Niobium	Nb	94
Argon (?)	A	40	Osmium	Os	191
Arsen	As	75	Palladium	Pd	106
Baryum	Ba	137,4	Phosphor	P	31,0
Beryllium	Be	9,1	Platin	Pt	194,8
Blei	Pb	206,9	Praseodym (?)	Pr	140
Bor	B	11	Quecksilber	Hg	200,3
Brom	Br	79,96	Rhodium	Rh	103,0
Cadmium	Cd	112	Rubidium	Rb	85,4
Cäsium	Cs	133	Ruthenium	Ru	101,7
Calcium	Ca	40	Samarium (?)	Sa	150
Cerium	Ce	140	Sauerstoff	O	16,00
Chlor	Cl	35,45	Scandium	Sc	44,1
Chrom	Cr	52,1	Schwefel	S	32,06
Eisen	Fe	56,0	Selen	Se	79,1
Erbium (?)	Er	166	Silber	Ag	107,93
Fluor	F	19	Silicium	Si	28,4
Gallium	Ga	70	Stickstoff	N	14,04
Germanium	Ge	72	Strontium	Sr	87,6
Gold	Au	197,2	Tantal	Ta	183
Helium (?)	He	4	Tellur	Te	127
Indium	In	114	Thallium	Tl	204,1
Iridium	Ir	193,0	Thorium	Th	232
Jod	J	126,85	Titan	Ti	48,1
Kalium	K	39,15	Uran	U	239,5
Kobalt	Co	59	Vanadin	V	51,2
Kohlenstoff	C	12,00	Wasserstoff	H	1,01
Kupfer	Cu	63,6	Wismut	Bi	208,5*
Lanthan	La	138	Wolfram	W	184
Lithium	Li	7,03	Ytterbium	Yb	173
Magnesium	Mg	24,36	Yttrium	Y	89
Mangan	Mn	55,0	Zink	Zn	65,4
Molybdän	Mo	96,0	Zinn	Sn	118,5*
Natrium	Na	23,05	Zirconium	Zr	90,6
Neodym (?)	Nd	144			

XXXIII. Anhang.

Reichsgesetz,

betreffend

den Verkehr mit Butter, Käse, Schmalz und deren Ersatzmitteln.

Vom 15. Juni 1897.

Wir Wilhelm, von Gottes Gnaden Deutscher Kaiser, König von Preußen etc., verordnen im Namen des Reichs, nach erfolgter Zustimmung des Bundesrats und des Reichstags, was folgt:

§ 1. Die Geschäftsräume und sonstigen Verkaufsstellen, einschließlich der Marktstände, in denen Margarine, Margarinekäse oder Kunstspeisefett gewerbsmäßig verkauft oder feilgehalten wird, müssen an in die Augen fallender Stelle die deutliche, nicht verwischbare Inschrift »Verkauf von Margarine«, »Verkauf von Margarinekäse«, »Verkauf von Kunstspeisefett« tragen.

Margarine im Sinne dieses Gesetzes sind diejenigen der Milchbutter oder dem Butterschmalz ähnlichen Zubereitungen, deren Fettgehalt nicht ausschließlich der Milch entstammt.

Margarinekäse im Sinne dieses Gesetzes sind diejenigen käseartigen Zubereitungen, deren Fettgehalt nicht ausschließlich der Milch entstammt.

Kunstspeisefett im Sinne dieses Gesetzes sind diejenigen dem Schweineschmalz ähnlichen Zubereitungen, deren Fettgehalt nicht ausschließlich aus Schweinefett besteht. Ausgenommen sind unverfälschte Fette bestimmter Tier- oder Pflanzenarten, welche unter den ihrem Ursprung entsprechenden Bezeichnungen in den Verkehr gebracht werden.

§ 2. Die Gefäße und äußeren Umhüllungen, in welchen Margarine, Margarinekäse oder Kunstspeisefett gewerbsmäßig verkauft oder feilgehalten wird, müssen an in die Augen fallenden Stellen die deutliche, nicht verwischbare Inschrift »Margarine«, »Margarinekäse«, »Kunstspeisefett« tragen. Die Gefäße müssen außerdem mit einem stets sichtbaren, bandförmigen Streifen von roter Farbe versehen sein, welcher bei Gefäßen bis zu 35 cm Höhe mindestens 2 cm, bei höheren Gefäßen mindestens 5 cm breit sein muß.

Wird Margarine, Margarinekäse oder Kunstspeisefett in ganzen Gebinden oder Kisten gewerbsmäßig verkauft oder feilgehalten, so hat die Inschrift außerdem den Namen oder die Firma des Fabrikanten, sowie die von dem Fabrikanten zur Kennzeichnung der Beschaffenheit seiner Erzeugnisse angewendeten Zeichen (Fabrikmarke) zu enthalten.

Im gewerbsmäßigen Einzelverkauf müssen Margarine, Margarinekäse und Kunstspeisefett an den Käufer in einer Umhüllung abgegeben werden, auf welcher die Inschrift »Margarine«, »Margarinekäse«, »Kunstspeisefett« mit dem Namen oder der Firma des Verkäufers angebracht ist.

Wird Margarine oder Margarinekäse in regelmäßig geformten
Stücken gewerbsmäßig verkauft oder feilgehalten, so müssen die-
selben von Würfelform sein, auch muß denselben die Inschrift
»Margarine«, »Margarinekäse« eingepreßt sein.

§ 3. Die Vermischung von Butter oder Butterschmalz mit
Margarine oder anderen Speisefetten zum Zwecke des Handels
mit diesen Mischungen ist verboten.

Unter diese Bestimmung fällt auch die Verwendung von
Milch oder Rahm bei der gewerbsmäßigen Herstellung von Margarine, sofern mehr als 100 Gewichtsteile Milch oder eine dementsprechende Menge Rahm auf 100 Gewichtsteile der nicht der
Milch entstammenden Fette in Anwendung kommen.

§ 4. In Räumen, woselbst Butter oder Butterschmalz gewerbsmäßig hergestellt, aufbewahrt, verpackt oder feilgehalten
wird, ist die Herstellung, Aufbewahrung, Verpackung oder das
Feilhalten von Margarine oder Kunstspeisefett verboten. Ebenso
ist in Räumen, woselbst Käse gewerbsmäßig hergestellt, aufbewahrt, verpackt oder feilgehalten wird, die Herstellung, Aufbewahrung, Verpackung oder das Feilhalten von Margarinekäse
untersagt.

In Orten, welche nach dem endgültigen Ergebnisse der
letztmaligen Volkszählung weniger als 5000 Einwohner hatten,
findet die Bestimmung des vorstehenden Absatzes auf den Kleinhandel und das Aufbewahren der für den Kleinhandel erforderlichen Bedarfsmengen in öffentlichen Verkaufsstätten, sowie auf
das Verpacken der daselbst im Kleinhandel zum Verkaufe gelangenden Waren keine Anwendung. Jedoch müssen Margarine,
Margarinekäse und Kunstspeisefett innerhalb der Verkaufsräume
in besonderen Vorratsgefäßen und an besonderen Lagerstellen,
welche von den zur Aufbewahrung von Butter, Butterschmalz
und Käse dienenden Lagerstellen getrennt sind, aufbewahrt
werden.

Für Orte, deren Einwohnerzahl erst nach dem endgültigen
Ergebnis einer späteren Volkszählung die angegebene Grenze
überschreitet, wird der Zeitpunkt, von welchem ab die Vorschrift
des zweiten Absatzes nicht mehr Anwendung findet, durch die
nach Anordnung der Landes-Centralbehörde zuständigen Verwaltungsstellen bestimmt. Mit Genehmigung der Landes-Centralbehörde können diese Verwaltungsstellen bestimmen, daß die
Vorschrift des zweiten Absatzes von einem bestimmten Zeitpunkt
ab ausnahmsweise in einzelnen Orten mit weniger als 5000 Ein-
wohnern nicht Anwendung findet, sofern der unmittelbare räum-
liche Zusammenhang mit einer Ortschaft von mehr als 5000 Ein-
wohnern ein Bedürfnis hierfür begründet.

Die auf Grund des dritten Absatzes ergehenden Bestimmungen sind mindestens sechs Monate vor dem Eintritte des
darin bezeichneten Zeitpunktes öffentlich bekannt zu machen.

§ 5. In öffentlichen Angeboten, sowie in Schlußscheinen,
Rechnungen, Frachtbriefen, Konnossementen, Lagerscheinen,
Ladescheinen und sonstigen im Handelsverkehr üblichen Schrift-
stücken, welche sich auf die Lieferung von Margarine, Margarine-

käse oder Kunstspeisefett beziehen, müssen die diesem Gesetz entsprechenden Warenbezeichnungen angewendet werden.

§ 6. Margarine und Margarinekäse, welche zu Handelszwecken bestimmt sind, müssen einen die allgemeine Erkennbarkeit der Ware mittelst chemischer Untersuchung erleichternden, Beschaffenheit und Farbe derselben nicht schädigenden Zusatz enthalten.

Die näheren Bestimmungen hierüber werden vom Bundesrat erlassen und im Reichsgesetzblatte veröffentlicht.

§ 7. Wer Margarine, Margarinekäse oder Kunstspeisefett gewerbsmäßig herstellen will, hat davon der nach den landesrechtlichen Bestimmungen zuständigen Behörde Anzeige zu erstatten, hierbei auch die für die Herstellung, Aufbewahrung, Verpackung und Feilhaltung der Waren dauernd bestimmten Räume zu bezeichnen und die etwa bestellten Betriebsleiter und Aufsichtspersonen namhaft zu machen.

Für bereits bestehende Betriebe ist eine entsprechende Anzeige binnen zwei Monaten nach Inkrafttreten dieses Gesetzes zu erstatten.

Veränderungen bezüglich der der Anzeigepflicht unterliegenden Räume und Personen sind nach Maßgabe der Bestimmung des Absatzes 1 der zuständigen Behörde binnen drei Tagen anzuzeigen.

§ 8. Die Beamten der Polizei und die von der Polizeibehörde beauftragten Sachverständigen sind befugt, in die Räume, in denen Butter, Margarine, Margarinekäse oder Kunstspeisefett gewerbsmäßig hergestellt wird, jederzeit, in die Räume, in denen Butter, Margarine, Margarinekäse oder Kunstspeisefett aufbewahrt, feilgehalten oder verpackt wird, während der Geschäftszeit einzutreten und daselbst Revisionen vorzunehmen, auch nach ihrer Auswahl Proben zum Zwecke der Untersuchung gegen Empfangsbescheinigung zu entnehmen. Auf Verlangen ist ein Teil der Probe amtlich verschlossen oder versiegelt zurückzulassen und für die entnommene Probe eine angemessene Entschädigung zu leisten.

§ 9. Die Unternehmer von Betrieben, in denen Margarine, Margarinekäse oder Kunstspeisefett gewerbsmäßig hergestellt wird, sowie die von ihnen bestellten Betriebsleiter und Aufsichtspersonen sind verpflichtet, der Polizeibehörde oder deren Beauftragten auf Erfordern Auskunft über das Verfahren bei Herstellung der Erzeugnisse, über den Umfang des Betriebs und über die zur Verarbeitung gelangenden Rohstoffe, insbesondere auch über deren Menge und Herkunft zu erteilen.

§ 10. Die Beauftragten der Polizeibehörde sind, vorbehaltlich der dienstlichen Berichterstattung und der Anzeige von Gesetzwidrigkeiten, verpflichtet, über die Thatsachen und Einrichtungen, welche durch die Überwachung und Kontrolle der Betriebe zu ihrer Kenntnis kommen, Verschwiegenheit zu beobachten und sich der Mitteilung und Nachahmung der von den Betriebsunternehmern geheim gehaltenen, zu ihrer Kenntnis gelangten

Betriebseinrichtungen und Betriebsweisen, solange als diese Betriebsgeheimnisse sind, zu enthalten.

Die Beauftragten der Polizeibehörde sind hierauf zu be-
eidigen.

§ 11. Der Bundesrat ist ermächtigt, das gewerbsmäßige Verkaufen und Feilhalten von Butter, deren Fettgehalt nicht eine bestimmte Grenze erreicht oder deren Wasser- oder Salzgehalt eine
bestimmte Grenze überschreitet, zu verbieten.

§ 12. Der Bundesrat ist ermächtigt:

1. nähere, im Reichsgesetzblatte zu veröffentlichende Bestimmungen zur Ausführung der Vorschriften des § 2
zu erlassen;

2. Grundsätze aufzustellen, nach welchen die zur Durch-
führung dieses Gesetzes, sowie des Gesetzes vom 14. Mai
1879, betreffend den Verkehr mit Nahrungsmitteln, Genußmitteln und Gebrauchsgegenständen (Reichsgesetzblatt
S. 145), erforderlichen Untersuchungen von Fetten und
Käsen vorzunehmen sind.

§ 13. Die Vorschriften dieses Gesetzes finden auf solche
Erzeugnisse der im § 1 bezeichneten Art, welche zum Genusse
für Menschen nicht bestimmt sind, keine Anwendung.

§ 14. Mit Gefängnis bis zu sechs Monaten und mit Geldstrafe bis zu eintausendfünfhundert Mark oder mit einer dieser
Strafen wird bestraft:

1. wer zum Zwecke der Täuschung im Handel und Verkehr
eine der nach § 3 unzulässigen Mischungen herstellt;

2. wer in Ausübung eines Gewerbes wissentlich solche
Mischungen verkauft, feilhält oder sonst in Verkehr bringt;

3. wer Margarine oder Margarinekäse ohne den nach § 6
erforderlichen Zusatz vorsätzlich herstellt oder wissentlich verkauft, feilhält oder sonst in Verkehr bringt.

Im Wiederholungsfalle tritt Gefängnisstrafe bis zu sechs
Monaten ein, neben welcher auf Geldstrafe bis zu eintausendfünfhundert Mark erkannt werden kann; diese Bestimmung findet
nicht Anwendung, wenn seit dem Zeitpunkt, in welchem die
für die frühere Zuwiderhandlung erkannte Strafe verbüßt oder
erlassen ist, drei Jahre verflossen sind.

§ 15. Mit Geldstrafe bis zu eintausendfünfhundert Mark
oder mit Gefängnis bis zu drei Monaten wird bestraft, wer als
Beauftragter der Polizeibehörde unbefugt Betriebsgeheimnisse,
welche kraft seines Auftrags zu seiner Kenntnis gekommen sind,
offenbart, oder geheimgehaltene Betriebseinrichtungen oder Betriebsweisen, von denen er kraft seines Auftrags Kenntnis erlangt
hat, nachahmt, solange dieselben noch Betriebsgeheimnisse sind.

Die Verfolgung tritt nur auf Antrag des Betriebsunter-
nehmers ein.

§ 16. Mit Geldstrafe von fünfzig bis zu einhundertfünfzig
Mark oder mit Haft wird bestraft:

1. wer den Vorschriften des § 8 zuwider den Eintritt in die
Räume, die Entnahme einer Probe oder die Revision verweigert;

2. wer die in Gemäßheit des § 9 von ihm erforderte Auskunft nicht erteilt oder bei der Auskunftserteilung wissentlich unwahre Angaben macht.

§ 17. Mit Geldstrafe bis zu einhundertfünfzig Mark oder mit Haft bis zu vier Wochen wird bestraft:
1. wer den Vorschriften des § 7 zuwiderhandelt;
2. wer bei der nach § 9 von ihm erforderten Auskunftserteilung aus Fahrlässigkeit unwahre Angaben macht.

§ 18. Außer den Fällen der §§ 14 bis 17 werden Zuwiderhandlungen gegen die Vorschriften dieses Gesetzes, sowie gegen die in Gemäßheit der §§ 11 und 12 Ziffer 1 ergehenden Bestimmungen des Bundesrats mit Geldstrafe bis zu einhundertfünfzig Mark oder mit Haft bestraft.

Im Wiederholungsfall ist auf Geldstrafe bis zu sechshundert Mark, oder auf Haft, oder auf Gefängnis bis zu 3 Monaten zu erkennen. Diese Bestimmung findet keine Anwendung, wenn seit dem Zeitpunkt, in welchem die für die frühere Zuwiderhandlung erkannte Strafe verbüßt oder erlassen ist, drei Jahre verflossen sind.

§ 19. In den Fällen der §§ 14 und 18 kann neben der Strafe auf Einziehung der verbotswidrig hergestellten, verkauften, feilgehaltenen oder sonst in Verkehr gebrachten Gegenstände erkannt werden, ohne Unterschied, ob sie dem Verurteilten gehören oder nicht.

Ist die Verfolgung oder Verurteilung einer bestimmten Person nicht ausführbar, so kann auf die Einziehung selbständig erkannt werden.

§ 20. Die Vorschriften des Gesetzes, betreffend den Verkehr mit Nahrungsmitteln, Genußmitteln und Gebrauchsgegenständen, vom 14. Mai 1879 (Reichsgesetzblatt S. 145) bleiben unberührt. Die Vorschriften in den §§ 16, 17 desselben finden auch bei Zuwiderhandlungen gegen die Vorschriften des gegenwärtigen Gesetzes mit der Maßgabe Anwendung, daß in den Fällen des § 14 die öffentliche Bekanntmachung der Verurteilung angeordnet werden muß.

§ 21. Die Bestimmungen des § 4 treten mit dem 1. April 1898 in Kraft.

Im übrigen tritt dieses Gesetz am 1. Oktober 1897 in Kraft. Mit diesem Zeitpunkte tritt das Gesetz, betreffend den Verkehr mit Ersatzmitteln für Butter, vom 12. Juli 1887 (Reichsgesetzblatt S. 375) außer Kraft.

Urkundlich unter Unserer Höchsteigenhändigen Unterschrift und beigedrucktem Kaiserlichen Insiegel.

Gegeben Neues Palais, den 15. Juni 1897.

(L. S.) **Wilhelm.**

von Boetticher.

Bekanntmachung

betreffend

Bestimmungen zur Ausführung des Gesetzes über den Verkehr mit Butter, Käse, Schmalz und deren Ersatzmitteln.

Vom 4. Juli 1897.

Zur Ausführung der Vorschriften in § 2 und § 6 Absatz 1 des Gesetzes, betreffend den Verkehr mit Butter, Käse, Schmalz und deren Ersatzmitteln, vom 15. Juni 1897 (Reichsgesetzblatt S. 475) hat der Bundesrat in Gemäßheit der § 12 Nr. 1 und § 6 Absatz 2 dieses Gesetzes die nachstehenden Bestimmungen beschlossen:

1. Um die Erkennbarkeit von Margarine und Margarinekäse, welche zu Handelszwecken bestimmt sind, zu erleichtern (§ 6 des Gesetzes, betreffend den Verkehr mit Butter, Käse, Schmalz und deren Ersatzmitteln, vom 15. Juni 1897), ist den bei der Fabrikation zur Verwendung kommenden Fetten und Ölen Sesamöl zuzusetzen. In 100 Gewichtsteilen der angewandten Fette und Öle muß die Zusatzmenge bei Margarine mindestens 10 Gewichtsteile, bei Margarinekäse mindestens 5 Gewichtsteile Sesamöl betragen.

Der Zusatz des Sesamöls hat bei dem Vermischen der Fette vor der weiteren Fabrikation zu erfolgen.

2. Das nach Nr. 1 zuzusetzende Sesamöl muß folgende Reaktion zeigen:

Wird ein Gemisch von 0,5 Raumteilen Sesamöl und 99,5 Raumteilen Baumwollsamenöl oder Erdnußöl mit 100 Raumteilen rauchender Salzsäure vom spezifischen Gewicht 1,19 und einigen Tropfen einer 2 prozentigen alkoholischen Lösung von Furfurol geschüttelt, so muß die unter der Ölschicht sich absetzende Salzsäure eine deutliche Rotfärbung annehmen.

Das zu dieser Reaktion dienende Furfurol muß farblos sein.

3. Für die vorgeschriebene Bezeichnung der Gefäße und äußeren Umhüllungen, in welchen Margarine, Margarinekäse oder Kunstspeisefett gewerbsmäßig verkauft oder feilgehalten wird (§ 2 Absatz 1 des Gesetzes), sind die anliegenden Muster mit der Maßgabe zum Vorbilde zu nehmen, daß die Länge der die Inschrift umgebenden Einrahmung nicht mehr als das Siebenfache der Höhe, sowie nicht weniger als 30 cm und nicht mehr als 50 cm betragen darf. Bei runden oder länglich-runden Gefäßen, deren Deckel einen größten Durchmesser von weniger als 35 cm hat, darf die Länge der die Inschrift umgebenden Einrahmung bis auf 15 cm ermäßigt werden.

4. Der bandförmige Streifen von roter Farbe in einer Breite von mindestens 2 cm bei Gefäßen bis zu 35 cm Höhe und in einer Breite von mindestens 5 cm bei Gefäßen von größerer Höhe (§ 2 Absatz 1 des Gesetzes) ist parallel zur unteren Randfläche und mindestens 3 cm von dem oberen Rande entfernt anzubringen.

Der Streifen muß sich oberhalb der unter Nr. 3 bezeichneten Inschrift befinden und ohne Unterbrechung um das ganze Gefäß gezogen sein. Derselbe darf die Inschrift und deren Umrahmung nicht berühren und auf den das Gefäß umgebenden Reifen oder Leisten nicht angebracht sein.

5. Der Name oder die Firma des Fabrikanten, sowie die Fabrikmarke (§ 2 Absatz 2 des Gesetzes) sind unmittelbar über, unter oder neben der in Nr. 3 bezeichneten Inschrift anzubringen, ohne daß sie den in Nr. 4 erwähnten roten Streifen berühren.

6. Die Anbringung der Inschriften und der Fabrikmarke (Nr. 3 und 5) erfolgt durch Einbrennen oder Aufmalen. Werden die Inschriften aufgemalt, so sind sie auf weißem oder hellgelbem Untergrunde mit schwarzer Farbe herzustellen. Die Anbringung des roten Streifens (Nr. 4) geschieht durch Aufmalen. Bis zum 1. Januar 1898 ist es gestattet, die Inschrift »Margarinekäse«, »Kunstspeisefett«, die Fabrikmarke und den roten Streifen auch mittelst Aufklebens von Zetteln oder Bändern anzubringen.

7. Die Inschriften und die Fabrikmarke (Nr. 3 und 5) sind auf den Seitenwänden des Gefäßes an mindestens zwei sich gegenüberliegenden Stellen, falls das Gefäß einen Deckel hat, auch auf der oberen Seite des letzteren, bei Fässern auch auf beiden Böden anzubringen.

8. Für die Bezeichnung der würfelförmigen Stücke (§ 2 Absatz 4 des Gesetzes) sind ebenfalls die anliegenden Muster zum Vorbilde zu nehmen. Es findet jedoch eine Beschränkung hinsichtlich der Größe (Länge und Höhe) der Einrahmung nicht statt. Auch darf das Wort »Margarine« in zwei, das Wort »Margarinekäse« in drei untereinander zu setzende, durch Bindestriche zu verbindende Teile getrennt werden.

9. Auf die beim Einzelverkaufe von Margarine, Margarinekäse und Kunstspeisefett verwendeten Umhüllungen (§ 2 Absatz 3 des Gesetzes) findet die Bestimmung unter Nr. 3 Satz 1 mit der Maßgabe Anwendung, daß die Länge der die Inschrift umgebenden Einrahmung nicht weniger als 15 cm betragen darf. Der Name oder die Firma des Verkäufers ist unmittelbar über, unter oder neben der Inschrift anzubringen.

Der Stellvertreter des Reichskanzlers.

Graf von Posadowsky.

KUNST-SPEISEFETT

MARGARINEKAESE

MARGARINE

Anweisung

zur

chemischen Untersuchung von Fetten und Käsen.

Auf Grund des § 12 Ziffer 2 des Gesetzes, betreffend den
Verkehr mit Butter, Käse, Schmalz und deren Ersatzmitteln, vom
15. Juni 1897 (Reichsgesetzbl. S. 475) hat der Bundesrat in seiner
Sitzung vom 22. März d. J. die nachstehend abgedruckte Anweisung zur chemischen Untersuchung von Fetten und Käsen
festgestellt, welche unter dem 1. April vom Reichskanzler bekannt
gegeben worden ist. (Vergl. d. Apoth.-Ztg. S. 257.)

I. Untersuchung von Butter.

A. Probeentnahme.

1. Die Entnahme der Proben hat an verschiedenen Stellen
des Buttervorrats zu erfolgen, und zwar von der Oberfläche, vom
Boden und aus der Mitte. Zweckmäßig bedient man sich dabei
eines Stechbohrers aus Stahl. Die entnommene Menge soll nicht
unter 100 gr betragen.
2. Die einzelnen entnommenen Proben sind mit den Handels-
bezeichnungen (z. B. Dauerbutter, Tafelbutter etc.) zu versehen.
3. Aufzubewahren und zu versenden ist die Probe in sorgfältig gereinigten Gefäßen von Porzellan, glasiertem Thone, Steingut (Salbentöpfe der Apotheker) oder von dunkelgefärbtem Glas,
welche sofort möglichst luft- und lichtdicht zu verschließen sind.
Papierumhüllungen sind zu vermeiden. Die Versendung geschehe
ohne Verzug. Insbesondere für die Beurteilung eines Fettes auf
Grund des Säuregrads ist jede Verzögerung, ungeeignete Aufbewahrung, sowie Unreinlichkeit von Belang.

B. Ausführung der Untersuchung.

Die Auswahl der bei der Butteruntersuchnng auszuführenden
Bestimmungen richtet sich nach der Fragestellung. Handelt es
sich um die Untersuchung einer Butter auf fremde Fette, so ist
zunächst die Prüfung auf Sesamöl, die refraktometrische Prüfung
und demnächst die Bestimmung der flüchtigen Fettsäuren auszuführen. Je nach dem Ausfalle dieser Bestimmungen kann die
Anwendung anderer Prüfungsverfahren notwendig werden; die
Wahl der Verfahren hat der Chemiker von Fall zu Fall unter
Berücksichtigung der näheren Umstände vorzunehmen.

1. Bestimmung des Wassers.

5 gr Butter, die von möglichst vielen Stellen des Stückes
zu entnehmen sind, werden in einer mit gepulvertem, ausgeglühtem
Bimssteine beschickten, tarierten flachen Nickelschale abgewogen,
indem man mit einem blanken Messer dünne Scheiben der Butter
über dem Schalenrand abstreift; hierbei ist für möglichst gleich-
förmige Verteilung Sorge zu tragen. Die Schale wird in einen
Soxhlet'schen Trockenschrank mit Glycerinfüllung oder einen

Vakuumtrockenapparat gestellt. Nach einer halben Stunde wird die im Trockenschrank erfolgte Gewichtsabnahme festgestellt; fernere Gewichtskontrollen erfolgen nach je weiteren 10 Minuten, bis keine Gewichtsabnahme mehr zu bemerken ist; zu langes Trocknen ist zu vermeiden, da alsdann durch Oxydation des Fettes wieder Gewichtszunahme eintritt.

2. Bestimmung von Caseïn, Milchzucker und Mineralbestandteilen.

5—10 gr Butter werden in einer Schale unter häufigem Umrühren etwa 6 Stunden im Trockenschranke bei 100⁰ C. vom größten Teile des Wassers befreit; nach dem Erkalten wird das Fett mit etwas absolutem Alkohol und Äther gelöst, der Rückstand durch ein gewogenes Filter von bekanntem geringen Aschengehalte filtriert und mit Äther hinreichend nachgewaschen.

Der getrocknete und gewogene Filterinhalt ergiebt die Menge des wasserfreien Nichtfetts (Caseïn + Milchzucker + Mineralbestandteile).

Zur Bestimmung der Mineralbestandteile wird das Filter samt Inhalt in einer Platinschale mit kleiner Flamme verkohlt. Die Kohle wird mit Wasser angefeuchtet, zerrieben und mit heißem Wasser wiederholt ausgewaschen; den wässerigen Auszug filtriert man durch ein kleines Filter von bekanntem geringen Aschengehalte. Nachdem die Kohle ausgelaugt ist, giebt man das Filterchen in die Platinschale zur Kohle, trocknet beide und verascht sie. Alsdann giebt man die filtrierte Lösung in die Platinschale zurück, verdampft sie nach Zusatz von etwas Ammoniumkarbonat zur Trockne, glüht ganz schwach, läßt im Exsiccator erkalten und wägt.

Zieht man den auf diese Weise ermittelten Gehalt an Mineralbestandteilen von der Gesamtmenge von Caseïn + Milchzucker + Mineralbestandteilen ab, so erhält man die Menge des im wesentlichen aus Caseïn und Milchzucker bestehenden »organischen Nichtfetts«.

Die Bestimmung des Chlors erfolgt entweder gewichtsanalytisch oder maßanalytisch in dem wässerigen Auszuge der Asche, beziehungsweise bei hohem Kochsalzgehalte der Asche in einem abgemessenen Teile des auf ein bestimmtes Volumen gebrachten Aschenauszugs nach folgenden Verfahren:

a) Gewichtsanalytisch.

Der wässerige Auszug der Asche oder ein abgemessener Teil derselben wird mit Salpetersäure angesäuert und das Chlor mit Silbernitratlösung gefällt. Der Niederschlag von Chlorsilber wird auf einem Filter von bekanntem geringem Aschengehalt gesammelt und bei 100⁰ C. getrocknet. Dann wird das Filter in einem gewogenen Porzellantiegel verbrannt. Nach dem Erkalten befeuchtet man den Rückstand mit einigen Tropfen Salpetersäure und Salzsäure, verjagt die Säuren durch vorsichtiges Erhitzen, steigert dann die Hitze bis zum Schmelzen des Chlorsilbers und wägt nach dem Erkalten. Jedem Gramm Chlorsilber entsprechen 0,247 gr Chlor oder 0,408 gr Chlornatrium.

b) Maßanalytisch.

Man versetzt den wässerigen Aschenauszug beziehungsweise einen abgemessenen Teil desselben mit 1—2 Tropfen einer kalt gesättigten Lösung von neutralem, gelbem Kaliumchromat und titriert ihn unter fortwährendem sanften Umschwenken oder Umrühren mit $^1/_{10}$-Normal-Silbernitratlösung; der Endpunkt der Titration ist erreicht, wenn eine nicht mehr verschwindende Rotfärbung auftritt. Jedem Kubikcentimeter $^1/_{10}$-Normal-Silbernitratlösung entsprechen 0,003545 gr Chlor oder 0,00585 gr Chlornatrium.

Zur Bestimmung des Caseïns wird aus einer zweiten etwa gleichgroßen Menge Butter durch Behandlung mit Alkohol und Äther und darauffolgendes Filtrieren durch ein schwedisches Filter die Hauptmenge des Fettes entfernt. Filter nebst Inhalt giebt man in ein Rundkölbchen aus Kaliglas, fügt 25 cc konzentrierte Schwefelsäure und 0,5 gr Kupfersulfat hinzu und erhitzt zum Sieden, bis die Flüssigkeit farblos geworden ist. Alsdann übersättigt man die saure Flüssigkeit in einem geräumigen Destillierkolben mit ammoniakfreier Natronlauge, destilliert das dadurch freigemachte Ammoniak über, fängt es in einer abgemessenen überschüssigen Menge $^1/_{10}$-Normal-Schwefelsäure auf und titriert die Schwefelsäure zurück. Durch Multiplikation der gefundenen Menge des Stickstoffs mit 6,25 erhält man die Menge des vorhandenen Caseïns.

Der Milchzucker wird aus der Differenz von Caseïn + Milchzucker + Mineralbestandteilen und den einzeln ermittelten Mengen von Caseïn und Mineralbestandteilen berechnet.

3. Bestimmung des Fettes.

Der Fettgehalt der Butter wird mittelbar bestimmt, indem man die für Wasser, Caseïn, Milchzucker und Mineralbestandteile gefundenen Werte von 100 abzieht.

4. Nachweis von Konservierungsmitteln.

a) Borsäure.

10 gr Butter werden mit alkoholischem Kali in einer Platinschale verseift, die Seifenlösung eingedampft und verascht. Die Asche wird mit Salzsäure übersättigt. In die salzsaure Lösung taucht man einen Streifen gelbes Curcumapapier und trocknet das Papier auf einem Uhrglase bei 100° C. Bei Gegenwart von Borsäure zeigt die eingetauchte Stelle des Curcumapapiers eine rote Färbung, die durch Auftragen eines Tropfens verdünnter Natriumkarbonatlösung in Blau übergeht.

b) Salicylsäure.

Man mischt in einem Probierröhrchen 4 cc Alkohol von 20 Volumprozent mit 2—3 Tropfen einer verdünnten Eisen-

chloridlösung, fügt 2 cc Butterfett hinzu und mischt die Flüssigkeiten, indem man das mit dem Daumen verschlossene Probierröhrchen 40—50 mal umschüttelt. Bei Gegenwart von Salicylsäure färbt sich die untere Schicht violett.

c) Formaldehyd.

50 gr Butter werden in einem Kölbchen von etwa 250 cc
Inhalt mit 50 cc Wasser versetzt und erwärmt. Nachdem die
Butter geschmolzen ist, destilliert man unter Einleiten von
Wasserdampf 25 cc Flüssigkeit ab. 10 cc Destillat werden
mit 2 Tropfen ammoniakalischer Silberlösung versetzt; nach
mehrstündigem Stehen im Dunklen entsteht bei Gegenwart von
Formaldehyd eine schwarze Trübung. (Die ammoniakalische
Silberlösung erhält man durch Auflösen von 1 gr Silbernitrat in
30 cc Wasser, Versetzen der Lösung mit verdünntem Ammoniak,
bis der anfänglich entstehende Niederschlag sich wieder gelöst
hat, und Auffüllen der Lösung mit Wasser auf 50 cc.)

5. Untersuchung des Butterfetts.

Zur Gewinnung des Butterfetts wird die Butter bei 50 bis
60° C. geschmolzen und das flüssige Fett nach einigem Stehen
durch ein trockenes Filter filtriert. Zu allen im folgenden beschriebenen Untersuchungsverfahren wird das geschmolzene, klar
filtrierte und gut durchgemischte Butterfett verwendet.

a) Bestimmung des Schmelz- und Erstarrungspunkts.

Zur Bestimmung des Schmelzpunkts wird das geschmolzene Butterfett in ein an beiden Enden offenes, dünnwandiges Glasröhrchen von ¹/₂—1 mm Weite von U-Form auf-
gesaugt, so daß die Fettschicht in beiden Schenkeln gleich hoch
steht. Das Glasröhrchen wird 2 Stunden auf Eis liegen gelassen,
um das Fett völlig zum Erstarren zu bringen. Erst dann ist das
Glasröhrchen mit einem geeigneten Thermometer in der Weise
durch einen dünnen Kautschukschlauch zu verbinden, daß das
in dem Glasröhrchen befindliche Fett sich in gleicher Höhe wie
die Quecksilberkugel des Thermometers befindet. Das Thermometer wird darauf in ein etwa 3 cm weites Probierröhrchen, in
welchem sich die zur Erwärmung dienende Flüssigkeit (Glycerin)
befindet, hineingebracht, und die Flüssigkeit erwärmt. Das Erwärmen muß, um jedes Überhitzen zu vermeiden, sehr allmählich
geschehen. Der Augenblick, da das Fettsäulchen vollkommen
klar und durchsichtig geworden, ist als Schmelzpunkt festzuhalten.

Zur Ermittelung des Erstarrungspunkts bringt man
eine 2—3 cm hohe Schicht des geschmolzenen Butterfetts in
ein dünnes Probierröhrchen oder Kölbchen und hängt in dasselbe mittelst eines Korkes ein Thermometer so ein, daß die
Kugel desselben ganz von dem flüssigen Fette bedeckt ist. Man
hängt alsdann das Probierröhrchen oder Kölbchen in ein mit
warmem Wasser von 40—50° gefülltes Becherglas und läßt
allmählich erkalten. Die Quecksilbersäule sinkt nach und nach
und bleibt bei einer bestimmten Temperatur eine Zeit lang stehen,

um dann weiter zu sinken. Das Fett erstarrt während des Konstantbleibens; die dabei herrschende Temperatur ist der Erstarrungspunkt.

Mitunter findet man bis zum Anfange des Erstarrens ein Sinken der Quecksilbersäule und alsdann während des vollständigen Erstarrens wieder ein Steigen. Man betrachtet in diesem Falle die höchste Temperatur, auf welche das Quecksilber während des Erstarrens wieder steigt, als den Erstarrungspunkt.

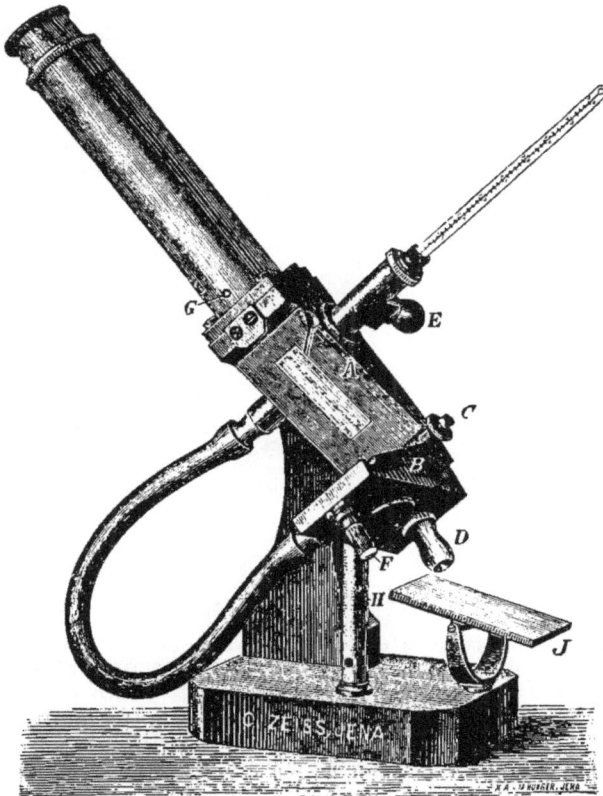

Fig. 114. Butterrefraktometer.

b) Bestimmung des Brechungsvermögens mit dem Butterrefraktometer der Firma Carl Zeiss, optische Werkstätte in Jena.

Die wesentlichen Teile des Butterrefraktometers (Fig. 114) sind zwei Glasprismen, die in den zwei Metallgehäusen A und B enthalten sind. Je eine Fläche der Glasprismen liegt frei. Das

Gehäuse B ist um die Achse C drehbar, so daß die beiden freien
Glasflächen der Prismen aufeinander gelegt und voneinander
entfernt werden können. Die beiden Metallgehäuse sind hohl;
läßt man warmes Wasser hindurchfließen, so werden die Glasprismen erwärmt. An das Gehäuse A ist eine Metallhülse für
ein Thermometer angesetzt, dessen Quecksilbergefäß bis in das
Gehäuse A reicht. K ist ein Fernrohr, in dem eine von 0 bis
100 eingeteilte Skala angebracht ist; J ist ein Quecksilberspiegel,
mit Hülfe dessen die Prismen und die Skala beleuchtet werden*).

		Zur Erzeugung des für die Butterprüfung erforderlichen
warmen Wassers kann die in Fig. 115 gezeichnete Heizvorrichtung

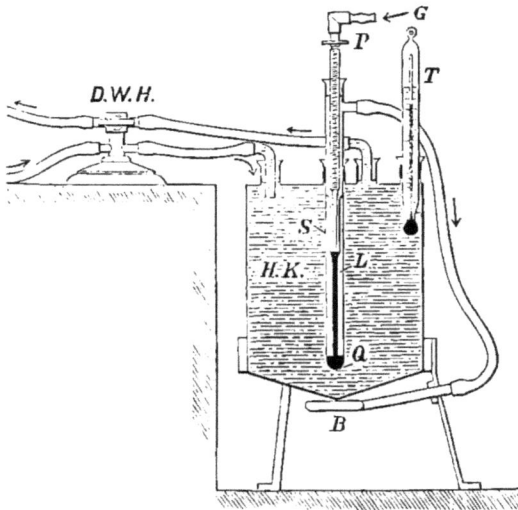

Fig. 115.

dienen. Der einfache Heizkessel ist mit einem gewöhnlichen
Thermometer T und einem sogenannten Thermoregulator L mit
Gasbrenner B versehen. Der Rohrstutzen über HK steht durch
einen Gummischlauch mit einem (in Fig. 115 nicht abgebildeten)
$1/2 - 1$ m höher stehenden Gefäße mit kaltem Wasser (z. B.
einer Glasflasche) in Verbindung; der Gummischlauch trägt einen
Schraubenquetschhahn. Vor Anheizung des Kessels läßt man
ihn durch Öffnen des Quetschhahnes voll Wasser fließen, schließt
dann den Quetschhahn, verbindet das Schlauchstück G mit der
Gasleitung und entzündet die Flamme bei B. Durch Drehen an
der Schraube P reguliert man den Gaszufluß zu dem Brenner B

---

		*) Eine ausführliche Beschreibung der Konstruktion des
Instrumentes siehe Pulfrich, Zeitschr. f. Instrumentenkunde 1898,
S. 107.

ein für allemal in der Weise, daß die Temperatur des Wassers in dem Kessel 40—45° C. beträgt. An Stelle der hier beschriebenen Heizvorrichtung können auch andere Einrichtungen verwendet werden, welche eine möglichst gleichbleibende Temperatur des Heizwassers gewährleisten. Falls eine Gasleitung nicht zur Verfügung steht, behilft man sich in der Weise, daß man das hoch-

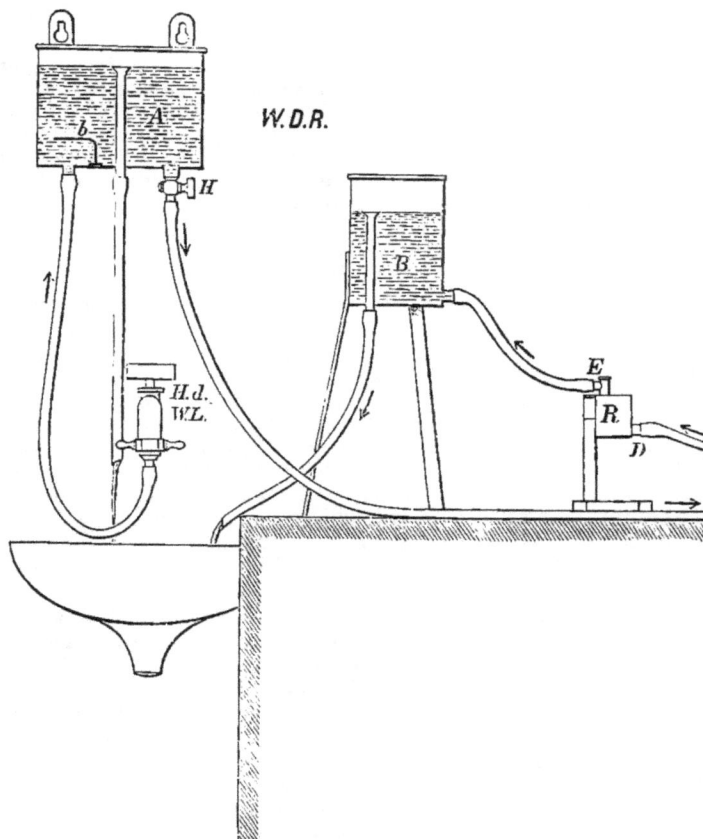

Fig. 116.

stehende Gefäß mit Wasser von etwa 45° füllt, dasselbe durch einen Schlauch unmittelbar mit dem Schlauchstücke D des Refraktometers verbindet und das warme Wasser durch das Prismengehäuse fließen läßt. Wenn die Temperatur des Wassers in dem hochstehenden Gefäße bis auf 40° gesunken ist, muß es wieder auf die Temperatur von 45° gebracht werden.

Anmerkung. An Stelle der oben beschriebenen Heizvorrichtung sind z. Z. folgende Einrichtungen im Gebrauch. Die Benutzung der nachstehend beschriebenen und in den beiden Figuren 115 und 116 skizzierten Anordnung setzt das Vorhandensein von Gas- und Wasserleitung voraus. Die ganze Anordnung*) setzt sich zusammen aus dem vorstehend genannten Heizkessel (*H. K.*), einem Wasserdruckregulator (*W. D. R.*), bestehend aus den beiden Gefäßen *A* und *B* und einem Doppelwegehahn (*D. W. H.*).

Der Heizkessel, in welchem das durch den Druck der Wasserleitung mittelbar oder unmittelbar fortbewegte Wasser auf die gewünschte höhere Temperatur gebracht wird, ist mit einem gewöhnlichen Thermometer (*T*), einem Gasbrenner (*G. B.*) und einem Thermoregulator (*S*) versehen. Die Wirkung des letzteren beruht auf der Ausdehnung einer größeren Luftmenge (*L* in Fig. 115), durch welche das in dem unteren Teil des Regulators befindliche Quecksilber *Q* (1 cc Quecksilber genügt zur Füllung) innerhalb der das Gaszuleitungsrohr einschließenden Kapillare in die Höhe gehoben wird.

Die Handhabung des Heizkessels geschieht in der Weise, daß man das Wasser zuerst auf ca. 50⁰ C. erwärmt, dann den Thermoregulator durch Drehen an *P* auf kleine Flammen einstellt und hierauf das Wasser durchlaufen läßt. Die Temperatur fällt dann rasch um ca. 15⁰ — mehr oder weniger je nach der Durchflußgeschwindigkeit des Wasserstroms — und nähert sich langsam einem für längere Zeit anhaltenden, nahezu konstanten Wert. Um die für Butter- und Schweinefettuntersuchungen geeignete Temperatur zu erreichen, ist die Geschwindigkeit des Wasserstroms so zu regulieren, daß in der Minute etwa 200 cc Wasser fortbewegt werden. Bei unveränderter Geschwindigkeit des Wasserstromes ist die angenäherte Konstanz der Temperatur meist schon nach 5—10 Minuten erreicht.

Die bei direktem Anschluß des Heizkessels an die Wasserleitung vorhandenen Temperaturschwankungen werden vorwiegend durch die in einer Wasserleitung stets vorhandenen Druckschwankungen hervorgerufen. Durch Einschaltung des Wasserdruckregulators (Gefäße *A* und *B* in Fig. 116) wird diese Störung vollständig beseitigt, da derselbe die Möglichkeit bietet, einen für beliebig lange Zeit vollkommen unveränderlichen Druck zu erzeugen, an dem alle Druckschwankungen in der Wasserleitung spurlos vorübergehen. Die Geschwindigkeit des Wasserstromes kann durch eine veränderte Einstellung des am Gefäß *A* angebrachten Hahnes, sowie durch Veränderung des Höhenunterschiedes der beiden Niveauflächen in *A* und *B* (Höher- oder Tieferhängen des an der Wand oberhalb des Wasserbeckens zu befestigenden Gefäßes *A*) nach Belieben reguliert werden. Die

---

*) Vgl. die von C. Zeiss, Jena, ausgegebene ausführliche Gebrauchsanweisung für das Butterrefraktometer und den Nachtrag hierzu.

Handhabung dieses Wasserdruckregulators geschieht in der Weise, daß man nach Regulierung der Geschwindigkeit des Wasserstromes den Hahn der Wasserleitung so stellt, daß durch den mittleren, senkrecht herabhängenden Gummischlauch nur ein schwacher Abfluß stattfindet.

Der Doppelwegehahn (*D. W. H.* in Fig. 115) endlich gewährt die Möglichkeit, durch einen einfachen Handgriff den warmen Wasserstrom mit einem kalten vertauschen zu können, und ist überall da von Wert, wo es darauf ankommt, sowohl die Lage der Grenzlinie für eine bestimmte Temperatur als auch die Veränderungen zu ermitteln, welche die Lage der Grenzlinie durch die Temperatur erleidet. In der in Fig. 115 gezeichneten Stellung

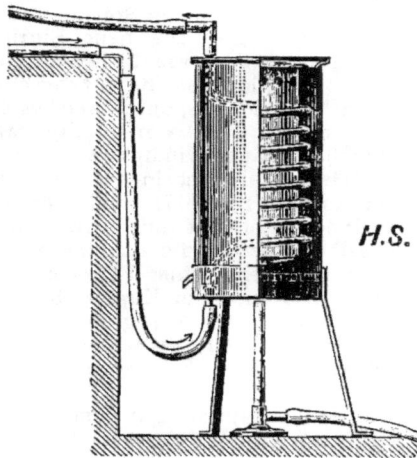

Fig. 117.

des Hahnes nimmt der Wasserstrom den durch die Pfeile bezeichneten Verlauf. Dreht man den Hahn um 90° nach rechts, so wird jetzt das Wasserleitungswasser direkt, ohne vorher in den Heizkessel zu gelangen, durch das Refraktometer geführt. In den Mittelstellungen des Hahnes folgt ein Teil des Wassers dem einen, ein anderer Teil dem anderen Wege, und das Verhältnis der beiden Teile zu einander ist je nach der Stellung des Hahnes verschieden.

Für ein gutes Zusammenwirken der ganzen Anordnung ist notwendig, daß die in dem Heizkessel sich entwickelnden Luftblasen sofort nach ihrem Entstehen durch den Wasserstrom mit fortgeführt werden; im anderen Falle wird durch die ruckweise Fortbewegung der sich ansammelnden Luftblasen die Konstanz der Temperatur besonders bei langsam fließendem Wasserstrom beeinträchtigt. Aus diesem Grunde empfiehlt es sich, den Heiz-

kessel tiefer zu stellen als das Refraktometer und auch die Aus-
flußöffnung des Refraktometers so zu plazieren, daß an keiner
Stelle der die einzelnen Apparatteile verbindenden Gummischäuche
ein Ansammeln der Luftblasen stattfindet. Macht man die Anordnung so, wie in den Fig. 115 und 116 skiziert, so werden die
Luftblasen, getrieben von ihrem eigenen Auftrieb und von dem
in gleicher Richtung sich bewegenden Wasserstrom, gleichmäßig
und ohne jede weitere Störung beseitigt.

Außer dem in Fig. 115 beschriebenen Heizkessel für die Erwärmung des Wasserstromes wird von C. Zeiss neuerdings eine für
diese Zwecke besser geeignete Hülfsvorrichtung angefertigt. Die
Vorzüge derselben sind: leichteres und reinlicheres Experimentie-
ren, größere Leistungsfähigkeit in Bezug auf die Erreichung einer
konstanten Temperatur, Verwendbarkeit für hohe und niedere
Temperaturen und Anwendbarkeit einer Spiritus- oder Petroleum-
lampe an Stelle der Gasflamme. Die neue Einrichtung ist in
Fig. 117 abgebildet und beruht im wesentlichen auf der (von Herrn
Professor van Aubel vorgeschlagenen) Benutzung eines gleichmäßig erwärmten, langen Kupferrohres, durch welches das durch den
Druck der Wasserleitung mittelbar oder unmittelbar fortbewegte
Wasser mit gleichmäßiger Geschwindigkeit geleitet wird. Die
etwa $3^1/_2$ m lange »Heizspirale« ist in dem von den beiden in-
einander gesteckten Rohren (Fig. 117) gebildeten Zwischenraum
untergebracht. Das innere Rohr ist mit einem Kupferboden versehen. Durch denselben werden die Flammengase eines unter-
gestellten Bunsenbrenners (bezw. einer Petroleum- oder Spirituslampe) gleichmäßig verteilt und dem Kupferrohr zugeführt. Das
obere Ende des Apparates trägt ein grobes Drahtsieb, durch
welches die Gase austreten. Auf dasselbe können die Untersuchungsobjekte (Fette etc.) zum Schmelzen bezw. Vorwärmen
gestellt werden.

Die Verbindung der Heizspirale mit dem Refraktometer und
dem Wasserdruckregulator (*W. D. R.*) geschieht nach der in den
Figuren 116 und 117 skizzierten Anordnung. Der frühere Doppelwegehahn kommt ganz in Wegfall. Man stellt die Heizspirale
tiefer als das Refraktometer und läßt den kalten Wasserstrom
von unten nach oben durch die Spirale laufen. Für die Beobachtung der Luftblasen ist es vorteilhaft, kurze Rohrstücke
aus Glas in den Wasserstrom einzuschalten.

Die Anwendbarkeit der Heizspirale erstreckt sich auf Temperaturen von der Wasserleitungstemperatur aufwärts bis circa
75° C. Im allgemeinen ist es vorteilhaft, den Wasserstrom nicht
zu langsam fließen zu lassen, die Einstellung auf eine bestimmte
Temperatur in erster Annäherung durch die Flammengröße und
die Feineinstellung durch Variieren des Höhenunterschiedes der
beiden Gefäße *A* und *B* des Wasserdruckregulators zu bewirken.
Werden bei Anwendung sehr hoher Temperaturen (75° und mehr)
zwei Heizspiralen in Anwendung gebracht, so sind dieselben nicht
hintereinander, sondern nebeneinander anzuordnen.

Mit der Heizspirale gelingt es leicht, die Temperatur des
Wasserstromes für einen längeren Zeitraum bis auf 1—2 Zehntel

Grad konstant zu erhalten. Bei Anwendung einer Gasflamme
ist die Benutzung eines besonderen Gasdruckregulators im allgemeinen nicht erforderlich. Die Druckschwankungen in der Gasleitung, wie sie z. B. durch das
Öffnen eines benachbarten Hahnes entstehen, sind
ohne merklichen Einfluß auf die Temperatur des
Wasserstromes. Größere Druckschwankungen (z. B.
solche bei eintretender Dunkelheit oder bei Beginn
und Schluß der Arbeitszeit in einem größeren Fabrik-
betrieb) machen sich in unliebsamer Weise bemerkbar, so daß in solchen Fällen ein Gasdruckregulator
nicht wohl entbehrt werden kann.

Dem Refraktometer werden zwei Thermometer
beigegeben; das eine ist ein gewöhnliches, die
Wärmegrade anzeigendes Thermometer, das andere
hat eine besondere, eigens für die Prüfung von
Butter beziehungsweise Schweineschmalz eingerich-
tete Einteilung (Fig. 118). An Stelle der Wärmegrade sind auf letzterem diejenigen höchsten Refraktometerzahlen aufgezeichnet, welche normales
Butterfett beziehungsweise Schweineschmalz erfahrungsgemäß bei den betreffenden Temperaturen
zeigt. Da die Refraktometerzahlen der Fette bei
steigender Temperatur kleiner werden, so nehmen
die Gradzahlen des besonderen Thermometers, im
Gegensatze zu den gewöhnlichen Thermometern,
von oben nach unten zu.

α. **Aufstellung des Refraktometers und Verbindung mit der Heizvorrichtung.**

Man hebt das Instrument aus dem zugehörigen
Kasten heraus, wobei man nicht das Fernrohr *K*,
sondern die Fußplatte anfaßt, und stellt es so auf,
daß man bequem in das Fernrohr hineinschauen
kann. Zur Beleuchtung dient das durch das Fenster
einfallende Tageslicht oder das Licht einer Lampe.
Man verbindet das an dem Prismengehäuse *B*
des Refraktometers (Fig. 114) angebrachte Schlauchstück *D* z. B. mit dem von *D. W. H.* (Fig. 115) aus-
gehenden Gummischlauch des Heizkessels; gleichzeitig schiebt man über das an der Metallhülse des
Refraktometers angebrachte Schlauchstück *E* einen
Gummischlauch, den man zu einem tieferstehenden
leeren Gefäß oder einem Wasserablaufbecken leitet.
Man öffnet hierauf den Schraubenquetschhahn und
läßt aus dem höher gestellten Gefäße (vgl. oben die
Anmerkung) Wasser in den Heizkessel fließen. Dadurch wird warmes Wasser durch den Rohrstutzen und mittelst
des Gummischlauchs durch das Schlauchstück *D* (Fig. 114) in
das Prismengehäuse *B*, von hier aus durch den in der Fig. 114
gezeichneten Schlauch nach dem Prismengehäuse *A* gedrängt und

Fig. 118.

fließt durch die Metallhülse des Thermometers, den Stutzen E
und den daran angebrachten Schlauch ab. Die beiden Glasprismen und das Quecksilbergefäß des Thermometers werden durch
das warme Wasser erwärmt. Durch geeignete Stellung des Quetschhahns regelt man den
Wasserzufluß zu dem Heizkessel so, daß das aus E austretende
Wasser nur in schwachem Strahle ausfließt, und daß bei Verwendung des gewöhnlichen Thermometers dieses möglichst nahe
eine Temperatur von 40° anzeigt.

β. **Aufbringen des geschmolzenen Butterfetts auf die
Prismenfläche und Ablesung der Refraktometerzahl.**

Man öffnet das Prismengehäuse des Refraktometers, indem
man den Stift F (Fig. 114) etwa eine halbe Umdrehung nach
rechts dreht, bis Anschlag erfolgt; dann läßt sich die eine Hälfte
des Gehäuses (B) zur Seite legen. Die Stütze H hält B in der
in Fig. 114 dargestellten Lage fest. Man richtet das Instrument
mit der linken Hand so weit auf, daß die freiliegende Fläche
des Glasprismas B annähernd horizontal liegt, bringt mit Hülfe
eines kleinen Glasstabs drei Tropfen des filtrierten Butterfetts
auf die Prismenfläche, verteilt das geschmolzene Fett mit dem
Glasstäbchen so, daß die ganze Glasfläche davon benetzt ist,
und schließt dann das Prismengehäuse wieder. Man drückt zu
dem Zwecke den Teil B an A an und führt den Stift F durch
Drehung nach links wieder in seine anfängliche Lage zurück;
dadurch wird der Teil B am Zurückfallen verhindert und zugleich
ein dichtes Aufeinanderliegen der beiden Prismenflächen bewirkt.
Das Instrument stellt man dann wieder auf seine Bodenplatte
und giebt dem Spiegel eine solche Stellung, daß die Grenzlinie
zwischen dem hellen und dunklen Teile des Gesichtsfeldes deutlich zu sehen ist, wobei nötigenfalls der ganze Apparat etwas
verschoben oder gedreht werden muß. Ferner stellt man den
oberen ausziehbaren Teil des Fernrohrs so ein, daß man die
Skala scharf sieht.

Nach dem Aufbringen des geschmolzenen Butterfetts auf
die Prismenfläche wartet man etwa 3 Minuten und liest dann in
dem Fernrohr ab, an welchem Teilstriche der Skala die Grenzlinie zwischen dem hellen und dunklen Teile des Gesichtsfeldes
liegt; liegt sie zwischen zwei Teilstrichen, so werden die Bruchteile durch Abschätzen ermittelt. Sofort hinterher liest man das
Thermometer ab.

1. Bei Verwendung des gewöhnlichen Thermometers sind
die abgelesenen Refraktometerzahlen in der Weise auf die Normaltemperatur von 40° umzurechnen, daß für jeden Temperaturgrad, den das Thermometer über 40° zeigt, 0,55 Teilstriche zu
der abgelesenen Refraktometerzahl zuzuzählen sind, während für
jeden Temperaturgrad, den das Thermometer unter 40° zeigt,
0,55 Teilstriche von der abgelesenen Refraktometerzahl abzuziehen sind.

2. Bei Verwendung des Thermometers mit besonderer Einteilung zieht man die an dem Thermometer abgelesenen Grade

von der in dem Fernrohr abgelesenen Refraktometerzahl ab und giebt den Unterschied mit dem zugehörigen Vorzeichen an. Wurde z. B. im Fernrohre die Refraktometerzahl 44,5, am Thermometer aber 46,7⁰ abgelesen, so ist die Refraktometerdifferenz des Fettes 44,5 — 46,7 = — 2,2.

Die Refraktometerprobe kann nur als Vorprüfung herangezogen werden; sie hat für sich allein keinen ausschlaggebenden Wert.

γ. Reinigung des Refraktometers.

Nach jedem Versuche müssen die Oberflächen der Prismen und deren Metallfassungen sorgfältig von dem Fette gereinigt werden. Dies geschieht durch Abreiben mit weicher Leinwand oder weichem Filtrierpapier, wenn nötig unter Benutzung von etwas Äther.

δ. Prüfung der Refraktometerskala auf richtige Einstellung.

Vor dem erstmaligen Gebrauch und späterhin von Zeit zu Zeit ist das Refraktometer daraufhin zu prüfen, ob nicht eine Verschiebung der Skala stattgefunden hat. Hierzu bedient man sich der dem Apparate beigegebenen Normalflüssigkeit*). Man schraubt das zu dem Refraktometer gehörige gewöhnliche Thermometer auf, läßt Wasser von Zimmertemperatur durch das Prismengehäuse fließen (man heizt also in diesem Falle die Heizvorrichtung nicht an), bestimmt in der vorher beschriebenen Weise die Refraktometerzahl der Normalflüssigkeit und liest gleichzeitig den Stand des Thermometers ab. Wenn die Skala richtig eingestellt ist, muß die Normalflüssigkeit bei verschiedenen Temperaturen folgende Refraktometerzahlen zeigen:

Bei einer Temperatur von	Skalenteile	Bei einer Temperatur von	Skalenteile	Bei einer Temperatur von	Skalenteile
25⁰ Celsius	71,2	19⁰ Celsius	74,9	13⁰ Celsius	78,6
24⁰ »	71,8	18⁰ »	75,5	12⁰ »	79,2
23⁰ »	72,4	17⁰ »	76,1	11⁰ »	79,8
22⁰ »	73,0	16⁰ »	76,7	10⁰ »	80,4
21⁰ »	73,6	15⁰ »	77,3	9⁰ »	81,0
20⁰ »	74,3	14⁰ »	77,9	8⁰ »	81,6

Weicht die Refraktometerzahl bei der Versuchstemperatur von der in der Tabelle angegebenen Zahl ab, so ist die Skala bei der seitlichen kleinen Öffnung G (Fig. 114) mit Hülfe des dem Instrumente beigegebenen Uhrschlüssels wieder richtig einzustellen.

c) Bestimmung der freien Fettsäuren (des Säuregrads).

5 — 10 gr Butterfett werden in 30 — 40 cc einer säurefreien Mischung gleicher Raumteile Alkohol und Äther gelöst und unter Verwendung von Phenolphthaleïn (in einprozentiger

---

*) Dieselbe ist von der Firma Carl Zeiss in Jena zu beziehen.

28*

alkoholischer Lösung) als Indikator mit ¹/₁₀-Normal-Alkalilauge titriert. Die freien Fettsäuren werden in Säuregraden ausgedrückt. Unter Säuregrad eines Fettes versteht man die Anzahl Kubikzentimeter Normal-Alkali, die zur Sättigung von 100 gr Fett erforderlich sind.

d) Bestimmung der flüchtigen, in Wasser löslichen Fettsäuren (der REICHERT-MEISSL'schen Zahl).

Genau 5 gr Butterfett werden mit einer Pipette in einem Kölbchen von 300—350 cc Inhalt abgewogen und das Kölbchen auf das kochende Wasserbad gestellt. Zu dem geschmolzenen Fette läßt man aus einer Pipette unter Vermeidung des Einblasens 10 cc einer alkoholischen Kalilauge (20 gr Kaliumhydroxyd in 100 cc Alkohol von 70 Vol.-pCt. gelöst) fließen. Während man nun den Kolbeninhalt durch Schütteln öfter zerteilt, läßt man den Alkohol zum größten Teile weggehen; es tritt bald Schaumbildung ein, die Verseifung geht zu Ende und die Seife wird zähflüssig; sodann bläst man so lange in Zwischenräumen von etwa je ¹/₂ Minute mit einem Handblasebalg unter gleichzeitiger schüttelnder Bewegung des Kolbens Luft ein, bis durch den Geruch kein Alkohol mehr wahrzunehmen ist. Der Kolben darf hierbei nur immer so lange und so weit vom Wasserbade entfernt werden, als es die Schüttelbewegung erfordert. Man verfährt am besten in der Weise, daß man mit der Rechten den Ballon des Blasebalgs drückt, während die Linke den Kolben, in dessen Hals das mit einem gebogenen Glasrohre versehene Schlauchende des Ballons eingeführt ist, faßt und schüttelt. Auf diese Art ist in 15, längstens in 25 Minuten die Verseifung und die vollständige Entfernung des Alkohols bewerkstelligt. Man läßt nun sofort 100 cc Wasser zufließen und erwärmt den Kolbeninhalt noch mäßig einige Zeit, während welcher der Kolben lose bedeckt auf dem Wasserbade stehen bleibt, bis die Seife vollkommen klar gelöst ist. Sollte hierbei ausnahmsweise keine völlig klare Lösung zu erreichen sein, so wäre der Versuch wegen ungenügender Verseifung zu verwerfen und ein neuer anzustellen.

Zu der etwa 50° warmen Lösung fügt man sofort 40 cc verdünnnte Schwefelsäure (1 Raumteil konzentrierte Schwefelsäure auf 10 Raumteile Wasser) und einige erbsengroße Bimssteinstückchen. Der auf ein doppeltes Drahtnetz gesetzte Kolben wird darauf sofort mittelst eines schwanenhalsförmig gebogenen Glasrohrs (von 20 cm Höhe und 6 mm lichter Weite), welches an beiden Enden stark abgeschrägt ist, mit einem Kühler (Länge des vom Wasser umspülten Teiles nicht unter 50 cm) verbunden, und sodann werden genau 110 cc Flüssigkeit abdestilliert (Destillationsdauer nicht über ¹/₂ Stunde). Das Destillat mischt man durch Schütteln, filtriert durch ein trockenes Filter und mißt 100 cc ab. Diese werden nach Zusatz von 3—4 Tropfen Phenolphthaleïnlösung mit ¹/₁₀-Normal-Alkalilauge titriert. Der Verbrauch wird durch Hinzuzählen des zehnten Teiles auf die Gesamtmenge des Destillats berechnet. Bei jeder Versuchsreihe führt man einen blinden Versuch aus, indem man 10 cc der alkoholischen

Kalilauge mit so viel verdünnter Schwefelsäure versetzt, daß ungefähr eine gleiche Menge Kali wie bei der Verseifung von 5 gr Fett ungebunden bleibt, und sonst wie bei dem Hauptversuche verfährt. Die bei dem blinden Versuche gebrauchten Kubikzentimeter ¹/₁₀-Normal-Alkalilauge werden von den bei dem Hauptversuche verbrauchten abgezogen. Die so erhaltene Zahl ist die REICHERT-MEISSL'sche Zahl. Die alkoholische Kalilauge genügt den Anforderungen, wenn bei dem blinden Versuche nicht mehr als 0,4 cc ¹/₁₀-Normal-Alkalilauge zur Sättigung von 110 cc Destillat verbraucht werden.

Die Verseifung des Butterfettes kann statt mit alkoholischem Kali auch nach folgendem Verfahren ausgeführt werden. Zu genau 5 gr Butterfett giebt man in einem Kölbchen von etwa 300 cc Inhalt 20 gr Glycerin und 2 cc Natronlauge (erhalten durch Auflösen von 100 Gewichtsteilen Natriumhydroxyd in 100 Gewichtsteilen Wasser, Absetzenlassen des Ungelösten und Abgießen der klaren Flüssigkeit). Die Mischung wird unter beständigem Umschwenken über einer kleinen Flamme erhitzt; sie gerät alsbald ins Sieden, das mit starkem Schäumen verbunden ist. Wenn das Wasser verdampft ist (in der Regel nach 5 — 8 Minuten), wird die Mischung vollkommen klar; dies ist das Zeichen, daß die Verseifung des Fettes vollendet ist. Man erhitzt noch kurze Zeit und spült die an den Wänden des Kolbens haftenden Teilchen durch wiederholtes Umschwenken des Kolbeninhalts herab. Dann läßt man die flüssige Seife auf etwa 80 — 90° abkühlen und wägt 90 gr Wasser von etwa 80 — 90° hinzu. Meist entsteht sofort eine klare Seifenlösung; andernfalls bringt man die abgeschiedenen Seifenteile durch Erwärmen auf dem Wasserbade in Lösung. Man versetzt die Seifenlösung mit 50 cc verdünnter Schwefelsäure (25 cc konzentrierte Schwefelsäure im Liter enthaltend) und verfährt weiter wie bei der Verseifung mit alkoholischem Kali.

e) Bestimmung der Verseifungszahl (der KœTTSTORFER-schen Zahl).

Man wägt 1 — 2 gr Butterfett in einem Kölbchen aus Jenaer Glas von 150 cc Inhalt ab, setzt 25 cc einer annähernd ¹/₂-normalen alkoholischen Kalilauge hinzu, verschließt das Kölbchen mit einem durchbohrten Korke, durch dessen Öffnung ein 75 cm langes Kühlrohr aus Kaliglas führt. Man erhitzt die Mischung auf dem kochenden Wasserbade 15 Minuten lang zum schwachen Sieden. Um die Verseifung zu vervollständigen, ist der Kolbeninhalt durch öfteres Umschwenken, jedoch unter Vermeidung des Verspritzens an den Kühlrohrverschluß, zu mischen. Das Ende der Verseifung ist daran zu erkennen, daß der Kolbeninhalt eine gleichmäßige, vollkommen klare Flüssigkeit darstellt, in der keine Fetttröpfchen mehr sichtbar sind. Man versetzt die vom Wasserbade genommene Lösung mit einigen Tropfen alkoholischer Phenolphthaleïnlösung und titriert die noch heiße Seifenlösung sofort mit ¹/₂-Normal-Salzsäure zurück. Die Grenze der Neutrali-

sation ist sehr scharf; die Flüssigkeit wird beim Übergang in die
saure Reaktion rein gelb gefärbt.

Bei jeder Versuchsreihe sind mehrere blinde Versuche in
gleicher Weise, aber ohne Anwendung von Fett, auszuführen, um
den Wirkungswert der alkoholischen Kalilauge gegenüber der
$^1/_2$-normalen Salzsäure festzustellen.

Aus den Versuchsergebnissen berechnet man, wieviel Milli-
gramm Kaliumhydroxyd erforderlich sind, um genau 1 gr des
Butterfettes zu verseifen. Dies ist die Verseifungszahl oder KŒTT-
STORFER'sche Zahl des Butterfettes.

Zu d und e: Die Bestimmung der REICHERT-MEISSL'schen sowie der KŒTTSTORFER'schen Zahl kann auch in folgender Weise
verbunden werden:

Man löst 20 Gewichtsteile möglichst blanke Stangen mit
Alkohol gereinigten Ätzkalis in etwa 60 Gewichtsteilen absolutem
Alkohol durch anhaltendes Schütteln in einer verschlossenen
Flasche auf. Sodann läßt man absetzen und gießt die obere
klare Lösung durch Glaswolle oder Asbest ab. Ihr Gehalt an
Kaliumhydroxyd wird bestimmt und die Lösung darauf soweit
mit Wasser und Alkohol verdünnt, daß sie in je 10 cc etwa 1,3 gr
Kaliumhydroxyd und einen Alkoholgehalt von ungefähr 70 Vol.-
pCt. aufweist.

Ferner vermischt man verdünnte Schwefelsäure mit Wasser
und Alkohol in der Weise, daß eine alkoholische Normalschwefelsäure in 70-volumprozentigem Alkohol (49 gr Schwefelsäure im
Liter) erhalten wird.

Genau 5 gr Butterfett werden darauf in einem starkwandigen
Kolben von Jenaer Glas von etwa 300 cc Inhalt abgewogen und
mit einer genau geaichten Pipette 10 cc der vorstehend beschriebenen alkoholischen Kalilauge mit der Vorsicht hinzugemessen,
daß man nach Ablauf von nahezu 10 cc erst 1—2 Minuten
wartet, bevor man auf den Ablaufstrich genau einstellt. Der Kolben wird sodann mit einem 1 m langen, ziemlich weiten Kühlrohre versehen, welches oben durch ein BUNSEN'sches Ventil abgeschlossen ist, und auf ein siedendes Wasserbad gebracht.

Sobald der Alkohol in das Kühlrohr destilliert und die ersten
Tropfen zurücklaufen, schwenkt man den Kolben über dem Wasserbade kräftig, jedoch unter Vermeidung des Verspritzens an
den Kühlrohrverschluß, so lange um, bis eine gleichmäßige Lösung
entstanden ist. Dann setzt man den Kolben noch mindestens
5, höchstens 10 Minuten lang auf das Wasserbad, schwenkt
während dieser Zeit noch einigemal gelinde um und hebt den
Kolben vom Wasserbade. Nachdem der Kolbeninhalt soweit
erkaltet ist, daß kein Alkohol mehr aus dem Kühlrohre zurücktropft, läßt man durch das BUNSEN'sche Ventil Luft eintreten,
nimmt das Kühlrohr ab und titriert sofort nach Zusatz von
3 Tropfen Phenolphthaleïnlösung mit der alkoholischen Normalschwefelsäure bis zur rotgelben Farbe. Dann setzt man noch
0,5 cc Phenolphthaleïnlösung zu und titriert mit einigen Tropfen
der alkoholischen Normalschwefelsäure scharf bis zur reingelben
Farbe. Die verbrauchten Kubikzentimeter Schwefelsäure werden

abgezogen von der in einem blinden Versuche für 10 cc Kalilauge ermittelten Säuremenge, und die Differenz durch Multiplikation mit $0,2 \times 56,14 = 11,23$ auf die Verseifungszahl umgerechnet.

Beispiel: 10 cc alkoholische Kalilauge = 22,80 cc alkoholische Normalschwefelsäure.

5,0 gr Butterfett zurücktitriert mit 2,95 cc Schwefelsäure.

Somit 22,80
   − 2,95
 ————————
 19,85, und $19,85 \times 11,23 = 222,9$ Verseifungszahl.

Zu dem Kolbeninhalte werden darauf etwa 10 Tropfen der alkoholischen Kalilauge hinzugegeben und der Alkohol im Wasserbad unter Schütteln des Kolbens, schließlich durch Einblasen von Luft, in möglichst kurzer Zeit vollständig verjagt. Die trockene Seife wird in 100 cc kohlensäurefreiem Wasser unter Erwärmen gelöst, dann auf etwa 50⁰ abgekühlt. Das Ansäuren mit Schwefelsäure, das Übertreiben und Titrieren der flüchtigen Säuren, sowie die Berechnung der Reichert-Meissl'schen Zahl und die Ausführung des blinden Versuchs geschehen darauf in der unter d angegebenen Weise.

f) Bestimmung der unlöslichen Fettsäuren (der Hehner'schen Zahl).

3—4 gr Fett werden in einer Porzellanschale von etwa 10 cc Durchmesser mit 1—2 gr Ätznatron und 50 cc Alkohol versetzt und unter öfterem Umrühren auf dem Wasserbad erwärmt, bis das Fett vollständig verseift ist. Die Seifenlösung wird bis zur Sirupdicke verdampft, der Rückstand in 100—150 cc Wasser gelöst und mit Salzsäure oder Schwefelsäure angesäuert. Man erhitzt, bis sich die Fettsäuren als klares Öl an der Oberfläche gesammelt haben, und filtriert durch ein vorher bei 100⁰ getrocknetes und gewogenes Filter aus sehr dichtem Papiere. Um ein trübes Durchlaufen der Flüssigkeit zu vermeiden, füllt man das Filter zunächst zur Hälfte mit heißem Wasser an und gießt erst dann die Flüssigkeit mit den Fettsäuren darauf. Man wäscht mit siedendem Wasser bis zu 2 l Waschwasser aus, wobei man stets dafür sorgt, daß das Filter nicht vollständig abläuft.

Nachdem die Fettsäuren erstarrt sind, werden sie samt dem Filter in ein Wägegläschen gebracht und bei 100⁰ C. bis zum konstanten Gewichte getrocknet oder in Äther gelöst, in einem tarierten Kölbchen nach dem Abdestillieren des Äthers getrocknet und gewogen. Aus dem Ergebnisse berechnet man, wieviel Gewichtsteile unlösliche Fettsäuren in 100 Gewichtsteilen Fett enthalten sind, und erhält so die Hehner'sche Zahl.

g) Bestimmung der Jodzahl nach von Hübl.

Erforderliche Lösungen:

1. Es werden einerseits 25 gr Jod, anderseits 30 gr Quecksilberchlorid in je 500 cc fuselfreiem Alkohol von 95 Vol.-pCt. gelöst, letztere Lösung, wenn nötig, filtriert und beide Lösungen

getrennt aufbewahrt. Die Mischung beider Lösungen erfolgt zu gleichen Teilen und soll mindestens 48 Stunden vor dem Gebrauche stattfinden.

2. Natriumthiosulfatlösung. Sie enthält im Liter etwa 25 gr des Salzes. Die bequemste Methode zur Titerstellung ist die VOLHARD'sche: 3,870 gr wiederholt umkrystallisiertes und nach VOLHARDS Angaben geschmolzenes Kaliumbichromat löst man zum Liter auf. Man giebt 15 cc einer $10\,^0/_0$igen Jodkaliumlösung in ein dünnwandiges Kölbchen mit eingeriebenem Glasstopfen von etwa 250 cc Inhalt, säuert die Lösung mit 5 cc konzentrierter Salzsäure an und verdünnt sie mit 100 cc Wasser. Unter tüchtigem Umschütteln bringt man hierauf 20 cc der Kaliumbichromatlösung zu. Jeder Kubikzentimeter derselben macht genau 0,01· gr Jod frei. Man läßt nun unter Umschütteln von der Natriumthiosulfatlösung zufließen, wodurch die anfangs stark braune Lösung immer heller wird, setzt, wenn sie nur noch weingelb ist, etwas Stärkelösung hinzu und läßt unter jeweiligem kräftigem Schütteln noch soviel Natriumthiosulfatlösung vorsichtig zufließen, bis der letzte Tropfen die Blaufärbung der Jodstärke eben zum Verschwinden bringt. Die Kaliumbichromatlösung läßt sich lange unverändert aufbewahren und ist stets zur Kontrolle des Titers der Natriumthiosulfatlösung vorrätig, welche besonders im Sommer öfters neu festzustellen ist.

Berechnung: Da 20 cc der Kaliumbichromatlösung 0,2 gr Jod freimachen, wird die gleiche Menge Jod von der verbrauchten Anzahl Kubikzentimeter Natriumthiosulfatlösung gebunden. Daraus berechnet man, wieviel Jod 1 cc Natriumthiosulfatlösung entspricht. Die erhaltene Zahl, die Koëffizienten für Jod, bringt man bei allen folgenden Versuchen in Rechnung.

3. Chloroform: am besten eigens gereinigt.

4. $10\,^0/_0$ige Jodkaliumlösung.

5. Stärkelösung: Man erhitzt eine Messerspitze voll »lösliche Stärke« in etwas destilliertem Wasser; einige Tropfen der unfiltrierten Lösung genügen für jeden Versuch.

Ausführung der Bestimmung der Jodzahl.

Man bringt 0,8 bis 1 gr geschmolzenes Butterfett in ein Kölbchen der unter Nr. 2 beschriebenen Art, löst das Fett in 15 cc Chloroform und läßt 30 cc Jodlösung (Nr. 1) zufließen, wobei man die Pipette bei jedem Versuch in genau gleicher Weise entleert. Sollte die Flüssigkeit nach dem Umschwenken nicht völlig klar sein, so wird noch etwas Chloroform hinzugefügt. Tritt binnen kurzer Zeit fast vollständige Entfärbung der Flüssigkeit ein, so muß man noch Jodlösung zugeben. Die Jodmenge muß so groß sein, daß noch nach $1^1/_2 - 2$ Stunden die Flüssigkeit stark braun gefärbt erscheint. Nach dieser Zeit ist die Reaktion beendet. Die Versuche sind bei Temperaturen von $15 - 18\,^0$ anzustellen, die Einwirkung direkten Sonnenlichts ist zu vermeiden.

Man versetzt dann die Mischung mit 15 cc Jodkaliumlösung (Nr. 2), schwenkt um und fügt 100 cc Wasser hinzu. Scheidet sich hierbei ein roter Niederschlag aus, so war die zugesetzte

Menge Jodkalium ungenügend, doch kann man diesen Fehler durch nachträglichen Zusatz von Jodkalium verbessern. Man läßt nun unter oftmaligem Schütteln so lange Natriumthiosulfatlösung zufließen, bis die wässerige Flüssigkeit und die Chloroformschicht nur mehr schwach gefärbt sind. Jetzt wird etwas Stärkelösung zugegeben und zu Ende titriert. Mit jeder Versuchsreihe ist ein sogenannter blinder Versuch, d. h. ein solcher ohne Anwendung eines Fettes zur Prüfung der Reinheit der Reagentien (namentlich auch des Chloroforms) und zur Feststellung des Titers der Jodlösung zu verbinden. Bei der Berechnung der Jodzahl ist der für den blinden Versuch nötige Verbrauch in Abzug zu bringen. Man berechnet aus den Versuchsergebnissen, wieviel Gramm Jod von 100 gr Butterfett aufgenommen worden sind, und erhält so die HÜBL'sche Jodzahl des Butterfetts.

Da sich bei der Bestimmung der Jodzahl die geringsten Versuchsfehler in besonders hohem Maße multiplizieren, so ist peinlich genaues Arbeiten erforderlich. Zum Abmessen der Lösungen sind genau eingeteilte Pipetten und Büretten, und zwar für jede Lösung stets das gleiche Meßinstrument zu verwenden.

h) Bestimmung der unverseifbaren Bestandteile.

10 gr Butterfett werden in einer Schale mit 5 gr Kaliumhydroxyd und 50 cc Alkohol verseift; die Seifenlösung wird mit einem gleichen Raumteile Wasser verdünnt und mit Petroleumäther ausgeschüttelt. Der mit Wasser gewaschene Petroleumäther wird verdunstet, der Rückstand nochmals mit alkoholischem Kali verseift und die mit dem gleichen Raumteile Wasser verdünnte Seifenlösung mit Petroleumäther ausgeschüttelt. Der mit Wasser gewaschene Petroleumäther wird verdunstet, der Rückstand getrocknet und gewogen.

i) Nachweis fremder Farbstoffe.

Die Gegenwart fremder Farbstoffe erkennt man durch Schütteln des geschmolzenen Butterfetts mit absolutem Alkohol oder mit Petroleumäther vom spezifischen Gewichte 0,638. Nicht künstlich gefärbtes Butterfett erteilt diesen Lösungsmitteln keine oder nur eine schwach gelbliche Färbung, während sie sich bei gefärbtem Butterfett deutlich gelb färben.

Zum Nachweise dieser Teerfarbstoffe werden 2—3 gr Butterfett in 5 cc Äther gelöst und die Lösung in einem Probierröhrchen mit 5 cc konzentrierter Salzsäure vom spezifischen Gewicht 1,125 kräftig geschüttelt. Bei Gegenwart gewisser Azofarbstoffe färbt sich die unten sich absetzende Salzsäureschicht deutlich rot.

k) Nachweis von Sesamöl.

α. Wenn keine Farbstoffe vorhanden sind, die sich mit Salzsäure rot färben, so werden 5 cc geschmolzenes Butterfett mit 0,1 cc einer alkoholischen Furfurollösung (1 Raumteil farbloses Furfurol in 100 Raumteilen absoluten Alkohols gelöst) und mit 10 cc Salzsäure vom spez. Gewicht 1,19 mindestens $^1/_2$ Minute

lang kräftig geschüttelt. Wenn die am Boden sich abscheidende
Salzsäure eine nicht alsbald verschwindende deutliche Rotfärbung
zeigt, so ist die Gegenwart von Sesamöl nachgewiesen.

β. Wenn Farbstoffe vorhanden sind, die durch Salzsäure
rot gefärbt werden, so schüttelt man 10 cc geschmolzenes Butterfett in einem kleinen zylindrischen Scheidetrichter mit 10 cc Salzsäure vom spezifischen Gewicht 1,125 etwa ¹/₂ Minute lang. Die
unten sich ansammelnde rotgefärbte Salzsäureschicht läßt man
abfließen, fügt zu dem in dem Scheidetrichter enthaltenen geschmolzenen Fette nochmals 10 cc Salzsäure vom spezifischen
Gewicht 1,125 und schüttelt wiederum ¹/₂ Minute lang. Ist die
sich abscheidende Salzsäure noch rot gefärbt, so läßt man sie
abfließen und wiederholt die Behandlung des geschmolzenen Fettes
mit Salzsäure vom spezifischen Gewicht 1,125, bis letztere nicht
mehr rot gefärbt wird. Man läßt alsdann die Salzsäure abfließen
und prüft 5 cc des so behandelten, geschmolzenen Butterfetts
nach dem unter α beschriebenen Verfahren auf Sesamöl. Zu
diesen Versuchen verwende man keine höhere Temperatur, als
zur Erhaltung des Fettes in geschmolzenem Zustande notwendig ist.

II. Untersuchung von Margarine.

Die Untersuchung von Margarine erfolgt nach denselben
Grundsätzen wie die der Butter. Außerdem ist noch folgende
Prüfung auszuführen:

Schätzung des Sesamölgehalts der Margarine.

0,5 cc des geschmolzenen, klar filtrierten Margarinefetts werden mit 9,5 cc Baumwollsamenöl, das, nach dem unter I. k. beschriebenen Verfahren geprüft, mit Furfurol und Salzsäure keine
Rotfärbung giebt, vermischt. Man prüft die Mischung nach dem
unter I. k. angegebenen Verfahren auf Sesamöl. Hat die Margarine den vorgeschriebenen Gehalt an Sesamöl von der vorgeschriebenen Beschaffenheit, so muß die Sesamölreaktion noch
deutlich eintreten.

III. Untersuchung von Schweineschmalz.

A. Probeentnahme.

Die Entnahme der Proben geschieht nach denselben Grundsätzen wie bei der Butter.

B. Ausführung der Untersuchung.

Bei der Untersuchung des Schweineschmalzes sind die refraktometrische Prüfung, die Bestimmung der Jodzahl und die Prüfung auf Pflanzenöle stets auszuführen, die übrigen Verfahren
nur unter besonderen Umständen.

1. Bestimmung des Wassers.

Die Bestimmung des Wassers ist nur dann erforderlich,
wenn beim Schmelzen der Schmalzprobe sich dessen Gegenwart

zu erkennen giebt. Sie erfolgt dann in gleicher Weise wie bei der Butter.

2. Bestimmung der Mineralbestandteile. 10 gr Schmalz werden geschmolzen und durch ein getrocknetes, dichtes Filter von bekanntem geringem Aschengehalte filtriert. Man entfernt die größte Menge des Fettes von dem Filter durch Waschen mit entwässertem Äther, verascht alsdann das Filter und wägt die Asche.

3. Bestimmung des Fettes. Man erhält den Fettgehalt des Schmalzes, indem man die Werte für den Gehalt an Wasser und Mineralbestandteilen von 100 abzieht.

4. Untersuchung des klar filtrierten Schmalzes.

a) Bestimmung des Schmelz- und Erstarrungspunktes.

b) Bestimmung des Brechungsvermögens.

c) Bestimmung der freien Fettsäuren (des Säuregrades).

d) Bestimmung der flüchtigen, in Wasser löslichen Fettsäuren (der Reichert-Meissl'schen Zahl).

e) Bestimmung der Verseifungszahl (der Kœttstorfer'schen Zahl).

f) Bestimmung der unlöslichen Fettsäuren (der Hehner'schen Zahl).

g) Bestimmung der Jodzahl nach von Hübl.

h) Bestimmung der unverseifbaren Bestandteile.

i) Nachweis von Sesamöl.

Diese Bestimmungen erfolgen in derselben Weise wie bei dem Butterfette mit folgenden Abweichungen:

1. Will man sich bei der Bestimmung des Brechungsvermögens eines besonders eingerichteten Thermometers bedienen, so muß es ein solches sein, das auch für Schweineschmalz bestimmt ist und eine dementsprechende Einteilung besitzt.

2. Bei dem Nachweise des Sesamöls ist auf Teerfarbstoffe keine Rücksicht zu nehmen.

k) Nachweis von Baumwollsamenöl.

Erforderliche Lösungen.

I. 1 gr Silbernitrat wird in 200 gr reinem Alkohol von 98 Vol.-pCt. gelöst und die Lösung mit 0,1 gr Salpetersäure vom spezifischen Gewicht 1,153 und 40 gr Äther versetzt; die schwach saure Mischung wird filtriert.

II. Man mischt 100 gr reinen Amylalkohol (Siedepunkt 130—132° C.) und 15 gr Rapsöl.

Zunächst hat man sich davon zu überzeugen, daß beim Erhitzen einer Mischung der beiden Reagentien keine Reduktion des Silbernitrats eintritt, indem man 1 cc der Silbernitratlösung und 10 cc der Amylalkohol-Rapsölmischung miteinander mischt, gut durchschüttelt und an einem gegen die Einwirkung des Tageslichtes geschützten Orte ¼ Stunde im kochendem Wasserbade erhitzt. Hierbei darf nicht die geringste Bräunung oder Schwärzung eintreten, wenn die Reagentien brauchbar sein sollen.

Ist die Brauchbarkeit der Reagentien erwiesen, so bringt man 5 cc geschmolzenes und klar filtriertes Schmalz in ein dünnwandiges Kölbchen, fügt 10 cc absoluten Alkohol hinzu, erwärmt die Mischung im Wasserbade bis zur Lösung, giebt dann 10 cc der Amylalkohol-Rapsölmischung und 1 cc der Silbernitratlösung zu, schüttelt das Ganze gut durch, hängt das Kölbchen an einem vor der Einwirkung des Tageslichtes möglichst geschützten Orte ins kochende Wasserbad und beläßt es genau ¼ Stunde darin. Bei Gegenwart von Baumwollsamenöl tritt eine Reduktion des Silbernitrats ein, wobei die Mischung eine tiefbraune bis schwarze Färbung annimmt.

l) Nachweis von Pflanzenölen im Schmalz mit Phosphormolybdänsäure.

1 gr des geschmolzenen und klar filtrierten Schmalzes löst man in einem dickwandigen, mit Stöpsel verschließbaren Probierröhrchen in 5 cc Chloroform, setzt 2 cc einer frisch bereiteten Lösung von Phosphormolybdänsäure oder phosphormolybdänsaurem Natron und einige Tropfen Salpetersäure zu und schüttelt kräftig durch. Bei Abwesenheit von fetten Ölen bleibt das Gemisch gelb, bei deren Anwesenheit jedoch tritt eine Reduktion ein: die Mischung nimmt eine grünliche, bei bedeutenden Zusätzen eine smaragdgrüne Färbung an. Durch Vergleich mit reinem Schmalz läßt sich der Unterschied zwischen gelb und grün leichter beobachten. Läßt man einige Minuten stehen, so scheidet sich die Flüssigkeit in zwei Schichten; die untere (Chloroform) erscheint wasserhell, während die obere grün gefärbt ist. Man vermeide niedere Temperaturen, damit sich das Fett nicht in festem Zustande wieder abscheidet. Macht man die saure Mischung mit Ammoniak alkalisch, so geht die grüne Farbe in blau über, dessen Intensität der vorigen Grünfärbung entspricht. Ein nur schwach blauer Schimmer ist unberücksichtigt zu lassen.

m) Nachweis von Phytosterin (das aus zugesetzten Pflanzenölen herrührt) im Schmalz.

Zu 50 gr Fett setzt man in einem Kolben 20 gr Kaliumhydroxyd, ebensoviel Wasser und, wenn sich das Kaliumhydroxyd gelöst hat, 50 cc Alkohol (von 70 Volumprozent); man erwärmt so lange auf dem Wasserbade, bis Verseifung eingetreten ist, verdünnt die Seifenlösung mit Wasser auf 1000—1200 cc und schüttelt sie in einem großen Scheidetrichter mit 500 cc Äther durch. Der Äther wird nach dem Absetzen, das durch Zusatz von etwas Alkohol gefördert werden kann, von der wässerigen Flüssigkeit getrennt, wenn nötig, durch ein trockenes Filter filtriert, verdunstet, der Rückstand, welcher stets noch etwas unverseiftes Fett enthält, nochmals mit alkoholischer Kalilauge erwärmt und die wässerige Lösung wiederum mit wenig Äther geschüttelt. Nachdem die alkalische Lösung aus dem Scheidetrichter abgelassen ist, wird der Äther zur Entfernung von aufgenommener Seife mehrmals mit Wasser durchgeschüttelt, der Äther abdestilliert, der Rückstand in heißem Alkohol gelöst, letzterer bis auf 1—3 cc verdunstet und die beim Erkalten sich bildende Krystallmasse auf einer porösen Thonplatte ausgebreitet. Nach dem Trocknen bestimmt man ihren Schmelzpunkt (s. I. B. 5. a). Das Phytosterin der Pflanzenfette schmilzt bei 133—136° C., das sich sonst ähnlich verhaltende Cholesterin, das sich in tierischen Fetten findet, schmilzt bei 146—147° C.

IV. Untersuchung der übrigen Speisefette und Öle.

Die Untersuchung der übrigen Speisefette und Öle erfolgt nach den gleichen Grundsätzen wie die des Butterfettes und des Schweineschmalzes mit folgenden Abweichungen:

a) Bei festen Speisefetten.

Bei der Bestimmung der Refraktometerzahl muß man sich des gewöhnlichen Thermometers bedienen.

b) Bei Ölen.

1. Probeentnahme und Vorbereitung der Öle zur Untersuchung.

Aus dem gut durchmischten Ölvorrate sind mindestens 100 gr Öl zu entnehmen; die Ölproben sind in reinen, trockenen Glasflaschen, die mit Kork oder eingeriebenen Glasstöpseln verschließbar sind, aufzubewahren und zu versenden. Falls die Öle ungelöste Bestandteile enthalten, sind sie zu erwärmen und, wenn sie dann nicht vollkommen klar sind, durch ein trockenes Filter zu filtrieren.

2. Bestimmung des Schmelz- und Erstarrungspunktes der Fettsäuren.

Bei flüssigen Fetten bestimmt man vielfach den Schmelz- und Erstarrungspunkt der aus ihnen gewonnenen Fettsäuren. Zur Gewinnung der Fettsäuren aus den Ölen bedient man sich des unter I. 5. f. beschriebenen Verfahrens; falls die Bestimmung der unlöslichen Fettsäuren nach Hehner ausgeführt wurde, können die gewogenen Fettsäuren zur Bestimmung des Schmelz- und Erstarrungspunktes benutzt werden. Die Ausführung der letzteren erfolgt in derselben Weise wie bei den festen Fetten.

3. Bestimmung des Brechungsvermögens.

Bei der Bestimmung der Refraktometerzahl muß man sich des gewöhnlichen Thermometers bedienen. Die Ablesung ist hier häufig erschwert und ungenau, da infolge des verschiedenen Zerstreuungsvermögens der Öle und des dadurch hervorgerufenen Auftretens breiter farbiger Bänder der beleuchtete und der unbeleuchtete Teil des Gesichtsfeldes nicht durch eine scharfe Linie voneinander getrennt sind. In diesem Falle beleuchtet man die Prismen nicht mit dem gemischten Tages- oder Lampenlichte, sondern mit einheitlichem Lichte, z. B. dem einer Natrium-flamme.

Als Normaltemperatur für die Bestimmung des Brechungs-vermögens der Öle gilt die Temperatur von 25°. Man stellt bei der Untersuchung der Öle den Thermoregulator des Heizkessels so ein, daß das Thermometer des Refraktometers möglichst nahe eine Temperatur von 25° anzeigt. Die Umrechnung der bei ab-weichenden Temperaturen abgelesenen Refraktometerzahlen auf die Normaltemperatur von 25° erfolgt nach denselben Grundsätzen wie bei dem Butterfette.

4. Bestimmung der Jodzahl nach von Hübl.

Von nicht trockenden Ölen verwendet man 0,3—0,4 gr und bemißt die Zeitdauer der Einwirkung auf zwei Stunden. Von trockenden Ölen verwendet man 0,15—0,18 gr und läßt die Jod-lösung 18 Stunden darauf einwirken. In letzterem Falle ist so-wohl zu Beginn als auch am Ende der Versuchsreihe ein blinder Versuch auszuführen.

V. Untersuchung von Käsen.

A. Probeentnahme und Vorbereitung der Käseproben.

Der zur Untersuchung gelangende Teil des Käses darf nicht nur der Rindenschicht oder dem inneren Teile entstammen, sondern muß einer Durchschnittsprobe entsprechen. Bei großen Käsen entnimmt man mit Hülfe des Käsestechers senkrecht zur Oberfläche ein cylindrisches Stück, bei kugelförmigen Käsen einen Kugelausschnitt. Kleine Käse nimmt man ganz in Arbeit. Die zu entnehmende Menge soll mindestens 300 gr betragen.

Die Versendung der Käseproben muß entweder in gut ge-reinigten, schimmelfreien und verschließbaren Gefäßen von Por-zellan, glasiertem Thone, Steingut oder Glas oder in Pergament-papier eingehüllt geschehen. Harte Käse zerkleinert man vor der Untersuchung auf einem Reibeisen, weiche Käse werden mittelst einer Reibekeule in einer Reibschale zu einer gleich-mäßigen Masse verarbeitet.

B. Ausführung der Untersuchung.

Die Auswahl der bei der Käseuntersuchung auszuführenden Bestimmungen richtet sich nach der Fragestellung. Handelt es sich um die Entscheidung der Frage, ob Milchfettkäse oder Mar-garinekäse vorliegen, so genügt die Untersuchung des Käsefetts.

1. Bestimmung des Wassers.

Die Wasserbestimmung kann mit der Bestimmung des Fettes verbunden werden. Man verfährt dabei folgendermaßen:

2,5—5 gr in kleine Würfel geschnittene Hartkäse werden in einem Erlenmeyer'schen Kölbchen genau abgewogen und auf 40° erwärmt, das Kölbchen wird darauf unter die Glocke einer

Luftpumpe gebracht, um einen Teil des Wassers zu entfernen. Dies Erwärmen und Evakuieren wird so lange wiederholt, bis keine merkliche Gewichtsabnahme mehr eintritt. Der entwässerte Rückstand wird zu wiederholten Malen mit kaltem Äther digeriert, die ätherische Lösung des Fettes jedesmal durch ein gewogenes, zuvor mit Äther ausgezogenes Filter gegossen und der Rückstand in einem Schälchen zerdrückt. Nach nochmaligem Auswaschen mit Äther wird der Rückstand auf das Filter gebracht, dort wiederholt mit Äther nachgewaschen und zuletzt mit dem Filter in einen Extraktionsapparat gebracht, um ihn dort noch längere Zeit mit Äther auszuziehen. Dabei empfiehlt es sich, die Masse einigemale aus dem Extraktionsapparate herauszunehmen und wieder zu zerkleinern.

Den Rückstand trocknet man bei 100—105⁰ in einem Trockenschranke, bis keine Gewichtsabnahme mehr eintritt.

Die ätherischen Lösungen sammelt man in einem zuvor gewogenen Kölbchen, destilliert den Äther ab, trocknet das zurückbleibende Fett im Dampftrockenschrank und wägt es.

Aus der Differenz des Gewichts der ursprünglich verwendeten Käsemasse und der entfetteten Trockensubstanz ergiebt sich die Menge des Wassers, vermehrt um die Menge des Fettes; zieht man die letztere hiervon ab, so erhält man die Menge des Wassers.

Hierbei ist zu berücksichtigen, daß sowohl die für das Wasser wie für das Fett gefundenen Zahlen einige andere Körper mit einschließen. Mit dem Wasser können beim Erwärmen einige andere flüchtige Stoffe (Ammoniak und in geringer Menge vorhandene andere Zersetzungsprodukte) fortgehen, und der Äther löst außer dem Fette auch noch andere Stoffe, wie z. B. Milchsäure, auf. Wenn diese Mengen im allgemeinen auch nicht besonders ins Gewicht fallen, so ist es doch zweckmäßig, bei sauren Käsen, insonderheit bei Sauermilchkäsen, die Käseprobe für die Fettbestimmung mit Sodalösung bis zur neutralen oder ganz schwach alkalischen Reaktion zu versetzen, den Käse zu trocknen und dann erst die Wasser- und Fettbestimmung in der beschriebenen Weise vorzunehmen.

Das Wasser kann auch in der Weise bestimmt werden, daß 3—5 gr Käsemasse in einer Platinschale mit geglühtem Sande zerrieben und im Dampftrockenschranke bis zum gleichbleibenden Gewichte getrocknet werden.

2. Bestimmung des Fettes.

Die Bestimmung des Fettes kann nach Nr. 1 erfolgen, oder man bringt 3—5 gr Käsemasse in einen Mörser, auf dessen Boden sich eine entsprechende Menge geglühter Sand befindet, und erwärmt den Mörser einige Stunden im Dampftrockenschranke. Darauf zerreibt man die Masse mit Sand, füllt diese Mischung in eine entfettete Papierhülse, spült die Schale mit entwässertem Äther aus und zieht die Mischung im Extraktionsapparat vier Stunden mit entwässertem Äther aus. Die Käsesandmischung wird darauf nochmals zerrieben und wiederum zwei Stunden extrahiert. Schließlich wird der Äther abdestilliert, der Rückstand eine Stunde im Dampftrockenschranke getrocknet und gewogen.

3. Bestimmung des Gesamtstickstoffs.

1—2 gr Käsemasse werden in einem Rundkölbchen aus Kaliglas mit 25 cc konzentrierter Schwefelsäure und 0,5 gr Kupfersulfat gekocht, bis die Flüssigkeit farblos geworden ist; man verfährt dann weiter wie bei der Bestimmung des Caseïns in der Butter.

4. Bestimmung der löslichen Stickstoffverbindungen.

15 – 20 gr Käsemasse werden bei etwa 40° C. getrocknet und die getrocknete Masse in der unter Nr. 1 und 2 angegebenen Weise mit Äther extrahiert. 10 gr der fettfreien Trockensubstanz verreibt man mit Wasser zu einem dünnflüssigen Breie, spült diesen in einen 500 cc-Kolben, füllt mit Wasser bis zu etwa 450 cc auf und läßt das Ganze unter zeitweiligem Umschütteln 15 Stunden bei gewöhnlicher Temperatur stehen. Dann füllt man die Flüssigkeit bis zur Marke auf, schüttelt um und filtriert. 100 cc Filtrat werden in einem Rundkölbchen aus Kaliglas eingedampft und der Rückstand mit 25 cc konzentrierter Schwefelsäure und 0,5 gr Kupfersulfat gekocht, bis die Flüssigkeit farblos wird. Zur Bestimmung des Stickstoffs verfährt man dann weiter wie bei der Bestimmung des Caseïns in der Butter.

5. Bestimmung der freien Säure.

10 gr Käsemasse werden mehrmals mit Wasser ausgekocht, die Auszüge vereinigt, filtriert und auf 200 cc aufgefüllt. In 100 cc der Flüssigkeit titriert man nach Zusatz einiger Tropfen einer alkoholischen Phenolphthaleïnlösung die freie Säure mit $^1/_{10}$-Normal-Alkalilauge. Die Säure des Käses ist auf Milchsäure zu berechnen; 1 cc $^1/_{10}$-Normal-Alkalilauge entspricht 0,009 gr Milchsäure.

6. Bestimmung der Mineralbestandteile.

5 gr Käsemasse werden in einer Platinschale mit kleiner Flamme verkohlt. Weiter wird wie bei der Bestimmung der Mineralbestandteile in der Butter verfahren, ebenso bei der Bestimmung des Kochsalzes in der Käseasche.

7. Untersuchung des Käsefettes auf seine Abstammung.

a) Abscheidung des Fettes aus dem Käse.

α. 200—300 gr zerkleinerte Käsemasse werden im Trockenschrank auf 80—90° C. erwärmt. Nach einiger Zeit schmilzt das Käsefett ab; es wird abgegossen und durch ein trockenes Filter filtriert.

β. 200 gr Käsemasse werden mit Wasser zu einem Breie angerieben. Der Brei wird mit soviel Wasser in eine Flasche von 500—600 cc Inhalt mit möglichst weitem Halse gespült, daß insgesamt etwa 400 cc verbraucht werden. Schüttelt oder zentrifugiert man die geschlossene Flasche, so scheidet sich das Käsefett in der Form von Butter oder Margarine an der Oberfläche ab. Die Butter oder Margarine wird abgehoben, mit Eis gekühlt, ausgeknetet, geschmolzen und das Fett durch ein trockenes Filter filtriert.

b) Untersuchung des Käsefetts.

Das Käsefett wird nach denselben Grundsätzen wie Butterfett untersucht. Handelt es sich um Margarinekäse, so ist noch folgende Prüfung des Käsefetts auszuführen:

Schätzung des Sesamölgehalts des Käsefetts.

1 cc Käsefett wird mit 9 cc Baumwollsamenöl, das, nach dem unter I. k. beschriebenen Verfahren geprüft, mit Furfurol und Salzsäure keine Rotfärbung giebt, vermischt. Man prüft die Mischung nach dem unter I. k. angegebenen Verfahren auf Sesamöl. Hat das Käsefett den vorgeschriebenen Gehalt an Sesamöl von der vorgeschriebenen Beschaffenheit, so muß die Sesamölreaktion noch deutlich eintreten.

Reichsgesetz,

betreffend

den Verkehr mit künstlichen Süßstoffen, vom 6. Juli 1898.

(Reichsgesetzblatt 1898, Nr. 31.)

Wir Wilhelm, von Gottes Gnaden Deutscher Kaiser, König von Preußen etc., verordnen im Namen des Reichs, nach erfolgter Zustimmung des Bundesrats und des Reichstags, was folgt:

§ 1. Künstliche Süßstoffe im Sinne dieses Gesetzes sind alle auf künstlichem Wege gewonnenen Stoffe, welche als Süßmittel dienen können und eine höhere Süßkraft als raffinierter Rohr- oder Rübenzucker, aber nicht entsprechenden Nährwert besitzen.

§ 2. Die Verwendung künstlicher Süßstoffe bei der Herstellung von Nahrungs- und Genußmitteln ist als Verfälschung im Sinne des § 10 des Gesetzes, betreffend den Verkehr mit Nahrungsmitteln, Genußmitteln und Gebrauchsgegenständen, vom 14. Mai 1879 (Reichsgesetzblatt S. 145) anzusehen.

Die unter Verwendung von künstlichen Süßstoffen hergestellten Nahrungs- und Genußmittel dürfen nur unter einer diese Verwendung erkennbar machenden Bezeichnung verkauft oder feilgehalten werden.

§ 3. Es ist verboten:

1. künstliche Süßstoffe bei der gewerbsmäßigen Herstellung von Bier, Wein oder weinähnlichen Getränken, von Fruchtsäften, Konserven und Liqueuren, sowie von Zucker- oder Stärkesyrupen zu verwenden;

2. Nahrungs- und Genußmittel der unter 1. gedachten Art, welchen künstliche Süßstoffe zugesetzt sind, zu verkaufen oder feilzuhalten.

§ 4. Wer den Vorschriften des § 3 vorsätzlich zuwiderhandelt, wird mit Gefängnis bis zu sechs Monaten und mit Geldstrafe bis zu eintausendfünfhundert Mark oder mit einer dieser Strafen bestraft.

Ist die Handlung aus Fahrlässigkeit begangen worden, so tritt Geldstrafe bis zu einhundertfünfzig Mark oder Haft ein.

Neben der Strafe kann auf Einziehung der verbotswidrig hergestellten, verkauften oder feilgehaltenen Gegenstände erkannt werden. Ist die Verfolgung oder Verurteilung einer bestimmten Person nicht ausführbar, so kann auf die Einziehung selbständig erkannt werden.

Die Vorschriften in den §§ 16, 17 des Gesetzes vom 14. Mai 1879 finden Anwendung.

§ 5. Der Bundesrat ist ermächtigt, die zur Ausführung erforderlichen näheren Vorschriften zu erlassen.

§ 6. Dieses Gesetz tritt mit dem 1. Oktober 1898 in Kraft.

Urkundlich unter Unserer Höchsteigenhändigen Unterschrift und beigedrucktem Kaiserlichen Insiegel.

Gegeben Odde an Bord M. Y. »Hohenzollern« den 6. Juli 1898.

(L. S.)   **Wilhelm.**

Graf von Posadowsky.

Unter das vorstehende Gesetz fallen die Zusätze von **Saccharin** und **Dulcin** (Sucrol) zu Nahrungs- und Genußmitteln. Dieselben werden hauptsächlich zum Versüßen von Bier, Wein, Konditoreiwaren u. s. w. als Ersatz für Rohrzucker verwendet.

Das Saccharin (Anhydro - Orthosulfamin - Benzoësäure $C_6 H_4 < {CO \atop SO_2} > N H$) bildet ein weißes, krystallinisches Pulver, welches etwa 500 mal so süß schmeckt als Zucker. In kaltem Wasser ist es schwer löslich; kochendes Wasser löst es besser (1:30); 100 Teile 90 %igen Alkohols lösen etwa 2—3 Teile Saccharin. Leicht löslich ist es in Äther und in Chloroform. Schmelzpunkt 224° C.

Beim Erhitzen verbreitet es einen bittermandelölartigen Geruch. Mit Natriumhydroxyd geschmolzen, giebt es Salicylsäure. Mit wenig Resorcin und einigen Tropfen Schwefelsäure erhitzt, färbt sich das Saccharin zunächst gelbrot, dann grün. Nimmt man den Rückstand nach dem Erkalten mit Wasser auf und übersättigt mit Natronlauge, so tritt intensiv grüne Fluorescenz ein (BÖRNSTEIN'sche Reaktion).

Mit Alkalien bildet das Saccharin neutrale und saure Salze. Als Natronsalz kommt es häufig in Tablettenform in den Handel.

Die Isolierung des Saccharins geschieht am besten durch Ausschütteln der zu untersuchenden Flüssigkeiten mit Äther nach vorhergehendem Ansäuern derselben mit Phosphorsäure, um das Saccharin, falls es als Natronsalz vorhanden ist, frei zu machen.

Bei Backwaren, die unter Verwendung von Fett hergestellt sind, empfiehlt es sich, dieselben zuerst mit Chloroform zu entfetten und dann mit absolutem Alkohol zu digerieren, in welchem sich das Saccharin löst.

Nachweis des Saccharins im Wein (S. 109), im Bier (S. 154).

Das Dulcin (Paraphenetolkarbamid $CO < \frac{NH}{NH_2} \cdot C_6 H_4 \cdot O \cdot C_2 H_5$), welches seltener zur Verwendung gelangt, stellt glänzende farblose, bei 173—174° C. schmelzende Krystalle dar und schmeckt 200—250 mal so süß als Zucker. Es ist in 50 Teilen kochendem Wasser und in 25 Teilen 20%igem Alkohol löslich.

Zur Ermittelung des Dulcins in Flüssigkeiten dampft man dieselben nach MORPURGO mit Bleikarbonat (25 gr auf ½ Liter Wein) auf dem Wasserbad zu einem dicken Brei ein und extrahiert diesen Rückstand wiederholt mit Alkohol. Die Auszüge werden zur Trockne verdampft und mit Äther ausgezogen. Beim Verdunsten des Äthers verbleibt das Dulcin, welches an seinem süßen Geschmack und an seinen übrigen physikalischen Eigenschaften erkannt werden kann.

Nach Berlinerblau läßt sich Dulcin auf folgende Weise mit Sicherheit nachweisen:

Der Ätherrückstand wird mit je 2—3 Tropfen reiner Karbolsäure und konz. Schwefelsäure zum Sieden erhitzt. Nach dem Erkalten giebt man die Flüssigkeit in ein zur Hälfte mit Wasser gefülltes Probierröhrchen und schichtet dieselbe nach dem Erkalten mit Natronlauge oder mit Ammoniumhydroxyd, wobei an der Berührungsschichte bei Gegenwart von Dulcin ein blauer Ring entsteht; nach einiger Zeit wird die Natronlauge violettblau gefärbt.

Vorschriften,

betreffend

die Prüfung der Nahrungsmittelchemiker.

(Nach den Bundesratsbeschlüssen vom 22. Februar 1894.)

§ 1. Über die Befähigung zur chemisch-technischen Beurteilung von Nahrungsmitteln, Genußmitteln und Gebrauchsgegenständen (Reichsgesetz vom 14. Mai 1879, Reichsgesetzblatt Seite 145) wird demjenigen, welcher die in Folgendem vorgeschriebenen Prüfungen bestanden hat, ein Ausweis nach dem beiliegenden Muster erteilt.

§ 2. Die Prüfungen bestehen in einer Vorprüfung und einer Hauptprüfung.

Die Hauptprüfung zerfällt in einen technischen und einen wissenschaftlichen Abschnitt.

A. Vorprüfung.

§ 3. Die Kommission für die Vorprüfung besteht unter dem Vorsitz eines Verwaltungsbeamten aus einem oder zwei Lehrern der Chemie und je einem Lehrer der Botanik und der Physik.

Der Vorsitzende leitet die Prüfung und ordnet bei Behinderung eines Mitgliedes dessen Vertretung an.

§ 4. In jedem Studienhalbjahr finden Prüfungen statt.

Gesuche, welche später als vier Wochen vor dem amtlich festgesetzten Schluß der Vorlesungen eingehen, haben keinen Anspruch auf Berücksichtigung im laufenden Halbjahr.

Die Prüfung kann nur bei der Prüfungskommission derjenigen Lehranstalt, bei welcher der Studierende eingeschrieben ist oder zuletzt eingeschrieben war, abgelegt werden.

§ 5. Dem Gesuche sind beizufügen:

1. Das Zeugnis der Reife von einem Gymnasium, einem Realgymnasium, einer Oberrealschule oder einer durch Beschluß des Bundesrats als gleichberechtigt anerkannten anderen Lehranstalt des Reichs.

Das Zeugnis der Reife einer gleichartigen außerdeutschen Lehranstalt kann ausnahmsweise für ausreichend erachtet werden.

2. Der durch Abgangszeugnisse oder, soweit das Studium noch fortgesetzt wird, durch das Anmeldebuch zu führende Nachweis eines naturwissenschaftlichen Studiums von sechs Halbjahren, deren letztes indessen zur Zeit der Einreichung des Gesuchs noch nicht abgeschlossen zu sein braucht. Das Studium muß auf Universitäten oder auf technischen Hochschulen des Reichs zurückgelegt sein.

Ausnahmsweise kann das Studium auf einer gleichartigen außerdeutschen Lehranstalt oder die einem andern Studium gewidmete Zeit in Anrechnung gebracht werden.

3. Der durch Zeugnisse der Laboratoriumsvorsteher zu führende Nachweis, daß der Studierende mindestens fünf Halb-

jahre in chemischen Laboratorien der unter Nr. 2 bezeichneten Lehranstalten gearbeitet hat.

§ 6. Der Vorsitzende der Prüfungskommission entscheidet über die Zulassung und verfügt die Ladung des Studierenden. Letztere erfolgt mindestens zwei Tage vor der Prüfung, unter Beifügung eines Abdrucks dieser Bestimmungen. Die Prüfung kann nach Beginn der letzten sechs Wochen des sechsten Studienhalbjahres stattfinden.

Zu einem Prüfungstermin werden nicht mehr als vier Prüflinge zugelassen.

Wer in dem Termin ohne ausreichende Entschuldigung nicht rechtzeitig erscheint, wird in dem laufenden Prüfungshalbjahr zur Prüfung nicht mehr zugelassen.

§ 7. Die Prüfung erstreckt sich auf:
unorganische, organische und analytische Chemie, Botanik, Physik.

Bei der Prüfung in der unorganischen Chemie ist auch die Mineralogie zu berücksichtigen.

Die Prüfung ist mündlich; der Vorsitzende und zwei Mitglieder müssen bei derselben ständig zugegen sein.

Die Dauer der Prüfung beträgt für jeden Prüfling etwa eine Stunde, wovon die Hälfte auf Chemie, je ein Viertel auf Botanik und Physik entfällt.

Wer die Prüfung für das höhere Lehramt bestanden hat, wird, sofern er in Chemie oder Botanik die Befähigung zum Unterricht in allen Klassen oder in Physik die Befähigung zum Unterricht in den mittleren Klassen erwiesen hat, in dem betreffenden Fach nicht geprüft.

§ 8. Die Gegenstände und das Ergebnis der Prüfung werden von dem Examinator für jeden Geprüften in ein Protokoll eingetragen, welches von dem Vorsitzenden und sämtlichen Mitgliedern der Kommisson zu unterzeichnen ist.

Die Zensur wird für das einzelne Fach von dem Examinator erteilt, und zwar unter ausschließlicher Anwendung der Prädikate »sehr gut«, »gut«, »genügend« oder »ungenügend«.

Wenn in der Chemie von zwei Lehrern geprüft wird, haben beide sich über die Zensur für das gesamte Fach zu einigen. Gelingt dies nicht, so entscheidet die Stimme desjenigen Examinators, welcher die geringere Zensur erteilt hat.

§ 9. Ist die Prüfung nicht bestanden, so findet eine Wiederholungsprüfung statt. Dieselbe erstreckt sich, wenn die Zensur in der ersten Prüfung für Chemie und für ein zweites Fach »ungenügend« war, auf sämtliche Gegenstände der Vorprüfung und findet dann nicht vor Ablauf von sechs Monaten statt.

In allen anderen Fällen beschränkt sich die Wiederholungsprüfung auf die nicht bestandenen Fächer. Die Frist, vor deren Ablauf sie nicht stattfinden darf, beträgt mindestens zwei und höchstens sechs Monate und wird von dem Vorsitzenden nach Benehmen mit dem Examinator festgesetzt. Meldet sich der Prüfling ohne eine nach dem Urteil des Vorsitzenden ausreichende Entschuldigung innerhalb des nächstfolgenden Studien-

semesters nach Ablauf der Frist nicht rechtzeitig (§ 4) zur Prüfung,
so hat er die ganze Prüfung zu wiederholen.

Lautet in jedem Fache die Zensur mindestens »genügend«,
so ist die Prüfung bestanden. Als Schlußzensur wird erteilt:
»sehr gut«, wenn die Zensur für Chemie und ein
anderes Fach »sehr gut«, für das dritte Fach mindestens
»gut« lautet;
»gut«, wenn die Zensur nur in Chemie »sehr gut« oder
in Chemie und noch einem Fach mindestens »gut« lautet;
»genügend« in allen übrigen Fällen.

§ 10. Tritt ein Prüfling ohne eine nach dem Urteil des
Vorsitzenden ausreichende Entschuldigung im Laufe der Prüfung
zurück, so hat er dieselbe vollständig zu wiederholen. Die
Wiederholung ist vor Ablauf von sechs Monaten nicht zulässig.

§ 11. Die Wiederholung der ganzen Prüfung kann auch
bei einer anderen Prüfungskommission geschehen. Die Wiederholung der Prüfung in einzelnen Fächern muß bei derselben
Kommission stattfinden.

Eine mehr als zweimalige Wiederholung der ganzen Prüfung
oder der Prüfung in einem Fache ist nicht zulässig.

Ausnahmen von vorstehenden Bestimmungen können aus besonderen Gründen gestattet werden.

§ 12. Über den Ausfall der Prüfung wird ein Zeugnis erteilt. Ist die Prüfung ganz oder teilweise zu wiederholen, so
wird statt einer Gesamtzensur die Wiederholungsfrist in dem
Zeugnis vermerkt. Dieser Vermerk ist, falls der Prüfling bei
einer akademischen Lehranstalt nicht mehr eingeschrieben ist,
auch in das letzte Abgangszeugnis einzutragen. Ist der Prüfling
bei einer akademischen Lehranstalt noch eingeschrieben, so hat
der Vorsitzende den Ausfall der Prüfung und die Wiederholungs-
fristen alsbald der Anstaltsbehörde mitzuteilen. Von dieser ist,
falls der Studierende vor vollständig bestandener Vorprüfung die
Lehranstalt verläßt, ein entsprechender Vermerk in das Abgangszeugnis einzutragen.

§ 13. An Gebühren sind für die Vorprüfung vor Beginn
derselben 30 Mark zu entrichten.

Für Prüflinge, welche das Befähigungszeugnis für das höhere
Lehramt besitzen, betragen in den im § 7 Absatz 5 vorgesehenen
Fällen die Gebühren 20 Mark. Dasselbe gilt für die Wiederholung
der Prüfung in einzelnen Fächern (§ 9 Absatz 2).

B. Hauptprüfung.

§ 14. Die Kommission für die Hauptprüfung besteht unter
dem Vorsitz eines Verwaltungsbeamten aus zwei Chemikern,
von denen einer auf dem Gebiete der Untersuchung von Nahrungsmitteln, Genußmitteln und Gebrauchsgegenständen praktisch ge-
schult ist, und aus einem Vertreter der Botanik.

Der Vorsitzende leitet die Prüfung und ordnet bei Behinderung eines Mitgliedes dessen Vertretung an.

§ 15. Die Prüfungen beginnen jährlich im April und enden
im Dezember.

Die Prüfung kann vor jeder Prüfungskommission abgelegt werden.

Die Gesuche um Zulassung sind bei dem Vorsitzenden bis zum 1. April einzureichen. Wer die Vorbereitungszeit erst mit dem September beendigt, kann ausnahmsweise noch im laufenden Prüfungsjahre zur Prüfung zugelassen werden, sofern die Meldung vor dem 1. Oktober erfolgt.

§ 16. Der Meldung sind beizufügen:
1. ein kurzer Lebenslauf;
2. die in § 5 Nr. 1 aufgeführten Nachweise;
3. das Zeugnis über die Vorprüfung (§ 12);
4. Zeugnisse der Laboratoriums- oder Anstaltsvorsteher darüber, daß der Prüfling vor oder nach der Vorprüfung an einer der im § 5 Nr. 2 bezeichneten Lehranstalten mindestens ein Halbjahr an Mikroskopierübungen teilgenommen und nach bestandener Vorprüfung mindestens drei Halbjahre mit Erfolg an einer staatlichen Anstalt zur technischen Untersuchung von Nahrungs- und Genußmitteln thätig gewesen ist.

Wer die Prüfung als Apotheker mit dem Prädikat »sehr gut« bestanden hat, bedarf, sofern er die im § 5 Nr. 2 bezeichnete Vorbedingung erfüllt hat, der im § 5 Nr. 1 und 3 vorgesehenen Nachweise, sowie des Zeugnisses über die Vorprüfung nicht. Wer die Befähigung für das höhere Lehramt in Chemie und Botanik für alle Klassen und in Physik für die mittleren Klassen dargethan hat, bedarf, sofern er den im § 5 unter Nr. 3 vorgesehenen Nachweis erbringt, des Zeugnisses über die Vorprüfung nicht. Wer an einer technischen Hochschule die Diplom-(Absolutorial-) Prüfung für Chemiker bestanden hat, bedarf des Zeugnisses über die Vorprüfung nicht, wenn die bestehenden Prüfungsvorschriften als zusreichend anerkannt sind.

Wer nach der Vorprüfung ein halbes Jahr an einer Universität oder technischen Hochschule dem naturwissenschaftlichen Studium, verbunden mit praktischer Laboratoriumsthätigkeit gewidmet hat, bedarf nur für zwei Halbjahre des Nachweises über eine praktische Thätigkeit an Anstalten zur Untersuchung von Nahrungs- und Genußmitteln.

Den staatlichen Anstalten dieser Art können von der Centralbehörde sonstiger Anstalten zur technischen Untersuchung von Nahrungs- und Genußmitteln, sowie landwirtschaftliche Untersuchungsstationen gleichgestellt werden.

§ 17. Der Vorsitzende der Kommission entscheidet über die Zulassung des Studierenden. Dieser hat sich bei dem Vorsitzenden persönlich zu melden.

Die Zulassung zur Prüfung ist zu versagen, wenn Thatsachen vorliegen, welche die Unzuverlässigkeit des Nachsuchenden in Bezug auf die Ausübung des Berufs als Nahrungsmittelchemiker darthun.

§ 18. Die Prüfung ist nicht öffentlich. Sie beginnt mit dem technischen Abschnitt. Nur wer diesen Abschnitt bestanden hat, wird zu dem wissenschaftlichen Abschnitt zugelassen. Zwischen beiden Abschnitten soll ein Zeitraum von höchstens drei Wochen liegen, jedoch kann der Vorsitzende aus besonderen Gründen eine längere Frist, ausnahmsweise auch eine Unterbrechung bis zur nächsten Prüfungsperiode gewähren.

§ 19. Die technische Prüfung wird in einem mit den erforderlichen Mitteln ausgestatteten Staatslaboratorium abgehalten. Es dürfen daran gleichzeitig nicht mehr als acht Kandidaten teilnehmen.

Die Prüfung umfaßt vier Teile. Der Prüfling muß sich befähigt erweisen:

1. eine ihren Bestandteilen nach dem Examinator bekannte chemische Verbindung oder eine künstliche, zu diesem Zweck besonders zusammengesetzte Mischung qualitativ zu analysieren und mindestens vier einzelne Bestandteile der von dem Kandidaten bereits qualitativ untersuchten oder einer anderen dem Examinator in Bezug auf Natur und Mengenverhältnis der Bestandteile bekannten chemischen Verbindung oder Mischung quantitativ zu bestimmen;

2. die Zusammensetzung eines ihm vorgelegten Nahrungs- oder Genußmittels qualitativ und quantitativ zu bestimmen;

3. die Zusammensetzung eines Gebrauchsgegenstandes aus dem Bereich des Gesetzes vom 14. Mai 1879 qualitativ und nach dem Ermessen des Examinators auch quantitativ zu bestimmen;

4. einige Aufgaben auf dem Gebiete der allgemeinen Botanik (der pflanzlichen Systematik, Anatomie und Morphologie) mit Hülfe des Mikroskops zu lösen.

Die Prüfung wird in der hier angegebenen Reihenfolge ohne mehrtägige Unterbrechung erledigt. Zu einem späteren Teil wird nur zugelassen, wer den vorhergehenden Teil bestanden hat.

Die Aufgaben sind so zu wählen, daß die Prüfung in vier Wochen abgeschlossen werden kann.

Sie werden von den einzelnen Examinatoren bestimmt und erst bei Beginn jedes Prüfungsteils bekannt gegeben. Die technische Lösung der Aufgabe des ersten Teils muß, soweit die qualitative Analyse in Betracht kommt, in einem Tage, diejenige der übrigen Aufgaben innerhalb der vom Examinator bei Überweisung der einzelnen Aufgaben festzusetzenden Frist beendet sein.

Die Aufgaben und die gesetzten Fristen sind gleichzeitig dem Vorsitzenden von den Examinatoren schriftlich mitzuteilen.

Die Prüfung erfolgt unter Klausur dergestalt, daß der Kandidat die technischen Untersuchungen unter ständiger Anwesenheit des Examinators oder eines Vertreters desselben zu Ende führt und die Ergebnisse täglich in ein von dem Examinator gegenzuzeichnendes Protokoll einträgt.

§ 20. Nach Abschluß der technischen Untersuchungen (§ 19) hat der Kandidat in einem schriftlichen Bericht den Gang derselben und den Befund zu beschreiben, auch die daraus zu ziehenden Schlüsse darzulegen und zu begründen. Die schriftliche Ausarbeitung kann für die beiden Analysen des ersten Teils zusammengefaßt werden, falls dieselbe Substanz qualitativ und quantitativ bestimmt worden ist; sie hat sich für Teil 4 auf eine von dem Examinator zu bezeichnende Aufgabe zu beschränken.

Die Berichte über die Teile 1, 2 und 3 sind je binnen drei Tagen nach Abschluß der Labaratoriumsarbeiten, der Bericht über die mikroskopische Aufgabe (Teil 4) binnen zwei Tagen, mit Namensunterschrift versehen, dem Examinator zu übergeben. Der Kandidat hat bei jeder Arbeit die benutzte Litteratur anzugeben und eigenhändig die Versicheruug hinzuzufügen, daß er die Arbeit ohne fremde Hülfe angefertigt hat.

§ 21. Die Arbeiten werden von den Fachexaminatoren zensiert und mit den Untersuchungsprotokollen und Zensuren dem Vorsitzenden der Kommission binnen einer Woche nach Empfang vorgelegt.

§ 22. Die wissenschaftliche Prüfung ist mündlich. Der Vorsitzende und zwei Mitglieder der Kommission müssen bei · derselben ständig zugegen sein. Zu einem Termin werden nicht mehr als vier Kandidaten zugelassen.

Die Prüfung erstreckt sich:

1. auf die unorganische, organische und analytische Chemie mit besonderer Berücksichtigung der bei der Zusammensetzung der Nahrungs- und Genußmittel in Betracht kommenden chemischen Verbindungen, der Nährstoffe und ihrer Umsetzungsprodukte, sowie auch die Ermittelung der Aschenbestandteile und der Gifte mineralischer und organischer Natur;

2. auf die Herstellung und die normale und abnorme Beschaffenheit der Nahrungs- und Genußmittel, sowie der unter das Gesetz vom 14. Mai 1879 fallenden Gebrauchsgegenstände. Hierbei ist auch auf die sogenannten landwirtschaftlichen Gewerbe (Bereitung von Molkereiprodukten, Bier, Wein, Branntwein, Stärke, Zucker u. dgl. m.) einzugehen;

3. auf die allgemeine Botanik (pflanzliche Systematik, Anatomie und Morphologie) mit besonderer Berücksichtigung der pflanzlichen Rohstofflehre (Droguenkunde u. dgl.), sowie ferner auf die bakteriologischen Untersuchungsmethoden des Wassers und der übrigen Nahrungs- und Genußmittel, jedoch unter Beschränkung auf die einfachen Kulturverfahren;

4. auf die den Verkehr mit Nahrungsmitteln, Genußmitteln und Gebrauchsgegenständen regelnden Gesetze und Verordnungen, sowie auf die Grenzen der Zuständigkeit des Nahrungsmittelchemikers im Verhältnis zum Arzt, Tierarzt und anderen Sachverständigen, endlich auf die Organisation der für die Thätigkeit eines Nahrungsmittelchemikers in Betracht kommenden Behörden.

Die Prüfung in den ersten drei Fächern wird von den Fachexaminatoren, im vierten Fache von dem Vorsitzenden, geeignetenfalls unter Beteiligung des einen oder anderen Fachexaminators abgehalten. Die Dauer der Prüfung beträgt für jeden Kandidaten in der Regel nicht über eine Stunde.

§ 23. Für jeden Kandidaten wird über jeden Prüfungsabschnitt ein Protokoll unter Anführung der Prüfungsgegenstände und der Zensuren, bei der Zensur »ungenügend« unter kurzer Angabe ihrer Gründe aufgenommen.

§ 24. Über den Ausfall der Prüfung in den einzelnen Teilen des technischen Abschnitts und in den einzelnen Fächern des wissenschaftlichen Abschnitts werden von den betreffenden Examinatoren Zensuren unter ausschließlicher Anwendung der Prädikate »sehr gut«, »gut«, »genügend«, »ungenügend« erteilt. Für Botanik und Bakteriologie muß die gemeinsame Zensur, wenn bei getrennter Beurteilung in einem dieser Zweige »ungenügend« gegeben werden würde, »ungenügend« lauten.

§ 25. Ist die Prüfung in einem Teile des technischen Abschnitts nicht bestanden, so findet eine Wiederholungsprüfung statt. Die Frist, vor deren Ablauf die Wiederholungsprüfung nicht erfolgen darf, beträgt mindestens drei Monate und höchstens ein Jahr; sie wird von dem Vorsitzenden nach Benehmen mit dem Examinator festgesetzt.

Hat der Kandidat die Prüfung in einem Fache des wissenschaftlichen Abschnitts nicht bestanden, so kann er nach Ablauf von sechs Wochen zu einer Nachprüfung zugelassen werden. Die Nachprüfung findet in Gegenwart des Vorsitzenden und der beteiligten Fachexaminatoren statt. Besteht der Kandidat auch in der Nachprüfung nicht, oder verabsäumt er es, ohne ausreichende Entschuldigung sich innerhalb 14 Tagen nach Ablauf der für die Nachprüfung gestellten Frist zu melden, so hat er die Prüfung in dem ganzen Abschnitt zu wiederholen. Dasselbe gilt, wenn der Kandidat die Prüfung in mehr als einem Fache dieses Abschnitts nicht bestanden hat. Die Wiederholung ist vor Ablauf von sechs Monaten nicht zulässig.

§ 26. Erfolgt die Meldung zur Wiederholnng eines Prüfungsteils nicht spätestens in dem nächsten Prüfungsjahre, so muß die ganze Prüfung von neuem abgelegt werden.

Wer bei der Wiederholung nicht besteht, wird zu einer weiteren Prüfung nicht zugelassen.

Ausnahmen von vorstehenden Bestimmungen können aus besonderen Gründen gestattet werden.

§ 27. Nachdem die Prüfung in allen Teilen bestanden ist, ermittelt der Vorsitzende aus den Einzelzensuren die Schlußzensur, wobei die Zensuren für jeden einzelnen Teil des ersten Abschnitts doppelt gezählt werden, sodaß im ganzen zwölf Einzelzensuren sich ergeben.

Die Schlußzensur »sehr gut« darf nur dann gegeben werden, wenn die Mehrzahl der Einzelzensuren »sehr gut«, alle übrigen »gut« lauten; die Schlußzensur »gut« nur dann, wenn die Mehrzahl mindestens »gut« oder wenigstens sechs Einzelzensuren »sehr gut« lauten. In allen übrigen Fällen wird die Schlußzensur »genügend« gegeben.

Nach Feststellung der Schlußzensur legt der Vorsitzende die Prüfungsverhandlungen derjenigen Behörde vor, welche den Ausweis über die Befähigung als Nahrungsmittelchemiker (§ 1) erteilt.

§ 28. Wer einen Prüfungstermin oder die im § 17 vorgesehene Frist ohne ausreichende Entschuldigung versäumt, wird in dem laufenden Prüfungsjahr zur Prüfung nicht mehr zugelassen.

Der Vorsitzende hat die Zurückstellung bei der im § 27 bezeichneten Behörde zu beantragen, falls er die Entschuldigung nicht für ausreichend hält.

Tritt ein Prüfling ohne ausreichende Entschuldigung von einem begonnenen Prüfungsabschnitt zurück, oder hält er eine der im § 19 Absatz 4 und § 20 vorgesehenen Fristen nicht ein, so hat dies die Wirkung, als wenn er in allen Teilen des Abschnitts die Zensur »ungenügend« erhalten hätte.

§ 29. Die Prüfung darf nur bei derjenigen Kommission fortgesetzt und wiederholt werden, bei welcher sie begonnen ist. Ausnahmen können aus besonderen Gründen gestattet werden.

Die mit dem Zulassungsgesuch eingereichten Zeugnisse werden dem Kandidaten nach bestandener Gesamtprüfung zurückgegeben. Verlangt er sie früher zurück, so ist, falls die Zulassung zur Prüfung bereits ausgesprochen war, vor der Rückgabe in die Urschrift des letzten akademischen Abgangszeugnisses ein Vermerk hierüber, sowie über den Ausfall der schon zurückgelegten Prüfungsteile einzutragen.

§ 30. An Gebühren sind für die Hauptprüfung vor Beginn derselben 180 Mark zu entrichten. Davon entfallen:

I. auf den technischen Abschnitt für jeden der ersten drei Teile 25 Mark, für den vierten Teil 15 Mark;

II. auf den wissenschaftlichen Abschnitt 30 Mark;

III. auf allgemeine Kosten 60 Mark.

Wer von der Prüfung zurücktritt oder zurückgestellt wird, erhält die Gebühren für die noch nicht begonnenen Prüfungsteile ganz, die allgemeinen Kosten zur Hälfte zurück, letztere jedoch nur dann, wenn der dritte Teil des technischen Abschnitts noch nicht begonnen war.

Bei einer Wiederholung sind die Gebührensätze für diejenigen Prüfungsteile, welche wiederholt werden, und außerdem je 15 Mark für jeden zu wiederholenden Prüfungsteil auf allgemeine Kosten zu entrichten. Für die Nachprüfung in einem Fache des wissenschaftlichen Abschnitts sind 15 Mark zu zahlen.

§ 31. Über die Zulassung der in vorstehenden Bestimmungen vorgesehenen Ausnahmen entscheidet die Centralbehörde.

Ausweis für geprüfte Nahrungsmittelchemiker.

Dem Herrn . . . . . . aus . . . . wird hierdurch bescheinigt, daß er seine Befähigung zur chemisch-technischen Untersuchung und Beurteilung von Nahrungsmitteln, Genußmitteln und Gebrauchsgegenständen durch die vor der . . . . Prüfungskommission zu . . . . mit dem Prädikate . . . . abgelegte Prüfung nachgewiesen hat.

. . . ., den . . . ten 19. .

. . . .

(Siegel und Unterschrift der bescheinigenden Behörde.)

Register.

Aachener Kaiserquelle 69.
Aal, Zusammensetzung des Fleisches 291.
Abel'scher Petroleumprüfer 403.
Abgerahmte Milch 8.
Absynthliqueur, Zusammensetzung desselben 170.
Acid-Butyrometrie n. Gerber 20.
Aconitin, Ausmittelung des 374.
Äther, Nachweis des 383.
Agar-Agar, Klärmittel für Bier 142.
Agaricin, Ausmittelung des 379.
Aldehyd, Nachweis des 383.
Ale 144.
Aleurometer 215.
Aleuronatbrot 223.
Alkaloïde, Ausmittelung der 370.
Alkohol, Nachweis des 383.
Alkoholisieren des Weines 77.
Alkoholtabelle n. Holzner 149.
Allihn, Tabellen zur Traubenzuckerbestimmung 74.
Aloe, Ermittelung 380.
Ammoniak, Bestimmung im Wasser 48.
Angosturaliqueur 170.
Anguillula osophylla 199.
Animalische Konserven 290.
Anis 312.
Antimon, Nachweis des 365.
Antogast, Trinkquelle 64.
Apfelmost 139.
Apomorphin, Ausmittelung des 376.
Arak, Bereitung des 168.
» Zusammensetzg. des 169.
Arachisöl 341.

Aräometrische Fettbestimmung der Milch 20.
Arsen, Nachweis des 365.
Arsenhaltige Eisenwasser 66.
Arzneimittel, Verkehr mit denselben 357.
Asbestfilterröhrchen 74.
Atropin, Ausmittelung des 373.
Aufgußverfahren in der Bierbrauerei 141.
Ausbruchweine 88.
Austern 291.
Axitrycha pellionella 53.

Backpulver 222.
Backsteinkäse 38.
Baden-Baden, Hauptstollenquelle 67.
Badische Weine 86.
Bakterien 53.
Bakteriologische Prüfung des Wassers 53.
Balsamschläuche 321.
Barytnitratlösung zur Einstellung der Seifelösung 51.
Baryum, Nachweis des 369.
Baumwollsamenöl, Nachweis des 338. 343.
Becchi'sche Silbernitratlösung Anhang S. 414. 443.
Beerenobstweine 140.
Benediktinerliqueur 170.
Bensemann'sche Röhrchen für Schmelzpunktbestimmung 31.
Bier, Bereitung des 141.
» Bestimmung des Dextrins 155.
» » » Extrakts. 149.

Bier, Bestimmung des Glycerins 151.
» Bestimmung der Kohlensäure 155.
» Bestimmung der Maltose 155.
» Bestimmung der Mineralstoffe 150.
» Bestimmung der Säure 151.
» Bestimmung des spez. Gewichts 148.
» Bestimmung der Stammwürze 151.
» Bestimmung des Vergärungsgrades 152.
» Bestimmung des Weingeistes 148.
» Zusammensetzung verschiedener 145. 146.
» Sauerwerden des 147.
» Schalwerden des 147.
Biercouleur 153.
Bierpressionen, Abbildung 158.
» Reinhaltung ders. 156.
» ortspolizeil. Vorschriften für 157.
Biersteuergesetz, bad. u. bayr. 147.
Bierwürze 141.
Biestmilch 7.
Bilin, Josephsquelle 60.
Bindemittel für Wurst 295.
Birnenmost 139.
Birresborn, Mineralquelle 61.
Bitterklee 154.
Bitterwerden des Weines 79.
Blausäure im Kirschwasser 160.
» Ausmittelung 383.
Blei, Nachweis des 368.
Blütenhonig 265.
Bockbier 144.
Böcksergeschmack des Weines 79.
Bohnenmehl 208.
Boonekampliqueur 170.
Borax, Nachweis in der Milch 26.
Borsäure, Nachweis 26.
Brandpilze im Getreide 210.
Branntwein, Bereitung des 159.

Branntwein, Bestimmung des Alkohols 161.
» Bestimmung des Alkohols nach der Verordnung der Steuerbehörden 187.
» Bestimmung der Essigsäure 161.
» Bestimmung des Extrakts 161.
Bestimmung des Fuselöls 177.
» Bestimmung des Kalks 161.
» Bestimmung d. Kupfers 162.
» Bestimmung der Blausäure 161.
» Bestimmung der Mineralstoffe 161.
» Bestimmung des spez. Gewichts 161.
» Bestimmung d. Zuckergehalts 161.
Braunwerden des Weines 79.
Brie-Käse 38.
Brombeerenwein 140.
Brot, Bereitung des 222.
» » Ausbeute dabei 223.
» Bestimmung d. Asche 225.
» » Kleie 225.
» » des Wassergehaltes 225.
» mikroskopische Prüfung des 225.
» Zusammensetzung verschiedener 223.
» Beurteilung des 226.
» Rinde und Krume 223.
Brucin, Ausmittelung des 373.
Buchenkernöl 343.
Büchsenfleisch (Corned-Beef) 292.
» amerikanisches 293.
» australisches 293.
» deutsches 293.
Buchweizenmehl 207.
Budapest, Hunyadi Janos-Wasser 68.
Burtscheid, Mineralquelle 69.
Butter, Bereitung ders. 28.

Butter, Bestimmung der festen Fettsäuren 34.
» Bestimmung der flüchtigen Fettsäuren 33.
» Bestimmung der freien Fettsäuren 35.
» Bestimmung der Mineralstoffe 32.
» Bestimmung des Nichtfettes 29.
» Bestimmung d. Schmelzpunktes 31.
» Bestimmung des spezif. Gewichts 30.
» Bestimmung der Verseifungszahl 33.
» Bestimmung d. Wassergehaltes 30.

Cadmium, Nachweis des 368.
Calciumbisulfit als Conservierungsmittel 143.
Camembert-Käse 38.
Cantharidin, Ausmittelung des 371.
Capronsäure, Bestandteil der Butter 29.
Caprylsäure, Bestandteil der Butter 29.
Caramel, als Färbemittel für Cognac 165.
Carbolsäure, Ausmittelung ders. 384.
Cardamomen 312.
Caragaheenmoos, Klärmittel für Bier 142.
Caseïn, Bestimmung des in der Milch 27.
Caviar, Zusammensetzung des 291.
Cerealien 206.
Chaptalisieren des Weines 77.
Chartreuseliqueur 170.
Cheddar-Käse 38.
Chester-Käse 38.
Chilodon-Cucullulus 53.
Chilomnas 53.
Chinin, Ausmittelung des 375.
Chloralhydrat, Nachweis des 384.
Chloroform, Nachweis des 384.

Chokolade, Bereitung ders. 235.
» Untersuchung auf Rohrzucker 260.
Chrysophansäure, Ermittelung ders. 381.
Cichorie, Bereitung der 279.
» Zusammensetzung der 278.
» Bestimmung d. Aschegehaltes 278.
» mikroskopische Abbildung 279.
» Ministerialverord., betreff. den Asche- und Sandgehalt ders. 279.
Cider 139.
Chladothrixarten 53.
Clausnitzer'scher Extraktionsapparat 13. 16.
Cocaïn, Ausmittelung des 331.
Cochenilletinktur als Indikator 411.
Cocosnußbutter s. Kokosnußbutter 332.
Codeïn, Ausmittelung des 376.
Coffeïn, Ausmittelung des 371.
» Bestimmung im Kaffee 276.
Cognac, Bereitung und Untersuchung des 163.
» Zusammensetzung verschiedener 166.
Colchicin, Ausmittelg. des 372.
Colostrum-Milch 7.
Colocynthin, Ausmittelung des 380.
Condensed Beer 144.
Coniin, Ausmittelung des 372.
Conservierungsmittel des Bieres 143.
Coriander 313.
Corned-Beef 292.
Cremometer n. Chevallier 18.
Crenothrixarten 53.
Cudowa, Trinkquelle 66.
Curaçaoliqueur 170.
Curarin, Ausmittelung des 378.
Curcumatinktur 411.

Delphinin, Ausmittelung des 374.

Dextrin, Bestimmung i. Bier 155.
Dextrose 155. 236.
Digitalin, Ausmittelung des 372.
Dinitrokresolkalium, Färbemittel 36.
Dürkheim (Pfalz), Neue Quelle 70.
Dürrheim (Baden), Soolquelle 70.
Dürrobst, Verunreinigung durch Zink 289.

Eichel, anatomischer Bau 274.
» ·Kaffee 274.
Eisensäuerlinge 66.
Elaïdinprobe 343.
Elster, Marienquelle 66.
Emailglasuren, Prüfung ders. 391.
Emmentbaler Käse 38.
Emetin, Ausmittelung des 374.
Ems, Kesselbrunnen 61.
» Kränchenbrunnen 61.
Entenfleisch, Zusammensetzung des 291.
Entflammbarkeit d. Petroleums 406.
Entsäuerungsmittel 153.
Entsäuern des Mostes 77.
Epistylis 53.
Erbsenmehl 208.
Eschenblatt, anatomischer Bau des 282.
ERDMANNS Reagens 412.
Eserin, Ausmittelung des 375.
Essig, Bereitung des 196.
» Prüfung auf Mineralsäuren 198.
Essigälchen 199.
Essigbildner 196.
Essiggut 196.
Essigstich 79.
Euglenia viridis 53.

Fachingen, Mineralquelle 61.
Fadenbakterien 53.
Färbung der Butter 36.
Farben, Verwendung gesundheitsschädl., Reichsgesetz 393.
» für Konditoreiwaren 229.

Farben für kosmetische Mittel 393. 396.
» für Kleidungsstoffe 394.
» für künstliche Blumen 394.
» für Tapeten 394.
» für Verpackungsmaterial, bunte Papiere 393.
Farbmalz 143.
FEHLING'sche Lösung 412.
FESERS Laktoskop 22.
Fettbestimmung in der Milch 19.
Fettextraktionsapparat v. CLAUSNITZER 13. 16.
Fettkäse 38.
Feigenkaffee 274.
Fische, Zusammensetzung des Fleisches ders. 291.
Flagellata 53.
Fleisch 290.
Fleischkonserven,Untersuchung ders. 293.
Fleischextrakt nach LIEBIG 293.
» BUSCHENTHAL 293.
» CIBILS 293.
» Exportbank Berlin 293.
» KEMMERICHS 293.
Fleischpulver (Fleischmehl) 292.
Fleischschau, Verordnung 299.
Frangulin, Ermittelung des 381.
Franzensbad, Franzensquelle 62.
Freyersbach, Gasquelle 64.
» Schwefelquelle 64.
Friedrichshall, Bitterwasser 68.
FRÖHDES Reagens 412.
Fruchtgelees (Fruchtsyrupe) 286.
» Zusammensetzung 288.
Fruchtsäfte 286.
Fruchtzucker (Lävulose) 264.
» Zusammensetzung des 264.

Gärkraft, Bestimmung in der Hefe 201.
Gärmittel 222.
Gänsefett 36.
Gänsefleisch, Zusammensetzung des 291.
Galgant 330.
Gallisieren des Weines 77.

Gallussäure, Ermittelung ders. 382.

Gebrauchsgegenstände, Untersuchung ders. 387.

Geheimmittel 356.
» Methoden der Untersuchung ders. 356.

Geilnau, Mineralquelle 60.

Gelatine, als Klärmittel 142.

Gerbsäure, Ermittelung der 382.

Gerbstoff, Bestimmung im Wein 110.

Gerstenmehl 207.

Gespinste u. Gewebe, Prüfung ders. auf Arsen 401.

Getreidekorn, anatom. Bau des 204.

Getreidemehle 206.

Gewürze 310.
» Bestimmung d. Asche 311.
» Bestimmung des Extrakts 312.
» Mikroskopische Prüfung ders. 311.

Gießhübel, König Otto-Quelle 60.

Gipsen des Weines 77.

Glasuren, irdene, Prüfung der 388. 391.

Glaucoma 53.

Glycerin, Bestimmung im Bier 151.
» Bestimmung im Wein 99. 100.

Gorgonzola-Käse 38.

Gouda-Käse 38.

Grenzach (Baden), Mineralquelle 62.

Gries 169.

Griesbach, Antoniusquelle und Trinkquelle 65.
» Melusinenquelle 64.

Gruben, Mineralquelle 66.

Grünmalz 141.

Gruppenreagentien 371.

Guajakharz, Ermittelg. des 381.

Guajakholztinktur 162.

Gummi-Gutti, Nachweis des 230. 380.

Gummi, arabisches, Nachweis im Wein 110.

Gurken, Prüfung derselben auf Kupfer 289. 290.

Häring, Zusammensetzung des Fleisches 291.

Hafermehl 207.

Hammelfleisch, Zusammensetzung des 291.

Handkäse 38.

Harzkäse 38.

Hasenfleisch, Zusammensetzung des 291.

Hausenblase, als Klärmittel 142.

Hecht, Zusammensetzung des Fleisches 291.

Hefe 199.
» Ober- und Unter- 199.
» Preß- 200.
» Gewinnung ders. 200.
» Zusammentsetzg. ders. 200.
» » der Hefeasche 200.
» mikroskopische Prüfung ders. 202.
» Prüfung auf die Gärkraft ders. 201.

Henner, Bestimmung der festen Fettsäuren in der Butter 34.

Heidelbeerwein 140.

Herbstzeitlose als Ersatzmittel für Hopfen 120.

Himbeerwein, Zusammensetzg. des 140.

Himbeersaft 288.

Hoffmeister'sche Schälchen 13.

Holzcassie (Holzzimmt) 328.

Homburg, Elisabethquelle 67.

Honig, Gewinnung des 265.
» chemische Prüfung des 267.
» optische Prüfung des 267.
» Zusammensetzung des 266.
» Beurteilung des 269.

Hopfen 141.

Hübl'sche Jodzahl, Bestimmung ders. 338. 439.

Hühnerfleisch, Zusammensetzg. des 291.

Hülsenfrüchtemehl 208.

Hummer, Zusammensetzung des
Fleisches 291.
Hydrotimeter 51.
Hyoscyamin, Ausmittelung des
374.

Jalappenharz, Ermittelung des
380.
Infusorien 53.
Ingwer 330.
Jodoform, Nachweis des 384.
Jodzinkstärkelösung 46.
Johannisbeersaft, Zusammen-
setzung des 288.
Johannisbeerwein 140.
Jungfernhonig 266.

Käse, Bereitung des 37.
Kaffee, Abstammung des 271.
» Anatom. Bau 272.
» Chem. Zusammensetzg.
272.
» Chem. Zusammensetzg.
der Asche 272.
» Untersuchung, chem.
275.
» Bestimmung d. Coffeïns
276.
» Untersuchung, mikro-
skopische 277.
» Surrogate 278.
Kahmpilze, Entstehen ders. im
Wein 79.
Kakao, Gewinnung 231.
» Zusammensetzung des
232.
» Bestimmung des Fett-
gehaltes 233.
» Bestimmung der Holz-
faser 234.
» Bestimmung der Mine-
ralstoffe 234.
» Bestimmung des Stärke-
gehaltes 234.
» Bestimmung des Theo-
bromins 232.
» mikroskopische Prüfung
234.
Kakaobutter 231.
Kakaomasse 231.
Kakaoschalen 235.

Kalbfleisch, Zusammensetzung
des 291.
Kaliseife zur Härtebestimmung
des Wassers 50.
Kalium, Bestimmung i. Wasser
59.
Kalk, Bestimmung i. Wasser 58.
Kardobenediktenkraut 148.
Karlsbad, Sprudel-Therme 62.
Karpfen, Zusammensetzung des
Fleisches 291.
Kartoffelmehl 209.
Kautschuk, Prüfung des, auf
giftige Metallsalze 392.
Keimungsprozeß beim Mälzen
141.
Kieselsäure, Bestimmung ders.
im Wasser 58.
Kindermehl, Bereitung des 226.
» Bestimmung des
Eiweiß-, Fett- und
Wassergeh. 227.
» Bestimmung der
löslichen Kohle-
hydrate 227.
» Bestimmung der
unlöslichen Kohle-
hydrate 227.
Kirschwasser, Untersuchung des
159. 160.
» Zusammensetzung
des 163.
Kirschsaft, Zusammensetzung
288.
Kissingen, Mineralquellen 67.
68.
Klärmittel für Bier 142.
Kleber, Bestimmung im Mehl
215.
Kleie, Bestimmung im Brot 225.
Klunge, Reaktion auf Aloë 380.
Koch- oder Decoctionsverfahren
bei der Bierbrauerei 141.
Kochgeschirre, irdene, Prüfung
ihrer Glasuren 391.
Kochsalzquellen 67.
Koettstorfer'sche Verseifungs-
zahl 33.
Kohlenoxyd, Bestimmung in der
Luft 353.
Kohlenoxydhämoglobin 354.

Kohlensäure, Bestimmung in der Luft 348.
» Bestimmung im Wasser 59.
Kokkelkörner 148.
Kokosnußbutter, Bereitung der 332.
» Zusammensetzung der 322.
Konditoreiwaren 229.
» Prüfung ders. auf gesundheitsschädl. Farben 229. 230.
Konserven 285.
» animalische(Fleischwaren) 290.
» vegetabilische 285.
Konservierungsmittel im Bier 143. 152.
» im Weine 107. 109.
Kornrade 209.
Kreosot, Ermittelung des 385.
Kreuznach, Eisenquelle 70.
Kümmel 313.
Kümmelbranntwein 170.
Künstliche Schaumweine 80.
Kugelbakterien 53.
Kuhfleisch, Zusammensetzung des 291.
Kuhmilch 6.
Kunstbutter (Margarine), Darstellung der 333.
» Zusammensetzung der 335.
» Reichsgesetz, betreff. den Verkauf von 415.

Lab, Bereitung des 9.
» -Käse 37.
Labiche, Bleiacetatreaktion bei der Fettuntersuchung 339.
Lackmustinktur 411.
Lager- oder Sommerbier 144.
Laktobutyrometer 19.
Laktodensimeter 12.
Laktoproteïne 27.
Laktoskop von Feser 22.
Laktose 265.
Lärchenschwamm, Ermittelung des 379.
Lävulose 264.

Langenbrücken, Waldquelle 69.
» Schwefelquelle 69.
Leptothrixarten 53.
Levico, Trinkquelle 66.
Limburger Käse 38.
Linsenmehl 209.
Liptauer-Käse 38.
Liqueure, Bestandteile der 169.
» Färben der 170.
» Untersuchung auf Rohrzucker 263.
Lorbeerblätter 321.
Luft, Bestimmung des Kohlenoxyds nach Fodor 353.
» Bestimmung des Kohlenoxyds spektroskop. 354.
» Bestimmung der Kohlensäure nach Pettenkofer 348.
» Bestimmung der Kohlensäure nach Lunge 352.
» Bestimmung der Kohlensäure nach Wolpert 352.
» Zusammensetzg. ders. 348.

Macis 322.
Madeira 88.
Magerkäse 38.
Magermilch 8.
Magnesia, Bestimmung im Wasser 58.
Maische, Verfahren versch. 141.
Maismehl 209.
Majoran 321.
» Analysen verschieden. Sorten 322.
» Asche, Zusammensetzung der 322.
» Aschegehalt, Ministerialverordnung über d. Maximalgehalt 322.
Malabarzimmt 328.
Malaga 88.
Maltose u. Maltosepräparate 264.
» Bestimmung der 155.
Malz 141.
Malzaufschlagegesetz, bayr. 147.
Malzkaffee 275.
Malzzucker 264.
Mandelöl 36.
Margarine (s. Kunstbutter) 333.

Marienbad, Ferdinandsbrunnen 62.
Marsh'scher Apparat 367.
Marsala 88.
Maulbeerwein 140.
Maumené, Bestimmung des Erwärmungsgrades bei der Fettprüfung 339.
Meconin, Ausmittelg. des 379.
Meconsäure, » der 379.
Mehl, Gewinnung, Müllerei 202.
» Bestimmung der Backfähigkeit 215.
» Bestimmung der Eiweißstoffe 215.
» Bestimmung der Feuchtigkeit 213.
» Bestg. des Klebers 215.
» Bestimmung der Kohlehydrate 227.
» Bestimmung der Mineralstoffe 213.
» Bestimmung des Mutterkorns 214.
» Bestg. der Stärke 215.
» Bestimmung der Unkrautsamen 214.
» Bestimmung der wasserbindenden Kraft 216.
» mikroskopische Prüfung des 212.
» Zusammensetzung verschiedener 212.
» Zusammensetzung der Asche 212.
Mehlmilben 211.
Mehlpräparate 226.
Metalllegierungen, Analysen der 390.
Methylalkohol, Nachw. des 383.
Milch, Zusammensetzung der 6.
» Bestimmung des Albumins 27.
» Bestimmung der Eiweißstoffe 26.
» Bestimmung des Fettgehaltes 19. 20. 21. 22.
» Bestimmung des Milchzuckers 27.
» Bestimmung des Rahmgehaltes 18.

Milch, Bestimmung des spezif. Gewichtes 13.
» Bestimmung des Stickstoffgehaltes 26.
» Bestimmung d. Trockensubstanz 18.
» fehlerhafte 9.
» » bittere 9.
» » blaue 9.
» » rote 9.
» » schleimige 9.
» Gerinnen ders. 8.
» Kontrolle des Milchhandels 10.
» Kontrolle, Ministerialverordnung, betreffend den Verkehr mit Milch 11.
Milchzucker (Laktose) 265.
Mineralwasser, Analyse des 56.
» Arbeiten an der Quelle 56.
» Bestimmung des Arsens 57.
» Bestimmung des Broms 57.
» Bestimmung des Cäsiums 58.
» Bestimmung des Eisens 58.
» Bestimmung des Kaliums 59.
» Bestimmung des Lithiums 57.
» Bestimmung des Mangans 58.
» Bestimmung des Natriums 59.
» Bestimmung der Phosphors. 58.
» Bestimmung des Strontiums 59.
Mohnöl 344.
Molken, Gewinnung und Zusammensetzung der 9.
Molybdänlösung, Reagens 413.
Monas vivipara 53.
Mont d'or-Käse 38.
Morphin, Ausmittelung des 377.
Most, Säuregehalt 76.
» Zuckergehalt 72. 73.
Mostwage, Oechsle'sche 72.

30*

Münsterkäse 38.
Muskatblüte 322.
Muskatnuß 323.
Mutterkorn im Mehl 209.
Mutternelken 326.
Myrrhenharz, Ermittelung des
379.

Narceïn, Ausmittelung des 378.
Narcotin,   »   » 376.
Natrium, Bestimmung des im
Wasser 59.
Naturwein, Begriff 71.
Nauheim, Friedrich Wilhelm-
Sprudel 70.
Nelken 324.
Nelkenpfeffer 318.
Nelkenstiele 325.
Nesslers Reagens 413.
Neuchâteler Käse 38.
Neuenahr, Mineralquelle 60.
Niederselters, Mineralquelle 61.
Nikotin, Ausmittelung des 373.
Nitrobenzol, Nachweis des 385.

Obergärung 142.
Obstwein 139.
   »   Zusammensetzg. ver-
schiedener 139.
Ochsenfleisch, Zusammensetzg.
des 291.
Oechsle'sche Mostwage 72.
Offenbach, Kaiser Friedrich-
quelle 61.
Olivenöl, Untersuchung des 342.
   »   Zusammensetzung des
342.
Opium, Ausmittelung des 379.
Oppenau, Sauerquelle 64.

Palmkernöl 341.
Palmöl 36.
Paprika 318.
Paramaecium Aurelia 53.
Parmesankäse 38.
Pellagri'sche Reaktion 377.
Petersthal, Peters-, Salz- und
Sophienquelle 64.
Petiotisieren des Weines 77.
Petroleum, Gewinnung und Zu-
sammensetzg. 403.

Petroleum, Bestimmung d. Ent-
flammungspunktes
406.
   »   Reichsgesetz, betr.
das Verkaufen etc.
404.
Pfeffer, schwarzer 314.
   »   Ministerialverordnung,
betr. den Asche- und
Sandgehalt des 316.
   »   weißer 317.
   »   spanischer,Cayenne317.
   »   Elemente des Pfeffer-
pulvers 315.
Pfefferschalen 314.
Pfeffermünzliqueur 170.
Pferdefleisch, Zusammensetzg.
des 291.
Phosphor, Nachweis des 386.
Phosphormolybdänsäure, Rea-
gens 413.
Physostigmin, Ausmittelung 375.
Phytosterin 444.
Pikrinsäure, als Färbemittel für
Konditoreiwaren 230.
   »   Nachweis ders. 382.
Pikrotoxin, Ausmittelung 372.
Piment 318.
Pollenkörner im Honig 266.
Portwein 88.
Preißelbeerenwein 140.
Ptomaïne 370.
Pumpernickel 223.
Pyrmont, Hauptquelle 66.
Pyrogallussäure, Ermittelung
der 382.

Quecksilber, Nachweis des 368.
Quellengase, Bestimmung ders.
59.
Quevenne'sches Laktodensimet.
13.

Rahm, Zusammensetzung 8.
   »   Prüfung des 8.
Rahmkäse 38.
Rappenau (Baden), Solquelle 70.
Reagentienlösungen, Herstellg.
der 411.
Recknagels Laktodensimeter 18.

Refraktometer 427.
Rehfleisch, Zusammensetzung des 291.
REICHERT-MEISSL'sche Methode zur Bestimmung d. flüchtigen Fettsäuren 33.
REISCHAUER'sche Druckfläschchen 215.
Reismehl 209.
Rhabarber, Ermittelg. des 381.
Rhamnoxanthin, Ermittelg. des 381.
Rindstalg 36.
Ringelblumen, Fälschungsmittel für Safran 326.
Rippoldsau, Josephs-, Leopolds- und Wenzelsquelle 65.
Roggenmehl 207.
Romandurkäse 38.
Roquefortkäse 38.
Rosenblätter, anat. Bau der 283.
Rotwein, Bereitung des 71.
Rotiferarten 53.
ROUSSIN'sche Krystalle 373.
Rüböl 36. 341.
Rum, Bereitung des 167.
» Zusammensetzg. des 168.

Saccharin, Nachweis des 109. 154.
·» Reichsgesetz, betr. d. Verkehr mit 449.
Saccharose 236.
Safflorblüten 327.
Safran 326.
Salicylsäure, Nachweis der 26.
Salm, Zusammensetzung des Fleisches 291.
Santonin, Ausmittelung des 381.
Sareptasenf 320.
Sauermilchkäse 38.
Scammonium, Ermittelg. des 380.
Schachtelkäse 38.
Schaumweine, Bereitung der 80.
» Zusammensetzg. verschiedener 81.
Schellfisch, Zusammensetzung des Fleisches 291.
Schenkbier (Winterbier) 144.
Schimmelpilze im Mehl 211.
Schlachtabfälle 294.

Schlehenblätter, anat. Bau d. 283.
Schleuderhonig 266.
Schnellessigfabrikation 196.
Schraubenbakterien 53.
Schwalbach, Paulinenquelle 66.
Schwarzwerden des Weines 79.
Schwedischer Punsch 170.
Schweflige Säure im Bier 152.
»   »   Bestimmung im Wein 107.
Schwefelwasser 79.
Schwefelwasserstoff, Bestimmung im Wasser 59.
Schweinefett 337.
»   Eigenschaften und Zusammensetzung 337.
»   amerikanisch. 338.
»   Untersuchg. d. 337.
»   Bestg. der HÜBL-schen Jodzahl 338.
»   Bestg. der BECCHI-schen Silbernitrat-probe 338.
»   Bestg. der freien Fettsäuren 337.
Schweinefleisch, Zusammensetzung des 291.
Seifelösung für Härtebestg. 50.
Senf, grüner oder schwarzer 318.
» russischer (Sarepta) 320.
Sesamöl, Nachweis 36. 341. 343.
Sherry 88.
Silber, Nachweis des 368.
Soden, Majorquelle, Milchbr. 67.
Sonnenblumenöl 343.
Sool, Zusammensetzung des Fleisches 291.
SOXHLETS Methode zur Fettbestimmung der Milch 20.
Speck, amerikan., Verkauf des betr. 310.
Speisesenf 320.
Speiseöle 343.
Spirillum tenue 53.
Spundenkäse 38.
Stachelbeerwein 140.
Stäbchenbakterien 53.
Stärkezucker, Darstellg. des 263.
Stallprobe, Anweisung zur Entnahme der 16.

Stammwürze im Bier 151.
Staubbrand 211.
Steinbrand 211.
Steinsamenblätter 284.
Stickstoff, Bestg. im Mineral-
   wasser 59.
Stockfisch-Fleisch 291.
Strachinokäse 38.
Strontian, Bestg. im Mineral-
   wasser 59.
Strychnin, Ausmittelg. des 373.
Südweine 80.
Süßstoffe, künstliche 449.
Süßweine 80. 88.
Sulzbach(Bad.), Mineralquelle 62.

Tabak 373.
Tabelle z. Korrekt. d. spez. Gew.
   der ganzen Milch 14.
»   d. abgerahmt. Milch 15.
»   zur Bestg. d. Fettgeh. d.
   Milch n. Soxhlet 23. 24.
»   zur Zuckerbestimmung
   mittelst der Oechsle-
   schen Mostwage 73.
»   z. Ermittelg. d. Traubenzuckers aus d. Kupfer-
   mengen n. Allihn 74.
»   zur Alkoholbestimmung
   im Wein 114.
»   zur Ermittelg. d. Zahl E
   bei d. Extraktbestg. im
   Wein 118.
»   zur Ermittelg. d. Zuckergehaltes im Wein 124.
»   für die Alkoholbestg.
   im Bier n. Holzner 149.
»   für die Extraktbestimmung nach Schultze-
   Ostermann 150.
»   zur Verdünnung von
   höherprozent. Brannt-
   weinen auf 30 Volum-
   prozente 181.
»   zur Ermittelung des
   Alkoholgehaltes in Al-
   koholwassermisch. nach
   d. spez. Gewichte 171.
»   zur Ermittelg. der Brix-
   Grade bei der Extrakt-
   bestg. i. Branntwein 194.

Tabelle für Zuckerbestg. nach
   Brix 241.
»   zur Berechnung des
   d. Invertzucker entspr.
   Rohrzuckers 247. 261.
»   zur Berechng. d. Invert-
   zuckers neb. Rohrz. 249.
»   zur Umrechnung des
   Barometerstandes b. d.
   Bestimmung des Ent-
   flammungspunktes für
   Petroleum 405. 407.
»   der Atomgewichte 414.
Talg 341.
»   zolltechn. Untersuchg. 344.
Tannin als Klärmittel f. Bier 143.
»   Ermittelung des 382.
Taumellolch im Mehl 210.
Teinach, Bachquelle 60.
Tokayerwein 80. 88.
Traubenmost 71.
Traubenzucker, Darstellung und
   Zusammensetzung des 263.
Tresterwein 77.
Thee, grüner u. schwarzer 280.
»   Bestg. der Gerbsäure 284.
»   »   »   Mineralst. 284.
»   »   des Theïns 276. 285.
»   mikr. Prüfung des 285.
Theeblatt, anat. Bau des 281.
Theefälschungen 282.
Trichinenkrankheit 306.
Trichinenschau 308.
Triebkraft, Bestg. i. d. Hefe 201.
Trinitrophenol, Nachw. des 382.
Trinkbranntweine 159.
Trinkwasser, Trinkwasserver-
   sorgung 40.
»   Anweisg. z. Probeentn.
   f. d. chem. Unters. 42,
   für die bakteriolog.
   Untersuchung 43.
»   Bestimmung des Am-
   moniaks 48.
»   Bestg. des Chlors 48.
»   Bestg. des Gesamt-
   rückstandes 44.
»   Bestg. des Glührück-
   standes 44.
»   Bestimmung d. Härte
   49.

Trinkwasser, Bestg. d. Oxydierbarkeit 44.
» Bestg. der Phosphor-
   säure 48.
» Bestg. der Salpeter-
   säure 46.
» Bestimmung der sal-
   petrigen Säure 46.
» Bestg. der Schwefel-
   säure 48.
» mikr. Prüfung des 51.
Trockene Weine 80.

Untergärung 142.

Vanadinsaures Ammon 373.
Vanille 320.
» Bestg. des Vanillins 320.
Vanilleliqueur 170.
Veratrin, Ausmittelung des 329.
Vergärungsgrad, Bestg. des im
   Bier 152.
Verschnittweine, Zollbehandl.
   ders. 130.
» Bestg. des Alkohol-,
   Fruchtzucker- und
   Extraktgehalt. ders.
   134.
Verseifungszahl nach Kœtts-
   torfer 33.
Vibrio Regula 53.
» serpens 53.
Vichy, Grande Grille 60.
Vollmilch 6.
Vorlauf im Branntwein 159.
Vorticella citrina 53.

Wachtelweizen 210.
Walderdbeerenwein 140.
Wasser s. Trinkwasser 40.
Weichselkirschwein 140.
Weidenblätter im Thee 282.
Weidenröschenblätter im Thee
   282.
Wein, Bereitung des 71.
» Analyt. Methoden zur
   Untersuch. n. d. Bundes-
   ratsbeschlüssen 92.
» Bestg. des Chlors 111.
» » » Extrakts 95.
» » » Extrakt-
   restes 127.

Wein, Bestg. des Farbst. 105.
» » der flücht. Säuren 98.
» » » freien Säuren 97.
» » des Gerbst. 110.
» » » Glycerins 99.
» » » Gummis 110.
» » der Mineralst. 96.
» » » Phosphor-
   säure 111.
» » » Polarisation 103.
» » des Saccharins 109.
» » der Salicylsäure 109.
» » » Schwefel-
   säure 97.
» » » schwefligen
   Säure 107.
» » des Weingeistes 95.
» » der Weinsäure d.
   freien 106.
» » des Weinsteins u.
   d. Zuckers 100.
» Beurteilung des 127.
» Reichsgesetz, betr. den
   Verkehr mit Wein 89.
Weinasche, Zusammens. der 82.
Weine verschiedener Länder 82.
» Bad., rote u. weiße 81.
» » Bergstraße 85.
» » Breisgauer 84.
» » Kaiserstühler 84.
» » Markgräfler 84.
» » Ortenauer 83.
» » Seeweine, rote 85.
» » » weiße 84.
» » Tauberweine und
   Mainweine 85.
» Elsässer, rote u. weiße 81.
» Französ., » » » 86.
» Griechische 87.
» Italienische 86.
» Lotbringer 81.
» Mosel-, Ahr- u. Saar- 81.
» Niederösterreichische 86.
» Rheingau 81.
» Rheinhessische 81.

Weine, Rheinpfälzer 82.
» Schweizer, rote u. weiße
» Sicilische 86. [86.
» Spanische 86.
» Tyroler 86.
» Ungarische 88.
» Unterfränkische 82.
» Württembergische 82.
Weinkrankheiten 78.
» Bitterwerden 79.
» Braunwerden 79.
» Böcksergeschmack 79.
» Essigstich 79.
» Kahmbildung 79.
» Schwarzwerden 79.
» Schleimig- oder Zähwerden 78.
» Trübwerden 78.
Weißherbst, Bereitung des 71.
Weizenhaare 205.
Weizenmehl 206.
Wickenmehl 208.
Wiesbaden, Kochbrunnen 67.
Wildungen, Georg Victor- und Helenenquelle 63.
Wismut, Nachweis des 368.
Wittmack, Verkleisterungsmeth. für die Mehlprüfung 206.
Würzekonzentration, Bestg. im Bier 151.
Wurstwaren, Zusammensetzung ders. 294.
» Prüfung auf Konservierungsmittel 297.

Wurstwaren, Prüfung a. Stärkemehl 296.

Zimmt, anatom. Bau des 328.
» Chinesischer 327.
» Ceylon 328.
» Bruch- 329.
Zink, Nachweis des 289. 369.
Zinn, Nachweis des 366.
Zittwer, anatom. Bau des 331.
Zucker, Gewinnung des 236.
» Zusammensetzg. d. 238.
» Indischer od. Kolonialzucker 236.
» Kandiszucker 237.
» Melasse 237.
» Melis- oder Farinzucker 237.
» Raffinade 237.
» Rohrzucker 236.
» Rübenzucker, Gewinnung 236.
» Untersuchung des 238.
Zuckerbestimmung, gewichtsanalyt. 74.
» maßanalyt. 73.
» durch Polarisation 252.
» Rohr- neben Invertzucker 261.
Zuckersteuergesetz und Ausführungsbestimmungen 239.
Zwetschgenwasser 159.
» Zusammensetzung 163.
Zwieback 223.

Berichtigungen.

Seite 26, Z. 9 v. o. muß es heißen Borsäure statt Soda.
» 76, » 5 » u. » » » 0,0075 statt 0,075.
» 142, » 6 » » » » » Caragaheenmoos statt Carragaheenmoos.
» 202, » 12 » o. » » » bei a statt bei b.
» 317, » 10 » u. » » » Capsicum statt Capcum.
» 320, » 10 » » » » » Raphidenschläuche statt Balsamschläuche.

www.ingramcontent.com/pod-product-compliance
Lightning Source LLC
Chambersburg PA
CBHW031932220326
41598CB00062BA/1716